电子技术进阶500问

主　编　张　宪　赵慧敏　张大鹏
副主编　焦玉钧　于梦陆　季晓亮
参　编　白效松　何洪波　辛　周　韩凯鸽　杨冠懿
主　审　王建亮　沈　虹

机械工业出版社

本书致力于推广现代电子技术、普及电子科学知识，以期帮助正在学习或即将从事电子设备与电子装置维修的技术人员，使他们更好地理解现代电子设备与电子装置的结构原理，了解各种电子元器件与零部件在电子技术中的应用情况。本书主要介绍电路元件、半导体器件、基本放大电路、集成运算放大器及其应用、振荡与调制电路、直流稳压电源、晶闸管与可控整流电路、电子电路识图、数字电路基础、逻辑门电路与组合逻辑电路、触发器与时序逻辑电路、脉冲波形的产生和整形电路、集成电路识图等内容。

本书配备了100多段教学短视频，适合广大电子爱好者学习，也可以供从事电子设备与电子装置维修的技术人员参考，亦可供大、中专院校以及高职院校相关专业的师生作为参考资料。

图书在版编目（CIP）数据

电子技术进阶500问/张宪，赵慧敏，张大鹏主编．—北京：机械工业出版社，2021.6

ISBN 978-7-111-68034-5

Ⅰ.①电… Ⅱ.①张… ②赵… ③张… Ⅲ.①电子技术-问题解答 Ⅳ.①TN-44

中国版本图书馆CIP数据核字（2021）第069393号

机械工业出版社（北京市百万庄大街22号　邮政编码100037）
策划编辑：翟天睿　　责任编辑：翟天睿
责任校对：陈　越　　封面设计：王　旭
责任印制：郜　敏
北京盛通商印快线网络科技有限公司印刷
2021年7月第1版第1次印刷
184mm×260mm · 21.5印张 · 534千字
0001—2000册
标准书号：ISBN 978-7-111-68034-5
定价：89.00元

电话服务　　网络服务
客服电话：010-88361066　机　工　官　网：www.cmpbook.com
010-88379833　机　工　官　博：weibo.com/cmp1952
010-68326294　金　书　网：www.golden-book.com
封底无防伪标均为盗版　机工教育服务网：www.cmpedu.com

前言

如今电子技术的发展日新月异，电子装置的性能和结构瞬息万变，令人目不暇接。电子技术的广泛应用，给工农业生产、国防事业、科技进步和人们的生活带来了历史性的变革。

本书致力于推广现代电子技术、普及电子科学知识，以期帮助正在学习或即将从事电子设备与电子装置维修的技术人员，使他们更好地理解现代电子设备与电子装置的结构原理，了解各种电子元器件与零部件在电子技术中的应用情况。本书力求使读者能够掌握电子技术入门的基础知识，学会识读电子电路图，以及如何正确地选用和检测电子元器件。通过本书的学习，希望广大电子爱好者可以轻松进入电子科学技术的大门，并激发他们对电子技术的探索兴趣，掌握进一步深入研究所必备的基础知识，将其应用到生产和实际生活中去。

本书从广大电子技术初学者的实际需要出发，在内容上力求简洁实用、图文并茂、通俗易懂，以达到举一反三、融会贯通的目的；在编写安排上力争做到由浅入深、循序渐进，具有较强的科学性、实用性和可操作性，注重理论联系实际，对电子技术基础知识做了较详尽的叙述。本书作为广大电子初学者的启蒙读本和速成教材，还在书中为读者配备了 100 多段教学短视频，希望能为初学者奠定扎实的理论知识基础，成为广大电子爱好者的良师益友。

本书主要介绍电路元件、半导体器件、基本放大电路、集成运算放大器及其应用、振荡与调制电路、直流稳压电源、晶闸管与可控整流电路、电子电路识图、数字电路基础、逻辑门电路与组合逻辑电路、触发器与时序逻辑电路、脉冲波形的产生和整形电路、集成电路识图等内容。全书结构合理、内容详尽、实用性强。

本书适合广大电子技术初学者阅读，也可以供从事电子设备与电子装置维修的技术人员参考。

在编写过程中，我们得到了出版社和同行的大力支持和帮助，并借鉴了相关报刊和图书资料，在此一并向他们表示衷心的感谢。

由于编者的水平有限，加之电子技术的发展十分迅速，书中难免会有不妥之处，我们衷心希望广大从事电子技术的专家、学者、读者对该书的疏漏和错误批评指正。

编　者

2021 年 3 月

目录

第 1 章 电路元件

1-1 什么是电阻器?

在现代电子技术中，为了控制电路中的电压和电流，需要具有一定电阻值的元件，这种元件称为电阻器，简称电阻。电阻器是利用金属或非金属材料对电流起阻碍作用的特性制成的。

1-2 电阻器是如何分类的?

电阻器的种类繁多、形状各异、用途不同、功率也是大小有别。电气设备中常见电阻器的分类有以下几种：

1）按结构形式可分为碳质电阻器、碳膜电阻器、金属膜电阻器、金属氧化膜电阻器、线绕电阻器等，这些都是固定电阻器（电阻值固定不变）。

图 1-1 所示为常用的几种固定电阻器实物图。

除了上述电阻器外，还有一些特殊类型的电阻器。例如：可变电阻器（电阻值可在某一范围内变化）：半可调电阻器、电位器（直线式电位器、指数式电位器、对数式电位器）。

2）按制作材料可分为碳质电阻器、膜式电阻器、线绕电阻器。

3）按用途可分为精密电阻器、高频电阻器、高压电阻器、大功率电阻器、热敏电阻器、熔断电阻器。

1-3 电阻器有哪些基本参数?

电气设备中电阻器的符号常用 R 表示，电阻的单位是欧姆（简称欧）。当电路两端电压为 1 伏（V），流过的电流为 1 安（A）时，这条支路的电阻为 1 欧（Ω）。在实际工作中还常用到千欧（kΩ）或兆欧（MΩ），它们之间的关系为

$$1\text{k}\Omega = 10^3\Omega$$

$$1\text{M}\Omega = 10^3\text{k}\Omega = 10^6\Omega$$

1. 固定电阻器

固定电阻器的主要参数如下：

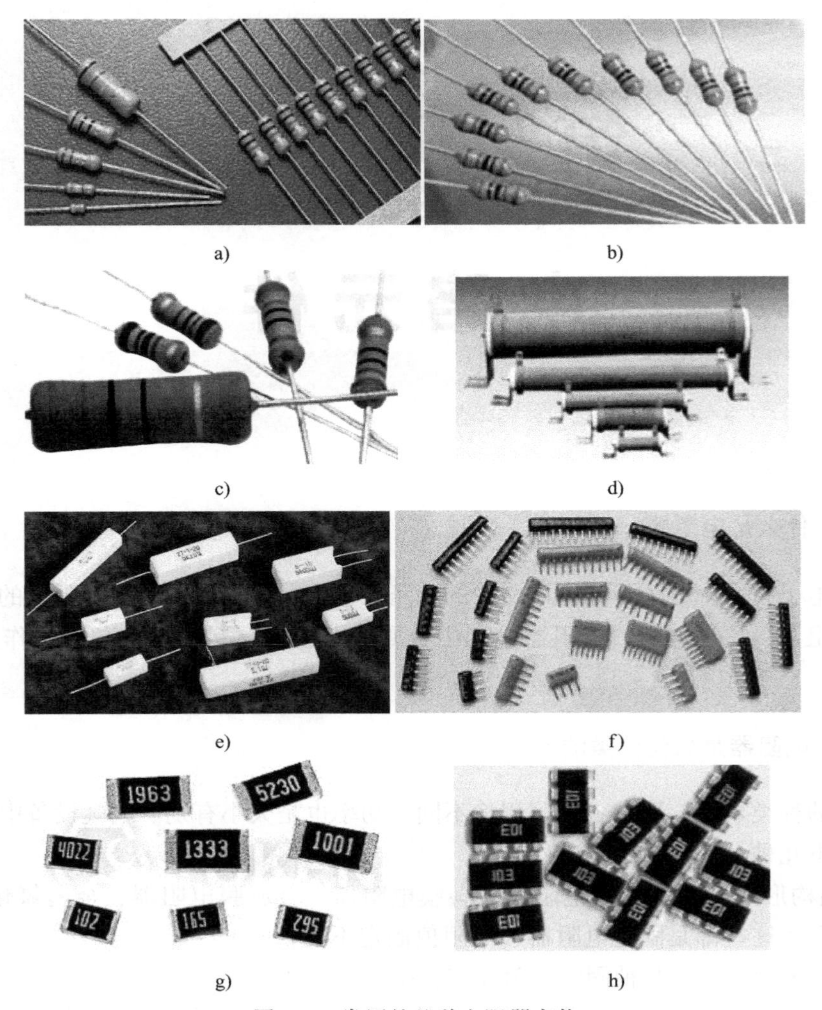

图1-1　常用的几种电阻器实物

a）碳膜电阻器　b）金属膜电阻器　c）金属氧化膜电阻器　d）大功率涂漆线绕电阻器
e）水泥电阻器　f）直插排阻器　g）贴片电阻器　h）贴片排阻器

1）标称阻值：标注在电阻器上的电阻值称为电阻器的标称阻值，国家对电阻器的标称阻值有统一规定。电阻器的标称阻值系列见表1-1。

表1-1　电阻器的标称阻值系列

阻值系列	允许偏差（%）	标称阻值/Ω
E24	±5	1.0、1.1、1.2、1.3、1.5、1.6、1.8、2.0、2.2、2.4、2.7、3.0、3.3、3.6、3.9、4.3、4.7、5.1、5.6、6.2、6.8、7.5、8.2、9.1
E12	±10	1.0、1.2、1.5、1.8、2.2、2.7、3.3、3.9、4.7、5.6、6.8、8.2
E6	±20	1.0、1.5、2.2、3.3、4.7、6.8

2）额定功率：在标准大气压和一定的环境温度下，电阻器长期连续负荷而不改变其性能的允许功率称为额定功率。电阻器的额定功率见表1-2。

表 1-2　电阻器的额定功率系列

类　别	额定功率
线绕电阻	0.05、0.125、0.25、0.5、1、2、4、8、10、16、25、40、50、75、100、150、250、500
非线绕电阻	0.05、0.125、0.25、0.5、1、2、5、10、25、50、100
线绕电位器	0.25、0.5、1、1.6、2、3、5、10、16、25、40、63、100

3）允许偏差：电阻器的实际阻值与标称阻值之差。

4）最大工作电压：电阻器在正常工作的条件下，两端所能承受的最大电压值称为最大工作电压。阻值较大的电阻器，当工作电压过高时，虽然损耗功率未超过规定值，但电阻器内部还可能发生电弧火花放电，而使电阻器损坏变质。

另外还有最高温度、静噪声电动势、温度特性、高频特性等参数。

2. 可变电阻器

除与固定电阻器相同的参数外，可变电阻器还有：

1）阻值变化形式：电位器的阻值随轴变化的形式。

2）动态噪声：电位器滑动臂在电阻体上移动时产生的噪声。

1-4　电阻器的图形符号有哪些？

固定电阻器的图形符号如图 1-2 所示，可变电阻器的图形符号如图 1-3 所示。

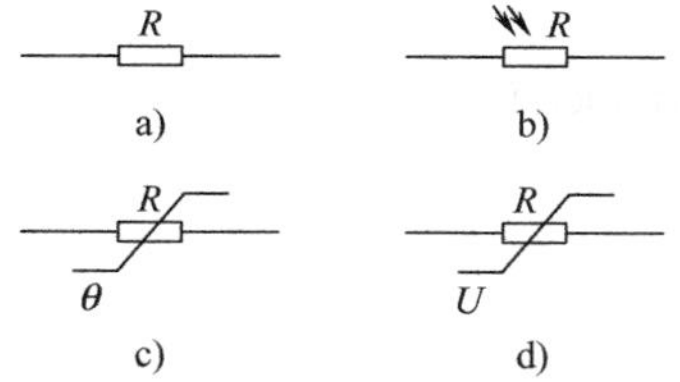

图 1-2　固定电阻器的图形符号

a）碳膜电阻器　b）光敏电阻器

c）热敏电阻器　d）压敏电阻器

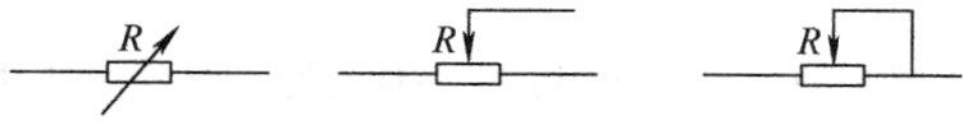

R　R　R

图 1-3　可变电阻器的图形符号

1-5　电阻器的型号和名称、标识代号是如何定义的？

1. 型号和名称

电阻器的型号命名详见表 1-3。

表 1-3　电阻器的型号命名

第一部分		第二部分		第三部分		第四部分
用字母表示主称		用字母表示材料		用数字或字母表示特征		用数字表示序号
符　号	意　　义	符　号	意　　义	符　号	意　　义	
R	电阻器	T	碳膜	1，2	普通	包括：
RP	电位器	P	硼碳膜	3	超高频	额定功率
		U	硅碳膜	4	高阻	阻值

（续）

第一部分		第二部分		第三部分		第四部分
用字母表示主称		用字母表示材料		用数字或字母表示特征		用数字表示序号
符　号	意　　义	符　号	意　　义	符　号	意　　义	
		C	沉积膜	5	高温	
		H	合成膜	7	精密	
		I	玻璃釉膜	8	电阻器——高压 电位器——特殊函数	
		J	金属膜（箔）			允许偏差
		Y	氧化膜			
		S	有机实心	9	特殊	准确度等级
		N	无机实心	G	高功率	
		X	线绕	T	可调	
		R	热敏	X	小型	
		G	光敏	L	测量用	
		M	压敏	W	微调	
				D	多圈	

2. 电阻器的标识代号

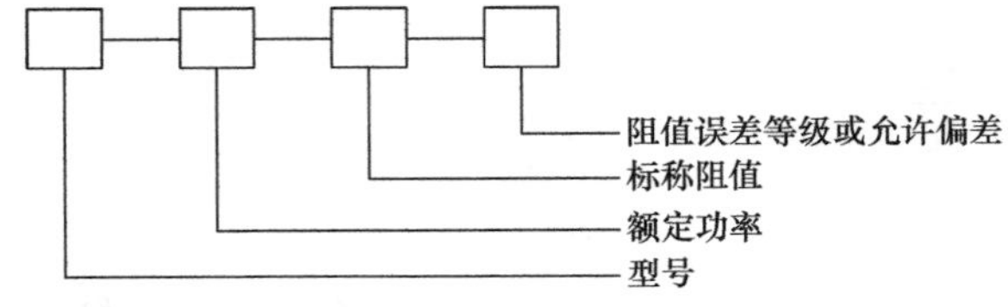

示例：RJ71（型号）—0.125—5.1 k I 型的命令含义。

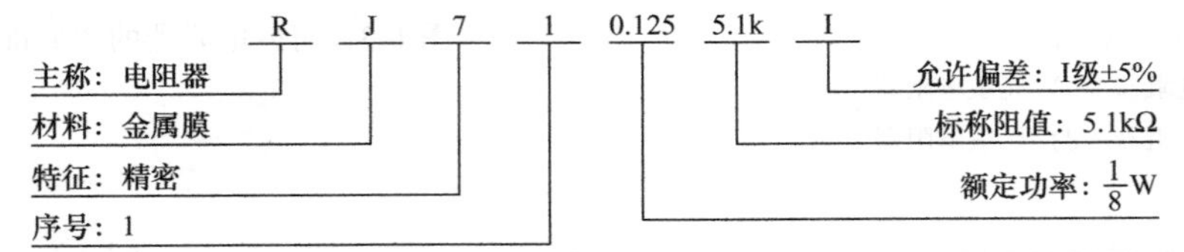

由此可见，这是精密金属膜电阻器，其额定功率为1/8W，标称电阻值为5.1kΩ，允许偏差为±5%。

非线绕电阻器型号和名称见表1-4。

表1-4　非线绕电阻器型号和名称

型号	RS	RT	RTX	RJ	RJX	RY	RTL	RTL-X
名称	实心碳质电阻器	碳膜电阻器	小型碳膜电阻器	金属膜电阻器	小型金属膜电阻器	氧化膜电阻器	测量用碳膜电阻器	小型测量用碳膜电阻器

示例：

RJX—0.25W—5.1kΩ—±10%表示小型金属膜电阻，额定功率为0.25W，标称电阻值为5.1kΩ，允许偏差为±10%。

线绕电阻器的型号和名称见表 1-5。

表 1-5　线绕电阻器的型号和名称

型号	RXQ	RXQ-T	RXY	RXYC	RXYC-T
名称	酚醛涂料管形 线绕电阻器（固定式）	酚醛涂料管形 线绕电阻器（可调式）	被釉固定式 线绕电阻器	被釉耐潮线 绕电阻器（固定式）	被釉耐潮线 绕电阻器（可调式）

1-6 常用电阻器技术特性有哪些?

常用电阻器技术特性见表 1-6。

表 1-6　常用电阻器技术特性

名称和型号	额定功率 /W	标称阻值范围 /Ω	温度系数 /℃$^{-1}$	噪声电动势 /(μV/V)	运用频率
RT 型 碳膜电阻器	0.05 0.125 0.25 0.5 1.2	$10 \sim 100 \times 10^3$ $5.1 \sim 510 \times 10^3$ $5.1 \sim 910 \times 10^3$ $5.1 \sim 2 \times 10^6$ $5.1 \sim 5.1 \times 10^6$	$-(6 \sim 20) \times 10^{-4}$	1 ~5	
RU 型 硅碳膜电阻器	0.125，0.25 0.5 1.5	$5.1 \sim 510 \times 10^3$ $10 \sim 1 \times 10^6$ $10 \sim 10 \times 10^6$	$\pm(7 \sim 12) \times 10^{-4}$		10MHz 以下
RJ 型 金属膜电阻器	0.125 0.25 0.5 1.2	$30 \sim 510 \times 10^3$ $30 \sim 1 \times 10^6$ $30 \sim 5.1 \times 10^6$ $30 \sim 10 \times 10^6$	$\pm(6 \sim 10) \times 10^{-4}$	1 ~4	
RXYC 型 被釉耐潮线绕电阻器	2.5 ~100	$5.1 \sim 56 \times 10^6$			低额

1-7 阻值和允许偏差的色环标识有哪些?

电阻器的阻值和允许偏差一般都用数字标印在电阻器上，但体积很小的一些合成电阻器，其阻值和允许偏差常用色环来表示。如图 1-4 所示，它在电阻器上画有四道或五道（精密电阻）色环，一般以与电阻器边缘较近的为第一道色环。其中，第一道色环、第二道色环以及精密电阻器的第三道色环都表示其相应位数的数字。其后的一道色环则表示前面数字再乘以 10 的 n 次幂，最后一道色环表示阻值的允许偏差，其中第五道色环的宽度宽于其他色环。各种颜色所代表的意义见表 1-7。

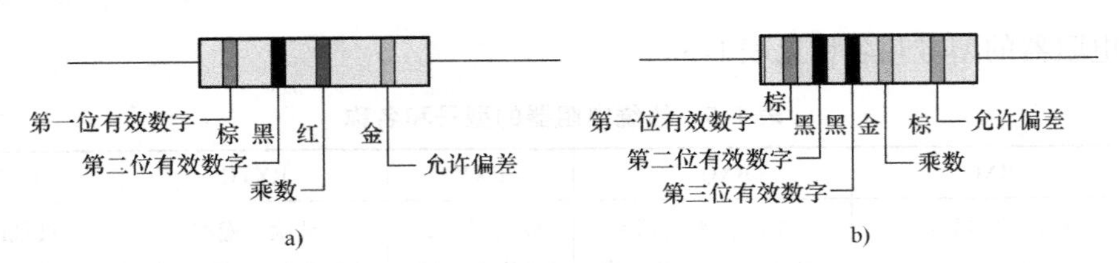

图 1-4 阻值和允许偏差的色环标记

a）色标法——四色环电阻器 图中阻值为 1kΩ，±5%

b）色标法——五色环电阻器 图中阻值为 10Ω，±1%

表 1-7 色环颜色的意义

四色环颜色的意义													
颜色	黑	棕	红	橙	黄	绿	蓝	紫	灰	白	金	银	无色
有效数字	0	1	2	3	4	5	6	7	8	9			
乘数	10^0	10^1	10^2	10^3	10^4	10^5	10^6	10^7	10^8	10^9			
允许偏差（±%）		1	2			0.5	0.25	0.1			5	10	20
五色环颜色的意义													
颜色	棕	红	橙	黄	绿	蓝	紫	灰	白	黑	金	银	无色
有效数字	1	2	3	4	5	6	7	8	9	0	—	—	—
乘数	10^1	10^2	10^3	10^4	10^5	10^6	10^7	10^8	10^9	10^0	10^{-1}	10^{-2}	—
允许偏差（±%）	1	2	—	—	0.5	0.25	0.1	—	—	—	5	10	20

例如，四色环电阻器的第一、二、三、四道色环分别为棕、绿、红、金色，则该电阻的阻值和允许偏差分别为

$$R = 15 \times 10^2 \Omega = 1500\Omega，允许偏差为 \pm 5\%$$

1-8 如何选用电阻器？

电阻器的选用是一项较复杂的工作。要想正确选用好各种电阻器，就必须根据前面所介绍的基本知识、参数和性能特点，按各种电子设备电路实际要求选用。

初学者往往在众多品种中不知选用何种型号的电阻器。对这个问题应根据电子装置的使用条件和电路中的具体要求来选用，不要片面地采用高准确度的。电阻器选用必须满足的主要参数是阻值和额定功率。

在阻值方面，要优先采用标称阻值系列中的规格，所选电阻器的额定功率应为实际承受功率的 1.5 ~2 倍，以保证电阻器工作的长期可靠性。

任何一种电阻器的阻值选用很容易得到满足，但同时使选用的电阻器功率大小也得到满足是需要考虑的一个重要问题。这就提出了功率型电阻器的问题，目前见到的大多数功率型电阻器为线绕电阻器。线绕电阻器具有许多优点，即耐高温、热稳定性好、温度系数小、电流噪声小、功率大、能承受较大的负载等。线绕电阻器中有低噪声、耐热性好的功率型普通电阻器、精密电阻器和高准确度高稳定电阻器。其额定功率通常为 4 ~300W；阻值范围为几Ω~几十 kΩ；允许偏差为 0.005% ~2%。线绕电阻器的缺点有相对体积较大、分布电感和分布电容也较大，不能用于 2 ~3MHz 以上的高频电路中；线绕电阻器不宜制作高于 100kΩ 阻值的电阻器。

从线绕电阻器的性能及优缺点可知，线绕电阻器适合在频率不高并需要一定功率电阻器的电路中工作。比如，常用电阻箱、固定衰减器、精密测量仪器、电子计算机和无线电设备中的电子电路，都要选用精密线绕电阻器和高准确度高稳定的线绕电阻器。

1-9　选用电阻器时应注意哪些问题？

1）根据电子设备的技术指标和电路的具体要求选用电阻的型号和允许偏差等级。

2）为提高设备的可靠性，延长使用寿命，应选用额定功率大于实际消耗功率1.5 ~2 倍的电阻器。

3）电阻器装接前应进行测量、核对，尤其是在精密电子仪器设备装配时，还需经人工老化处理，以提高其稳定性。

4）在装配电子仪器时，若采用非色环电阻器，则应将电阻器标称值标识朝上，且标识顺序一致，以便于观察。

5）电阻器要固定焊接在接线架上时，较大功率的线绕电阻器应用螺钉或支架固定起来，以防因振动而折断引线或造成短路，损坏设备。

6）电阻器引线需要弯曲时，不应从根部打弯，这样容易折断引线，或者造成两端金属帽松脱，而造成接触不良。应该从根部留出一定距离，最好大于5mm，用尖嘴钳夹住引线根部，将引线折成所需角度。

7）焊接电阻器时，电烙铁停留时间不宜过长，以免电阻器长时间受热，引起阻值变化，影响设备正常工作。

8）选用电阻器时应根据电路中信号频率的高低来选择。一个电阻器可以等效成一个 R、L、C 二端线性网络，如图1-5所示。不同类型的电阻器，R、L、C 三个参数的大小有很大差异。线绕电阻器本身是电感线圈，所以不能用于高频电路中；薄膜电阻器外体上刻有螺旋槽的，则其工作频率为10MHz左右，未刻螺旋槽的（如RY型）其工作频率更高。

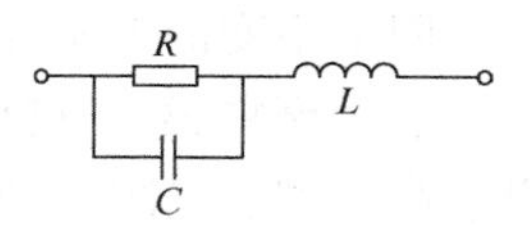

图1-5　电阻器的等效电路

9）电路中需串联或并联电阻器来获得所需阻值时，应考虑其额定功率。阻值相同的电阻器串联或并联时，其额定功率等于各个电阻额定功率之和；阻值不同的电阻器串联时，其额定功率取决于高阻值电阻器；并联时，取决于低阻值电阻器，需计算后方可应用。

10）电阻器在存放和使用过程中，都应保持漆膜完整，不要互相碰撞、摩擦。否则，漆膜脱落后，电阻器防潮性能降低，容易使导电层损坏，造成条状导电带断裂，从而导致电阻器失效。

1-10　使用电阻器前应做哪些检查？

电阻器在使用前必须逐个检查，应先检查一下外观有无损坏、引线是否生锈、端帽是否松动。尤其是在组装较复杂的电子装置时，由于电阻器较多，极易搞错，因此要检查电阻器的型号、标称阻值、功率、允许偏差等，还要从外观上检查一下引脚是否受伤，漆皮是否变色。此外，最好还要用万用表测量一下阻值（见图1-6），并分别做好标记，把它们按顺序插到一个纸板盒上，这样用时就不会搞错了。测量电阻时，注意手不要同时搭在电阻器的两引脚上，以免造成测量误差。

1-11 怎样用万用表对电阻器进行简单测量？

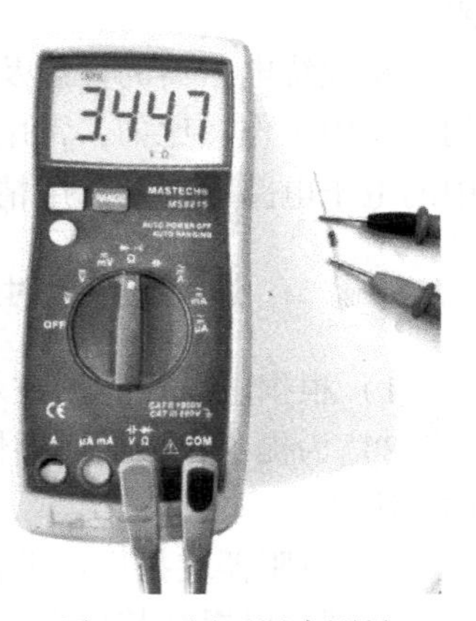

图1-6 用万用表测量电阻器的方法

测量电阻器的方法很多，可用指针式万用表、电阻电桥和数字万用表直接测量，也可根据欧姆定律 $R=U/I$，通过测量流过电阻器的电流 I 及电阻器上的电压降 U 来间接测量电阻值。

当测量准确度要求较高时，可以采用电阻电桥来测量电阻值。电阻电桥有单臂电桥（惠斯登电桥）和双臂电桥（开尔文电桥）两种，这里不做详细介绍。

当测量准确度要求不高时，可直接用万用表测量电阻。现以 MF－47 型万用表为例，介绍测量电阻器的方法。首先将万用表的功能选择开关置 Ω 档，量程开关置合适档位。将两根表笔短接，表头指针应在刻度线零点，若不在零点，则要调节调零旋钮（零欧姆调整电位器）回零。调回零后即可把被测电阻器串接于两根表笔之间，此时指针偏转，待稳定后可从刻度线上直接读出所示数值，再乘以事先所选择的量程，即可得到被测电阻的阻值。当另换一个量程时必须再次短接两根表笔，重新调零。每换一量程档，都必须调零一次。

特别要指出的是，在测量电阻时，不能用双手同时捏住电阻器的两引脚或表笔，因为那样会将人体电阻与被测电阻并联在一起，表头上指示的数值就不单纯是被测电阻器的阻值了。

1-12 怎样用万用表测量固定电阻器？

阻值不变的电阻器称为固定电阻器，其种类有普通型（线绕、碳膜、金属膜、金属氧化膜、玻璃釉膜、有机实心、无机实心等）、精密型（线绕、有机实心、无机实心）、功率型、高压型、高阻型和高频型等6类。用万用表测试固定电阻器，即对独立的电阻元件进行测试，其方法如图1-7所示。

a)

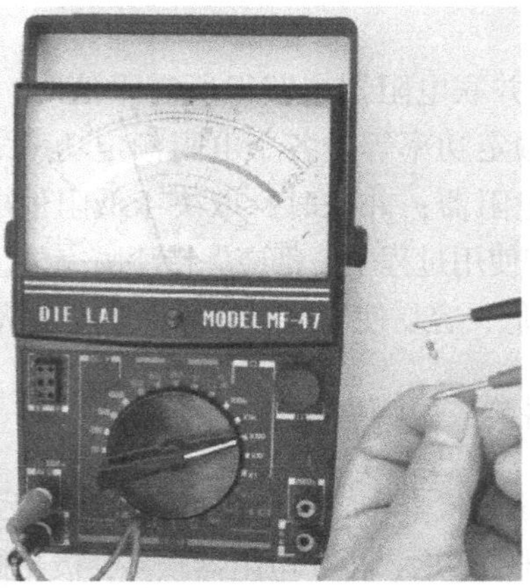

b)

扫一扫，看视频

图1-7 万用表对固定电阻器进行测试

a）红、黑表笔短接调零使指针指零 b）表笔并联在电阻器两个引脚上测量这种测试方法又叫开路测试法。测试前应先将万用表调零，即把万用表的红表笔与黑表笔相接，调整调零旋钮，使万用表指针准确地指零，如图1-7a所示。

万用表的电阻量程分为几档，其指针所指数值与量程数相乘即为被测电阻器的实测阻值。例如，把万用表的量程开关拨至$R\times100\Omega$档时，把红、黑表笔短接，调整调零旋钮使指针指零，然后如图1-7b所示将表笔连接在被测电阻器的两个引脚上，此时若万用表指针指示在“50”上，则该电阻器的阻值为$50\times100\Omega=5k\Omega$。

在测试中，如果万用表指针停在无穷大处静止不动，则有可能是所选量程太小，此时应把万用表的量程开关拨到更大的量程上，并重新调零后再进行测试。

如果测试时万用表指针摆动幅度太小，则可继续转换量程，直到指针指示在表盘刻度的中间位置，即在全刻度起始的20%~80%弧度范围内时测试结果较为准确，此时读出阻值，测试结束。

如果在测试过程中发现在最高量程时万用表指针仍停留在无穷大处不摆动，则表明被测电阻器内部开路，不可再用。反之，若在万用表的最低量程时，指针指在零处，则说明被测电阻器内部短路，也是无法使用的。

1-13　怎样用数字万用表测量电阻器？

用数字万用表测量电阻器更为方便、准确。将数字万用表的红表笔插入“V·Ω”插孔，黑表笔插入“COM”插孔，之后将量程开关置于电阻档，再将红表笔与黑表笔分别与被测电阻器的两个引脚相接，显示屏上便能显示出被测电阻器的阻值，如图1-8所示，所测阻值为5.056kΩ。

如果测得的结果为阻值无穷大，则数字万用表显示屏左端显示“1（OL）”或者“-1”，这时应选择稍大量程进行测试。

需要指出的是，用数字万用表测试电阻器时无需调零。

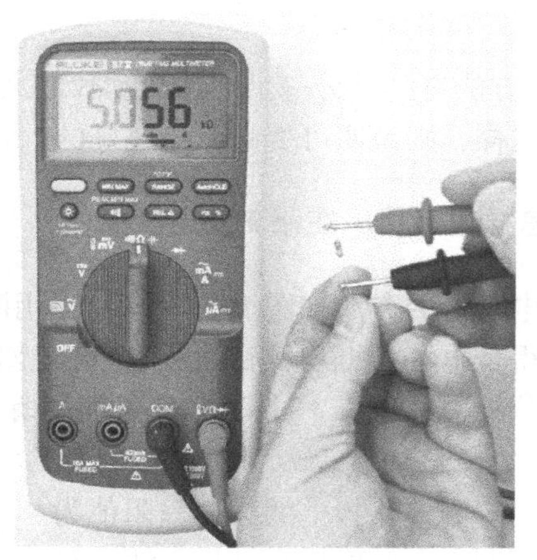

图1-8　用数字万用表测试电阻器

扫一扫，看视频

1-14　怎样用万用表测量可变电阻器？

常用可变电阻器的实物图如图1-9所示。

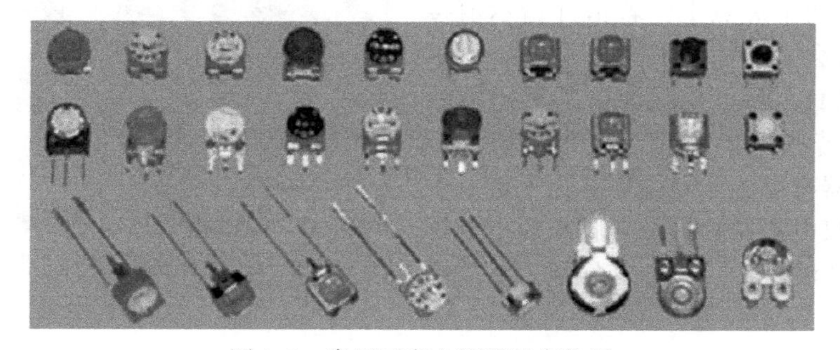

图1-9　常用可变电阻器的实物图

用万用表检测可变电阻器时，万用表置于电阻档并选择适当量程，两支表笔接可变电阻器两根定片引脚，如图1-10所示，这时测量的阻值应该等于该可变电阻器的标称阻值，否则说明该可变电阻器已经损坏。

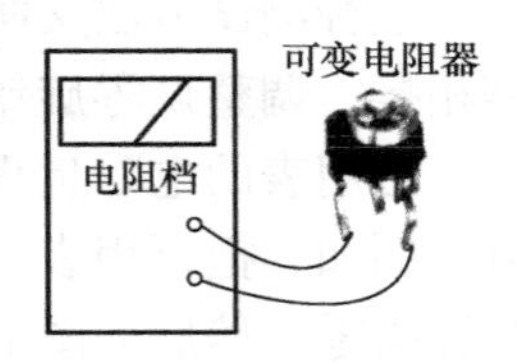

图1-10　万用表测量可变电阻器标称阻值

然后将万用表置于电阻档并选择适当量程，一支表笔接一个定片，另一支表笔接动片，在这个测量状态下，转动可变电阻器动片时，指针偏转，阻值从零增大到标称值，或从标称值减小到零。如果不符合以上结果则说明可变电阻器损坏。

测量可变电阻器时要注意以下几个方面的问题：

1）如果测量动片与任一定片之间的阻值大于标称阻值，则说明可变电阻器出现了开路故障；如果测量动片与某定片之间的阻值为零，则此时应看动片是否已转动至所测定片一侧的端点，否则认为可变电阻器已损坏（在路测量时要排除外电路的影响）。

2）测量中，如果测量动片与某一定片之间的阻值小于标称阻值，则并不能说明它已经损坏，而应看动片处于什么位置，这一点与普通电阻器不同。

3）断开电路测量时，可用万用表电阻档适当量程，一支表笔接动片引脚，另一支表笔接某一个定片，再用一字螺钉旋具顺时针或逆时针缓慢旋转动片，此时指针应从0Ω连续变化到标称阻值。

4）用同样方法再测量另一个定片与动片之间的阻值变化情况，测量方法和测试结果应与前面相同。这样，则说明可变电阻器是好的，否则说明可变电阻器已损坏。

1-15　怎样用万用表在路测量电阻器？

在路测量电阻器的方法如图1-11所示。采用此方法测量印制电路板上电阻器的阻值时，印制电路板不得带电（即断电测试），而且还应对电容器等储能元件进行放电。通常，需对电路进行详细分析，估计某一电阻器有可能损坏时，才能进行测试。此方法常用于电器维修中。

例如，怀疑印制电路板上的某一只阻值为10kΩ的电阻器损坏时，可以采用此方法。将数字万用表的量程开关拨至电阻档，在排除该电阻器没有并联大容量的电容器或电感器等元件的情况下，把万用表的红、黑表笔连接在10kΩ电阻器的两个焊点上，若指针指示值接近10kΩ（通常会略低一点），如图1-11所示测量值为9.85kΩ，则可排除该电阻器出现故障的可能性；若指示的阻值与10kΩ相差较大，则该电阻器有可能已经损坏。为了进一步确认，可将这只电阻器的一个引脚从焊点上焊脱，再进行开路测试，以判断其好坏。

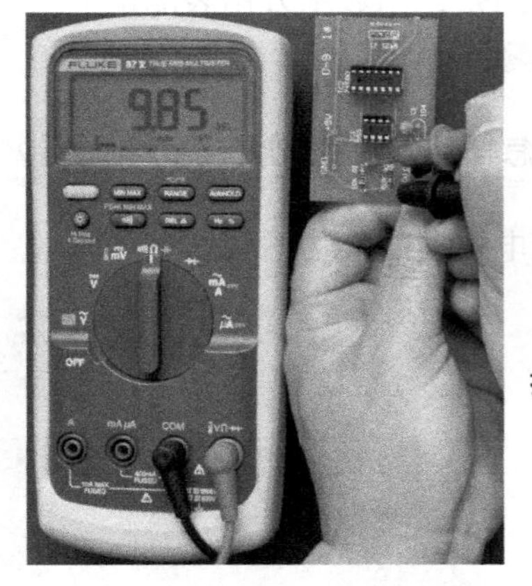

图1-11　万用表在路测量电阻器

扫一扫，看视频

1-16　什么是电容器？

电容器是表征一种将外部电能与电场内部储能进行相互转换的理想元件，用字母 C 表示。

电容器的单位是法拉，简称法（F），常用的辅助单位有微法（μF）和皮法（pF）。

$$1\text{F}=10^{6}\mu\text{F}=10^{12}\text{pF}$$

电容器的主要参数有电容量、允许偏差、耐压强度、绝缘电阻、损耗、温度系数和固有电感等。电容器的品种较多，如云母电容器、玻璃釉电容器、瓷介电容器、金属化电容器、电解电容器等。在选择电容器时主要考虑电容量、额定工作电压及其准确度、元件尺寸和电路对电容器其他工作性能的要求。尽管电容器的品种不一样，耐压不同，但其测量方法基本上是一致的。

在现代电子技术中，电容器可用于隔直流、滤波、旁路、耦合，或与电感器组成振荡回路等，应用范围很广，是电子系统中不可缺少的基本元件之一。

1-17　电容器是如何分类的？

电容器的种类较多，常用的分类有以下几种：

1）按结构形式可分为固定电容器、半可调电容器、可调电容器（单联可调电容器、双联可调电容器、三联可调电容器、四联可调电容器）。

2）按介质材料可分为气体介质电容器、液体介质电容器、无机固体介质电容器、有机固体介质电容器。

3）按阳极材料可分为铝、钽、铌、钛电解电容器。

4）按极性可分为有极性电容器、无极性电容器。

1-18　电容器的结构及图形符号是怎样的？

固定金属化聚酯膜电容器的结构及图形符号如图 1-12 所示；电解电容器的结构及图形符号如图 1-13 所示。

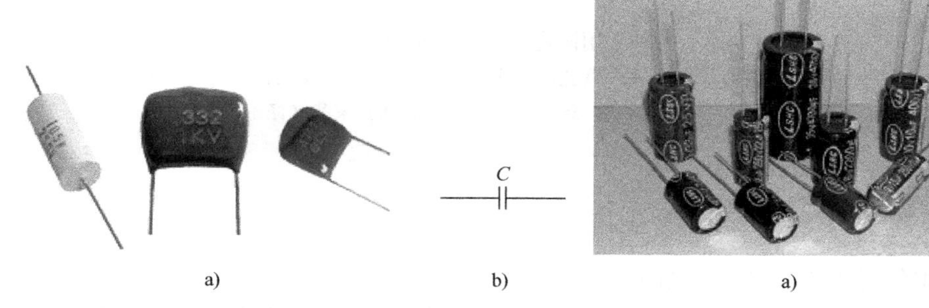

a)　b)

图 1-12　固定电容器的结构及图形符号
a）金属化聚酯膜电容器结构　b）符号

a) 　b)

图 1-13　电解电容器的结构及图形符号
a）结构　b）符号

其他几种常用固定电容器的实物图如图 1-14 所示。

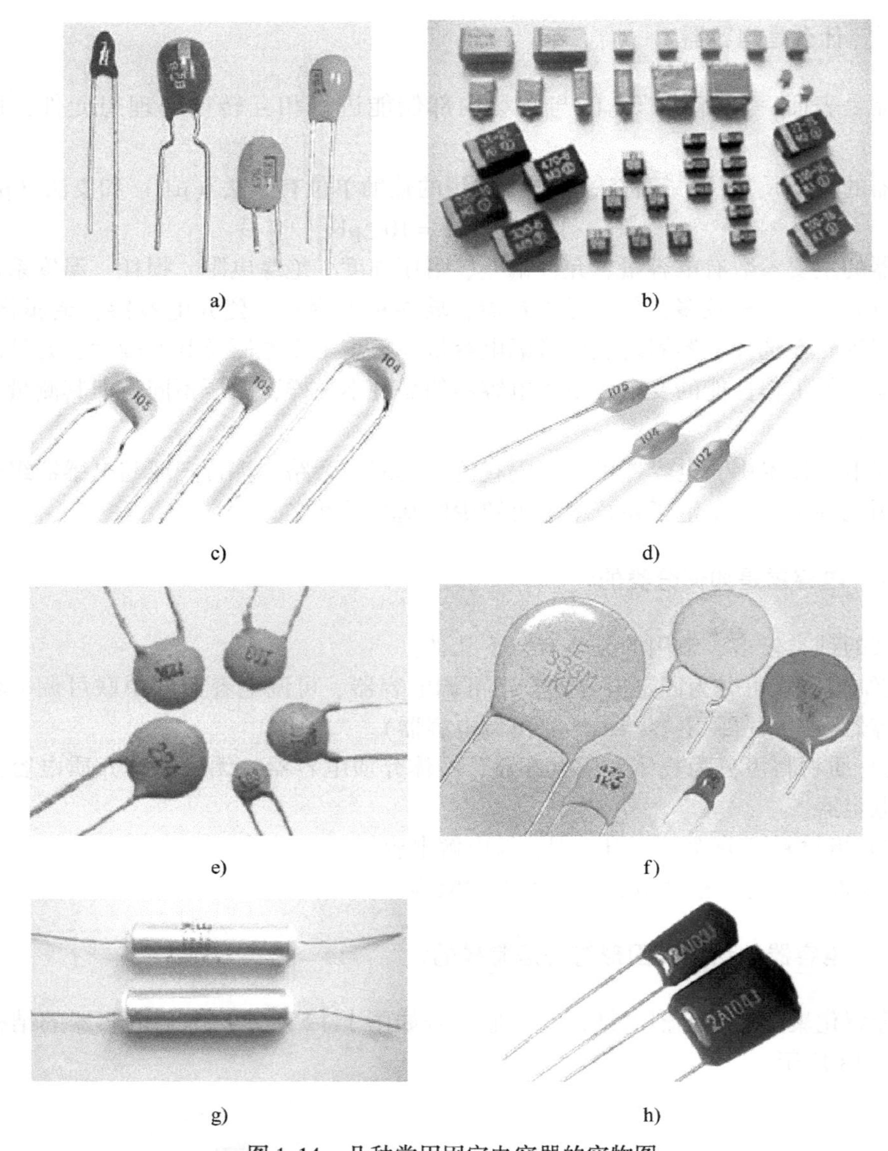

图 1-14　几种常用固定电容器的实物图

a）引线钽电容器　b）贴片钽电容器　c）积层陶瓷电容器-径向引线　d）积层陶瓷电容器-轴向引线
e）瓷片电容器　f）高压瓷片电容器　g）金属化纸介电容器　h）聚酯（涤纶）电容器

1-19　电容器型号的意义是什么？

电容器的标识代号由以下几部分组成：

电容器的型号由主称、材料、特征等几部分组成。主称：电容器用 C 表示；材料用字母表示，如 Z 表示纸介，D 表示铝电介，H 表示混合介质等；特征用字母表示，如 X 表示小型，D 表示低压，M 表示密封等。

示例：CZJX—250—0.033—±10%，表示小型金属化纸介电容器，额定工作电压 250V，标称容量0.033μF，容量允许偏差±10%。

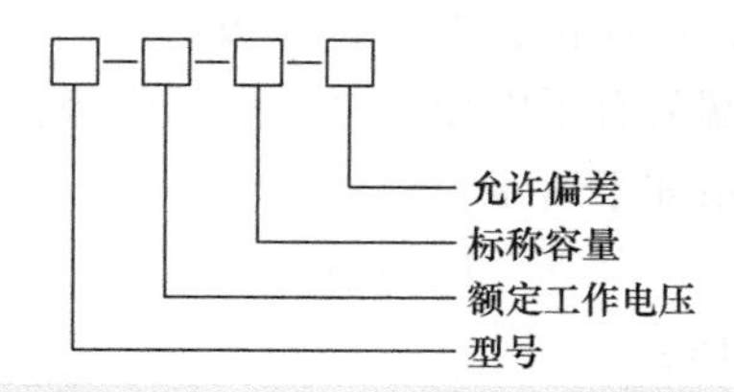

1-20　电容器的允许偏差有哪些?

表1-8列出了固定式电容器允许偏差的准确度等级。

表1-8　固定式电容器允许偏差的准确度等级

级别	01	02	Ⅰ	Ⅱ	Ⅲ
允许偏差（±%）	1	2	5	10	20

1-21　常用电容器的技术特性有哪些?

电容器的技术特性详见表1-9。

表1-9　电容器的技术特性

名称	容量范围	直流工作电压/V	运用频率/MHz	准确度	漏阻/MΩ
纸介电容器（中、小型）	470pF～0.22μF	63～630	0～8	Ⅰ～Ⅱ	>5000
金属壳密封纸介电容器	0.01～10μF	250～1600	直流脉冲直流	Ⅰ～Ⅲ	>1000～5000
金属膜纸介电容器（中、小型）	0.01～0.22μF	160，250，400	0～8	Ⅰ～Ⅱ	>2000
薄膜电容器	3pF～0.1μF	63～500	高频低频	Ⅰ～Ⅱ	>10000
云母电容器	10pF～0.051μF	100～7000	75～250	Ⅱ～Ⅲ	>10000
铝电解电容器	1～10000μF	4～50	直流脉冲直流	Ⅳ，Ⅴ	
钽铌电解电容器	0.47～1000μF	6.3～160	直流脉冲直流	Ⅲ，Ⅳ	

1-22　电容器是如何充电、放电的?

1. 电容器是如何充电的?

使电容器带电的过程叫作充电。如图1-15所示，在开关SW未闭合前（见图1-15a），电容器C上没有电荷，C两端也没有电压。当开关SW闭合后（见图1-15b），电路中电流I由直流电源E（电池）的正极流向电容器，这个电流就是充电电流。随着

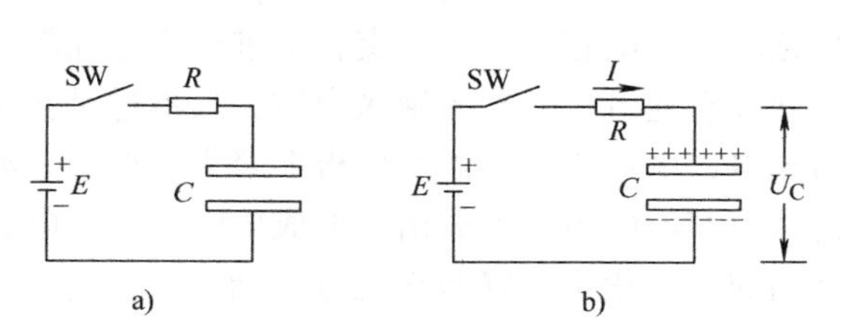

图1-15　电容器的充电过程
a）电路组成　b）充电过程

充电电流的流动，电容器的两个极板上分别聚集起电量相等的正、负电荷（上极板上的电子因被电池正极吸引失去电子，而保留正电荷；下极板因得到电子而为负电荷）。由于电容器上有电荷存在，故电容器两端就有了电压，这个电压的极性为上正下负，大小与电容器内充入的电荷量呈正比。具体关系如下所示：

$$U_C = Q/C$$

式中 U_C——电容器两端的电压；

Q——电容器中的电荷量；

C——电容值。

随着充电的进行，电容器两个极板上的电荷越来越多，电容器两端电压也越来越高，而充电电流 I 却越来越小。当电容器两端的电压上升到与电源电压相等时，充电电流 I 等于零，充电过程结束。

由于电容器的两个极板之间是绝缘的，两个极板上的正、负电荷不能中和，而只能保留在电容器的两个极板上，因此电容器两端仍然保持原有的电压。这就是电容器存储电荷的作用，其存储的电荷与所加的电压成正比。

2. 电容器是如何放电的？

充电后的电容器失去电荷的过程叫作放电。如图1-16a所示，经过充电的电容器，在开关SW闭合后与电阻构成了一个闭合回路，电容器两端的电压加在电阻 R 上，便形成放电电流 I，这个电流的方向与充电电流方向相反，即从带有正电荷的极板上通过开关SW、电阻 R 到达电容器带有负电荷的极板。随着放电电流的流动，电容器两极板上的正、负电荷不断中和，并且越来越少，电容器两端的电压也越来越低。直到正、负电荷全部中和，电容器两端的电压为零时，放电电流也为零，放电过程结束。

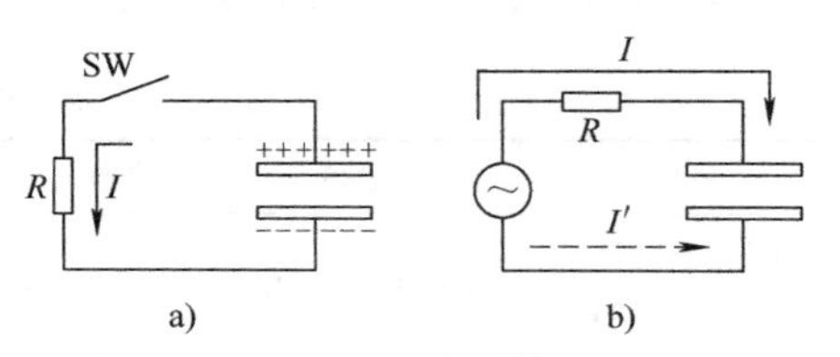

图1-16　电容器的放电过程和通交特性
a）放电过程　b）通交特性

1-23　电容器为什么能通过交流电，隔离直流电？

1. 电容器的隔直特性

在直流电路中，对电容器的充电完成以后，电路中就没有电流流动了，说明此时电容器处于开路状态，直流电流不能通过电容器。由此可见，电容器具有隔断直流的作用。

2. 电容器为什么能通过交流电？

将交流电源接在电容器两端，如图1-16b所示，由于交流电的大小与方向在不断地交替变化着，故电容器也必然交替地进行充电和放电，电路中的电流不断地流动。此时电流实际上并没有通过电容器的绝缘介质，只不过是在交流电压的作用下，当电源电压升高时，电容器充电，电荷向电容器的极板上聚集，形成充电电流；当电源电压降低时，电容器放电，电荷从电容器的极板上放出，形成放电电流。电容器上的充电电流和放电电流随着交流电的变化而交替变化，就好似交流电“通过”了电容器。这就是电容器的通交特性。

1-24 电容器为什么具有通高频、阻低频的特性？

虽然电容器具有“通交”特性，但它对交流电还是存在着阻碍作用的，这种阻碍作用叫作容抗，用符号 X_C表示，单位为 Ω。容抗的大小与电容器的容量大小和交流电的频率高低有关

$$X_C = \frac{1}{2\pi fC}$$

式中　C——电容器的容量，即标识电容器存储电荷的能力的物理量，单位为 F；

　　　f——交流电的频率，单位为 Hz。

由此可见，电容器的容量越大，容抗越小；交流电的频率越高，容抗越小。这是因为电容容量越大，在同样电压下容纳的电荷越多，所以，充电电流和放电电流就越大，容抗就越小；交流电的频率越高，充电和放电就进行得越快，因此，充电电流和放电电流就越大，容抗就越小。由上述电容器的容抗特性可知，电容器对于交流电来说，频率越高，阻力越小，反之，频率越低，阻力越大。这就是电容器的“通高频、阻低频”的特性。

1-25 电容器两端的电压为什么不能突变？

由上述电容器的充放电过程来看，电容器两端的电压由电容器中电荷量的大小决定，而电荷的积累和释放都需要一个过程、一段时间。这就是电容器两端的电压不能突变的特性。

1-26 电容器上的电压和电流是什么关系？

当电容器两端的电压 U_C发生变化时，极板上存储的电荷 q 也相应发生变化，电荷将在导线中移动，电路中出现电流 I_C表明电容器的电流与其电压的变化率成正比，而与此时该电容器电压 U_C的数值无关，这一特性称为电容器的动态特性。

电容器在电路中具有“隔直流”“通交流”“通高频”“阻低频”和“电压不能突变”等特性，这些特性使电容器成为一种重要元件。在电子电路中，从某一电路输出的电流常常既有交流成分，又有直流成分。如果只需要把交流成分输送到下一级电路，则在两级电路之间串联一个电容器，就可以使交流成分通过，而阻止直流成分，如图 1-17a 所示。

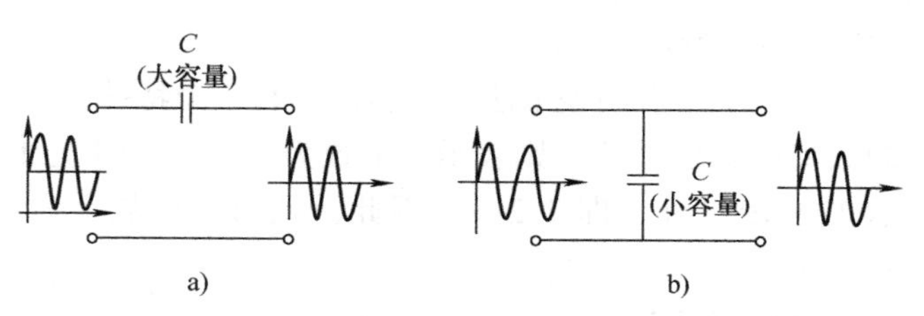

图 1-17　电容器在电路中的特性示意图
a）通交隔直过程　b）通高频阻低频过程

这种用途的电容器叫作隔直电容器，隔直电容器的容量一般较大。从某一电路输出的交流电常常既有高频成分，又有低频成分。如果只需要把低频成分输送到下一级装置，则在下一级电路的输入端并联一个电容器，如图 1-17b 所示。电容器对高频成分的容抗小，对低频成分的容抗大，高频成分就通过电容器旁路掉了，而使低频成分输入到下一级。这种用途的电容器叫作高频旁路电容器，高频旁路电容器的容量一般较小。这种将交流成分（或高频成分）滤

去的过程称为滤波，这种用来滤波的电路叫作滤波电路。

1-27 电容器的标识方法有哪些？

1. 容量和单位直接表示法

这种方法是在电容器的外壳上直接标明电容器的容量大小和单位。若是零点零几，则常把整数位的“0”省去，以增加直观感。

另外，有些电容器也采用“R”表示小数点。例如，“R47μF”表示0.47μF，而不是47μF。

2. 只标数字不标单位的直接表示法

采用这种表示法的容量单位有pF和μF两种。通常，对普通电容器，省略不标出的单位是pF；对于电解电容器，省略不标出的单位则是μF。例如，普通电容器上标有“3”字，表示3pF，“4700”表示4700pF；而电解电容器标有“47”，表示47μF。

3. 数字加字母的表示法

这种方法用数字表示有效值，常用2~4位数字；字母表示数值的量级，有p、n、M、G、m几种。标注数值时不用小数点，而把整数部分写在字母之前，小数部分写在字母之后。各字母的含义分别为：

p：10^{-12}F（pF），例如，“1p5”表示1.5pF。

n：10^{-9}F（nF），例如，“330n”表示330nF，即0.33μF。

M或μ：10^{-6}F（μF），例如，“4μ7”表示4.7μF；“M1”表示0.1μF。

G或m：10^{-3}F（mF），例如，“1m5”表示1.5mF，即1500μF；“G5”表示0.5mF，即500μF。

4. 数码表示法

这种方法一般用三位数字表示电容量大小，其单位为pF。其中第一、第二位为有效值数字，第三位表示倍乘数，即表示有效值后有多少个“零”。例如，“103”表示10×10^3pF；“224”表示22×10^4pF。如果三位数是“332”，如图1-18所示，则它的具体含义为33×10^2pF，即标称容量为3300pF的电容器。

图1-18　三位数表示法

另外，采用数码表示法的电容器，有一个特殊数字需注意，即第三位的数字如果是“9”，则表示倍乘数为10^{-1}，而不是10^9。例如“229”表示22×10^{-1}pF，即2.2pF。因此，凡第三位数字为“9”的电容器，其容量必在1~9.9pF之间。

5. 色环表示法

采用这种表示方法的电容量单位为pF，电容器有立式和轴式两种，在电容器上标有3~5个色环作为参数表示。对于立式电容器，色环顺序从上而下，沿引线方向排列；轴式电容器的色环都偏向一头，其顺序从最靠近引线的一端开始为第一环。颜色黑、棕、红、橙、黄、绿、蓝、紫、灰、白分别表示0~9的10个数字。通常，第一、第二环为电容器的有效数值，第三环为倍乘数，第四环为允许偏差，第五环为电压等级。例如，标有黄、紫、橙三个色环的立式电容器，表示其容量为47×10^3pF。

6. 允许偏差表示法

这种方法通常分为两种，第一种是直接表示法，即把电容量和允许偏差直接标明，其中又分为两种情况：一是直接标明允许偏差的具体范围和单位，例如“10 ±0.5pF”表示容量为 10pF，允许偏差为 ±0.5pF 的电容器；二是允许偏差用百分数表示，但省略百分号，单位为 pF，例如“47/5/250”表示容量为 47μF，允许偏差为 ±5%，工作电压为 250V 的电容器。第二种是字母表示法，即用不同的字母表示不同的允许偏差等级。IEC 推荐的允许偏差字母表示法为：D 代表 ±0.5%，但对于容量小于 10pF 的电容器，则不表示百分数，而直接表示为 ±0.5pF；F 代表 ±1%，但对于容量小于 10pF 的电容器，则表示为 ±1pF；G 代表 ±2%；J 代表 ±5%；K 代表 ±10%；M 代表 ±20%；N 代表 ±30%；P 代表 0% ~ +100%；Z 代表 −20% ~ +80%；S 代表 −20% ~ +50%。例如，“224K”表示容量为 22×10^4pF，允许偏差为 ±10%。

1-28　如何正确选用电容器？

1. 型号合适

一般用于低频、旁路等场合，有电气特性要求低时，可采用纸介、有机薄膜电容器；在高频电路和高压电路中，应选用云母或瓷介电容器；在电源滤波、去耦、延时等电路中，一般采用电解电容器。

2. 准确度合理

在大多数情况下，对电容器的容量要求并不严格，比如在去耦、低频耦合电路中。但是在振荡电路、延时电路、音调控制电路中，电容器的容量应尽可能和计算值一致。在各种滤波器和各种网络中，要求准确度值应小于 ±（0.3% ~0.5%）。

3. 额定工作电压应有裕量

当电容器额定工作电压低于电路工作电压时，电容器就可能爆炸。一般来说，宜选用额定工作电压高于电路工作电压 20% 以上的电容器。

4. 通过电容器的交流电压和电流值不能超过额定值

有极性的电解电容器不宜在交流电路中使用，但可以在脉冲电路中使用。

5. 因地制宜选用

气候炎热、工作温度较高的环境下，设计时宜将电容器远离热源或采取通风降温措施。寒冷地区使用普通电解电容器时，其电解液易由于结冰而失效，使电子装置无法工作，因而选择钽电解电容器合适。在湿度大的环境中，应选用密封型电容器。

1-29　选用电容器时应注意哪些事项？

1）电容器装接前应进行测量，看其是否短路、断路或严重漏电，并在接入电路时，应使电容器的标识易于观察，且标识方向一致。

2）电路中，电容器两端的电压不能超过电容器本身的工作电压。有极性电容器在装接时应注意正、负极性不能接反。

3）当现有电容器与电路要求的容量或耐压不合适时，可以采用串联或并联的方法予以适应。当两个工作电压不同的电容器并联时，耐压值取决于额定电压较低的电容器；当两个容量不同的电容器串联时，容量小的电容器所承受的电压高于容量大的电容器。

4）技术要求不同的电路，应选用不同类型的电容器。

5）选用电容器时应根据电路中信号频率的高低来选择。一个电容器可等效成一个 R、L、C 二端线性网络，如图 1-19 所示。不同类型的电容器其等效参数 R、L、C 的差异很大。等效电感大的电容器（如电解电容器）不适合用于耦合、旁路高频信号；等效电阻大的电容器不适合用于 Q 值要求高的振荡回路中。为满足从低频到高频滤波旁路的要求，在实际电路中，常将一个大容量的电解电容器与一个小容量的、适合于高频的电容器并联使用。

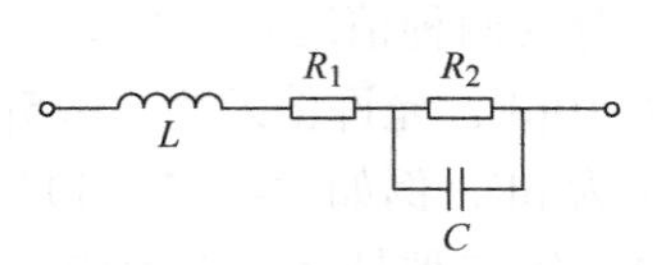

图 1-19　电容器的等效电路

1-30　怎样对电容器质量进行简单测试？

通常利用万用表的电阻档就可以简单地测量出电解电容器的优劣，粗略地辨别其漏电、容量衰减或失效的情况。具体方法是：选用 $R\times1$k 或 $R\times100$ 档，将黑表笔接电容器的正极，红表笔接电容器的负极，若指针摆动大，且返回慢，返回位置接近∞，则说明该电容器正常，且电容量大；若指针摆动大，但返回时，指针显示的数值较小，则说明该电容漏电流较大；若指针摆动很大，接近于 0Ω，且不返回，则说明该电容器已击穿；若指针不摆动，则说明该电容器已开路，失效。

该方法也适用于辨别其他类型的电容器。但如果电容器容量较小时，应选择万用表的 $R\times10$k 档测量。另外，当需要对电容器再一次测量时，必须将其放电后方能进行。

测试时，应根据被测电容器的容量来选择万用表的电阻档，见表 1-10。

表 1-10　测量电容器时对万用表电阻档的选择

名　称	电容器的容量范围	所选万用表电阻档
小容量电容器	5000pF 以下、0.02μF、0.033μF、0.1μF、0.33μF、0.47μF 等	$R\times10$k 档
中等容量电容器	4.7μF、3.3μF、10μF、33μF、22μF、47μF、100μF	$R\times1$k 档或 $R\times100$ 档
大容量电容器	470μF、1000μF、2200μF、3300μF 等	$R\times10$ 档

如果要求更精确的测量，则可以用交流电桥和 Q 表（谐振法）来测量，这里不做介绍。

1-31　怎样用指针式万用表测量小容量电容器？

小容量电容器的电容量一般为 1μF 以下，因为容量太小，充电现象不太明显，测量时万用表指针向右偏转角度不大。所以用万用表一般无法估测出其电容量，而只能检查其是否漏电或击穿损坏。正常时，用万用表 $R\times10$k 档测量其两端的电阻值应为无穷大。若测出一定的电阻值则说明该电容器存在漏电故障，若阻值接近 0 则说明该电容器已击穿损坏。

也可以自制如图 1-20 所示的放大电路来配合测量。测量时，将电路的黑、红两端分别接万用表的黑表笔和红表笔。对于 2200pF 以下的电容器，可并联在电路的 1

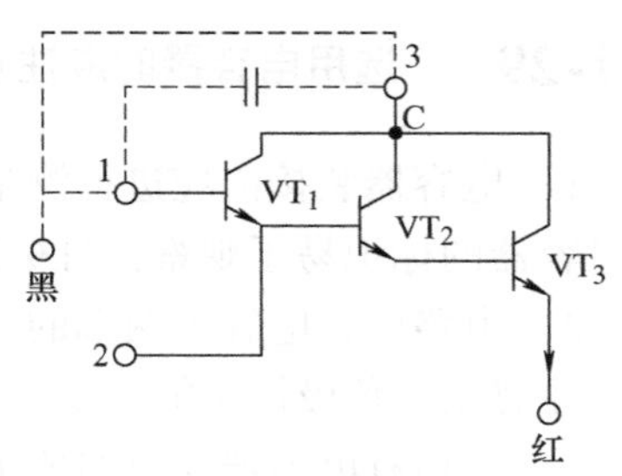

图 1-20　小容量电容器的测量电路

端与2端之间；大于2200pF的电容器，可并联在电路的2端与3端之间。通过观察正、反向测量时万用表指针向右摆动的幅度，即可判断出该电容器是否失效（与测量电解电容器时的判断方法类似）。

1-32 怎样用数字万用表测量小容量电容器？

为避免仪表或被测设备的损坏，在测量电容以前，应切断被测电路的所有电源并将所有高压电容器放电，并用直流电压功能档确定电容器均已被放电。

电容是元件储存电荷的能力，电容的单位是F，大部分电容器的值是在nF到μF之间。MS8215数字万用表是通过对电容器充电（用已知的电流和时间），然后测量电压，再计算电容值。每一个量程的测量大约需要1s。电容器的充电电压可达1.2V。

MS8215数字万用表测量电容时，可按以下步骤进行：

1）将旋转开关转至⊣⊢档。

2）分别把黑表笔和红表笔连接到COM输入插座和⊣⊢输入插座（也可使用多功能测试座测量电容）。

3）用表笔另两端测量待测电容的电容值并从液晶显示器读取测量值。

图1-21所示为MS8215数字万用表实际测量标称值为47nF无极性电容器示意图。

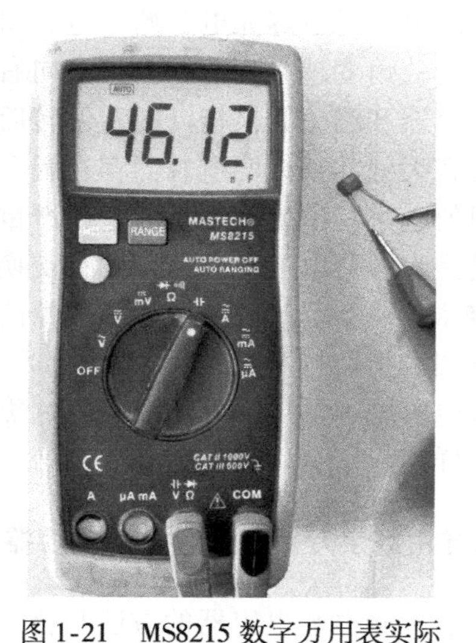

图1-21 MS8215数字万用表实际测量无极性电容器示意图

扫一扫，看视频

另外，FLUKE 87V数字万用表测量电阻和电容在一个档位，测量电容时，需按下黄色按键，如图1-22所示。档位转换后在电容档就可以测量电容器了，如图1-23所示。

a)

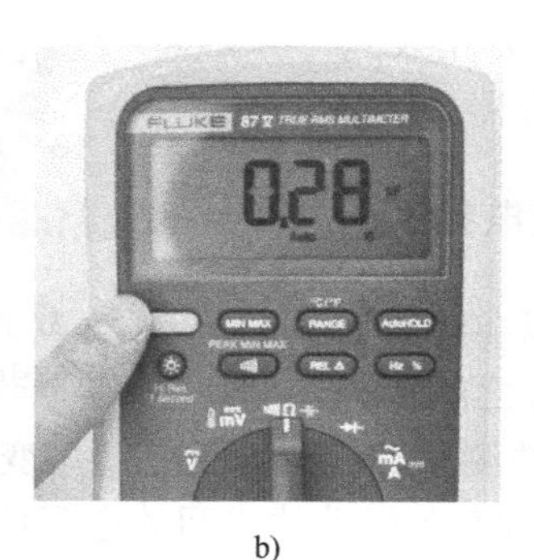

b)

图1-22 FLUKE 87V数字万用表电阻和电容转换按键
a）转换前在电阻档 b）按下黄色键后在电容档

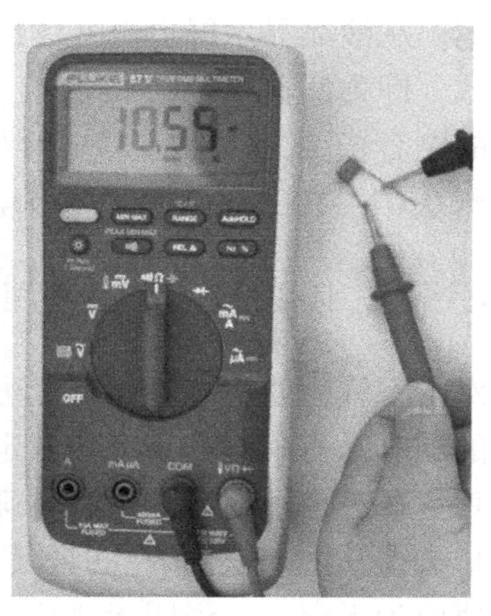

图1-23 FLUKE 87V数字万用表测量电容器

1-33 怎样用指针式万用表测量电解电容器？

对于普通指针式万用表，由于无电容测量功能，因此可以用电阻档进行电容器的粗略检测。虽然是粗略检测，但由于检测方便且能够说明一定的问题，所以普遍采用。

在测试前，应根据被测电容器容量的大小，将万用表的量程开关拨至合适的档位。黑表笔接电容器正极，红表笔接负极。在表笔接触电容器引脚时，如图1-24所示，指针迅速向右偏转一个角度，这是表内电池对电容充电开始，电容器容量越大，所偏转的角度越大，若指针没有向右偏转，则说明电容器开路。如果指针向左偏转后不能回到阻值无穷大处，则说明电容器存在漏电故障，所指示阻值越小，说明电容器漏电越严重。

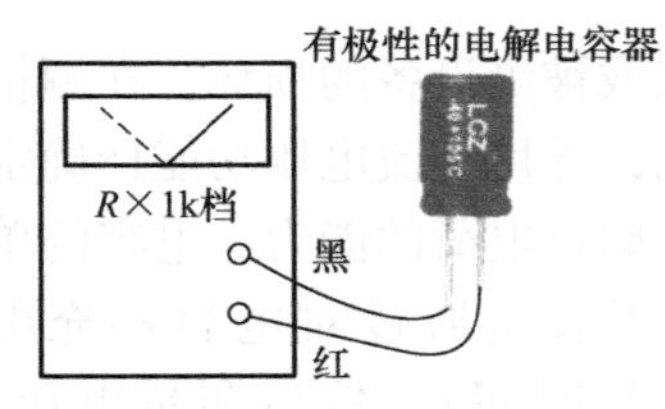

图1-24　指针式万用表测量有极性的电解电容器

扫一扫，看视频

如果测试的是大容量电解电容器，则在交换表笔进行再次测量之前，需用螺钉旋具的金属杆与电解电容器的两个引脚短接一下，放掉前一次测试中被充上的电荷，以避免因放电电流太大而导致万用表指针打弯。

测量无极性电解电容器时，万用表的红、黑表笔可以不分，测量方法与测量有极性电解电容器的方法一样。

1-34 怎样用数字万用表测量电解电容器？

用数字万用表检测电解电容器的方法与普通固定电容器一样，如图1-25所示。具体操作方法：将数字万用表调至测量电容档，将待测电容器直接连接到红、黑两个表笔进行测量，注意被测电容器的正极接红表笔、负极接黑表笔。从液晶显示屏上直接读出所测电容器的读数，即为所测电容器的容值。图1-25中测量的电容值为21.4μF。一般数字万用表只能检测0.02～100μF之间的电解电容器。

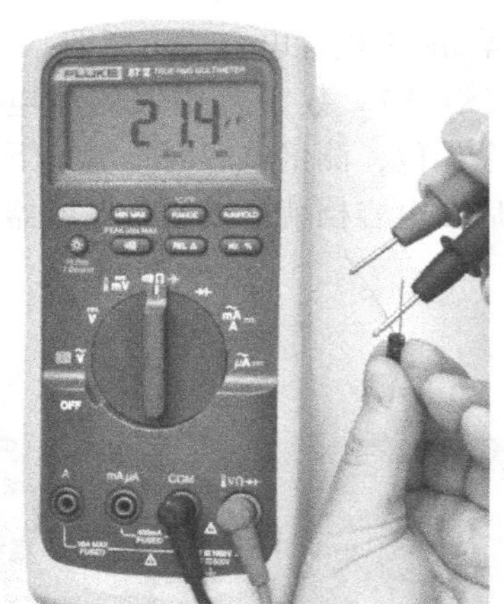

图1-25　数字万用表测量电解电容器

扫一扫，看视频

1-35 怎样用万用表测量可变电容器？

对于空气介质可变电容器，可以在转动其转轴的同时，直观检查其动片与定片之间是否有碰片情况，也可用万用表的电阻档测量。检测薄膜介质可变电容器时，可以用万用表的$R\times1k$档或$R\times10k$档，在测量其定片与各组动片之间的电阻值的同时，转动其转轴。正常时阻值应为无穷大，说明无碰片现象，也不漏电；若转动到某一处时万用表能测出一定的阻值，则说明该可变电容器存在漏电；若阻值变为零，则说明可变电容器有碰片短路故障。

1-36 怎样用万用表判别高电压电容器的好坏?

对高电压电容器好坏的判别方法如图1-26所示。

具体判别步骤如下：

1）用万用表的高电阻档（$R\times10k$ 或 $R\times100k$）检查电容器内部是否短路，也可用一根熔丝与待测电容器串联后接到220V交流电源上，若熔丝熔断，则说明内部短路，该电容器不能使用。

2）测试电容器的容量是否足够，可采用图1-26a所示电路。采用两块万用表，将其中一块的量程开关拨到电流10A档，作为电流表表头（PA）；将另一块的量程开关拨到交流电压250V档，作为电压表表头（PV）。接通电源，读出两块万用表上的读数，按以下公式即可求出被测电容器的容量：

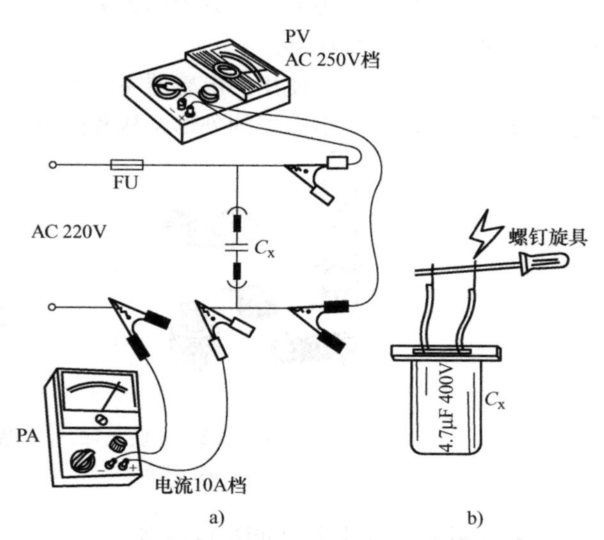

图1-26　用万用表对高电压电容器好坏的判别技巧

$$C=3180IU$$

式中　C——被测电容器 C_x 的容值，单位为μF；

I——万用表（PA）读数，单位为A；

U——万用表（PV）读数，单位为V。

3）测试完毕，断电后不要用手接触电容器的两个引脚，以免发生触电。必须用一把绝缘柄的螺钉旋具，如图1-26b所示触碰电容器的两个引线端进行放电。在接触的瞬间会有强烈的火花产生，并伴随“啪”的一声响。如果没有火花，则说明此电容器漏电严重或已损坏。

1-37 什么是电感器?

电感器一般是用导线绕成圈状制成的，所以又称电感线圈。电感器以其特有的功能和特性，在电子电路中得到了广泛应用。

所谓电感，就是用来表示自感应特性的一个量。给一个电感线圈通入电流，线圈周围就会产生磁场，线圈中就有磁通量通过。通入线圈的电流越大，磁场越强，通过线圈的磁通量就越大。电感线圈产生电磁感应能力的这一特性称为电感，它表示电感元件的磁链 ψ 与产生它的电流 i 成正比，其比例系数为常数，定义为电感 L（自感系数），是电感器的参数。

$$L=\frac{\psi}{i}$$

此式称为韦–安特性，表示在 $i-\psi$ 坐标内为通过坐标原点的一条直线。在国际单位制中，ψ 的单位为Wb。i 的单位为A，L 的单位为H，常用单位还有mH和μH。

$$1\text{H}=1\ \frac{\text{Wb}}{\text{A}}=10^3\text{mH}=10^6\mu\text{H}$$

在实际电路中，电感器也是一种基本电子元件，简称电感。因此“电感”一词既表示一个基本的物理量，又代表一种电子元件。

在电子电路中的电感器主要分为两大类：一类是应用自感原理制成的电感器，另一类是应用互感原理制成的变压器。

在电子系统中，经常使用的电感器主要有单层线圈、蜂房线圈、铁心线圈等，它们主要用于高频振荡和阻流。电感器的外形结构和图形符号如图1-27所示。

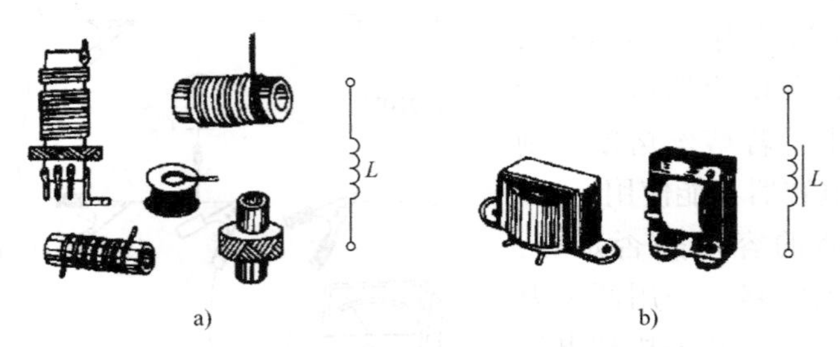

图1-27 电感器的外形结构和图形符号
a）普通电感器 b）带铁心电感器

几种常用电感器的实物如图1-28所示。

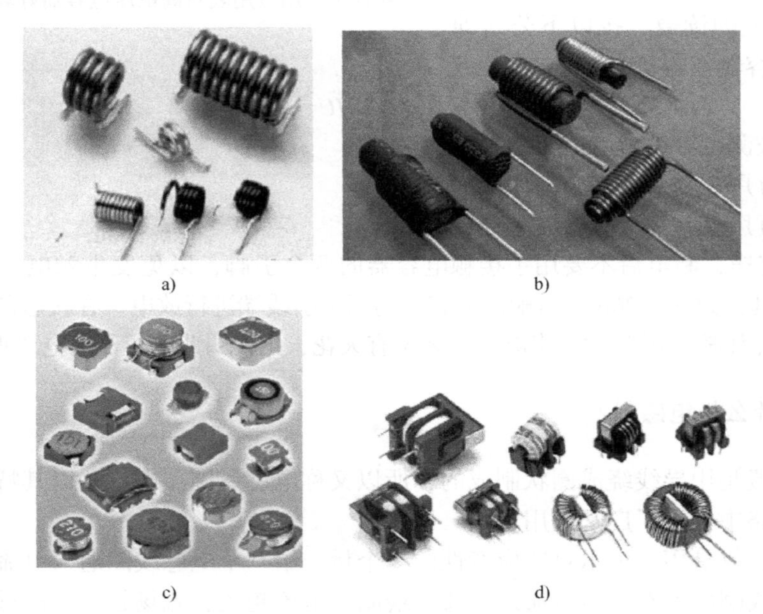

图1-28 几种常用电感器实物图
a）空心电感线圈 b）磁棒绕线电感器 c）贴片绕线电感器 d）扼流电感器

线圈的电感量与线圈的直径、圈数、绕法、线圈中是否有导磁材料有关。具有铁粉心或铁心的线圈比同样的空心线圈的电感量大得多。

1-38 电感器是如何分类的？

电子设备中常见的电感器根据实际工作的需要做成各种档次电感量的电感线圈，其形状和结构分类如下：

（1）单层线圈　对电感线圈的电感量要求不高时，多采用单层线圈，其特点是品质因数 Q 值较高，电感量小，为几 μH 至几十 μH，多用于高频电路。

（2）多层线圈　为了获得较大的电感量（超过 300 ~ 500μH），大多采用多层平绕线圈，其特点是 Q 值较低，分布电容大。

（3）蜂房式线圈　它的漆包线是按一定规律绕成的（偏转角为 19° ~ 26°），其特点是电感量较大，分布电容比多层线圈低，工作频率较高。

（4）铁粉心线圈与铁心线圈　铁粉心线圈是将铁磁体粉末拌以绝缘胶黏剂，压制成铁粉心，然后再套上线圈。近年来采用铁淦氧来代替铁粉心。铁淦氧是一种磁导率比较高的绝缘体，所以既可达到增加电感量，又不增加涡流损失的目的。

用于电源滤波器的通常是铁心线圈，它是在硅钢片叠成的铁心上绕制而成的，其电感量一般都很大，在 0.5 ~ 30H 之间。

线圈的主要参数是电感量与额定电流，使用时的电流不得超过线圈的额定电流。

1-39　电感器的型号是怎样命名的？

有关电感器型号的命名目前尚无统一规定。对于固定电感器，不少厂商采用 LG 作型号的字头，其中 L 代表主称电感，G 代表固定之意（汉语拼音的字头）；也有用 LF 作字头的，它表示是低频电感器。扼流圈常用 ZL 当型号字头，也有用 ZS 表示的。

1-40　什么是电感器的通直阻交特性？

电感线圈对直流电和对交流电的阻碍作用是不同的。对于直流电，起阻碍作用的只是线圈本身的电阻，由于线圈的直流电阻通常非常小，因此往往可以忽略不计；对于交流电，除了线圈的电阻外，电感器也起阻碍作用。这是因为交流电通过电感线圈时，电流时刻都在改变，电感线圈中必然产生自感电动势，而这个自感电动势反过来将阻碍电流的变化，这样就形成了对电流的阻碍作用。电感器对交流电的这种阻碍作用称为感抗，用 X_L 表示。电感器的感抗大小与电感器本身的电感量 L 及通过它的交流电的频率 f 有关，即

$$X_L = 2\pi fL$$

电感器的感抗是由自感现象引起的，线圈的电感量 L 越大，自感作用就越大，因而感抗也越大；交流电的频率 f 越高，电流的变化率越大，自感作用也越大，感抗也就越大。因此，电感器对于直流电来说，可以认为没有阻力（除了电感线圈本身的直流电阻）；对于交流电来说，却存在着阻力，交流电的频率 f 越高，阻力越大。这就是电感器的“通直阻交”特性。

1-41　为什么电感器中的电流不能突变？

当通过电感器电流大小发生变化时，其两端产生的自感电动势就要阻止通过的电流发生变化，因此电流大小的变化需要一个过程、一段时间。这就是电流不能突变特性。

当通过电感线圈的电流发生变化时，由于穿过电感线圈的磁通也相应地发生变化，因此线圈两端产生的感应电压随着电流的变化而变化。电流变化快，感应电压就大，反之，感应电压就小。这表明电感器的电压与通过其电流的变化率成正比，而与该时刻电流的大小无

关。这一特性称为电感器的动态特性。

基于以上这些特性，电感器在滤波器中被用来阻止交流的干扰；在谐振电路中与电容器配合构成振荡电路，如调谐电路、选频电路和阻流圈电路等；用来制作变压器，用于电压、阻抗的变换和交流信号的传递；用于电-磁或磁-电信号之间的转换等。

1-42 电感器是如何标识的？

1. 直标法

直标法是直接在电感器外壳上标出电感量的标称值，同时用字母表示额定工作电流，再用Ⅰ、Ⅱ、Ⅲ表示允许偏差参数。

如电感线圈外壳上标有C、Ⅱ、10μH，则表明电感线圈的电感量为10μH，最大工作电流为300mA，允许偏差为±10%。

2. 色标法

色码电感线圈的标注法如图1-29所示。在电感线圈的外壳上，使用色环或色点表示标称电感量和允许偏差的方法称为色标法。采用这种方法表示电感线圈的主要参数的小型固定高频电感线圈称为色码电感器。

在图1-29中，各颜色环所表示的数字与色环电阻器的标识方法相同，不再赘述，可参阅电阻色环标注法。

如某一电感线圈的色环依次为蓝、灰、红、银，则表明此电感线圈的电感量为6800μH，允许偏差为±10%。

1-43 如何用万用表测量电感器？

取一只调压器TA与被测电感器L_x和一只电位器RP按图1-30所示进行接线，便构成了一个电感量测试电路。

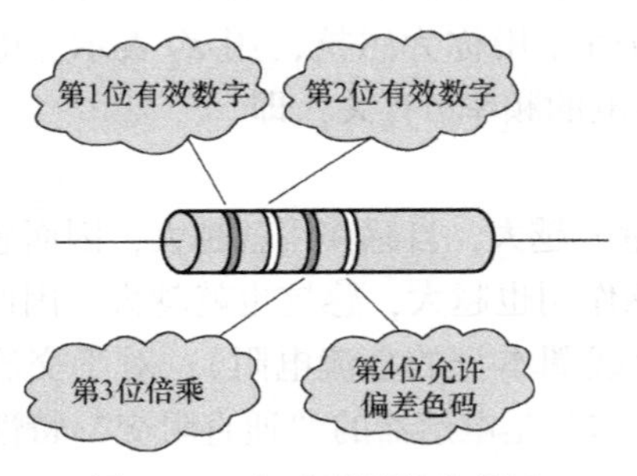

图1-29 电感线圈的色标法

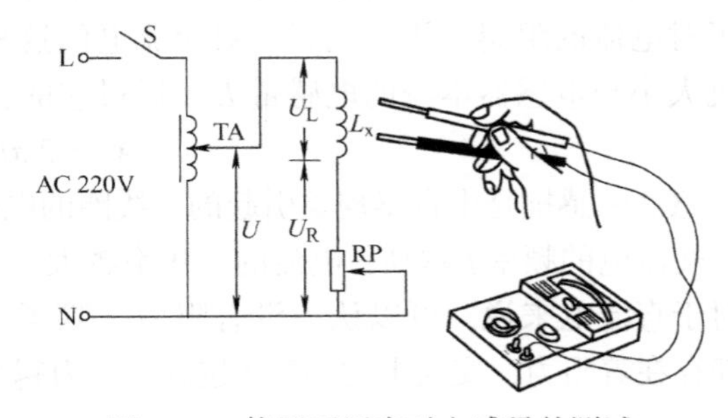

图1-30 使用万用表对电感量的测试

调节电位器RP使得其阻值为3140Ω，闭合开关S，调节调压器TA，使$U_R=10V$，通过以下公式便可计算出被测电感器的电感量：

$$L_x=\frac{RP}{100\pi}\cdot\frac{U_L}{U_R}=\frac{3140}{100\times3.14}\times\frac{U_L}{10}$$

这就是说，在上述条件下，L_x上的电压降就是它的电感量数值。如果用万用表测出U_L单位为V，则电感量的单位就是H。由于H单位很大，而一般电感器的电感量很小，故为测试方便，宜选用数字万用表的 mV 档。

对电感量的测量也可采用估测的方法。一般用于高频的电感器圈数较少，有的只有几圈，其电感量一般只有几 μH；用于低频的电感器圈数较多，其电感量可达数千 μH；而用于中频段的电感器，电感量为几百 μH。了解这些，对于用万用表所测得的结果，具有一定的参考价值。

1-44 如何用数字万用表判别电感器的好坏?

在家用电器的维修中，当怀疑某个电感器有问题时，常用简单的测试方法来判断其好坏。图 1-31 所示为磁环电感器通断测试，可通过数字万用表来进行。从图中可以看出，磁环电感器的电阻值为 0.4Ω。首先将数字万用表的量程开关拨至电阻档“通断蜂鸣”符号处，用红、黑表笔接触电感器两端，如果阻值较小，表内蜂鸣器则会鸣叫，表明该电感器可以正常使用。

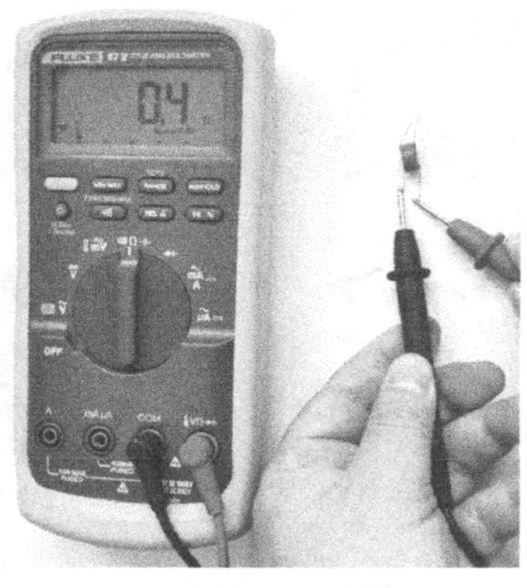

图 1-31 用数字万用表测试磁环电感器的好坏

扫一扫，看视频

扫一扫，看视频

当怀疑电感器在印制电路板上开路或短路时，在断电的状态下，可利用万用表测试电感器 L_x 的阻值。一般高频电感器的直流内阻在零点几 Ω 至几 Ω 之间；低频电感器的内阻在几百 Ω 至几 kΩ 之间；中频电感器的内阻在几 Ω 至几十 Ω 之间。测试时要注意，有的电感器圈数少或线径粗，所以直流电阻很小，这属于正常现象（可用数字万用表测量），当阻值很大或为无穷大时，表明该电感器已经开路。

当确定某只电感器确实断路时，可更换新的同型号电感器。电感器由于长时间不用，引脚有可能被氧化，这时可用小刀轻轻刮去氧化物，如图 1-32 所示。

刮去电感器引脚氧化物后，用数字万用表测量电感器直流电阻值，观察是否符合要求，如图 1-33 所示，图 1-33a 测量电感器一次线圈阻值为 112.4Ω，图 1-33b 测量电感器二次线圈阻值为 1.0Ω。

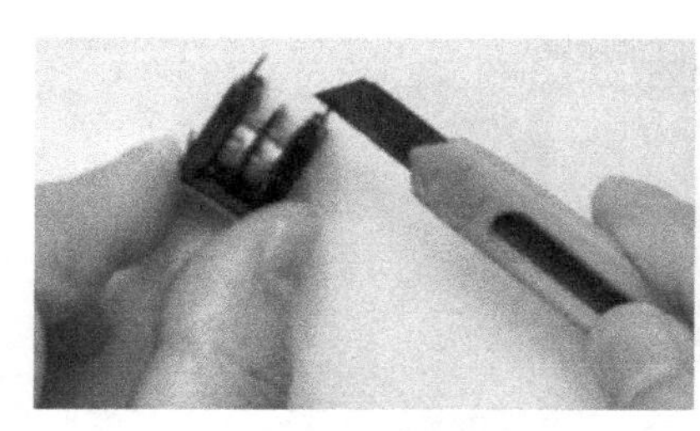

图 1-32 小刀轻轻刮去引脚氧化物

a)

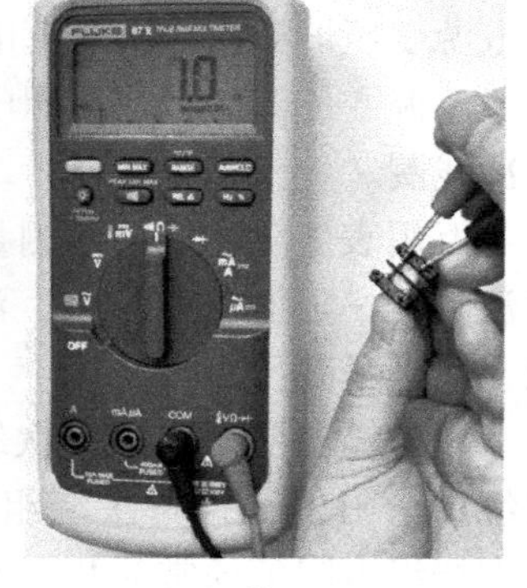

b)

图 1-33 用数字万用表测量电感器

a）测量电感器一次线圈阻值为 112.4Ω　b）测量电感器二次线圈阻值为 1.0Ω

1-45 如何用万用表检测变压器？

图1-34所示为各类变压器的实物示意图。

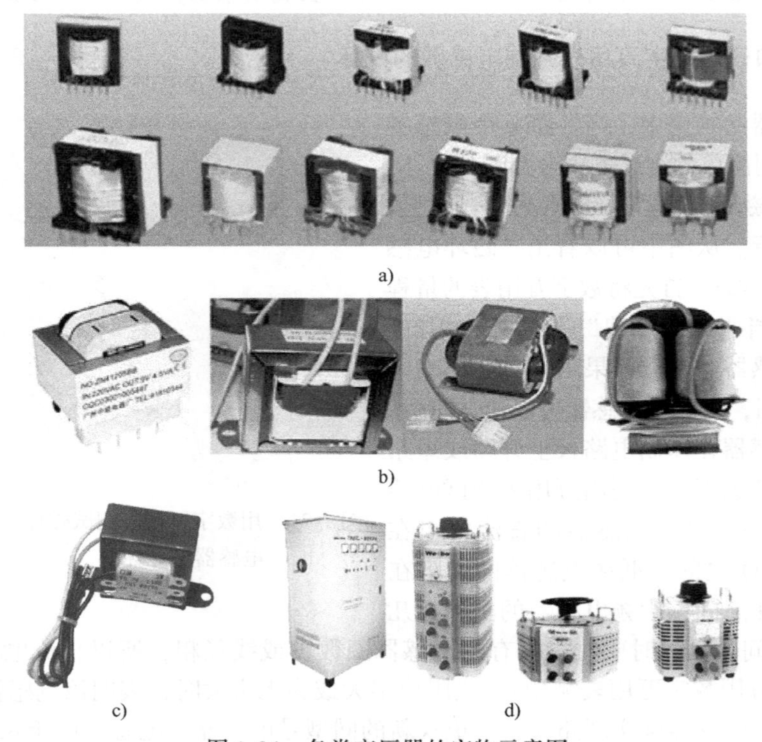

图1-34 各类变压器的实物示意图
a）高频变压器 b）电源变压器 c）音频变压器 d）调压器

1. 万用表测量变压器一次和二次线圈直流电阻

电源变压器一次绕组引脚和二次绕组引脚通常是从两侧引出的，并且一次绕组多标有220V字样，二次绕组则标出额定电压值，如15V、24V、35V等。将万用表置于$R\times1$档测量电源变压器一次线圈直流电阻，阻值应该较大，不应出现开路现象，否则是变压器损坏。降压电源变压器的一次线圈电阻应该大于二次线圈直流电阻，根据这一点还可以分辨一次、二次线圈。

万用表置于$R\times1$档测量电源变压器二次线圈直流电阻，阻值应该较小，测量不应该出现开路现象，否则是变压器损坏。

对于输出变压器，一次绕组电阻值通常大于二次绕组电阻值，且一次绕组漆包线比二次绕组细。一次绕组电阻值通常为几百Ω。如图1-35所示，将万用表$R\times10$档测量电源变压器一次线圈直流电阻，测量出的一次绕组电阻值约为600Ω。

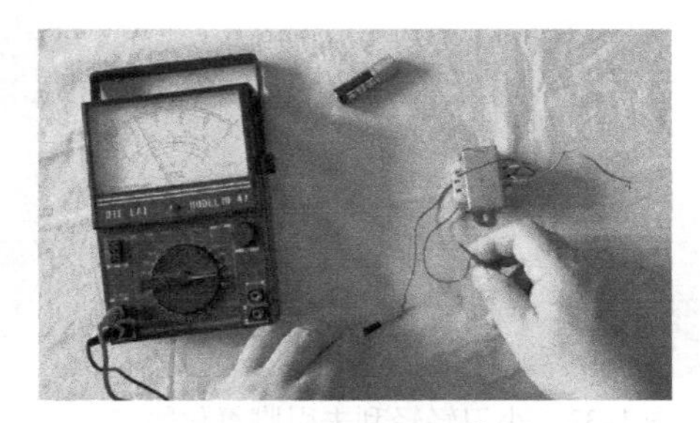

图1-35 一次绕组电阻值的测量

2. 测量变压器的二次侧空载电压

将电源变压器一次侧两接头接入 220V 交流电源，将万用表置于交流电压档，根据变压器二次侧的标称值，选好万用表的量程，依次测出二次绕组的空载电压，允许偏差范围为≤ ±5% ~10%。测量过程如图 1-36 所示。若测得输出电压升高，则表明一次线圈有局部短路故障；若二次侧的某个线圈电压偏低，则表明该线圈有短路故障。有短路故障的电源变压器工作温度会偏高。

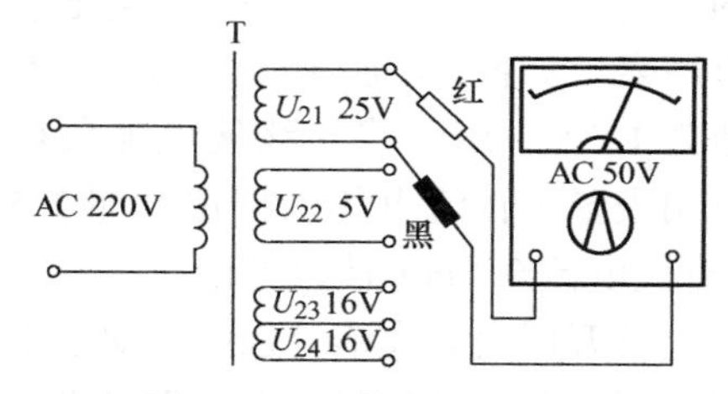

图 1-36　空载电压的测试

3. 电源变压器出现“嗡嗡”声

可用手压紧变压器的线圈，若“嗡嗡”声消失或减小，则表明变压器的铁心或线圈有松动现象，也有可能是变压器的固定位置有松动。

1-46　如何用万用表检测变压器的绝缘性能？

电源变压器的绝缘性能可用万用表的 $R\times10k$ 档或用绝缘电阻表（摇表）来测量。电源变压器正常时，其一次绕组与二次绕组之间、铁心与各绕组之间的电阻值均为无穷大。检测绕组与铁心之间的绝缘电阻时，一支表笔接变压器外壳，另一支表笔接触各线圈的一根引线，如图 1-37 所示。若测出两绕组之间或铁心与绕组之间的电阻值小于 10MΩ，则说明该电源变压器的绝缘性能不良，尤其是阻值小于几百 Ω 时表明绕组间有短路故障。

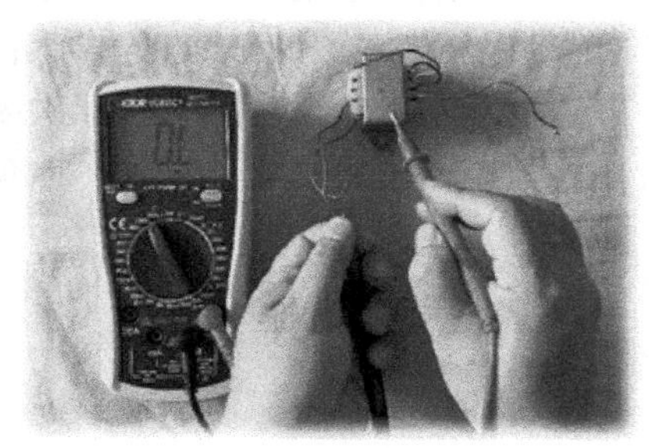

图 1-37　检测变压器绝缘性能示意图

扫一扫，看视频

1-47　如何用万用表检测变压器的通断？

用万用表 $R\times1$ 档分别测量电源变压器一次、二次绕组的电阻值。通常，降压变压器一次绕组的电阻值应为几十 Ω 至几百 Ω，二次绕组的电阻值应为几 Ω 至几十 Ω（输出电压较高的二次绕组，其电阻值也大一些）。

若测得某绕组的电阻值为无穷大，则说明该绕组已断路；若测得某绕组的电阻值为零，则说明该绕组已短路。

当二次绕组有多个时，输出标称电压值越小，其阻值应越小。

当绕组断路时，无电压输出。断路的原因有外部引线断线，引线与焊片脱焊、受潮后内部霉断等。

1-48　如何用万用表检测变压器各绕组的同名端？

检测时可以采用直流法（又叫干电池法）。如果变压器的二次绕组需要串联使用，那么必须正确连接绕组，这就要求知道各绕组的同名端。检测时准备一节干电池、一块万用表，如图1-38所示。图中，7号电池为1.5V，用手将导线接电池负极。将万用表置于直流电压低档位，如2.5V档（直流电流0.5mA档也可以）。

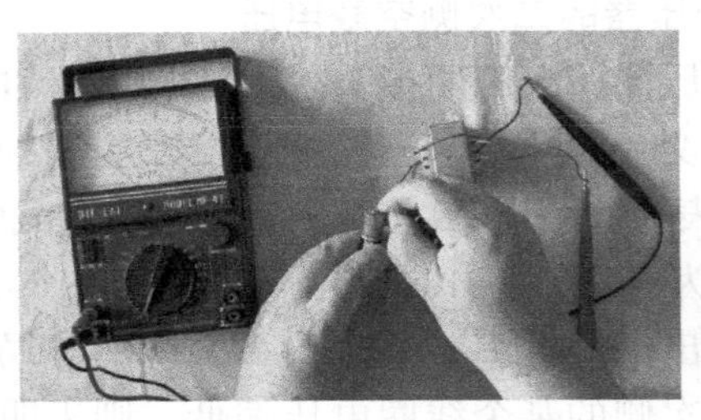

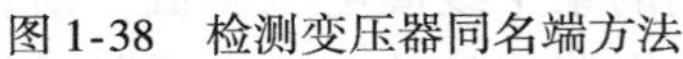
图1-38　检测变压器同名端方法

扫一扫，看视频

将万用表的表笔分别接二次绕组的两端，图1-38中红表笔接C端蓝线，黑表笔接D端黑线。当导线触碰电池正极接通的瞬间，使变压器的变化电流流过一次绕组，根据电磁感应原理可知，此时在变压器二次绕组上将产生一个时间很短的感应电压，仔细观察万用表指针，可以看到指针的摆动方向。如果指针正向偏转，则万用表的正极C端蓝线和电池的正极点所接的导线为同名端，一次侧、二次侧另外两点是同名端。若触碰电池正极接通的瞬间时，万用表指针反向偏转，则接电池正端的导线和黑线是同名端，一次侧、二次侧另外两点是同名端。

在检测过程中，要仔细观察触碰电池正极接通的瞬间万用表指针的摆动方向。当开关触碰闭合后再断开时，由于变压器一次绕组的自感作用，会产生一个反向电压，指针向相反方向摆动。所以，触碰电池正极接通时应多做几次闭合，看准万用表指针的摆动方向。

必须注意触碰电池正极不可长时间接通，以免造成线圈损坏故障。

第 2 章 半导体器件

常用的半导体器件有二极管、晶体管、场效应晶体管及集成电路等，半导体器件是构成各种电子电路最基本的元器件。学习电子技术，必须首先了解和掌握半导体器件的基本结构、工作原理、特性参数，以及器件的检测方法。

2-1 什么是二极管？

在 PN 结两端各接一条电极引出线，再将 PN 结封装在管壳里就构成二极管，亦称晶体二极管。P 区一侧引出的电极称为阳极，N 区一侧引出的电极称为阴极。图 2-1 所示为常用半导体二极管结构及电路符号示意图。

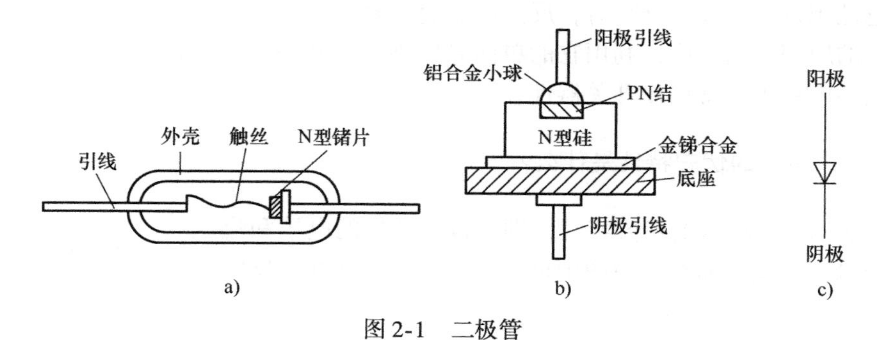

图 2-1 二极管

a）点接触型 b）面接触型 c）电路符号

二极管按其结构不同可分为点接触型和面接触型两类。点接触型二极管的 PN 结结面积小，结电容小，只能通过较小的电流，一般适用于高频或小功率电路。面接触型二极管的 PN 结结面积大，允许通过的电流大，但结电容大，可用于低频电路或大电流整流电路。

按材料的不同，二极管可分为硅二极管和锗二极管。按用途的不同，二极管又可分为普通二极管、整流二极管、稳压二极管和开关二极管等。

部分二极管的实物图如图 2-2 所示。

2-2 二极管的主要参数有哪些？

二极管的参数是正确选择和使用二极管的依据。二极管的参数很多，主要参数如下：

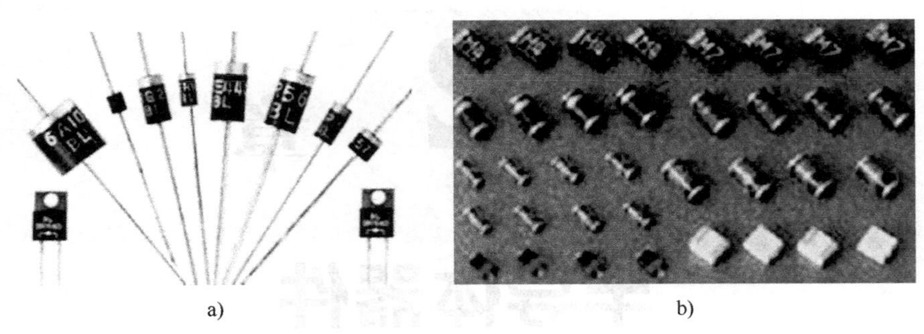

a)　　　　b)

图 2-2　部分二极管的实物图

a）普通二极管　b）贴片二极管

1. 最大正向平均电流 I_{FM}

最大正向平均电流又称最大整流电流，是指二极管长期工作时，允许通过的最大正向电流的平均值。在实际工作中，管子通过的电流不允许超过该数值，否则二极管将因 PN 结过热而损坏。

2. 最大反向工作电压 U_{DRM}

U_{DRM}是指二极管不被击穿所允许施加的最大反向工作电压。一般规定为反向击穿电压的 1/2 或 2/3。

3. 最大反向工作电流 I_{RM}

I_{RM}是指在室温下，二极管承受最大反向工作电压时的反向漏电流。其值越小，二极管的单向导电性越好。当温度升高时，反向电流会显著增加。

二极管的应用范围很广，利用它的单向导电性可组成整流、检波、限幅、钳位等电路。在脉冲和数字电路中，常用作开关器件。

2-3　二极管的伏安特性是什么？

图 2-3 所示为二极管的伏安特性，即二极管两端的电压和流过二极管的电流的关系曲线。由图中可见，它有正向特性和反向特性两部分。

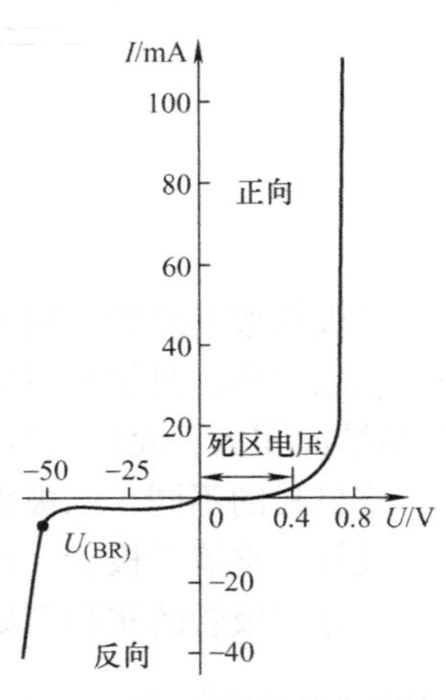

图 2-3　二极管的伏安特性

1. 正向特性

当二极管承受的正向电压很低时，外电场不足以克服内电场对多数载流子扩散运动的阻力，故正向电流 I_F很小，几乎为零。这一段所对应的电压称为死区电压或阈值电压。通常，硅二极管的死区电压约为 0.5V，锗二极管的死区电压约 0.2V。当正向电压大于死区电压后，PN 结的内电场被大大削弱，正向电流迅速增大，而正向电阻变得很小。二极管充分导通后，其特性曲线很陡，二极管两端电压几乎恒定，该电压称为二极管的正向导通电压 U_F。硅二极管的 U_F约为 0.7V，锗二极管的 U_F约为 0.3V。

2. 反向特性

二极管两端加反向电压时，外电场方向和内电场方向一致，只有少数载流子的漂移运动，形成很小的反向漏电流。由于少数载流子数目很少，在相当大的反向电压范围内，反向电流几乎恒定，故称为反向饱和电流 I_R。正常情况下，硅二极管的 I_R 在几 μA 以下，锗二极管的 I_R 较大，一般在几十至几百 μA。

2-4　什么是二极管的反向击穿特性？

当反向电压增大到一定值时，反向电流急剧增大，这一现象称为反向击穿，所对应的电压称为反向击穿电压。二极管发生反向击穿时，反向电流突然增大，如不加以限制，将会造成二极管永久性的损坏，失去单向导电的特性。因此，二极管工作时，所加反向电压值应小于其反向击穿电压。不同的二极管，其反向击穿电压也不同。

在实际工作中，为使问题简化，在电源电压远远大于二极管导通时的正向电压降时，可将二极管看成理想器件，即加正向电压时，二极管导通，正向电压降和正向电阻等于零，二极管相当于短路。加反向电压时，二极管截止，反向电流等于零，反向电阻等于无穷大，二极管相当于开路。

产生反向击穿的原因是由于外加反向电压太高时，在强电场的作用下，空穴和电子数量大大增多，使反向电流急剧增大。在反向电流和反向电压的乘积不超过 PN 结允许的耗散功率的前提下，此击穿过程是可逆的，当反向电压降低后，二极管还可恢复到原来的状态，否则二极管会因过热而烧毁。因此在实际电路中，常常要串联一个限流电阻来保护 PN 结。

2-5　二极管是如何起钳位作用的？

例1　已知电路如图 2-4 所示，VD_A 和 VD_B 为硅二极管，当 $U_A=3V$，$U_B=0V$ 时，求输出端 F 的电压值 U_F。

解　当两个二极管的阳极连在一起时，阴极电位低的二极管先导通。图中 VD_A 和 VD_B 的阳极通过 R 接在 +12V 的电源上，输入端电压 $U_A>U_B$，所以 VD_B 抢先导通，由于硅管的正向电压降为 0.7V，所以 $U_F=U_B+0.7=0.7V$。VD_B 导通后，使得 VD_A 承受反向电压而截止。在这里 VD_B 起钳位作用，把输出端的电位钳制在 0.7V。VD_A 起隔离作用，隔断了 U_A 对 U_F 的影响。

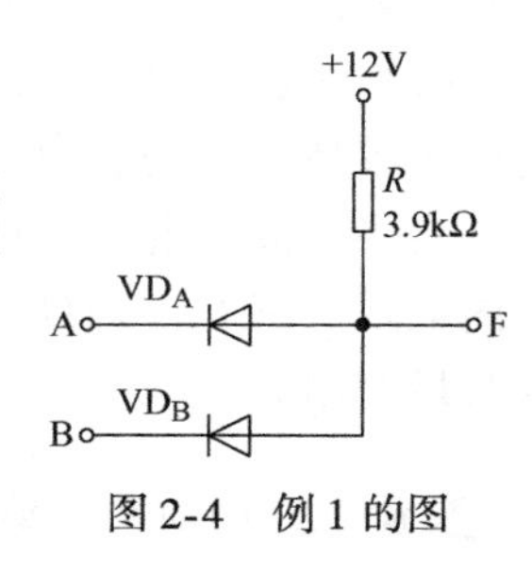

图2-4　例1的图

2-6　二极管是如何起削波作用的？

例2　电路如图 2-5a 所示，已知电源电压 $U_S=5V$，输入信号 $u_i=10\sin\omega t$，试画出输出电压 u_o 的波形。

解　分析该问题可把握两点：第一，二极管可视为理想器件，正向电阻为零，正向导通时的正向压降可忽略不计；反向电阻为无穷大，反向截止时相当于开路，反向漏电流可忽略不计。第二，确定二极管导通、截止的时刻。该题中，直流电源 U_S 对二极管施加反向电压，只有 $u_i > U_S$ 时二极管导通，相当于短路，输出电压 $u_o = U_S = 5V$；而 $u_i < U_S$ 时，二极管截止，相当于开路，输出电压 $u_o = u_i$，即与输入波形相同。经过削波的输出电压 u_o 的波形如图 2-5b 所示。

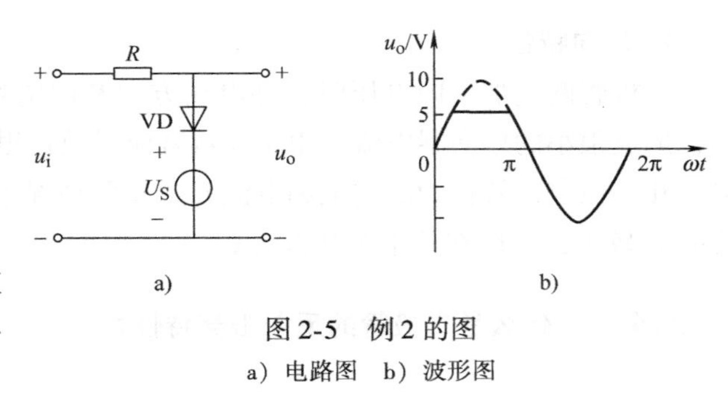

图 2-5 例 2 的图

a）电路图 b）波形图

2-7 怎样用万用表检查二极管的好坏，判别阴阳极性？

利用指针式万用表的电阻档可以简单地判别二极管的极性和判定管子质量的好坏。万用表简化地来看，就是一个表头串联一个电池。由于电池的正极应接表头的正端，所以万用表上接正端的表笔（一般是红表笔）接在电池的负极上，接负端的表笔（一般是黑表笔）通过表头接电池的正极。

用万用表测量二极管时，将万用表置于 $R\times100$ 或 $R\times1k$ 档（对于面接触型的大电流整流管可用 $R\times1$ 或 $R\times10$ 档），黑表笔接二极管阳极，红表笔接二极管阴极。这时正向电阻的阻值一般应在几十 Ω 到几百 Ω 之间。当红、黑表笔对调后，反向电阻的阻值应在几百 kΩ 以上。测量结果如符合上述情况，则可初步判定该被测二极管是好的。

如果测量结果阻值均很小，接近于零，则说明该被测管内部 PN 结击穿或已短路。反之，如果阻值均很大（接近∞），则该管子内部已断路。以上两种情况均说明该被测管已损坏，不能再使用。

当不知道二极管的极性（正、负极）时，可用上述方法判断。当阻值小时，即为二极管的正向电阻，与黑表笔相接的一端即为阳极，另一端为阴极。当阻值大时，即为二极管的反向电阻，与黑表笔相接的一端即为阴极，而另一端为阳极。

必须注意，用万用表测量二极管时不能用 $R\times10k$ 档，因为在高电阻档中，使用的电池电压比较高（有的表中用 22.5V 的电池），这个电压超过了某些检波二极管的最大反向电压，会将二极管击穿。测量时一般也不用 $R\times1$ 或 $R\times10$ 档，因为使用 $R\times1$ 档时，万用表的内电阻只有 12～24Ω，与二极管正向连接时，电流很大，容易把二极管烧坏，故测量二极管时最好用 $R\times100$ 或 $R\times1k$ 档。

2-8 如何选用整流二极管？

整流二极管主要应用在整流电路中，选用时主要应考虑整流电路的最大输入电压、输出电流、截止频率、反向恢复时间、整流电路的形式及各项参数值等，然后根据电路的具体要求选用合适的整流二极管。

1）普通串联型电源电路中可选用一般的整流二极管。应有足够大的整流电流和反向工作电压。在低电压整流电路中，所选用的整流二极管的正向电压应尽量小。

2）选用彩色电视机行扫描电路中的整流二极管时，除了考虑最高反向电压、最大整流电流、最大功耗等参数外，还要重点考虑二极管的开关时间，不能用普通整流二极管。一般可选用 FR-200、FR-206 以及 FR300~FR307 系列整流二极管，它们的开关时间小于 0.85μs。电视机的稳压电源一般为开关型稳压电源，应选用反向恢复时间短的快速恢复整流二极管，可选用 FR 系列、MUR 系列、PFR150~PFR157 系列，其反向恢复时间为 0.85μs。

3）收音机、收录机的电源部分用于整流的二极管可选用硅塑封的普通整流二极管，如 2CZ 系列、1N4000 系列、1N5200 系列。

塑封整流二极管的典型产品有 1N4001~1N4007（1A）、1N5391~1N5399（1.5A）、1N5400~1N5408（3A），主要技术指标见表 2-1，靠近色环（通常为白颜色）的引线为阴极。

表 2-1 常见塑封硅整流二极管技术指标

型号＼参数	最大反向工作电压 U_{RM}/V	额定整流电流 I_F/A	最大正向电压降 U_{FM}/V	最高结温 T_{jm}/℃	封装形式	国内参考型号
1N4001	50	1.0	≤1.0	175	DO-41	2CZ11-2CZ11J 2CZ55B-M
1N4002	100					
1N4003	200					
1N4004	400					
1N4005	600					
1N4006	800					
1N4007	1000					
1N5391	50	1.5	≤1.0	175	DO-15	2CZ86B-M
1N5392	100					
1N5393	200					
1N5394	300					
1N5395	400					
1N5396	500					
1N5397	600					
1N5398	800					
1N5399	1000					
1N5400	50	3.0	≤1.2	170	DO-27	2CZ/2-2CZ/2J 2DZ2-2DZ2D 2CZ56B-M
1N5401	100					
1N5402	200					
1N5403	300					
1N5404	400					
1N5405	500					
1N5406	600					
1N5407	800					
1N5408	1000					

2-9 如何用指针式万用表检测塑封硅整流二极管？

由于硅整流二极管的工作电流较大，因此在用万用表检测时，可首先使用 $R\times1$k 档检查其单向导电性，然后用 $R\times1$ 档复测一次，并测出正向电压降 U_F。若使用 $R\times1k$ 档测试的电流很小，测出的正向电阻应为几 kΩ 至十几 kΩ，反向电阻则应为无穷大；若使用 $R\times1$ 档测试的电流较大，正向电阻应为几 Ω 至几十 Ω，反向电阻仍为无穷大。

扫一扫，看视频

使用 500 型万用表分别检测 1N4001 （1A/50V）、1N4007 （1A/1000V）、1N5401 （3A/100V） 三种塑封整流二极管。由表 2-2 可知，该万用表 $R\times1$ 档测量负载电压的公式为 $U=0.03n'$ （V），由此可求出被测管的 U_F值。全部测量数据列入表 2-2 中。

表 2-2　实测几种硅整流二极管的数据

型　号	电阻档	正向电阻	反向电阻	n'/格	正向电压降 U_F/V
1N4001	$R\times1k$	4.4kΩ	∞	—	—
	$R\times1$	10Ω	∞	25	0.75
1N4007	$R\times1k$	4.0kΩ	∞	—	—
	$R\times1$	9.5Ω	∞	24.5	0.735
1N5401	$R\times1k$	4.0kΩ	∞	—	—
	$R\times1$	8.5Ω	∞	23	0.69

为确定二极管的耐压性能，还可用绝缘电阻表和万用表测量反向击穿电压。例如，用 ZC25－3 型绝缘电阻表和 500 型万用表的 250V 档实测一只 1N4001，$U_{BR}\approx180V>U_{RM}$ (50V)。这表明该项指标留有较大余量。

2-10 检测塑封硅整流二极管应注意哪些事项?

检测塑封硅整流二极管应注意的事项如下

1）塑封硅整流二极管的 $I_F\geqslant1A$，而 $R\times1$ 档最大测试电流仅几十 mA 至一百几十 mA，因此上述测量绝对安全。

2）测正向导通电压降时应选 $R\times1$ 档，而不要用 $R\times1k$ 档，其原因是 $R\times1k$ 档的测试电流太小，不能使整流二极管完全导通，这样测出的 U_F值明显偏低。举例说明，用 $R\times1k$ 档实测一只 1N4001 的正向电阻时，读出 $n'=15.5$ 格，由此算出 $U_F=0.03V/格\times15.5格=0.465V$，较正常值偏低许多。而用 $R\times1$ 档测得 $n'=25$ 格，$U_F=0.75V$，与正常值很接近。

3）测量最大反向工作电压 U_{RM}时，对于 1N4007、1N5399 和 1N5408 型整流二极管，所用绝缘电阻表的输出电压应高于 1000V，可选 ZC11－5、ZC11－10、ZC30－1 等型号，它们的内部直流发电机额定电压均为 2500V。对其他型号的二极管，可选用 ZC25 － 4 型 （1000V） 或 ZC25－3 型 （500V） 绝缘电阻表。

4）除塑料封装（简称塑封）整流二极管之外，还有一种玻璃封装（简称玻封）整流二极管。后者的工作电流较小，例如 1N3074～1N3081 型玻封整流二极管，其额定整流电流为 200mA，最大反向工作电压为 150～600V。

2-11 如何用数字万用表测量整流二极管?

用数字万用表测量二极管的方法如图 2-6 所示。将数字万用表置于二极管档位，黑色表笔和红色表笔分别连接到被测二极管的阴极和阳极，数字万用表显示被测二极管的正向偏压为0.5779V。如果测试笔极性反接，则仪表将显示“1”，表示不通。

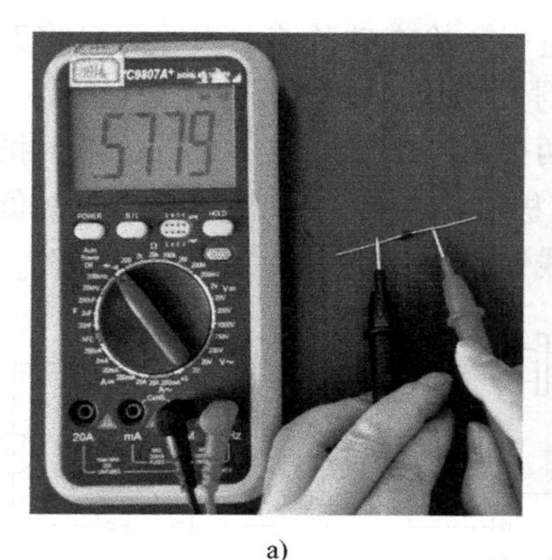

a)

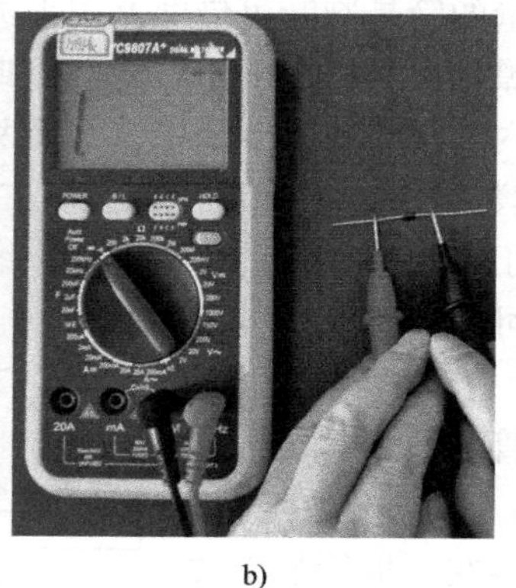

b)

扫一扫，看视频

图2-6　实际测量二极管

a）正向偏压为0.5779V　b）反向偏置显示“1”

2-12　汽车用硅整流二极管的型号编制及含义如何？其主要参数有哪些？

汽车用硅整流二极管的型号标识按国家统一规定分为三部分，其含义如下：

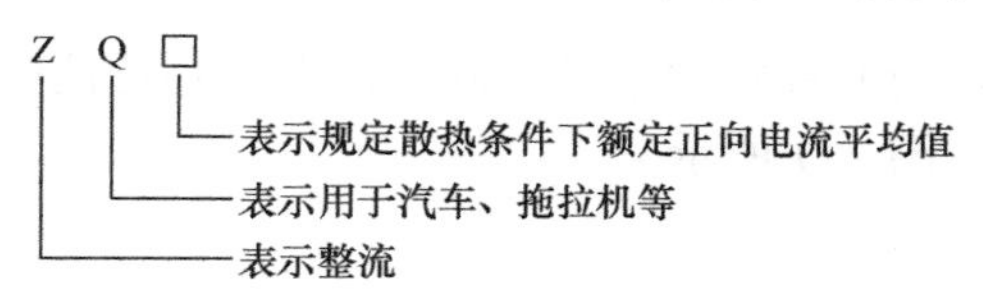

汽车用硅整流二极管的主要技术参数见表2-3。

表2-3　汽车用硅整流二极管的主要技术参数

型号	参数						
	额定正向平均电流/A	5分钟正向过载平均电流/A	反向不重复峰值电压/V	反向不重复平均电流/mA	通态平均电压/V	额定结温/℃	额定结温升/℃
ZQ10	10	12.5	≥200	≤2	≤0.60	150	75
ZQ15	15	20	≥200	≤3	≤0.60	150	75
ZQ20	20	25	≥200	≤4	≤0.60	150	75
ZQ30	30	40	≥200	≤5	≤0.60	150	75
ZQ50	50	65	≥200	≤6	≤0.60	150	75

注：1. 反向不重复峰值电压的80%称为反向重复峰值电压；50%为反向工作峰值电压，相应的漏电流称为反向重复平均电流及反向工作平均电流。

2. 特殊需要时，参数由用户与制造商协商制订。

汽车用硅整流二极管的质量可通过各项试验检查确定，其中器件的伏安特性是检查的主要项目。反向工作峰值电压为最高测试峰值电压的1/2。

2-13 怎样判断汽车用硅整流二极管质量的好坏？

汽车用硅整流二极管质量的简易判断可借助万用表进行。检查硅整流二极管时可将万用表的红色表笔搭在外壳上，黑色表笔搭在引出线上，这时万用表指示读数应在8～10Ω。如果读数很大，则说明二极管内阻很大，不能使用。交换两根表笔的接触点，则万用表的指示读数应大于10000Ω。如果读数很小或等于零，则说明二极管已击穿，不能使用。检查负二极管时，其结果应相反。由于二极管在测量电阻时呈非线性，故这种方法并不十分准确。

汽车用硅整流二极管也可用直接通电的方法检查，如图2-7所示。检查硅整流二极管时，将蓄电池正极接在二极管引线上，负极接在二极管外壳上，灯泡应亮；将蓄电池的正极接在二极管的外壳上，负极接在二极管的引线上，灯泡应不亮。检查反向二极管时，将蓄电池正极接在二极管引线上，负极接在二极管外壳上，灯泡应不亮；将蓄电池正极接在二极管外壳上，负极接在二极管引线上，灯泡应亮。否则，说明二极管已损坏，不能使用。

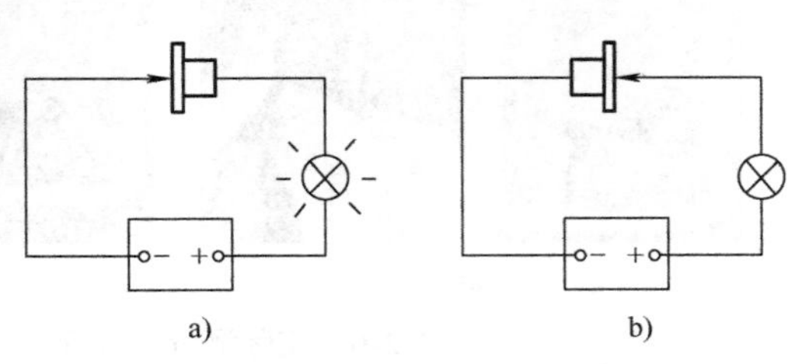

图2-7 硅整流二极管的通电检查

2-14 什么是稳压二极管？

稳压二极管是一种特殊的面接触型半导体硅二极管，其特性曲线和符号如图2-8所示。稳压二极管的实物图如图2-9所示。

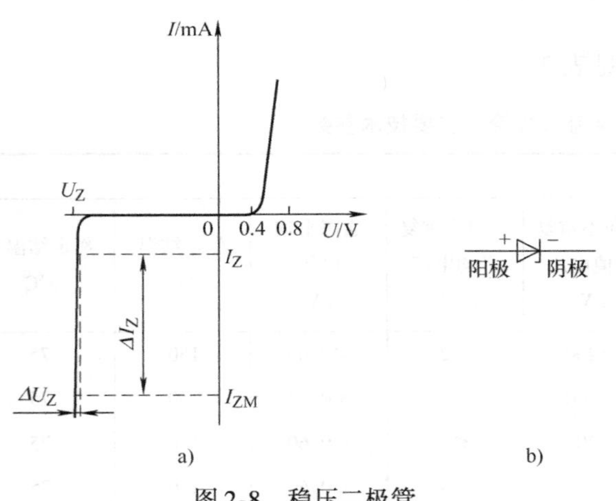

图2-8 稳压二极管
a）伏安特性曲线 b）符号

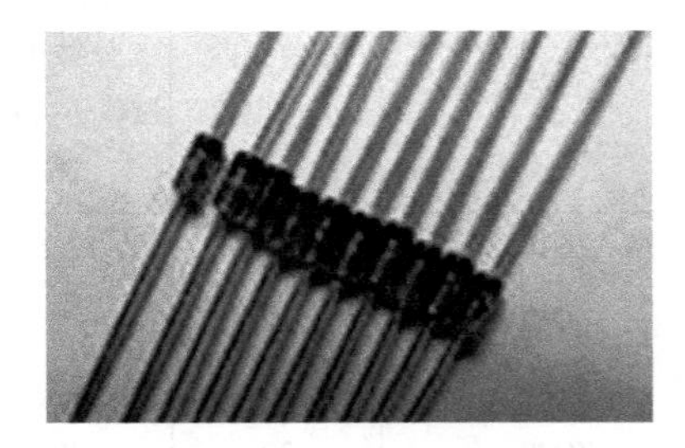

图2-9 稳压二极管的实物图

稳压二极管的伏安特性与普通二极管相似，但反向击穿电压小，反向击穿区的伏安特性十分陡峭。在反向击穿状态下，反向电流在很大范围内变化时，稳压二极管两端电压变化很小，从而起到稳压作用。这时稳压二极管两端的电压U_Z称为稳定电压。与稳压二极管稳压范围所对应的电流为I_{Zmin}～I_{Zmax}，如果工作电流小于I_{Zmin}，则电压不能稳定，若工作电流大于I_{Zmax}，则稳压二极管将因过热而损坏。

2-15 稳压二极管的主要参数有哪些？

1. 稳定电压 U_Z

稳定电压是指稳压二极管反向击穿后的稳定工作电压值。

2. 稳定电流 I_Z

稳定电流 I_Z 是指稳压管正常稳压时的一个参考电流值。稳压二极管的工作电流大于稳定电流，才能保证稳压二极管有较好的稳压性能。

3. 动态电阻 r_Z

在稳压范围内，稳压二极管两端电压的变化量 ΔU_Z 与对应的电流变化量 ΔI_Z 之比称为动态电阻，即

$$r_Z = \frac{\Delta U_Z}{\Delta I_Z}$$

稳压二极管的动态电阻越小，其稳压性能越好。

4. 电压温度系数 α_U

环境温度每变化 1℃，稳定电压 U_Z 的相对变化量称为电压温度系数，即

$$\alpha_U = \frac{\Delta U_Z}{U_Z \Delta T} \times 100\%$$

电压温度系数越小，温度稳定性越好。通常，稳定电压低于 6V 的管子，α_U 是负值，高于 6V 的管子，α_U 是正值。稳定电压在 6V 左右的管子，电压温度系数接近于零。

2-16 怎样用万用表判断稳压二极管的好坏？

当使用万用表 $R\times1k$ 档以下测量稳压二极管时，由于表内电池电压为 1.5V，这个电压不足以使稳压二极管击穿，所以测量稳压二极管正、反向电阻时，其阻值应和普通二极管一样。

扫一扫，看视频

稳压二极管的主要直流参数是稳定电压 U_Z。要测量其稳压值，必须使管子进入反向击穿状态，所以电源电压要大于被测管的稳定电压 U_Z。这样，就必须使用万用表的高电阻档，例如 $R\times10k$ 档。这时表内电池是 10V 以上的高电压电池，例如 500 型是 10.5V，108－1T 型是 15V，MF－19 型是 15V。

当万用表量程置于高电阻档后，测稳压二极管的反向电阻，若实测阻值为 R_x，则稳压值为

$$U_x = E_g R_x / (R_x + nR_0)$$

式中　n——所用档位的倍率数，如所用万用表最高电阻档是 $R\times10k$，则 $n=10000$；

R_0——万用表中心阻值，例如 500 型是 10Ω，108－1T 型是 12Ω，MF－19 型是 24Ω；

E_g——所用万用表最高档的电池电压值。

用 108－1T 型万用表测一只 2CW14。该表 $R_0=12\Omega$，在 $R\times10k$ 档时 $E_g=15V$，实测反向电阻为 95kΩ，则

$$U_O = 15\times95\times10^3/(95\times10^3+10^4\times12) = 6.64V$$

如果实测阻值 R_x 非常大（接近∞），则表示被测管的 U_Z 大于 E_g，无法将被测稳压二极管击穿。如果实测时阻值 R_x 极小，则是表笔接反了，这时只要将表笔互换就可以了。

2-17 如何选用稳压二极管？

1）稳压二极管一般用在稳压电源中作为基准电压源，工作在反向击穿状态下，使用时注意阴阳极的接法，二极管阳极与电源负极相连，阴极与电源正极相连。选用稳压二极管时，要根据具体电子电路来考虑，简单的并联稳压电源，输出电压就是稳压二极管的稳定电压。晶体管收音机的稳压电源可选用2CW54型的稳压二极管，其稳定电压达6.5V即可。

2）稳压二极管的稳压值离散性很大，即使同一厂商同一型号的产品其稳定电压值也不完全一样，这一点在选用时应注意。对于要求较高的电路，在选用前应对稳压值进行检测。

3）使用稳压二极管时应注意，二极管的反向电流不能无限增大，否则会导致稳压二极管过热损坏。因此，稳压二极管在电路中一般需串联限流电阻。在选用稳压二极管时，如需要稳压值较大的管子，而维修现场又没有，则可用几只低稳压值的管子串联使用。当需要稳压值较低的管子而又买不到时，可以用普通硅二极管正向连接代替稳压二极管使用。比如用两只2CZ82A硅二极管串联，可当作一个1.4V的稳压二极管使用，但稳压二极管一般不得并联使用。

4）2DW7型有三个电极的稳压二极管是将两个稳压二极管相互对称地封装在一起，使两个稳压二极管的温度系数相互抵消，从而提高管子的稳定性。这种三个电极的稳压二极管的外形很像晶体管，选用时要注意引脚的接法，一般接两端，中间悬空。

5）对用于过电压保护的稳压二极管，其稳定电压要依据保护电压的大小选用。其稳定电压值不能选的过大或过小，否则起不到过电压保护的作用。

6）在收录机、彩色电视机的稳压电路中，可以选用1N4370型、1N746～1N986型系列稳压二极管。在电气设备和其他无线电电子设备的稳压电路中可选用硅稳压二极管，如2CW100～2CW121系列型稳压二极管。

2-18 什么是发光二极管？

发光二极管（LED）通常是用砷化镓、磷化镓等制成的一种新型器件。它具有工作电压低、耗电少、响应速度快、抗冲击、耐振动、性能好以及轻而小的特点，被广泛应用于单个显示电路或制作成七段矩阵式显示器。而在数字电路实验中，常用作逻辑显示器。

发光二极管是一种能发光的二极管，和普通二极管一样，它也是由一个PN结组成的，并具有单向导电性能。当给发光二极管加上正向电压后，PN结的空间电荷势垒降低，载流子的扩散运动大于漂移运动，致使P区的空穴注入N区，N区的电子注入P区，双方注入的电子和空穴相遇后就会产生复合。电子和空穴复合时，就会释放出能量，对发光二极管来说，复合时释放的能量大部分以光的形式出现。常见发光二极管的外形和符号如图2-10所示。

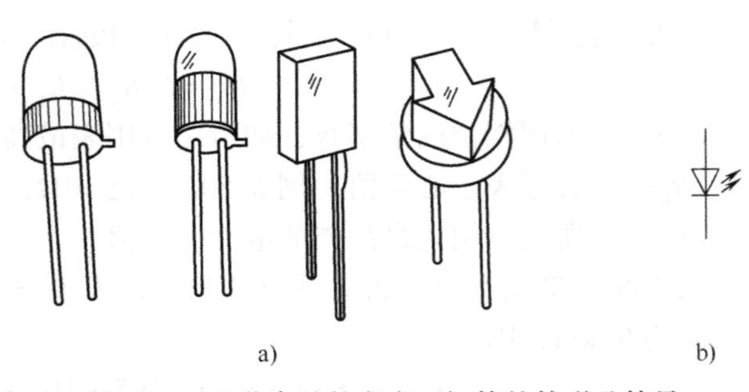

图2-10　几种常见的发光二极管的外形及符号
a）常见的发光二极管外形　b）发光二极管的图形符号

常见的发光二极管实物如图2-11所示。

发光二极管的种类很多，从发光颜色来分，有发红光的磷砷化镓、砷铝镓、磷化镓发光二极管；发黄光的碳化硅发光二极管；发绿光的磷化镓、砷化镓发光二极管以及发蓝光和发紫光的发光二极管。此外，还有红外发光二极管和变色发光二极管（见图2-12）等。

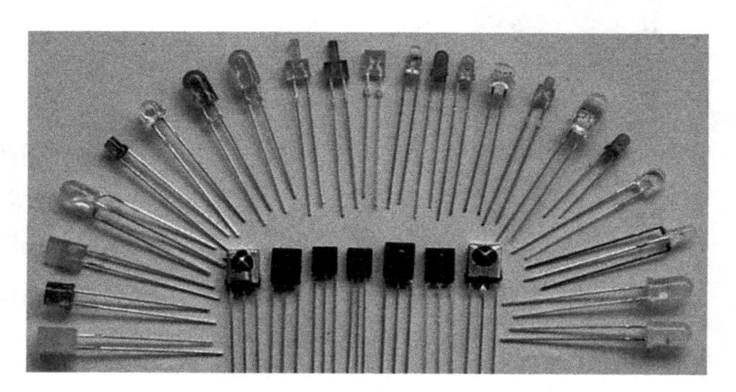

图2-11　常见的发光二极管实物图

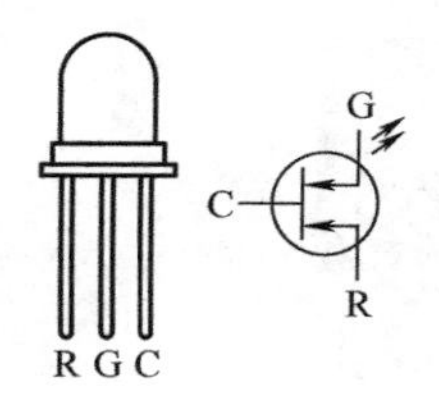

图2-12　变色发光二极管外形及电路图形符号

发光二极管引脚的识别：一般来讲，引线较长的为阳极，较短的为阴极。对于金属壳封装的发光二极管，靠近凸块的引线为阳极，另一条引线为阴极。但是也有发光二极管没有上述特征可辨，尤其是从旧设备上拆下来的，或因引脚剪短，或因管帽凸块碰掉，这时可以用万用表检测。其方法是：将万用表的档位开关拨在“$R\times10k$”档，如果发光二极管是好的，指针指示值为50～80kΩ，则红表笔接的是发光二极管的阴极，黑表笔接的是阳极；如果万用表读数大于400kΩ，则红表笔接的引脚为阳极，黑表笔接的为阴极。

2-19　如何选用发光二极管?

1）选用发光二极管时，可根据要求选择发光二极管的颜色，通常电源指示灯可选择红色。根据安装位置，选择管子形状和尺寸。

2）更换发光二极管时，焊接时间不宜过长、温度不宜过高，以免损坏发光二极管，其工作电压不论是交流还是直流均可。

2-20　如何用数字万用表测量发光二极管?

在进行测量时，将数字万用表置于“二极管”档，红表笔接发光二极管的阳极，黑表笔接阴极，此时不仅显示屏显示1.655V左右的数值，而且发光二极管可以发出较弱的光，调换表笔后发光二极管不能发光，万用表的显示屏显示的数值为“OL”，即反向截止阻值变为无穷大，说明被测发光二极管是正常的，如图2-13所示。若阻值异常或发光二极管不能发光，则说明该发光二极管已损坏。

2-21　什么是光电耦合器?

光电耦合器是由发光二极管和光敏元件组合起来的四端器件。其输入端通常用发光二极管实现电光转换；输出端为光敏元件（光敏电阻、光电二极管、光电晶体管、光电池等）实现光电转换，两者面对面地装在同一管壳内。

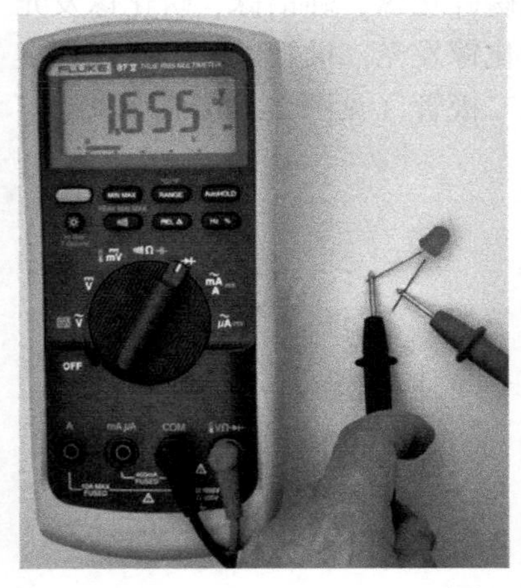

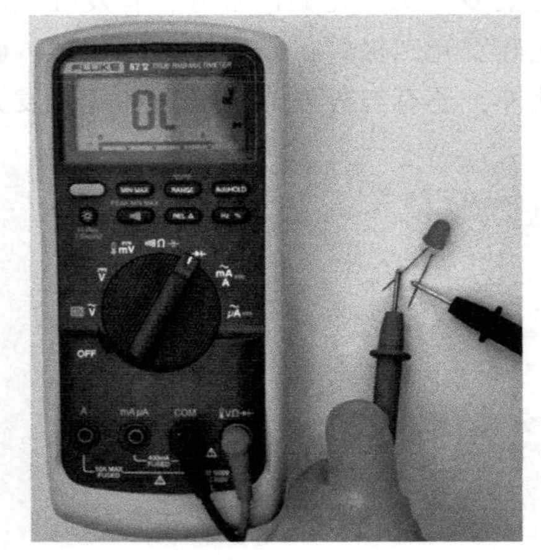

扫一扫，看视频

图 2-13　数字万用表测量发光二极管

光电耦合器是一种以光为媒介传输信号的复合器件。通常是把发光器（可见光 LED 或红外线 LED）与受光器（光电半导体管）封装在同一管壳内。当输入端加电信号时发光器发出光线，受光器接受光照之后就产生光电流，从输出端流出，从而实现了“电-光-电”转换。光电耦合器有管式、双列直插式和光导纤维式等多种封装，其种类达几十种。光电耦合器的分类及内部电路如图 2-14 所示。

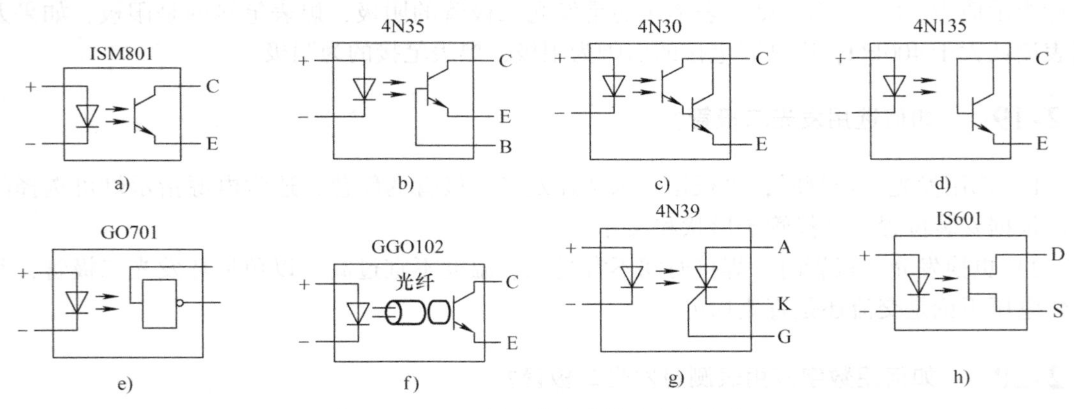

图 2-14　光电耦合器的分类及内部电路

a）通用型（无基极引线）　b）通用型（有基极引线）　c）达林顿型　d）高速型
e）光集成电路　f）光纤型　g）光电晶闸管型　h）光电场效应管型

2-22　如何检测光电耦合器?

利用万用表检测光电耦合器分为以下几个步骤：

1）用 $R\times100$（或 $R\times1k$）档测量发射管的正、反向电阻，检查单向导电性。

2）分别测量接收管的集电结与发射结的正、反向电阻，均应单向导电，然后测量穿透电流 I_{CEO}应等于零。

3）用 $R\times10k$ 档检查发射管与接收管的绝缘电阻应为无穷大。有条件者最好使用绝缘电阻表实测绝缘电阻值，但绝缘电阻表的额定电压不得超过光电耦合器的绝缘电压 U_{DC} 的值，测量时间不超过 1min。

举例说明：测量一只4N35 型光电耦合器，其外形及内部电路如图2-15 所示。它属于通用型光电耦合器，采用双列直插式6 脚封装，靠近黑圆点处为第1 脚，第3 脚为空脚（NC）。

（1）检测发射管　选择500 型万用表的 $R\times100$ 档，按照图2-16 所示电路测量发射管正向电阻为 1.92kΩ，对应于 $n'=33$ 格，因此 $U_F=0.03n'=0.03\times33=0.99V$。交换表笔后再测反向电阻应为无穷大。

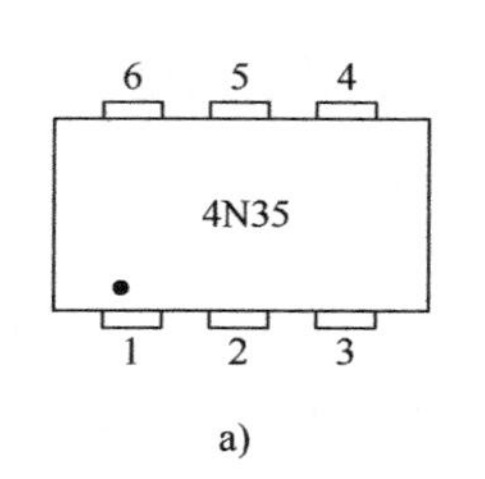

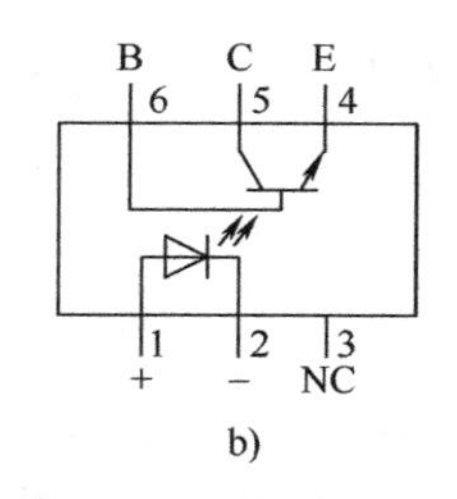

a)　　b)

图2-15　4N35 型光电耦合器

a）外形　b）内部电路

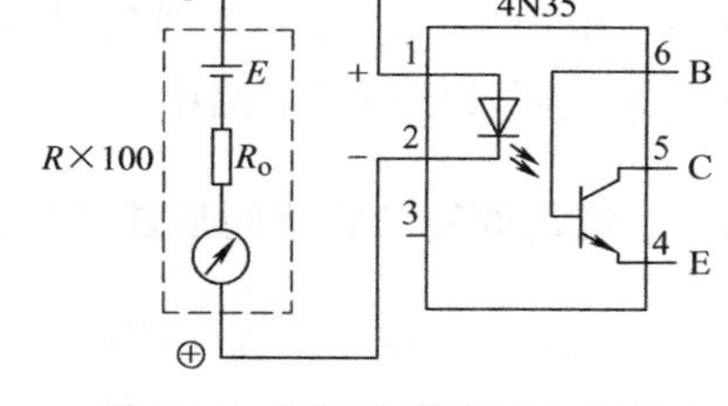

图2-16　测量发射管正向电阻

（2）检测接收管　将黑表笔接 B 极，红表笔依次接 C 极、E 极，电阻值分别为 820Ω（$n'=22.5$ 格），850Ω（$n_2'=23$ 格）。由此计算出 $U_{BC}=0.03n'=0.675V$，$U_{BE}=0.03n_2'=0.69V$，证明接收管为硅管。另测 C-E 极间电阻应为无穷大，说明 $I_{CEO}=0$。

将其插在面包板上，测得 $R_B=100k\Omega$，实测 $h_{FE}=305$，证明接收管的放大能力比较强。

（3）测量绝缘电阻　先用 $R\times10k$ 档测量1－6、2－4 脚之间的绝缘电阻均为无穷大，然后用ZC11－5 型绝缘电阻表（额定电压2500V）测得绝缘电阻大于10000MΩ（即 $10^{10}\Omega$），证明被测光电耦合器质量良好。

注意：达林顿型光电耦合器中接收管的 h_{FE} 值一般可达几千倍，例如实测 4N30 型光电耦合器，$h_{FE}=2250$。根据这一点可区分通用型与达林顿型光电耦合器。

2-23 什么是变容二极管？

变容二极管在电路中能起到可变电容的作用，其结电容随反向电压的增加而减小。变容二极管主要用于高频电路中。

二极管的 PN 结存在着电容。PN 结空间电荷区的厚薄随着外加电压而改变，当二极管两端加正向电压时，由于外加电场与结电场方向相反，相当于电荷存入 PN 结；当加反向电压时，由于外加电场与结电场方向一致，相当于 PN 结放出电荷。因此二极管的 PN 结等效于一只电容器，称这个电容为结电容，如图 2-17a 所示，变容二极管的符号如图 2-17b 所示。

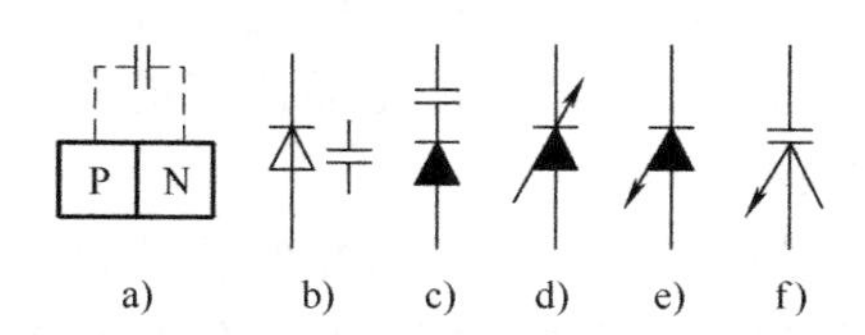

图2-17　变容二极管的结电容及电路符号

a）结电容示意图　b）电路符号

c）～f）国外变容二极管图形符号

变容二极管有点接触型和面接触型两种。当PN结为点接触时，结电容小，所以点接触变容二极管常用于检波。这是因为结电容使高频信号很容易通过，反向电流也变得很大，破坏了二极管的单向导电特性，降低了检波效率，且使检波失真增大。面接触型变容二极管不但有较大的结电容，而且要求有一定的可变电容范围，它能代替各种可变电容器。

就制作材料而言，变容二极管有锗材料的（如2AC型），也有硅材料的（如2CC型），还有2EC型的砷化镓变容二极管（如2EC12EA～2EC13C、2ECA～2ECE等）。从变容二极管的$C_j - V_R$曲线变化规律来看，又可分为缓变型、突变型和超突变型三类，其参数可参阅使用说明书。

变容二极管的容量受控于所加反向电压，因而常用电位器调节电压来控制变容二极管的容量变化，并用多圈电位器与它串联，实现电容量变化的目的。目前，变容二极管已广泛应用于收录机、电视机、录像机、通信设备及各种电子测量设备中，还用于调谐、放大、振荡、自动频率微调及倍频等电路中。

2-24 选用变容二极管时应注意什么？

1）变容二极管是专门作为压控可变电容器的特殊二极管，它有很宽的容量变化范围及很高的Q值。变容二极管的导电特性与检波二极管相似，但结构却不同。变容二极管为获得较大的结电容和较宽的可变范围，多用面接触型和台面型结构。

2）变容二极管适用于电视机的电子调谐电路；在调频收音机的AFC电路中，也可作为压控可变电容在振荡回路中使用。通常要求变容二极管在同一变化的电压下容量的变化相同。

3）选用变容二极管时，要注意结电容和电容变化范围。变容二极管在同型号中有不同的规格，区别方法是在管壳中用不同的色点或字母表示。

4）使用变容二极管时，要避免变容二极管的直流控制电压与振荡电路直流供电系统之间相互影响，通常采用电感或大电阻进行两者的隔离。

5）变容二极管的工作点要选择合适，即直流反偏电压要选择恰当。一般要选用相对容量变化大且反偏电压小的变容二极管。

2-25 什么是晶体管？它在结构上有何特点？

半导体晶体管亦称晶体三极管，通常简称为晶体管或三极管。

晶体管是放大电路的核心器件。晶体管的出现给电子技术的应用开辟了更宽广的道路。部分常见晶体管的实物如图2-18所示。

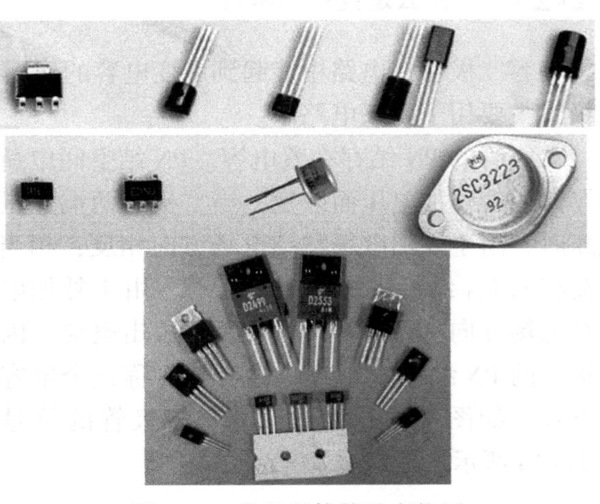

图2-18　常见晶体管的实物图

晶体管是由两个PN结构成的。按PN结组合方式的不同，其可分为NPN型和PNP型两种，其结构示意图和图形符号如图2-19所示。

晶体管有三个导电区，即发射区、集电区和基区。发射区掺杂浓度较高，其作用是发射载流子；集电区掺杂浓度低于发射区，其作用是收集载流子；基区掺杂浓度很低，且比发射区、集电区薄得多，起控制载流子的作用。发射区与基区之间形成的PN结称为发射结，集电区与基区之间形成的PN结称为集电结。从相应的三个区引出的电极分别称为发射极E、集电极C和基极B。

根据半导体材料不同，晶体管有硅管和锗管之分。目前我国生产的硅管大多为NPN型，锗管大多为PNP型。由于硅晶体管的温度特性较好，应用也较多。对于PNP型晶体管，其工作原理与NPN型晶体管相似，不同之处仅在于使用时工作电源的极性相反。

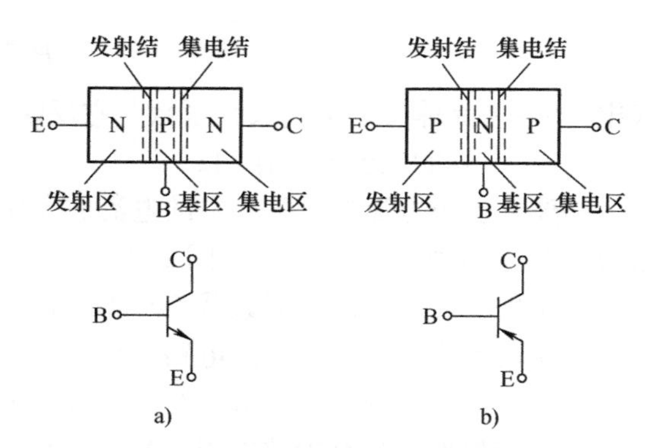

图2-19　晶体管的结构示意图及图形符号
a）NPN型　b）PNP型

2-26　晶体管的电流是如何分配的？

在图2-20所示的实验电路中，电源U_{BB}使发射结承受正向偏置电压，电源电压U_{CC}大于U_{BB}，使集电结承受反向偏置电压。当改变基极电阻R_B时，不仅基极电流I_B发生变化，集电极电流I_C和发射极电流I_E也随之有较大的变化。实验测得的数据见表2-4。

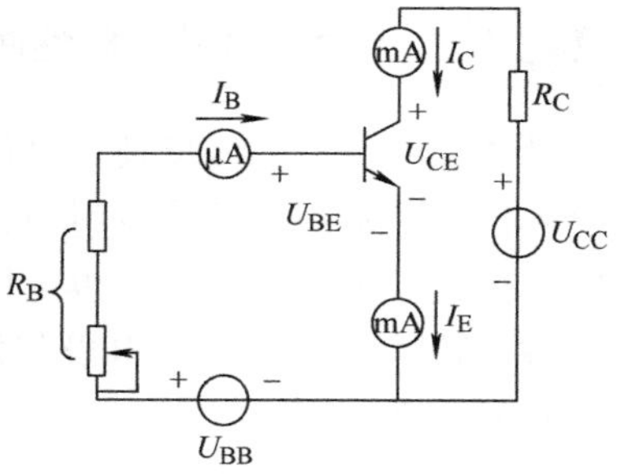

表2-4　晶体管电流分配表

I_B/mA	0	0.02	0.04	0.06	0.08	0.10
I_C/mA	<0.001	1.18	2.35	3.54	4.72	5.90
I_E/mA	<0.001	1.20	2.39	3.60	4.80	6.00

图2-20　晶体管电流放大实验电路

由表中数据可得知I_B、I_C、I_E有如下关系：

三个极的电流始终符合基尔霍夫定律，即

$$I_E = I_C + I_B$$

且I_B与I_E、I_C相比小得多，因而$I_E \approx I_C$。

2-27　什么是晶体管的电流放大系数？

晶体管的主要特点是具有电流放大功能。

1）I_B增大时，I_C按比例相应增大。从表2-4中第三列和第四列的数据可以得到证明

$$\frac{I_{C3}}{I_{B3}} = \frac{2.35}{0.04} = 58.5$$

$$\frac{I_{C4}}{I_{B4}} = \frac{3.54}{0.06} = 59$$

2）基极电流较小的变化量ΔI_B，可以引起集电极电流较大的变化量ΔI_C，两者变化量在一定范围内保持比例关系，即

$$\beta=\frac{\Delta I_C}{\Delta I_B}$$

式中 β——晶体管的电流放大系数，它反映了I_B对I_C的控制能力，这种控制能力称为晶体管的电流放大作用。

晶体管各极电流的分配和它的电流放大作用是由内部载流子的运动规律决定的。由图2-21可知，电源U_{BB}使发射结正偏，发射区内的多数载流子不断越过发射结注入基区，从而形成电子电流，外电路就是发射极电流I_E。由于基区很薄，空穴浓度又很低，注入基区的电子大部分扩散到集电结附近，只有少数电子与基区的空穴复合。电源U_{BB}从基区抽走电子来补充空穴，从而形成了基极电流I_B。电源U_{CC}使集电结反偏，保证了结电场对注入基区电子的加速作用，使电子越过集电结，被集电极收集而形成集电极电流I_C。

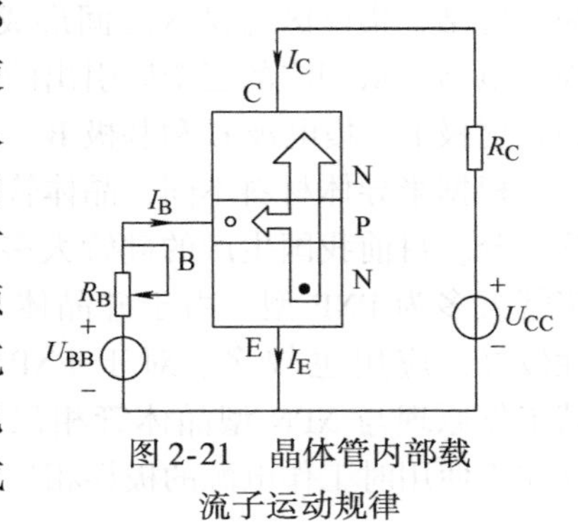

图2-21 晶体管内部载流子运动规律

综上所述，晶体管起到放大作用所必须具备的外部条件是：发射结正向偏置，集电结反向偏置。

2-28 晶体管的输入特性曲线是什么？

晶体管的特性曲线反映了晶体管各极电压与电流之间的关系，是分析晶体管相关电路的重要依据。最常用的是共发射极接法时的输入特性曲线和输出特性曲线。特性曲线可用晶体管图示仪直观地显示出来，也可用实验电路进行测绘。

输入特性曲线是当集电极与发射极之间的电压U_{CE}保持不变时，基极电流与基-射极电压之间的关系，即

$$I_B=f(U_{BE})\mid_{U_{CE}=\text{常数}}$$

其特性曲线如图2-22所示。

当$U_{CE}\geqslant1V$时，晶体管处于放大状态，基极电流的变化主要受U_{BE}的控制，而U_{CE}对I_B的影响则很小，所以$U_{CE}\geqslant1V$以后的输入特性基本上是重合的。

晶体管的输入特性和二极管的伏安特性相似，也有一段死区，硅管的死区电压约为0.5V，锗管的死区电压约为0.2V。当发射结外加电压大于死区电压时，晶体管才完全进入放大状态。在正常工作情况下，硅管发射结的正向电压降约为0.7V，锗管发射结的正向电压降约为0.3V。

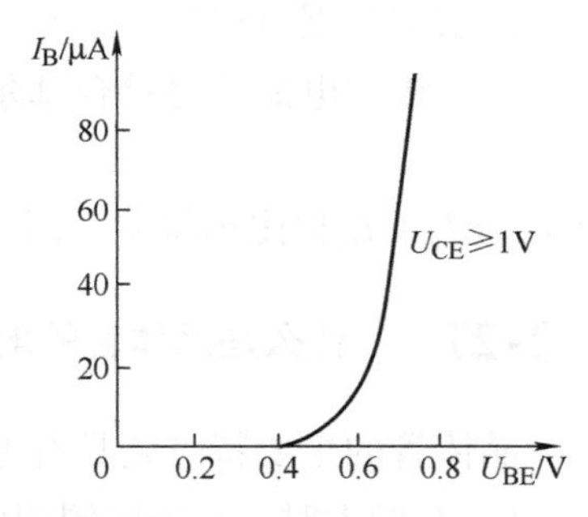

图2-22 晶体管输入特性曲线

2-29 晶体管的输出特性曲线是什么？

输出特性是指当基极电流I_B为常数时，集电极电流I_C与集-射极电压U_{CE}的关系曲线，即

$$I_C = f(U_{CE}) \mid_{I_B = 常数}$$

I_B的取值不同，可得出不同的特性曲线，所以晶体管的输出特性是一簇曲线，如图 2-23 所示。对应于晶体管的三种工作状态，可将输出特性分为三个区，即截止区、放大区和饱和区。

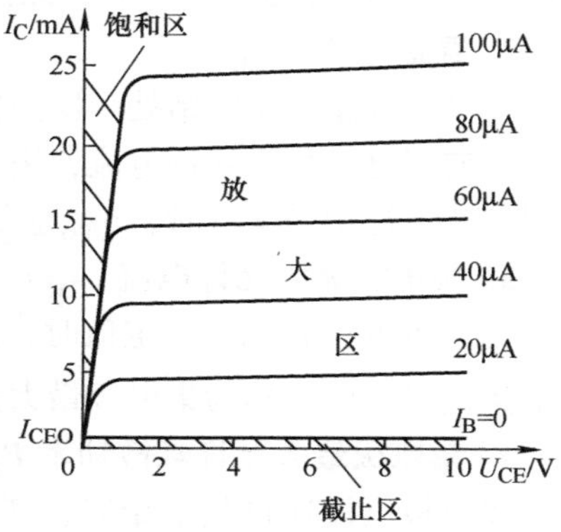

图 2-23　晶体管的输出特性曲线

（1）截止区　$I_B = 0$ 的曲线下面的区域为截止区。在此区域内，$I_C = I_{CEO} \approx 0$，集电极与发射极间截止区呈现高电阻状态，相当于一个断开的开关。为了使晶体管可靠截止，通常给发射结加上反向偏置电压，所以晶体管处于截止状态的工作条件是发射结、集电结均处于反向偏置。

（2）放大区　输出特性曲线近乎水平且间距较均匀的部分称为放大区。在放大区，I_C的变化仅取决于I_B的变化，而与U_{CE}的变化几乎无关，呈现恒流特性，即βI_B。晶体管处于放大状态时，发射结处于正向偏置，集电结处于反向偏置。

（3）饱和区　特性曲线上升段拐点连接线左侧区域称为饱和区，这一区域包括了所有I_B值下输出特性曲线的起始部分。由图 2-20 所示的实验电路可知，晶体管集-射极电压$U_{CE} = U_{CC} - I_C R_C$，或$I_C = (U_{CC} - U_{CE})/R_C$。当$U_{CE}$很小时，$I_C \approx U_{CC}/R_C$，此后即使$I_B$再增大，$I_C$也不再增大，即$I_C$不再受$I_B$的控制，晶体管进入饱和状态。

晶体管处于饱和时的集电极电流称为饱和电流，用I_{CS}表示；饱和时集射极电压称为饱和电压降，用U_{CES}表示。U_{CES}的值很小，硅管约为0.3V，锗管约为0.1V，一般认为$U_{CES} \approx 0$，集射极间相当于一个接通的开关。

晶体管饱和的条件是发射结、集电结均正向偏置。

放大区、截止区和饱和区都是晶体管的正常工作区。晶体管作放大使用时，工作在放大区。晶体管作开关使用时，工作在饱和区和截止区。

2-30　晶体管的主要参数有哪些？

1. 电流放大系数β

晶体管的电流放大系数有静态电流放大系数和动态电流放大系数。

晶体管接成共发射极电路，当输入信号为零时，集电极电流I_C与基极电流I_B的比值称为静态（直流）电流放大系数，即

$$\bar{\beta} = \frac{I_C}{I_B}$$

当输入信号不为零时，在保持U_{CE}不变的情况下，集电极电流的变化量ΔI_C与基极电流的变化量ΔI_B的比值称为动态（交流）电流放大系数，即

$$\beta = \frac{\Delta I_C}{\Delta I_B}\Bigg|_{U_{CE} = 常数}$$

$\bar{\beta}$与β具有不同的含义，但在输出特性的线性区，两者数值较为接近，一般不做严格区

分。常用的小功率晶体管，β 值在 30～200 之间，大功率管的 β 值较小。β 值太小时，晶体管的放大能力差；β 值太大时，晶体管的热稳定性能差，通常以 100 左右为宜。

2. 穿透电流 I_{CEO}

在基极开路，集电结处于反向偏置，发射结处于正向偏置的条件下，集电极与发射极之间的反向漏电流称为穿透电流，用 I_{CEO} 表示。I_{CEO} 受温度影响很大，当温度上升时，I_{CEO} 增加得很快。选用晶体管时，I_{CEO} 应尽可能小。

3. 集电极最大允许电流 I_{CM}

集电极电流 I_C 超过一定值时，晶体管的 β 值会下降。当 β 值下降到正常值的 2/3 时所对应的集电极电流，称为集电极最大允许电流 I_{CM}。

4. 集电极最大允许耗散功率 P_{CM}

集电极电流通过集电结时，产生的功率损耗使集电结温度升高，当结温超过一定数值后，将导致晶体管性能变坏，甚至烧毁。为使晶体管的结温不超过允许值，规定了集电极最大允许耗散功率 P_{CM}。P_{CM} 与 I_C 和 U_{CE} 的关系为

$$P_{CM}=I_C U_{CE}$$

根据上式，可在输出特性曲线上做出一条 P_{CM} 曲线，如图 2-24 所示。曲线右侧区域为过损耗区，曲线左侧区域为安全工作区。

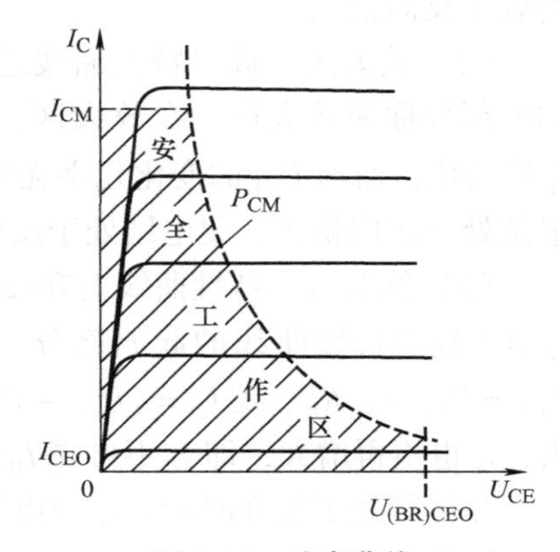

图 2-24　功率曲线

5. 反向击穿电压 $U_{(BR)CEO}$

基极开路时，集电极与发射极之间的最大允许电压称为反向击穿电压 $U_{(BR)CEO}$，实际值超过此值将会导致晶体管因击穿。

晶体管还有其他参数，在使用时可根据需要查阅器件手册。

2-31　能否调换晶体管的发射极与集电极使用？

理论上可以将晶体管的发射极与集电极调换使用，并将这种使用方法称为倒置使用。但倒置后晶体管的放大系数降低，因此很少在放大电路中采用这种方法。晶体管倒置使用时要特别注意，晶体管的集电极-基极的反向电压应小于允许的反向击穿电压，否则会导致晶体管损坏。

2-32　硅晶体管与锗晶体管有什么不同？

硅晶体管和锗晶体管都具有电流放大作用，所不同的是硅晶体管的死区电压比锗晶体管大；硅晶体管的导通电压约为 0.7V，锗晶体管的导通电压约为 0.3V；硅晶体管的反向电流比锗晶体管小得多；硅晶体管允许的最高工作温度比锗晶体管高；硅晶体管比锗晶体管稳定性好。

2-33　使用晶体管时需注意哪些事项？

1）在确认电子设备中晶体管损坏后，应选择与原来型号相同、规格及档次相同（β 值

相近）的晶体管更换。

2）更换完毕，要检测电压、电流是否正常，静态工作点是否在正常值，管子有无过热现象等。

若找不到相同型号晶体管进行更换，则可用性能相近的晶体管代用，但必须遵守以下原则：

1）极限参数高的晶体管可以代替极限参数低的晶体管，如 P_{CM} 大的晶体管可以代替 P_{CM} 小的晶体管。

2）性能好的晶体管可以代替性能差的晶体管，如 I_{CEO} 小的晶体管可以代替 I_{CEO} 大的晶体管。

3）高频晶体管和开关晶体管可以代替普通低频晶体管（其参数应能满足要求）。

4）复合晶体管可以代替单晶体管。复合晶体管通常是用两只晶体管复合而成，可完成单晶体管所实现的功能。但采用复合晶体管代替单晶体管时，一般都要重新调整直流偏置，选择合适的静态工作点。

2-34 如何确定晶体管的三个电极？

对于小功率晶体管来说，有金属外壳封装和塑料外壳封装两种。

对于金属外壳封装，如果管壳上带有定位销，那么将管底朝上，从定位销起，按顺时针方向，三个电极依次为E、B、C。如果管壳上无定位销，且三个电极在半圆内，则将有三个电极的半圆置于上方，按顺时针方向，三个电极依次为E、B、C，如图2-25a所示。

对于塑料外壳封装，应面对平面，三个电极置于下方，从左到右，三个电极依次为E、B、C，如图2-25b所示。

对于大功率晶体管，外形一般分为F型和G型两种，如图2-26所示。对于F型管，从外形上只能看到两个电极。将管底朝上，两个电极置于左侧，则上为E，下为B，底座为C。G型管的三个电极一般在管壳的顶部，将管底朝下，三个电极置于左方，从最下电极起，顺时针方向，依次为E、B、C。

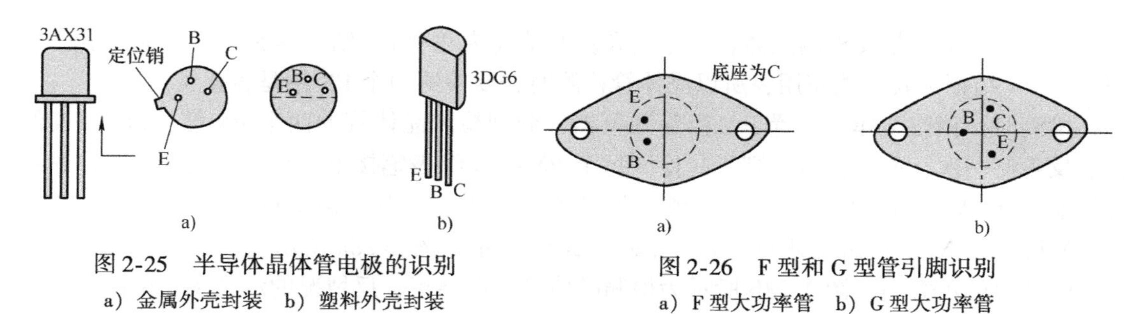

图2-25 半导体晶体管电极的识别
a）金属外壳封装 b）塑料外壳封装

图2-26 F型和G型管引脚识别
a）F型大功率管 b）G型大功率管

晶体管的引脚必须正确确认，否则接入电路不但不能正常工作，还可能烧坏管子。

2-35 如何用数字万用表判断晶体管的类型？

晶体管的类型检测可使用二极管测量档。检测时，将档位选择开关置于二极管测量档，然后红、黑表笔分别接晶体管任意两个引脚，同时观察每次测量时显示屏显示的数据，以某次出现显示0.7V左右的数字为准，红表笔接的为P，黑表笔接的为N。

实际测量过程一：首先将档位选择开关拨至二极管测量档；其次将红表笔接晶体管中间的引脚，黑表笔接晶体管下面的引脚，观察显示屏显示的数据为0.699V，该检测过程如图2-27a所示。

实际测量过程二：红表笔不动，将黑表笔接晶体管上面的引脚，观察显示屏显示的数据为0.698V，则现黑表笔接的引脚为N，该晶体管为NPN型晶体管，红表笔接的为基极，该检测过程如图2-27b所示。如果显示屏显示溢出符号“1”，则现黑表笔接的引脚为P，被测晶体管为PNP型晶体管，黑表笔第一次接的引脚为基极。

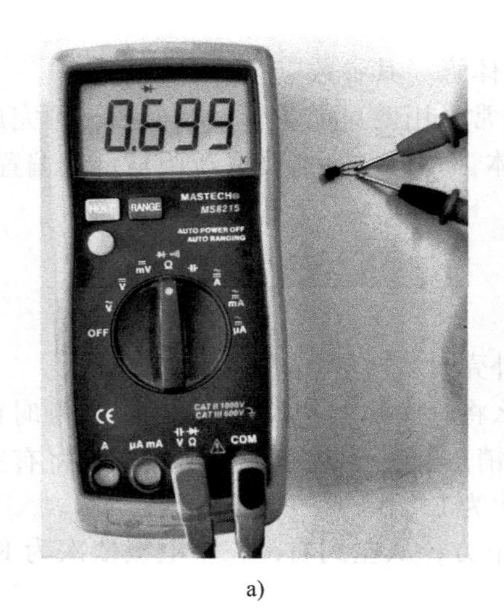

a)

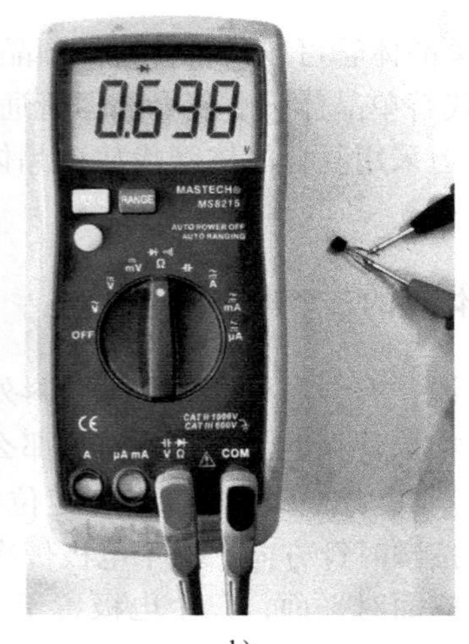

b)

图2-27　晶体管类型的检测

a）测量过程一　b）测量过程二

扫一扫，看视频

2-36　如何用数字万用表检测晶体管的好坏？

确认其好坏就是要检测晶体管集电结和发射结（为两个PN结）是否正常。晶体管中任何一个PN结损坏就不能使用，所以晶体管检测时先要检测两个PN结是否正常。

检测时，档位选择开关置于二极管测量档，分别检测晶体管的两个PN结，每个PN结正、反各测一次，如果正常，则正向检测每个PN结（红表笔接P、黑表笔接N）时，显示屏均显示0.7V左右的数字，反向检测每个PN结时，显示屏显示溢出符号“1”或“OL”。

实际测量NPN型晶体管两个PN结如图2-28所示。图2-28a所示为检测晶体管集电结正、反情况的示意图。图2-28b所示为检测晶体管发射结正、反情况的示意图。由图中检测显示可以看出，此晶体管是完好的。

2-37　如何用数字万用表测量晶体管电流放大系数？

数字万用表测量晶体管电流放大系数时，不用接表笔，转动测量选择开关至“h_{FE}”档位，将被测晶体管插入晶体管插孔，LCD显示屏即可显示出被测晶体管的电流放大系数。

将 NPN 型晶体管插入对应的 E、B、C 三个插孔，如图 2-29 所示。

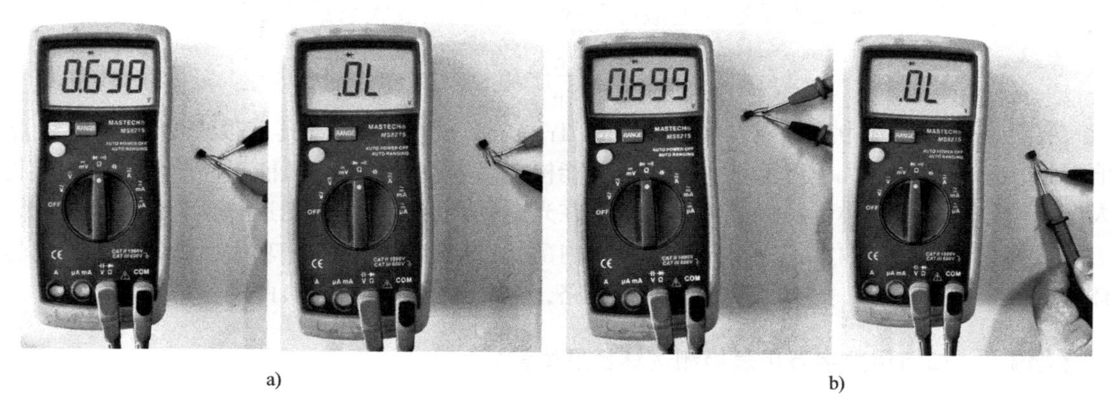

图 2-28　检测晶体管两个 PN 结正、反情况的示意图

a）检测三极管集电结正、反情况的示意图　b）检测三极管发射结正、反情况的示意图

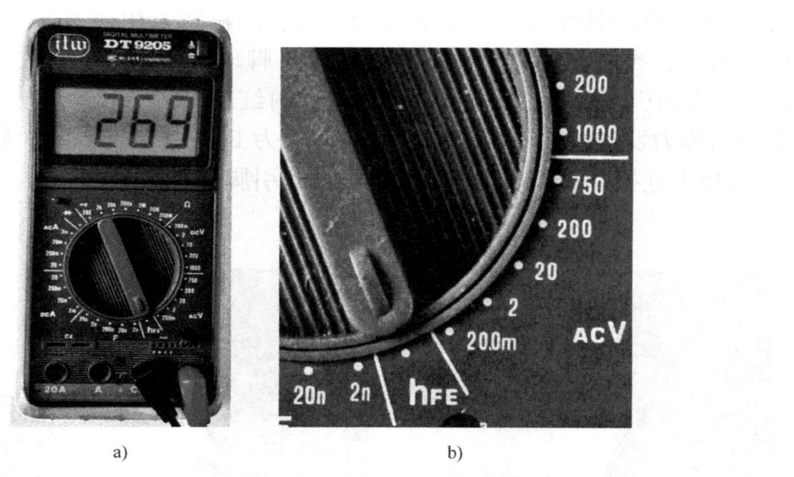

扫一扫，看视频

扫一扫，看视频

图 2-29　用 DT9205 型数字万用表测量晶体管电流放大系数

a）晶体管电流放大系数　b）档位选择示意图

2-38　什么是复合晶体管（达林顿管）?

复合晶体管是把两个晶体管的引脚适当地连起来使之等效为一个晶体管，典型结构如图 2-30 所示。

a)　b)

图 2-30　复合晶体管典型结构图

从图2-30可以看出，复合晶体管的导电类型取决于前一个晶体管 VT_1 的导电类型。另外，复合晶体管的电流放大系数 β 近似等于两个管子电流放大系数的乘积。

$$\beta = \frac{i_C}{i_B} = \frac{i_C}{i_{B1}} \approx \beta_1 \cdot \beta_2$$

复合晶体管也称为达林顿管（Darlington Transistor）。达林顿管具有很高的放大系数，β 值可达几千倍，甚至几十万倍。利用它不仅能构成高增益放大器，还能提高驱动能力，获得大电流输出，构成达林顿功率开关晶体管。在光电耦合器中，也有用达林顿管作接收管的。

达林顿管大致分两类，一类是普通型，内部无保护电路，中、小功率（2W以下）的达林顿管大多属于此类；另一类则带有保护电路，大功率达林顿管均属此类。

2-39 如何用数字万用表检测达林顿晶体管？

由于达林顿管的B、C间仅有一个PN结，所以B、C极间应为单向导电，而BE结上有两个PN结，因此可以通过这些特性很快确认引脚功能。

如图2-31所示，首先假设达林顿管的一个引脚为基极，随后将万用表置于二极管档，用黑表笔接在假设的基极上，再用红表笔分别接另外两个引脚。若显示屏显示数值分别为0.887、0.632，则说明假设的引脚就是基极，并且数值较小时红表笔接的引脚为集电极，数值较大时红表笔所接的引脚为发射极，同时还可以确认该管为PNP型达林顿管。如果将红表笔在假设TIP127的基极上连接，而黑表笔分别接另外两个引脚，测量的结果均为“OL”，则说明此管是好的。

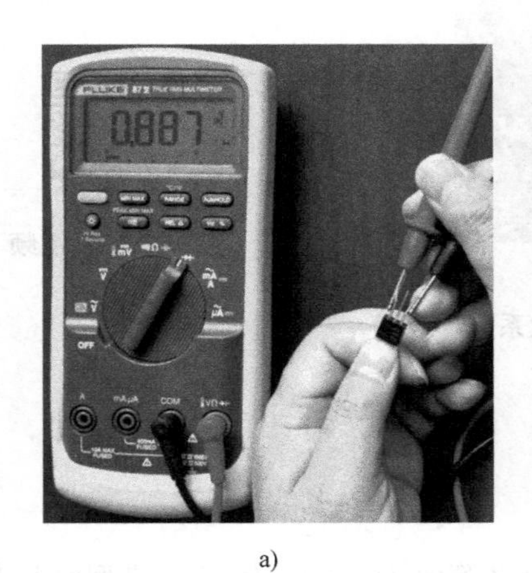

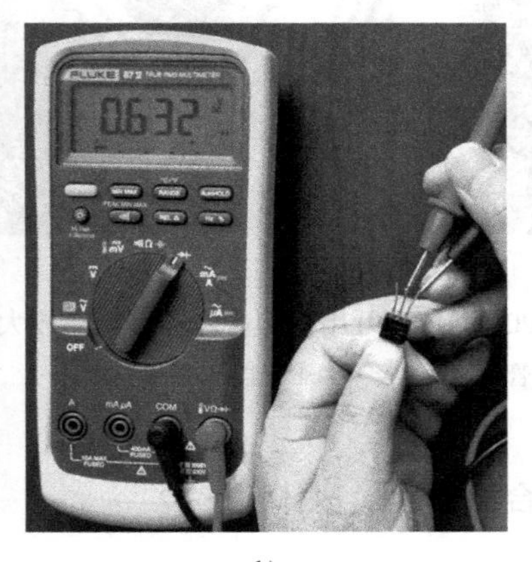

扫一扫，看视频

a)　　　　b)

图2-31　达林顿管管型及引脚的判别

a）BE结正向电阻　b）BC结正向电阻

2-40 什么是光电晶体管？

光电晶体管除了对光敏感外，还有着放大功能。常见的光电晶体管外形及其图形符号如图2-32所示。

光电晶体管的实物图如图2-33所示。

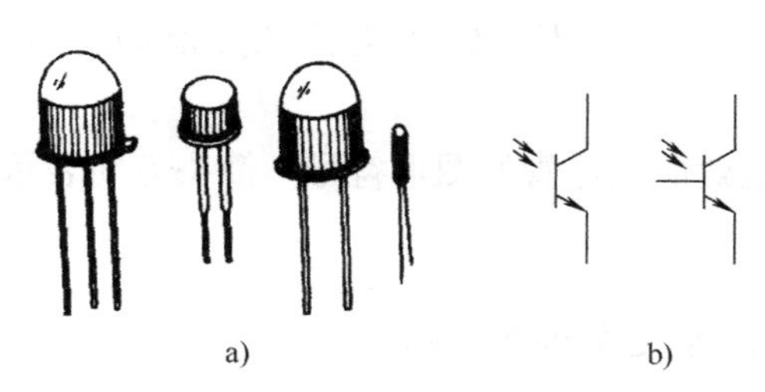

图 2-32 常见光电晶体管及其电路图形符号
a）常见的光电晶体管外形 b）光电晶体管电路图形符号

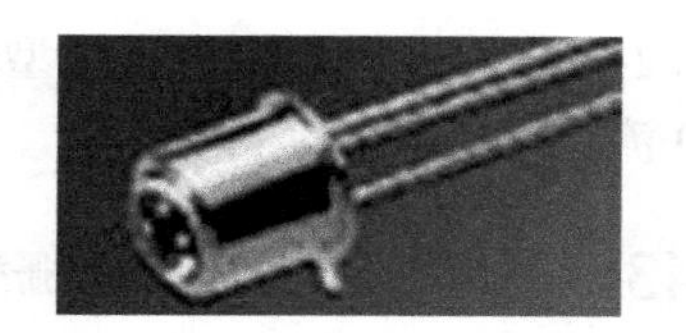

图 2-33 光电晶体管的实物图

硅光电晶体管是用 N 型硅单晶做成 NPN 型结构的。为了适应光电器件要求，光电晶体管管芯基区面积做得较大，发射区面积做得很小，如图 2-34 所示。和硅光电二极管一样，入射光在基面中激发出光生电子与空穴，在基区漂移场的作用下，电子被拉向集电区，而空穴聚积在靠近发射区的一侧，由于空穴的积累而引起发射区势垒的降低，其结果相当于在发射区两端加上一个正向信号，从而使倍率为 $\beta+1$（相当于晶体管共发射极电路中的电流增益）的电子注入，整个过程就如同普通晶体管在发射极电路中，基极上加一个正向信号所引起的集电结电流放大一样，这就是硅光电晶体管的工作原理。换言之，光电晶体管可以视同一个光电二极管与一个晶体管的组合器件。

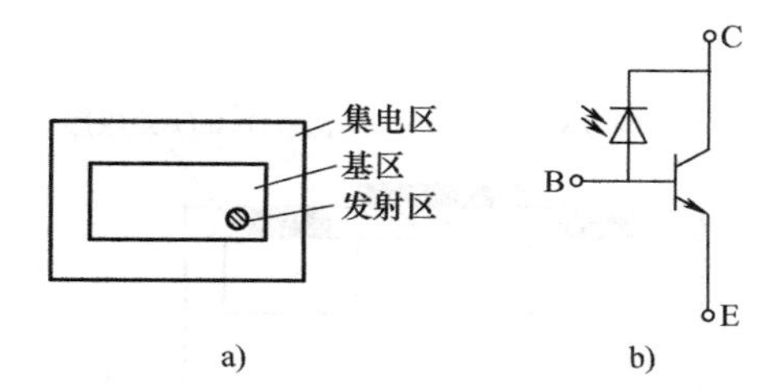

图 2-34 硅光电晶体管管芯结构与光电晶体管图形符号
a）光电晶体管管芯结构 b）光电晶体管图形符号

2-41 什么是场效应晶体管？

场效应晶体管是一种电压控制型半导体器件，其外形与普通晶体管相似，但与普通晶体管相比，具有输入电阻高、噪声低、功耗小、热稳定性好等特点，目前已广泛应用于各种电子电路中。

场效应晶体管按其结构不同，可分为结型场效应晶体管和绝缘栅型场效应晶体管两种。由于绝缘栅型性能更优越，并且制造工艺简单，便于集成，故应用更为广泛。本书只介绍绝缘栅型场效应晶体管。

绝缘栅型场效应晶体管按其工作状态可分为增强型与耗尽型两类，每类又有 N 沟道和 P 沟道之分。

2-42 N 沟道增强型绝缘栅型场效应晶体管在结构上有何特点？

图 2-35a 所示为 N 沟道增强型绝缘栅型场效应晶体管的结构示意图。它以一块掺杂浓度较低、电阻率较高的 P 型硅片做衬底，其上扩散两个相距很近的高掺杂浓度的 N^+ 区，并引出两个电极，分别称为源极 S 和漏极 D。P 型硅片的表面生成一层很薄的二氧化硅绝缘层，在源极和漏极之间的绝缘层上制作一个金属电极，称为栅极 G。栅极和其他电极是绝缘的，故称为绝缘栅型场效应晶体管，或称金属-氧化物-半导体场效应晶体管，简称

MOSFET。由于栅极是绝缘的，故栅极电流几乎为零，栅源电阻 R_{GS} 很高，最高可达 $10^{14}\Omega$。

图2-35b所示为N沟道增强型绝缘栅型场效应晶体管的图形符号。箭头方向表示电流由漏极D流向源极S的实际方向。

2-43 N沟道增强型绝缘栅型场效应晶体管是如何工作的？

N沟道增强型绝缘栅型场效应晶体管工作原理示意图如图2-36所示。

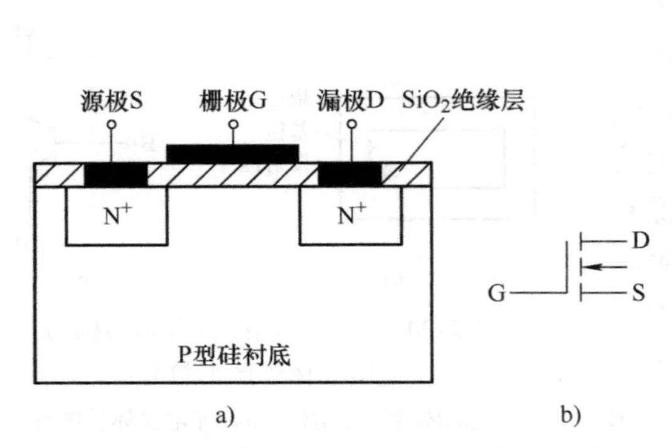

图2-35 N沟道增强型绝缘栅型场效应晶体管
a）原理结构图 b）图形符号

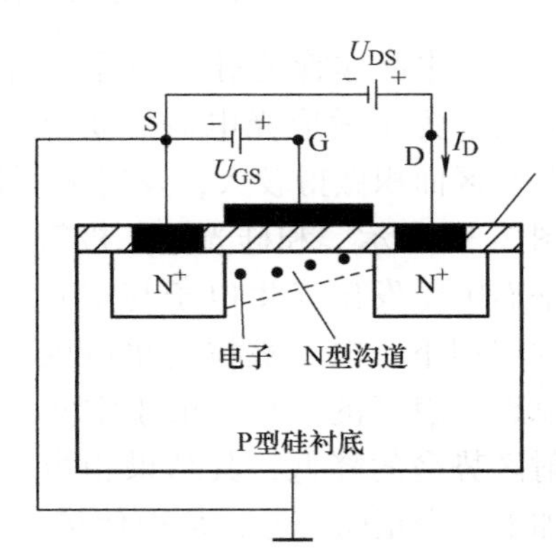

图2-36 N沟道增强型绝缘栅型场效应晶体管工作原理图

当栅-源极间电压 $U_{GS}=0$ 时，因漏极、源极和P型硅衬底间形成的两个PN结，不管漏-源极间电压 U_{DS} 极性如何，总有一个PN结反向偏置而处于截止状态，所以漏极电流 $I_D\approx0$。

当栅-源极间加上正向电压 U_{GS} 时，由于栅极与P型硅衬底之间为二氧化硅绝缘层，从而形成一个电容器结构。在 U_{GS} 的作用下，便产生一个垂直于衬底表面的电场，在P型衬底和二氧化硅绝缘层的界面感应出电子层。U_{GS} 较小时，感应出的电子数量不多，这些少量的电子将被衬底中的空穴所复合，漏-源极间电流仍几乎为零，即 $I_D\approx0$。当栅源电压 U_{GS} 增大到某一数值时，产生的强电场将感应出更多的电子，除部分电子与P型硅衬底中的空穴复合外，剩余的电子便堆积在P型衬底的表面，形成一个N型层，亦称反型层。N型层将两个 N^+ 区连接起来形成了导电沟道，这时在漏-源极间加一个正向电压，便会出现漏极电流 I_D。通常把在漏源电压作用下，使场效应晶体管由不导通转为导通的临界栅源电压称为开启电压，用 $U_{GS(th)}$ 表示。改变 U_{GS} 的大小，就可以改变N型层的厚度，从而有效地控制漏极电流 I_D 的大小。由于这种场效应晶体管必须依靠外加电压才能形成导电沟道，故称为增强型。

2-44 什么是N沟道耗尽型绝缘栅型场效应晶体管？

制造MOSFET时，如果在二氧化硅绝缘层中掺入大量的正离子，即使 $U_{GS}=0$，这些正离子产生的电场也能在衬底表面感应出较多的自由电子，从而形成原始导电沟道，如图2-37所示。

在U_{DS}为定值的情况下，当$U_{GS}=0$时，漏-源极间已可导通，形成原始导电沟道的漏极电流I_{DSS}。当$U_{GS}>0$时，导电沟道变宽，I_D随U_{GS}增大而增大。$U_{GS}<0$时，导电沟道变窄，I_D减小。当U_{GS}达到某一负值时，导电沟道的电子因复合而耗尽，沟道被夹断，$I_D\approx 0$，这时的U_{GS}称为夹断电压，用$U_{GS(off)}$表示。由上述可知，耗尽型场效应晶体管对其栅极施加正、负电压时，都有控制漏极电流I_D的作用，但通常工作在负栅压状态。

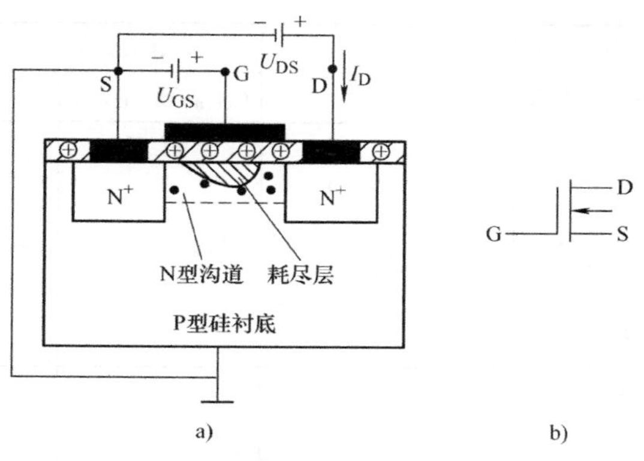

图2-37　N沟道耗尽型绝缘栅型场效应晶体管
a）原理结构图　b）图形符号

图2-38所示为N沟道耗尽型绝缘栅型场效应晶体管的转移特性曲线和漏极特性曲线。

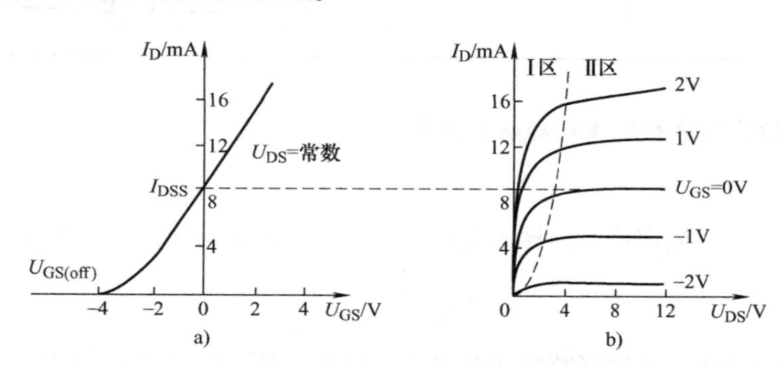

图2-38　N沟道耗尽型绝缘栅型场效应晶体管的特性曲线
a）转移特性曲线　b）漏极特性曲线

同样在N型硅衬底上可制造出P沟道耗尽型绝缘栅型场效应晶体管，其图形符号及特性曲线见表2-5。

表2-5　绝缘栅型场效应晶体管的特性比较

结构种类	工作方式	符号	电压极性		转移特性	输出特性	型号举例
			$U_{GS(th)}$或$U_{GS(off)}$	U_{DS}	$I_D=f(U_{GS})\mid U_{DS}=$常数	$I_D=f(U_{DS})\mid U_{GS}=$常数	
N沟道	增强型	G D S	$U_{GS(th)}$（+）	（+）	I_D; 0; $U_{GS(th)}$; U_{GS}	I_D; +6V; +5V; +4V; +3V; $U_{GS}=U_{GS(th)}$; 0; U_{DS}	3D06
	耗尽型	G D S	$U_{GS(off)}$（−）	（+）	I_D; $U_{GS(off)}$; 0; U_{GS}	I_D; +3V; +2V; +1V; 0; $U_{GS}=U_{GS(off)}$; 0; U_{DS}	3D01～3D04

（续）

结构种类	工作方式	符号	电压极性		转移特性	输出特性	型号举例
			$U_{GS(th)}$ 或 $U_{GS(off)}$	U_{DS}	$I_D=f(U_{GS})\mid U_{DS}=$常数	$I_D=f(U_{DS})\mid U_{GS}=$常数	
P沟道	增强型	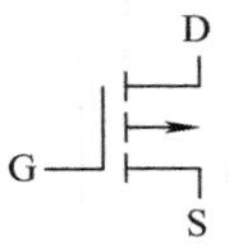 D G S	$U_{GS(th)}$（-）	（-）	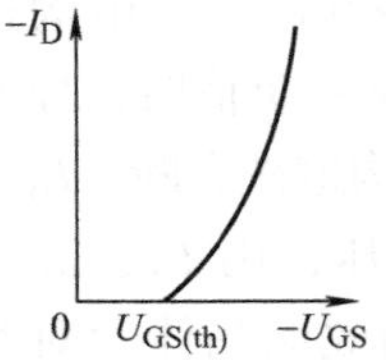 $-I_D$ 0 $U_{GS(th)}$ $-U_{GS}$	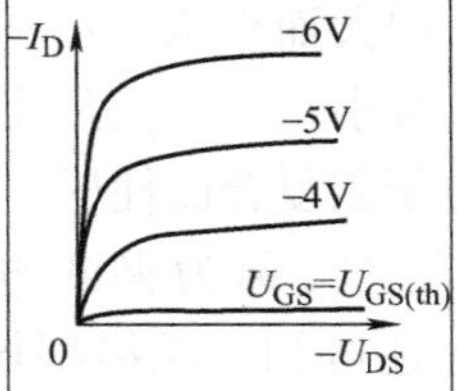 $-I_D$ -6V -5V -4V $U_{GS}=U_{GS(th)}$ 0 $-U_{DS}$	3C01
	耗尽型	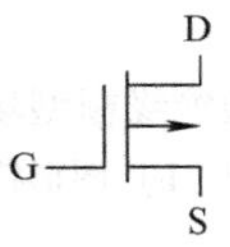 D G S	$U_{GS(off)}$（+）	（-）	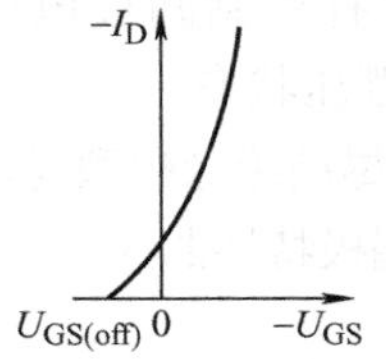 $-I_D$ $U_{GS(off)}$ 0 $-U_{GS}$	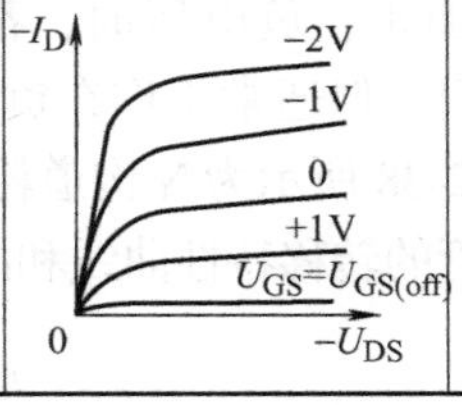 $-I_D$ -2V -1V 0 +1V $U_{GS}=U_{GS(off)}$ 0 $-U_{DS}$	CS1

2-45 场效应晶体管的主要参数有哪些？

1. 跨导 g_m

g_m是指 U_{DS}为某一固定值时，栅源电压对漏极电流的控制能力，定义为

$$g_m=\left.\frac{\Delta I_D}{\Delta U_{GS}}\right|_{U_{DS}=\text{常数}}$$

g_m的单位为 mA/V。从转移特性曲线上看，跨导就是工作点处切线的斜率。

2. 直流输入电阻 R_{GS}

栅源电压与栅极电流的比值称为直流输入电阻，其值一般大于 $10^9\Omega$。

3. 漏极饱和电流 I_{DSS}

当栅源电压 $U_{GS}=0$，漏-源极间加上规定电压值时，所产生的漏极电流称为漏极饱和电流，此参数只对耗尽型 MOSFET 才有意义。

4. 漏极最大耗散功率 P_{DM}

P_{DM}是漏极耗散功率 $P_D=U_{DS}I_D$的最大允许值，是从发热角度对场效应晶体管提出的限制条件。

场效应晶体管与晶体管的导电原理不同。晶体管中有电子和空穴两种载流子参与导电。在场效应晶体管中，只有一种载流子参与导电，NMOSFET 是电子，PMOSFET 是空穴。因此将晶体管称作双极型晶体管，场效应晶体管称为单极型晶体管。

由于绝缘栅型场效应晶体管的输入电阻很高，因静电感应等原因，在栅极上积存的电荷很难泄放掉，容易造成栅压升高将绝缘层击穿，因此任何时候都不能将栅极悬空。存放时应将各电极短接在一起；在电路应用中应有固定电阻或稳压二极管并联，以保证有一定的直流通道；焊接时电烙铁的外壳必须可靠接地。

2-46 什么是 V-MOS 功率场效应晶体管？

V-MOS 功率场效应晶体管简称功率场效应晶体管，其结构如图 2-39 所示。它是利用硅片的

各向异性腐蚀原理，在硅片上刻蚀出一定宽度、深度和长度的V形槽，然后把器件制作在槽的两壁上，图2-39所示为N沟道增强型场效应晶体管剖面图。

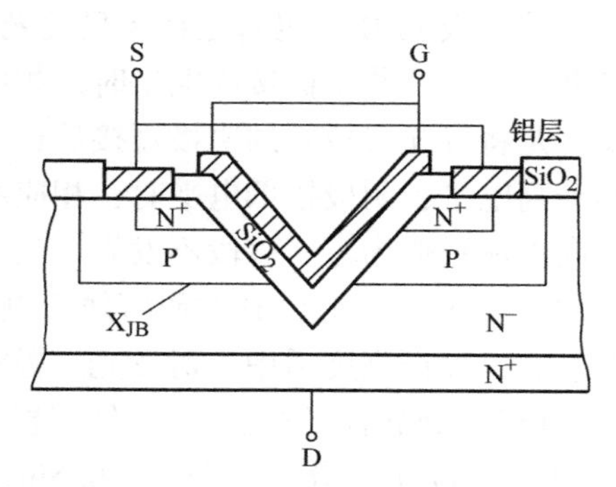

图2-39　V-MOS功率场效应晶体管结构图

其中D为漏极，S为源极，G为栅极。当D极接正电位，S接地，G接地或负电位时，由于PN结X_{JB}反向偏置，故D、S极间没有电流通过；当G极加上正电位时，由于电荷感应，在P区感应出电子，电子的积累形成N沟道。N沟道连通N^+和N^-区，S、D之间便产生了电流。因此，栅极G上的电压高低决定了源极S与漏极D之间的电流大小。若在其栅-源极之间加上交变信号电压U_Y，那么在D-S极之间就可得到完全随信号电压变化而变化的信号电流I_D。通常I_D值为几至几十A，输出电压幅度是输入电压幅度的几百倍到数千倍，而且它们的变化规律一致，从而达到电压放大的目的。

2-47　什么是LED数码管？

LED数码管是数字式显示装置的重要部件，可显示红、橙、黄、绿等颜色。它具有体积小、功耗低、寿命长、响应速度快、显示清晰、易于与集成电路匹配等优点。它适用于数字化仪表及各种终端设备中作数字显示器件。

LED数码管是由多只条状半导体发光二极管按照一定的连接方式组合构成的，也称为半导体数码管。将7只发光二极管按照共阳极或共阴极的方式连接制成条状，组成“8”字，再把发光二极管另一极作段码电极，就构成了LED数码管。利用发光二极管将电信号转换成光信号的电特性来显示数字或符号。只要按规定使某些笔画上的发光二极管发光，即可显示从0~9的一系列数字。

常见LED数码管分为共阳极与共阴极两种，外形如图2-40a所示，内部结构如图2-40b、c所示。a~g代表7个段码的驱动端，DP是小数点。第3脚与第8脚内部连通，⊕代表公共阳极，⊖代表公共阴极。常用的产品中共阴极式居多数。

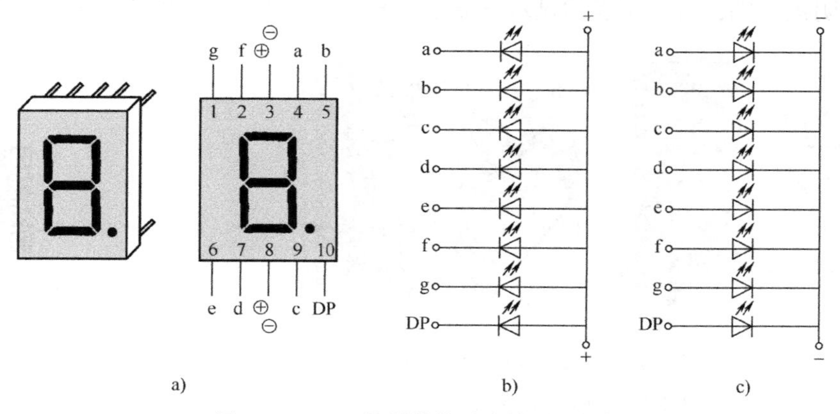

图2-40　LED数码管的引脚排列及结构

a）引脚排列　b）共阳极结构　c）共阴极结构

共阳极LED数码管是将8只发光二极管的阳极短接后作为公共阳极。当段码电极接驱动低电平，公共阳极接高电平时，相应笔画（二极管）会发光。共阴极LED数码管与之相反，是将发光二极管的阴极短接后连接在一起作为公共阴极与电源负极相连。当段码电极接驱动高电平，阴极接低电平时，相应笔画（二极管）会发光。发光二极管在正向导通之前，正向电流近似为零，该段不发光。当电压超过发光二极管的开启电压时，电流急剧增大，该段才会发光。因此LED数码管属于电流控制器件，LED工作时，工作电流一般选为10mA/段左右，保证亮度适中，对发光二极管来说也较为安全。

LED数码管的发光颜色有红、橙、黄、绿等。其外形尺寸规格均代表字形高度（以英寸为单位），分0.3in[⊖]、0.5in、0.8in、1.0in、1.2in、1.5in、2.5in、3.0in、5.0in、8.0in共10种规格。LED数码管一般由数字集成电路驱动，有时还需配上晶体管才能正常显示。

部分常用的LED数码管实物如图2-41所示。

图2-41 部分常用的LED数码管实物图

2-48 如何选用LED数码管？

选用LED数码管时，应根据具体要求来选择合适的型号规格。外形尺寸、发光颜色、发光亮度、额定功率、工作电流、工作电压及极性等均应符合应用电路的要求。

选用LED数码管的共阳型或共阴型时，应与其译码驱动电路相匹配。一般用LED数码管型号后面的末位数字或型号前面的两位字母来表示数码管的极性。由于不同厂商生产的LED数码管极性的标注方法不完全相同，在选用时应特别注意。

2-49 如何用数字万用表检测LED数码管？

将数字万用表置于“二极管”档，如图2-42所示。把红表笔接在发光二极管阳极一端，黑表笔接在阴极一端，若万用表的显示屏显示1.8V左右的数值，并且数码管相应的笔画发

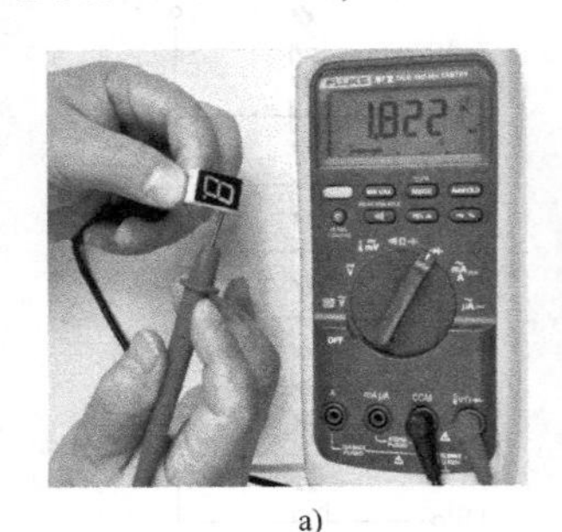

a)

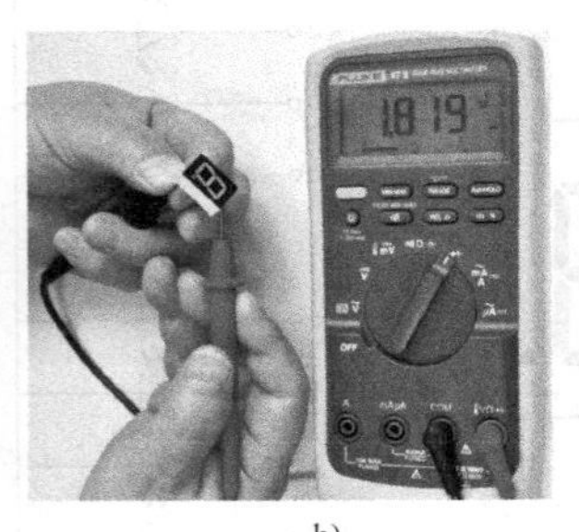

b)

扫一扫，看视频

图2-42 数字万用表检测LED数码管

a）B段发光 b）G段发光

⊖ 1in≈0.0254m，后同。

光，图 2-42a 中 B 段发光，图 2-42b 中 G 段发光，则说明被测数码管段码内的发光二极管正常，依次测量 LED 数码管的各段引脚。否则说明该段内的发光二极管已损坏。

值得一提的是，不能用电池去直接检查 LED 数码管的发光情况，这是因为在没有限流措施下，极易造成 LED 数码管损坏。

2-50　半导体器件的型号是如何命名的？

半导体二极管和三极管是组成分立元器件电子电路的核心器件。二极管具有单向导电性，可用于整流、检波、稳压、混频电路中。三极管对信号具有放大作用和开关作用。它们的管壳上都印有规格和型号，其型号命名法见表 2-6。

表 2-6　半导体器件型号命名法

第一部分		第二部分		第三部分		第四部分	第五部分
用阿拉伯数字表示器件的电极数目		用汉语拼音字母表示器件的材料和极性		用汉语拼音字母表示器件的类别		用阿拉伯数字表示登记顺序号	用汉语拼音字母表示规格号
符号	意　义	符号	意　　义	符号	意　　义		
2	二极管	A B C D E	N 型，锗材料 P 型，锗材料 N 型，硅材料 P 型，硅材料 化合物或合金材料	P H V W C Z L S K N F X G D A T Y B J	小信号管 混频管 检波管 电压调整管和电压基准管 变容器 整流管 整流堆 隧道管 开关管 噪声管 限幅管 低频小功率晶体管 (f_a < 3MHz, P_C < 1W) 高频小功率晶体管 (f_a ≥ 3MHz, P_C < 1W) 低频大功率晶体管 (f_a < 3MHz, P_C ≥ 1W) 高频大功率晶体管 (f_a ≥ 3MHz, P_C ≥ 1W) 闸流管 体效应管 雪崩管 阶跃恢复管		
3	三极管	A B C D E	PNP 型，锗材料 NPN 型，锗材料 PNP 型，硅材料 NPN 型，硅材料 化合物或合金材料				

示例 1：

硅 NPN 型高频小功率晶体管

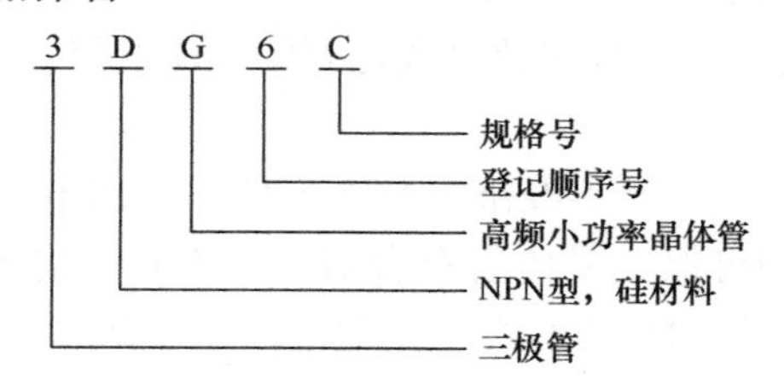

第 3 章

基本放大电路

3-1 单晶体管放大电路是由哪些元器件组成的？

由晶体管构成的共发射极放大电路如图 3-1a 所示。输入信号由基极和发射极间输入，输出信号由集电极和发射极之间输出，发射极是电路的公共端，故称为共发射极放大电路。电路中各个元器件的作用如下：

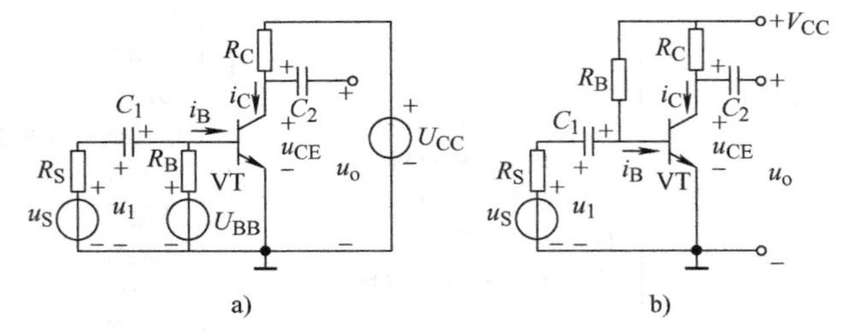

图 3-1 单晶体管共发射极放大电路

a) 双电源电路 b) 单电源电路

（1）晶体管 VT 电流放大器件，是放大电路的核心。

（2）集电极电源 U_{CC} U_{CC} 为集电结提供反向偏置电压，保证晶体管工作在放大状态。同时，U_{CC} 又是放大电路的能量来源，以便放大电路将直流分量转换为输出信号的交流分量。U_{CC} 一般为几 V 至十几 V。

（3）集电极负载电阻 R_C R_C 的主要作用是将集电极电流的变化转换为电压的变化输出，实现放大电路的电压放大作用。如果不接 R_C，那么晶体管集电极的电位恒等于直流电源的电压 U_{CC}，因此，输出端就不会有变化的电压信号输出。

（4）电源 U_{BB} 和偏置电阻 R_B 它们的作用是使发射结正向偏置，并提供大小适当的基极电流 I_B，使晶体管有一个合适的工作点。R_B 的数值一般为几十 kΩ 至几百 kΩ。

（5）耦合电容 C_1 和 C_2 C_1、C_2 的作用在于传输交流分量而隔断直流分量。当 C_1、C_2 的电容量足够大时，对交流信号呈现的容抗很小，在电容上的交流电压降可忽略不计，对交流信号可视作短路。C_1、C_2 的电容值一般为几 μF 至几十 μF，通常采用极性电容。耦合电容的另一作用是隔断放大电路与信号源及负载之间的直流通路，避免信号源、负载受到直流电源的影响。

图 3-1a 采用两个电源供电，既不经济，又不方便。实用电路中，用电源 U_{CC} 代替 U_{BB}，只要 R_B 选取合适的数值，仍可保证晶体管有合适的工作点。另外，电路中的 U_{CC} 通常用电位 V_{CC} 表示，电路可改画成图 3-1b 的形式。在此电路中，R_B 一旦确定，电流 I_B 就是一个固

定值，所以将这种电路称为固定偏置电路。

3-2　放大电路是如何工作的?

用图3-2所示电路来说明放大电路的工作原理。当输入端信号 $u_i=0$ 时，放大电路的工作状态称为静态。在直流电源电压的作用下，形成静态基极电流 I_B、集电极电流 I_C、发射极电流 I_E 以及基-射极间电压 U_{BE} 和集-射极间电压 U_{CE}。其静态波形如图3-2中各波形的虚线所示。

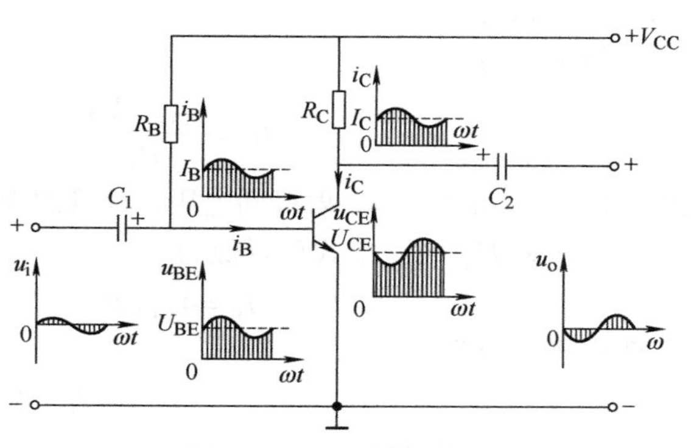

图3-2　电压放大原理图

当输入端加上输入信号时，放大电路的工作状态称为动态。u_i 通过 C_1 加到晶体管的基极，使基-射极间电压在静态值 U_{BE} 的基础上按 u_i 的规律变化。这时的基-射极电压包含两个分量，一个是直流分量 U_{BE}，一个是交流分量 u_{be}，若忽略耦合电容上的电压损失，则 $u_{be}=u_i$。此时 $u_{BE}=U_{BE}+u_{be}$。u_{BE} 的变化引起基极电流 i_B 相应变化，i_C 亦随 i_B 变化。i_C 的变化量在集电极负载电阻 R_C 上产生电压降，集-射极间电压 $u_{CE}=V_{CC}-i_CR_C$，当 i_C 增加时，u_{CE} 减小，u_{CE} 的变化与 i_C 的变化相反。需要指出的是，i_B、i_C、u_{CE} 也都是由直流分量和交流分量叠加而成的。当 u_{CE} 的直流分量被 C_2 隔离，交流分量通过 C_2 输出时，在放大电路的输出端便产生了交流输出电压 u_o。若忽略 C_2 上的交流电压降，则 $u_o=u_{ce}=-i_CR_C$，即 u_o 与 u_i 在相位上相差180°。只要 R_C 足够大，u_o 的幅值比 u_i 的幅值大得多，从而实现电压放大的目的。各电流、电压的波形如图3-2所示。

3-3　如何确定放大电路的直流通路和交流通路?

应根据直流通路分析放大电路的静态特性。确定直流通路的方法是将放大电路中的交流源视为零，电容看作开路，电感看作短路，然后做出其等效电路，以单晶体管共射放大电路为例，其直流通路如图3-3a所示。

应依据交流通路分析放大电路的动态特性。确定交流通路的方法是将放大电路中的直流电源视为零，电容视为短路，电感看成感抗元件，然后做出其等效电路，如图3-3b所示。

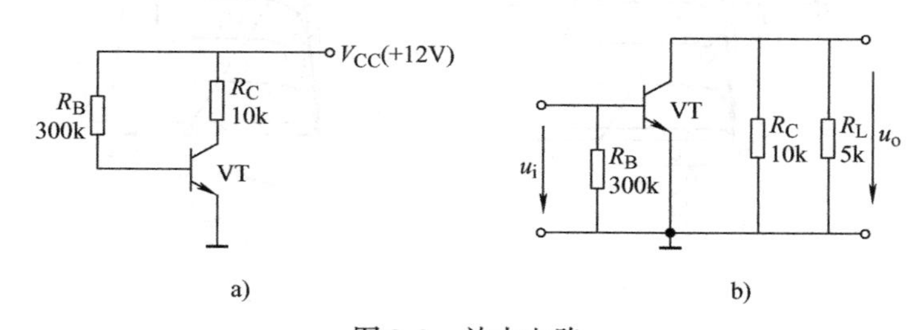

图3-3　放大电路

a）直流通路　b）交流通路

3-4 放大电路如何进行静态工作点估算？

估算法是利用放大电路的直流通路计算各个静态值。根据如图3-3a所示的直流通路可求出各个静态值。

基极电流为

$$I_B = \frac{V_{CC} - U_{BE}}{R_B}$$

扫一扫，看视频

式中 U_{BE}——晶体管基-射极间电压，硅管约为0.7V。

当 $V_{CC} >> U_{BE}$ 时，上式可近似为

$$I_B = V_{CC}/R_B$$

集电极电流为

$$I_C = \beta I_B$$

集-射极间电压为

$$U_{CE} = V_{CC} - I_C R_C$$

由上可见，放大电路的静态工作点既与晶体管的特性有关，又与放大电路的结构有关。当电源电压 V_{CC} 和直流负载电阻 R_C 选定后，静态工作点便由 I_B 决定。通常使用调节偏置电阻 R_B 的办法调节各静态值，使放大电路获得一个合适的静态工作点。

3-5 静态工作点设置不当时容易产生哪些失真？

图解分析方法除直观、形象地表示了输出信号与输入信号的对应关系外，还能清楚地看到各信号的交流分量都是以静态工作点为基点发生变化的。如果静态工作点 Q 设置的不合适，则信号的变化范围可能超越晶体管特性曲线的线性区，使输出信号的波形发生畸变，即产生了失真。

静态工作点选择过低的情况如图3-4a所示。当 u_i 为负半周时，晶体管工作在截止区，集电极电流几乎为零，使输出波形产生截止失真。消除这种失真的方法是减小偏置电阻 R_B，将 I_B 增大，使静态工作点上移。

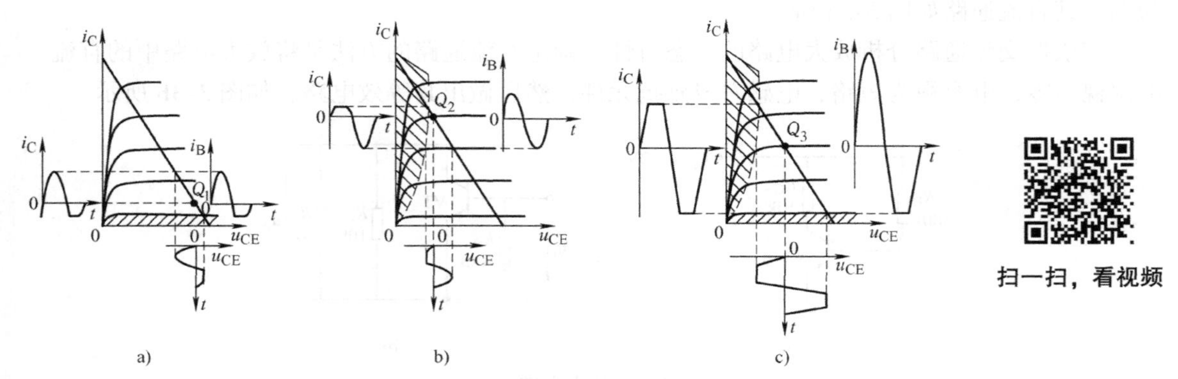

图3-4 非线性失真图解分析

a）截止失真 b）饱和失真 c）饱和与截止失真

静态工作点选择过高的情况如图3-4b所示。当u_i为正半周时，放大电路进入饱和区工作，使输出波形产生饱和失真。消除饱和失真的方法是适当增大偏置电阻R_B，将I_B减小，使静态工作点下移。

放大电路的静态工作点确定后，若输入信号的幅值过大，则输出信号将相继产生饱和与截止失真，如图3-7c所示。因此，限制输入信号u_i的大小也是避免非线性失真的一个途径。

为防止失真，当输入信号电压较大时，应将静态工作点设在交流负载线的中部；对于小信号放大电路，静态工作点可适当选低一些，以减小功耗。

3-6 放大电路如何进行小信号模型分析？

由图解分析法已知，当放大电路的静态工作点选择合适，输入信号幅值较小时，晶体管静态工作点附近的特性曲线非常接近线性。因此，可以用线性的小信号模型电路替代非线性器件，从而把晶体管放大电路当作线性电路分析，这就是小信号模型分析法。该方法是分析小信号放大电路的主要方法。

晶体管作共发射极连接时，基极与发射极为输入端，集电极与发射极为输出端，如图3-5a所示。当输入信号很小时，晶体管输入特性在静态工作点Q附近的一段可认为是线性的，如图3-5b所示。若U_{CE}为常数，则ΔU_{BE}与ΔI_B之比为

$$r_{be}=\left.\frac{\Delta U_{BE}}{\Delta I_B}\right|_{U_{CE}=常数}=\left.\frac{u_{be}}{i_b}\right|_{U_{CE}=常数}$$

r_{be}称为晶体管的输入电阻，实际上是静态工作点Q处的动态电阻。在小信号情况下，r_{be}近似为常数，其数值一般在几百Ω至几kΩ。并可由其确定u_{be}与i_b之间的关系。因此晶体管的输入端可用r_{be}来等效代替。

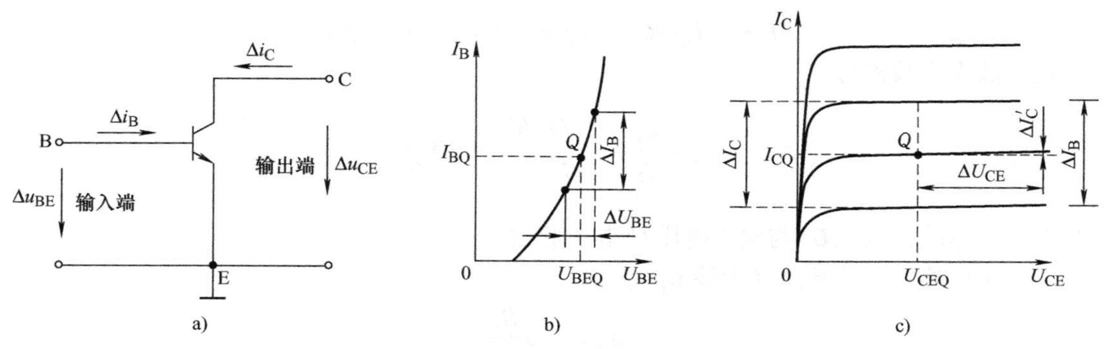

图3-5　晶体管小信号模型电路的分析

a）晶体管共发射极接法　b）输入特性　c）输出特性

常温时低频小功率晶体管的输入电阻可计算如下：

$$r_{be}=300+(1+\beta)\frac{26\text{mV}}{I_E}$$

式中　I_E——静态工作点的发射极电流。

晶体管工作在放大区时，其输出特性是一簇近似平行于横轴的直线，如图3-5c所示。可以认为集电极电流的变化ΔI_C只取决于基极电流的变化ΔI_B，而与集-射极间电压u_{ce}几乎

无关，即 $\Delta I_C = \beta\Delta I_B$。因此晶体管的输出端可用一个等效的受控电流源 $\beta\Delta I_B$ 来表示。

综上所述，工作在交流小信号条件下的晶体管，其动态特性可用图3-6所示的小信号模型电路来表示。当输入信号为正弦量时，电路中的所有电流、电压均可用相量表示。

将图3-1b所示放大电路接上负载 R_L，其交流通路中的晶体管用小信号模型电路代替，便得到放大电路的小信号模型电路，如图3-7所示。然后可用线性电路的分析方法分析其动态指标。

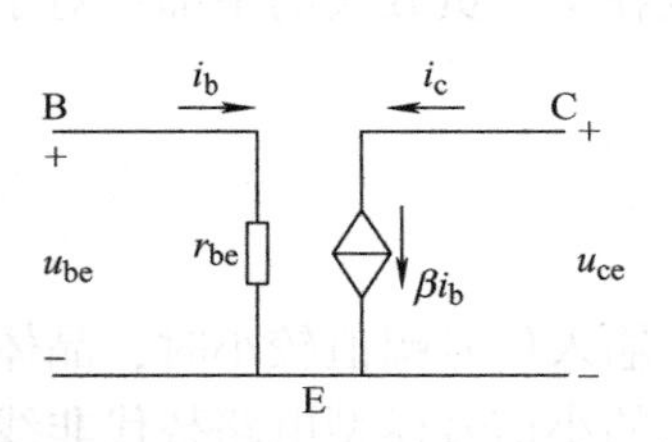

图3-6　晶体管的小信号模型电路

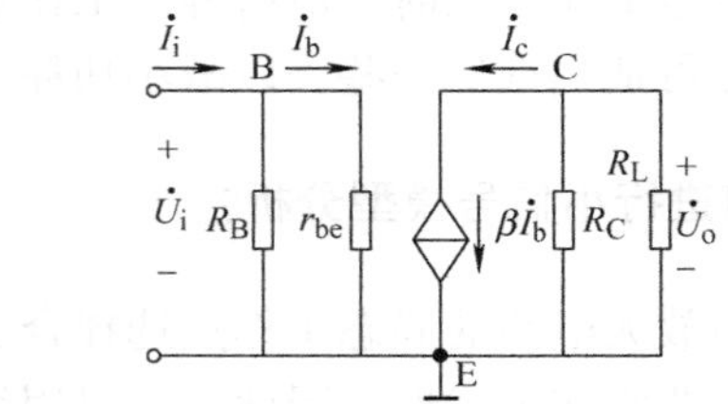
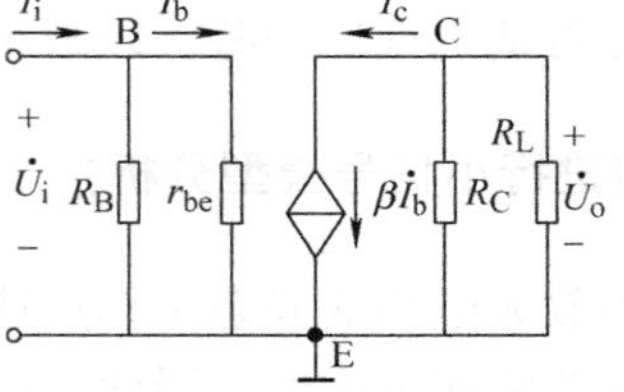

图3-7　放大电路的小信号模型电路

扫一扫，看视频

3-7　放大电路的电压放大系数 A_u 如何求出？

电压放大系数是衡量放大电路对输入信号放大能力的主要指标，用 A_u 表示。

$$A_u = \frac{\dot{U}_o}{\dot{U}_i}$$

由图3-7可知，输入电压为

$$\dot{U}_i = \dot{I}_b r_{be}$$

输出电压为

$$\dot{U}_o = -\dot{I}_c(R_c /\!/ R_L) = -\dot{I}_c R'_L = -\beta\dot{I}_b R'_L$$

电压放大系数则为

$$A_u = \frac{\dot{U}_o}{\dot{U}_i} = \frac{-\beta\dot{I}_b R'_L}{\dot{I}_b r_{be}} = -\beta\frac{R'_L}{r_{be}}$$

式中负号表示输出电压 $\dot{U}_o$ 与输入电压 $\dot{U}_i$ 相位相反。

若放大电路输出端开路（未接 R_L），则

$$A_u = -\beta\frac{R'_C}{r_{be}}$$

可见输出端开路时的电压放大系数大于输出端接有负载时的电压放大系数。

3-8　放大电路的输入电阻 r_i 如何求出？

放大电路对信号源而言，可等效为一个负载电阻，这个等效电阻称为放大电路的输入电阻。它等于输入电压与输入电流之比，即

$$r_i = \frac{\dot{U}_i}{\dot{I}_i} = R_B /\!/ r_{be}$$

一般情况下，$R_B >> r_{be}$，所以

$$r_i \approx r_{be}$$

r_i在数值上接近r_{be}，但r_i、r_{be}的概念是有区别的，r_{be}是晶体管的输入电阻，r_i则为放大电路的输入电阻。通常要求放大电路的输入电阻要足够大，以减小放大电路对信号电压的衰减。

3-9 放大电路的输出电阻 r_o 如何求出？

放大电路对负载而言，相当于一个电压源，其内阻定义为放大电路的输出电阻。在已知电路结构的条件下，可用求有源二端网络等效电阻的办法计算放大电路的输出电阻。也可用实验测量的方法求出，但注意必须要断开负载R_L，从输出端向左求输出电阻r_o。图3-7所示电路，其输出电阻为

$$r_o = R_C$$

对一个放大电路来说，通常要求输出电阻r_o越小越好，以便能够带动较大的负载。

3-10 怎样使放大电路的工作点稳定？

引起静态工作点不稳定的因素很多，其中最主要的因素是晶体管的参数随温度变化而使静态工作点产生漂移。为稳定静态工作点，需对偏置电路加以改进。图3-8a所示为常用的能使工作点稳定的放大电路。

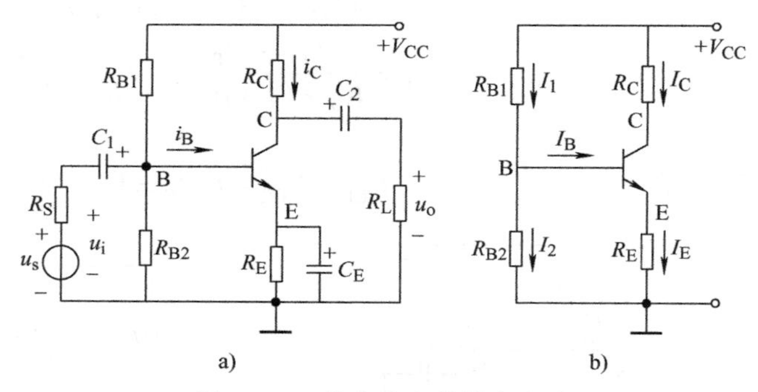

图3-8　工作点稳定的放大电路
a）原理图　b）直流通路

图3-8b所示为放大电路的直流通路。R_{B1}、R_{B2}构成偏置电路，若R_{B1}、R_{B2}取值适当，使得$I_2 >> I_B$，则$I_1 \approx I_2$，基极电位为

$$V_B = \frac{R_{B2}}{R_{B1} + R_{B2}} V_{CC}$$

V_B仅由R_{B1}、R_{B2}对V_{CC}的分电压所决定，而与晶体管的参数无关，不受温度影响。

接入射极电阻R_E后，晶体管基–射极间电压为

$$U_{BE} = V_B - V_E = V_B - I_E R_E$$

当V_B、R_E一定，且$V_B >> U_{BE}$时，则有

$$I_C \approx I_E = \frac{V_B - U_{BC}}{R_E} \approx \frac{V_B}{R_E}$$

也可认为I_C不受温度影响。

当温度发生变化，假如温度升高时，I_C和I_E将会增大，射极电位V_E随之升高，因基极电位不变，所以U_{BE}减小，基极电流I_B减小，被I_B所控制的I_C亦减小，从而抑制了温度变化对I_C的影响，达到了稳定静态工作点的目的。其物理过程为

$$温度升高\rightarrow I_C\uparrow\rightarrow I_E\uparrow\rightarrow V_E\uparrow\rightarrow U_{BE}\downarrow\rightarrow I_B\downarrow\rightarrow I_C\downarrow$$

在上述过程中，R_E越大，对I_C的抑制能力越强，效果越好。但是，发射极电流的交流分量流过R_E时，也会产生交流电压降，使u_{be}减小，导致放大电路的电压放大系数减小。为此在R_E两端并联电容C_E，只要C_E的容量足够大，对交流分量的影响几乎为零，C_E被称为交流旁路电容，其容量一般为几十 μF 至几百 μF。

在上述分析中，为使静态工作点稳定，必须满足$I_2 >> I_B$和$V_B >> U_{BE}$的条件。但是I_2不能太大，否则R_{B1}、R_{B2}就要取得较小，这不仅会使电路静态损耗增大，而且会造成放大电路的输入电阻r_i下降。同样V_B不能太高，否则会减小放大电路输出电压的变化范围。一般可选取$I_2=(5\sim10)I_B$，$V_B=(5\sim10)U_{BE}$。

3-11 射极输出器如何进行静态分析？

射极输出器的电路如图 3-9 所示。晶体管的集电极接在电源V_{CC}上，发射极接有负载电阻R_L，输出电压u_o由发射极取出，故称为射极输出器。射极输出器的直流通路如图 3-10 所示。由图可得静态分析的三个重要指标，即I_B、I_C和U_{CE}。

$$V_{CC}=I_BR_B+U_{BE}+I_ER_E$$
$$=I_BR_B+U_{BE}+(1+\beta)I_BR_E$$
$$I_B=\frac{V_{CC}-U_{BE}}{R_B+(1+\beta)R_E}\approx\frac{V_{CC}}{R_B+(1+\beta)R_E}$$
$$I_C=\beta I_B$$
$$U_{CE}=V_{CC}-I_ER_E=V_{CC}-(1+\beta)I_BR_E$$

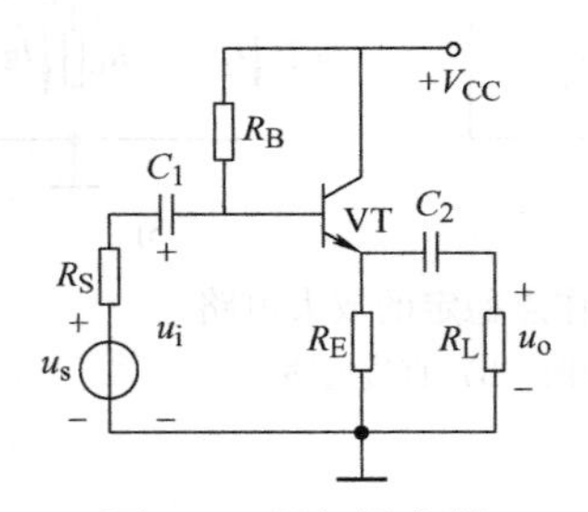

图 3-9 射极输出器

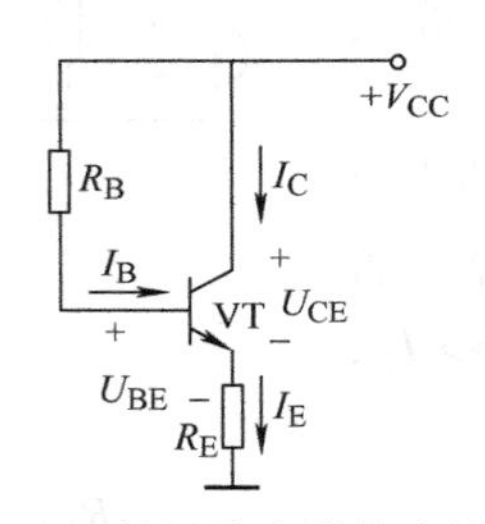

图 3-10 射极输出器的直流通路

扫一扫，看视频

3-12 射极输出器如何进行动态分析？

图 3-11 所示为射极输出器的小信号模型电路。

该电路输入、输出回路的公共端点是集电极，因此，又称作共集电极电路。由图可得动态分析的三个重要指标为A_u、r_i和r_o。

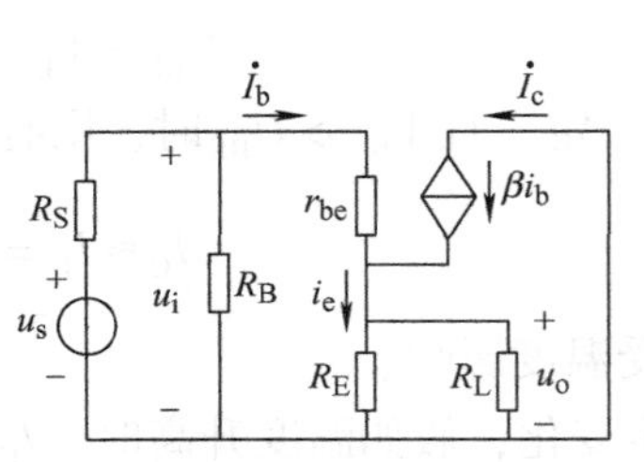

图 3-11 小信号模型电路

扫一扫，看视频

1. 电压放大系数 A_u

$$\dot{U}_o=\dot{I}_e\cdot(R_E/\!/R_L)=(1+\beta)\dot{I}_bR_L'$$

$$\begin{aligned}\dot{U}_i &= \dot{I}_b r_{be} + \dot{I}_e R'_L = \dot{I}_b r_{be} + (1+\beta)\dot{I}_b R'_L \\ &= \dot{I}_b[r_{be} + (1+\beta)R'_L]\end{aligned}$$

电压放大系数为

$$A_u = \frac{\dot{U}_o}{\dot{U}_i} = \frac{(1+\beta)\dot{I}_b R'_L}{\dot{I}_b[r_{be} + (1+\beta)R'_L]} = \frac{(1+\beta)R'_L}{r_{be} + (1+\beta)R'_L}$$

一般情况下 $r_{be} \ll (1+\beta)R'_L$，因此 A_u 近似等于1，但恒小于1，即

$$\dot{U}_o = A_u \dot{U}_i \approx \dot{U}_i$$

上式说明，射极输出器的输出电压与输入电压的大小近似相等，且相位相同，输出电压跟随输入电压的变化而变化，故又称作射极跟随器。

2. 输入电阻 r_i

设
$$r'_i = \frac{\dot{U}_i}{\dot{I}_b} = \frac{\dot{I}_b[r_{be} + (1+\beta)R'_L]}{\dot{I}_b} = r_{be} + (1+\beta)R'_L$$

则

$$r_i = R_B /\!/ r'_i = R_B /\!/ [r_{be} + (1+\beta)R'_L]$$

通常 R'_L 为几 kΩ，β 为几十，r_i 可达几十 kΩ 甚至几百 kΩ，比共发射极电路的输入电阻 $r_i \approx r_{BE}$ 要大得多。

3. 输出电阻 r_o

输出电阻的计算方法是，将图3-11 电路中的信号源 u_S 短接，断开负载电阻 R_L，在输出端外加电压 u，流入电流 i，如图3-12 所示。

设，
$$r'_o = \frac{\dot{U}}{\dot{I}} = \frac{-\dot{I}_b(r_{be} + R'_S)}{-(\dot{I}_b + \beta\dot{I}_b)} = \frac{r_{be} + R'_S}{1+\beta}$$

式中，$R'_S = R_S /\!/ R_B$。

则
$$r_o = r'_o /\!/ R_E = \frac{r_{be} + R'_S}{1+\beta} /\!/ R_E$$

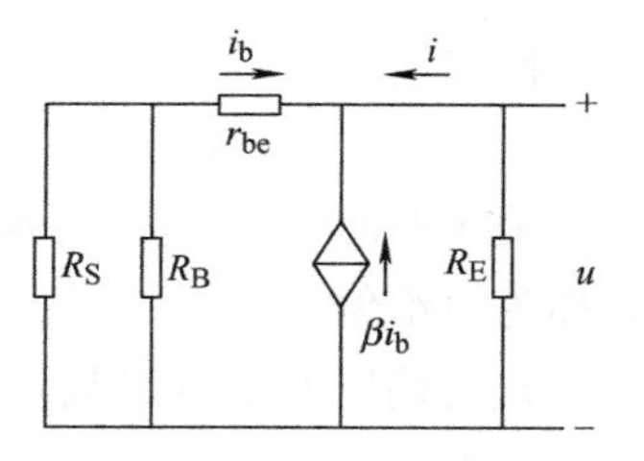

图3-12　计算输出电阻的电路

通常情况下，($r_{be} + R'_S$) 较小，且 $\beta \gg 1$，故 $\frac{r_{be} + R'_S}{1+\beta} \ll R_E$，则

$$r_o \approx \frac{r_{be} + R'_S}{1+\beta}$$

射极输出器的输出电阻远小于共发射极电路的输出电阻，一般为几十 Ω 至几百 Ω。

射极输出器的输入电阻高，可用作多级放大器的输入级，以减轻信号源的负担，提高放大器的输入电压。射极输出器的输出电阻低，可用作多级放大器的输出级，以减小负载变化对输出电压的影响。射极输出器也常用作中间隔离级。

3-13 场效应晶体管分压偏置共源极放大电路如何进行静态分析？

场效应晶体管放大电路的工作原理同晶体管放大电路十分相似。为使电路正常工作，必须设置合适的静态工作点。晶体管放大电路依靠调整基极电流 I_B 来获得合适的静态工作点。场效应晶体管放大电路则依靠调节栅-源极之间的电压 U_{GS} 来获得合适的静态工作点。场效应晶体管放大电路常用的偏置形式有自给偏压式和分压偏置式两种。

分压偏置电路如图 3-13 所示。图中 R_G 为提高电路的输入电阻而设置，由于绝缘栅场效应晶体管的栅极电流为零，R_G 上无电压降，所以栅极电位为

$$V_G = \frac{R_{G2}}{R_{G1} + R_{G2}} \cdot V_{DD}$$

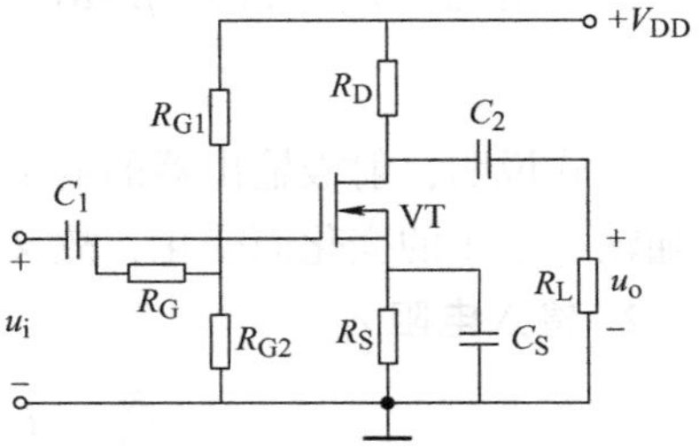

图 3-13　分压偏置电路

当场效应晶体管导通时，便有漏极电流 I_D 产生，源极电位为

$$V_S = I_D R_S$$

则

$$U_{GS} = V_G - V_S = \frac{R_{G2}}{R_{G1} + R_{G2}} \cdot V_{DD} - I_D R_S$$

N 沟道耗尽型场效应晶体管通常工作在 $U_{GS} < 0$ 的区域，即加负偏压；对于 N 沟道增强型场效应晶体管，应使 $U_{GS} > U_{GS(th)}$，必须加正偏压。

3-14 场效应晶体管自给偏压共源极放大电路如何进行静态分析？

自给偏压式的偏置电路如图 3-14 所示。静态时栅极电流为零，R_G 上的压降 $U_G = 0$。

栅源电压为

$$U_{GS} = V_G - V_S = -I_D R_S$$

由于栅源电压是由场效应晶体管自身电流 I_D 产生的，故称为自给偏压。

自给偏压偏置电路只适用于耗尽型场效应晶体管组成的放大电路。

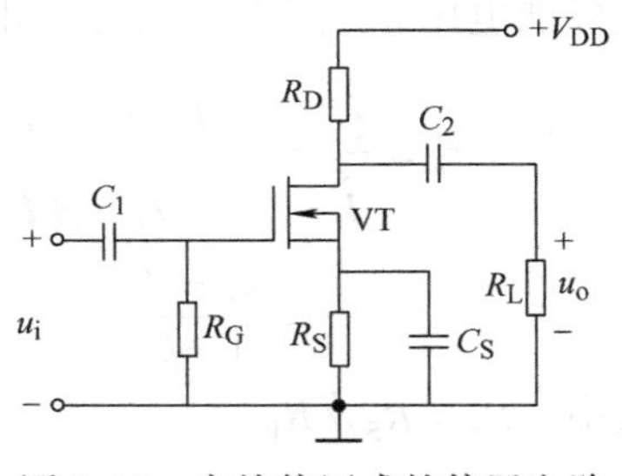

图 3-14　自给偏压式的偏置电路

3-15 场效应晶体管放大电路如何进行动态分析？

场效应晶体管放大电路的工作原理是用栅源电压实现对漏极电流的控制。输入端加入信号 u_i 时，漏极电流 i_D 将随 u_i 的变化而变化，从而漏极电流的交流分量在负载上产生一个较大变化的输出电压 u_o。

图 3-15 所示为图 3-13 所示电路的交流通路，由交流通路可画出其小信号模型电路，如图 3-16 所示。

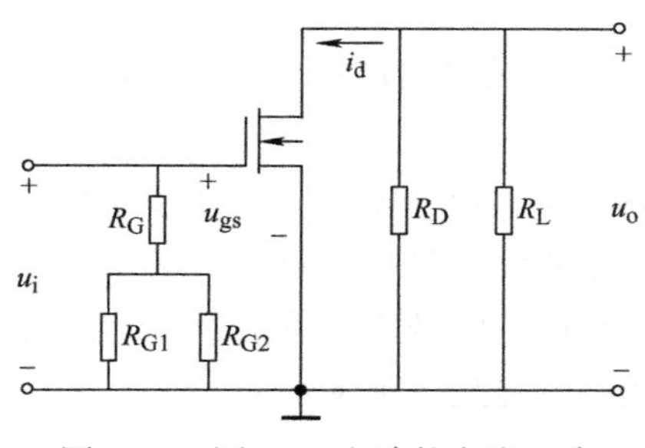

图3-15 图3-13电路的交流通路

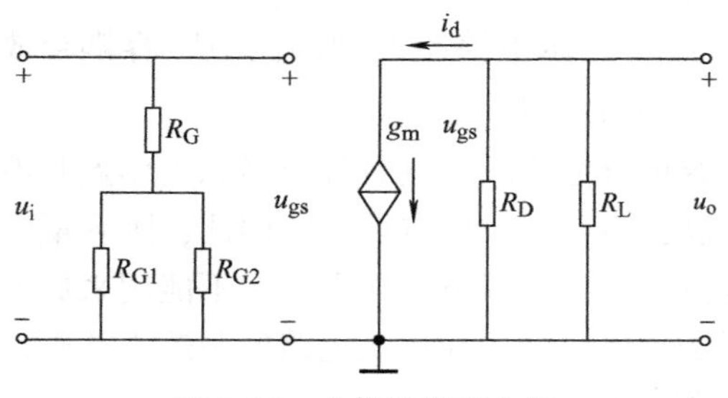

图3-16 小信号模型电路

1. 电压放大系数

$$\dot{U}_o = -\dot{I}_d R'_L = -g_m \dot{U}_{gs} R'_L$$

式中，$R'_L = R_D /\!/ R_L$。

$$\dot{U}_i = \dot{U}_{gs}$$

$$A_u = \frac{\dot{U}_o}{\dot{U}_i} = -g_m R'_L$$

式中负号说明输出电压与输入电压相位相反。

当放大电路输出端不接负载电阻R_L时，电压放大系数为

$$A_u = -g_m R_D$$

2. 输入电阻

$$r_i = [R_G + (R_{G1} /\!/ R_{G2})] /\!/ r_{gs}$$

式中 r_{gs}——场效应晶体管的输入电阻。

由于场效应晶体管栅-源极间近似开路，故r_{gs}非常大；通常R_G为几MΩ，且$R_G >> R_{G1}$，$R_G >> R_{G2}$，所以

$$r_i \approx R_G$$

3. 输出电阻

$$r_o = R_D$$

3-16 什么是耦合？对级间耦合电路有哪些要求？

耦合就是指多级放大电路中各级之间的连接方式。在多级放大电路中，前一级的输出信号通过一定的连接方式有效地传递到后一级，这里的连接方式称为级间耦合。

对多级放大器的级间耦合有下列要求：

1）尽量不影响前后级原有的工作状态，尽量减小前后级放大器之间的相互影响。

2）尽量减小信号在耦合电路上的损失。

3）不能引起信号失真。

3-17 多级放大电路的耦合方式有哪些？

多级放大电路常用的耦合方式有阻容耦合、直接耦合和变压器耦合三种。

1. 阻容耦合

图3-17所示电路是典型的两级阻容耦合放大电路。级间通过耦合电容 C_2 和偏置电阻 R_{B21}、R_{B22} 实现连接。

阻容耦合方式的优点有各级静态工作点互不影响；在传输过程中，交流信号损失小，放大系数高；体积小、成本低等。因此，阻容耦合在多级放大电路中得到了广泛的应用。但阻容耦合方式也存在以下的缺点：它不能用来放大变化缓慢的信号或直流信号；阻容耦合放大电路无法集成，因为在集成电路的制造工艺中，制造大电容是非常困难的。

2. 直接耦合

把前一级放大电路的输出端直接接到后一级的输入端，就是直接耦合方式，如图3-18所示。

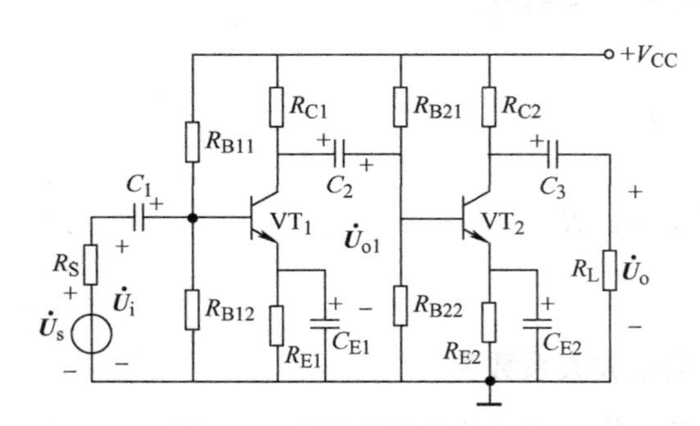

图3-17 阻容耦合放大电路

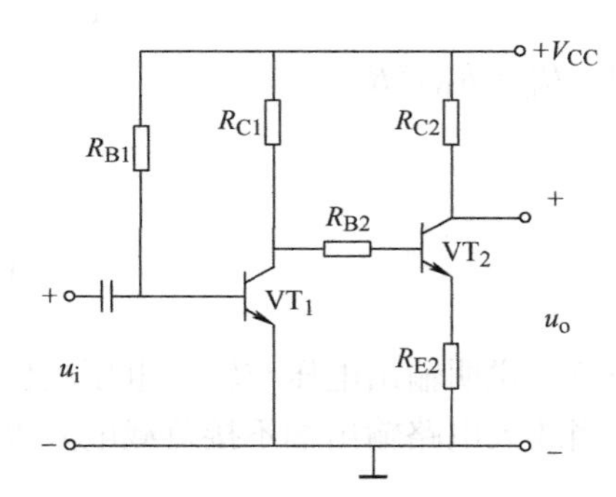

图3-18 直接耦合放大电路

直接耦合放大电路的优点是既能放大交流信号，又能放大变化缓慢的信号或直流信号；因为没有耦合电容，所以有利于电路的集成。直接耦合的缺点是静态工作点相互影响，存在着零点漂移等。

变压器耦合方式目前在小功率放大电路中使用较少，这里不再介绍。

3-18 怎样分析阻容耦合放大电路？

图3-17所示的放大电路中，由于耦合电容的存在，两级放大电路的静态工作点互不影响，静态分析的方法前面已详细讨论，这里不再重复。

图3-19所示为图3-17所示电路的小信号模型电路，由电路可以看出：

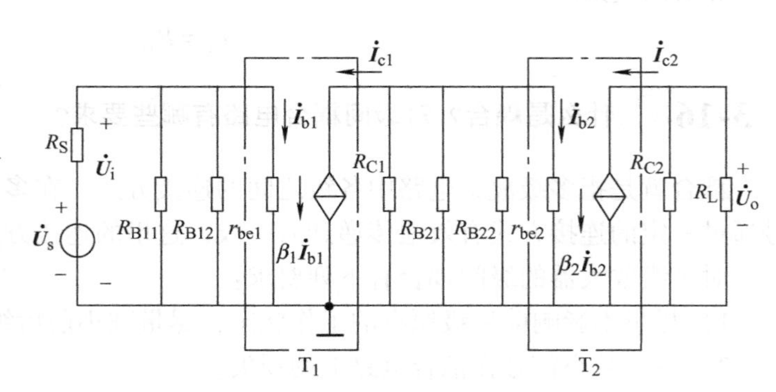

图3-19 图3-17的小信号模型电路

1）前一级放大电路的输出电压是后一级放大电路的输入电压，即 $\dot{U}_{o1}=\dot{U}_{i2}$。

2）后一级放大电路的输入电阻是前一级放大电路的外接负载，即 $r_{i2}=R_{L1}$。

放大电路的动态参数分析如下：

1. 电压放大系数

放大电路总的电压放大系数为

$$A_u = \frac{\dot{U}_o}{\dot{U}_i}$$

由于 $\dot{U}_{o1} = \dot{U}_{i2}$，则

$$A_u = \frac{\dot{U}_o}{\dot{U}_i} = \frac{\dot{U}_{o1}}{\dot{U}_i} \cdot \frac{\dot{U}_o}{\dot{U}_{o1}} = A_{u1} \cdot A_{u2}$$

式中

$$A_{u1} = -\beta_1 \frac{R'_{L1}}{r_{be1}} = -\beta_1 \frac{R_{C1} /\!/ r_{i2}}{r_{be1}}$$

$$A_{u2} = -\beta_2 \frac{R'_{L2}}{r_{be2}} = -\beta_2 \frac{R_{C2} /\!/ R_L}{r_{be2}}$$

同理，n 级放大电路的电压放大系数为

$$A_u = A_{u1} \cdot A_{u2} \cdots A_{un}$$

2. 输入电阻

放大电路的输入电阻等于第一级放大电路的输入电阻，即

$$r_i = r_{i1} = R_{B11} /\!/ R_{B12} /\!/ r_{be1}$$

3. 输出电阻

第二级放大电路的输出电阻，也就是放大电路的输出电阻，即

$$r_o = r_{o2} = R_{C2}$$

3-19　放大电路的频率特性是如何定义的?

前面分析放大电路的性能指标时，认为输入信号是单一频率的正弦信号；在输入信号频率下，电容器的容抗近似为零；晶体管的电流放大系数 β 为常量等。由此所求出的动态指标均与频率无关，如电压放大系数为一常数，输出电压与输入电压的相位差恒定等。实际上，放大电路的工作条件并非如此。输入信号往往是包含着多种频率谐波的非正弦波，如人们的语言或音乐由传声器转换成的电信号中，就包含了从几十 Hz 到上万 Hz 的谐波；电路中的耦合电容、旁路电容、晶体管的极间电容等对不同频率的信号形成了不等的容抗，它不仅影响了放大系数的大小，而且也影响了输出电压与输入电压之间的相位差；晶体管的电流放大系数 β 随信号频率的升高而减小等。所以在放大电路工作的整个频率范围内，电压放大系数和相位移都是频率的函数，电压放大系数与频率的关系称为幅频特性，相位移与频率的关系称为相频特性，二者统称为频率特性。

图 3-20 所示为低频电压放大电路的幅频特性。将信号按频率分段，在中间段广阔的频率范围内，电压放大系数保持最大值 A_{um}，大小几乎与频率无关。随着频率的升高或降低，电压放大系数下降。通常规定，当电压放大系数下降到 $\frac{1}{\sqrt{2}}A_{um}$ 时所对应的两个频率分别称为

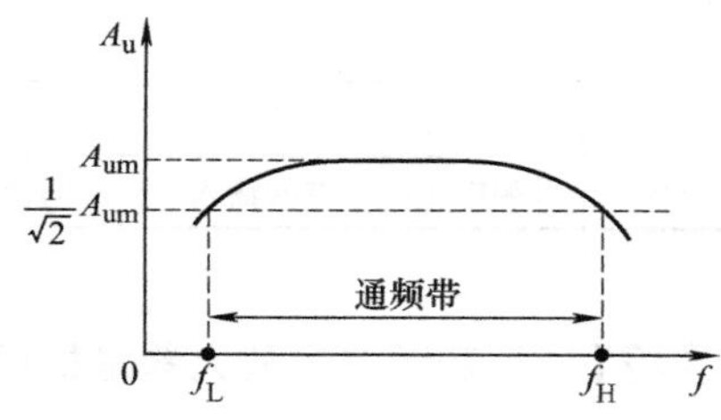

图 3-20　低频电压放大电路的幅频特性

上限频率f_H和下限频率f_L，两者之间的频率范围称为放大电路的通频带，用BW表示，即$BW = f_H - f_L$。

电压放大系数在高、低频段有所减小，其原因是：在低频段，放大电路的耦合电容、旁路电容的容抗增大，信号传递过程中损失增加，放大系数减小。在高频段，晶体管的极间电容、导线的分布电容对高频信号的旁路作用使得信号受到削弱，电压放大系数明显下降。

多级放大电路的通频带要比组成它的单级放大电路的通频带窄。

3-20 三种基本放大电路各有哪些特点？

三种基本放大电路的比较见表3-1。

表3-1 三种基本放大电路的比较

项 目	共发射极放大电路	共基极放大电路	共集电极放大电路
电路形式	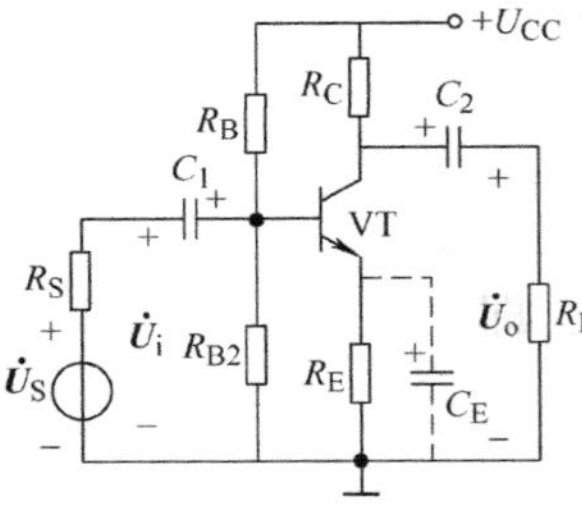	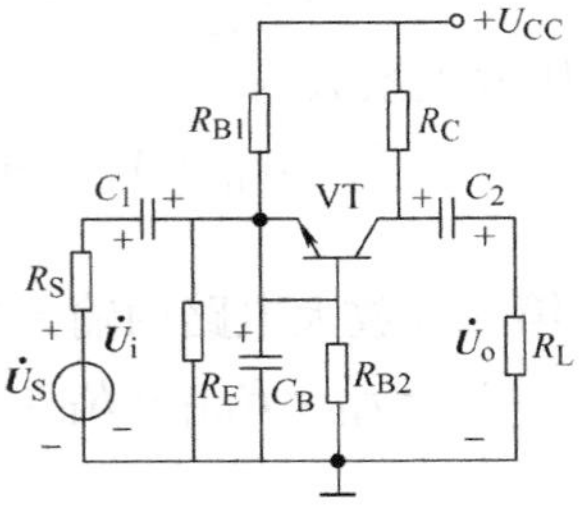	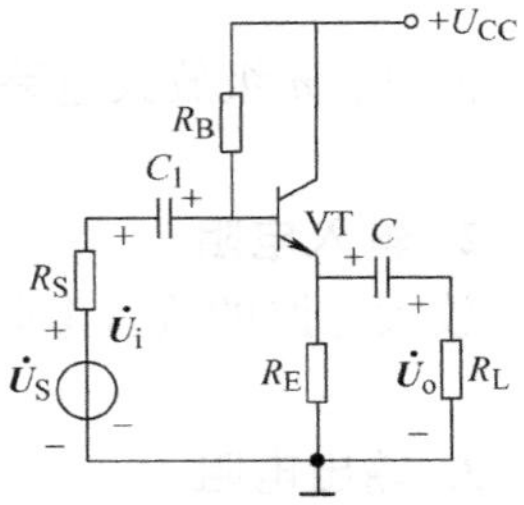
静态工作点	$U_B \approx \dfrac{R_{B2}U_{CC}}{R_{B1}+R_{B2}}$ $I_C \approx I_E = \dfrac{U_B - U_{BE}}{R_E}$ $I_B = I_C/\beta$ $U_{CE} = U_{CC} - I_C\ (R_C + R_E)$	$U_B \approx \dfrac{R_{B2}U_{CC}}{R_{B1}+R_{B2}}$ $I_C \approx I_E = \dfrac{U_B - U_{BE}}{R_E}$ $I_B = I_C/\beta$ $U_{CE} = U_{CC} - I_C\ (R_C + R_E)$	$I_B = \dfrac{U_{CC} - U_{BE}}{R_B + (1+\beta)R_E}$ $I_E = (1+\beta)I_B$ $U_{CE} = U_{CC} - R_E I_E$
放大系数	$A_u = -\beta\dfrac{R'_L}{r_{be}}$ $R'_L = R_C /\!/ R_L$	$A_u = \beta\dfrac{R'_L}{r_{be}}$ $R'_L = R_L /\!/ R_C$	$A_u = \dfrac{(1+\beta)R'_L}{r_{be} + (1+\beta)R'_L} \approx 1$ $R'_L = R_E /\!/ R_L$
相位	反相	同相	同相
输入电阻	$r_i = R_{B1} /\!/ R_{B2} /\!/ r_{be} \approx r_{be}$	$r_i = \left(\dfrac{r_{be}}{1+\beta} /\!/ R_E\right)$	$r_i = R_B /\!/ [r_{be} + (1+\beta)R'_L]$
输出电阻	$r_O = R_C$	$r_O = R_C$	$r_O = R_E /\!/ \dfrac{r_{be} + R'_S}{1+\beta}$ $R'_S = R_B /\!/ R_L$
频率响应	差	较好	好
用途	低频电压放大器的输入级，中间级	宽频带放大电路	输入级、功率输出级

3-21 音频信号放大器是如何工作的？

音频信号放大器可广泛用于小型收录机、扩音器及汽车收音机等其他功率放大电路中。

图3-21所示电路由三部分构成：第一部分VT_1为前置放大器，第二部分VT_2为倒相激励推动级，第三部分VT_3、VT_4组成射极推挽式功放级。工作时，信号u_i由输入变压器T_1的变换送至前置放大器VT_1进行放大，其集电极输出的信号送给倒相级VT_2，并通过电阻R_6、R_7送出两个相反的信号去推动VT_3、VT_4，信号通过放大后送给输出变压器T_2，最后推动扬声器BL工作。

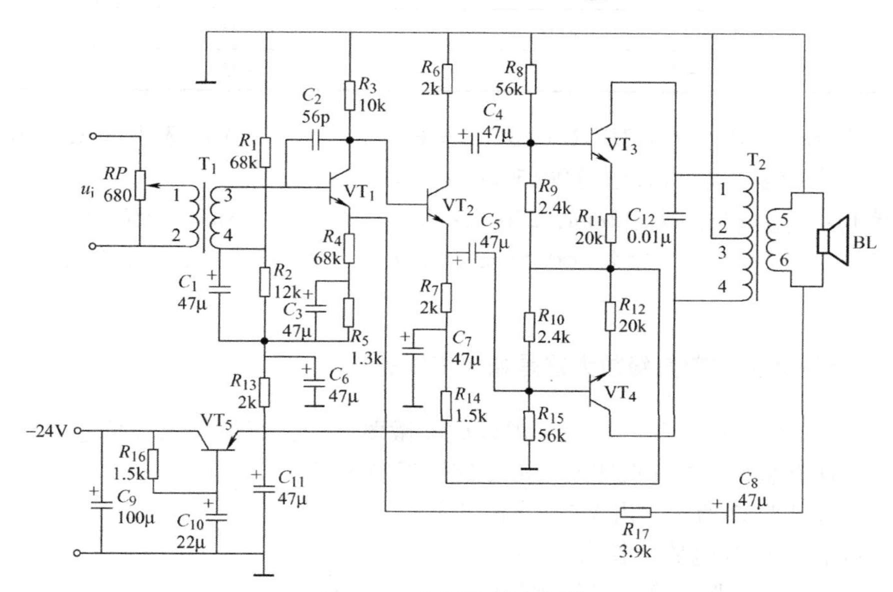

图3-21　音频信号放大器

电路中电位器RP既可调节电路增益电平，同时又兼作匹配电阻使用。R_1、R_2、R_4、R_5为VT_1的直流偏置电阻。其中R_4、R_5为VT_1的发射极电阻，起两个作用：①R_4、R_5共同起直流负反馈作用，以稳定静态工作点；②R_4同时起交流负反馈作用，以改善放大器频率响应特性。R_3、R_7、R_{14}为VT_2的直流偏置电阻。$R_8 \sim R_{12}$、R_{15}为VT_3、VT_4直流偏置电阻。电容C_8、电阻R_{17}构成交流串联电压负反馈，以改善整个放大电路频率特性指标。电容C_{12}和输出变压器T_2的一次侧为音频选频网络。

另外，为了加强电源退耦效果，降低纹波系数，采用了由VT_5、C_{10}等元器件构成的电子滤波电路。

本音频放大器技术指标：输入阻抗为600Ω；输入电平≤－8dB；最大输出功率可达500mW。

按图焊接正确后即可进行调试，加上电源，用万用表测出各晶体管静态时的直流工作点。表3-2为晶体管各极电压及集电极电流。若实际电压与表中误差较大，则可调整各晶体管直流偏置电阻。

表3-2　晶体管各极电压及集电极电流

管号	被测电压			
	U_C/V	U_B/V	U_E/V	I_C/mA
VT_1	-11.2	-17.8	-18.5	1.1
VT_2	-6.2	-11.2	-12	3

（续）

管号	被测电压			
	U_C/V	U_B/V	U_E/V	I_C/mA
VT_3	0	−22.5	−23	4.8
VT_4	0	−22.5	−23	5.4
VT_5	−24	−23.5	−23	≥30

VT_1、VT_2选用9013型或3DG201型，$\beta = 65 \sim 85$。VT_3、VT_4选用3DG130B型，$\beta = 50 \sim 80$，两管尽可能一致。VT_5选用9015型，$\beta = 65 \sim 115$。

变压器T_1：$L_{1\text{-}2}$绕组，ϕ0.12mm，220匝；$L_{3\text{-}4}$绕组，ϕ0.13mm，650匝。

变压器T_2：$L_{1\text{-}2}$、$L_{3\text{-}4}$绕组，ϕ0.11mm，300匝，双线并绕；$L_{5\text{-}6}$绕组，ϕ0.12mm，480匝。

3-22 高输入阻抗前置级放大器是如何工作的？

高输入阻抗前置级放大器广泛用于需要放大微弱信号，而信号源（传感器等）阻抗又高的场合，如管道漏水、漏气探测器、极微信号听音器等。

放大电路如图3-22所示，由$VT_1 \sim VT_3$组成。它是一个三级直接耦合电路，省去了耦合电容。为了降低噪声，放大电路的第一级使用低噪声场效应晶体管3DJ4，其低频噪声系数<1.5dB(V_{DS} = 10V，I_{DS} = 0.5mA，R_g = 10MΩ，f = 1kHz)。VT_1的静态漏极电流调整在接近饱和漏极电流I_{DSS}附近，以获得较大的跨导及进一步降低噪声。为了有效地提高输入阻抗，电路中设置了自举电容C_1，从而使输入阻抗提高到足以满足各种常见高输出信号源的要求。由VT_3的发射极取出负反馈信号，通过R_7加到VT_1的源极上，完成40dB左右深度的负反馈。这使放大器的增益稳定性、频率特性、各管直流工作点的稳定度等都得到较大提高。改变R_7的阻值，可引起负反馈的改变，从而使放大器的总增益改变。如对增益等稳定性无较高要求，则可将R_7适当增大，以减弱负反馈，提高总增益。VT_1一般选用I_{DSS}较小的管子。

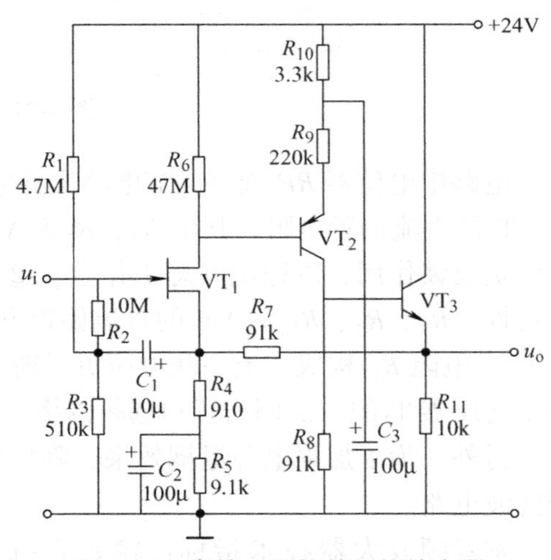

图3-22 高输入阻抗前置级放大器

本电路的特点是具有很高的输入阻抗和很低的噪声输出。其主要性能指标：输入阻抗≥25MΩ，频率响应为10～50Hz，电压总增益为40dB，等效输入噪声电平≤−110dB（当f = 10Hz时）。

R_7的大小可根据用途改变。如果为了降低增益而减小R_7，则射极输出器VT_3的负载就会减小，因而输出信号的振幅也会下降。

场效应晶体管VT_1选取3DJ4D～E型，晶体管VT_2选取3CG21C型，VT_3选取3DG100B型。

3-23 功率放大电路的工作状态有哪些？

功率放大电路与电压放大电路在工作原理上并无本质区别，只是任务各有侧重。电压放大电路的目的是放大信号的电压，而功率放大电路的任务是向负载提供足够大的功率，驱动执行机构动作。因此，功率放大电路不仅要有较高的输出电压，而且要有较大的输出电流，晶体管通常工作在接近于极限状态。同时要求功率放大电路非线性失真尽可能小，效率要高。

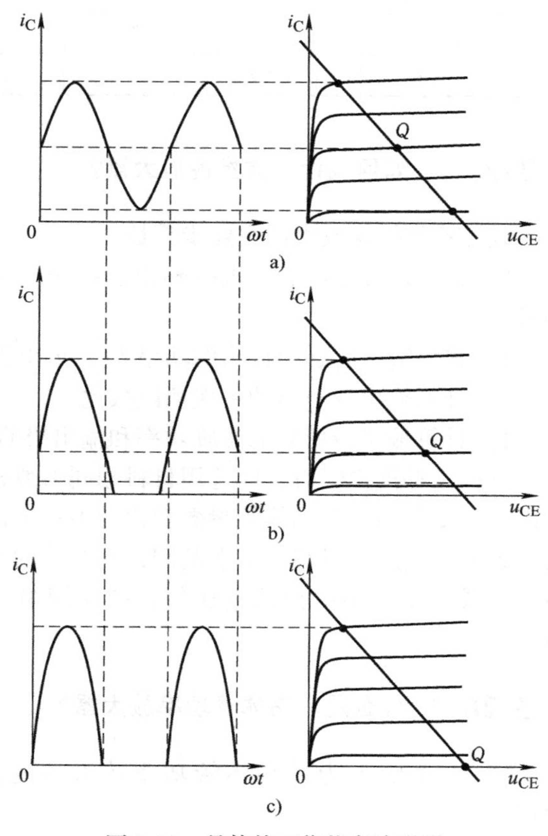

图 3-23　晶体管工作状态波形图
a）甲类工作状态　b）甲乙类工作状态　c）乙类工作状态

功率放大电路根据工作状态的不同，分为甲类、甲乙类和乙类三种工作状态，其工作波形如图 3-23 所示。晶体管工作在甲类工作状态时，静态工作点设置在交流负载线的中点，在正弦输入信号的整个周期内管子都导通，波形如图 3-23a 所示。晶体管工作在甲乙类状态时，静态工作点设置的较低，管子导通的时间大于正弦信号的半个周期而小于一个周期，如图 3-23b 所示。晶体管工作在乙类状态时，静态工作点设置在交流负载线的截止点，管子只在正弦输入信号的半个周期内导通，如图 3-23c 所示。单晶体管甲类功率放大电路结构简单、失真小，但管耗大、输出功率小、效率低，只适用于小功率放大电路。单晶体管乙类、甲乙类工作状态，管耗低、效率高、输出功率大，但失真大。目前多采用互补对称功率放大电路，这种电路由工作在甲乙类状态的两只不同类型晶体管组成，既能增大输出功率，提高效率，同时也减小了非线性失真。

扫一扫，看视频

3-24 功率放大器与电压放大器有什么区别？

功率放大器与电压放大器的主要区别见表 3-3。

表 3-3　功率放大器与电压放大器的比较

项　目	电压放大器	功率放大器
电路形式	阻容耦合、直流耦合	变压器耦合、直接耦合
主要任务	提供给负载一定的信号电压	提供给负载尽可能大的信号功率
工作信号范围	小信号	大信号

（续）

项 目	电压放大器	功率放大器
晶体管工作状态	甲类小范围	甲类、乙类、甲乙类
主要研究对象	A_u、r_i、r_o及频率特性	P_o（输出功率）、P_E（电源功率）、P_T（损耗）、η（效率）
输出波形质量	非线性失真小	非线性失真大

3-25 如何设计乙类推挽放大器？

设计乙类推挽放大器主要步骤是：

1）首先设计输出级，根据输出功率 P_o，对输出管极限参数提出要求，选择晶体管的型号。

2）根据输出管必须输出的功率 P_o'，求出集电极电流峰值 I_{CM}和集电极电阻 R_C。

3）计算输出变压器的一次侧匝数比。

4）计算输出级所需的激励功率和输出级的输入阻抗，以设计激励级。

选择互补推挽管时，应选用材料相同参数相同的晶体管，彼此互补。这样可以避免或减小因温度变化而引起晶体管参数变化的不一致而造成的互补失调。特别是在大电流输出时，为保证放大电路有足够的动态范围，互补管的放大系数及输出电阻应相同。互补管的耐压值应等于或大于使用电源的电压值，如在网络，具有反馈元器件的放大电路称为反馈放大电路。

3-26 什么是单晶体管功率放大器？

图 3-24 所示为单晶体管功率放大器的典型电路。

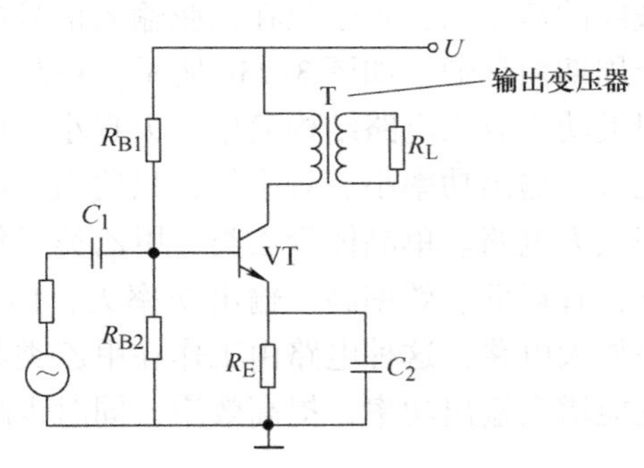

图 3-24 单晶体管功率放大器电路图

图中 R_{B1}、R_{B2}为分压偏置电路，为 VT 提供稳定偏置。R_E的作用是稳定静态工作点，C_2是它的旁路电容。功率放大器采用变压器耦合，是为了使功率放大器有最大的不失真功率输出和高的效率，放大器中晶体管集电极回路有一个最佳电阻值，而实际的负载电阻值并不等于最佳值，所以需要用变压器进行阻抗变换，将实际负载电阻值变换到最佳值（称为阻抗匹配）。

由于该电路中使用一只晶体管发送输入信号，因此为保证输出信号不失真，必须设置合适的静态工作点。因此，也将这种功率放大器称为甲类功率放大器。

1. 最大输出功率

由于放大器的放大系数是一定的，因此受晶体管最大输出电流和电压的影响，输出功率不可能无限大，而有一个极限值。在不失真的前提下，这个功率极限值称为最大输出功率。

$$P_{om} = \frac{U^2}{2R_S}$$

式中 U——直流电压；

R_S——变压器一次绕组的阻抗。

2. 效率

对于甲类功率放大器，由于晶体管中存在很大的直流电流，因此效率很低，理论上最高只有50%，而实际效率一般只能达到30%～35%。

3-27 什么是双晶体管推挽功率放大器？

单晶体管功率放大器中由于存在很大的直流电流，使得电源的大部分功率被晶体管损耗掉了，因此效率很低。为了提高功率放大器的效率，就应该减小存在的直流电流。当直流电流减小为零时，晶体管只能对半周信号进行放大，因此需要将两个晶体管组合起来，就可以用一只放大正半周的信号，另一只放大负半周信号。

利用两只型号和主要参数相同的晶体管，采用变压器耦合组成的功率放大器称为双晶体管功率放大器，通过工作在乙类状态的推挽可以获得高效率、低失真的功率放大。

双晶体管推挽功率放大器电路图如图3-25所示。

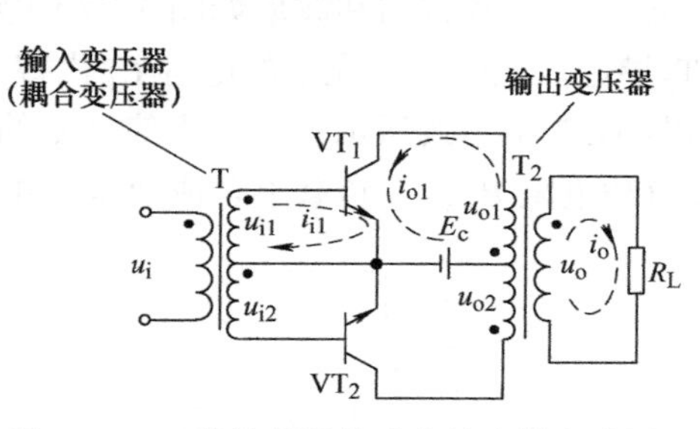

图3-25 双晶体管推挽功率放大器电路图

电路工作的主要特点是两个晶体管交替工作，并将每个晶体管工作时所得半周期输出波形进行合成，完成不失真的放大。当输入信号为正半周时，输入变压器的二次绕组中的极性是上正下负，则VT_1导通，VT_2截止。VT_1中集电极电流经输出变压器耦合到它的二次绕组，在负载上形成输出信号的正半周信号。当输入信号为负半周时，输入变压器的二次绕组中的极性是上负下正，则VT_2导通，VT_1截止。VT_2中集电极电流经输出变压器耦合到它的二次绕组，在负载上形成输出信号的负半周信号。这样，两个晶体管依次工作，一个输入的正弦波信号分别被放大并在负载上合成为一个交流信号，完成了功率放大。

1. 最大输出功率

双晶体管推挽功率放大器的最大输出功率与单晶体管功率放大器相似。

$$P_{om}=\frac{U^2}{2R_S}$$

式中 U——直流电压；

R_S——变压器一次绕组的阻抗。

2. 效率

双晶体管推挽功率放大器的效率理论上最高可达到78%，而实际效率一般可达到60%～70%，明显比单晶体管功率放大器的高。

需要指出，电路工作在乙类状态时，两个晶体管基极都未设偏置。由于晶体管输入特性曲线上存在一段“死区”，在信号正负半周交接的零值附近，出现没有放大输出的情况，反映到负载上就会出现波形的两半周交界处有不衔接的现象，这种现象叫交越失真。推挽放大器如果采用甲乙类放大方式，就可以大大减小交越失真。所以一般的实用电路在静态时都要给晶体管加上一定的正向偏压，保证晶体管在信号电压较低时仍处于良好导通状态。

3-28 什么是 OTL 功率放大电路？

互补对称电路通过容量较大的电容器与负载耦合时，称为无输出变压器电路，简称 OTL 电路。如果互补对称电路直接与负载相连，就成为无输出电容电路，简称 OCL 电路。两种电路的基本原理相同，这里只对 OTL 电路做简要分析。图 3-26 是 OTL 电路的原理图，它由两只特性相近的晶体管 VT_1（NPN 型）、VT_2（PNP 型）组成。静态时，A 点的电位为$\frac{1}{2}V_{CC}$，耦合电容 C_L上的电压也等于$\frac{1}{2}V_{CC}$。由于两管的基极无偏置电压，故 VT_1、VT_2均处于截止状态。

动态工作时，电路的交流通路如图 3-27 所示。在输入信号的正半周，VT_1的发射结正偏导通，VT_2的发射结反偏截止。电源 V_{CC}经 VT_1、R_{E1}和负载 R_L对耦合电容 C_L充电，形成充电电流 i_{C1}，其方向和波形如图 3-27 中实线所示。在 u_i的负半周，情况刚好相反，VT_1截止，VT_2导通。此时，已充电的电容 C_L代替电源向 VT_2供电，形成放电电流 i_{C2}，其方向和波形如图 3-27 中虚线所示。在输入信号 u_i的一个周期内，输出电流 i_{C1}、i_{C2}以相反的方向交替流过负载电阻 R_L，在负载上合成而得出正弦规律变化的输出电压 u_o。

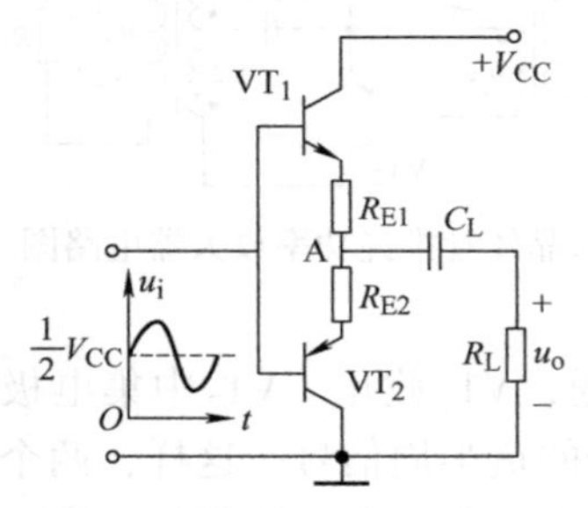

图 3-26　OTL 功率放大电路

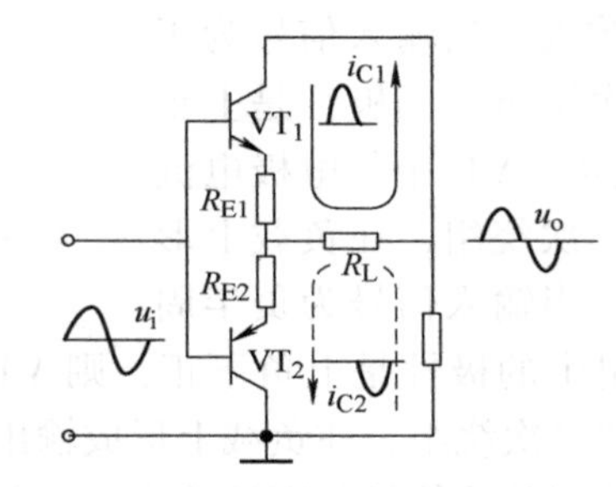

图 3-27　OTL 电路的交流通路

扫一扫，看视频

为保证输出波形对称，即 $i_{C1}=i_{C2}$，必须保持 C_L上的电压为$\frac{1}{2}V_{CC}$，当电容 C_L放电时，其电压不能下降过多，因此 C_L的容量必须足够大。

3-29 OTL 功率放大电路为什么会产生交越失真？

在图 3-26 所示的电路中，由于 VT_1、VT_2工作在乙类状态，当输入信号小于晶体管的发射结死区电压时，两个晶体管仍不能导通，这样使得输出电压 u_o在过零点的一小段时间内为零，波形产生了失真。这种失真称为交越失真，如图 3-28 所示。

实际使用的 OTL 电路如图 3-29 所示。与原理电路相比较，增加了 VT_3组成的推动级，使功率放大电路有尽可能大的输出功率。VT_3集电极电流 I_{C3}在 R_2上的压降为 VT_1、VT_2的发射结提供正向偏置电压，调节 R_2的大小，可为 VT_1、VT_2设置一个合适的静态工作点，使 VT_1、VT_2工作在甲乙类状态，将交越失真减到最小。与 R_2并联的电容 C_2起旁路作用，使 R_2上无交流信号压降，保证 VT_1、VT_2得到的输入信号电压相等，使输出电压 u_o的波形正负半波对称。

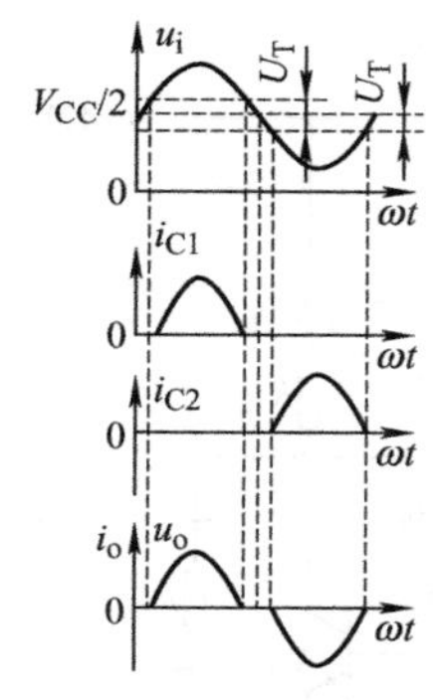

图 3-28　交越失真波形

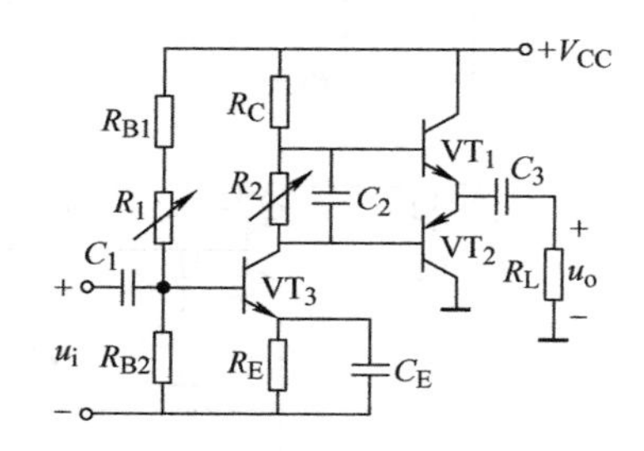

图 3-29　带有推动级的 OTL 电路

3-30　OCL 和 OTL 功率放大器有什么区别？

OCL 和 OTL 是互补推挽功率放大器的两种常见的形式。利用 NPN 型晶体管和 PNP 型晶体管的互补作用组成的 OCL 和 OTL 电路是目前分立元件和集成电路广泛采用的功率放大电路形式。

扫一扫，看视频

OCL 和 OTL 电路的区别在于前者双电源供电，无输出电容。后者用单电源供电，有输出电容。由于 OCL 电路输出端不用电容耦合，低频特性好，电源对称性强，因而噪声和交流声都很小。

3-31　什么是复合晶体管组成的功率放大器？

复合晶体管就是由两只或多只晶体管按照一定的方式连接组成的组合晶体管。它可以改变功率管的参数指标，还可以改变功率管的导电类型。并且，复合晶体管的放大系数可以很大，对前级的要求降低了。

图 3-30 所示为使用复合晶体管的 OTL 功率放大器。

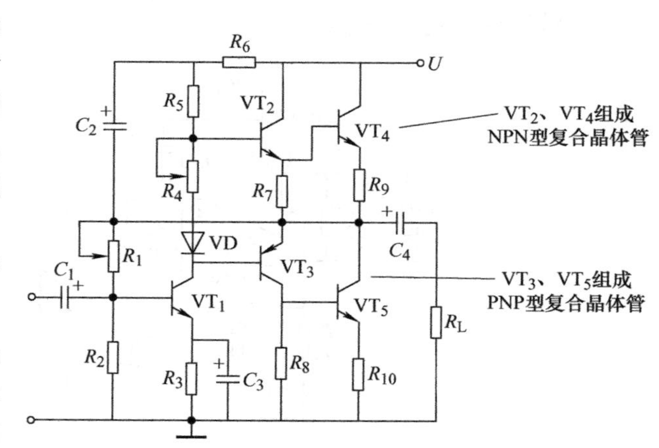

图 3-30　使用复合晶体管的 OTL 功率放大器电路图

图中 VT_2、VT_4是 NPN 型复合晶体管，VT_3、VT_5是 PNP 型复合晶体管，C_2和 R_6是自举电路，R_4、VD 用于消除交越失真，R_9、R_{10}是限流电阻，对晶体管起到保护作用。

图 3-31 所示为使用复合晶体管的 OCL 功率放大器。

图中各元器件的作用与图 3-30 中相类似，C_4、R_6是自举电路，VD_1、VD_2用于消除交越失真。另外，C_3、R_5、R_7的作用是对直流引入深度负反馈，避免降低放大系数。C_2、R_4组成电源的退耦滤波电路，C_6、R_{15}构成负载均衡补偿电路。

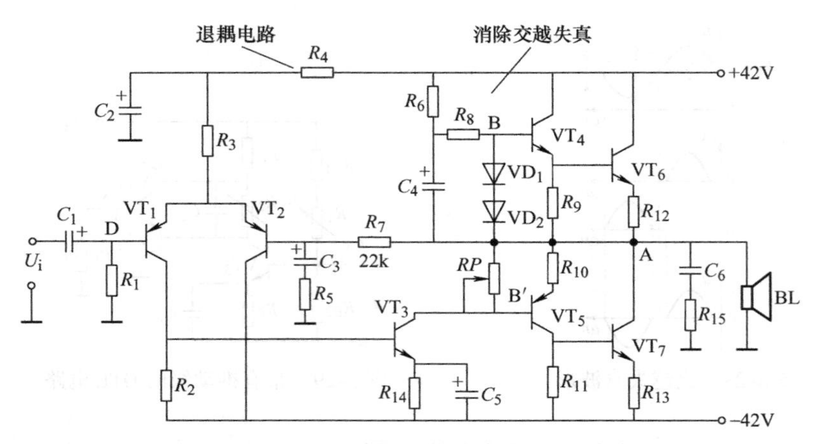

图 3-31　使用复合晶体管的 OCL 功率放大器电路图

3-32　40W 高保真集成功率放大器是如何工作的?

本电路主要用于单声道 40W 高保真功率放大，其核心器件为集成功率放大集成电路 LM1875。

主要技术指标：频率范围为 20Hz～20kHz；负载阻抗为 8Ω；输出 40W 功率时，失真率仅为 0.05%；电源电压范围为 20～80V。

电路如图 3-32 所示。工作时，音频信号经 π 型衰减网络 R_1、R_2、C_1对信号筛选后，送入功率放大集成电路 IC_1 的①脚进行功率放大，并由 IC_1 的④脚输出推动扬声器 BL，发出 40W 的连续正弦波功率信号。

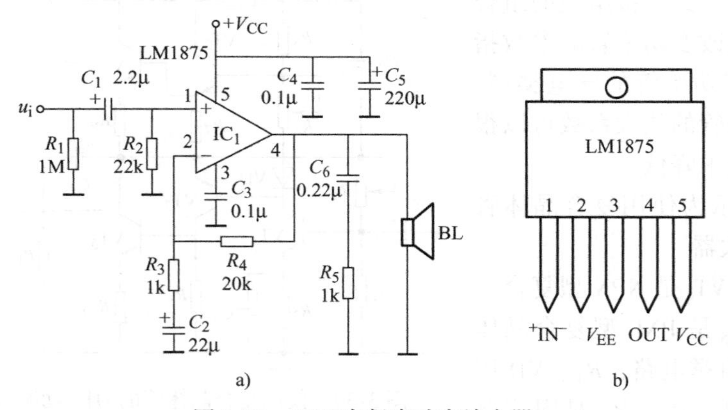

图 3-32　40W 高保真功率放大器

其中，R_1、R_2、C_1对低频信号衰减程度大，而对高频信号呈低阻。电阻 R_4为负反馈网络，用来稳定输出波形。R_3、C_2为低频校正网络，以展宽音频频带。R_5、C_6为高频校正网络，以防止电路出现自激。

IC_1采用的是美国国家半导体公司生产的 LM1875，其外形、引脚排列及引脚功能见图 3-32b。

LM1875 外围元器件少，制作非常容易，无需调试即可。LM1875 内具有欠电压、过电压、短路、热失控、瞬时音响峰值保护等诸多优点，因此在使用时电路不易损坏。

3-33　60W 全对称 OCL 功率放大器是如何工作的？

本电路以简洁为上，它摒弃了烦琐的补偿、伺服等电路，以使音频信号尽可能减小损耗，原汁原味地表现出来。电路的主要指标如下：频率响应范围在 0Hz ~ 100kHz ± 3dB；失真度为 0.05%；输出功率为 60W。

本放大器的电路如图 3-33 所示。这是全对称 OCL 电路，差分输入放大、激励、功率放大按互补对称方式连接。由于差分晶体管的性能直接决定整个功放电路的性能，所以差分输入级 VT_1、VT_2采用一体化差分晶体管 2SC1583 和 2SA798，以提高整机的稳定性，并保证音质。由差分输入级放大后的信号经 VT_3、VT_4直接送入功率放大晶体管 VT_5、VT_6。

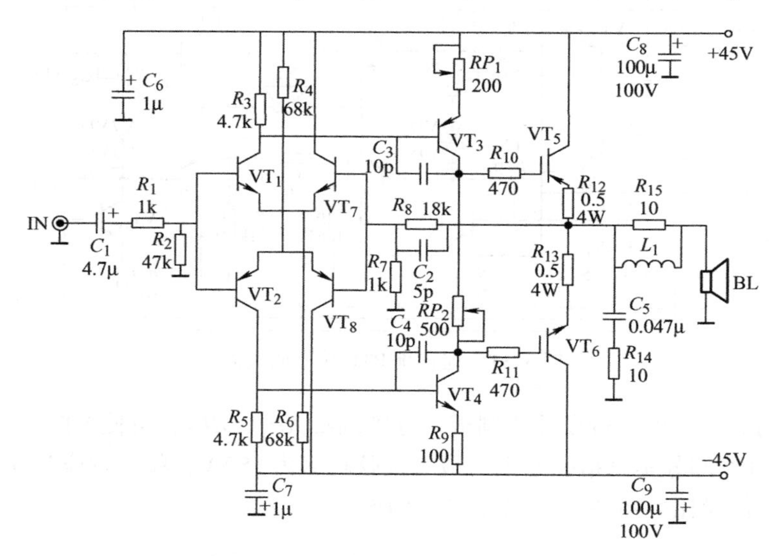

图 3-33　60W 全对称 OCL 功率放大器

由于本机以简洁为宗旨，所以元器件的质量就显得尤为重要。电阻用 1/2W 高质量的金属膜电阻，电容使用进口 CBB 电容，所有晶体管要严格配对，配对误差要在3%以内。L_1用 Φ1.0mm 漆包线在 Φ12mm 骨架上密绕 10 匝而成。电路调整非常简单，焊接无误后调整功放管 VT_5、VT_6的静态电流在 100mA 左右即可。如果电路中点电位无法控制在 30mV 以下，则需要检查一下晶体管的配对误差。

晶体管 VT_1 选用 2SC1583 型，VT_2 选用 2SA798 型，VT_3 选用 2SA985 型，VT_4 选用 2SC2275 型，场效应晶体管 VT_5选用 2SK134 型，VT_6选用 2SJ49 型。

3-34　纯直流 BTL 功率放大器是如何工作的？

纯直流 BTL 功率放大器末级功率输出使用了一致性较好的功率配对模块，因而无需考虑配对问题。该电路全对称结构，平衡激励，平衡输出，使得同相干扰基本抵消；偶次谐波失真减到了最低程度，交流声极小；电源利用率高，功率输出可达 150W + 150W。

该电路一声道电原理图如图3-34所示。$VT_1 \sim VT_4$构成互补差分放大器（工作原理可参见后述），选择参数一致的四个晶体管，使$I_{B1}=I_{B2}$，$I_{B3}=I_{B4}$，则基极电阻R_1、R_2中就无直流流过，从而消除了基极回路电流变化对输出的影响。此外，互补差放级对输入电压的共模变化有良好的平衡作用，还可输出不同相位的激励信号，为由VT_5、VT_6和VT_9、VT_{10}构成的增益高、失真小的推动电路平衡激励功率晶体管创造了条件，同时也使得BTL的功率推动电路得以简化。功率输出BTL电路由两块TD5BC10（VT_7、VT_8）担任。VT_1、VT_3、VT_6、VT_{10}选用2N5551型，VT_2、VT_4、VT_5、VT_9选用2N5401型，二极管$VD_1 \sim VD_6$选用2CP6型。

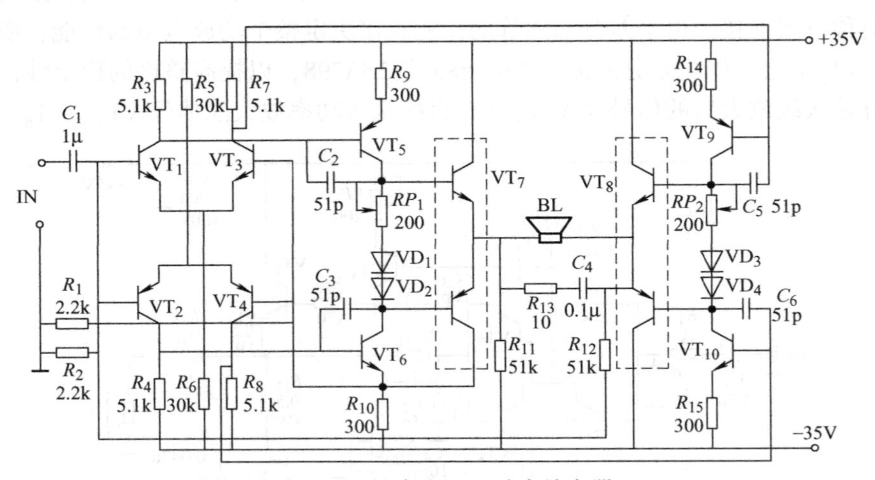

图3-34　纯直流BTL功率放大器

该电路结构简单，可自行设计印制板。分别调整RP_1、RP_2，可使VT_7、VT_8静态电流为20～50mA。该电路部分实测指标如下：最大正弦功率为150W；频率响应为0～1.2MHz；失真度≤0.01%；信噪比≥96dB；输出零漂≤0.05V。

3-35　如何减少直接耦合放大电路前后级静态工作点的相互影响？

前面已讨论过直接耦合方式的优点是可以放大直流信号。但直接耦合放大电路也存在两个主要问题，即静态工作点相互影响和零点漂移。

图3-35所示的电路中，由于采用直接耦合，前一级的集电极电位等于后一级的基极电位，且前一级集电极电阻R_{C1}同时又是后一级的偏置电阻，前后级静态工作点相互影响，互相牵制。尤其是后一级发射结的偏置电压仅有0.7V，使VT_1工作在接近饱和区，放大电路难以正常工作。

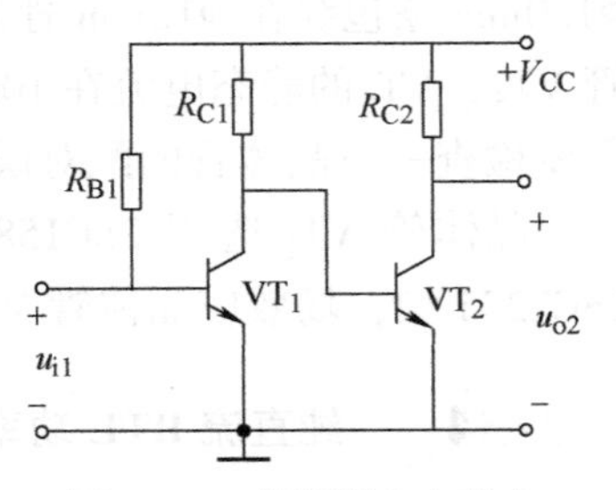

图3-35　直接耦合电路中静态工作点的相互影响

为了使前、后级都有合适的静态工作点，通常在后一级发射极电路中接有电阻R_{E2}或接入具有一定稳定电压值的稳压二极管，以提高VT_1的集电极电位，增大其输出电压的幅度，保证电路正常工作。

3-36 什么是零点漂移？

一个理想的直接耦合放大电路是当输入信号为零时，其输出端的电位应保持不变。实际中，由于温度等因素的影响，一个多级直接耦合放大电路，即使 $u_i=0$，其输出端的电位也会偏离初始设定值，产生缓慢而不规则的波动，把这种输出端电位波动的现象称为零点漂移。

扫一扫，看视频

零点漂移现象并不仅仅存在于直接耦合放大电路。在多级阻容耦合放大电路中，由于耦合电容的隔直作用，各级电路静态工作点的缓慢变化被限制在本级电路中，末级输出端的零点漂移并不明显。但在多级直接耦合放大电路中，前级输出端电位的变化如同信号一样被送到后级电路加以放大，使后级零点漂移加大。直接耦合的级数越多，末级的零点漂移越大。因此，零点漂移就成为直接耦合放大电路的突出问题，其中第一级的零点漂移对电路影响最大。

零点漂移的产生，使得输出端出现与输入信号相同的效果。负载上无法分辨哪部分是零点漂移，哪部分是有用信号。零点漂移严重时甚至会将有用信号淹没，使放大电路的工作失去意义。所以零点漂移又是直接耦合放大电路必须要解决的问题。

3-37 差分放大电路是如何工作的？

抑制零点漂移的方法有多种，常用的方法是在电路上采取措施，如在发射极串入电阻 R_E，与发射结并联一个负温度系数的热敏电阻等，都可收到较好的效果。但在要求较高的电路中，广泛采用差分放大电路抑制零点漂移，因而差分放大电路成为集成运算放大器的主要组成单元。

差分放大电路的基本电路如图3-36所示。电路的特点是具有对称性。两个晶体管型号相同，特性一致；相应的电阻阻值相等。信号电压由两个晶体管的基极与地之间输入，输出电压由两管的集电极之间输出。这种电路称为双端输入、双端输出差分放大电路。

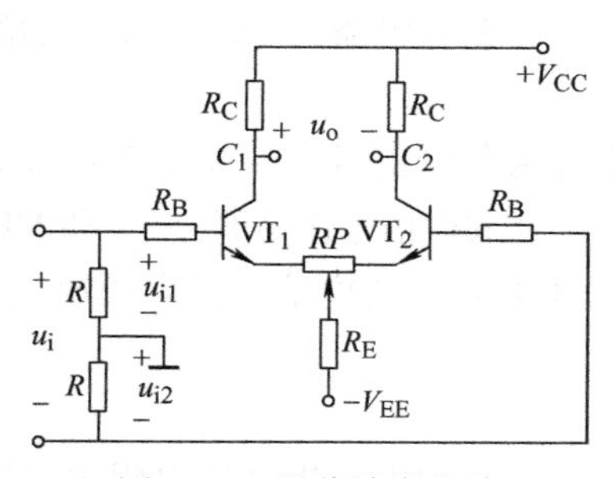

图3-36　差分放大电路

静态时，$u_i=0$，两个输入端之间可视为短路，电源 V_{EE} 通过 R_E 向两个晶体管提供偏流以建立合适的静态工作点。由于电路对称，两个晶体管的基极电位相等，集电极电流相同，集电极电位亦相等，所以输出端的电压 $U_O=U_{C1}-U_{C2}=0$。可见电路具有零输入时零输出的特点。

当温度变化、电源电压波动等外界因素影响，引起晶体管静态工作点变化时，由于两个晶体管的集电极电位变化量相同，即 $\Delta U_{C1}=\Delta U_{C2}$，因此，输出电压仍为零。从而有效地抑制了零点漂移。

3-38 什么是差模输入？

在图3-36的输入端加入输入信号 u_i，由于两个分压电阻相等，故每个晶体管的输入端各分得输入电压 u_i 的一半，但极性相反，即

$$u_{i1} = \frac{1}{2}u_i, \quad u_{i2} = -\frac{1}{2}u_i$$

这种大小相等、极性相反的输入信号称为差模信号。

在差模信号作用下，VT_1管和VT_2管的集电极电流一个增大而另一个则减小，输出端便有放大了的信号电压，设各管放大电路的电压放大系数分别为A_{d1}和A_{d2}，由于电路对称，则$A_{d1}=A_{d2}$。差分放大电路的输出电压为

$$u_o = u_{o1} - u_{o2} = A_{d1}u_{i1} - A_{d2}u_{i2}$$
$$= A_{d1}(u_{i1} - u_{i2}) = A_{d1}u_i = A_{d2}u_i$$

将u_o与u_i之比定义为差模电压放大系数，用A_d表示，则

$$A_d = u_o/u_i = A_{d1} = A_{d2}$$

上式说明，差分放大电路的差模电压放大系数与单晶体管放大电路的电压放大系数相等。可用计算如下：

$$A_d = -\frac{\beta R_C}{R_B + r_{be}}$$

如果在两集电极之间接有负载电阻R_L，则

$$A_d = -\frac{\beta R'_L}{R_B + r_{be}}$$

式中，$R'_L = R_C // \frac{1}{2}R_L$。

电路中，发射极共用电阻R_E上的动态电流为零，对差模电压放大系数没有影响。

3-39 什么是共模输入？

在差分电路两个输入端所加的信号若大小相等，极性相同，即

$$u_{i1} = u_{i2}$$

则称为共模信号。例如温度对放大电路的影响，就相当于共模信号。

在共模信号作用下，VT_1和VT_2相应电量的变化是完全相同的，输出电压$u_o = u_{o1} - u_{o2} = 0$。若以$A_c$表示共模信号的电压放大系数，则

$$A_c = \frac{u_o}{u_i} = 0$$

电路中发射极共用电阻R_E对共模信号具有很强的抑制能力。例如共模信号使两个晶体管的集电极电流同向增大时，流过R_E的电流成倍增加，发射极的电位升高，使发射结偏置电压减小，抑制了集电极电流的增加。

3-40 什么是共模抑制比？

理想的差分电路能够有效地放大差模信号，并完全抑制共模信号。实际上，电路不可能完全对称，共模电压放大系数也不可能为零。通常用共模抑制比K_{CMR}来衡量差分放大电路抑制共模信号的能力，其定义为差模放大系数A_d与共模放大系数A_c之比，即

$$K_{CMR} = \left|\frac{A_d}{A_c}\right|$$

K_{CMR}越大，对共模信号的抑制能力越强，差分电路的性能越好。

3-41 差分放大电路的输入输出方式有哪些？

差分放大电路有两个对地输入端和两个对地输出端。根据输入、输出的方式不同，共有双端输入–双端输出、双端输入–单端输出，单端输入–双端输出和单端输入–单端输出四种形式。双端输入–双端输出电路前面已做分析，后三种电路如图3-37所示。图中用电流源I_S替代了射极电阻R_E，恒流源的静态电阻很小，而动态电阻很大，更有利于抑制共模信号。

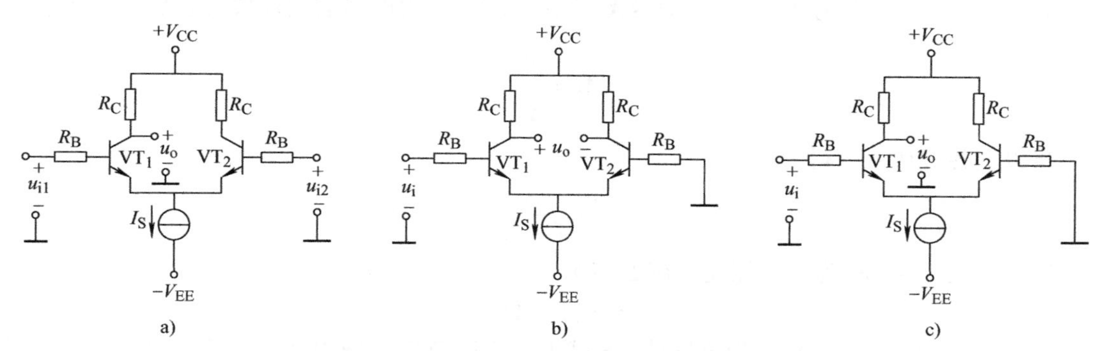

图3-37 差分放大电路的输入输出方式
a）双端输入–单端输出 b）单端输入–双端输出 c）单端输入–单端输出

由图3-37a所示电路可以看出，输出信号u_o与输入信号u_{i1}相位相反，而与u_{i2}相位相同。所以u_{i1}输入端称为反相输入端，u_{i2}输入端称为同相输入端。

单端输入时，输入信号加到放大器一个输入端，另一个输入端接地，如图3-37b、c所示。实际上，输入信号是加在VT_1、VT_2的基极之间，相当于加入了一对差模信号。

单端输出时，输出电压只与VT_1的集电极电压变化有关，输出电压u_o只有双端输出时的一半，其电压放大系数也只有双端输出时单晶体管放大电路电压放大系数的一半。

3-42 负反馈放大电路的基本概念是什么？

图3-38是负反馈放大电路的方框图，图中A代表不带反馈网络的基本放大电路，F代表反馈电路，基本放大电路和反馈电路构成闭合环路，通常称为闭环，它们均按箭头所指单方向传递信号。符号⊗表示比较环节，它将反馈信号$\dot{X}_f$和输入信号$\dot{X}_i$进行比较（叠加）后决定放大电路的净输入信号$\dot{X}_d$。$\dot{X}_d$减小是负反馈，$\dot{X}_d$增大是正反馈。

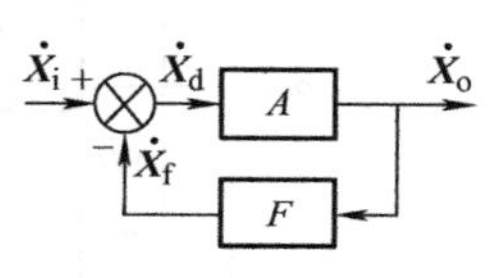

图3-38 负反馈放大电路方框图

由图3-38所标极性可知，$\dot{X}_f$与$\dot{X}_i$极性相反，基本放大电路的净输入信号为

$$\dot{X}_d = \dot{X}_i - \dot{X}_f$$

基本放大电路的输出信号$\dot{X}_o$与净输入信号$\dot{X}_d$之比称为开环放大系数或开环增益，用A表示

$$A=\frac{\dot{X}_o}{\dot{X}_d}$$

反馈电路的输出信号 $\dot{X}_f$ 与基本放大电路输出信号 $\dot{X}_o$ 之比称为反馈系数，用 F 表示

$$F=\frac{\dot{X}_f}{\dot{X}_o}$$

放大电路的输出信号 $\dot{X}_o$ 与输入信号 $\dot{X}_i$ 之比，就是放大电路的闭环放大系数，用 A_f表示

$$A_f=\frac{\dot{X}_o}{\dot{X}_i}$$

将以上各式代入，得

$$A_f=\frac{A}{1+AF}$$

通常定义 $|1+AF|$ 为反馈深度，用 S 表示

$$S=|1+AF|$$

若 $S>1$；则 $|A_f|<|A|$，为负反馈，S 越大，表明负反馈越强烈，称为深度负反馈。若 $0\leqslant S<1$，则 $|A_f|>|A|$，即为正反馈。

3-43 负反馈的类型有哪些？各有何用途？

反馈按极性分为正反馈和负反馈；在负反馈放大电路中，根据反馈信号对输出信号的采样方式，可分为电压反馈和电流反馈；根据反馈信号与输入信号的连接方式，可分为串联反馈和并联反馈。因此，负反馈有电压串联、电流串联、电压并联、电流并联四种类型，如图 3-39 所示。

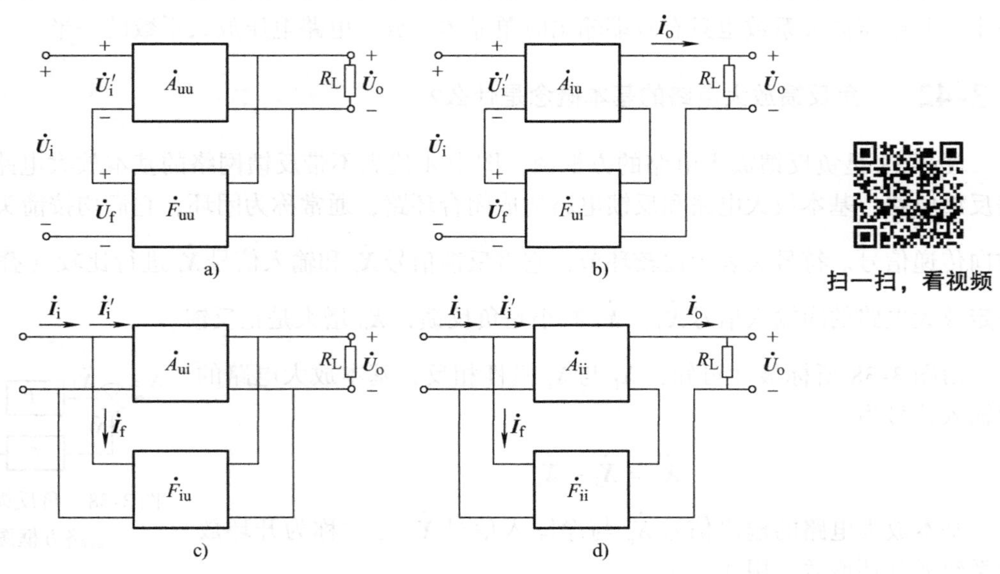

图 3-39　放大电路中的反馈形式

a）电压串联负反馈　b）电流串联负反馈　c）电压并联负反馈　d）电流并联负反馈

放大电路中的反馈形式必须通过严格的判别才能确定。只有认清反馈的性质，才能知道它在电路中所起的作用。

在放大电路中，引入反馈使放大器的放大系数减小为负反馈。反之，使放大器的放大系数增大为正反馈。正反馈虽然能提高放大系数，但会使放大器的性能变差，在放大电路中应用很少，一般只在振荡脉冲电路中采用。而负反馈虽然使放大系数有所下降，但它却能改善放大器的性能，因此应用比较广泛。

在放大电路中，引入电压负反馈将使输出电压保持稳定，其效果是减小了电路的输出电阻；而电流负反馈将使输出电流保持稳定，因而增大了输出电阻。

在放大电路中，引入并联负反馈可使放大电路中输入电阻减小，并联负反馈是把反馈电流与输入电流并联起来，其作用是削弱输入电流；而串联负反馈可使放大电路中输入电阻增大并且把反馈电压与输入电压串联起来，其作用是对输入信号电压起削弱作用。

3-44 什么是直流负反馈？什么是交流负反馈？

根据反馈信号本身的交直流性质，可将其分为交流反馈与直流反馈。如果反馈信号只包含直流成分，则称为直流反馈；如果反馈信号只包含交流成分，则称为交流反馈。直流负反馈在电路中的主要作用是稳定静态工作点，而交流负反馈的主要作用是改善放大器的性能。

3-45 如何判别正反馈和负反馈？

判别反馈的正或负，通常用瞬时极性法。其方法是：

1）先任意假设在原输入信号作用下，晶体管的基极电位在某一瞬时的极性。瞬时极性在电路图上用“+”指电位升高；瞬时极性为“-”，则指电位在降低。

2）根据晶体管集电极瞬时极性与基极的瞬时极性相反，而发射极的瞬时极性与基极的瞬时极性相同，以及电容、电阻等反馈元件不会改变瞬时极性来决定各点的瞬时极性。在电路图上用⊕或⊖标记。

3）判断反馈信号对输入信号是加强还是削弱。如果反馈信号增强了输入信号的作用，使放大电路的放大系数增加则为正反馈，反之为负反馈。

例如图3-40所示的电路中，R_F跨接在输出与反相输入端之间，将输出电压送回输入端而引入反馈。设输入信号瞬时极性为正，则同相输入端为正，根据集成运放同相输入的概念，输出电压也为正，u_o通过R_F和R分压后得到的反馈电压u_f的瞬时极性亦为正。由于u_f加在反相输入端，则集成运放的净输入电压$u_d=u_+-u_-=u_i-u_f$。因为u_f与u_i同相位，反馈信号使净输入信号减小，所以是负反馈。

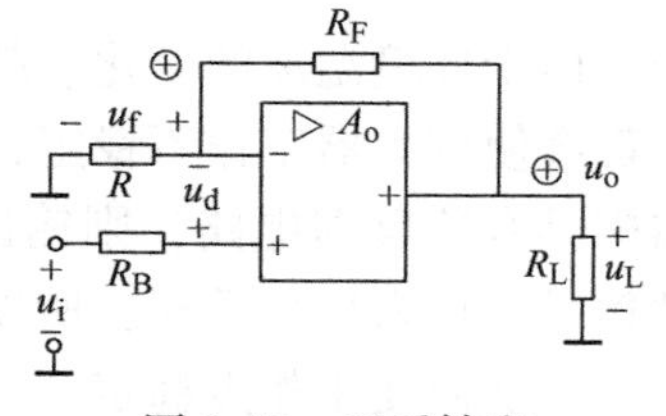

图3-40 正反馈和负反馈的判别

扫一扫，看视频

通常采用瞬时极性法来判别正、负反馈。

3-46 如何判别电压反馈和电流反馈？

如果反馈信号取自输出电压，与输出电压成比例，则为电压反馈。若反馈信号取自输出电流，与输出电流成比例，则为电流反馈。比较简单的判别方法是，将负载电阻短接，令输出电压 $u_o=0$，若反馈信号消失，则为电压反馈，否则为电流反馈。将图3-40放大器的输出端交流短路时，反馈信号即消失，所以是电压反馈。在图3-41所示的电路中，若将 R_L 短接，虽然输出电压 $u_o=0$，但放大器输出电流 i_o 经分流后在 R_1 上形成反馈信号，所以该电路属于电流反馈。

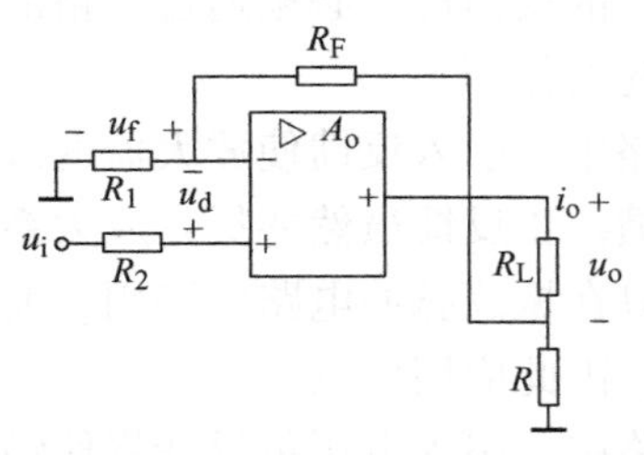

图3-41　电流串联负反馈电路

扫一扫，看视频

3-47　如何判别并联反馈与串联反馈？

如果反馈信号与输入信号以并联的形式作用于净输入端，则为并联反馈。若反馈信号与输入信号以串联的形式作用于净输入端，为串联反馈。简单的判别方法是，当反馈信号和输入信号接在放大器的同一点（另一点往往接地）时，一般可判定为并联反馈；而接在放大器的不同点时，一般判定为串联反馈。

综上可知，图3-40电路中为电压串联负反馈，图3-41电路中为电流串联负反馈，图3-42电路中为电压并联负反馈，图3-43电路中为电流并联负反馈。

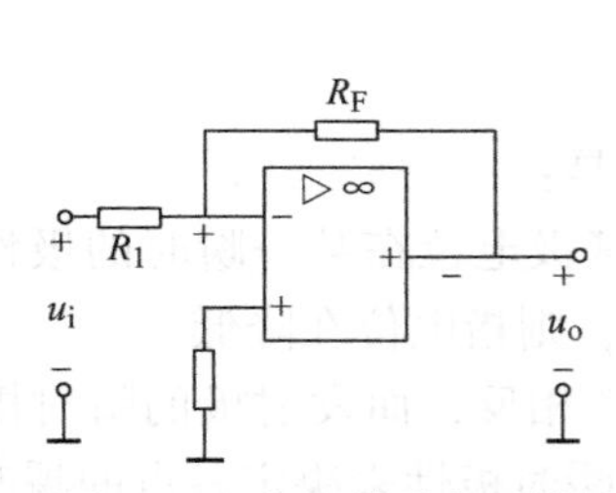

图3-42　电压并联负反馈

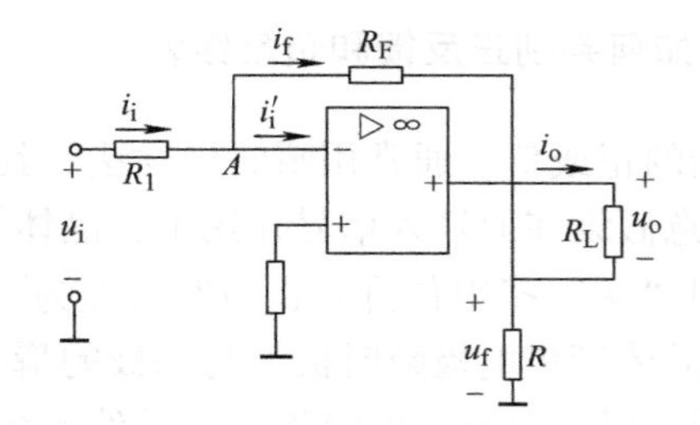

图3-43　电流并联负反馈

反馈类型的判别方法，对分立元器件的放大电路同样适用。

3-48　为什么负反馈能使放大器工作稳定？

在放大器中，由于环境温度的变化、晶体管的老化、电路元器件参数的改变以及电源电压波动等原因，都会使放大器工作不稳定，导致输出电压发生波动。

如果放大器中具有负反馈电路，则输出电压的波动立刻会通过负反馈电路反映到输入端。由于负反馈信号与输入信号反相，所以当某种波动使输出信号增大时，通过负反馈能使输入信号相应减小，从而使工作点稳定。

总之，当输出信号发生变化时，通过负反馈电路可以不断地把这个变化反映到输入端，通过对输入信号变化的控制，使输出信号尽量恢复到原来的大小，因此能使放大器稳定工作。负反馈越深，放大器的工作性能越稳定。

3-49　负反馈对放大电路性能有哪些影响？

放大电路引入负反馈后，使净输入信号减小，放大系数降低，降为无负反馈时放大系数

$\left|\frac{1}{1+AF}\right|$倍。然而负反馈使放大电路的多种性能得到了改善。

1. 提高放大系数的稳定性

放大系数的稳定性通常用它的相对变化率来表示。由前边推导可知，电路引入负反馈后，其放大系数 $A_f=\frac{A}{1+AF}$。将 A_f对 A 求导得

$$\frac{dA_f}{dA}=\frac{(1+AF)-AF}{(1+AF)^2}=\frac{1}{(1+AF)^2}=\frac{1}{1+AF}\cdot\frac{A_f}{A}$$

或

$$\frac{dA_f}{A_f}=\frac{1}{1+AF}\cdot\frac{dA}{A}$$

上式表明，引入负反馈后，闭环放大系数的相对变化率是开环放大系数相对变化率的 $\frac{1}{1+AF}$倍。由于 $(1+AF)>1$，所以 A_f的稳定性要大大高于 A 的稳定性。

在深度负反馈的条件下，由于 $(1+AF)\gg 1$，则

$$A_f=\frac{A}{1+AF}\approx\frac{1}{F}$$

可见，在深度负反馈条件下，闭环放大系数仅由反馈电路的参数所决定，而与基本放大电路的参数无关。环境温度的变化、电源电压波动对闭环放大系数均无影响。例如，在射极输出器中具有深度的负反馈，其电压放大系数近似等于1。

2. 减小非线性失真

放大电路中，由于晶体管是非线性器件，因此工作点选择不合适、输入信号过大或其他因素影响都会使输出信号产生非线性失真。当输入信号为正弦波时，输出信号的波形则发生畸变，在图3-44a 中，输出波形的正半周要大于负半周。

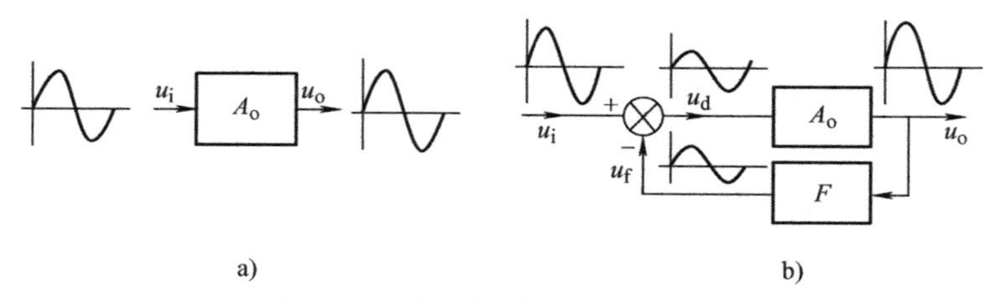

图3-44 负反馈减小非线性失真

a）无反馈时的波形 b）有反馈时的波形

引入负反馈后，将失真的输出信号反馈到输入端，由于反馈网络是线性的，所以反馈信号的波形与输出波形相似，经与输入信号叠加，使净输入信号 u_d的正半周小于负半周（u_f与 u_i极性相反），放大后使输出信号的波形趋于对称，减小了非线性失真，如图3-44b 所示。

3. 展宽通频带

放大电路引入负反馈后，负反馈的强度随输出信号幅度变化，输出信号幅度大时负反馈强，反之则负反馈弱。在阻容耦合放大电路中频段，开环电压放大系数高，负反馈强，使闭环电压放大系数 A_f降低幅度大；低频段和高频段，A 较低，负反馈弱，A_f降低幅度小。从而使幅频特性趋于平缓，放大系数在比较宽的频段上趋于稳定，即展宽了通频带，如图3-45

所示。

4. 对输入电阻和输出电阻有影响

负反馈对放大电路输入、输出电阻的影响与其反馈类型有关。

反馈信号在输入端的连接方式对输入电阻有影响。引入串联负反馈，在保持u_i一定时，由于u_f与u_i反极性叠加，使输入电流减小，导致输入电阻增大；引入并联负反馈，在保持u_i一定时，由于反馈电流与净输入电流叠加，使得输入电流增大，输入电阻减小。

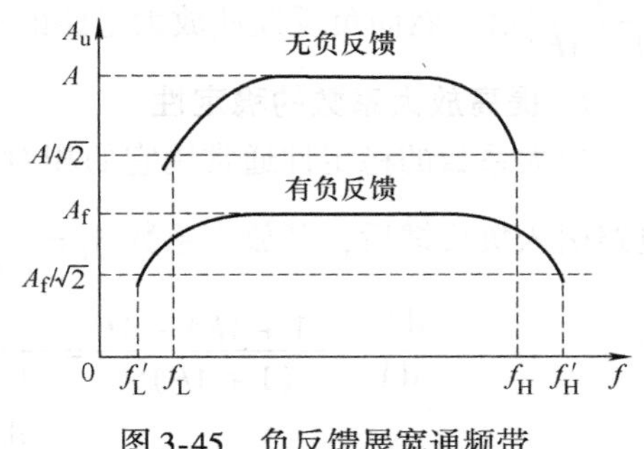

图 3-45　负反馈展宽通频带

反馈电路与输出端的连接方式对输出电阻有影响。电压负反馈具有稳定电压的作用，故输出电阻减小；电流负反馈具有稳定输出电流的作用，故输出电阻增大。

第 4 章

集成运算放大器及其应用

4-1 集成运算放大器由哪些部分组成？

集成运算放大器的类型很多，电路各不相同，但在电路结构上通常分为输入级、中间放大级、输出级三个部分。

输入级是决定集成运算放大器性能的关键部分，通常采用双端输入的差分放大电路。目的在于有效地减小零点漂移，抑制干扰信号，提高输入电阻。

中间放大级由多级电压放大电路组成，使集成运算放大器获得很高的电压放大系数。

输出级通常采用互补对称的共集电极电路，减小输出电阻，提高电路的带负载能力。

集成运算放大器的图形符号如图 4-1 所示。图中“▷”表示放大器，A_o表示电压放大系数，如果是理想运算放大器，则用∞取代。

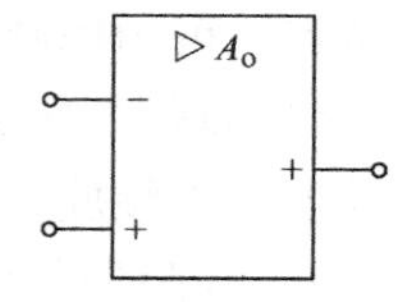

图 4-1　运算放大器的图形符号

左侧有两个输入端，标“－”的一端为反相输入端，当信号由此端与地之间输入时，输出信号与输入信号相位相反，该输入方式称为反相输入。标“＋”的一端为同相输入端，当信号由此端与地之间输入时，输出信号与输入信号相位相同，该输入方式称为同相输入。若信号从两输入端之间输入或两输入端都有信号输入，则为差分输入。图中电源、公共端等未画出。

实际使用中集成运算放大器的产品型号不同，引脚编号不同，外部接线也有所区别，使用时可查阅相关手册。

4-2 集成运算放大器的电压传输特性是什么？

电压传输特性是表示输出电压与输入电压之间关系的曲线。在图 4-2a 图中，输入电压 $u_i = u_+ - u_-$。由于集成运算放大器的电压放大系数很大，只有当u_i极小时，输出电压与输入电压间才存在线性关系。当u_i稍大一点时，输出电压便进入非线性工作区。当$u_+ > u_-$，即$u_i > 0$时，输出电压为正的最大值$+U_{oM}$；当$u_+ < u_-$，即$u_i < 0$时，输出电压为

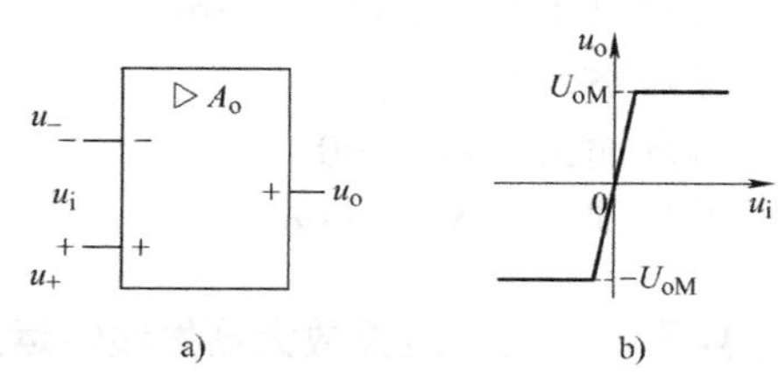

图 4-2　运算放大器的电压传输特性
a）集成运算放大器　b）电压传输特性

负的最大值 $-U_{oM}$。其特性曲线如图4-2b所示。

4-3 集成运算放大器按性能指标分为哪些类型？

集成运算放大器按其性能指标分为通用型和专用型两类。

1. 通用型

通用型依其性能的高低划分为Ⅰ、Ⅱ、Ⅲ型。其特点和用途如下：

1）Ⅰ型集成运算放大器具有电压增益较低、共模范围小、频带较宽等特点，可用作高频放大器、窄带放大器、微分器、积分器、加法器、减法器等。

2）Ⅱ型集成运算放大器具有电压增益较高、输入阻抗中等、输出幅度较大等特点，可用作交流放大器、直流放大器、电压比较器、滤波器等。

3）Ⅲ型集成运算放大器具有电压增益高、共模和差模电压范围宽、无阻塞、工作稳定等特点，可用作测量放大器、伺服放大器、变换电路、各种模拟运算电路等。

2. 专用型

专用型是指某项性能指标较为突出，而其他指标较为一般的运算放大器，专用型有低功耗型、高准确度型、高速型、宽带型、高阻型、高压型等多种。其特点和用途如下：

1）低功耗型集成运算放大器具有功耗低、电压增益高、工作稳定、共模范围宽、无阻塞等特点，可用在要求功耗低、耗电量小的仪器仪表中。

2）高准确度型集成运算放大器具有电压增益高、共模抑制能力强、温漂小、噪声低等特点，可用作测量放大器、传感器、交流放大器、直流放大器和仪表中的积分器等。

3）高速型集成运算放大器具有转换速率高、频带较宽、建立时间快、输出负载能力强等特点，可用作脉冲放大器、高频放大器、A-D与D-A转换器等。

4）宽带型集成运算放大器具有电压增益高、频带宽、转换速度快等特点，可用作直流放大器、中频放大器、高频放大器、方波发生器、高频有源滤波器等。

5）高阻型集成运算放大器具有输入阻抗高、偏置电流小、转换速率高等特点，可用作采样-保持电路、A-D与D-A转换器、长时间积分器、微小电流放大器、阻抗变换器等。

6）高压型集成运算放大器具有高工作电压、高输出电压、高共模电压等特点，可用作宽负载恒流源、高压音频放大器、随动供电装置、高压稳压电源等。

4-4 集成运算放大器做线性运用时理想化的条件有哪些？

集成运算放大器做线性运用时，往往把它看作理想器件。理想化的运算放大器应具有以下主要技术指标：

开环电压放大系数 $A_{do}\to\infty$

差模输入电阻 $r_{id}\to\infty$

开环输出电阻 $r_o\to 0$

共模抑制比 $K_{CMR}\to\infty$

4-5 集成运算放大器做线性运用时有哪两条重要结论？

1）由于 $r_{id}\to\infty$，故可认为两输入端的输入电流为零，即

$$i_+ = i_- = 0$$

2）由于 $A_{do}\to\infty$，故输出电压为有限值，则

$$u_i = u_+ - u_- = \frac{u_o}{A_o} = 0$$

即

$$u_+ = u_-$$

两条结论是分析理想运算放大器线性运用时的重要依据。

理想运算放大器的电压传输特性如图4-3所示。它与实际运算放大器的传输特性虽然有一定差别，但两者非常相近。因此，分析运算放大电路时，可用理想运算放大器代替实际运算放大器，其结果误差很小，在工程上是允许的。

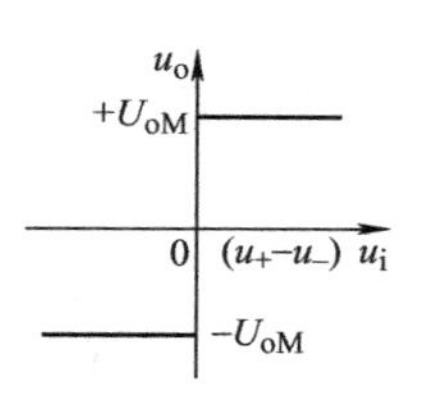

图4-3　理想运算放大器的电压传输特性

4-6　选用集成运算放大器时应注意哪些事项？

集成运算放大器按其技术指标可分为通用型、高速型、高阻型、低功耗型、大功率型、高准确度型等；按其内部电路可分为双极型和单极型；按每一集成片中运算放大器的数目可分为单运算放大器、双运算放大器和四运算放大器。

若没有特殊的要求，则应尽量选用通用型，既可降低设备费用，又易保证货源。当一个系统中有多个运算放大器时，应选多运算放大器的型号，例如CF324和CF14573都是将四个运算放大器封装在一起的集成电路。

当工作环境中常有冲击电压和电流出现，或在实验调试阶段时，应尽量选用带有过电压、过电流、过热保护的型号，以避免由于意外事故造成器件的损坏。

不要盲目追求指标先进，完美的运算放大器是不存在的。例如，低功耗的运算放大器，其转换速率必然低；场效应晶体管做输入级的运算放大器，其输入电阻虽然高，但失调电压也较大。

要注意在系统中各单元之间的电压配合问题。例如，若运算放大器的输出接数字电路，则应按后者的输入逻辑电平选择供电电压及能适应供电电压的运算放大器型号，否则它们之间应加电平转换电路。

手册中给出的性能指标都是在某一特定条件下测出的，若使用条件与所规定的不一致，则将影响指标的正确性。例如，当共模输入电压较高时，失调电压和失调电流的指标将显著恶化。当补偿电容器容量比规定的大时，将会影响运算放大器的频宽和转换速率。

4-7　什么是反相输入比例运算电路？

所谓比例运算就是输出电压 u_o 与输入电压 u_i 之间具有线性比例关系，即 $u_o = ku_i$。当比例系数 $k>1$ 时，即为放大电路，图4-4所示为反相输入比例运算电路。

图中，输入信号 u_i 经过外接电阻 R_1 接到集成运算放大器的反相端，反馈电阻 R_F 接在输出端和反相输入端之间，构成电压并联负反馈，使集成运算放大器工作在线性区。同相端接平衡电阻 R_2，主要是使同相端与反相端外接电阻相等，即 $R_2 = R_1 /\!/ R_F$，以保证运算放大器处于平衡对称的工作状态，从而消除输入偏置电流及温漂的影响。

图4-4a可等效为图4-4b，根据 $i_+ = i_- \approx 0$，$u_A = u_- = u_+ \approx 0$，得出

$$i_1 = i_F$$

又因为

$$i_1 = \frac{u_i}{R_1},\quad i_F = \frac{0 - u_o}{R_F} = -\frac{u_o}{R_F}$$

所以

$$\frac{u_i}{R_1} = -\frac{u_o}{R_F}$$

即

$$A_{uf} = \frac{u_o}{u_i} = -\frac{R_F}{R_1}$$

或

$$u_o = -\frac{R_F}{R_1}u_i$$

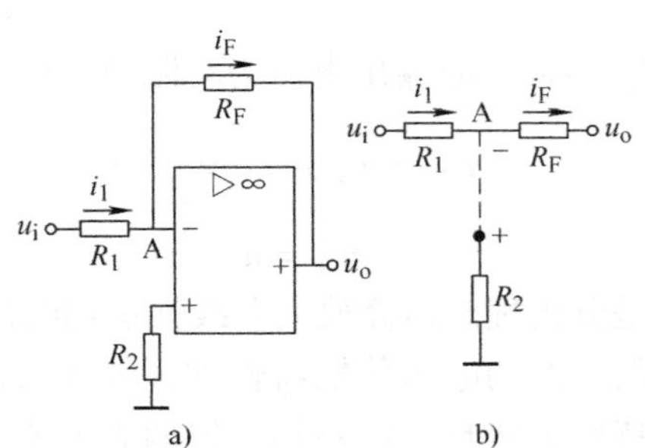

图 4-4　反相输入比例运算电路
a）电路图　b）等效电路图

扫一扫，看视频

输出电压与输入电压成比例关系，且相位相反。此外，由于反相端和同相端的对地电压都接近零，所以集成运算放大器输入端的共模输入电压极小，这是反相输入电路的特点。

当 $R_1 = R_F = R$ 时，

$$u_o = -\frac{R_F}{R_1}u_i = -u_i,\ \text{即}\quad A_{uf} = -1$$

输入电压与输出电压大小相等，相位相反，称为反相器。

反相输入比例运算电路由于是电压负反馈，因而工作稳定，输出电阻小，有较强的带负载能力。

4-8 什么是同相输入比例运算电路？

在图 4-5a 中，输入信号 u_i 经过外接电阻 R_2 接到集成运算放大器的同相端，反馈电阻接到反相端，构成电压串联负反馈。

根据 $u_+ \approx u_-$，$i_+ \approx i_- \approx 0$，则同相输入比例运算电路可等效为如图 4-5b 所示。

由图 4-5 可得

$$u_+ = u_i,\quad u_i \approx u_- = u_o\frac{R_1}{R_1 + R_F}$$

所以

$$A_{uf} = \frac{u_o}{u_i} = 1 + \frac{R_F}{R_1}$$

或

$$u_o = \left(1 + \frac{R_F}{R_1}\right)u_i$$

图 4-5　同相输入比例运算电路
a）电路图　b）等效电路图

即 u_o 与 u_i 为同相比例运算关系。其特点是集成运算放大器的两输入端电位等于输入电压，存在较高的共模输入电压。

当 $R_F = 0$ 或 $R_1 \to \infty$ 时，$u_o = \left(1 + \frac{R_F}{R_1}\right)u_i = u_i$，即输出电压与输入电压大小相等，相位相

同，该电路称为电压跟随器。

同相输入比例运算电路属于串联电压负反馈，具有工作稳定、输入电阻高、输出电阻低、带负载能力强等特点。基于这点，电压跟随器得到了广泛的应用。

4-9 什么是加法运算电路？

如果在反相输入端增加若干输入电路，则构成反相加法运算电路，如图4-6所示。

图中A点为虚地，则

$$i_1=\frac{u_{i1}}{R_1},\ i_2=\frac{u_{i2}}{R_2}$$

即

$$i_F=i_1+i_2$$

$$u_o=-i_FR_F=-(i_1+i_2)R_F$$

则

$$=-\left(\frac{R_F}{R_1}u_{i1}+\frac{R_F}{R_2}u_{i2}\right)$$

当$R_1=R_2=R_F$时

$$u_o=-(u_{i1}+u_{i2})$$

这是两个输入信号之和的负值。此运算可推广到多个信号。

例 图4-7电路中，$R_F=100\text{k}\Omega$，$R_1=50\text{k}\Omega$，$R_2=25\text{k}\Omega$，$R_3=200\text{k}\Omega$，已知$u_{i1}=2\text{V}$，$u_{i2}=1\text{V}$，$u_{i3}=-4\text{V}$，求输出电压u_o。

解 根据加法运算公式可写出

$$u_o=-\left(\frac{R_F}{R_1}u_{i1}+\frac{R_F}{R_2}u_{i2}+\frac{R_F}{R_3}u_{i3}\right)$$

$$=-\left[\frac{100}{50}\times2+\frac{100}{25}\times1+\frac{100}{200}\times(-4)\right]=-6\text{V}$$

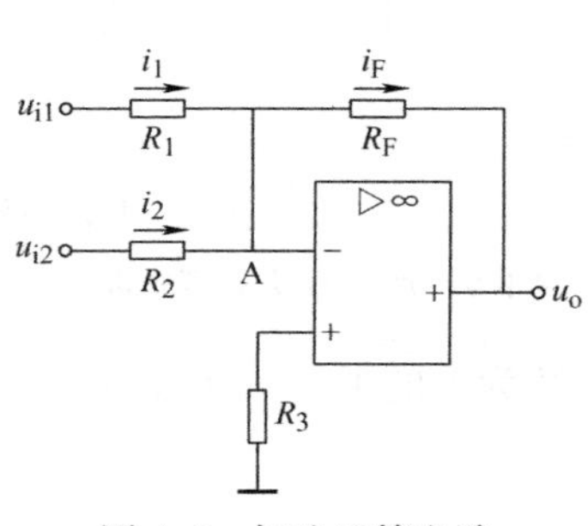

图4-6 加法运算电路

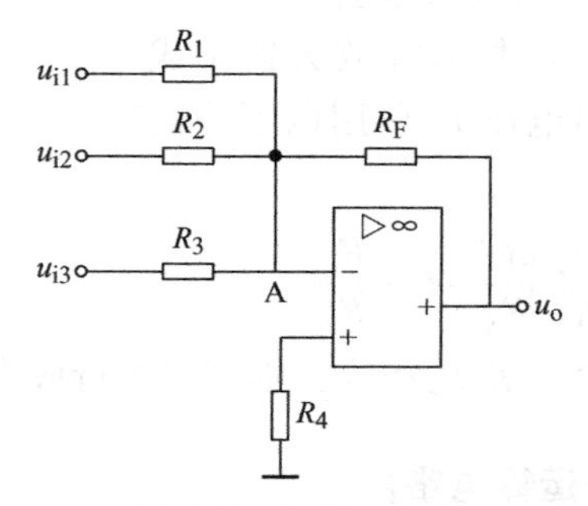

图4-7 举例的电路

扫一扫，看视频

4-10 什么是减法运算电路？

如果在两个输入端都有信号输入，则为差动输入。差动输入在测量和控制系统中应用很多，其运算电路如图4-8所示。

由叠加原理可以得到输出电压与输入电压的关系如下：

u_{i1}单独作用时，为反相输入比例运算

$$u_{o1} = -\frac{R_F}{R_1}u_{i1}$$

u_{i2}单独作用时，为同相输入比例运算

$$u_{o2} = \left(1 + \frac{R_F}{R_1}\right) \cdot \frac{R_3}{R_2 + R_3}u_{i2}$$

u_{i1}、u_{i2}共同作用时

$$\begin{aligned} u_o &= u_{o1} + u_{o2} \\ &= -\left(\frac{R_F}{R_1}u_{i1} - \frac{R_1 + R_F}{R_1} \cdot \frac{R_3}{R_2 + R_3}u_{i2}\right) \end{aligned}$$

当$R_3 = \infty$（断开）时

$$u_o = -\frac{R_F}{R_1}u_{i1} + \left(1 + \frac{R_F}{R_1}\right)u_{i2}$$

当$R_1 = R_2 = R_3 = R_F$时

$$u_o = -(u_{i1} - u_{i2})$$

输出等于两个输入信号之差。

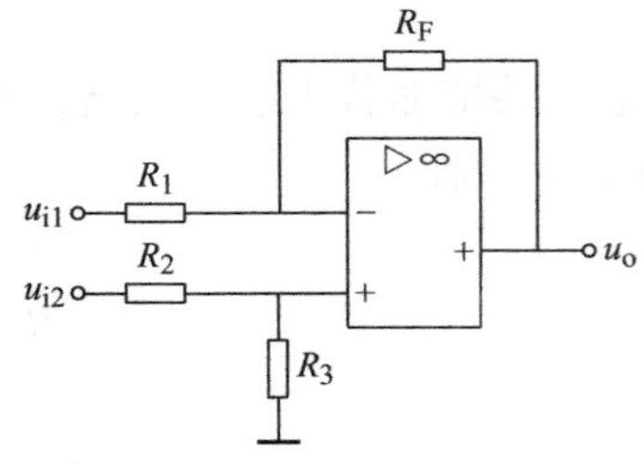

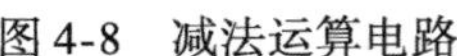
图 4-8　减法运算电路

扫一扫，看视频

4-11　什么是加、减法运算电路？

加、减法运算电路是一种与硅光电二极管的 PSD（位置检测部件）配对使用的电路。为了减少因接收光通量不同而产生的误差，通常要进行$A+B$的运算，并以此来控制光电二极管功率。本电路采用了可进行加、减运算的通用电路模块，由输入端选择运算方式，三路输入的功能各不相同，例如，只有A和B输入时，成为$A+B$的普通加法电路；若使用C与A、B之中的任一输入，则可进行减法运算。

电路如图 4-9 所示。反相运算放大器构成加、减法放大电路，输出电压U_o可用以下公式计算：

$$U_o = \left(A\frac{R_4}{R_1} + B\frac{R_4}{R_2}\right)\frac{R_6}{R_5} - C \cdot \frac{R_6}{R_3}$$

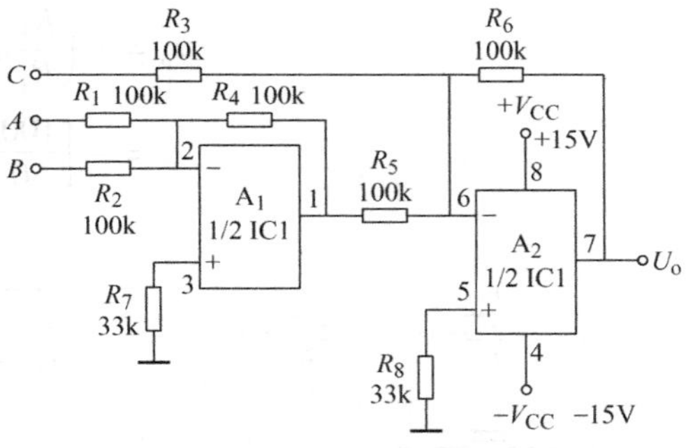

图 4-9　加、减法运算电路

根据此式，如假定$R_1 \sim R_6$均相等，则可以进行放大系数为 1 的加、减法运算。

4-12　什么是积分运算电路？

与反相比例运算电路比较，用电容C代替R_F作为反馈元件，就成为积分运算电路，如图 4-10 所示。

图中 A 点为虚地，所以

$$i_i = \frac{u_i}{R_1},\ i_F = -C\frac{du_o}{dt}$$

因为

$$i_i = i_F，即\frac{u_i}{R_1} = -C\frac{du_o}{dt}$$

则

$$u_o = -\frac{1}{R_1 C}\int u_i dt$$

输出电压与输入电压对时间的积分成正比。

若 u_i 为恒定电压 U，则输出电压为

$$u_o = -\frac{U}{R_1 C} \cdot t$$

与时间 t 成正比，波形如图4-11所示［设 $u_o(0)=0V$］，最大输出电压可达 $\pm U_{oM}$。

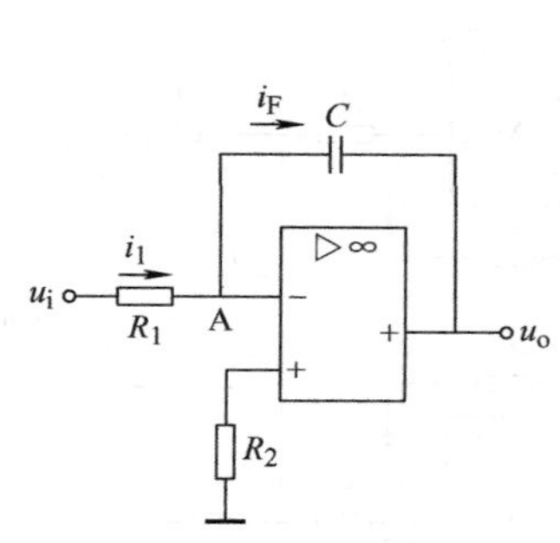

图4-10　积分运算电路

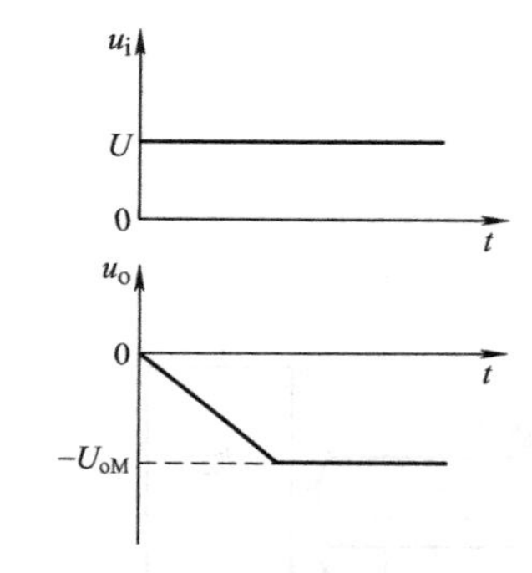

图4-11　积分电路的阶跃响应

扫一扫，看视频

4-13　什么是微分运算电路?

微分运算是积分运算的逆运算，只需将反相输入端的电阻和反馈电容调换位置，就成为微分运算电路，如图4-12所示。

图中A点为虚地，即 $V_A=0$

则

$$i_1 = C\frac{du_i}{dt}，\ i_F = -\frac{u_o}{R_1}$$

因为

$$i_1 = i_F$$

则

$$u_o = -R_1 C\frac{du_i}{dt}$$

输出电压与输入电压对时间的微分成正比。

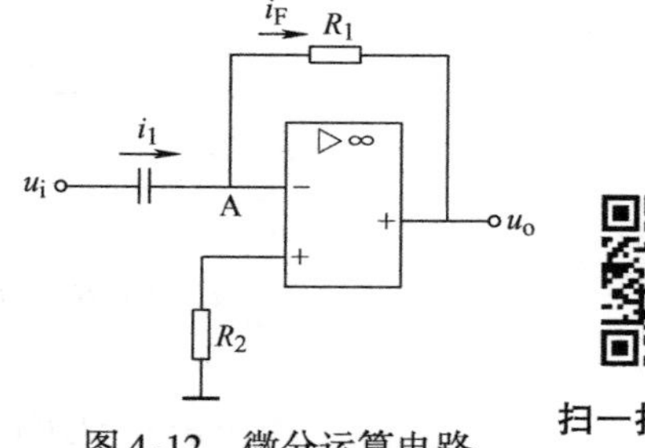

图4-12　微分运算电路

扫一扫，看视频

4-14　测量放大器是如何工作的?

在许多工业应用中，经常要对一些物理量，如温度、压力、流量等进行测量和控制。在这些情况下，通常先利用传感器将它们转换为电信号（电压或电流），这些电信号一般是很

微弱的，需要进行放大和处理。另外由于传感器所处的工作环境一般都比较恶劣，经常受到强大干扰源的干扰，因而在传感器上会产生干扰信号，并和转换得到的电信号叠加在一起。此外，转换得到的电信号往往需要通过屏蔽电缆进行远距离传输，在屏蔽电缆的外层屏蔽上也不可避免地会接收到一些干扰信号，如图4-13所示。

这些干扰信号对后面连接的放大器系统，一般构成共模信号输入。由于它们相对于有用的电信号往往比较强大，一般的放大器对它们不足以进行有效的抑制，因此只有采用专用的测量放大器（或称仪用放大器）才能有效地消除这些干扰信号的影响。

典型的测量放大器由三个集成运算放大器构成，电路如图4-14所示。输入级是两个完全对称的同相放大器，因而具有很高的输入电阻，输出级为差分放大器，由于通常选取$R_3=R_4$，故具有跟随特性，且输出电阻很小。u_i为有效的输入信号，u_c为共模信号，即前述的干扰信号。

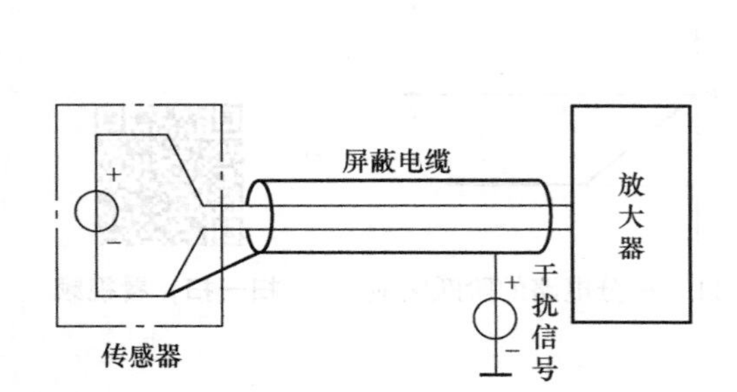

图4-13　测量信号的传输

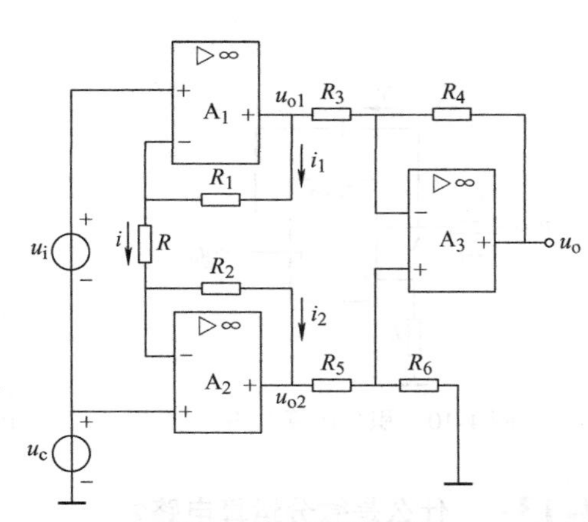

图4-14　测量放大器

A_1、A_2、A_3可视为理想运算放大器，故

$$u_{1-}=u_{1+}=u_i+u_c$$

$$u_{2-}=u_{2+}=u_c$$

$$i=\frac{u_{1-}-u_{2-}}{R}=\frac{u_i}{R}$$

$$i_1=i_2=i$$

$$u_{o1}=i_1R_1+u_{1-}=\frac{R_1}{R}u_i+u_i+u_c$$

$$u_{o2}=-i_2R_2+u_{2-}=-\frac{R_2}{R}u_i+u_c$$

由差分放大器得到测量放大器的输出电压为

$$u_o=-\frac{R_4}{R_3}u_{o1}+\frac{R_3+R_4}{R_3}\cdot\frac{R_6}{R_5+R_6}\cdot u_{o2}$$

严格匹配电阻使

$$R_3=R_4=R_5=R_6$$

则

$$u_o = -u_{o1} + u_{o2}$$

将 u_{o1}、u_{o2}代入整理得

$$u_o = -\left(1+\frac{R_1+R_2}{R}\right)u_i$$

与共模信号 u_c无关，这表明图 4-14 所示测量放大器具有很强的共模抑制能力。

通常选取 $R_1=R_2$为定值，改变电阻 R 即可方便地调整测量放大器的放大系数。

集成运算放大器的选取，尤其是电阻 R_3、R_4、R_5、R_6的匹配情况会直接影响测量放大器的共模抑制能力。在实际应用中，往往由于运算放大器及电阻的选配不能满足要求，从而导致测量放大器的性能明显降低。集成测量放大器因易于实现集成运算放大器及电阻的良好匹配，故具有优异的性能。常用的集成测量放大器有 AD522、AD624 等。

4-15　什么是无源滤波电路？

滤波电路的理想特性如下：

1）通带范围内信号无衰减地通过，阻带范围内无信号输出；

2）通带与阻带之间的过渡带为零。

无源滤波电路如图 4-15 所示。图 4-15a 中，电容 C 上的电压为输出电压，对于输入信号中的高频信号，电容的容抗 X_C很小，输出电压中的高频信号幅值很小，受到抑制，为低通滤波电路。在图 4-15b 中，电阻 R 上的电压为输出电压，由于高频时容抗很小，故高频信号能顺利通过，而低频信号被抑制，为高通滤波电路。

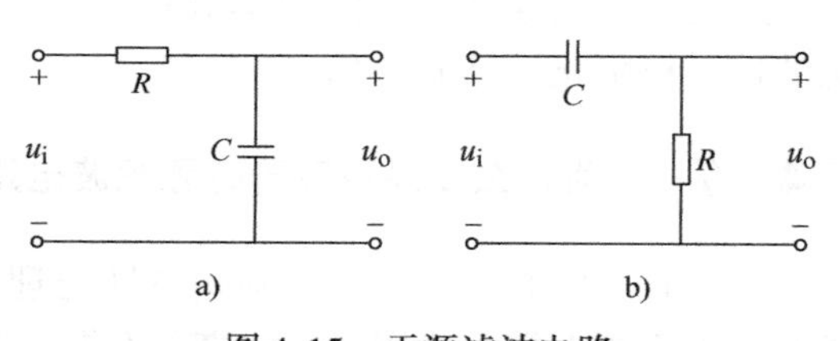

图 4-15　无源滤波电路
a）低通滤波电路　b）高通滤波电路

无源滤波电路结构简单，但有以下缺点：

1）由于电阻 R 及电容 C 上有信号压降，所以会使输出信号幅值下降。

2）带负载能力差，当负载变化时，输出信号的幅值将随之改变，滤波特性也随之变化。

3）过渡带较宽，幅频特性不理想。

4-16　什么是有源低通滤波电路？

为了克服无源滤波电路的缺点，可将 RC 无源滤波电路接到集成运算放大器的同相输入端。因为集成运算放大器为有源器件，所以称这种电路为有源滤波电路。

图 4-16a 所示为同相输入一阶有源低通滤波电路，由无源一阶低通滤波电路和同相输入比例运算电路组成，因同相比例运算电路输入电阻极高，输入电流为零，所以频率特性如下：

扫一扫，看视频

$$A_u(j\omega)=\frac{\dot{U}_o}{\dot{U}_i}=\frac{\dot{U}_o}{\dot{U}_+}\cdot\frac{\dot{U}_+}{\dot{U}_i}$$

其中$\frac{\dot{U}_o}{\dot{U}_+}=1+\frac{R_F}{R_1}=A_{um}$为通频带放大系数。

$$\frac{\dot{U}_+}{\dot{U}_i}=\frac{\frac{1}{j\omega C}}{R+\frac{1}{j\omega C}}=\frac{1}{1+j\omega RC}$$

设$\omega_c=\frac{1}{RC}$称为截止角频率，则

$$\frac{\dot{U}_+}{\dot{U}_i}=\frac{1}{1+j\frac{\omega}{\omega_c}}$$

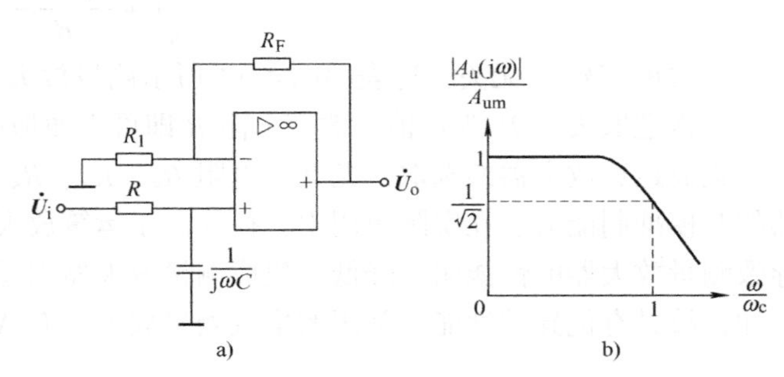

图 4-16 一阶有源低通滤波电路

a）电路 b）幅频特性

幅频特性如下：

$$|A_u(j\omega)|=\frac{A_{um}}{\sqrt{1+\left(\frac{\omega}{\omega_c}\right)^2}}$$

这是一种低通特性，如图 4-16b 所示，表明 0 ~ ω_c段频率的信号 $u_+\approx u_i$，而频率大于ω_c的信号被阻止，其 $u_o\approx 0$。

4-17 为什么要采用高阶有源滤波电路?

一阶有源低通滤波电路的幅频特性与理想特性相差较大，衰减速度为 -20dB/10 倍频，滤波效果不够理想，采用二阶或高阶有源滤波电路可明显改善滤波效果，如图 4-17b 所示。二阶有源滤波电路可以用两个一阶有源滤波电路级联实现，也可以用二级 *RC* 低通电路串联后接入集成运算放大器，如图 4-17a 所示。

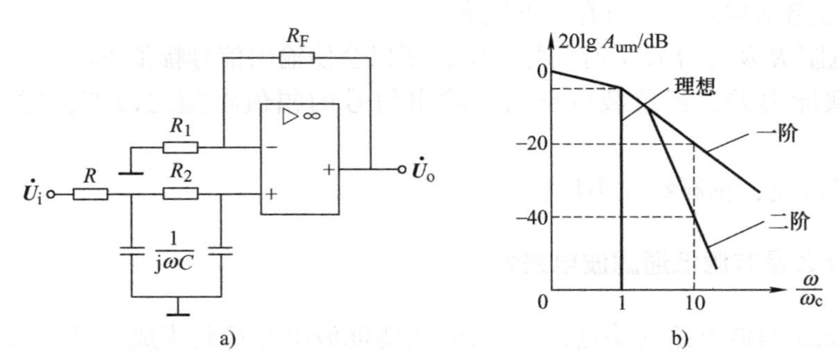

图 4-17 二阶有源低通滤波电路

a）电路 b）幅频特性

4-18 什么是有源高通滤波电路?

将图 4-16a 中的电阻 *R* 和电容 *C* 对调，就成为一阶有源高通滤波电路，如图 4-18a 所示。

幅频特性如下：

$$A_u(j\omega)=\frac{\dot{U}_o}{\dot{U}_i}=A_{um}\frac{1}{1-j\frac{1}{\left(\frac{\omega}{\omega_c}\right)}}$$

式中，通频带增益 $A_{um}=1+\frac{R_F}{R_1}$，截止频率 $\omega_c=\frac{1}{RC}$。

设 $\omega_c=\frac{1}{RC}$称为截止角频率

幅频特性如下：

$$|A_u(j\omega)|=A_{um}\frac{1}{\sqrt{1+\left[\frac{1}{\left(\frac{\omega}{\omega_c}\right)}\right]^2}}$$

这是一种高通特性，如图4-18b所示，频率大于 ω_c 的信号可以通过，而在 $0\sim\omega_c$段频率的信号被阻止。

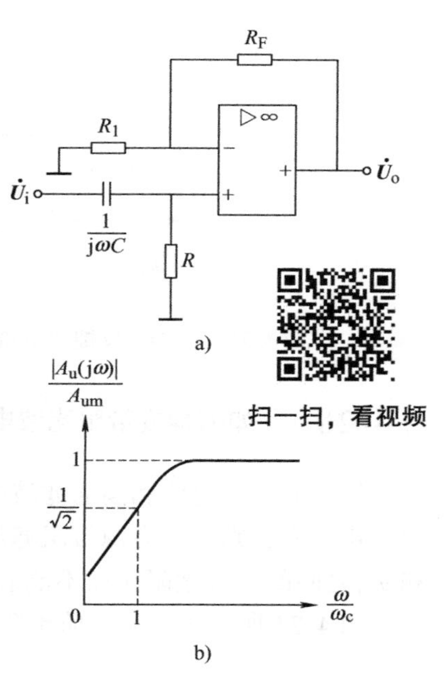

图4-18　有源高通滤波电路
a）电路　b）幅频特性

4-19　如何构成带通滤波电路？

将低通滤波电路和高通滤波电路串联，并使低通滤波电路的截止频率大于高通滤波电路的截止频率，则构成有源带通滤波电路，其结构图和幅频特性如图4-19所示。图中 ω_H 为上限频率，ω_L 为下限频率，通频带 $BW=\omega_H-\omega_L$，频率在通频带范围内的信号可以通过，通频带以外的信号被阻止。

图4-20所示为单端正反馈二阶带通滤波电路。

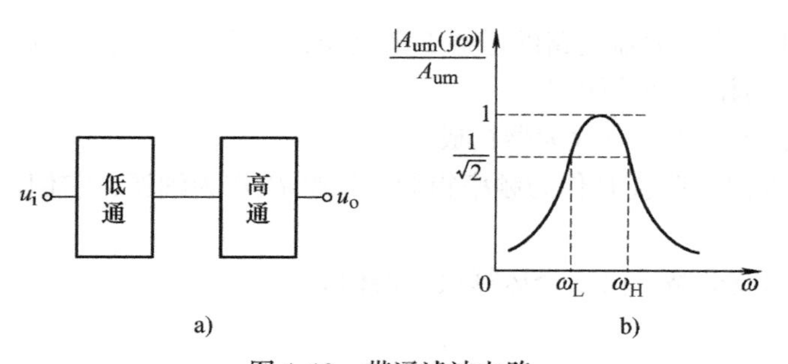

图4-19　带通滤波电路
a）结构图　b）幅频特性

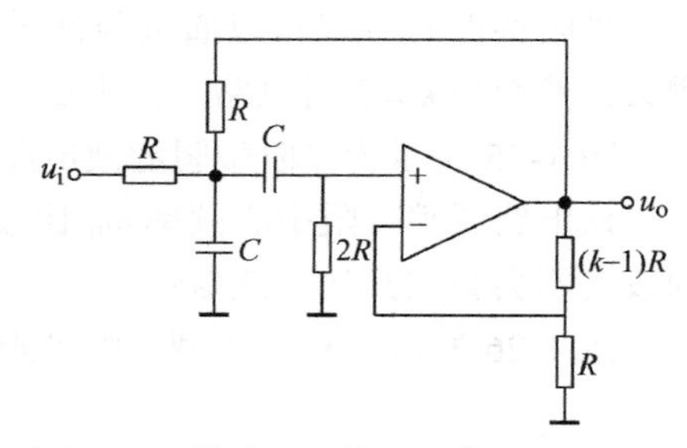

图4-20　单端正反馈二阶带通滤波电路

从图中可以推出，调整 R 可以改变 ω_0，调整 k 可以改变 Q 值，但是为了保证电路工作正常，同相运算放大器电路的增益 k 必须小于3。

图4-21所示为多端负反馈二阶带通滤波电路。图4-22所示为双二阶型二阶带通滤波电路。

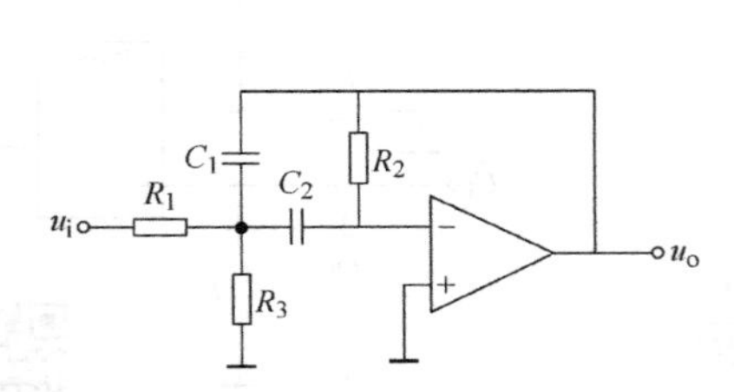

图4-21　多端负反馈二阶带通滤波电路

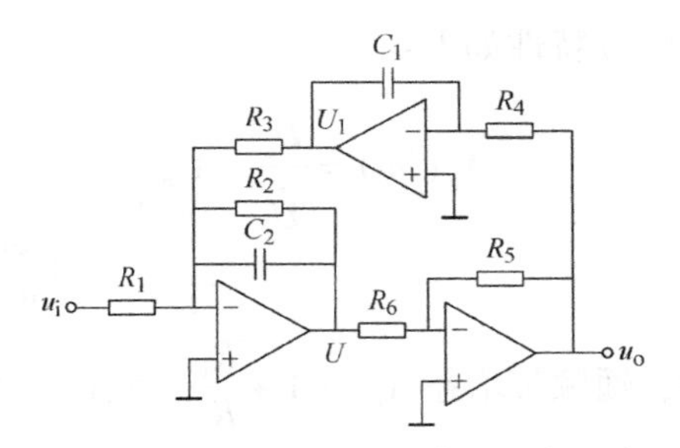

图4-22　双二阶型二阶带通滤波电路

4-20 如何构成带阻滤波电路?

将低通滤波电路和高通滤波电路并联，并使高通滤波电路的截止频率大于低通滤波电路的截止频率，则构成有源带阻滤波电路。其结构图和幅频特性如图4-23所示。频率位于ω_L和ω_H之间的信号被阻止而不能通过，其他频率的信号可以通过。

图4-24所示为有源二阶带阻滤波电路。

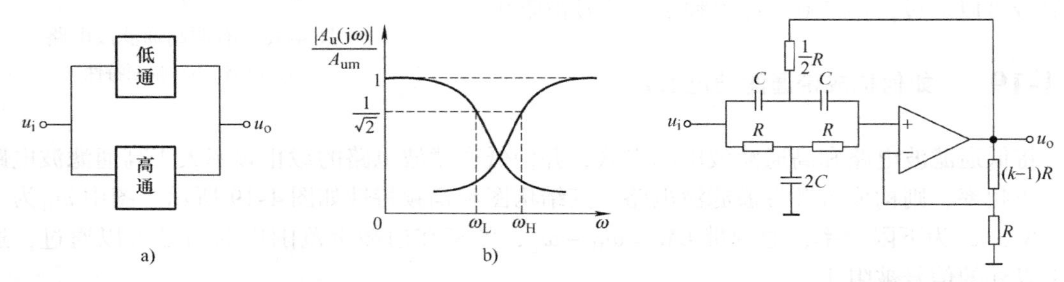

图4-23　带阻滤波电路

a）结构图　b）幅频特性

图4-24　有源二阶带阻滤波电路

带阻特性的Q值可以通过调整同相运算放大器电路的增益k来改变，随着k增大，Q也增大，然而当$k=2$时电路工作不稳定，因此k必须小于2。

图4-25所示为二阶带阻滤波电路，由两个运算放大器构成。

该电路调整带阻中心频率ω_0比较方便，调整C作为频率粗调，调整R_2作为细调，它们的改变不会影响其他滤波参数。

图4-26所示为双二阶型二阶带阻滤波电路，由三个运算放大器构成。

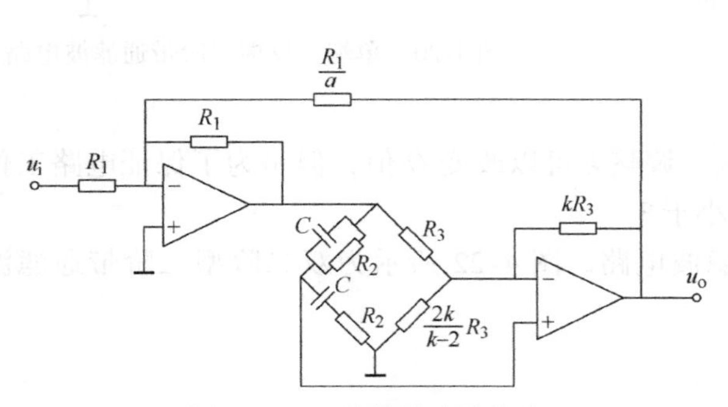

图4-25　二阶带阻滤波电路

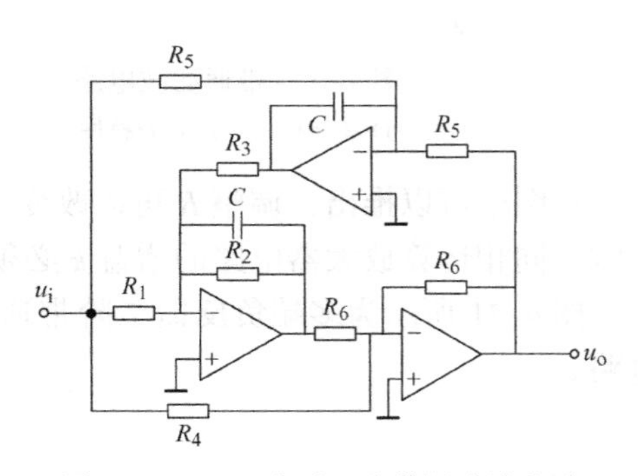

图4-26　双二阶型二阶带阻滤波电路

4-21 什么是全通有源滤波电路?

与其他类型的滤波函数一样，n 阶全通滤波函数的电路也可以简化为一阶全通电路和二阶全通电路的实现。

图4-27所示为一阶全通滤波电路。

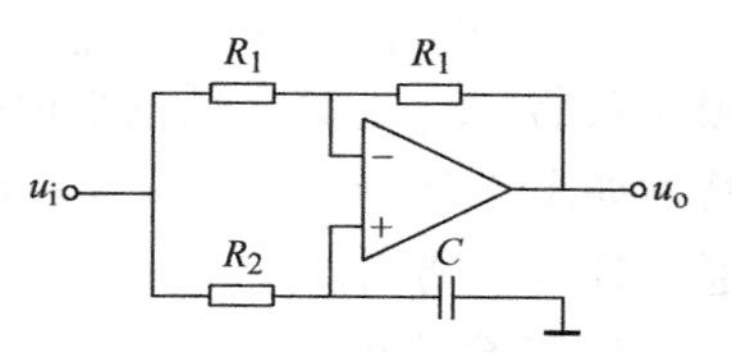

图4-27 一阶全通滤波电路

4-22 由集成运算放大器组成的火灾报警器电路是如何工作的?

图4-28所示为火灾报警器电路，u_{i1} 和 u_{i2} 分别来源于两个温度传感器，它们安装在室内同一处。但是一个安装在金属板上，产生 u_{i1}，而另一个安装在塑料壳体内部，产生 u_{i2}。

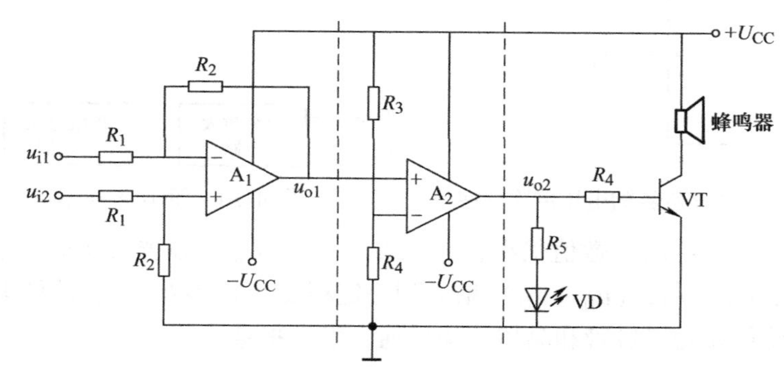

图4-28 火灾报警器电路

1. 电路功能

在正常情况下，两个温度传感器所产生的电压相等，$u_{i1}=u_{i2}$，发光二极管不亮，蜂鸣器不响。有火情时，安装在金属板上的温度传感器因金属板导热快而温度升高较快，而安装在塑料壳体内的温度传感器温度上升较慢，使 u_{i1} 和 u_{i2} 产生差值电压。差值电压增大到一定值时，发光二极管发光，蜂鸣器鸣叫，同时报警。

2. 分解电路

分析由单个集成运算放大器所组成应用电路的功能时，可根据其有无引入反馈以及反馈的极性来判断集成运算放大器的工作状态和电路输出与输入的关系。

根据信号的流向，图4-28所示电路可分为三部分。A_1 引入了负反馈，故构成运算电路；A_2 没有引入反馈，工作在开环状态，故构成电压比较器；后面分立元器件电路构成声光报警器电路。

3. 单元电路功能分析

输入级参数具有对称性，是双端输入的比例运算电路，也可实现差分放大，其输出电压 u_{o1} 为

$$u_{o1}=-\frac{R_2}{R_1}(u_{i1}-u_{i2})$$

第二级电路的门限电压 U_T 为

$$U_T = \frac{R_4}{R_3 + R_4} \cdot U_{CC}$$

当 $u_{o1} < U_T$时，$u_{o2} = U_{oL}$；当 $u_{o1} > U_T$时，$u_{o2} = U_{oH}$。电路只有一个门限电压，故为单门限比较器。u_{o2}的高、低电平取决于集成运算放大器输出电压的最大值和最小值。电压传输特性如图 4-29 所示。当 u_{o2}为高电平时，发光二极管因导通而发光，与此同时晶体管 VT 导通，蜂鸣器鸣叫。

4. 综合分析

根据以上分析，画出图 4-28 所示电路的框图，如图 4-30 所示。

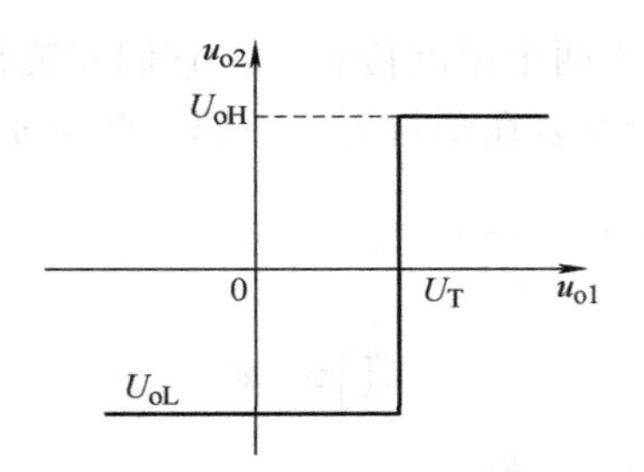

图 4-29　A_2构成的电压比较器的电压传输特性

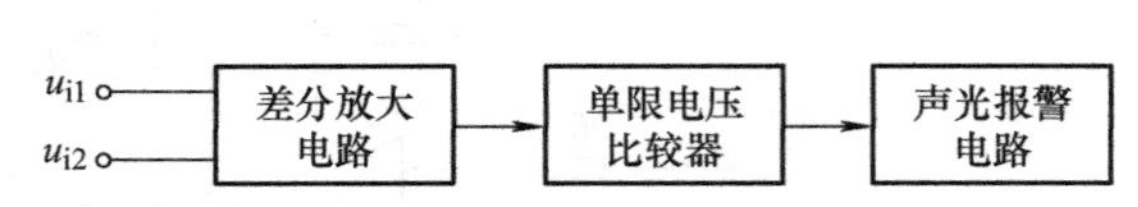

图 4-30　图 4-28 所示电路的框图

在无火情时，($u_{i1} - u_{i2}$) 数值很小，$u_{o1} < U_T$，$u_{o2} = U_{oL}$，发光二极管和晶体管均截止。

在有火情时，$u_{i1} > u_{i2}$，($u_{i1} - u_{i2}$) 增大到一定程度，$u_{o1} > U_T$，u_{o2}从低电平跃变为高电平，$u_{o2} = U_{oH}$，使得发光二极管和晶体管均导通，发出报警。

4-23　由集成运算放大器推动的功率放大器是如何工作的？

集成运算放大器构成的音频功率放大器常用于汽车收音机、收录机、报警器及其他要求功率不大的电子装置上。

电路如图 4-31 所示，IC_1选用了 LM358 集成双运算放大器，第一级（$1/2IC_1$）为前级反相放大器，它将微弱的信号进行电压放大。第二级（$1/2IC_1$）构成缓冲隔离放大器，其特点是输入阻抗高，输出阻抗低，从而提高了前级运算放大器带负载的能力，有效地阻隔了后级负载的波动对前级放大器的影响。末级采用音频功率放大集成电路 LM386（IC_2），它对运算放大器 LM358 送来的信号进行功率放大，经耦合电容器 C_5，推动扬声器 BL（8Ω，0.25 ~ 2W）发出声音。电路中电阻 R_5、电容 C_4为高频校正网络，以防止放大器出现自激。输出电容 C_5不仅起到隔直作用，同时还影响着低频端频响的好坏。

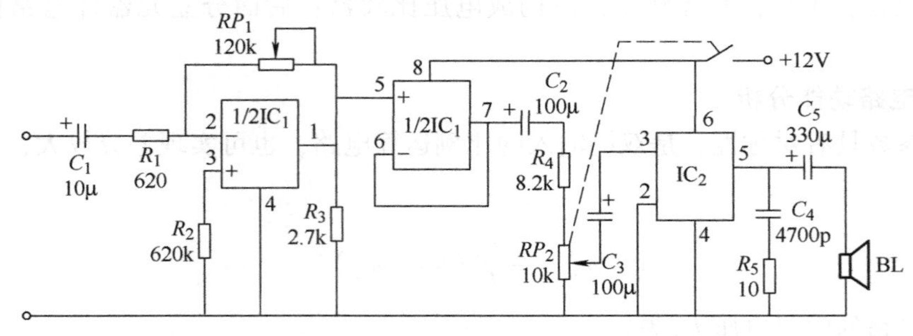

图 4-31　集成运算放大器构成的音频功率放大器

调节电位器 RP_1 的大小，可改变第一级的电压放大系数。调节 RP_2 的大小，可改变 IC_2 输入信号的大小，从而达到调节输出音量的目的。

4-24　如何构成经济实用的交流声滤波器？

此电路用于音频和测试仪器系统中，用来消除不希望的信号或电源交流声。

图4-32所示为一个经济实用的窄带陷波式滤波器，它不要求高准确度元器件，滤波频率可以从50Hz调节到60Hz。IC选用集成运算放大器LM741CN或μA741DC。

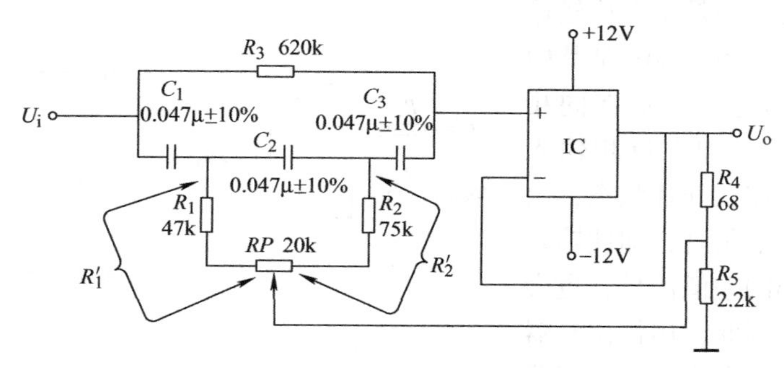

图4-32　交流声滤波器

该电路采用了有源反馈桥式微分 RC 网络，陷波频率为

$$f_0=\frac{1}{2\pi C\sqrt{3R_1'\cdot R_2'}}$$

陷波带宽是由反馈量决定的，反馈量越大，滤波带宽越窄。

采用本电路中所标元件值，可以调节电位器使其陷波频率为60Hz或50Hz。对交流声抑制能力为30dB。-3dB处的陷波带宽如下：50Hz时的带宽为14Hz；60Hz时的带宽为18Hz；对信号的衰减不大于1dB。

4-25　什么是采样保持电路？

当输入信号变化较快时，要求输出信号能快速而准确地跟随输入信号的变化进行间隔采样。在两次采样之间保持上一次采样结束时的状态。图4-33所示为它的简单电路和输入输出信号波形。

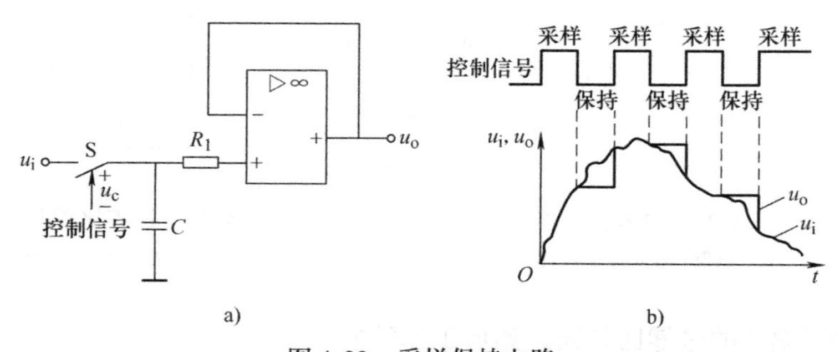

图4-33　采样保持电路

a）电路　b）输入输出信号波形

图中S是一个模拟开关，一般由场效应晶体管构成。当控制信号为高电平时，开关闭合(即场效应晶体管导通)，电路处于采样周期。这时 u_i 对存储电容 C 充电，$u_o = u_c = u_i$，即输出电压跟随输入电压的变化（运算放大器接成跟随器）。当控制电压变为低电平时，开关断开（即场效应晶体管截止），电路处于保持周期。因为电容无放电电路，故 $u_o = u_c$。将采样到的数值保持一定时间，并应用在数字电路、计算机及程序控制等装置中。

4-26 电压比较器的作用是什么?

电压比较器的作用是用来比较输入电压和参考电压，图4-34a是其中的一种。U_R 是参考电压，加在同相输入端，输入电压 u_i 加在反相输入端。运算放大器工作在开环状态，由于开环电压放大系数很高，即使输入端有一个非常微小的差值信号，也会使输出电压饱和。因此，用作比较器时，运算放大器工作在饱和区，即非线性区。当 $u_i < U_R$ 时，$u_o = +U_{oM}$；当 $u_i > U_R$ 时，$u_o = -U_{oM}$，图4-34b是电压比较器的传输特性。可见，在比较器的输入端进行模拟信号大小的比较，在输出端则以高电平或低电平（即为数字信号“1”或“0”）来反映比较结果。

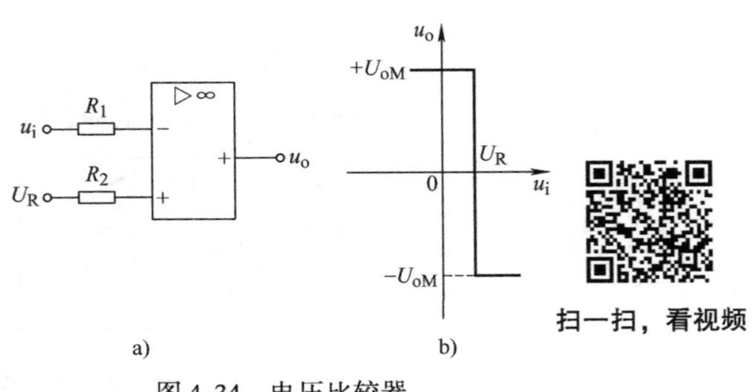

图4-34 电压比较器
a）电路 b）传输特性

扫一扫，看视频

4-27 过零比较器是如何工作的?

当 $U_R = 0$ 时，即输入电压和零电平比较，称为过零比较器，其电路和传输特性如图4-35所示。当 u_i 为正弦波电压时，则 u_o 为矩形波电压，如图4-36所示。

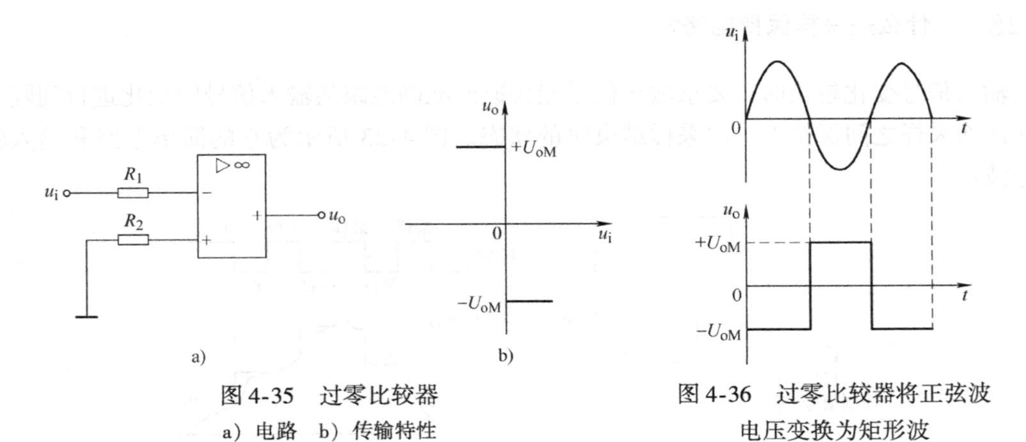

图4-35 过零比较器
a）电路 b）传输特性

图4-36 过零比较器将正弦波电压变换为矩形波

4-28 加限幅器的过零比较器是如何工作的?

有时为了将输出电压限制在某一定值，以便和接在输出端的数字电路的电平相匹配，可在比较器的输出端与地之间跨接一个双向稳压二极管 VD_Z（稳压二极管的稳定电压为 U_Z），做双向限幅用，电路和传输特性如图 4-37 所示。输入电压 u_i 与零电平比较，输出电压 u_o 被限制在 $+U_Z$ 或 $-U_Z$。

4-29 集成运算放大器构成的低速比较器是如何工作的?

如果采用专用 IC 比较器用于继电器的驱动电路，则其响应时间通常在数百 ns，有时还会出现振荡、突跳等现象。

本电路采用通用集成运算放大器作为比较器，虽然有一定的滞后，但工作稳定。该电路除用来驱动继电器外，还可用来驱动光电耦合器或指示灯。低速比较器电路如图 4-38 所示。

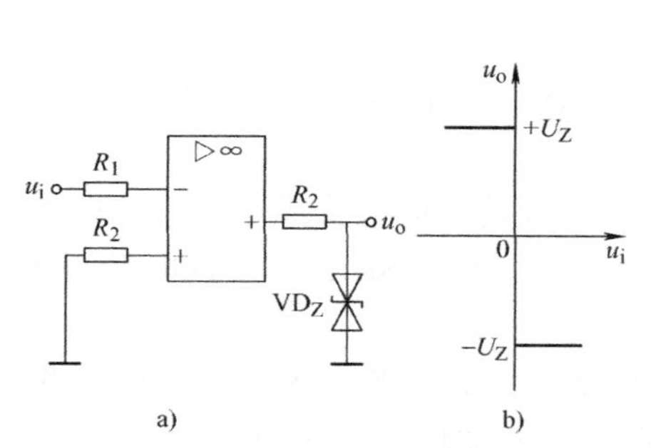

图 4-37 加限幅器的过零比较器

a）电路 b）传输特性

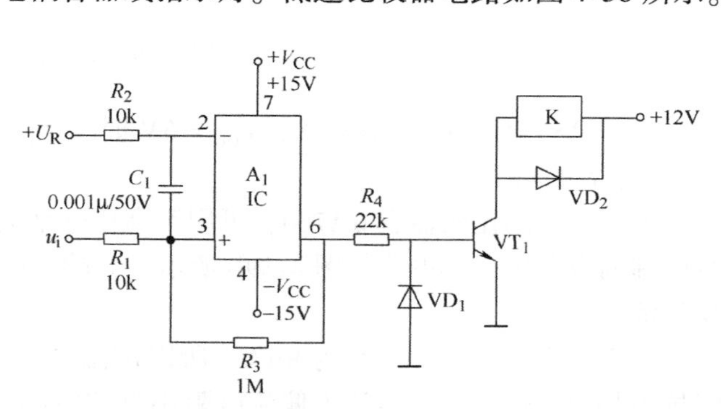

图 4-38 集成运算放大器构成的低速比较器

运算放大器开环使用，电阻 R_1 及 R_3 组成的分压电路在同相输入端进行正反馈，使运算放大器输出接近 $\pm V_{CC}$，所以可获得正、负对称的滞后。输入电压 $u_i \geq U_R$ 时，A_1 的输出接近 V_{CC}，并由基极电阻 R_4 向晶体管基极提供电流，为了防止基极-发射极之间出现大的逆偏置，故加了钳位二极管 VD_1。VD_2 的作用是对继电器线圈中产生的反电动势进行限压，以保证晶体管的可靠工作。

IC 集成运算放大器选用 LM741C 型；晶体管 VT_1 选用 2SC945 型；二极管 VD_1、VD_2 选用 1S1588 型；K 为小型继电器，选用 G5A237P－12V 型。

4-30 如何用专用 IC 组成高速比较器?

通用电压比较器用来测定输入电压是大于还是小于基准电压，并输出逻辑电平。如果基准电压为零，则这种电路也可用作正弦波等的过零检测。通用比较器的典型芯片有 LM311、LM339 等，它们的响应时间都比较长，约为 200ns ~ 1μs。本电路采用两片通用比较器 IC，可用于高速波形处理。

高速比较器电路如图 4-39a 所示。它采用了一种二级高速比较器芯片 LM319。该芯片响应时间短，约为 80ns，芯片差动输入范围为 ±5V，所以在输入端加了保护二极管 VD_1、VD_2。

电阻 R_2、R_3 用来确定滞后电压，以消除突跳（跨越基准电压时产生的振荡），如果把 R_4 接电源电压 $+Vcc$，则滞后电压为

$$U_H = V_{CC}\frac{R_2}{R_2 + R_3}$$

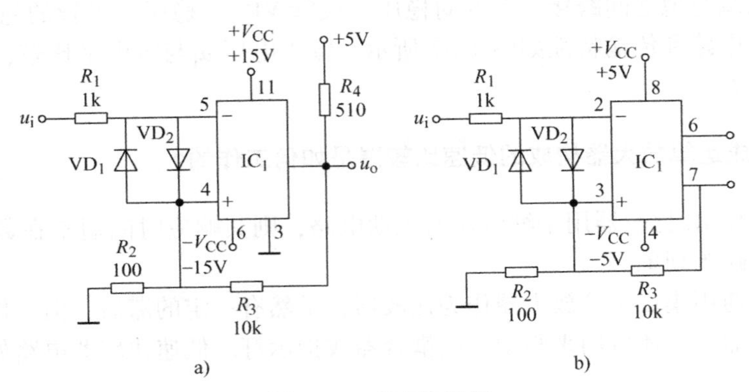

图 4-39　高速比较器

$V_{CC}=15V$ 时，$U_H=148mV$；$V_{CC}=5V$ 时，$U_H=49.5mV$。应根据输入信号的需要来选定 R_2或 R_3的阻值。

速度更快的比较器有 μA760，可用于高速电路接收机、高速峰值检波器等对高速波形进行处理的设备中，其电路如图 4-39b 所示，其响应时间极短，约为 18ns，并可同时获得正、反相输出。

由于输入偏流很大，约为 8μA，所以偏流电阻阻值较小。在高速电路中，外围电路的阻抗也都比较低，故不能认为偏流电阻小是该电路的弱点。差动输入电压范围为 ±5V，于是在输入端加了保护二极管。

电源电压可为 ±4.5 ~ ±6.5V，本电路用 ±5V，电源旁路电容的接地点应靠近 IC 的 $\pm V_{CC}$处。

IC_1为高速比较器，选用 LM319N 型或 μA760HC 型。VD_1、VD_2选用肖特基二极管 1SS97 型。

4-31　什么是迟滞比较器？

迟滞比较器也叫施密特触发器，是一个具有迟滞回环传输特性的比较器。反相输入迟滞比较器电路如图 4-40 所示。它是在零电压比较器的基础上引入了正反馈网络，传输特性如图 4-41 所示。

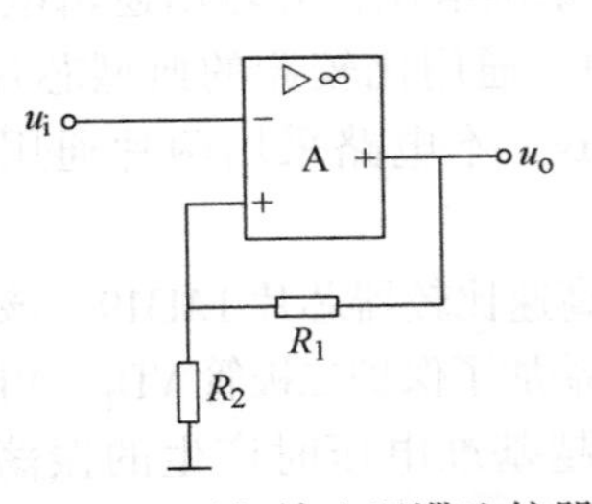

图 4-40　反相输入迟滞比较器

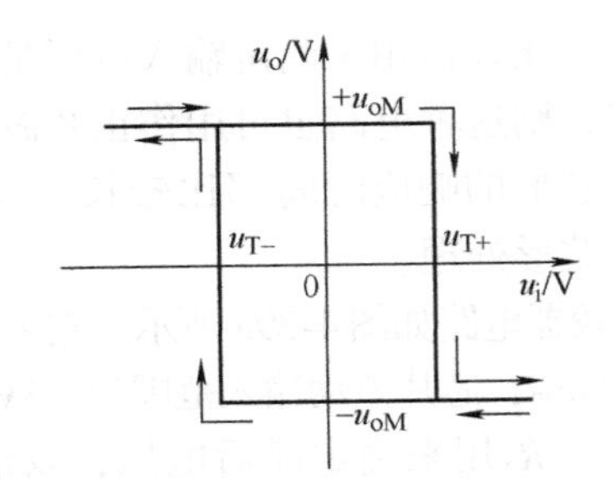

图 4-41　迟滞比较器的传输特性

如将 u_i改由同相输入，就组成了图4-42所示的同相输入迟滞比较器。

迟滞比较器的门限电压是随输出电压 u_o的变化而变化的。虽然迟滞比较器的灵敏度低一些，但抗干扰能力却大大提高了。实际的迟滞比较器电路如图4-43所示。

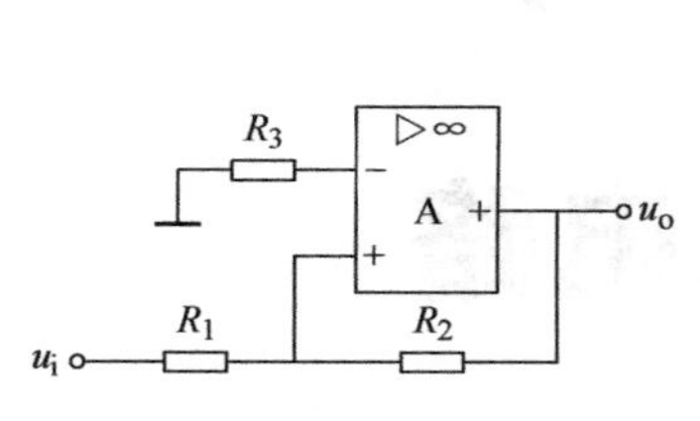

图4-42　同相输入迟滞比较器

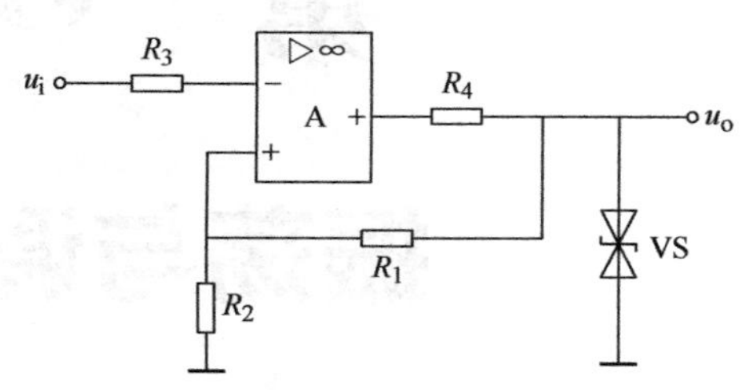

图4-43　实际迟滞比较器电路

第 5 章 振荡与调制电路

5-1 什么是选频放大器？

通常来说，放大器根据所处理信号频率宽度的不同可分为两大类，一类是用于放大频带很宽的信号，例如音频、视频信号；另一类是用于放大频带相对较窄的信号，例如电台信号、电视信号等。放大宽频带信号的放大器通常是非调谐方式的，因此称为非调谐放大器。放大窄频带信号的放大器都是必须具有选频能力的调谐回路，因此称为选频放大器或调谐放大器。

选频放大器通常以电感、电容组成的并联调谐回路作为负载，这种放大器所能够放大的信号频率范围仅限于并联谐振回路中心频率 ω_0 附近的一个小范围，而对此范围以外的信号基本不起或只能起较小的放大作用。

与纯电阻负载的各种放大器相比，选频放大器放大的频率范围很窄，信号传输方便且能够实现多路传输，放大增益可以很大，因此被广泛地应用于雷达、电视、收音机等通信设备中，通常作为中频放大以及高频放大。

图 5-1 所示为基本选频放大器的原理电路。

从图中可以看出，选频放大器主要由以下两部分组成，即具有放大能力的晶体管及其偏置电路和作为负载并具有选频能力的谐振回路。

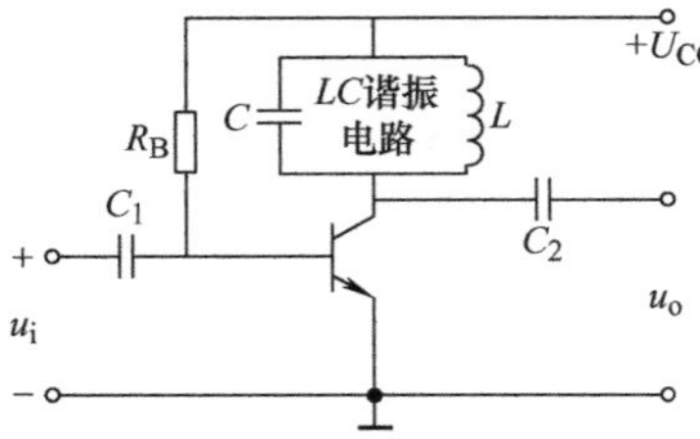

图 5-1　基本选频放大器的原理电路图

与其他放大电路相比，选频放大器的主要特点如下：

1）由于使用 LC 谐振回路作为负载，因此整个放大器的性能在很大程度上取决于谐振回路的特性；

2）对于在谐振回路中心频率 ω_0 附近的一个小范围内的信号具有较强的放大能力，而对于远离谐振频率的信号放大能力较弱，具有良好的选频特性和滤波作用；

3）通常采用变压器耦合方式，因此能够较为方便地实现阻抗匹配。

5-2 什么是 LC 串联谐振回路？

上面已经提到，选频放大器是以 LC 谐振回路作为负载的，现在就首先了解一下 LC 谐振回路的性能及特点。LC 谐振回路分为 LC 串联谐振回路和 LC 并联谐振回路两种。

图5-2所示为一个 LC 串联谐振电路，其中 R 表示线圈 L 的损耗电阻。

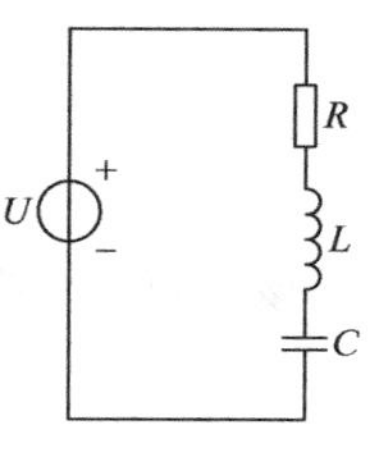

图5-2　LC 串联谐振电路图

该电路的交流阻抗为

$$Z = R + j\left(\omega L - \frac{1}{\omega C}\right)$$

当回路发生谐振时，$\omega L - \frac{1}{\omega C} = 0$，故回路的谐振频率为

$$f_0 = \frac{1}{2\pi\sqrt{LC}}$$

串联电路谐振时的特点是回路的阻抗最小且 $Z_0 = R$。信号电压一定时，回路的电流最大，电感或电容两端的电压最大，且是信号电压的 Q 倍，Q 为该谐振回路的品质因数。

$$Q = \frac{\omega_0 L}{R} = \frac{1}{\omega_0 RC}$$

该回路的幅频特性曲线（即谐振曲线）如图5-3所示。

从曲线不难看出，Q 值越大，曲线越尖锐，回路的选择性越好。

为方便起见，通常用电流的相对比值来表示串联回路电流的幅频特性

$$\alpha = \frac{I}{I_0} = \frac{1}{\sqrt{1 + Q^2\left(\frac{f}{f_0} - \frac{f_0}{f}\right)^2}}$$

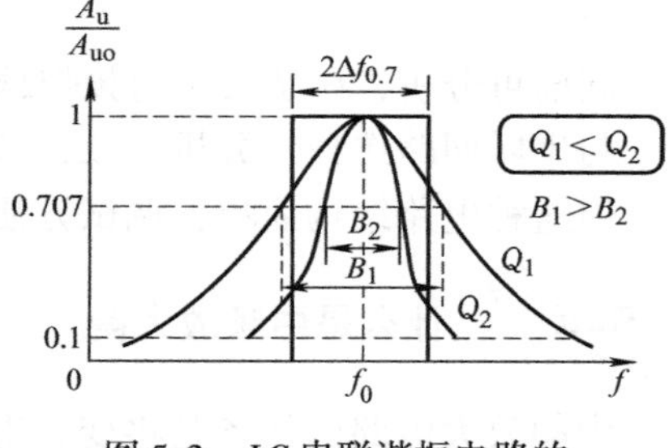

图5-3　LC 串联谐振电路的幅频特性曲线

满足 $\alpha \geqslant \frac{1}{\sqrt{2}}$ 的频率可以通过回路，通过回路的频率范围称通频带，通频带的宽度用 B 表示。

$$B = 2\Delta f = \frac{f_0}{Q}$$

由此可见，Q 值越低，通频带越宽；Q 值越高，通频带越窄。

回路的选择性通常用谐振曲线的矩形系数 K_r 来表示，K_r 定义为 α 下降到0.1时的频宽 $B_{0.1}$ 与 α 下降到0.7时频宽 $B_{0.7}$ 的比值，即 $K_r = \frac{B_{0.1}}{B_{0.7}}$。

LC 串联回路的矩形系数为

$$K_r = \frac{B_{0.1}}{B_{0.7}} = \sqrt{10^2 - 1} = 9.95$$

LC 串联回路谐振曲线矩形系数较大，因此选择性较差。

5-3　什么是 LC 并联谐振回路？

图5-4所示为一个 LC 并联谐振回路，其中 R 为线圈的损耗电阻。

该回路的阻抗为

$$Z=\frac{(R+\mathrm{j}\omega L)\frac{1}{\mathrm{j}\omega C}}{R+\mathrm{j}\left(\omega L-\frac{1}{\omega C}\right)}$$

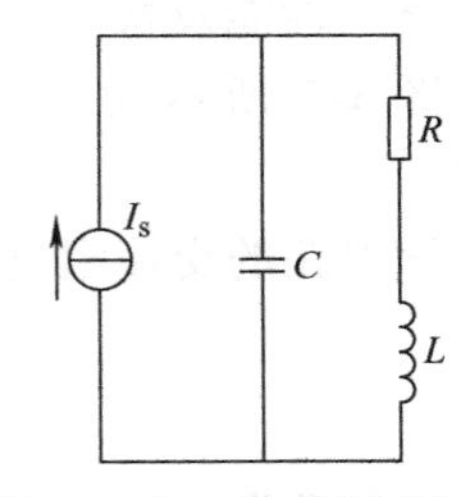

图 5-4 LC 并联谐振电路

该回路的谐振频率为

$$f_0=\frac{1}{2\pi\sqrt{LC}}$$

并联谐振回路的特点是谐振时回路阻抗最大且为纯电阻，即

$Z_0=R_0=\frac{L}{RC}$，谐振阻抗为感抗或容抗的 Q 倍。

$$Q=\frac{1}{R}\sqrt{\frac{L}{C}}$$

一般 Q 远大于 1。

当电流一定时，电感或电容两端的电压最大，若偏离谐振频率，则回路阻抗及电压将明显减小。

同前可分析，Q 越大，通频带越窄；Q 越小，通频带越宽。

与串联回路选择性分析一致，并联回路谐振曲线的矩形系数 $K_r=9.95$，即选择性也较差，但这种电路结构简单，调试方便，常用于接收机的中频放大电路中。

5-4 什么是中频放大器？

中频放大电路的任务是将变频得到的中频信号加以放大，然后送到检波器检波。中频放大电路对超外差收音机的灵敏度、选择性和通频带等性能指标起着极其重要的作用。

图 5-5 所示为 LC 单调谐中频放大电路。图 5-6 所示为它的交流等效电路。

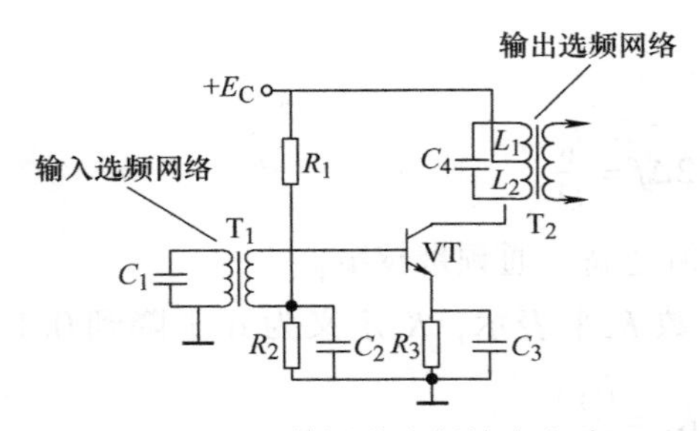

图 5-5 LC 单调谐中频放大电路

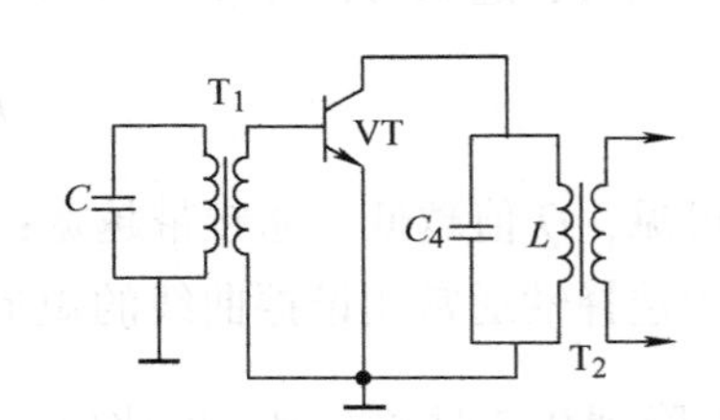

图5-6 图 5-5 的交流等效电路

图中 T_1、T_2为中频变压器，它们分别与 C_1、C_4组成输入和输出选频网络，同时还起到阻抗变换的作用，因此，中频变压器是中放电路的关键元件。

中频变压器的一次线圈与电容组成 LC 并联谐振回路，它谐振于中频 465kHz。由于并联谐振回路对诣振频率的信号阻抗很大，对非谐振频率的信号阻抗较小，所以中频信号在中频变压器的一次线圈上产生很大的压降，并且耦合到下一级放大，对非谐振频率信号压降很小，几乎被短路（通常说它只能通过中频信号），从而完成选频作用，提高了收音机的选择性。

由 LC 调谐回路特性可知，中频选频回路的通频带 $B=f_2-f_1=f_0/Q$。式中 Q 是回路的有载品质因数。Q 值越高，选择性越好，通频带越窄；反之，通频带越宽，选择性越差。

中频变压器的另一作用是阻抗变换。因为晶体管共射极电路输入阻抗低，输出阻抗高，所以一般用变压器耦合，使前后级之间实现阻抗匹配。

一般收音机采用两级中放，有三个中频变压器。第一个中频变压器要求有较好的选择性，第二个中频变压器要求有适当的通频带和选择性，第三个中频变压器要求有足够的通频带和电压传输系数，由于各中频变压器的要求不同，匝数比不一样，通常磁帽用不同颜色标志，以示区别，所以不能互换使用。

实际电路中常采用具有中间抽头的并联谐振回路，如图5-7所示。图5-8所示为它的等效电路。

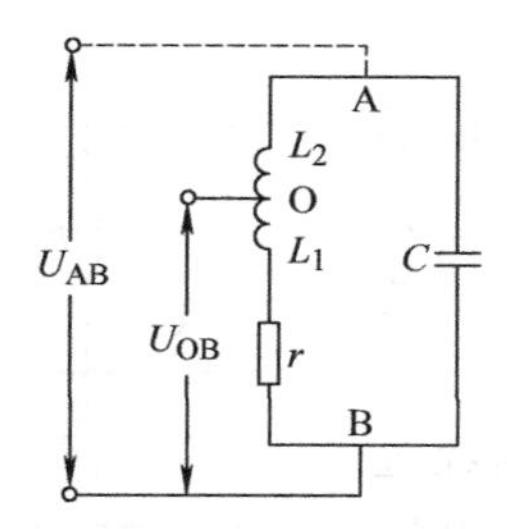

图5-7 并联谐振回路

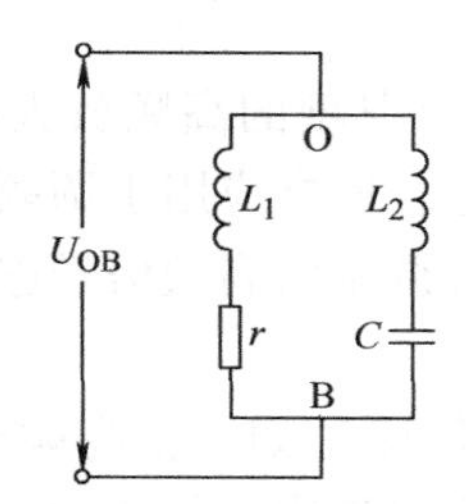

图5-8 图5-7的等效电路

可以看出，它是由两个阻抗性质不同的支路组成的。由于 L_1、L_2 都绕在同一磁心上，所以实际上是一个自耦变压器。

利用变压器的阻抗变换关系，可求得等效谐振电路的谐振阻抗为

$$Z_{OB0}=\left(\frac{N_1}{N_1+N_2}\right)^2\cdot Z_{AB0}=\left(\frac{N_1}{N}\right)^2\cdot Z_{AB0}$$

式中，$N=N_1+N_2$ 为电感线圈的总匝数。

具有抽头并联谐振电路的谐振阻抗 Z_{OB0} 等于没有抽头的谐振阻抗 Z_{AB0} 的 $\left(\frac{N_1}{N}\right)^2$ 倍。由于 $\frac{N_1}{N}<1$，所以 $Z_{OB0}<Z_{AB0}$，适当选择变比可取得所需求的 Z_{OB0}，从而实现阻抗匹配。

上述中放电路结构简单，回路损耗小，调试方便，所以应用广泛。但很难同时满足选择性和通频带两方面的要求，所以只能用在要求不太高的收音机上。

以下举两个中频放大器的实例，由于篇幅原因，不再具体分析。

图5-9所示为一个场效应晶体管单调谐放大器。图5-10所示为它的等效电路。

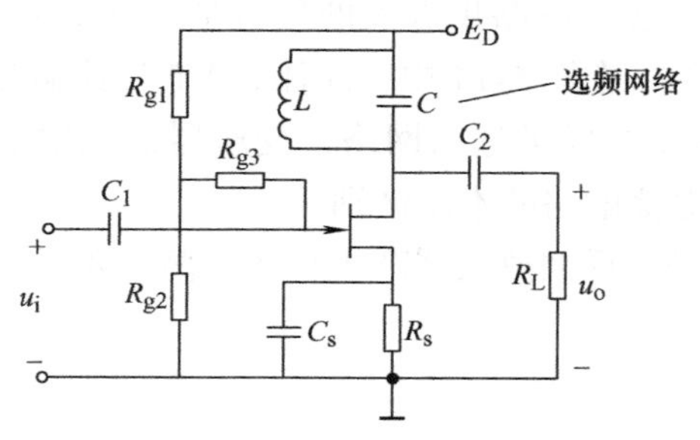

图5-9 场效应晶体管单调谐放大器电路

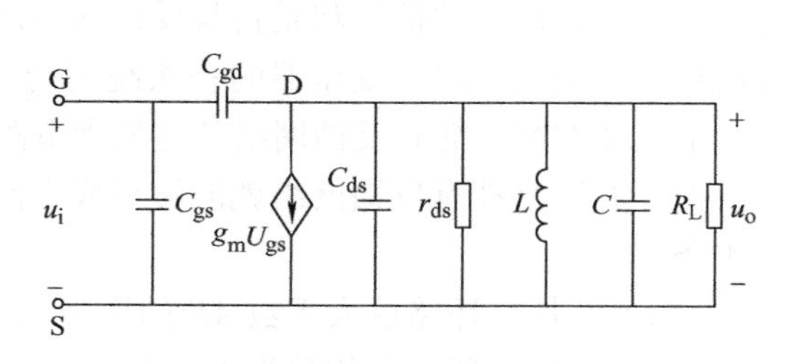

图5-10 等效电路

图5-11所示为一个典型的电视机中频放大电路。

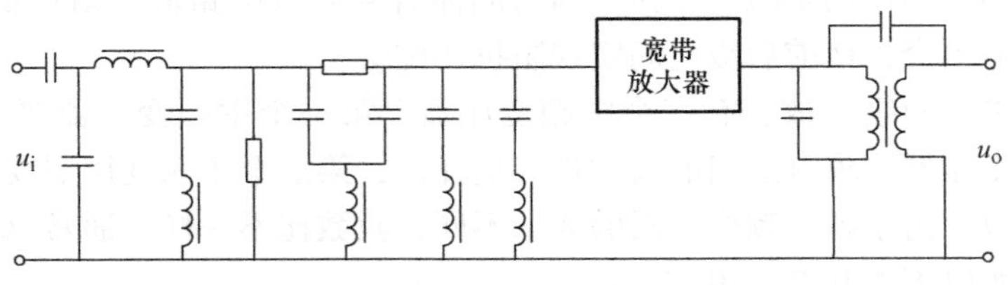

图5-11　电视机中频放大电路

5-5　什么是高频放大器？

图5-12所示为一个典型的高频放大电路，它只能够放大所选定的高频信号，通常应用于调频无线电路中，其功能是将被语音等信号调制的高频信号进行放大，然后通过天线发送出去。

高频放大器的工作原理如下：高频输入信号 u_i 经过耦合电容 C_1 输入晶体管VT中进行放大，通过 L、C_2 并联组成的谐振网络选择，最后只剩下谐振频率的信号。

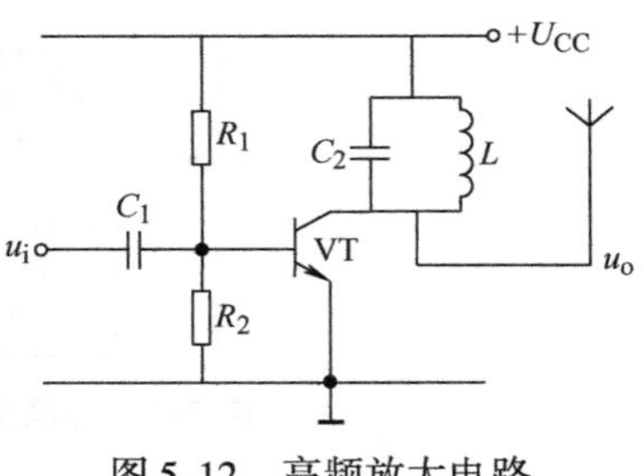

图5-12　高频放大电路

5-6　选频放大器和振荡器有何区别？

从电路结构来讲，振荡器与放大器十分相近。图5-13所示为一个选频放大电路。图5-14所示为一个振荡器电路。

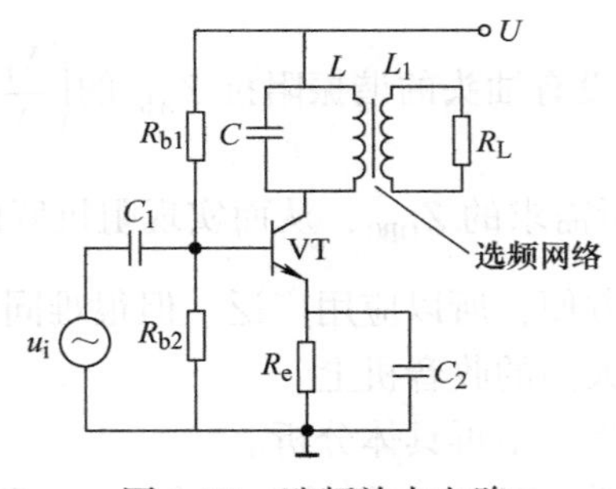

图5-13　选频放大电路

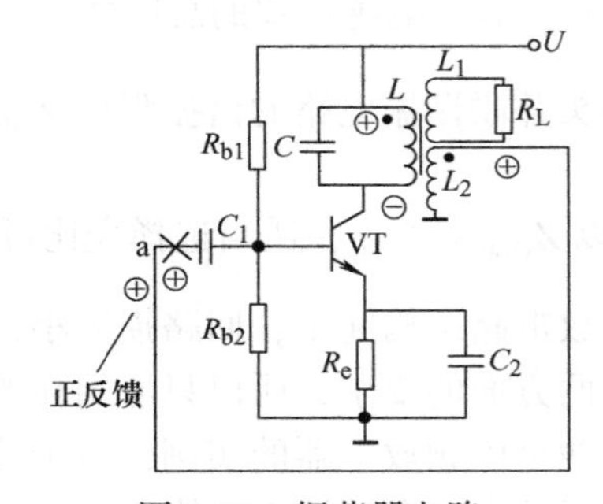

图5-14　振荡器电路

从图中可以看出，二者绝大部分是相同的，但是放大电路供放大的信号是外部输入的，而振荡电路中供放大的信号却是自身反馈网络产生的。在图5-14中，晶体管VT与其偏置电路共同构成了放大电路，变压器的一次绕组与电容 C 构成了选频网络，变压器的二次绕组 L_2 构成了反馈网络。拥有反馈网络就是放大电路与振荡电路的本质区别。

然而，并不是拥有反馈网络就能够形成自激振荡。反馈放大器产生自激振荡需要以下两个基本条件：

1）幅值条件：环路放大系数 AF 的模为1；

2）相位条件：环路总相移为 2π 的整数倍。

第一个条件又称为幅值条件，它表明反馈放大器要具备足够的反馈量，才能够产生自激振荡。第二个条件又称为相位条件，它表明只有当基本放大器和反馈网络中的相位之和等于 2π 的整数倍，形成正反馈时，才能够产生自激振荡。

5-7 振荡器产生自激振荡的条件有哪些？

为了使反馈放大器转化为振荡器，电路必须满足一定的条件。

反馈放大器产生自激振荡的条件可以用图 5-15 反馈放大器的框图来说明：在无输入信号（$x_i=0$）时，电路中的噪扰电压（如元件的热噪声、电路参数波动引起的电压、电流的变化、电源接通时引起的瞬变过程等）使放大器产生瞬间输出 x_o'，经反馈网络反馈到输入端，得到瞬间输入 x_i'，再经基本放大器放大，又在输出端产生新的输出信号 x_o'。如此反复，一般在负反馈情况下，输出 x_o'会逐渐减小，直到消失；但在正反馈（如图极性所示）情况下，x_o'会很快增大，最后由于饱和等原因输出稳定在 x_o，并靠反馈永久保持下去。

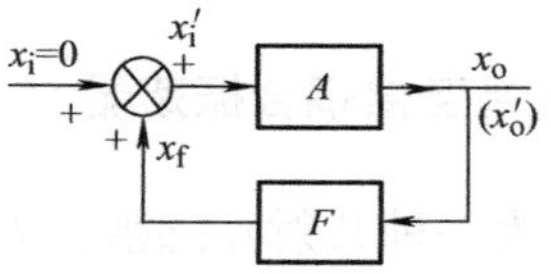

由以上分析可知，产生自激振荡必须满足

$$\dot{\boldsymbol{x}}_f = F\dot{\boldsymbol{x}}_o$$

$$\dot{\boldsymbol{x}}_o = A\dot{\boldsymbol{x}}_i$$

而

$$\dot{\boldsymbol{x}}_f = \dot{\boldsymbol{x}}_i$$

图 5-15　产生自激振荡的条件

扫一扫，看视频

代入上式，得

$$AF = 1$$

上式可分别写为

$$|AF| = 1$$

$$\varphi_A + \varphi_F = 2n\pi (n \text{ 为整数})$$

以上两式表明了反馈放大器产生自激振荡的两个基本条件：

1）环路放大系数的模为 1，称为幅值条件。

2）环路总相移为 2π 的整倍数，称为相位条件。

相位条件中的“环路总相移”为基本放大器和反馈网络中的相移之和，当等于 2π 的整数倍时形成正反馈，因而满足相位条件。

幅值条件表明反馈放大器要产生自激振荡，还必须有足够的反馈量。事实上，由于电路中的噪扰电压通常都很弱小，因此只有使环路放大系数的模 $|AF|$ 大于 1，才能经过反复的反馈放大，使幅值迅速增大而建立起稳定的振荡。随着振幅的逐渐增大，放大器进入非线性区，使放大器的放大系数 A 逐渐减小，最后满足 $|AF|=1$，振幅趋于稳定。

5-8 正弦波振荡器由哪些部分组成？

一个振荡器要建立振荡，必须满足自激振荡的两个基本条件，即振荡幅度逐渐增大，最后达到稳态，以及电路需要有稳幅环节使放大器的放大系数下降，满足 $|AF|=1$ 的幅值条件。所以，根据上述条件，正弦波振荡电路由四部分组成，即放大电路、选频网络、反馈网络和稳幅环节。

（1）放大电路　对交流信号具有一定的电压放大系数，其作用是对选择出来的某一频率的信号进行放大。根据电路需要可采用单级放大电路或多级放大电路。

（2）选频网络　选择出某一频率的信号产生谐振，其作用是选出指定频率的信号，以便使正弦波振荡电路实现单一频率振荡，并有最大幅度的输出。选频网络分为 *LC* 选频网络和 *RC* 选频网络。使用 *LC* 选频网络的正弦波振荡电路，称为 *LC* 振荡电路；使用 *RC* 选频网络的正弦波振荡电路，称为 *RC* 振荡电路。选频网络可以设置在放大电路中，也可以设置在反馈网络中。

（3）反馈网络　这是反馈信号所经过的电路，其作用是将输出信号反馈到输入端，引入自激振荡所需的正反馈，并与放大器共同满足振荡条件。一般反馈网络由线性元件 *R*、*L* 和 *C* 按需要组成。

（4）稳幅环节　具有稳定输出信号幅值的作用。利用电路元器件的非线性特性和负反馈网络，限制输出幅度增大，达到稳幅目的。因此稳幅环节是正弦波振荡电路的重要组成部分。

5-9 什么是互感耦合振荡器？

图5-16所示为一种共射互感耦合 *LC* 振荡电路。

从图中可以看出，*LC* 并联谐振回路作为选频回路。L_f与 *L* 互感耦合，将耦合信号反馈到放大器 VT 的输入端。满足起振的条件，即 $AF>1$。因此该电路能够起振，振荡频率为

$$f_0=\frac{1}{2\pi\sqrt{LC}}$$

从上式可知，通过改变 *L* 或 *C* 的大小，就能够改变谐振频率。

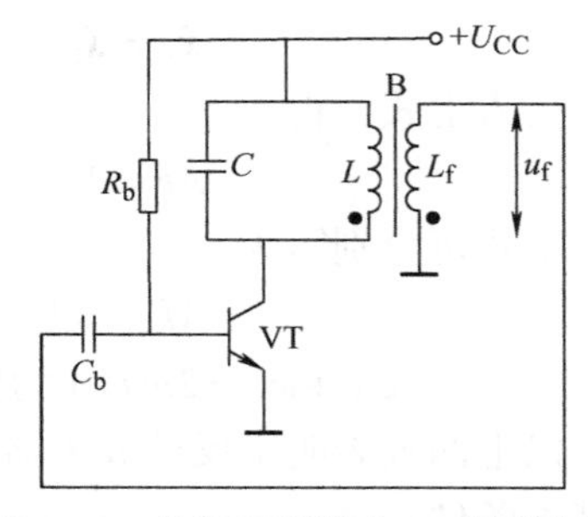

图5-16　共射互感耦合 *LC* 振荡电路

图5-17所示为一种共基互感耦合 *LC* 振荡电路。图5-18所示为它的交流通路。

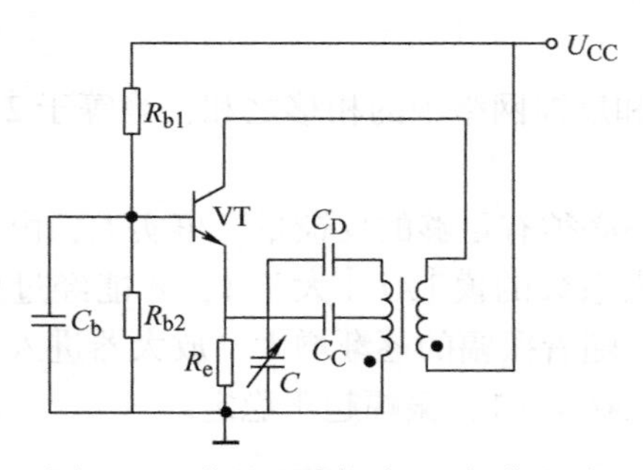

图5-17　共基互感耦合 *LC* 振荡电路

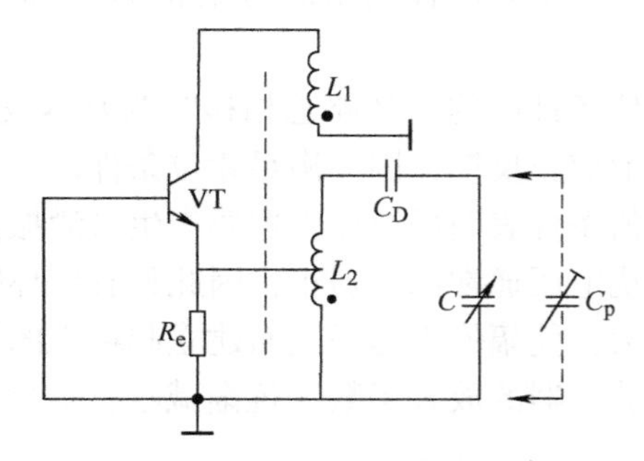

图5-18　图5-17的交流通路

本电路与前一电路有以下不同：

1）本电路的调谐回路在反馈网络之中；

2）反馈信号从发射极进入。

这种电路的谐振频率为

$$f_0 = \frac{1}{2\pi\sqrt{\dfrac{(C+C_p)C_D}{C+C_p+C_D}}}$$

互感耦合反馈式 LC 振荡电路的特点是振荡频率调节方便，容易实现阻抗匹配和达到起振要求，但输出波形一般，频率稳定度不高，产生正弦波信号的频率为几 kHz 至几十 MHz，一般适用于要求不高的设备中。

5-10　文氏电桥 RC 振荡器是如何工作的？

选频网络由 R、C 元件构成的正弦波振荡器称为 RC 振荡器。图 5-19 所示为文氏电桥振荡器，主要由两部分组成，其一为带有串联电压负反馈的放大器，闭环电压放大系数 $A_{uf} = 1+\frac{R_F}{R}$；其二为具有选频作用的 RC 反馈网络。

图 5-20 所示为反馈网络的频率特性，当频率为 $\omega_0 = 1/RC$ 时，反馈网络的反馈系数为

$$F(\mathrm{j}\omega) = \frac{\dot{U}_f}{\dot{U}_o} = \frac{1}{3}\angle 0°$$

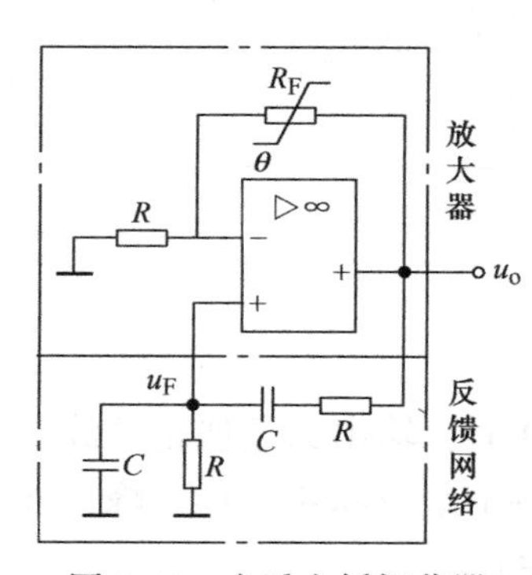

图 5-19　文氏电桥振荡器

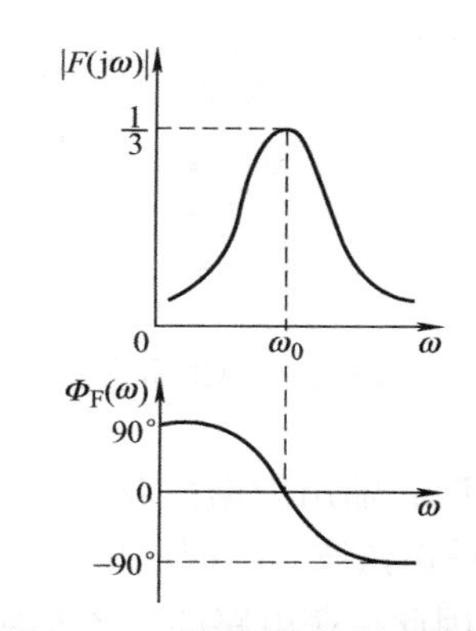

图 5-20　反馈网络的频率特性

扫一扫，看视频

即相位移 $\varphi_F = 0°$，因放大器的相位移 $\varphi_A = 0°$（同相输入），所以环路总相移 $\varphi_F + \varphi_A = 0°$，满足相位条件。反馈系数的模 $|F(\mathrm{j}\omega)| = \frac{1}{3}$，所以只要放大器的闭环电压放大系数 $A_{uf} = 3$，即可满足 $|AF| = 1$ 的幅值条件，从而在频率 ω_0 下建立起正弦振荡。

为了顺利起振，应使 $|AF| > 1$，即 $A_{uf} > 3$。在图 5-19 中接入一个非线性元件，即具有负温度系数的热敏电阻 R_F，且 $R_F > 2R$，以便顺利起振。当振荡器的输出幅值增大时，流过 R_F 的电流增加，产生较多的热量，使其阻值减小，负反馈作用增强，使放大器的放大系数 A_{uf} 减小，从而限制了振幅的增长。直至 $|AF| = 1$，使振荡器的输出幅值趋于稳定。这种振荡器由于放大器始终工作在线性区，故输出波形的非线性失真较小。

利用双联同轴可变电容器同时调节选频网络的两个电容，或者用双联同轴电位器同时调节选频网络的两个电阻，都可方便地调节振荡频率。

文氏电桥振荡器频率调节方便，波形失真小，是应用最广泛的 RC 振荡器。

5-11 什么是 RC 移相式正弦波振荡电路?

RC 移相式正弦波振荡电路是把 RC 移相网络作为正弦波振荡电路的反馈环节，如图 5-21 所示。该振荡电路的 RC 移相网络提供 180°的相移，而放大器采用反相输入比例放大电路，故 $\varphi_A=-180°$，$\varphi_A+\varphi_F=0°$，满足振荡的相位条件，只要调节热敏电阻 R_F，使放大系数足以补偿反馈网络引起的信号幅度衰减，就可以产生正弦波振荡信号。

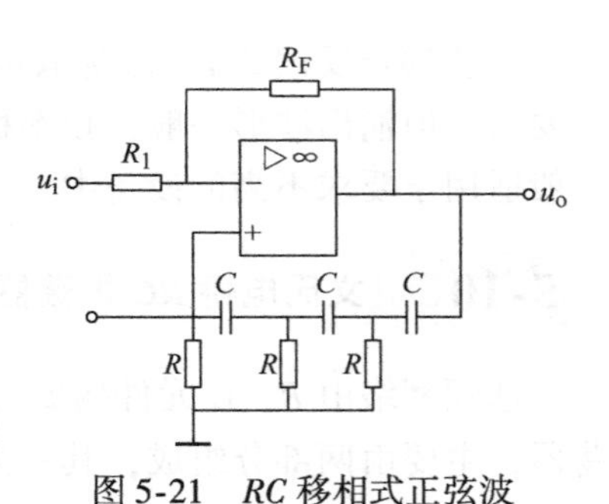

图 5-21 RC 移相式正弦波振荡电路

5-12 如何利用单结晶体管构成正弦波振荡器?

本电路利用单结晶体管的负阻特性，采用 RC 充放电回路产生正弦波振荡。电路简单，波形可以连续地由锯齿波变到正弦波，如图 5-22 所示。由于 RC 充放电曲线不同于正弦曲线，因此波形有失真现象，但是可以用降低幅度的办法来减小失真，一般失真度可做到 5% 以下。

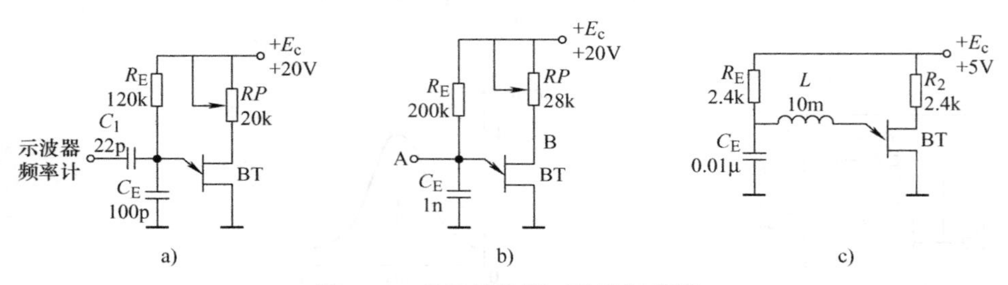

图 5-22 单结晶体管正弦波振荡器

图 5-22a 中，当 $RP=0$ 时，输出为锯齿波；当 $RP=3.8\text{k}\Omega$ 时，输出为近似正弦波；当 $RP=15\text{k}\Omega$ 时，输出基本上是正弦波。不同的单结晶体管的特性曲线形状不一样，峰、谷点电压数值也有较大的差别，因此振荡电路的具体参数也是不同的。

当按图 5-22b 连接时，电源电压为 20V，C_E 为 1000pF 时，调整 R_E、RP，可在 A 端得到正弦波，当 $R_E=200\text{k}\Omega$，$RP=25\text{k}\Omega$ 时，A 端的波形较好。此时可得到频率为 68.4kHz、幅度为 130mV、失真度为 6.8% 的正弦波。

实际上，由于 RP 较大，故在 B 点也同样有正弦波输出。这时只需略微调整一下 RP，有时可以得到比 A 点更好的正弦波。当 $RP=26\text{k}\Omega$ 时，在 B 点可得到幅度为 160mV，频率为 68.38kHz，失真度为 4.5% 的正弦波。

图 5-22c 为采用 LC 回路的单结晶体管正弦波振荡电路。当 $L=10\text{mH}$，$E_c=5\text{V}$，$C_E=0.01\mu\text{F}$ 时，调节 R_E、R_2，在发射极可得到频率为 12.68kHz、有效值为 0.82V、失真度为 3.5% 的正弦波。

5-13 变压器反馈式 LC 振荡器由哪些部分组成?

反馈网络采用变压器，利用变压器的一次绕组与电容并联组成振荡回路作为选频网络，代替晶体管集电极电阻 R_C，从变压器的二次绕组引回反馈电压并将其加到放大电路的输入端，电路如图 5-23 所示。

变压器反馈式 *LC* 振荡电路的特点是振荡频率调节方便，容易实现阻抗匹配和达到起振要求，但输出波形一般，频率稳定度不高，产生正弦波信号的频率为几 kHz 至几十 MHz，一般适用于要求不高的设备中。

5-14 什么是电感三点式振荡器?

电感三点式振荡器的典型电路如图 5-24 所示。在 *LC* 振荡回路中，电感有一个抽头使线圈分成两部分，即线圈 L_1 和线圈 L_2，线圈 L_1 的 3 端接到晶体管的基极 B，线圈 L_2 的 1 端接晶体管的集电极 C，中间抽头 2 接发射极 E。也就是说电感线圈的三端分别接晶体管的三极，所以叫电感三点式振荡器，又称哈特莱振荡器。

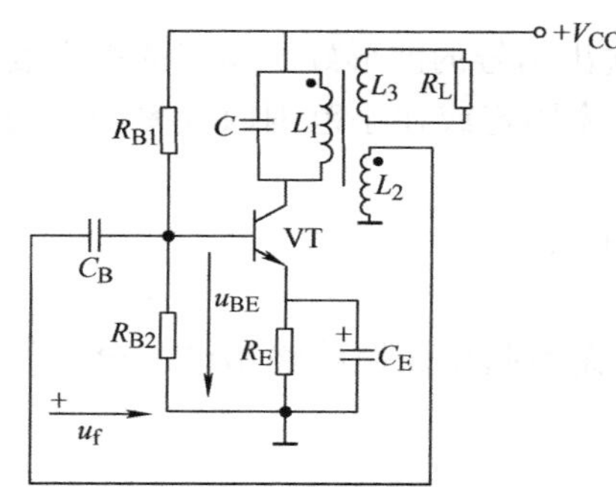

图 5-23　变压器反馈式 *LC* 振荡器

图 5-24　电感三点式振荡电路

扫一扫，看视频

在该电路中，L_1 兼作反馈网络，通过耦合电容 C_1 将 L_1 的反馈电压加在晶体管的输入端，经放大后，在 *LC* 振荡回路中得到高频振荡信号，只要适当选择电感线圈抽头的位置，使反馈信号大于输入信号，就可以在 *LC* 回路中获得不衰减的等幅振荡。

其振荡频率可由下式求得：

$$f_0 = \frac{1}{2\pi\sqrt{L_{eq}C}}$$

其中

$$L_{eq} = L_1 + L_2 + 2M$$

式中，L_1、L_2 为线圈抽头两边的自感系数；*M* 为两段电感线圈的互感系数；*C* 为振荡电容；f_0 为振荡频率。

5-15 什么是电容三点式振荡器?

图 5-25 所示为电容三点式振荡器的典型电路图。其结构与电感三点式振荡器相似，只是将 *L*、*C* 互换了位置。*LC* 振荡回路中采用两个电容串联成电容支路，两个电容中间有一个引出端，通过引出端从 *LC* 振荡回路的电容支路上取一部分电压反馈到放大电路的输入端，由于电容支路三个端点分别接于晶体管的三极上，所以把这种电路称为电容三点式 *LC* 振荡器。

该电路的振荡频率可由下式求得：

$$f_0=\frac{1}{2\pi\sqrt{L\dfrac{C_1C_2}{C_1+C_2}}}=\frac{1}{2\pi\sqrt{LC_{eq}}}$$

式中，C_{eq}为LC并联回路的等效电容。

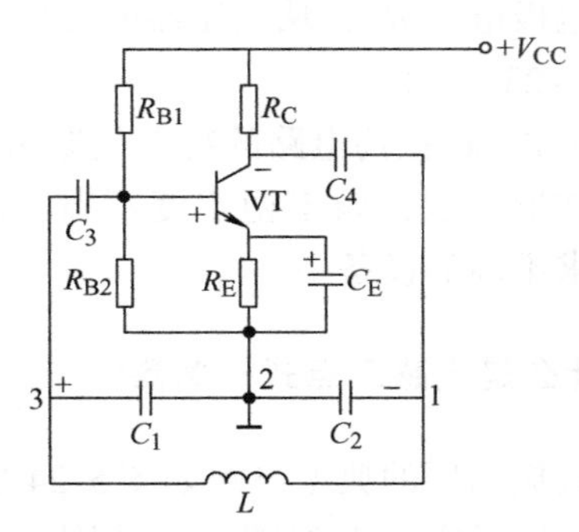

图 5-25 电容三点式振荡电路

扫一扫，看视频

5-16 电感三点式振荡器和电容三点式振荡器各有哪些特点？

电感三点式LC振荡器的特点是振荡频率调节方便，电路容易起振，输出信号的波形中含有高次谐波，但波形较差，频率稳定度不高，可产生正弦波信号的频率为几 kHz 至几十 MHz。一般用于要求不高的场合或设备中。

电容三点式LC振荡器的特点是频率调节不方便，但输出信号的波形好，频率的稳定度较高，可产生几 MHz 至 100MHz 以上的频率。一般用于频率固定或在小范围内频率调节的场合或设备中。

电感三点式振荡器与电容三点式振荡器相比有以下两个缺点：

1）改变电感不方便；

2）因反馈电压取自L_1上，L_1对高次谐波阻抗大，从而引起振荡回路输出谐波分量增大，输出波形较差。

5-17 石英晶体振荡电路是如何工作的？

采用石英晶体作为选频网络选频元件的正弦波振荡电路叫石英晶体振荡器。石英晶体振荡器的形式多种多样，但其基本电路只有两类，即并联晶体振荡电路和串联晶体振荡电路。在前者中石英晶体以并联谐振的形式出现，而在后者中则以串联谐振的形式出现。在并联晶体振荡电路中，石英晶体工作在串联谐振频率和并联谐振频率之间，石英晶体作为一个电感来组成振荡电路。而在串联晶体振荡电路中，石英晶体工作在串联谐振频率处，利用串联谐振时阻抗最小的特性来组成正弦波振荡电路。

石英晶体振荡电路是采用 CMOS 转换器的石英振荡电路，如图 5-26 所示。为了使 CMOS 转换器工作在线性状态，自偏置电阻R_1接在输入、输出端之间，使输入端固定在门限电压。如果把高速 CMOS 直接作为振荡回路，就容易产生异常振荡，所以电路用一只数 kΩ 的电阻R_2与石英晶体串联，由电容器C_2形成低通滤波器。

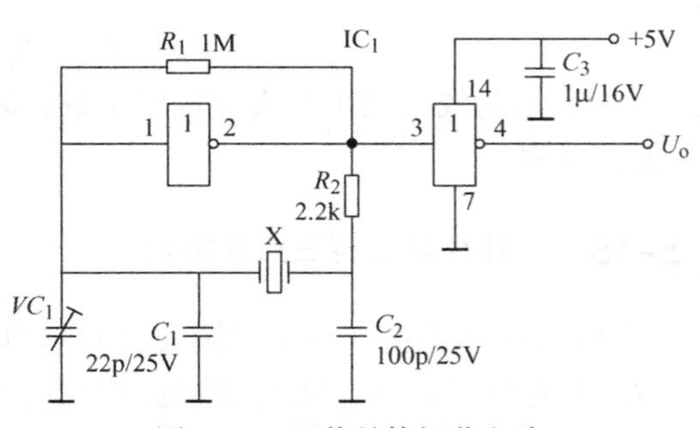

图 5-26 石英晶体振荡电路

用接在 CMOS 输入端的电容对振荡频率进行调整，如果要进行准确的调整，则可用微调电容VC_1进行微调。

本电路可作为宽频石英晶体振荡电路使用，并联电容 C_1、C_2的容量应根据振荡频率选择，按图中的参数，振荡频率为2～20MHz。

本电路IC_1采用的是74HC系列的CMOS器件，也可采用4000系列CMOS器件，但当$V_{DD}=5V$时，转换速度慢，振荡频率只能到数MHz。石英晶体X选用HC18V、10.24MHz。

5-18 分析判断电路能否产生振荡常采用什么方法？

分析电路能否产生振荡的方法是看电路是否满足自激振荡条件。首先检查相位平衡条件，即检查反馈是否为正反馈；然后检查振幅平衡条件，一般振幅平衡条件比较容易满足，若不满足，则可在测试调整时，通过改变放大系数$|\dot{A}_u|$和反馈系数$|\dot{F}_u|$使电路满足$|\dot{A}\dot{F}|>1$的振幅平衡条件。通常只要正弦波振荡电路满足相位平衡条件，就可以认为电路产生正弦波振荡。

判断相位平衡条件常用瞬时极性法，所谓瞬时极性法就是断开反馈信号至放大电路的输入端点，在放大电路的输入端加一个输入电压$\dot{U}_i$，并设其极性为正，然后经过放大电路和反馈网络的传输放大后，若引入的是并联反馈，则看反馈信号$\dot{U}_f$与输入信号$\dot{U}_i$的极性是否相同，若两者极性相同，则电路满足相位平衡条件，能产生正弦波振荡；若两者极性不同，则电路不满足相位平衡条件，无法产生正弦波振荡。

5-19 晶体稳频振荡器是如何工作的？

在很多场合，对振荡器的频率稳定度要求很高（在10^{-5}以上）。如无线电发射机的主振级产生载波来运载信号，若主振频率不稳，则将严重影响信号的传递，甚至不能把信号正确地发射出去。对于LC正弦波振荡器，尽管采取各种稳频措施，实际应用中频率稳定度仍然很难做到10^{-4}。由于晶体良好的谐振特性，用晶体稳频的振荡器频率稳定度很容易做到10^{-5}以上，因此晶体振荡器被广泛应用。

图5-27所示为晶体稳频振荡器。电路中R_1、R_2、R_3为偏置电阻；C_3、C_4为旁路电容。晶体在电路中呈并联谐振，相当于电感。集电极的L_1C_1回路调到略低于晶体频率，回路则呈容性。C_2及晶体的结电容、电路的分布电容组成C_2'。因此这个电路的实质是电容反馈三点式振荡器。因为晶体只有在$f_串$与$f_并$之间才是感性，所以振荡频率主要决定于晶体，晶体尖锐的谐振特性使振荡器具有稳定的工作频率。

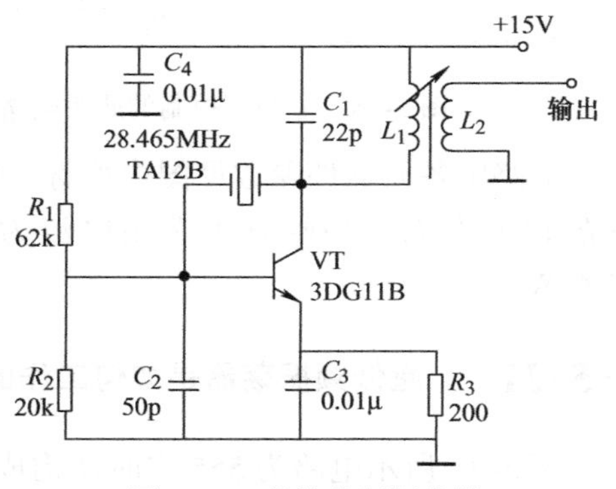

图5-27　晶体稳频振荡器

振荡器的振荡强度取决于L_1C_1回路。当L_1的电感量较小时，L_1C_1回路的频率高于晶体频率回路，呈感性，不满足振荡条件。当逐渐增大L_1的电感量，回路的谐振频率下降到略低于晶体频率时，成为容性电路，满足振荡条件，电路起振，继续增大L_1电感量，振荡很快达到最强，输出功率最大。再继续增大L_1的电感量，回路频率与晶体频率失谐逐渐严重，回路阻抗降低，振荡强度逐渐减弱，直至停振。

电路中的各元器件参数见图5-27所示的参数。振荡晶体管VT选择β值为60～80，其特征频率f_T应大于或等于（3～10）倍的工作频率。电感L_1和L_2一般需自制，L_1最好用镀银线或多股漆包线绕制，以使回路有较高的Q值。谐振回路的电容容量都比较小，要用容量稳定、损耗小的电容，如云母电容（CY型）或高频瓷介电容（CCX型）等。对旁路电容的稳定性和损耗要求不高，可用低频瓷介电容（CT1型）或独石电容（CCSD型）。

5-20 单结晶体管振荡电路是如何工作的？

由单结晶体管构成的振荡器其振荡原理与反馈型振荡器是不同的。单结晶体管振荡电路与晶闸管电路结合起来可控制输出电压的大小，可调光台灯采用的就是这样的电路。

晶闸管照明控制电路如图5-28所示。220V交流电压经晶闸管加到白炽灯两端，若改变晶闸管触发脉冲的输入时刻，则改变了晶闸管的导通时刻，白炽灯两端的电压u_L的大小也随之改变，自然亮度也变化。u_L的波形如图5-28c所示。

扫一扫，看视频

触发脉冲是由负阻器件，即单结晶体管构成的振荡电路提供的，电路如图5-29所示，该触发电路可产生50Hz的触发脉冲。

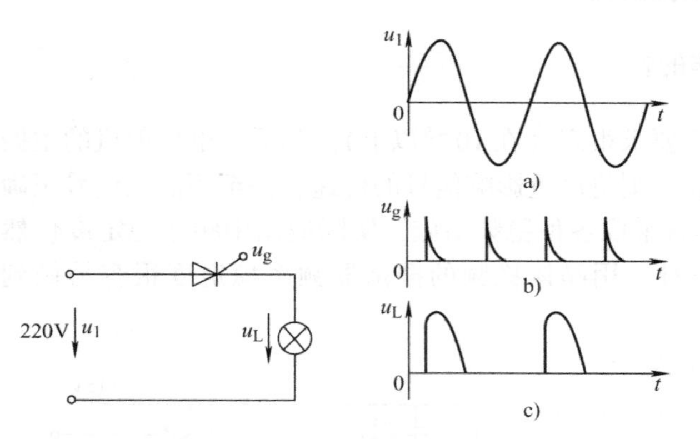

图5-28 晶闸管控制的照明电路

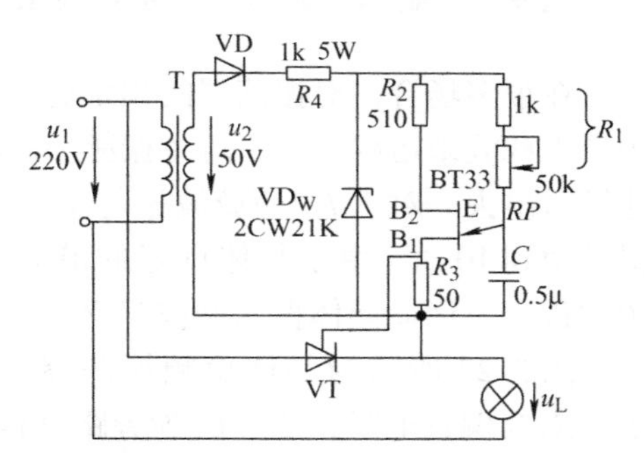

图5-29 单结晶体管振荡电路

电路中各元器件参数见图中所标。降压变压器T可以用成品或自己用漆包线绕制，功率在12W左右。晶闸管可选用电流为1A、耐压为400V以上的单向晶闸管。白炽灯选择40W。

5-21 超低频振荡器是如何工作的？

图5-30所示电路为555定时器构成的超低频振荡器，控制灯光的显示和闪烁，其振荡频率根据显示效果在1Hz左右。

由555构成的超低频振荡器的电源为12V左右，为了简化电路，不采用变压器降压整流，而采用由220V市电经电容降压后整流取得。指示灯采用220V、25W的白炽灯，为了控制白炽灯，必须选择一个12V继电器，555构成的超低频振荡器控制12V继电器的工作，再由继电器控制白炽灯的亮灭。

白炽灯可用彩色指示灯代替，其颜色、形状等可根据要求而定。该电路仅示意了两只灯。当然也可根据需要选择灯的数目。

为了安全，降压电容 C_1 应连接到市电的相线上，该电容器的容量不能太小，以使电源有足够的电流供继电器动作。另外在该电容上再串入 100Ω 左右电阻，防止开机瞬间冲击大电流损坏二极管。在 C_1 电容两端并联 1MΩ 电阻可防止电容上形成电荷积累。在继电器线圈两端并联二极管，可防止电流突然变化时线圈上产生自感电动势损坏 555 集成电路。

其余元器件参数可照电路图 5-30 所示选择。

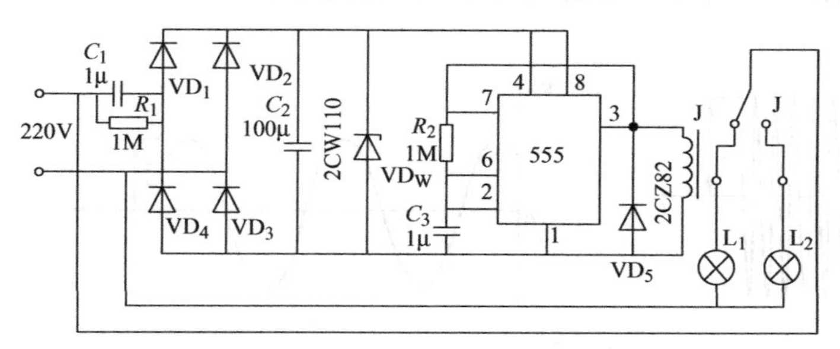

图 5-30 超低频振荡器电路图

5-22 无线电信号是如何传送的？

信息的传送形式是多种多样的，其中一个重要的手段是利用无线电波来进行远距离传送。无线电波是以电磁波的形式向外传播电磁能的，其频率范围一般为 3kHz ~ 300GHz。

用无线电波来传送信息，例如传送广播电视信号，首先要把所传送的声像信息变换为含有声像信息的电信号 u_m，再把含有声像信息的电信号“寄载”在比该信号频率高得多的高频振荡信号 u_C上去，用发射天线以无线电波的形式向周围的空间传播。在接收端，人们用接收天线和电视机来接收这种高频振荡信号（$u_m + u_C$），再把其中所“携带”的声像信号 u_m取出来，还原为声像信息。利用无线电波来传送广播电视信号的大致过程可用如图 5-31 所示的框图来表示。

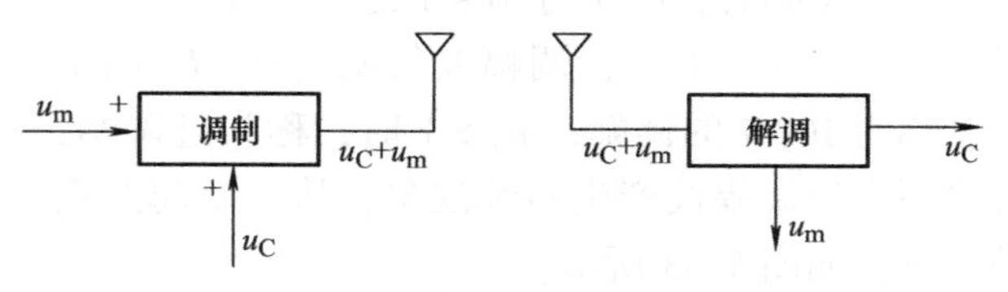

图 5-31 广播电视信号发射、接收流程图

在无线电波传递信息的过程中，采用的是频率变换技术。利用频率变换技术让含有信息的低频信号去控制高频振荡信号的某一参数，使这些参数随含有信息的低频信号而变化，这一过程称为调制。这时，高频信号好像是“运载工具”，载着被传递的信号通过发射天线向周围空间“射出”，所以人们称高频振荡信号为载波，它的频率即为载频，又叫射频。含有信息的低频信号称为调制信号，而把经过调制的载波信号称为已调信号。在接收端，人们再利用频率变换技术把已调信号中的调制信号取出来，得到原有的信息，这一过程称为解调。

5-23 什么是调幅？什么是调幅波？

所谓调幅，就是用低频调制信号去控制高频振荡信号的幅度，使载波的幅度随着调制信号的变化规律而变化，而载波的频率保持不变。经过调制后的高频振荡信号称为调幅波，如图5-32所示。信号调幅广泛应用于无线电广播中，如收音机的中波和短波（AM）采用的就是调幅形式。调幅深浅程度可用调幅系数或调幅度 m_a 来表示，即

$$m_a = KU_m / U_C$$

式中，U_C 为载波振幅；U_m 为调制波振幅；K 为比例常数。

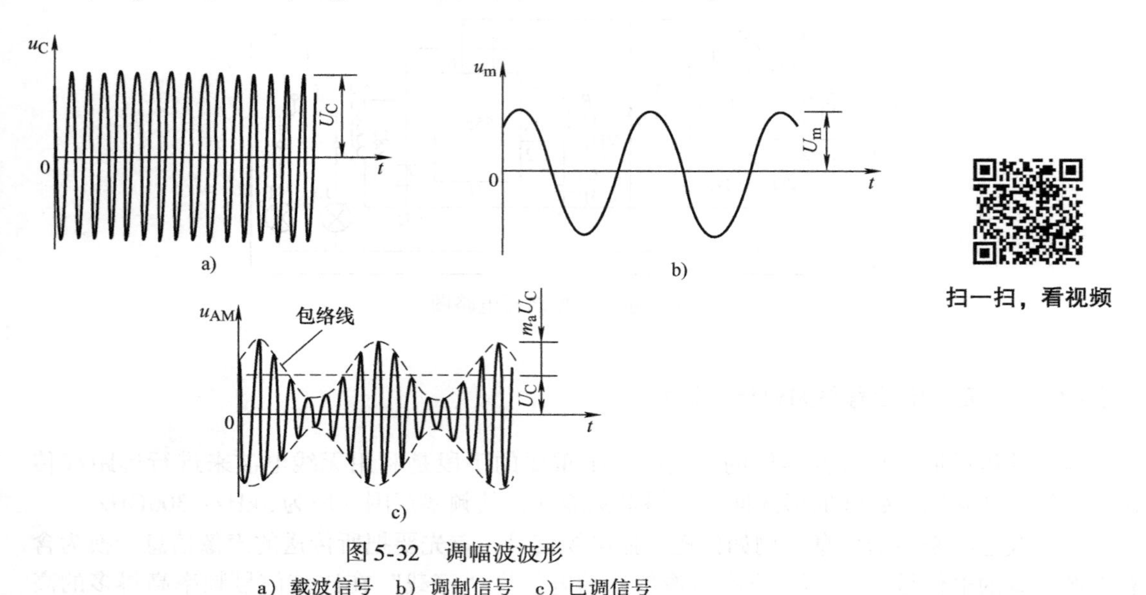

图5-32 调幅波波形

a）载波信号 b）调制信号 c）已调信号

正常调幅时，m_a 介于0～1之间。$m_a = 0$ 时，没有调幅；$m_a = 1$ 时，调幅波的幅度在 $2U_C$ 内变化，称为100%的调幅；$m_a > 1$ 时，称为过调幅，过调幅会使调幅波产生断续现象，从而引起严重的失真，如图5-33所示。

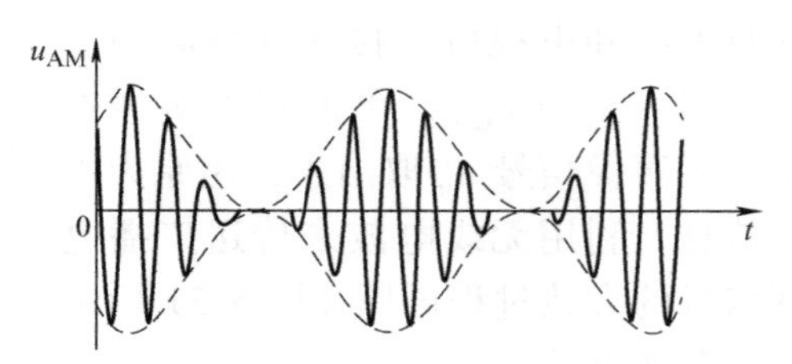

图5-33 过调幅产生的失真

5-24 调幅电路有哪些形式？

调幅电路的主要作用是用含有信息的低频信号对高频载波信号的幅度进行调制，形成调幅波，以便于信息的传送。调幅电路的基本组成包括高频载波发生器、调制信号产生器和非线性变换电路，其电路框图如图5-34所示。图中的载波发生器就是 *LC* 或晶体正弦波振荡电路，调制信号发生器可以是 *RC* 正弦波振荡器或经过传声器转

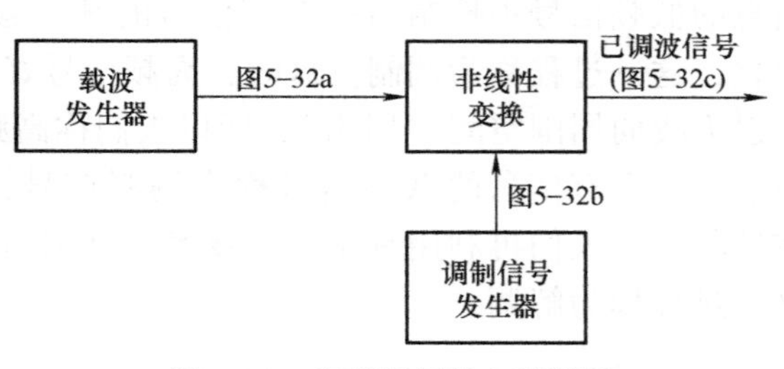

图5-34 实现调幅的电路框图

换的语音信号经放大后输出的音频信号，而非线性变换部分通常采用晶体管实现。高频载波信号一般输入晶体管的基极。根据调制信号加入晶体管引脚的不同，调幅电路可分为集电极调幅、基极调幅和发射极调幅。

5-25　什么是检波？检波电路由哪些部分组成？

调幅与检波是一对互逆的过程。把含有信息的低频信号从经过传输的调幅波中解调出来，还原含有信息的低频信号，称为检波。检波电路是无线电接收机中不可缺少的组成部分，它也广泛应用于无线电测量和其他设备中。检波电路分小信号检波和大信号检波两种，小信号是指输入电压在0.2V以下的信号，而大信号是指输入电压在0.5V以上的信号。

检波电路一般由高频信号的输入回路、非线性器件和负载三部分组成，如图5-35所示。

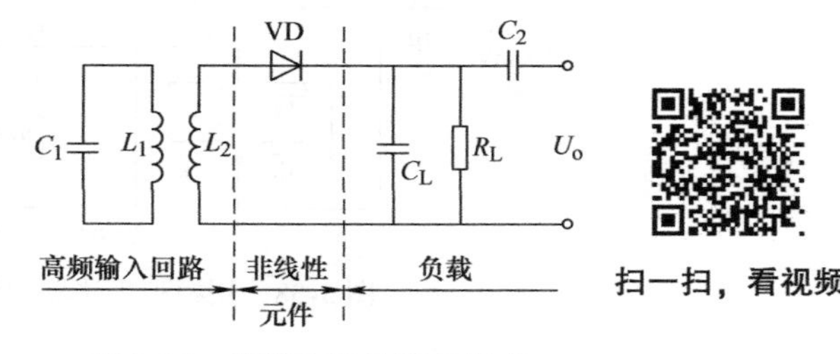

图5-35　检波电路的基本组成

高频输入回路的主要作用是把调幅波传递到检波元件的输入端。在收音机和电视接收机中，它一般是末级中放电路的输出回路。检波元件采用非线性元器件，它起到频率变换的作用。常用的非线性器件有二极管、晶体管和模拟乘法器等。在分立元器件电路中，二极管用得最多。

负载通常由*RC*电路组成。在图5-35中，R_L为负载电阻，阻值较大，主要用来让低频信号通过时取得低频电压的输出。C_L为负载电容，它一方面使高频信号完全加到检波二极管VD上，另一方面起到输出端高频滤波的作用。C_2主要用作低频耦合。

图5-36所示为两种常见的检波电路。

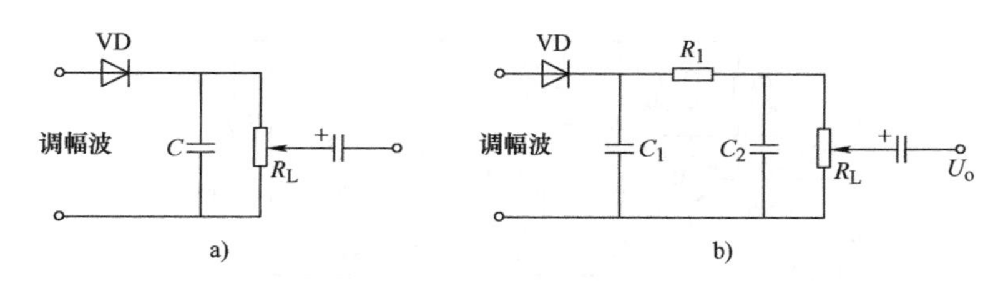

图5-36　常见的检波电路

a）简单的检波电路　b）加有滤波器的检波电路

5-26　用模拟乘法器构成的同步检波电路是如何工作的？

包络检波器只能解调普通调幅波，而不能解调DSB和SSB信号。这是由于后两种已调信号的包络并不反映调制信号的变化规律，因此，抑制载波调幅波的解调必须采用同步检波电路，最常用的是乘积型同步检波电路。

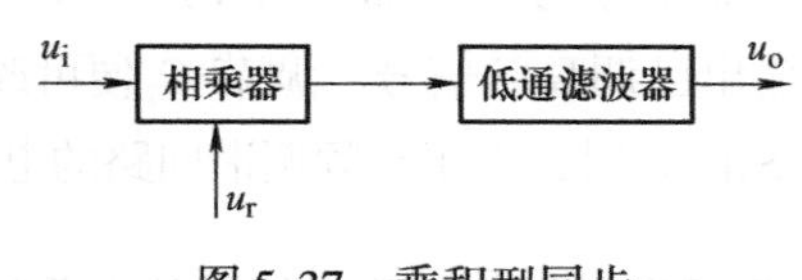

图5-37　乘积型同步检波器的组成框图

乘积型同步检波器的组成框图如图5-37所示。它与普通包络检波器的区别就在于接收端必须提供一个本地

载波信号 u_r，而且要求它是与发射端的载波信号同频、同相的同步信号。利用这个外加的本地载波信号 u_r与接收端输入的调幅信号 u_i两者相乘，可以产生原调制信号分量和其他谐波组合分量，经低通滤波器后，就可解调出原调制信号。

乘积检波电路可以利用二极管环形调制器来实现。环形调制器既可用作调幅又可用作解调。利用模拟乘法器构成的抑制载波调幅解调电路如图 5-38 所示。

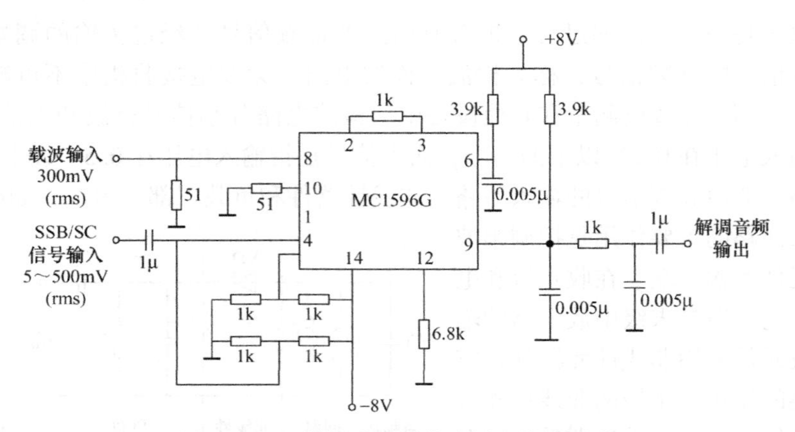

图 5-38 用模拟乘法器构成同步检波电路

5-27 怎样组成调试用的多种信号发生器?

图 5-39 所示为一个供收音机调试用的多种信号发生器电路。由 VT_1 等组成的移相式音频振荡电路可以产生 1kHz 的音频信号，该信号由 VT_2 射极输出。这种射极输出电路一方面可以解决前后级的阻抗匹配问题，另一方面还可有效防止低频信号与高频信号之间的影响。

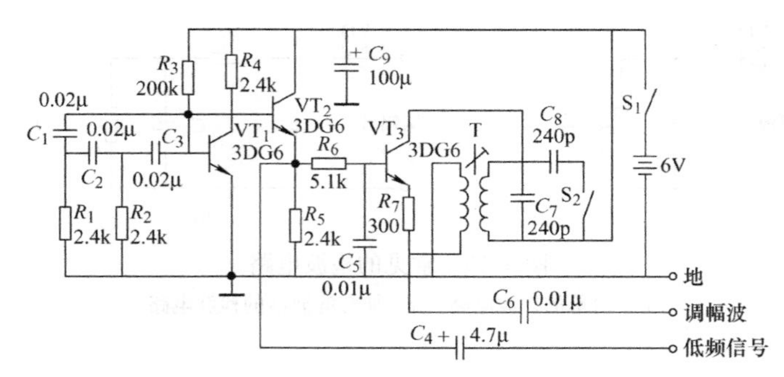

图 5-39 调试用多种信号发生器电路

低频信号直接加在由 VT_3组成的高频振荡器的基极，对高频信号进行调幅，最后由变压器 T 输出已调高频信号。调节 C_7便可改变高频信号的频率，使它在 525～1620kHz 之间变化。当开关 S_2闭合时，由于高频调谐回路的电容增大，此时高频振荡器输出 440～597kHz 的中频信号。

5-28 什么是调频？什么是调频波？

所谓调频，就是用低频调制信号去控制高频振荡信号的频率，使载波的频率随着调制信号的变化规律而变化，而载波的幅度保持不变，如图5-40所示。

经过调制后的高频振荡信号称为调频波，调频深浅程度可用调频指数m_f来表示，即

$$m_f = K_f U_m / \omega_m$$

式中，ω_m为调制波角频率；U_m为调制波振幅；K_f为比例常数。

应指出的是，调频指数m_f虽然与调幅信号中的调幅指数m_a一样，都是表示已调波深浅程度的一个重要参数，但它们之间有两点差别：一是调幅指数m_a与调制频率ω_m无关，与载波振幅U_C成反比，而调频指数m_f却与调制频率ω_m成反比，与载波振幅U_C无关；二是在调幅信号中，调幅指数m_a不能大于1，而在调频信号中，调频指数m_f可为任意值。

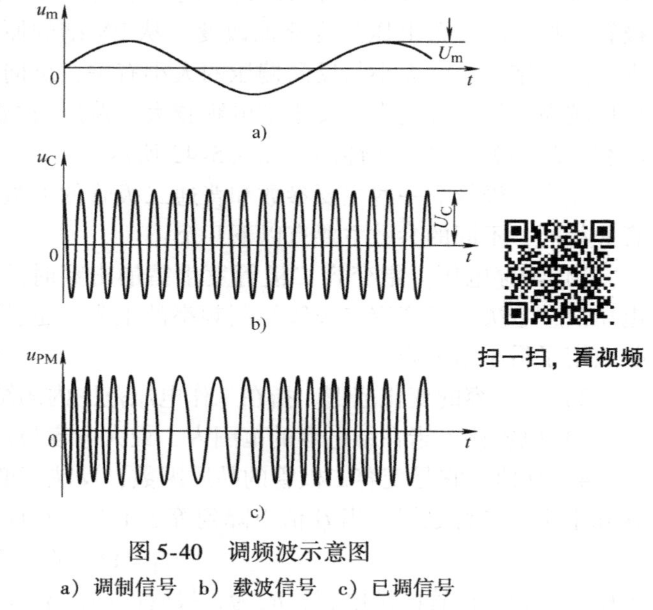

图5-40　调频波示意图
a）调制信号　b）载波信号　c）已调信号

扫一扫，看视频

调频波具有以下几个特点：

1）调频信号的振幅不变。

2）调频信号的抗干扰能力强。干扰信号往往会造成传递信号的幅度改变，因而调幅信号容易受干扰信号的影响。在调频信号中，由于可采用限幅的方法去除干扰，所以对频率没有什么影响，调频信号可传递高质量的音频信号。

3）调频信号有较宽的频带，一般为100kHz以上，远大于调幅信号的频宽，因此调频信号只适用于超短波频段以上的频率范围。

调频信号由于具有以上的特点，因而在超短波立体声广播和电视伴音传播中得到广泛的应用。

5-29　如何进行频率调制？

实现调频的方法是用调制信号去控制高频振荡电路的电参数，以改变其振荡频率，产生调频信号。如果被控电路是*LC*振荡电路，那么它的振荡频率主要由谐振回路中的电感*L*与电容*C*的数值决定，此时用可变电抗元件作为谐振回路的一部分，再用低频调制信号控制电抗元件的参数，便可使谐振回路的频率随调制信号的变化而变化，达到调频的目的。图5-41说明了这一调频过程的原理。

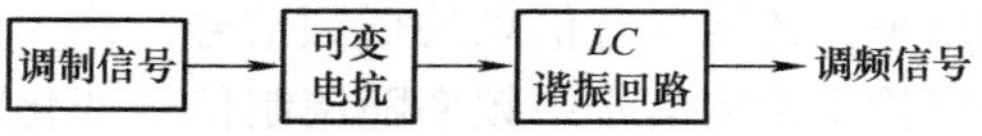

调制信号 → 可变电抗 → *LC*谐振回路 → 调频信号

图5-41　调频电路的原理

图中的可变电抗元件可采用受控的可变电容或电感（如电容式微音器、变容二极管、电抗管）等组成不同的调频电路。

5-30　变容二极管有哪些主要参数？

变容二极管是利用PN结的结电容可变的原理制成的半导体器件，变容二极管的外形及

伏安特性与普通二极管没有区别，不同的是变容二极管 PN 结的势垒电容能灵敏地随变容二极管外加反向偏置电压的变化而改变。从 PN 结的原理可知，结电容的大小与反向偏压的大小有关，反向偏压越高，结电容越小，反之结电容越大。偏压与结电容之间的关系是非线性的，如图 5-42 所示。

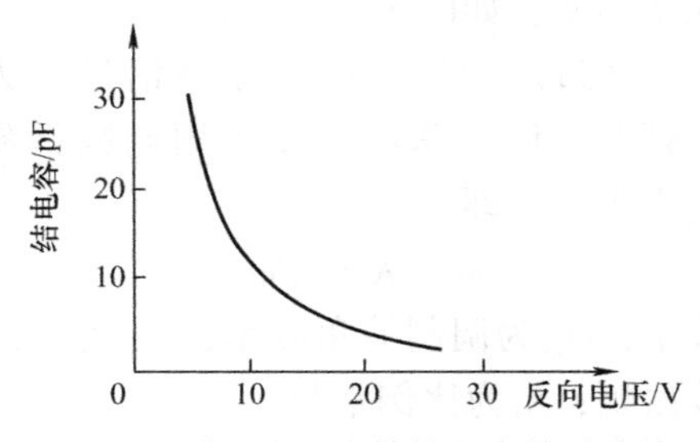

图 5-42　典型的 PN 结结电容特性曲线

变容二极管的一些主要参数和普通二极管的参数意义相同，不同的参数主要有以下几个：

1）击穿电压。指变容二极管发生雪崩击穿时的电压值，它决定了变容二极管控制频率的上限，也就是决定了最小结电容。

2）结电容的变化范围。指在工作电压范围内的结电容变化范围。

3）电容比。指在结电容的范围内，最大电容与最小电容之比。

4）Q 值。它是变容二极管的品质因数，反映了变容二极管的回路损耗特性。一般 Q 值在几十至一二百之间。当 Q 值下降到等于 1 时，相应的频率叫截止频率 f_0，即

$$f_0 = 1/2\pi C_j R_S$$

式中，C_j为二极管的结电容；R_S为二极管的串接电阻，包括接线电阻和体电阻。

5-31　如何用变容二极管组成调频电路?

图 5-43 所示为变容二极管调频电路，它是利用变容二极管的可变电抗特性来进行调频的。VD 为变容二极管，接在谐振回路中。如果在变容二极管两端施加一定的反向偏压 U_{BE} 和调制信号 U_m，则变容二极管的结电容为

$$C_j = \frac{K_0}{\sqrt{U_{BE} + U_m}}$$

调制信号电压 U_m变化使得 C_j变化，从而使谐振回路的频率发生变化，以实现调频的目的。

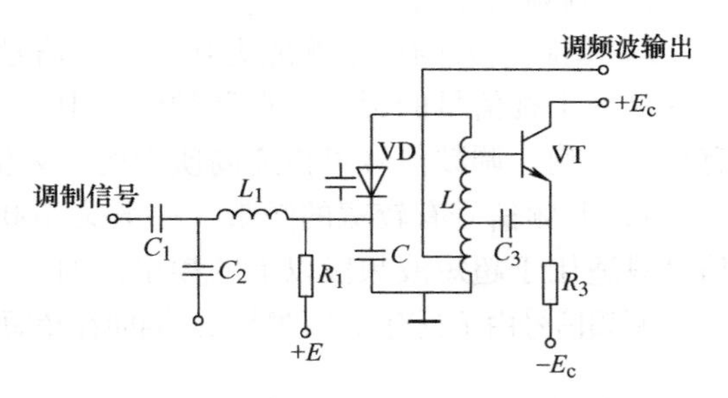

图 5-43　变容二极管调频电路

5-32　什么是鉴频电路?

把含有信息的低频信号从经过传输的调频波中解调出来，还原含有信息的低频信号，称为鉴频。鉴频是指检出调频信号中频率随调制信号变化的规律，完成频率–振幅的变换作用。鉴频的基本原理是先将等幅调频波变换成幅度随瞬时频率变化的调幅–调频波，然后利用检波器将振幅的变化检测出来，输出含有信息的低频信号。为此，鉴频电路必须由频率–振幅变换电路和检波电路两部分组成。图 5-44 所示为基本的频率–振幅变换电路。

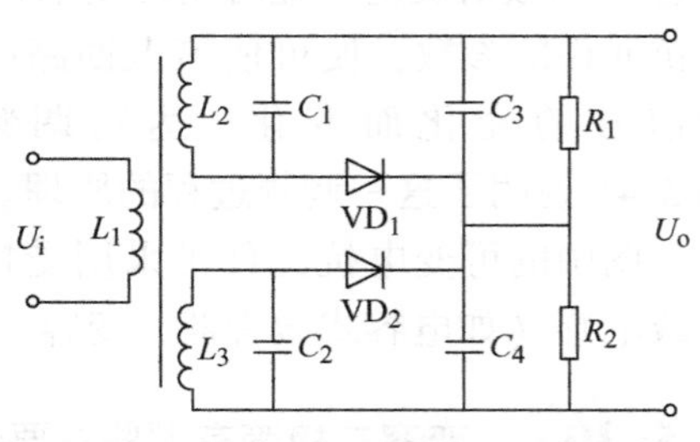

图 5-44　频率–振幅变换的基本电路

鉴频电路有许多形式，常用的有相位鉴频电路和比例鉴频电路。

5-33 相位鉴频电路是如何工作的？

相位鉴频电路是利用回路的相位–频率特性来完成调频–调幅变化的。图5-45所示为相位鉴频的基本电路。虚线的左边为频率–振幅变换电路，虚线的右边为检波电路，它由两个二极管检波器对称地连接而成。L_1、C_1组成一次调谐回路，L_2、C_2组成二次调谐回路，它们的谐振频率为f_0。L_2具有中心抽头，且上下两半部分的电压相等。VD_1、VD_2、R_1、R_2、C_3、C_4组成两个检波器，鉴频电路的输出电压U_o是这两个检波器输出电压之差。L_3是高频扼流圈，主要给检波二极管提供直流通路，并使从C_5耦合来的信号不被短路。对于高频来讲，L_3的阻抗很大，而电容C_5的阻抗很小，显然，在L_3两端的电压等于U_i。

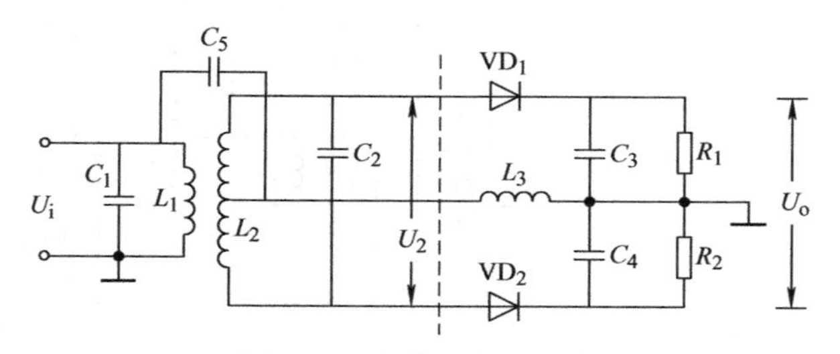

图5-45 相位鉴频器电路

相位鉴频电路虽然可以完成调频波的解调任务，但它必须在鉴频电路之前进行限幅，否则，各种干扰及电路特性不均匀所引起的寄生调幅将使输入信号的幅度发生变化，并将这种影响在输出信号中反映出来。

5-34 相位鉴频电路中为什么采用限幅电路？

限幅电路的作用是消除调频信号中的寄生调幅和外来干扰，使输入鉴频电路的信号为良好的等幅波。限幅电路常用二极管和晶体管等非线性器件来实现，但不管什么样的限幅电路，都要保证输入信号电压比限幅门限值大1～2倍，以保证限幅的可靠。由于采用非线性器件，所以在限幅电路的输出信号中会出现大量的谐波成分，为此，在限幅电路中还应加上选频电路，以抑制谐波干扰。

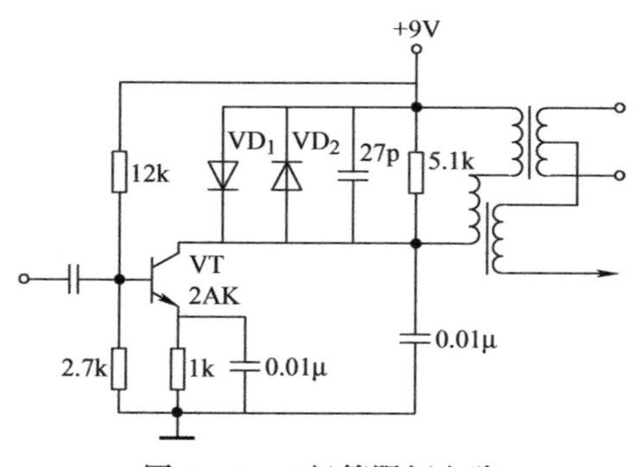

图5-46 二极管限幅电路

图5-46所示为一个二极管限幅电路的实例。限幅二极管VD_1、VD_2一正一反地并联在调谐放大电路的输出谐振回路上，当信号电压超过0.5V时，二极管导通，调频波被限幅在1V（峰峰值）之间。

5-35 比例鉴频电路是如何工作的？

图5-47所示为一种实用的比例鉴频电路。R_3和R_4是为避免寄生调幅可能引起的阻塞现象而设置的。在C_0两端有一个恒定电压U_{C0}，它相当于给二极管VD_1、VD_2提供了一个固定的负偏置电压，这样，如果调频波振幅瞬时减少，则会使二极管截止，鉴频电路在这一瞬间

失去鉴频作用，这就是寄生调幅的阻塞效应。串联R_3和R_4后，流经它们的检波平均电流产生的电压对VD_1、VD_2也起到负偏置作用，但它们是不固定的。当输入信号振幅减小时，R_3、R_4上的压降也跟着减小，二极管上的负偏置电压也就减小，这样就可以起到防阻塞的作用。

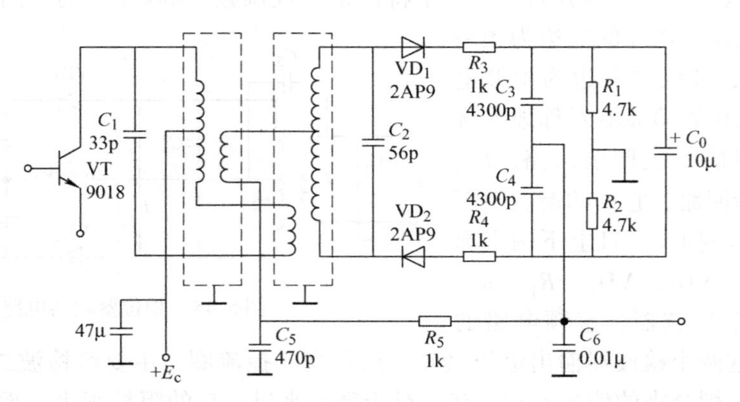

图 5-47 实用的比例鉴频电路

C_6、C_5、R_5组成了一个加重滤波器，它实际上是一个低通滤波电路，用来衰减鉴频输出的高电压。

第6章 直流稳压电源

6-1 直流稳压电源是由哪些部分组成的?

在生产和科学实验中，除了广泛使用交流电之外，某些场合（如蓄电池的充电、直流电动机、电子仪器等）还需要稳定的直流电。常用的直流稳压电源一般由电源变压器、整流电路、滤波电路和稳压电路等四部分组成，结构框图如图6-1所示。

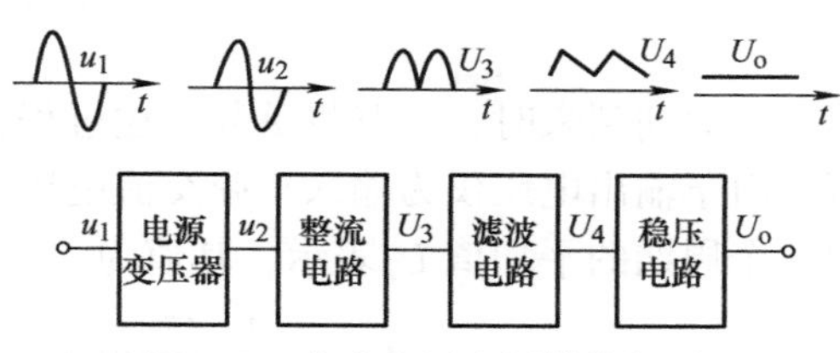

图6-1 直流稳压电源结构框图

扫一扫，看视频

变压器把交流电压变为整流所需要的电压，再利用整流器件的单向导电特性将交流电压变成单向脉动直流电压，最后经过滤波和稳压，把脉动直流电压变为平滑且稳定的直流电压。

6-2 什么是单相半波整流电路?

单相半波整流电路如图6-2所示，图中，T_r是整流变压器；VD是整流二极管；R_L是负载电阻。变压器二次电压u作为整流电路的交流输入电压。

设

$$u = U_m \sin \omega t = \sqrt{2} U \sin \omega t$$

式中，U_m、U为变压器二次电压u的最大值和有效值，u的波形如图6-3a所示。

当u为正半周，即$0 \leqslant \omega t \leqslant \pi$时，在图6-2中电源a端电位高于b端，VD承受正向电压而导通。电流i_o自电源a端经VD、R_L回到电源b端，从而在R_L上形成电压降u_o，如图6-3b所示。

当u为负半周，即$\pi \leqslant \omega t \leqslant 2\pi$时，电源b端电位高于a端，二极管承受反向电压而截止，电路电流$i_o=0$，R_L两端电压也为零，如图6-3b所示。这时变压器二次电压u全部加在VD上，二极管承受反向电压u_D，其波形如图6-3c所示。

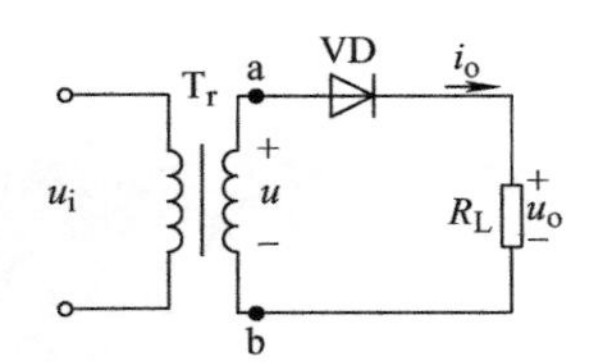

图6-2　单相半波整流电路

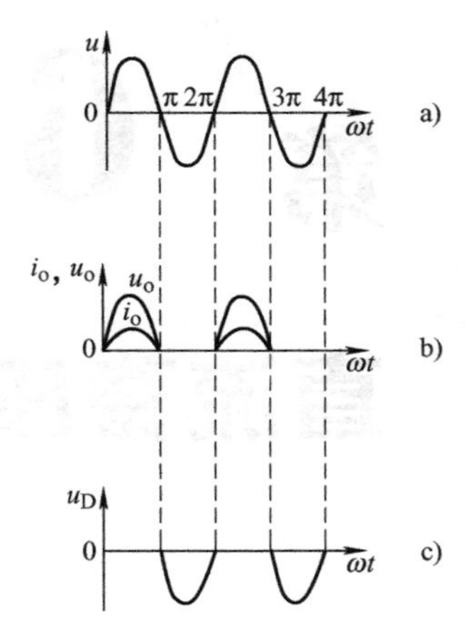

图6-3　单相半波整流电路的电压与电流波形

a）变压器二次电压　b）输出电压和电流

c）二极管承受反向电压

扫一扫，看视频

当电压 u 第二个周期到来时，电路将重复上述过程，这样就把交流电压转变成了负载上的单向脉动电压。由于输出电压仅为输入正弦交流电压的半个波，故称为半波整流。半波整流输出电压常用一个周期的平均值 U_o 表示，其值为

$$
\begin{aligned}
U_o &= \frac{1}{2\pi}\int_0^{\pi} u\mathrm{d}(\omega t) \\
&= \frac{1}{2\pi}\int_0^{\pi} \sqrt{2}U\sin\omega t\mathrm{d}(\omega t) \\
&= \frac{\sqrt{2}}{\pi}U = 0.45U
\end{aligned}
$$

整流电流的平均值为

$$I_o = \frac{U_o}{R_L} = 0.45\frac{U}{R_L}$$

通过二极管的正向电流平均值等于流过负载的电流，即

$$I_D = I_o$$

二极管截止时所承受的最大反向电压 U_{RM} 就是变压器二次电压的最大值，即

$$U_{RM} = \sqrt{2}U = 3.14U_o$$

在选择整流电路的整流二极管时，为了工作可靠，应使二极管的最大整流电流 $I_{FM} \geqslant I_D$，二极管的最高反向工作电压 $U_{DRM} \geqslant U_{RM}$。采用单相半波整流电路时，所选用的二极管必须满足

$$I_{FM} \geqslant I_D = 0.45\frac{U}{R_L}$$

$$U_{DRM} \geqslant U_{RM} = \sqrt{2}U$$

考虑到交流电压的波动，对其最高的反向电压和最大的正向电流应留有一定的裕量，以保证二极管的安全。

单相半波整流电路结构简单，但设备利用率低、输出电压脉动大，一般仅适用于整流电流较小或脉动要求不严格的直流设备。

例1 试设计一台输出电压为24V、输出电流为1A的单相半波整流直流电源，试确定变压器二次绕组的电压有效值，并选定相应的整流二极管。

解 变压器二次绕组电压有效值为 $U = U_o/0.45 = 24V/0.45 = 53.3V$

整流二极管承受的最高反向电压为 $U_{RM} = \sqrt{2}U = 1.41 \times 53.3V = 75.15V$

流过整流二极管的平均电流为 $I_D = I_o = 1A$

因此，可选用2CZ12B整流二极管，其最大整流电流为3A，最高反向工作电压为200V。

6-3 什么是单相全波整流电路？

如果把半波整流电路的结构做一些调整，则可以得到一种能充分利用电能的全波整流电路。图6-4所示为单相全波整流电路的原理图，波形如图6-5所示。

单相全波整流电路可以看作是由两个单相半波整流电路组合而成的。变压器二次绕组中间需要引出一个抽头，把二次线圈分成两个对称的绕组，从而引出大小相等但极性相反的两个电压 u_2，构成 u_2、VD_1、R_L与 u_2、VD_2、R_L两个通电回路。

全波整流电路的工作原理可用图6-5所示的波形图说明。在 $0 \sim \pi$ 时间内，u_2对 VD_1为正向电压，VD_1导通，在 R_L上得到上正下负的电压；u_2对 VD_2为反向电压，VD_2不导通。在 $\pi \sim 2\pi$ 时间内，u_2对 VD_2为正向电压，VD_2导通，在 R_L上得到的仍然是上正下负的电压；u_2对 VD_1为反向电压，VD_1不导通。

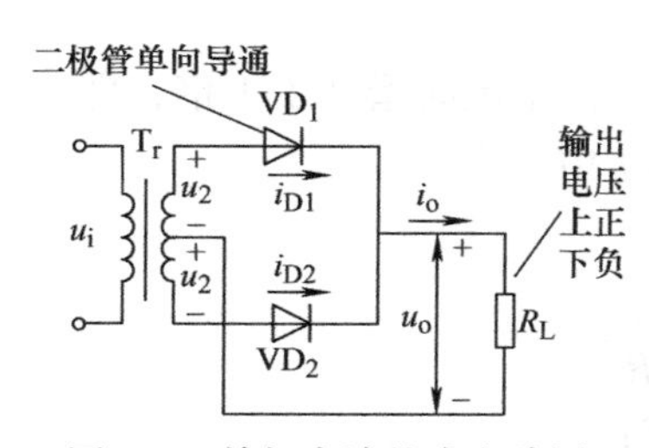

图6-4 单相全波整流电路图

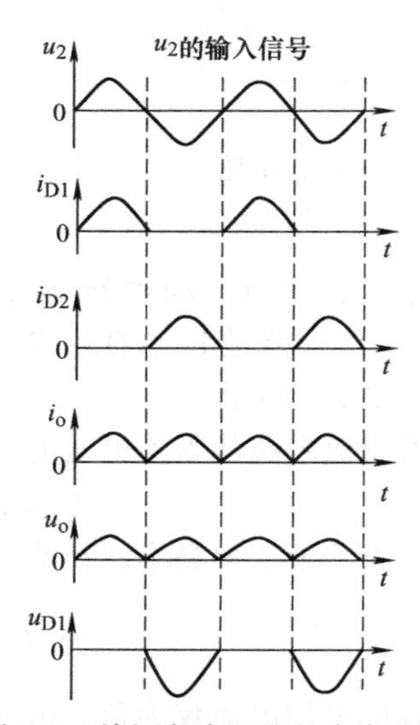

图6-5 单相全波整流电路波形图

如此反复，由于两个整流器件 VD_1、VD_2轮流导电，结果负载电阻 R_L上在正、负两个半周作用期间都有同一方向的电流通过，因此称为全波整流。全波整流不仅利用了正半周，而且还巧妙地利用了负半周，从而大大提高了整流效率，即负载上的直流电压为

$$U_o = 0.9U_2$$

这个值是半波整流时的2倍。

这种全波整流电路需要变压器有一个使上、下两端对称的二次侧中心抽头，这给制作上带来很多的麻烦。另外，这种电路中，每只整流二极管承受的最大反向电压是变压器二次电压最大值的2倍，因此需用能承受较高电压的二极管。

6-4 什么是单相桥式整流电路?

单相桥式整流电路由四只二极管 VD_1 ~ VD_4 接成桥式电路，如图6-6a所示，图6-6b为桥式整流电路的简化画法。

设变压器二次电压为 $u=\sqrt{2}U\sin\omega t$。

当 u 为正半周，即 $0 \leqslant \omega t \leqslant \pi$ 时，在图6-6a中电源a端电位高于b端，VD_1、VD_3 导通，VD_2、VD_4 截止，电流 i_1 的通路是 $a \to VD_1 \to R_L \to VD_3 \to b$。这时负载 R_L 上得到一个半波电压，如图6-7b中的0 ~ π段所示。

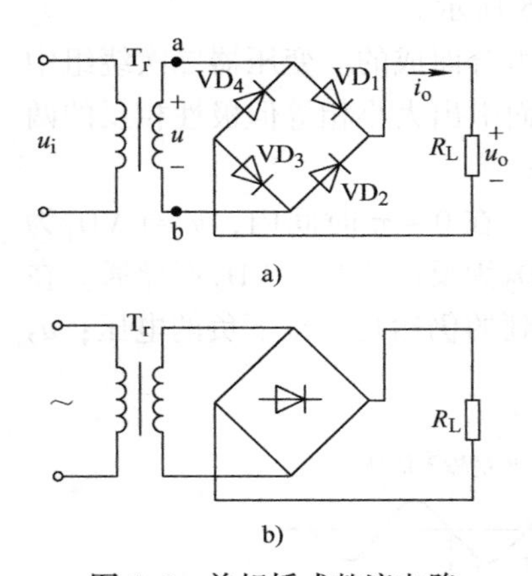

图6-6 单相桥式整流电路
a）整流电路 b）简化画法

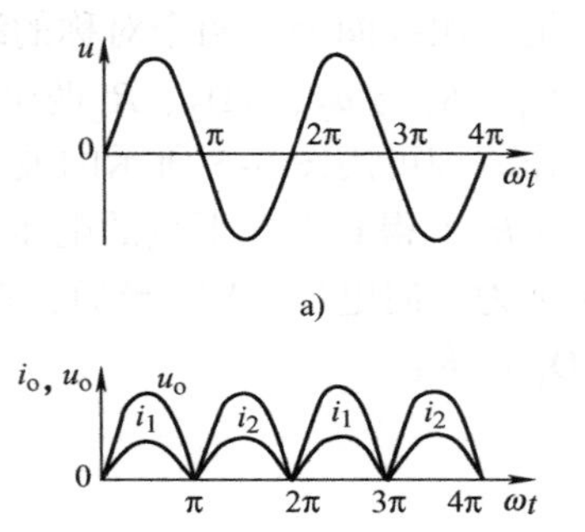

图6-7 单相桥式整流电路电压与电流的波形
a）变压器二次电压 b）输出电压和电流

当 u 为负半周，即 $\pi \leqslant \omega t \leqslant 2\pi$ 时，电源b端电位高于a端，VD_1、VD_3 截止，VD_2、VD_4 导通，电流 i_2 的通路是 $b \to VD_2 \to R_L \to VD_4 \to a$。同样在负载 R_L 上得到一个半波电压，如图6-7b中的π ~ 2π段所示。

显然，全波整流电路的整流电压的平均值 U_o 比半波整流时增加了1倍，即

$$U_o = 2 \times 0.45U = 0.9U$$

流经负载的直流电流也是半波整流的2倍，即

$$I_o = \frac{U_o}{R_L} = 0.9\frac{U}{R_L}$$

流经二极管的平均电流仅为负载电流的一半，即

$$I_D = \frac{1}{2}I_o = 0.45\frac{U}{R_L}$$

每个二极管截止时所承受的最大反向电压为

$$U_{RM} = \sqrt{2}U = \sqrt{2}\frac{U_o}{0.9} = 1.57U_o$$

应用时，可根据以上两式选择整流器件。

例2　在例1中设计的电源如果采用单相桥式整流，试确定变压器二次绕组的电压有效值，并选定相应的整流二极管。

解　变压器二次绕组电压有效值为 $U=U_o/0.9=24V/0.9=26.7V$

整流二极管承受的最高反向电压为 $U_{RM}=\sqrt{2}U=1.41\times26.7V=37.6V$

流过整流二极管的平均电流为 $I_D=\frac{1}{2}I_o=0.5A$

因此，可选用2CZ12A整流二极管，其最大整流电流为1A，最高反向工作电压为100V。

6-5　什么是整流桥堆构成的整流电路？

整流桥堆是把四只整流二极管接成桥式整流电路，再用环氧树脂或绝缘塑料封装而成的，其外形如图6-8a所示。在它的外壳上标有型号、额定电流和工作电压，以及输入（～）和输出（+、-）等极性符号，使用起来十分方便。

要判定整流桥堆的好坏，可将数字万用表拨在二极管档，按图6-8b所示顺序测量a、b、c、d之间各二极管的正向压降和反向压降，将测量所得数据与表6-1进行对照便知好坏。

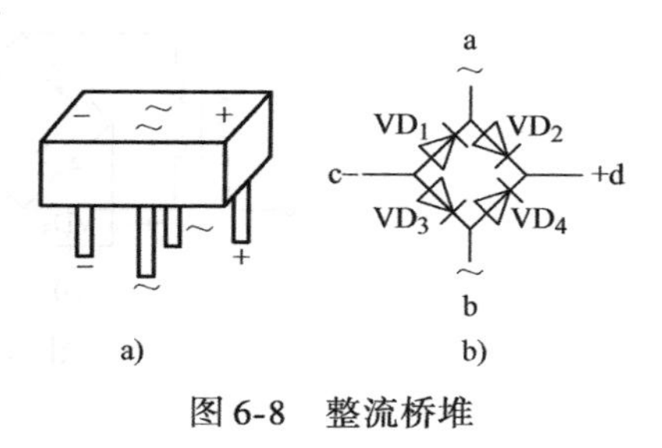

图6-8　整流桥堆

表6-1　测量图6-8所示整流桥堆的正、反向压降

测　量　端	二极管正向压降/V	二极管反向压降
a-c	0.521	显示溢出符号“1”
d-a	0.539	
b-c	0.526	
d-b	0.526	

桥堆构成的桥式整流电路与四只二极管构成的整流电路相同，将四只二极管封装在一起时就是桥堆。

图6-9所示为桥堆构成的桥式整流电路。电路中的ZL是桥堆，它的内电路为四只接成桥式电路的整流二极管，如图6-10所示。

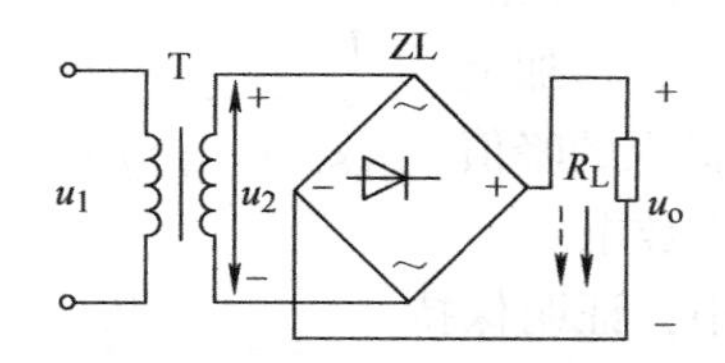

图6-9　桥堆构成的桥式整流电路

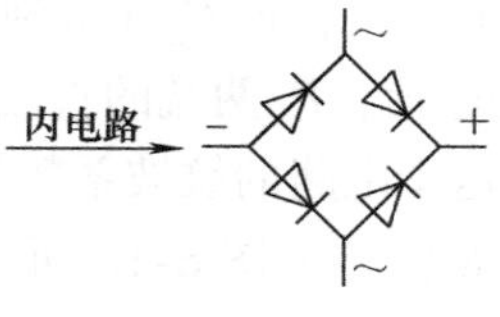

图6-10　桥堆内电路

如果将桥堆ZL的内电路接入电路中，就是一个标准的桥式整流电路，电路分析方法同前。

在掌握了分立元器件的桥式整流电路工作原理之后，只需要围绕桥堆ZL的四个引脚进行电路分析。

1）找出两个交流电压输入脚“～”与电源变压器二次线圈相连的电路，这两个引脚没有正负极性。

2）分析正极性端“+”与整流电路负载之间的连接电路，输出正极性直流电压。

3）分析负极性端“-”与接地电路，在输出正极性电压电路中负极性必须接地。

6-6 在桥式整流电路中若有一只二极管短路或开路将会出现什么现象？

二极管损坏后，一般呈现短路或开路的两种状态。在图6-11所示桥式整流电路中，假设一只二极管短路，电路如图6-11a所示。当交流输入电压为正半周时，电流将按箭头方向流动，变压器二次绕组通过VD_3短路。此时，不仅负载电阻R_L中没有电流流过，而且VD_3和变压器均有烧毁的可能。

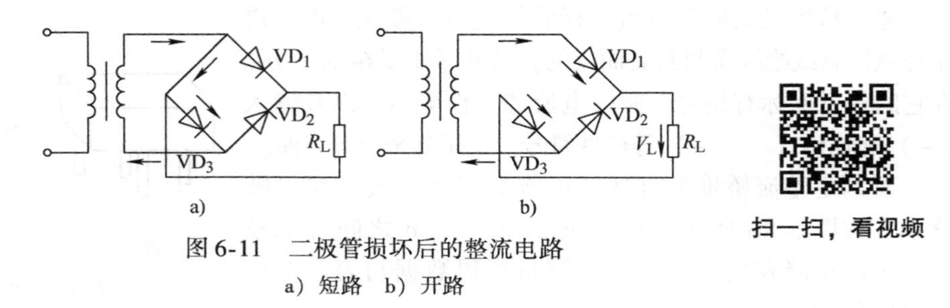

图6-11　二极管损坏后的整流电路

a）短路　b）开路

当一只二极管开路时，电路如图6-11b所示。当交流输入电压为正半周时，电流将按箭头方向流动。当交流输入电压为负半周时，负载电阻R_L中没有电流流过，这时电路就等效为一个半波整流电路，因此它的直流输出电压要下降。

另外，考虑到桥式整流电路中每一只二极管的平均电流是负载电流的一半，而半波整流时二极管通过的电流等于负载的电流。因此，当桥式整流电路中二极管允许的最大整流电流小于负载电流时，VD_1、VD_2均有烧毁的可能。

6-7 什么是倍压整流电路？

倍压整流电路是不用升压变压器就能产生高电压的廉价电路，它的带负载能力较小。半波倍压整流电路如图6-12所示，在C_1处于交流输入负半周时，VD_1是正向偏置，C_1被充电到峰值电压。当C_1处于交流输入正半周时，VD_1是反向偏置，视为开路。这时VD_2是正向偏置，把C_2充电到交流输入的峰值电压，再加上储存在C_1上的电荷，R_L两端的直流输出电压近似等于输入的峰值电压的两倍。这个电路的纹波系数很高，C_2不断地对R_L放电。

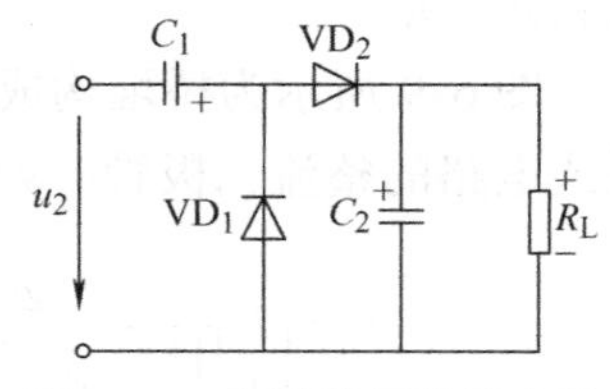

图6-12　半波倍压整流电路

全波倍压整流器如图6-13所示，其纹波系数减小，证明保持平稳的直流输出电压是比较有效的。当输入交流电压的正半周出现在VD_1时，VD_1是正向偏置，VD_2是反向偏置，给C_1充电到峰值电压；当输入交流电压的负半周出现在VD_2时，VD_1是反向偏置，VD_2是正向偏置，给C_2充电到峰值电压后，因为C_1和C_2是串联的，所以它们的电荷加在一起大约等于输入的峰值电压的2倍，

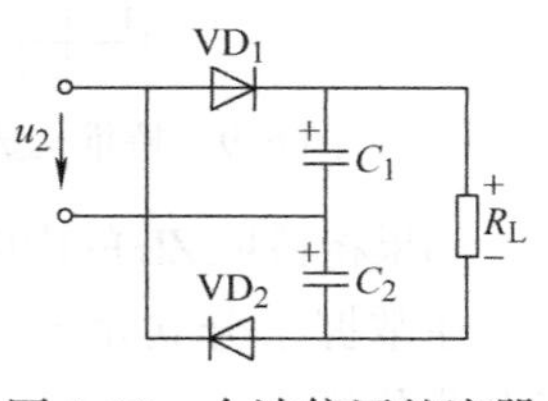

图6-13　全波倍压整流器

此电压加在负载 R_L 的两端。

值得注意的是，输出电压不断地通过 R_L 放电，这种电路一般只应用于小电流（即负载电阻必须尽可能大）。

6-8　为什么大功率整流器件必须采取散热措施？

在大功率整流电路中，流过整流器件的电流比较大，硅整流二极管都有 1V 左右的正向压降。正向压降和流过二极管平均电流的乘积称为耗散功率，这一部分功率以热的形式从器件内部向外散发，电流越大，产生的热量越多。整流器件热容量较小，耐热能力较差，在工作过程中若不将发出的热量通过适当途径向周围空间迅速散发，则器件的结温会很快上升，导致反向漏电流增加，耐压特性下降，严重时会烧毁二极管。所以必须加装符合规定的散热器，有的还必须采取强制风冷或水冷措施。

6-9　什么是三相桥式整流电路？

单相桥式整流一般用于小功率场合，而在大功率的整流设备中，为避免造成三相电网负载不平衡，影响供电质量，故广泛采用三相桥式整流电路，如图 6-14 所示。

整流电路由三相整流变压器 T_r、二极管 VD_1 ~VD_6、负载电阻 R_L 组成。变压器做△/Y连接，其二次绕组的三相电压 u_{ao}、u_{bo}、u_{co} 的波形如图 6-15a 所示。六只二极管接成桥式，VD_1、VD_3、VD_5 接成共阴极组，工作时其中阳极电位最高者导通；VD_2、VD_4、VD_6 接成共阳极组，工作时其中阴极电位最低者导通。同一时间，每组中各有一只二极管导通。

在图 6-15a 中的 0 ~ t_1 期间，c 相电压为正且最高，VD_5 导通，VD_1、VD_3 则被反偏而截止。同时，b 相电压为负且最低，VD_4 导通，VD_2、VD_6 则被反偏而截止；此时，电流通路为 c→VD_5→R_L→VD_4→b。负载电压为线电压 u_{cb}。

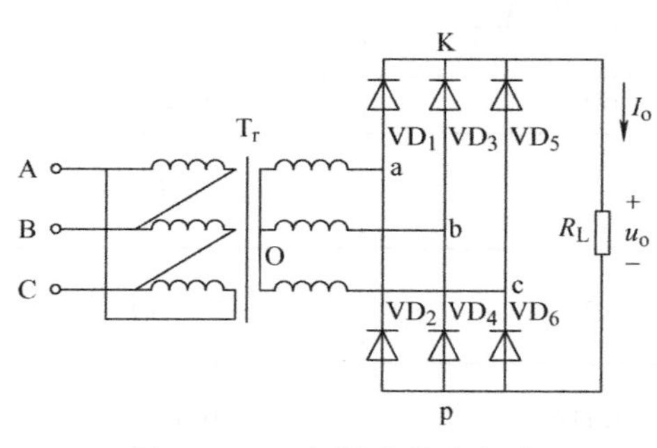

图 6-14　三相桥式整流电路

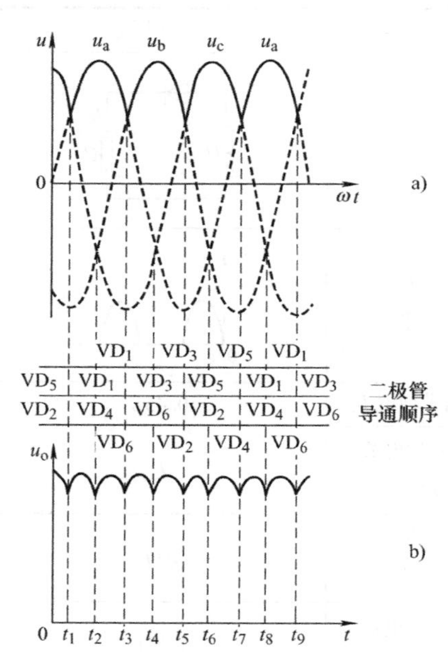

图 6-15　三相桥式整流波形

a）变压器二次绕组的三相电压　b）负载 R_L 两端的电压

在 $t_1 \sim t_2$ 期间，a 相电压为正且最高，VD_1 导通，VD_3、VD_5 则被反偏而截止。同时 b 相电压为负且最低，VD_4 导通，VD_2、VD_6 则被反偏而截止。此时，电流通路为 $a \to VD_1 \to R_L \to VD_4 \to b$。负载电压为线电压 u_{ab}。

同理，在 $t_2 \sim t_3$ 期间，a 相电压最高，c 相电压最低，VD_1、VD_6 导通，电流通路为 $a \to VD_1 \to R_L \to VD_6 \to c$。负载电压为线电压 u_{ac}。

依次类推，就可以列出图 6-15 中所示二极管导通次序，各组二极管导通情况是每隔 1/6 周期交换一次，每只二极管导通 1/3 周期。负载 R_L 两端的电压波形如图 6-15b 所示。输出电压脉动较小，其平均值为

$$U_o = 2.34U$$

式中，U 为变压器二次电压的有效值。

负载电流 i_o 的平均值为

$$I_o = \frac{U_o}{R_L} = 2.34\frac{U}{R_L}$$

流过每个管子的平均电流为

$$I_D = \frac{1}{3}I_o = 0.78\frac{U}{R_L}$$

每只二极管所承受的最大反向电压为变压器二次电压的幅值。

$$U_{RM} = \sqrt{3}U_m = \sqrt{3} \times \sqrt{2}U = 2.45U = 1.05U_o$$

6-10 常用的三种整流电路有哪些特点？

现将三种整流电路列于表 6-2，以便比较。

表 6-2　常用的三种整流电路

类型	单相半波	单相桥式	三相桥式
电路	U, I_o, U_o	U, I_o, U_o	U, I_o, U_o
整流电压 u_o 的波形	u_o, 0, t	u_o, 0, t	u_o, 0, t
整流电压平均值 U_o	$0.45U$	$0.9U$	$2.34U$
流过每管的电流平均值 I_D	I_o	$\frac{1}{2}I_o$	$\frac{1}{3}I_o$
每管承受的最高反向电压 U_{RM}	$\sqrt{2}U$	$\sqrt{2}U$	$\sqrt{3} \times \sqrt{2}U$
变压器二次电流有效值 I	$1.57I_o$	$1.11I_o$	$0.82I_o$

现在，半导体器件厂已将整流二极管封装在一起，制造成单相整流桥和三相整流桥模块，这些模块只有输入交流和输出直流引脚，减少了接线，提高了可靠性，使用起来非常方便。

6-11 什么是电容滤波电路？

单相半波整流电容滤波电路如图6-16所示。在负载电阻 R_L 两端并联滤波电容 C，利用电容 C 的充放电作用，使输出电压趋于平滑。负载电阻 R_L 两端的电压等于电容 C 两端的电压，即 $u_o = u_c$，其输出电压的波形如图6-17所示。

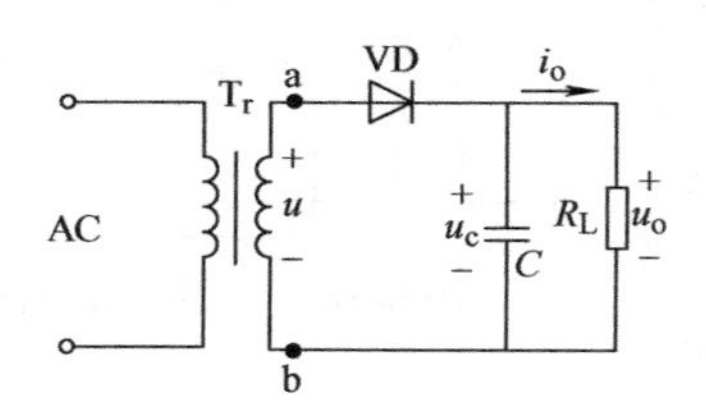

图6-16　电容滤波电路

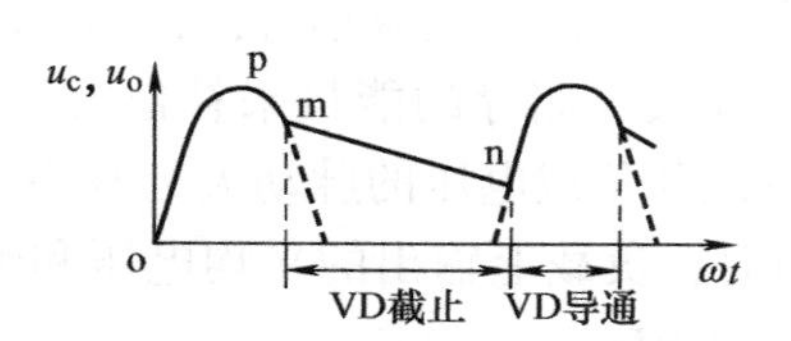

图6-17　电容滤波电路的输出特性

在分析电容滤波电路时，要特别注意电容器两端电压 u_c 对整流器件导电的影响，整流器件只有受正向电压作用时才导通，否则截止。

设起始时电容器两端电压为零。当电源电压正半周由零按正弦曲线上升时，二极管导通，电源在向负载提供电流的同时，还对电容 C 充电，使 u_c 随 u 的上升而逐渐增大，直至达到 u 的最大值，如图6-17中op段波形所示。

当 u 从最大值开始下降时，由于电容器两端电压不会突变，故将出现 $u < u_c$ 的情况，这时二极管则因反向偏置而截止，电容器通过 R_L 放电，为负载提供电流，放电电流与二极管导通时的电流方向相同。在 R_L 和 C 足够大的情况下，放电过程持续时间较长，即使在 u 处于负半周时，仍有放电电流流过负载，输出电压仍为一定正值，如图6-17中mn段波形所示。

当交流电压 u 的下一个正半周出现，且 $u > u_c$ 时，二极管重新导通，电容器又被充电，重复上述过程。由于二极管的正向导通电阻很小，所以电容充电很快，u_c 紧随 u 升高。当 R_L 较大时，电容放电较慢，负载两端的电压缓慢下降。因此，输出电压不仅脉动程度减小，其平均值也可得到提高，其波形如图6-17所示。

6-12 如何选择滤波电容？

滤波电容一般在几百μF以上，电容越大，滤波效果越好。为了获得比较平滑的直流电压，可按以下公式来选择滤波电容：

$$R_L C \geqslant (3 \sim 5)\frac{T}{2}$$

式中，T 为交流电的周期。

扫一扫，看视频

电容滤波电路输出电压的大小与负载有关。空载时，电容没有放电回路，其输出电压可达 $\sqrt{2}U$，接入负载后，输出电压约等于 U。若负载电

阻 R_L减小，则电容器放电加快，输出电压降低。所以电容滤波只适用于负载电流较小并且负载基本不变的场合。

桥式整流电容滤波电路的工作原理与半波整流电容滤波电路相同。当满足条件 $R_LC \geq (3\sim5)T/2$ 时，其输出电压 U_o约为 $(1.1\sim1.2)U$。

6-13 什么是电感滤波电路？

电感滤波电路如图 6-18 所示，电感 L 与负载电阻 R_L串联，利用通过电感的电流不能突变的特性来实现滤波。当电感电路中电流增大时，电感产生的自感电动势阻止电流增加，同时将部分电能转变为磁场的能量储存起来；而电流减小时，自感电动势则阻止电流的减小，并释放出储存的能量来补偿流过负载的电流。从而使负载电流和负载电压的脉动大为减小。当忽略电感 L 的直流电阻时，负载上输出的平均电压和纯电阻负载时相同，即 $U_o=0.9U$。

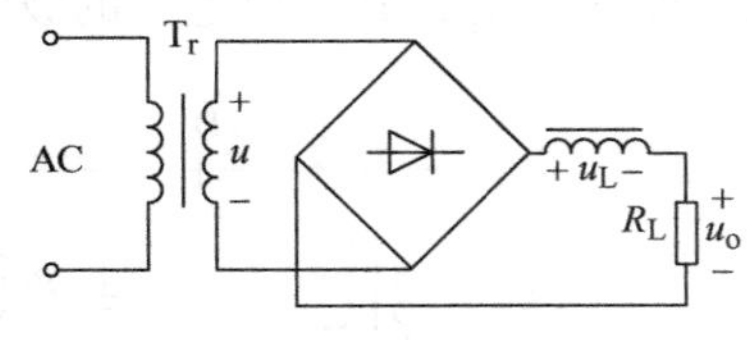

图 6-18 电感滤波电路

电感滤波的特点是峰值电流小，输出电压比较平坦。缺点是由于铁心的存在，导致其较为笨重、体积较大，易引起电磁干扰。一般只适用于低电压大电流的场合。

6-14 什么是复合滤波电路？

单独使用电容或电感构成的滤波电路，其滤波效果不够理想，为了提高滤波效果，常用电容和电感组成的复合滤波电路。常见的复合滤波电路有 LC、CLC（Π型）、CRC（Π型）三种，如图 6-19 所示。

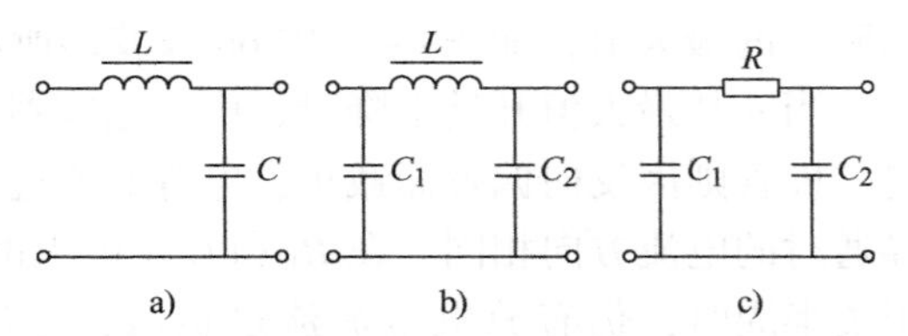

图 6-19 复合滤波电路

a) LC 滤波电路 b) CLC（Π型）滤波电路 c) CRC（Π型）滤波电路

LC 滤波电路如图 6-19a 所示，由于同时利用了电感阻止交流分量和电容旁路交流分量的特性，所以滤波效果较好。

CLC（Π型）滤波电路如图 6-19b 所示，由于多并联了一个电容器，所以滤波效果更好。因此在许多电子设备中得到广泛应用。考虑到冲击电流，C_1的容量应比 C_2小些。

对于负载电流较小（几十 mA 以下）和负载比较稳定的场合，为了简单经济，可用适当的电阻 R 代替电感 L 组成 CRC（Π型）滤波器，如图 6-19c 所示。虽然电阻本身并无滤波作用，但因 R、C 元件对交直流呈现不同的阻抗，所以若适当选择 R、C 参数，使交流分量主要降落在电阻 R 上，而直流分量主要降落在电容 C 上，则也可取得一定的滤波效果。RC_2值越大，滤波效果越好，但 R 增大时，功率损耗也增加。所以这种滤波电路多用于负载电流较小的情况。

6-15 由稳压二极管构成的稳压电路是如何工作的？

交流电压经过整流滤波后，所得到的直流电压虽然脉动程度已经很小，但当电网电压波动或负载变化时，其直流电压的大小也将随之发生变化，从而影响电子设备和测量仪器的正常工作。因此，常在整流、滤波电路之后加一级直流稳压电路。

最简单的硅稳压二极管构成的并联型稳压电路如图6-20所示，R_L为负载电阻，稳压二极管VD_Z与R_L并联，限流电阻R与VD_Z配合起稳压作用。稳压电路的输入电压U_i是由整流、滤波电路提供的直流电压，输出电压U_o即稳压管的稳定电压U_Z。

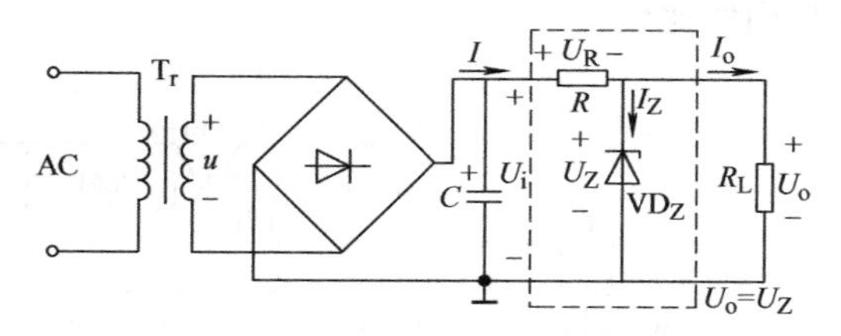

图6-20 硅稳压二极管稳压电路

当交流输入电压增加而使输入电压U_i增加时，负载电压U_o也增加，即U_Z增加。但U_Z稍有增加时，稳压二极管的电流I_Z就会显著增加，因此R上的压降增加，以抵消U_i的增加，使负载电压$U_o = U_i - U_R$保持近似不变。反之，当电网电压降低时，通过稳压二极管与电阻R的调节作用，将使电阻R上的压降减小，仍然保持负载电压U_o近似不变。

当输入电压U_i保持不变而负载电流变化引起负载电压U_o改变时，上述稳压电路仍能起到稳压的作用。例如，当负载电流增大时，电阻R上的压降增大，因而负载电压U_o下降，只要U_o下降一点，稳压二极管电流就会显著减小，使通过电阻R的电流和电阻上的压降保持近似不变。因此负载电压U_o也就近似稳定不变，当负载电流减小时，稳压过程相反。

选择稳压二极管时，一般取

$$U_Z = U_o$$
$$I_{ZM} = (1.5 \sim 3) I_{oM}$$
$$U_i = (2 \sim 3) U_o$$

6-16 串联型晶体管稳压电路是如何工作的？

硅稳压二极管稳压电路的稳压效果不够理想，并且只能用于负载电流较小的场合，因此提出串联晶体管稳压电路。

如果将一个可变电阻R和负载电阻R_L相串联，那么当输入电压U_i或负载R_L变动时，均可通过调整R使输出电压U_o保持不变，如图6-21a所示，输出电压$U_o = U_i - U_R$。当输入电压U_i增加时，把可变电阻R调大，使它承受输入电压U_i的全部增量，这样，输出电压U_o就可维持不变。当U_i不变，而负载电流增大时，只要调小R的阻值，使其电压不变，输出电压也将维持不变。实际电路中是用一只工作在线性区的晶体管VT来代替可变电阻R，以实现自动调节，如图6-21b所示。由图可见，负载的端电压就是稳压电路的输出电压U_o，它等于输入电压U_i与晶体管VT的管压降U_{CE}之差，即$U_o = U_i - U_{CE}$。只要控制晶体管的基极电流，就可调整U_{CE}的大小，从而维持输出电压U_o稳定。这样，晶体管就起着调整电压的作用，所以称为调整管。

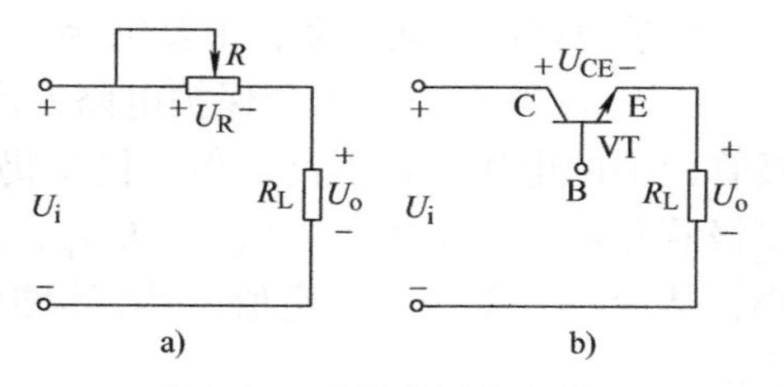

图6-21 串联稳压基本原理

a）利用可变电阻进行调节

b）利用晶体管进行自动调节

串联型晶体管稳压电路如图6-22所示。电阻R_1、R_2和电位器RP构成采样环节，电阻R_3和稳压二极管VD_Z为比较放大环节提供基准电压U_Z，晶体管VT_1是调整器件，晶体管VT_2用作比较环节。

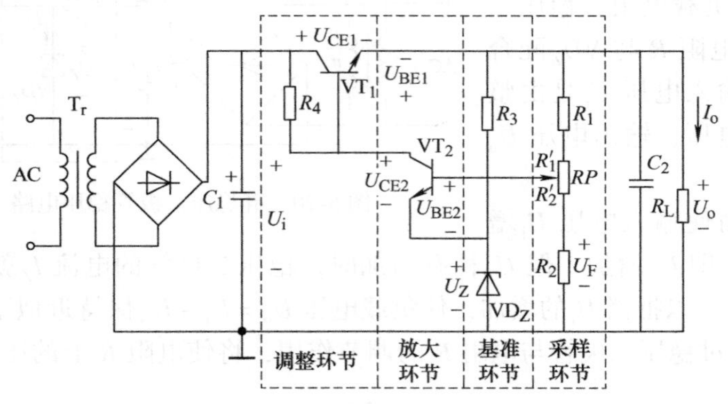

图6-22 串联型晶体管稳压电路

在图6-22中，晶体管VT_1实际上是接成射极输出器的形式，负载电阻R_L是它的射极电阻，整流滤波后的电压U_i是它的电源。由图可见，这种稳压电路实质上就是一个电压串联负反馈电路。因此，它的稳压原理就是利用电压串联负反馈稳定输出电压的过程。

例如，当U_i上升或输出电流I_o减小使U_o升高时，有

$$U_i\uparrow(\text{或}I_o\downarrow)\rightarrow U_o\uparrow\rightarrow U_F\uparrow\xrightarrow{U_Z\text{一定}}U_{BE1}\downarrow\rightarrow I_{B1}\downarrow\rightarrow U_{CE1}\uparrow\rightarrow U_o\downarrow$$

同理，当U_i下降或输出电流I_o增大使得U_o降低时，经过闭环系统的调节，可使输出电压基本不变。

在稳压电路中，要采取短路保护措施才能保证它安全可靠地工作。普通保险丝熔断较慢，用加保险丝的办法起不到保护作用，所以必须加装保护电路。

保护电路的作用是保护调整管在电路短路、电流增大时不被烧毁。其基本方法是当输出电流超过某一值时，使调整管处于反向偏置状态，从而截止，自动切断电路电流。

保护电路的形式很多，主要包括二极管保护电路和晶体管保护电路。

图6-23所示为二极管保护电路，由二极管VD和电阻R_o组成。正常工作时，虽然二极管两端的电压上低下高，但二极管仍处于反向截止状态。负载电流增大到一定数值时，二极管导通。由于$U_{VD}=U_{BE1}+R_oI_E$，而二极管的导通电压U_{VD}是一定的，故U_{BE1}被迫减小，从而将I_E限制到一定值，达到保护调整管的目的。在使用时，二极管要选用U_{VD}值较大的。

图6-24所示为晶体管保护电路。由晶体管VT_2和分压电阻R_4、R_5组成。电路正常工作时，通过R_4与R_5的分压作用，使得VT_2的基极电位比发射极电位低，发射结承受反向电压。于是VT_2处于截止状态（相当于开路），对稳压电路没有影响。当电路短路时，输出电压为零，VT_2的发射极相当于接地，则VT_2处于饱和导通状态（相当于短路），从而使调整管VT_1基极和发射极近乎短路，而处于截止状态，切断电路电流，从而达到保护目的。

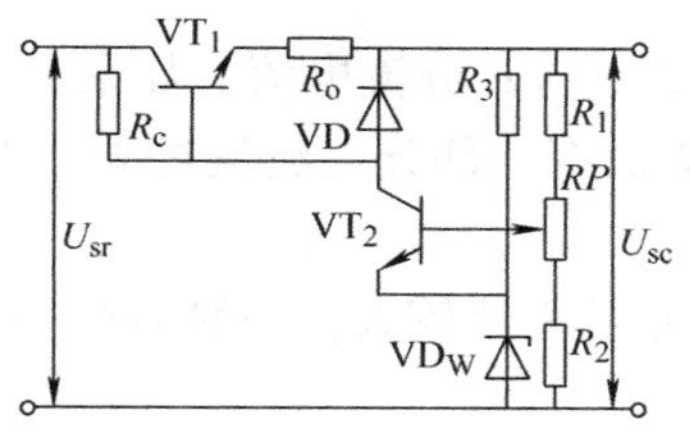

图6-23 二极管保护电路

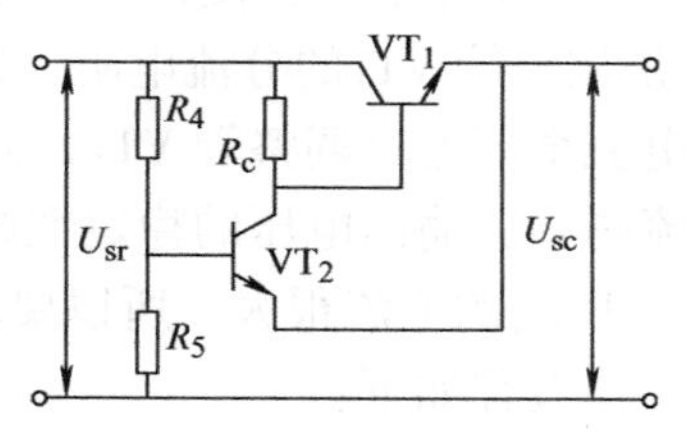

图6-24 晶体管保护电路

6-17 串联调整型稳压电路是如何工作的?

具有温度补偿且采用辅助电源的串联调整型稳压电源电路如图6-25所示。S_1是电源开关，T_1是电源变压器，它有两组二次绕组，分别为两组整流电路提供交流电压。VD_1构成半波整流电路，VD_3 ~ VD_6构成桥式整流电路。VT_1是串联调整型稳压电路中的激励管，VT_2是调整管，VT_3是比较放大管。VD_2是基准电压稳压二极管。

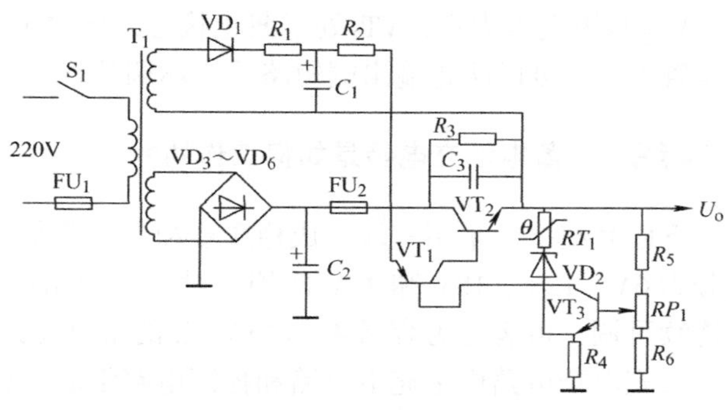

图6-25 串联调整型稳压电源

交流电源开关S_1接通后，220V交流电压通过开关S_1加到电源变压器T_1一次绕组两端，为整机提供电压。

整流二极管VD_1和电源变压器的一组二次绕组构成半波整流电路，这个半波整流电路输出正极性直流电压。整流电路输出电压经过R_1和C_1构成的RC滤波电路滤波，作为串联调整型稳压电路的辅助电源。

T_1另一个二次绕组与全桥堆VD_3 ~ VD_6构成桥式整流电路，这一整流电路输出正极性直流电压。整流电路输出电压经过C_2滤波，通过熔断器FU_2加到串联调整型稳压电路。

串联调整型稳压电路中，稳压二极管VD_2接在直流电压输出端与比较放大管VT_3发射极之间。当输出电压下降时，通过采样电路R_5、RP_1和R_6使VT_3基极电压下降，VT_3发射极电压也下降，但是VT_3发射极电压的下降量大于基极电压的下降量，因为VT_3基极电压的下降量已经过了R_5、RP_1和R_6的分压。

输出电压下降时，VT_3正向偏置电压上升。反之，输出电压U_o上升时，VT_3发射极电压上升量大于基极电压上升量，所以VT_3正向偏置电压下降。

VT_3是比较放大管，它的基极输入来自采样电路的误差电压，其集电极输出比较、放大后的误差电压，这个误差电压加到复合调整管基极。

电路中设有激励管VT_1。比较放大管VT_3集电极输出的误差电流加到VT_1基极上，经放大后才加到调整管VT_2基极。

在调整管VT_2集电极与发射极之间接有启动电阻R_3，这个电阻的作用是：当刚开机或进入电源电路保护之后，调整管VT_2处于截止状态，VT_3没有直流工作电压。

在接入电阻R_3之后，未稳定的直流电压由R_3从VT_2集电极加到发射极上，即加到输出端，给 VT_3 建立直流工作电压，使稳压电路启动。

电阻 R_3 还是调整管 VT_2 的分流电阻，即 R_3 可以为 VT_2 分流电流，如果没有 R_3，则输出端流入负载的电流全部流过调整管 VT_2，而接入 R_3 后有一部分电流流过 R_3。电阻 R_3 的阻值越小，分流电流越多，输出电压的稳定性则越差。

由于流过电阻 R_3 的电流很大，所以要求 R_3 额定功率比较大，一般为 6～10W。

稳压调整工作过程如下：

$$U_O\uparrow\rightarrow U_{BE3}\downarrow\rightarrow I_{B3}\downarrow\rightarrow I_{C3}\downarrow\rightarrow I_{B1}\downarrow\rightarrow I_{C1}\downarrow\rightarrow I_{B2}\downarrow\rightarrow U_{CE2}\uparrow\rightarrow U_O\downarrow$$

直流输出电压减小时，通过电路一系列调整，使 VT_2 集电极与发射极之间的管压降减小，输出直流电压增大，从而达到稳定直流输出电压的目的。

这个电源电路中设有直流电压输出端短路保护电路，其工作原理是：当输出端对地短路后，VT_3 基极电压为零，VT_3 处于截止状态，导致 VT_1 截止，VT_2 也截止，这样没有电流流过调整管 VT_2，可以防止输出端短路后烧坏调整管 VT_2。

6-18 蓄电池充电器是如何工作的？

下面介绍一个采用三端集成稳压器和晶闸管制作的多功能蓄电池充电器，其充电输出电压分为 6V、12V、18V 和 24V 四档，对不同规格的蓄电池可选择不同的档位。充电输出电流连续可调，可满足为容量 4～120A · h 的蓄电池充电。

该充电器电路由主充电电路和控制电路组成，如图 6-26 所示。

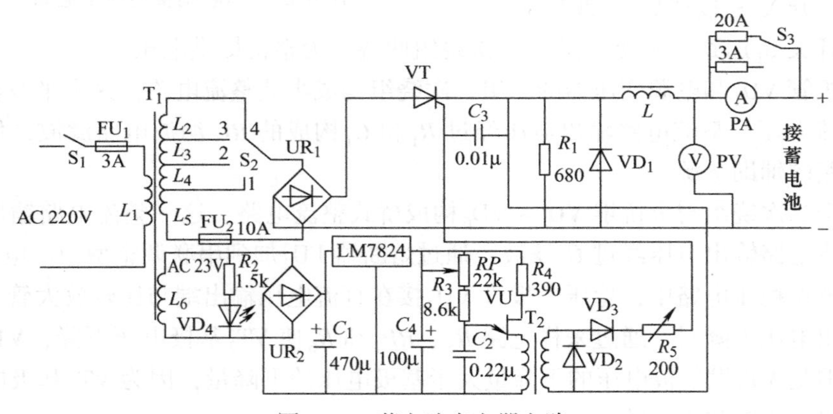

图 6-26 蓄电池充电器电路

主充电电路由电源变压器 T_1、整流桥堆 UR_1、晶闸管 VT、滤波电感器 L、续流二极管 VD_1、电流表 PA、开关 S_1～S_3、电压表 PV、电阻器 R_1、电容器 C_3、3A 分流器、20A 分流器和熔断器 FU_1、FU_2 组成。

控制电路由电源稳压电路（由电源变压器 T_1、整流桥堆 UR_2、滤波电容器 C_1、C_4 和三端集成稳压器 LM7824 组成）和弛张振荡器（由单结晶体管 VU、脉冲变压器 T_2 和有关外围元器件组成）组成。

接通电源开关 S_1 后，交流 220V 电压经 T_1 降压后，在其两侧的四个绕组（L_2～L_5）上分别产生三路交流 12V 电压和一路交流 15V 电压。S_2 为充电输出电压转换开关，其 $S_{2\text{-}1}$ 档为

6V 蓄电池充电用；S_{2-2}档为 12V 蓄电池充电用或 6V 蓄电池大电流充电用；S_{2-3}档为 18V 蓄电池充电用或 12V 蓄电池大电流充电用；S_{2-4}档为 24V 蓄电池充电用。

T_1二次侧L_2～L_5绕组产生的交流电压，经S_2选择及UR_1桥式整流后，得到 100Hz 的脉动直流电压。该电压经晶闸管 VT 控制、L 滤波变成稳定的直流电压后，加在待充电的蓄电池两端。

电阻器R_1是 VT 的输出负载。VD_1是续流二极管，其作用是在 VT 截止期间为输出负载及电感器 L 产生的反向感应电动势提供直流通路，避免 VT 失控。

充电器输出端电流表 PA 的量程有两个，一个量程为 0～3A，可在小容量蓄电池充电时显示电流数值；另一个量程为 0～20A，用作大容量蓄电池充电时显示电流数值。在电流表 PA 两端并联有两只分流电阻（3A 分流电阻和 20A 分流电阻各一只），由开关S_3选择转换电流表的量程。

控制电路用来产生晶闸管的触发脉冲，控制充电器的充电电流。电源变压器T_1二次侧L_6绕组上感应的23V 交流电压，经整流桥堆UR_2整流、电容器C_1滤波及 LM7824 稳压后，产生 +24V 电压，使弛张振荡器（脉冲形成电路）振荡工作，在脉冲变压器T_2的二次绕组上产生触发脉冲信号，此脉冲经二极管VD_2、VD_3整流及可变电阻器R_5限流调节后，加至晶闸管 VT 的门极上。

调节电位器 RP 的阻值，可改变弛张振荡器的工作频率和晶闸管触发脉冲的相位，从而改变充电器输出电流的大小。每次开机前必须将 RP 的阻值调至最大，以避免开机时输出电流过大。

6-19　什么是三端集成稳压器？

集成稳压电源具有体积小、可靠性高、使用灵活及价格低廉等优点，近年来发展很快，得到广泛应用。

图 6-27 所示为 W78××和 W79××系列稳压器的外形和引脚排列图。这种稳压器只有输入端、输出端和公共端三个引出端，所以也称为三端集成稳压器。使用时只需在其输入端和输出端与公共端之间各并联一个电容即可。C_1用来抵消输入端较长接线的电感效应，防止产生自激振荡，接线不长时也可不用。C_2是为了在瞬时增减负载电流时不致引起输出电压有较大的波动。C_1一般在 0.1～1μF 之间，如 0.33μF；C_2可用 1μF。

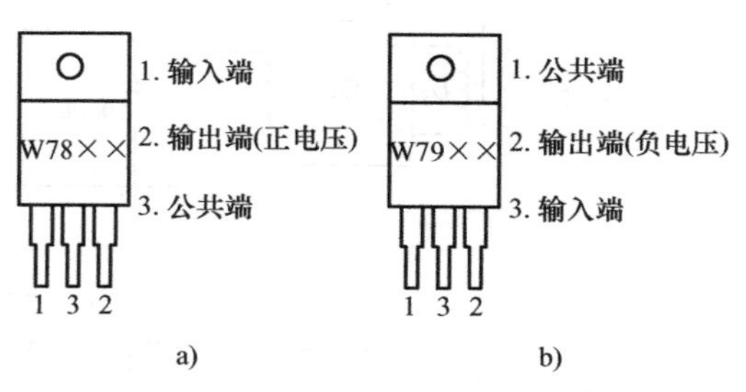

图 6-27　三端集成稳压器
a）W78××系列　b）W79××系列

扫一扫，看视频

W78××系列输出的正电压有 5V、6V、8V、9V、10V、12V、15V、18V 和 24V 等多种。其后两位数字表示该稳压器的输出电压。如 W7806 表示输出电压为 6V 的集成稳压器。W79××系列输出固定的负电压，如 W7912 表示输出电压为 -12V，其参数与 W78××系列基本相同。这类三端稳压器在加装散热器的情况下，输出电流可达 1.5～2.2A，最高输入电压为 35V，最小输入、输出电压差为 2～3V，输出电压变化率为 0.1%～0.2%。

6-20 三端集成稳压器有哪些典型应用？

三端集成稳压器的典型应用电路如图 6-28 所示。

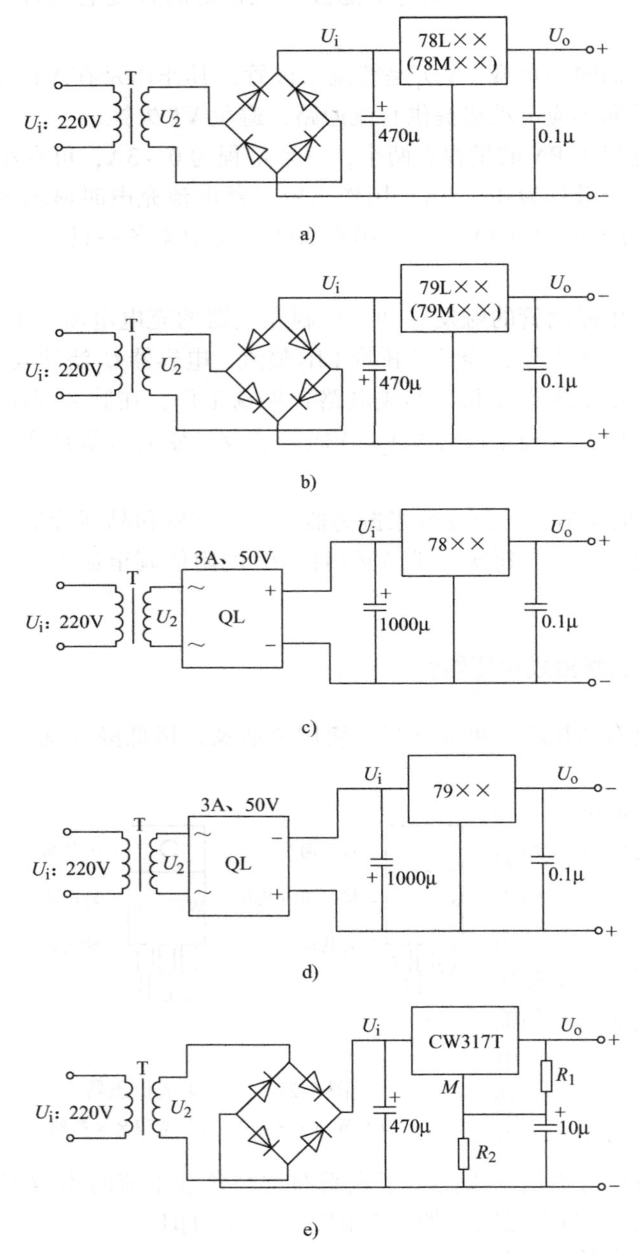

图 6-28 三端集成稳压器的典型应用电路

a）78L××、78M××稳压电源 b）79L××、79M××稳压电源

c）78××稳压电源 d）79××稳定电源 e）CW317T 可调稳压电源

图 6-28a 是采用 78L××或 78M××组成的正电压输出稳压电源，输出电压和最大输出

电流由稳压器型号确定，如78L09即可输出+9V直流电压100mA电流；78M12即输出+12V直流电压500mA电流。制作时，按实际需要只要选准型号即可。值得注意的是，电源变压器的容量必须足够大，电容器、整流二极管等的选择都要与之配套。

图6-28b是采用79L××或79M××组成的负电压输出稳压电源。必须指出，这里的整流电桥二极管与图6-28a的接法是不同的。除了输出的负电压外，其他选择要求均与图6-28a相同。

图6-28c是采用78××稳压器组成的最大输出电流为1.5A的正电压输出稳压电源。这里的整流部分用的是3A、50V全桥QL，它有四个端子，其中两个端子有“~”符号者为交流输入，接变压器的低电压输出端，无正负之分；端子“+”接78××的“输入”端，“-”接地端。

图6-28d是采用79××稳压器组成的最大输出电流为1.5A的负电压输出稳压器。这里也采用QL全桥，只是接线与图6-28c相反而已。

图6-28e是采用CW317T组成的正可调直流稳压电源，非常适合业余电子爱好者使用。其主要参数为：输出电压为1.25~37V连续可调，输出电流最大可达1.5A，内阻小于0.05Ω；纹波电压小于1mV。

利用三端集成稳压器和大功率晶体管等器件，还可以扩展输出电流达数十A，也可以制成恒流电源、高输入电压稳压器、温度补偿稳压器、过电流保护稳压器等。

6-21　三端集成稳压电源是如何提高电压和电流的？

1. 基本电路

图6-29所示为W78××系列和W79××系列三端稳压器基本接线。

图6-29　三端稳压器基本接线图

a）W78××系列　b）W79××系列

扫一扫，看视频

2. 提高输出电压的电路

图6-30所示电路的输出电压 U_o 高于W78××的固定输出电压 U_{xx}，显然，$U_o=U_{xx}+U_Z$。

3. 扩大输出电流的电路

当稳压电路所需输出电流大于2A时，可通过外接晶体管的方法来扩大输出电流，如图6-31所示。

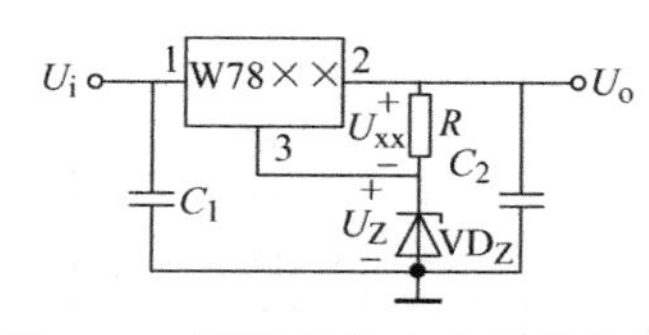

图6-30　可提高输出电压的电路

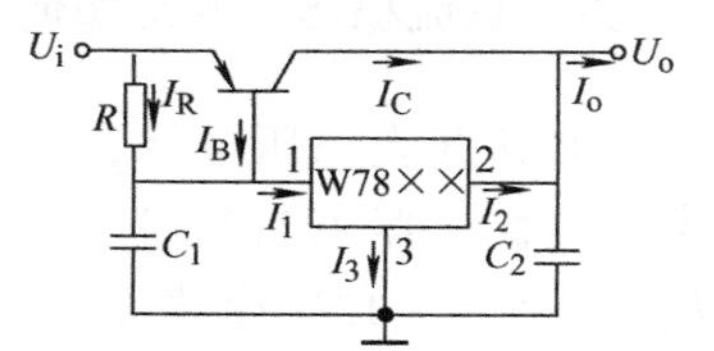

图6-31　可扩大输出电流的电路

图6-31中 I_3 为稳压器公共端电流，其值很小，可以忽略不计，所以 $I_1\approx I_2$，则可得

$$I_o=I_C+I_2=I_2+\beta I_B=I_1+\beta(I_1-I_R)=(1+\beta)I_2+\beta\frac{U_{BE}}{R}$$

例如功率管 $\beta=10$，$U_{BE}=-0.3V$，电阻 $R=0.5\Omega$，$I_2=1A$，则可计算出 $I_o=5A$，可见 I_o 比 I_2 扩大了。

电阻 R 的作用是使功率管在输出电流较大时才能导通。

4. 输出正、负电压的电路

将 W78××系列、W79××系列稳压器组成如图 6-32 所示的电路，该电路可输出正、负电压。

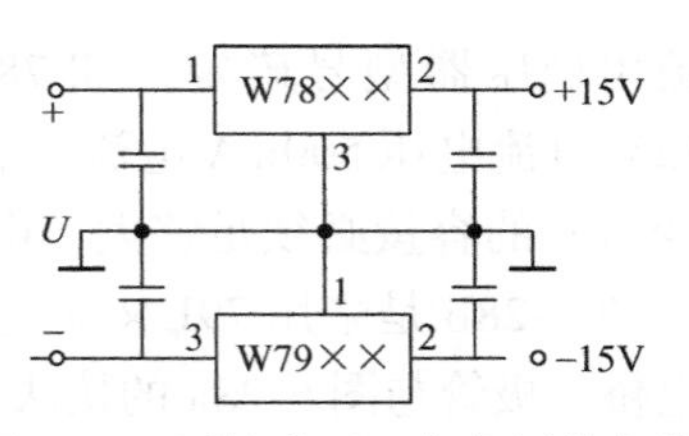

图 6-32 可输出正、负电压的电路

6-22 什么是三端可调式集成稳压器?

扫一扫，看视频

三端可调输出稳压器的“三端”指的是电压输入端、电压输出端和电压调整端。在电压调整端外接电位器后，可对输出电压进行调节。三端可调输出稳压器有正输出和负输出之分。国产器件中，正输出者有 CW117、CW217、CW317、CW117M、CW217M、CW317M、CW117L、CW217L、CW317L；负输出者有 CW137、CW237、CW337、CW137M、CW237M、CW337M、CW137L、CW237L、CW337L。这类输出电压在 3～37V 间连续可调，输出电压由外接电阻（两只）确定，输出电流可达 1.5A，使用很方便。三端可调输出稳压器的命名方法无明显规律，封装与引脚也各异，使用时可参见厂家产品说明书。

6-23 三端集成稳压器有哪些主要参数?

（1）最大输入电压 U_{imax}　指稳压器输入端允许施加的最大电压。W78××、W79××最大输入电压如下：输出电压为 5～18V 时，U_{imax} 可达 35V；输出为 24V 时，U_{imax} 可达 40V。使用中，应注意整流后的最大直流电流电压不能超过此值。

（2）最小输入输出电压差 $(U_i-U_o)_{min}$　其中 U_i 为输入电压，U_o 为输出电压。此参数表示能保证稳压器正常工作所要求的输入电压与输出电压的最小差值。此参数与输出电压之和决定着稳压器所需要的最低输入电压值。

（3）输出电压范围　指稳压器参数符合指标要求时输出电压范围。三端固定输出稳压器的电压差范围一般为 ±5%。

（4）最大输出电流 I_{omax} 指稳压器能输出的最大电流值，使用中不允许超过此值。

6-24 集成直流稳压电源是如何工作的?

现有一个集成直流稳压电源，选用可调式三端稳压器 W317，性能指标为 $U_o=+5\sim+12V$ 连续可调，输出电流 $I_{omax}=1A$。纹波电压 ≤5mV；电压调整率 $K_u\leq3\%$；电流调整率 $K_i\leq1\%$。电路形式如图 6-33 所示。

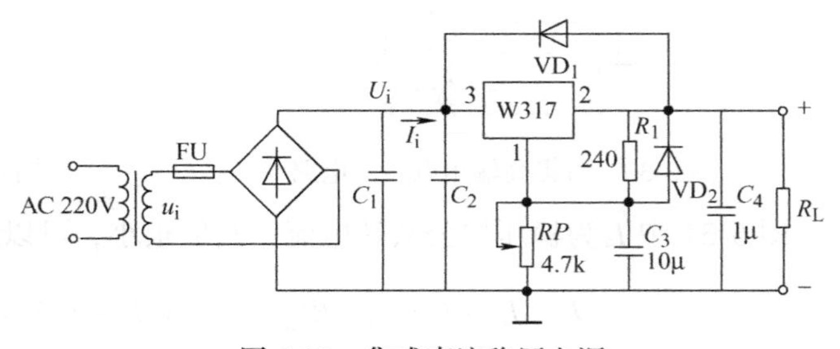

图 6-33 集成直流稳压电源

当集成稳压器离滤波电容 C_1

较远时，应在 W317 靠近输入端处接一只 0.33μF 的旁路电容 C_2。接在调整端和地之间的电容 C_3，用来旁路电位器 RP 两端的纹波电压。当 C_3 的容量为 10μF 时，纹波抑制比可提高 20dB，减到原来的 1/10。另一方面，由于在电路中接了电容 C_3，此时一旦输入端或输出端发生短路，C_3 中储存的电荷会通过稳压器内部的调整管和基准放大管而损坏稳压器。为了防止在这种情况下 C_3 的放电电流通过稳压器，可在 R_1 两端并接一只二极管 VD_2。

W317 集成稳压器在没有容性负载的情况下可以稳定地工作。但当输出端有 500 ~ 5000pF 的容性负载时，就容易发生自激。为了抑制自激，在输出端接一只 1μF 的钽电容或 25μF 的铝电解电容 C_4。该电容还可以改善电源的瞬态响应。但是接上该电容以后，集成稳压器的输入端一旦发生短路，C_4 将对稳压器的输出端放电，其放电电流可能损坏稳压器，故在稳压器的输入与输出端之间应接一只保护二极管 VD_1。

6-25　多路输出稳压电源是如何工作的？

多路输出稳压电源电路如图 6-34 所示。

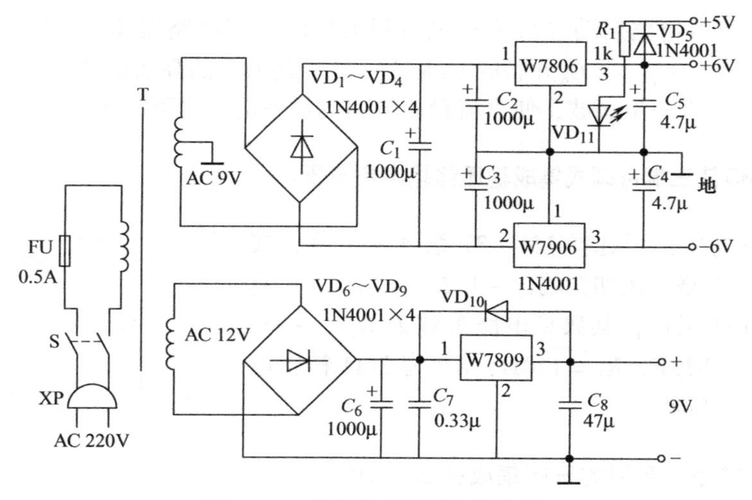

图 6-34　多路输出稳压电源电路

电路采用三端固定输出集成稳压器 W7806、W7906、W7809 构成具有三路稳压输出的电源电路，并利用硅二极管正向压降（≈1.1V）特性，在 +6V 稳压基础上构成 +5V 输出，因此一共有 +9V、+6V、−6V 以及 +5V 四路稳压输出。各路最大输出电流为 120mA。本装置适合电子电路爱好者作为 CMOS 或 TTL 类数字电路小制作电源及其他各种小功率电路的电源（如果给集成稳压器加装足够大的散热器，并相应加大电源变压器的功率，则稳压电源的最大输出电流可达 1.5A）。

三端集成稳压器是将功率调整管、误差放大器、取样电路等元器件做在一块硅片内，构成一个由不稳定输入端、稳定输出端和公共端组成的集成芯片。其稳压性能优越而售价不贵，使用安装十分方便。它还设有过电流和短路保护、调整管安全工作区保护以及过热保护等多种保护电路，以确保稳压器可靠工作。

从图 6-34 可见，+6V、−6V、+5V 稳压电源的构成是：从插头 XP 输入交流 220V，经双刀开关S、熔断器FU，与变压器T的一次绕组接通。通过变压器降压，在变压器二次侧输出具有中心抽头（地端）的交流18V电压。经二极管VD_1～VD_4、电容C_1组成的桥式整流（压降约2.2V）滤波电路，输出23V左右的直流电压。此直流电压由电容C_2、C_3串联电路对半分压后，分别为三端集成稳压器W7806、W7906输入不稳定电压，即W7806的①脚输入+11.5V左右直流电压，W7906的②脚输入-11.5V左右直流电压，于是W7806的输出端（③脚）稳压为+6V，W7906的输出端（③脚）稳压为-6V。电容C_4、C_5分别作为上述两路稳压输出的滤波元件。另外，在+6V稳压的基础上，经过二极管VD_5（正向电压降约1.1V）后输出+5V稳定电压。

+5V输出端接电阻R_1、发光二极管VD_{11}并串联至地端的电路，一方面为VD_5提供必要的正向偏置电流，另一方面采用VD_{11}作为稳压电源工作指示灯。R_1起限流作用，延长VD_{11}的工作寿命。

变压器T的另一个二次绕组输出交流电压12V，经VD_6～VD_9桥式整流（电压降约为2.2V）、C_6、C_7滤波之后输出15V左右的直流电压。此直流电压接至W7809的输入端（①脚）与公共端（②脚），于是W7809的输出端（③脚）为+9V稳定电压。为了防止W7809输入端短路或电路启动（C_6充电电流很大）时内部电路损坏，在输出端和输入端之间连接一只二极管VD_{10}。与C_6并联的C_7是为了滤去输入端的高次谐波或杂波干扰电压，电容C_8则在输出端做进一步滤波，使直流稳压输出的纹波电压尽可能小。

6-26 如何使三端可调式集成稳压器输出负电压？

输出可调负电压，可选择LM×37系列的组件，接成图6-35所示的电路。例如要输出-1.2～-20V可调电压，可选择LM137组件，其典型电路参数为$U_i \leq -25$，$C_1=0.1\mu F$，$C_2=10\mu F$，$R_1=120\Omega$，RP为2kΩ精密电位器且靠近集成稳压器。

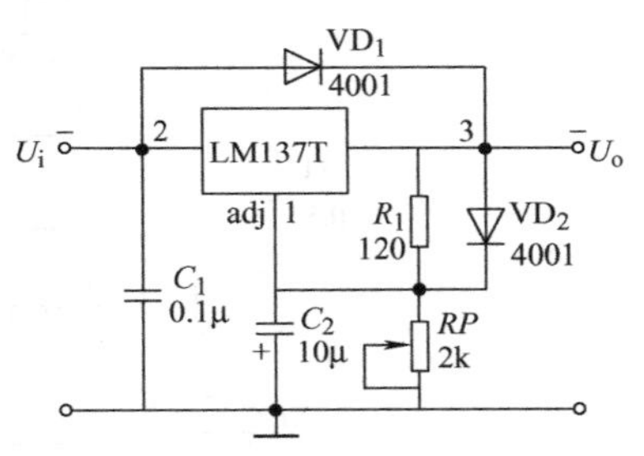

图6-35 输出负电压接法的电路

6-27 怎样组成实用的三端集成稳压电源？

三端集成稳压电源的核心器件是固定三端稳压集成电路，由于它体积小、重量轻、外围元器件少，且有过热、过电流、一定电压范围内的保护等诸多优点，故被广泛采用。本电路输出电压为+12V、-24V。

由图6-36可见，该电路是三端固定稳压集成块W7812和W7824在实际应用中的典型电路。该类集成块采用的是串联调整式稳压电路。

三端稳压电源有多种不同的输出电压等级，用户可根据需要加以选择。例如，需要稳定的5V电压就选用W7805，需要稳定的12V电压就选择W7812，最后两个数字即表示稳定的直流电压值。其输出电压偏差一般在±2%以内。对于输出电流，一般在100mA以内，选择W78L××系列；在0.5A以内，选择W78M××系列；在1.5A以内，选择W7800系列；超过1.5A时就需要采用扩流电路了。图中VT与R_1即为扩流元器件。

当用户需要负电源输出时，要选择W7900系列的产品，它的应用电路和W7800系列完全相同。

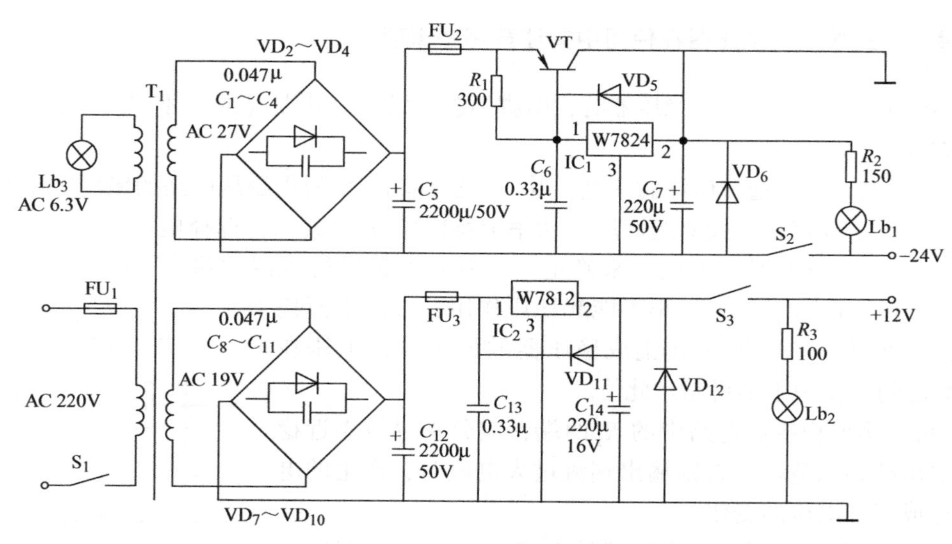

图 6-36　三端集成稳压电源

本电路中的 C_1 ~ C_4 和 C_8 ~ C_{11} 能防止干扰信号寄生耦合到其他接收机输入回路中而使其产生调制交流声；同时也能防止交流干扰电压从整流器输出，串入被供电的电路内部，而产生整流器输出的交流声。为防止电容 C_7 和 C_{14} 对稳压器的输出端放电而损坏集成块，可在集成块的输入与输出之间接入保护二极管 VD_5 和 VD_{11}。

由于采样电阻接在芯片内部，故用来扩展电流的大功率管只能采用 PNP 型晶体管，选用 3AD50C 型，β 约为 30。大功率管 VT 和集成稳压块 IC 都要加装合适的散热器。变压器 T 的功率为 50VA。

全桥 VD_1 ~ VD_4、VD_7 ~ VD_{10} 选用 QL2A50V 型；其余二极管选用 1N4002 型；指示灯 Lb_1 选用 24V 绿色指示灯，Lb_2 选用 12V 绿色指示灯，Lb_3 选用 6.3V 红色指示灯。

只要元器件质量可靠，安装正确，安装后一般不用调试便可成功。

6-28　0 ~ 30V 连续可调的稳压电源是如何工作的？

图 6-37 所示电路可提供 0 ~ 30V 连续可调的输出电压。CW117/217/317 集成稳压器的基准电压是 1.25V，这个电压在输出端和调整端之间，使得集成稳压器的输出电压只能从 1.25V 起向上调节。而在实际应用中，有时需要从零伏开始连续可调的稳压电源。解决的办法是用一个负电源和一只稳压二极管抵消 1.25V 基准电压，从而使输出电压可从零或负压起调。

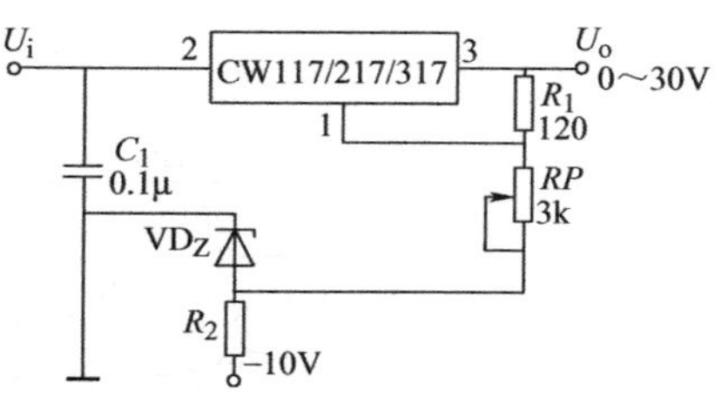

图 6-37　0 ~ 30V 连续可调的输出电压

稳压二极管 VD_Z 的稳定电压值应略大于 1.25V。R_2 是限流电阻，应根据 VD_Z 的稳定电压和稳定电流来确定。流过 VD_Z 的电流分两路：一路是流经 U_o→R_1→RP→VD_Z→地，另一路是 -10V→R_2→VD_Z→地。选取电阻 R_2 的值应按后一种回路来计算。

6-29 三端集成稳压器在使用中需注意哪些事项?

1）使用固定式三端集成稳压器时，引脚不能接错，公共端（地）不得悬空，因此焊装时切忌虚焊。

2）电源变压器的选择应注意两点：其一，选择功率要根据稳压电路的输出电压 U_o 和最大输出电流 I_o 来确定，一般要选变压器功率 $P \geqslant 1.4U_oI_o$。其二，选择电源变压器二次交流电压 U_2，要根据稳压器输出电压来确定，一般要求集成稳压器的输入、输出直流电压差 $|U_o - U_i|$ 不小于2V，压差过小不能起稳压作用，过大则消耗功率会随之增大。一般固定式集成稳压器的最大输入电压在35～40V之间，使用中不得超过此值。

3）可调集成稳压器电路中的 R_1 两端，应分别尽量靠近稳压器的输出端和调整端，否则输出端流过大电流时，产生的电压降会造成基准电压的变化。

4）集成稳压器要尽可能靠近滤波电容 C_1，以免引起输入端自激。当在输出端使用大电容时，应按图6-38所示在输入、输出端跨接保护二极管，预防输入端短路时，输出端大电容通过集成稳压器放电损坏CW78××。

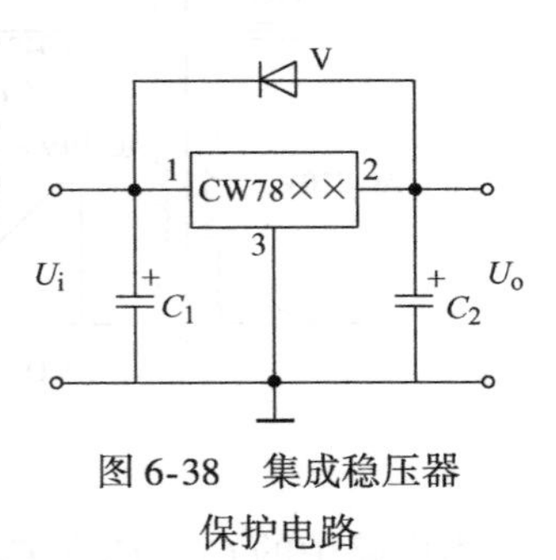

图6-38 集成稳压器保护电路

6-30 可调小功率DC－DC变换器是如何工作的?

这里给出一种将直流电压转换成可调的正直流电压或负直流电压输出的变换器。

电路如图6-39所示。图6-39b所示为他激式升压变换器。IC_{1a}、IC_{1b} 组成振荡器，振荡

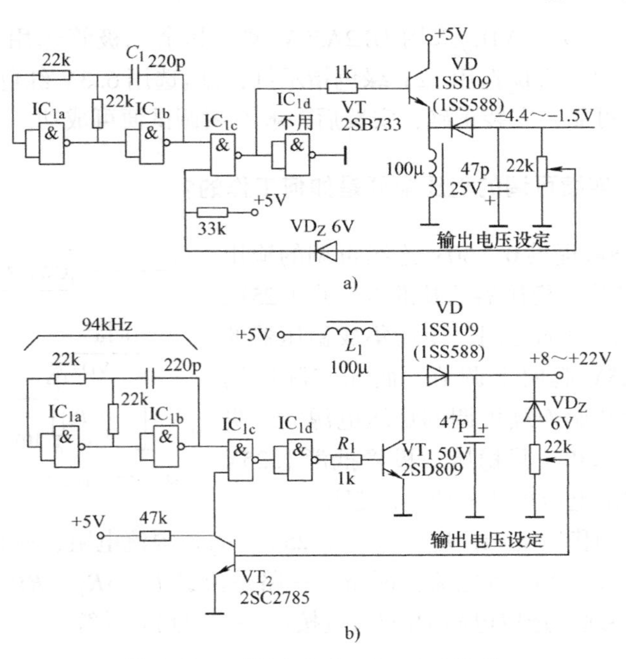

图6-39 可调小功率DC-DC变换器

频率为94kHz，输出占空比为50%的方波信号。IC_{1c}为控制门，判断振荡器的输出能否通过IC_{1c}受晶体管VT_2控制。当输出电压低于设定值时VT_2截止，其集电极为高电平，振荡器输出的方波信号经IC_{1c}、IC_{1d}激励VT_1，VT_1工作于开关状态。当输出电压超过设定值后，VT_2导通，其集电极电压为零，IC_{1c}被关闭，VT_1截止。

图6-39a所示为他激式负电压变换器的电路。电路的振荡器部分与升压式变换器相同。在该电路中由于用74HC00的输入门限电压U_{th}（$\approx U_{CC}/2$）替代了基准电压，所以当5V电压变动时，输出电压也会随之出现变动。

当输出的负电压低于设定值时齐纳二极管截止，晶体管VT工作于开关状态。当输出的负电压超过设定值之后，齐纳二极管被击穿，将IC_{1c}的输出固定在高电平，VT截止。

电感线圈用小型固定电感，直流电阻为2.2Ω。由于74HC00在2.4V时仍能工作，所以上述电路也可以用两节镍镉电池做电源，此时需将电路参数做下列改动：R_1改为330Ω，L_1改为50μH，C_1改为470pF。

6-31　怎样组成限流保护电路？

直流稳压电源的限流保护电路如图6-40所示。R_1为检流电阻，当输出电流I_o在额定值以内，使$I_oR_1<0.6V$时，VT_3截止，VT_1和VT_2组成的复合调整管正常导通。当输出电流急剧增加时，如超过极限值，即当$I_oR_1>0.6V$时，使VT_3导通。由于它的分流作用，减少了VT_2的基极电流I，使VT_1的发射极电流减小，最终导致输出电流I_o减小，从而达到限流保护的目的。

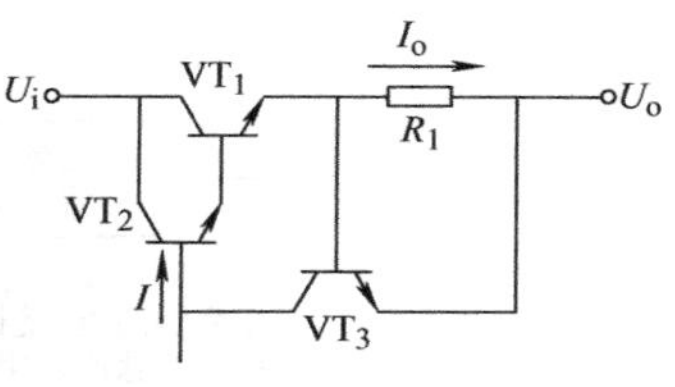

图6-40　限流保护电路

6-32　怎样组成过电流短路保护电路？

直流稳压电源过电流短路保护电路如图6-41所示。运算放大器A组成比较器，在反相输入端通过电位器RP_1的调节得到某一设定电压，当负载过电流或短路时，流过检流电阻R_4的电流超过设定值，引起同相输入的电压大于反相输入端的电压，导致运算放大器的输出翻转。由于晶闸管VTH一直工作在正向，所以如果控制极触发电压到来，那么晶闸管就会导通，VT_1和VT_2组成的复合调整管马上截止，这样，输出电流只是流经晶闸管的电流。因电流很小，故检测电阻上的电压减小，导致晶闸管控制极触发电压撤销，但

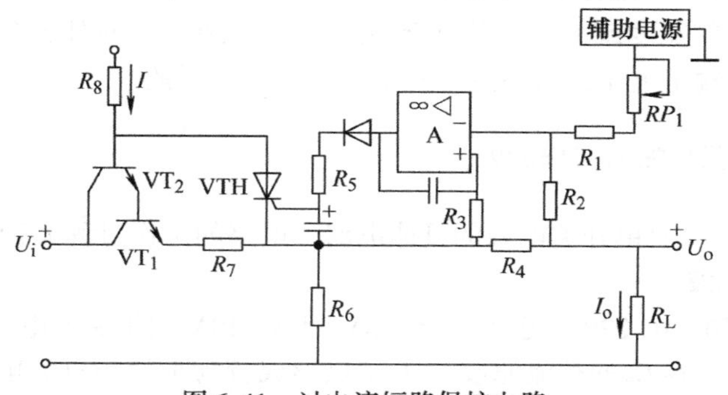

图6-41　过电流短路保护电路

晶闸管仍处于正向电压导通状态，使复合调整管仍然截止，从而达到过电流短路保护的目的。

6-33 什么是开关电源？

在串联型稳压电源中，电压调整管与负载串联在一起，并且工作在放大状态，相当于一个阻值受误差电压控制的可变电阻器，因而，串联型稳压电源的电压调整从本质上讲，是通过调整串联在负载电路上的可变电阻的阻值来改变负载上的电压的。由此可见，这个可变电阻将消耗许多能量。这就是串联型稳压电源效率低的主要原因。而开关电源的电压调整器件（调整管）工作于开关状态，其调压原理是通过调整开关器件的导通时间（持续时间和导通间隔）来控制负载上的电压的。

图6-42所示为开关稳压电路的原理框图。由图可见，开关稳压电路也有整流滤波（工频）、采样、电压比较、误差放大和基准电压等电路，这与传统的稳压电源电路是相同的。不同的是电压调整部分，该部分一般是由脉冲产生电路、脉冲宽度（或频率）调制电路、电子开关和高频脉冲整流滤波电路等组成的。

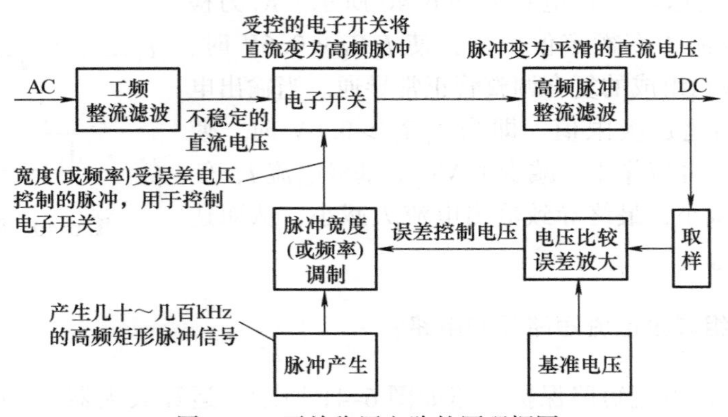

图6-42 开关稳压电路的原理框图

开关电源的一般工作过程为：由于市电电压的变化或负载的变化，引起开关电源输出的直流电压发生变化，这个变化的电压将被采样电路采样并与基准电压进行比较和放大，产生一个反映输出电压变化的误差电压，用这个误差电压控制脉冲的宽度或频率，进而控制电子开关的通断，电子开关将由整流滤波电路产生的直流电压变为几十kHz至几百kHz的矩形脉冲（这个矩形脉冲的宽度或频率决定了输出电压的大小），再对这个脉冲进行整流和滤波，获得平滑的直流输出电压，最终达到稳定输出电压的目的。

6-34 开关电源是如何工作的？

图6-43所示为一个简单开关电源的具体电路。电路的工作过程大致如下。

1. 变压与整流滤波

由变压器T将市电AC 220V变换为AC 18V和AC 10V两组交流电压，其中交流18V电压经过整流桥DZ_1和电容C_2的整流滤波，在A点形成较为平滑的直流电压U_i，以供下一级变换。而交流10V电压经过整流桥DZ_2和电容C_4的整流滤波，再经三端稳压器W7806的稳

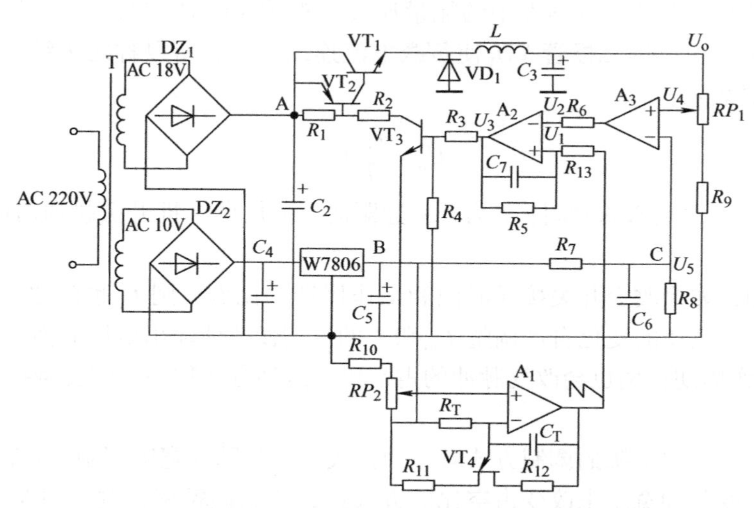

图6-43 开关稳压电路的原理图

压，在B点形成稳定的6V直流电压，为脉冲发生器（由A_1等器件构成的锯齿波发生器和由A_2构成的脉宽调制器）提供工作电压，并且通过R_7和R_8的分压在C点形成基准电压U_5。

2. 锯齿波的产生与脉宽调制

锯齿波发生器由A_1、VT_4、C_T、R_T、R_{10}、R_{11}、R_{12}、RP_2组成。C_T和R_T决定锯齿波的频率，调整RP_2可改变锯齿波的幅度和斜率。锯齿波发生器输出的锯齿波形U_1如图6-44所示。脉宽调制器由A_2、R_5、R_6、R_3、R_{13}和C_7组成，锯齿波经R_{13}接A_2的同相输入端，调制电压经R_6接A_2的反相输入端。此脉宽调制器实际上是一个窗口比较器，由图6-44可见，改变调制电压U_2的幅度即可改变调制器输出矩形波的占空比。

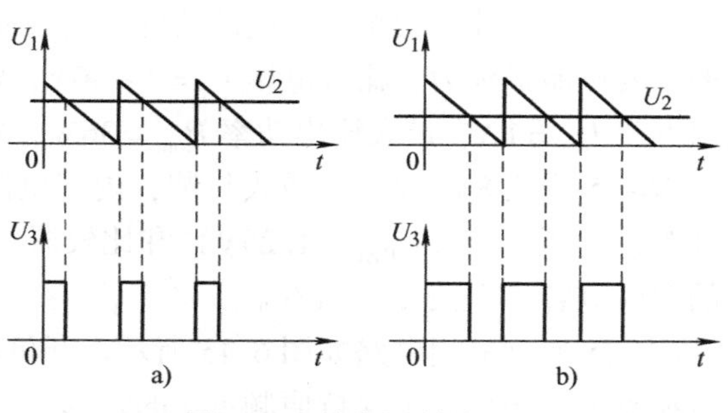

图6-44 脉宽调制的原理

3. 采样与调制电压的产生

采样电路由RP_1和R_9构成的分压器组成。取样电压U_4正比于输出电压U_o。A_3构成误差比较器，其作用是用输出电压U_o与基准电压U_5进行比较，产生误差电压，此电压就是前面所说的调制电压。

4. 电子开关与逆变

电子开关由VT_1、VT_2、VT_3等元器件组成。它在脉宽调制器的控制下将直流变为高频脉冲。这个高频脉冲的频率与锯齿波的频率相同，而其占空比受脉宽调制器的控制。

5. 输出电压的产生

电子开关以一定的时间间隔重复地接通和断开，在电子开关接通时，输入电源U_i通过电子开关和滤波电路L和C_3提供给负载。在整个开关接通期间，电源向负载提供能量。当电子开关K断开时，存储在电感L中的能量通过二极管VD_1释放给负载，使负载得到连续而稳定的输出电压U_o，因二极管VD_1使负载电流连续不断，所以称之为续流二极管。输出电压U_o可用下式表示：

$$U_o=\frac{T_{on}}{T}U_1$$

式中，T_{on}为开关每次接通的时间；T为开关通断的工作周期（即开关接通时间T_{on}和关断时间T_{off}之和）。

由上式可知，如果改变开关接通时间和工作周期的比例，则U_o也随之改变，因此，随着负载及输入电源电压的变化自动调整T_{on}和T的比例便能使输出电压U_o维持不变。改变接通时间T_{on}和工作周期比例也会改变脉冲的占空比，这种方法称为时间比例控制（Time Ratio Control，TRC）。

按控制原理，开关电源的调制方式有三种方式：一是脉冲宽度调制（PWM），即开关周期恒定，通过改变脉冲宽度来改变占空比的方式；二是脉冲频率调制（PFM），即导通脉冲宽度恒定，通过改变开关工作频率来改变占空比的方式；三是混合调制，即导通脉冲宽度和开关工作频率均不固定，彼此都能改变的方式，它是以上两种方式的混合。

6-35 由DN-25构成的开关稳压电源是如何工作的？

DN-25是单片开关型稳压电源器件，适合制作中等输出电流、宽调压范围的稳压电源。它的主要性能指标为：输入电压$U_i=3\sim40V$，输出电压$U_o=1.25\sim24V$（连续可调），最大输出电流$I_{om}=1A$，最大输出功率$P_{om}=36W$，负载短路限制电流$I_{osh}\leqslant1.1A$。

DN-25采用8脚双排直插式封装，内部电路主要包括振荡器（OSC）、R-S触发器、输出开关、电压基准（$U_{REF}=1.25V$）和比较器。DN-25内部振荡器的振荡频率f由③脚所接入的定时电容C_T决定，$f=1/C_T$。

DN-25典型应用电路如图6-45所示。开机后，振荡器起振，输出的U_F信号经R-S触发器变换整形，产生一个保持原频率f的矩形脉冲激励电压，再由VT_1、VT_2组成的达林顿电路放大后，由②脚输出。输出电压U_o的调整是通过调节比较器反相输入端⑤脚的电压得以实现的。⑤脚电压的改变可以调节R-S触发器输出的激励脉冲宽度，从而引起输出电压U_o的变化。该稳压电源$U_i=25V$，$U_o=(1+R_P/R)\cdot U_{ref}$，稳定度为0.12%；负载调整率为0.03%；短路限制电流$I_{osh}=1.1A$；效率$\eta=82.5\%$；纹波小于120mV（V_{PP}）。如需进一步降低纹波，则可在其输出端加一节LC滤波器。

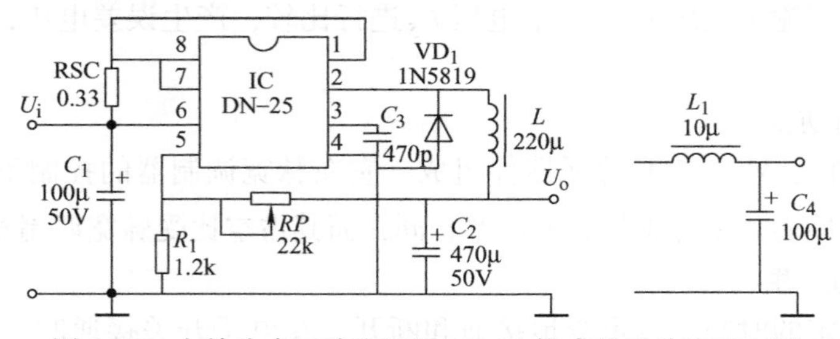

图6-45　由单片式开关稳压器DN-25构成的开关稳压电源

6-36　由 SI81206Z 模块构成的开关稳压电源是如何工作的?

SI81206Z 是日本三康电气公司出品的斩波型大功率混合集成电路开关稳压器，输出电压为 12V，输出电流可达 6A，并且有过电流保护功能。表 6-3 是它的基本特性，图 6-46 是它的引脚排列。

表 6-3　SI81206Z 基本特性

极限指标（$T=25$℃）		电气特性（$T=25$℃）	
输入电压/V	45	输入电压/V	19 ~ 45
输出电流/A	6	输出电压/V	12 ±0.2
允许功耗/W	40	温度系数/(mV/℃)	±1.0
工作温度/℃	−29 ~ 90	电源变化/mV	150
		负载变化/mV	15
		纹波抑制比/dB	45

采用 SI81206Z 模块的 13.8V 开关稳压电源电路，如图 6-47 所示。SI81206Z 的输出电压是 12V，为得到 13.8V 的输出电压，在其电压检测端（③脚）与输出端（⑧脚）之间串联一个正向压降为 1.8V 左右的发光二极管。只要保证 SI81206Z⑦脚的输入电压在 19 ~ 45V 之间，就可输出稳定的 13.8V 电压。图中 C_1 用于抑制开关稳压器自激，它对来自电源线的高频或脉冲扰动也有一定的抑制作用；C_2 用于防止噪声引起过电流保护误动作；R_1、C_4 用于抑制开关稳压器内部产生的噪声；C_3、C_5 用于防止异常振荡；L_1 用于减少输出电流的脉动系数。本电源可提供 5A 的负载电流，效率 >86%。

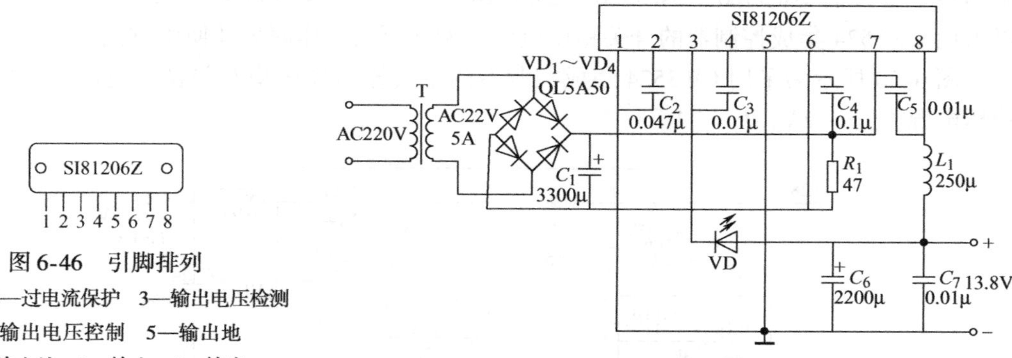

图 6-46　引脚排列

1—地　2—过电流保护　3—输出电压检测
4—输出电压控制　5—输出地
6—输入地　7—输入　8—输出

图 6-47　由 SI81206Z 模块组成的 13.8V 开关稳压电源

6-37　由 L4960 构成的单片式开关电源是如何工作的?

L4960 是一种被誉为高效节能稳压电源的单片式开关集成稳压器，电源效率可达 90% 以上，其引脚排列如图 6-48 所示。

图 6-49 所示为由 L4960 构成的 +5 ~ +40V 开关电源电路原理图。交流 220V 电压经过变压器降压、桥式整流和滤波后得到直流电压 U_i，输入 L4960 的①脚，在 L4960 内部软启动电路的作用下，输出电压逐步上升。当整个内部电路工作正常后，输出电压在 R_3、RP 采

样后，送到②脚，在内部误差放大器中与5.1V基准电压进行比较，得到误差电压，再用误差电压的幅度去控制PWM比较器输出的脉冲宽度，经过功率输出级放大和降压式输出电路（由L、VD、C_6和C_7构成）使输出电压U_o保持不变。在L4960⑦脚得到的是功率脉冲调制信号。该信号为高电平（L4960内部开关功率管导通）时，除了向负载供电之外，还有一部分电能存储在L和C_6、C_7中，此时续流管VD截止。当功率脉冲信号为低电平（开关功率管截止）时，VD导通，存储在L中的电能就经过由VD构成的回路向负载放电，从而维持输出电压U_o不变。

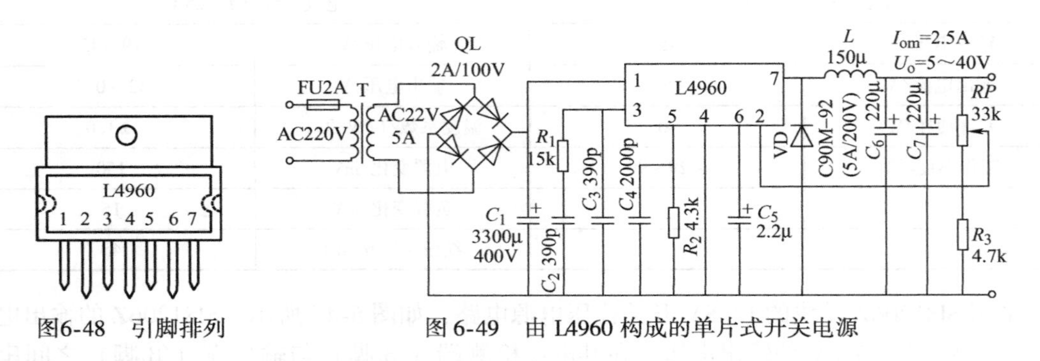

图6-48　引脚排列　　　图6-49　由L4960构成的单片式开关电源

6-38 由集成控制器构成的开关直流稳压电源是如何工作的？

采用集成控制器是开关稳压电源发展趋势的一个重要方面。它使电路简化、使用方便、工作可靠、性能稳定。我国已经系列生产开关电源的集成控制器，它将基准电压源、三角波电压发生器、比较放大器和脉宽调制式电压比较器等电路集成在一块芯片上，称为集成脉宽调制器。型号有SW3520、SW3420、CW1524、CW2524、CW3524、W2018、W2019等，现以采用CW3524集成控制器的开关稳压电源为例介绍其工作原理及使用方法。

图6-50所示为采用CW3524集成控制器的单端输出降压型开关稳压电源实用电路。该稳压电源$U_o=+5V$，$I_o=1A$。

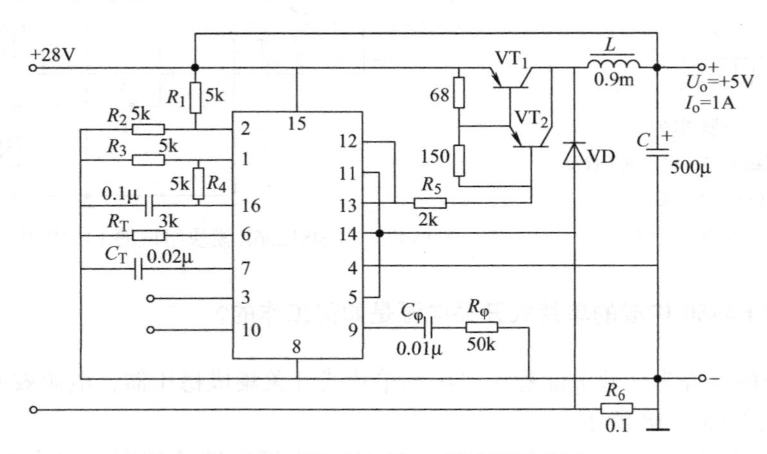

图6-50　用CW3524的开关稳压电源

CW3524集成电路共有16个引脚。其内部电路包含基准电压、三角波振荡器、比较放大器、脉宽调制电压比较器、限流保护等主要部分。振荡器的振荡频率由外接元器件的参数来确定。

⑮、⑧脚接输入电压 U_i的正、负端；⑫、⑪脚和⑭、⑬脚为驱动调整管基极的开关信号的两个输出端（即脉宽调制式电压比较器输出信号 u_{o2}），两个输出端可单独使用，也可并联使用，连接时一端接开关调整管的基极，另一端接⑧脚（即地端）；①、②脚分别为比较放大器的反相和同相输入端；⑯脚为基准电压源输出端；⑥、⑦脚分别为三角波振荡器外接振荡元件 R_T和 C_T的连接端；⑨脚为防止自激的相位校正元件 R_φ和 C_φ的连接端。

调整管 VT_1、VT_2均为 PNP 硅功率管，VT_1为 3CD15，VT_2选用 3CG14。VD 为续流二极管。L 和 C 组成 LC 储能滤波器，选 $L=0.9mH$，$C=500\mu F$。R_1和 R_2组成采样分压器电路，R_3和 R_4是基准电压源的分压电路。R_5为限流电阻，R_6为过载保护采样电阻。

R_T一般在 1.8～100kΩ 之间选取，C_T一般在 0.001～0.1μF 之间选取。控制器最高频率为 300kHz，工作时一般取在 100kHz 以下。

CW3524 内部的基准电压源 $U_R=+5V$，由⑯脚引出，通过 R_3和 R_4分压，以 $U_R/2=2.5V$ 加在比较放大器的反相输入端①脚；输出电压 U_o通过 R_1和 R_2的分压后以 $U_o/2=2.5V$ 加至比较放大器的同相输入端②脚，此时，比较放大器因 $U_+=U_-$，其输出 $u_{o1}=0$。调整管在脉宽调制器作用下，当开关电源输入 $U_i=28V$ 时，输出电压为标称值 +5V。

6-39 脉冲调宽式微型开关稳压电源是如何工作的？

图 6-51 所示为用 WS157 或 WS106 构成的脉冲调宽式微型开关稳压电源。WS157 或 WS106 是一种稳压式开关电源控制器件。它的内部将控制电路和功率开关管集成到同一个芯片上，具有 PWM 控制，过电流、过热等多种检测保护功能，外部仅需接合适的开关变压器和少量元器件就能正常工作。

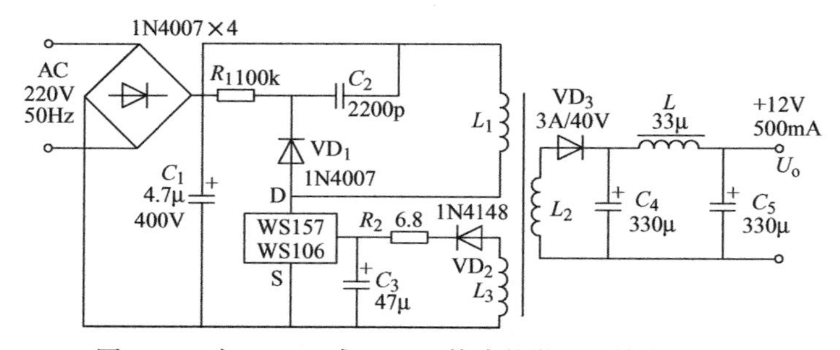

图 6-51 由 WS157 或 WS106 构成的微型开关稳压电源

220V 交流市电经整流滤波后，在 C_1两端得到的 300V 直流电压，经开关变压的初级绕组 L_1加在 IC（WS157 或 WS106）的 D 端，使内部电路得电启动工作。二次绕组 L_2输出方波电压，经 VD_3、C_4、C_5等整流滤波后变为直流电压。反馈绕组 L_3电压经 VD_2、R_2和 C_3整流滤波后加在 IC 的控制端作为采样电压。当输入电压下降或负载变化引起的输出电压下降时，反馈电压也下降，通过 IC 内部 PWM 比较处理和控制使功率开关管的占空比线性增大，从而保持输出电压不变。R_1、C_2、VD_1组成反馈钳位电路，可提高变换效率和降低 D 端反向峰值电压。R_2、C_3和 L_3反馈采样电压共同决定控制回路的起控状态。由于电路振荡频率很高，开关变压器可以做得很小。此电源的稳压准确度为95%，输入电压在110~260V之间仍能正常工作。整个电源可以装在火柴盒大小的盒子中。

6-40 怎样测定电源的相序?

电源的相序有三种测定方法：

1）采用双踪示波器。指定任一相电源为U相，用示波器观察其波形，比U相波形滞后120°者为V相，超前120°者为W相。

2）相序灯法。如图6-52所示，电容器、指示灯采用星形联结，另外三端点分别接到三相电源上，若以电容器所接的电源为U相，则较亮指示灯相接的电源为V相，较暗指示灯相接的电源为W相。

3）相序鉴别器。如图6-53所示，将①、②、③端接到三相电源上，如果氖灯亮，则1、2、3端所接的电源分别为U、V、W相；如果氖灯不亮，则为U、W、V相。

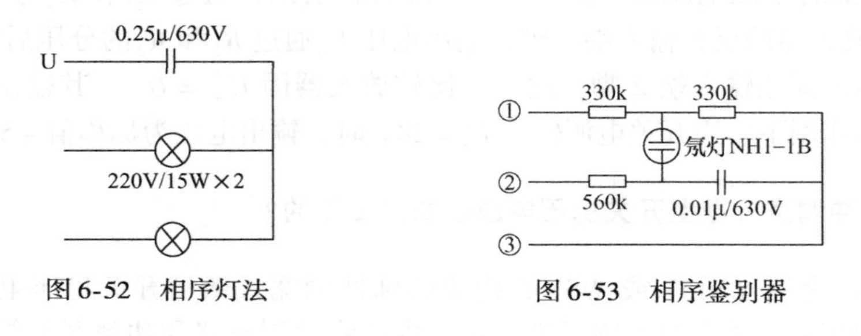

图6-52 相序灯法　　图6-53 相序鉴别器

第 7 章

晶闸管与可控整流电路

7-1 什么是晶闸管？它有哪些用途？

晶闸管是硅晶体闸流管的简称，它包括普通晶闸管和双向、可关断、逆导、快速等晶闸管。普通型晶闸管曾称为可控硅整流器（Silicon Controlled Rectifier，SCR）。在实际应用中，如果没有特殊说明，则均指普通晶闸管。

晶闸管主要用来组成整流、逆变、斩波、交流调压、变频等变流装置和交流开关，以及家用电器实用电路等，由于上述装置，特别是变流装置是静止型的，具有体积小、寿命长、效率高、控制性能好，并且无毒、无噪声、造价低、维修方便等优点，因此在各个工业部门和民用领域都得到广泛的应用。

7-2 晶闸管的基本结构是怎样的？

晶闸管的种类很多，有普通型、双向型、可关断型和快速型等，这里主要介绍使用最为广泛的普通型晶闸管。部分晶闸管的实物如图 7-1 所示。

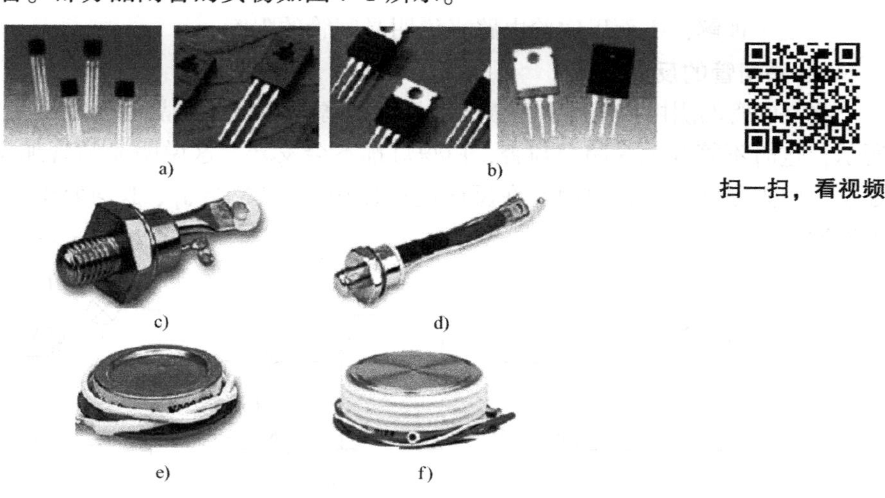

扫一扫，看视频

图 7-1　部分晶闸管的实物图

a）单向晶闸管　b）双向晶闸管　c）KP5－20A 螺栓型　d）KP20－300A 陶瓷型
e）KA 平板式（凹型）f）KTT 平板式（凸型）

普通型晶闸管的外形有螺栓式和平板式，外形如图7-2所示。它们都有三个电极：阳极A、阴极K、门极G。螺栓式晶闸管有螺栓的一端是阳极，使用时可将螺栓固定在散热器上，另一端的粗引线是阴极，细引线是门极。平板式晶闸管中间金属环的引出线是门极，离门极较远的端面是阳极，离门极较近的端面是阴极，使用时可把晶闸管夹在两个散热器中间，散热效果好。

晶闸管的内部结构如图7-3a所示，它由四层半导体P_1、N_1、P_2、N_2重叠构成，从而形成J_1、J_2、J_3三个PN结。由端面P_1层半导体引出阳极A，由端面N_2层半导体引出阴极K，由中间P_2层半导体引出门极G。图7-3b所示为晶闸管的图形符号。

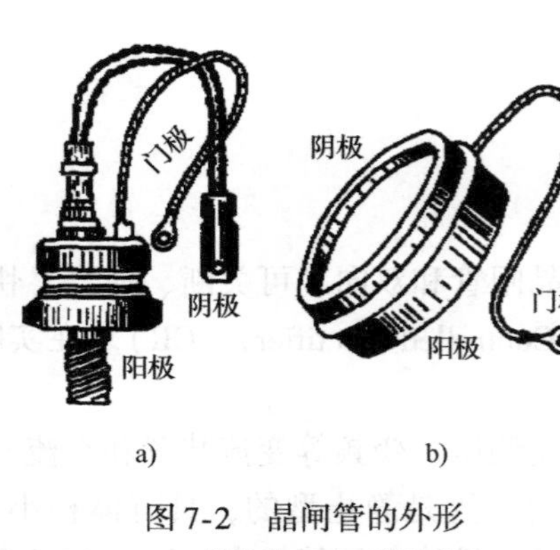

图7-2 晶闸管的外形
a）螺栓式 b）平板式

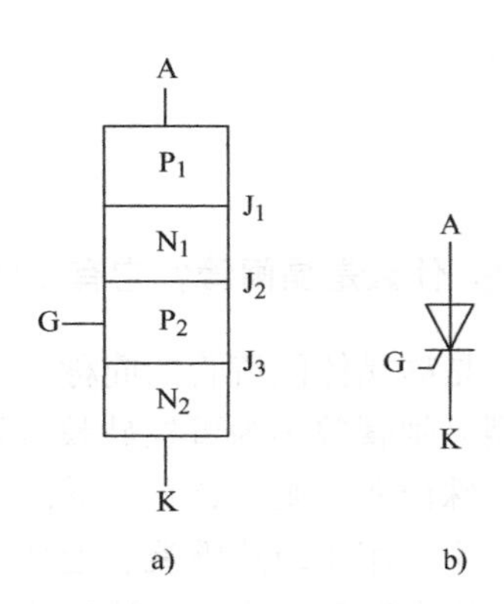

图7-3 晶闸管的结构及图形符号
a）结构图 b）图形符号

目前，200A以上的晶闸管都采用平板式结构，主要原因是其散热效果好。当三个电极无法从外形区分时，可采用测试的方法加以区分。

7-3 晶闸管在何种情况下反向阻断和正向阻断？

为便于理解，下面以实验电路来说明晶闸管的阻断。

1. 晶闸管的反向阻断

将晶闸管的阴极接电源的正极，阳极接电源的负极，使晶闸管承受反向电压，如图7-4a所示，这时不管开关S闭合与否，白炽灯都不会发光。这说明晶闸管加反向电压时不导通，处于反向阻断状态，其原因是在反向电压作用下，PN结J_1、J_3均处于反向偏置，故晶闸管不导通。

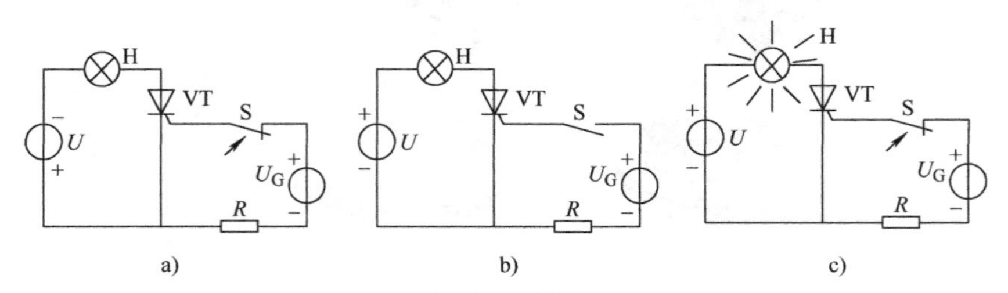

图7-4 晶闸管工作原理实验电路
a）反向阻断 b）正向阻断 c）正向导通

2. 晶闸管的正向阻断

在晶闸管的阳极和阴极之间加正向电压，开关S不闭合，如图7-4b所示，白炽灯也不亮，晶闸管处于正向阻断状态。形成正向阻断的原因是当晶闸管只加正向电压而门极未加电压时，PN结J_2处于反向偏置，故晶闸管也不会导通。

7-4 晶闸管在何种情况下导通？

在晶闸管加正向电压的同时，将开关S闭合，使门极也加正向电压，如图7-4c所示，此时白炽灯发出亮光，说明晶闸管处于导通状态。可见，晶闸管导通的条件是阳极与阴极之间加正向电压，门极与阴极间也加正向电压。

晶闸管导通后，当开关S断开后，白炽灯仍然发光，即晶闸管仍处于导通状态。这说明晶闸管一旦导通，门极便失去了控制作用。因此，在实际应用中，门极只需施加一定的正脉冲电压便可触发晶闸管导通。

为了说明晶闸管导通的原理，可以将晶闸管看成是由PNP型和NPN型两个晶体管连接而成，如图7-5所示。其中N_1、P_2为两管共有，即一个晶体管的基极与另一个晶体管的集电极相连。阳极A相当PNP型管VT_1的发射极，阴极K相当于NPN型管VT_2的发射极。

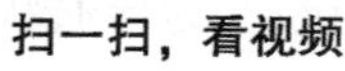

扫一扫，看视频

如果晶闸管阳极加正向电压，门极也加正向电压，则两个等效晶体管的各个PN结的偏置均符合放大工作的条件，其电路如图7-6所示。

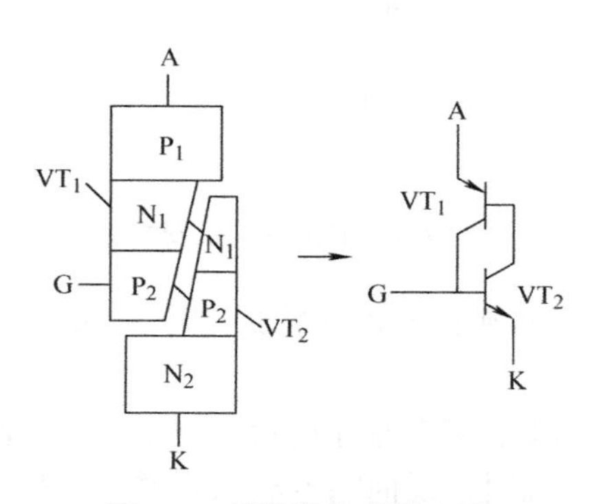

图7-5 晶闸管的等效电路

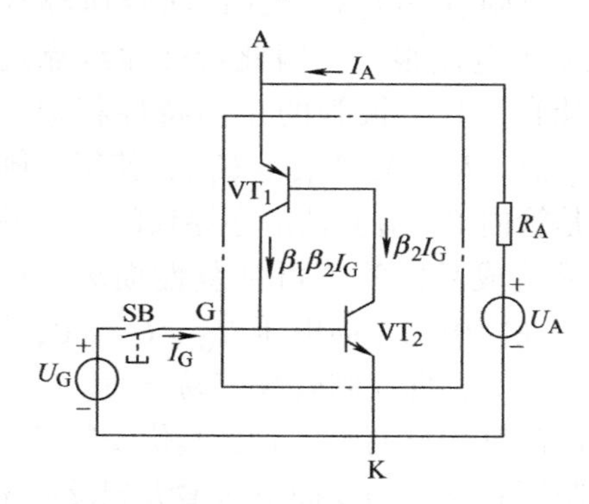

图7-6 晶闸管导通原理图

在门极正向电压U_G的作用下，产生的门极电流I_G就是VT_2管的基极电流I_{B2}，VT_2的集电极电流$I_{C2}=\beta_2 I_{B2}=\beta_2 I_G$又是$VT_1$管的基极电流，$VT_1$管的集电极电流$I_{C1}=\beta_1 I_{C2}=\beta_1\beta_2 I_G$，其中$\beta_1$、$\beta_2$分别是$VT_1$、$VT_2$的电流放大系数。$I_{C1}$又流入$VT_2$的基极再一次放大。反复放大在电路中形成强烈的正反馈，使两个晶体管迅速达到饱和导通，晶闸管便进入了完全导通的状态。晶闸管导通后的工作状态可完全依靠晶闸管本身的正反馈来维持，即使控制电流消失，晶闸管仍处于导通状态。

晶闸管导通后，其正向压降很小，大约为1V，电源电压几乎全部加在负载上。所以，晶闸管导通后电流的大小取决于外电路参数。

7-5 晶闸管导通后如何关断?

晶闸管导通后，若将外电路的负载电阻加大，使晶闸管的阳极电流降低到无法维持正反馈的数值，则晶闸管便自行关断，恢复到阻断状态。对应于关断瞬间的阳极电流称为维持电流，用I_H表示，它是维持晶闸管导通的最小电流。如果将晶闸管的阳极电压降低到零，或者断开阳极电源，又或者在阳极与阴极间加反向电压，那么导通的晶闸管都能自行关断。

综上所述，晶闸管是一个可控的单向导电开关。与二极管相比它具有可控性，能正向阻断；与晶体管相比，其差别在于晶闸管对控制电流没有放大作用。

7-6 晶闸管的静态特性（伏安特性）是怎样的?

晶闸管的伏安特性是阳极电流I_A与阳、阴极间电压U_{AK}的关系，其特性曲线如图7-7所示。

当$U_{AK}>0$且门极未加电压，即$I_G=0$时，晶闸管处于正向阻断状态。由于管内PN结J_2处于反向偏置，所以只有很小的漏电流，对应于特性曲线的OA段。当U_{AK}增大到A点电压U_{BO}时，漏电流突然增大，晶闸管迅速由阻断变为导通状态。A点电压U_{BO}称为正向转折电压。晶闸管导通后，其正向管压降约为1V，但阳极电流很大，因此特性曲线靠近纵轴且很陡直，与二极管的正向特性相似。需要说明一点，$I_G=0$，$U_{AK}>U_{BO}$，使得晶闸管导通，是管内PN结J_2被击穿导致的，这种情况很容易造成晶闸管不可恢复性损坏。正常使用时应在门极加正向电压U_G。$U_G>0$，则$I_G>0$，晶闸管的正向转折电压降低。I_G越大，转折电压越小，即晶闸管越容易导通。

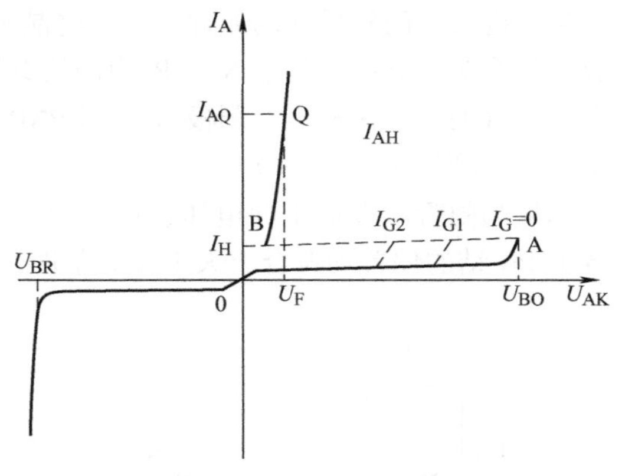

图7-7 晶闸管的伏安特性

当晶闸管加反向电压时，其伏安特性与二极管相似，只有很小的反向漏电流，晶闸管处于反向阻断状态。当反向电压增大到反向击穿电压U_{BR}时，反向漏电流急剧增大，晶闸管反向击穿。U_{BR}又称为反向转折电压。

7-7 晶闸管的主要参数有哪些?

晶闸管的主要参数如下：

（1）正向重复峰值电压U_{FRM}　在门极开路和正向阻断的条件下，允许重复加在晶闸管两端的正向峰值电压，用U_{FRM}表示。通常规定此电压为正向转折电压U_{BO}的80%。

（2）反向重复峰值电压U_{RRM}　在控制极开路时，允许重复加在晶闸管上的反向峰值电压，用U_{RRM}表示。通常规定此电压为反向转折电压U_{BR}的80%。

U_{FRM}和U_{RRM}在数值上一般比较接近，统称为晶闸管的重复峰值电压。通常把其中较小的那个数值作为该型号器件的额定电压，用U_N表示。

（3）额定正向平均电流I_F　在规定的标准散热条件和环境温度（40℃）下，晶闸管处于全导通时允许连续通过的工频正弦半波电流的平均值，用 I_F 表示。

由于晶闸管的过载能力小，在选用晶闸管时，其额定正向平均电流 I_F 应为正常工作平均电流的 1.5 ~2 倍。

（4）维持电流 I_H　在室温下，门极断开后，维持晶闸管继续导通所必需的最小电流，用 I_H 表示。当正向电流小于维持电流时，晶闸管就自行关断。I_H 的值一般为几十 mA 至一百多 mA。

目前我国生产的晶闸管的型号及其含义如下：

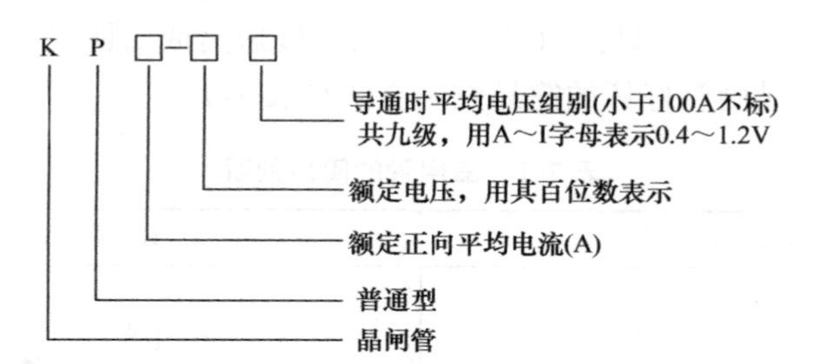

例如 KP300－10F 型晶闸管是普通型晶闸管，额定电流为 300A，额定电压为 1000V，通态平均电压降为 0.9V。

7-8　怎样选取晶闸管的额定电流？

晶闸管在工作时，其结温不能超过额定值，否则就会导致晶闸管因过热而损坏。晶闸管的额定结温规定 $I_{T(AV)} \leq 50A$ 的管子为 100℃，$I_{T(AV)} = 100 \sim 1000A$ 的管子为 115℃，结温高低由发热和冷却两方面的条件决定。发热程度与流过晶闸管的电流有效值有关，只要流过晶闸管的实际电流有效值等于（小于更好）晶闸管的额定电流有效值，晶闸管的发热就被限制在允许范围之内。

晶闸管的额定电流有效值可根据通态平均电流 $I_{T(AV)}$ 定义，求出两者关系为

$$I_{TN} = 1.57 I_{T(AV)}$$

此式表明：额定电流为 100A 的晶闸管，能通过电流的有效值为 157A，其余以此类推。

根据变流装置的形式，负载平均电流 I_L 和晶闸管导通角 θ，可以求出通过晶闸管的实际电流有效值 I_T。考虑到晶闸管过载能力差，在选择晶闸管的额定电流时，取实际需要值的 1.5 ~2 倍，使之有一定的安全裕量，保证晶闸管可靠运行，因此，根据有效值相等原则，通常按以下公式计算晶闸管的额定电流 $I_{T(AV)}$：

$$I_{T(AV)} = (1.5 \sim 2) I_T / 1.57$$

例如单相半波可控整流电路，电阻性负载，已知电源电压有效值 $U_2 = 220V$，负载平均电流 I_L 为 20A，导通角 θ 为 120°，求得流过晶闸管的实际电流有效值 I_T 为 37.6A，按上式算出 $I_{T(AV)}$ 为

$$I_{T(AV)} = (1.5 \sim 2) \times \frac{37.6}{1.57} A = (36 \sim 48) A$$

按标准电流等级取整数，由于没有 36 ~48A 之间的等级，所以就高取 50A。

简捷算法：由于安全裕量为 1.5 ~2 倍，如果取 1.57，则有 $I_{T(AV)} \geq I_T$，只要求出 I_T，按标准电流等级就高取值，即可满足要求。上例中，I_T 为 37.6A，不难得出晶闸管额定电流应取 50A 的结论。

7-9 怎样判别晶闸管的好坏?

在没有专用测试设备的条件下,可通过下述方法判断晶闸管能否投入工作。

1)将万用表电阻档置于 $R\times1\text{k}$ 档,测量阳极-阴极之间和阳极-门极之间正、反向电阻,正常值都应在几百 kΩ 以上;门极-阴极之间正向电阻为几百 Ω 至几 kΩ,电阻较正向电阻略大。测量时,特别是测量门极-阴极的阻值时,绝不允许使用 $R\times10\text{k}$ 档,以防止表内高电压击穿门极的 PN 结。测量时,如发现任何两个极短路或对阴极断路,则说明晶闸管已经损坏。用万用表测量晶闸管好坏的简易判断方法见表 7-1。

表 7-1 晶闸管的简易判断

1. G-K PN结正向特性	2. G-K PN结反向特性
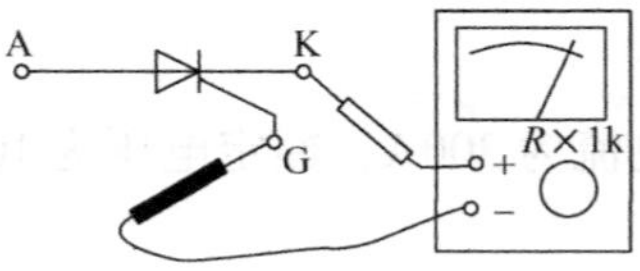	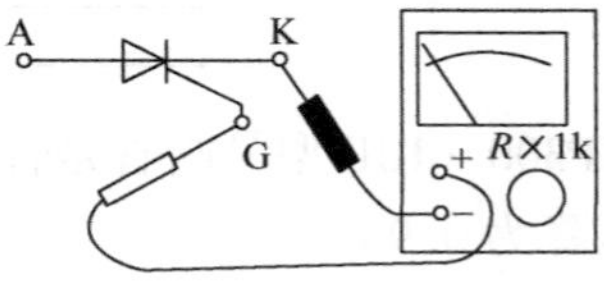
正向电阻应在几 kΩ,若为零则说明 PN 结击穿,过大时极易有断路	反向电阻应为∞,若为零或很小,则说明 PN 结有击穿
3. G-A 阻值	4. A-K 阻值
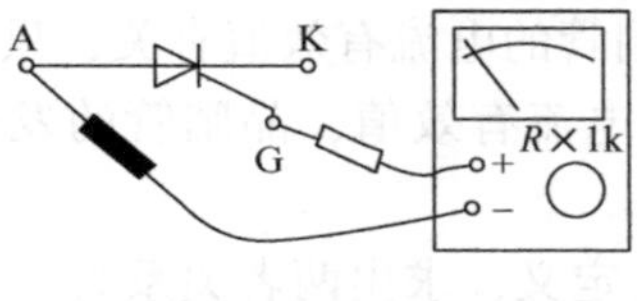	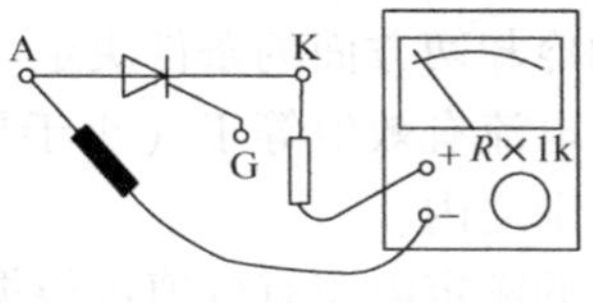
应为∞,若阻值小则说明内部有击穿或短路	正反向测量时均应为∞,否则内部有击穿或短路

2)按照上述方法,只能初步鉴别晶闸管的好坏,若要投入工作,则还需按图 7-8 的接线进行实验。

欲使晶闸管导通,需要同时具备两个条件:① 阳极-阴极间加正向电压;② 门极加正向电压,使足够的门极电流 I_g 流入。因此,按图 7-8 接线,合上 QS 时,白炽灯不亮,再按一下 SB,白炽灯如果发亮,则说明晶闸管良好,能够投入电路工作。

以上是鉴别晶闸管好坏的一种简易方法,如果想要进一步知道晶闸管的特性和相关参数,则需要检查产品合格证上所标的测试参数或用专门测试设备进行测试。

7-10 单相半波可控整流电路电阻性负载是如何工作的?

单相半波可控整流电路是最基本的可控整流电路。同一整流电路,当负载性质不同时,电路的工作情况也不同。

接有电阻性负载的单相半波可控整流电路如图 7-9 所示,它由变压器、晶闸管和负载电阻 R_L 组成。变压器二次电压 $u_2=\sqrt{2}U_2\sin\omega t$。

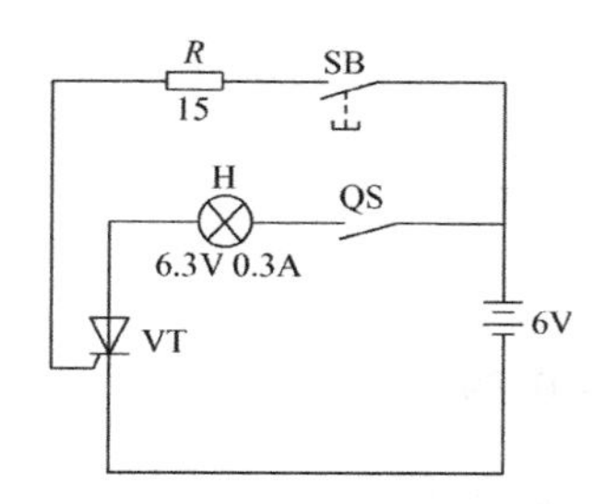

图7-8　测试晶闸管的简易电路

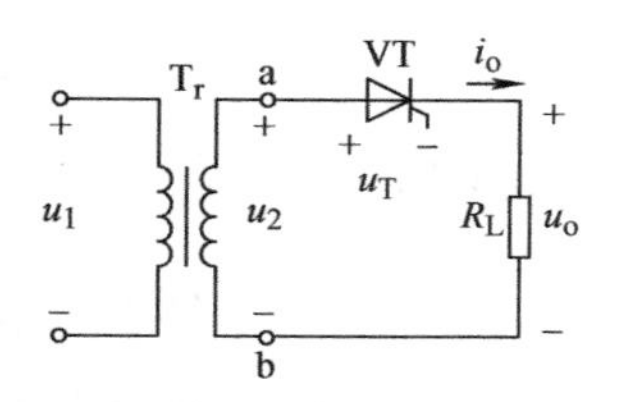

图7-9　接电阻性负载的单相半波可控整流电路

当u_2为正半周时，设a点电位高于b点电位，晶闸管承受正向电压而处于正向阻断状态。当$\omega t=\alpha$时，在门极加触发电压u_g，晶闸管立即导通，若忽略1V左右的管压降，则电源电压全部加在负载电阻R_L上，即$u_o=u_2$。当交流电压u_2过零点时，晶闸管的正向电流小于维持电流而自行关断。当u_2为负半周时，晶闸管承受反向电压无法导通，负载上电压为零。以后的各个周期均重复上述过程。

扫一扫，看视频

单相半波可控整流电路接电阻负载时，各电压及电流的波形如图7-10所示。

晶闸管承受正向电压不导通的范围称为控制角，用α表示；导通的范围称为导通角，用θ表示。显然$\theta=\pi-\alpha$。改变门极触发脉冲的输入时刻，就可以改变控制角α的大小，对此称之为移相，α又称作移相角。α越大，θ越小，输出电压越低，反之则输出电压越高。由图7-10可知，输出电压u_o的平均值为

$$\begin{aligned}U_o&=\frac{1}{2\pi}\int_{\alpha}^{\pi}\sqrt{2}U_2\sin\omega t\mathrm{d}(\omega t)\\&=\frac{\sqrt{2}}{2\pi}U_2(1+\cos\alpha)\\&=0.45U_2\frac{1+\cos\alpha}{2}\end{aligned}$$

由上式可看出，$\alpha=0°$时，$\theta=180°$，晶闸管在正半周全导通，$U_o=0.45U_2$，输出电压最高。若$\alpha=180°$，则$\theta=0°$，晶闸管在正半周全关断，输出电压为零。

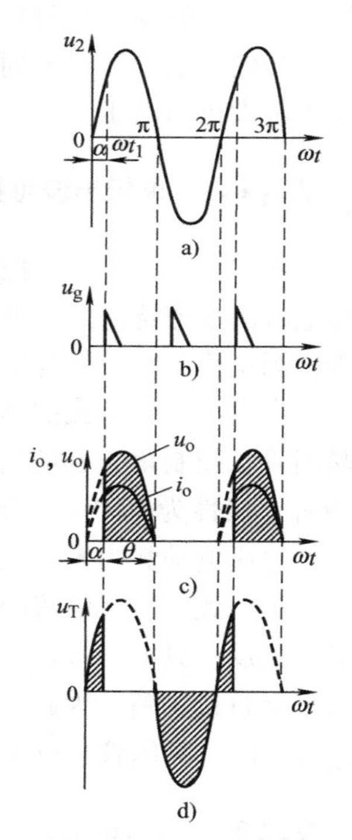

图7-10　电阻负载单相半波可控整流电路电压、电流波形

输出电流的平均值为

$$I_o=\frac{U_o}{R_L}=0.45\frac{U_2}{R_L}\frac{1+\cos\alpha}{2}$$

通过晶闸管的电流平均值为

$$I_T=I_o$$

晶闸管承受的最大反向电压和可能承受的最大正向电压均为

$$U_{TM}=\sqrt{2}U_2$$

例1　在单相半波可控整流电路中，已知电源电压$u_2=220\sqrt{2}\sin\omega t$，负载电阻为12Ω，要求直流工作电压为30～90V可调，求晶闸管导通角的变化范围。

解 由输出电压的公式可得

$$\cos\alpha=\frac{2U_o}{0.45U_2}-1$$

当输出电压为30V时

$$\cos\alpha_1=\frac{2\times30}{0.45\times220}-1=-0.39$$

$$\alpha_1=113.2°$$

$$\theta_1=180°-113.2°=66.8°$$

当输出电压为90V时

$$\cos\alpha_2=\frac{2\times90}{0.45\times220}-1=0.82$$

$$\alpha_2=35.1°$$

$$\theta_2=180°-35.1°=144.9°$$

故导通角 θ 的变化范围为66.8°~144.9°。

当输出电压为30V时，晶闸管的控制角大于90°，晶闸管不仅承受最大反向电压，也要承受最大正向电压。

7-11 单相半波可控整流电路电感性负载是如何工作的?

在实际应用中，可控整流电路的负载往往是电感性负载，如直流电磁铁的励磁线圈、各种电机的励磁绕组等。带有电感性负载的单相半波可控整流电路如图7-11所示。为便于分析，图中将负载等效为电感 L 和电阻 R 相串联的电路。

带有电感性负载的整流电路，其工作情况与电阻性负载大不相同。当 u_2 为正半周时，晶闸管在控制角为 α 的情况下加入触发电压而导通，电感中产生阻碍电流变化的感应电动势 e_L，极性为上“+”下“-”，电路中电流不能突变，由零逐渐上升。当电流达到最大值时，感应电动势为零，之后电流减小，电动势 e_L 的极性改变为上“-”下“+”，方向与电流方向一致，阻碍电流的减小。在 u_2 经过零点变为负值的一段时间内，自感电动势 e_L 与 u_2 极性相反，只要 $e_L>u_2$，晶闸管就继续承受正向电压，只要电流大于维持电流 I_H，晶闸管就不会自行关断。因此，在这段时间内，负载的端电压 u_o 为负值。当电流下降到维持电流 I_H 以下时，晶闸管自行关断，负载的端电压为零，其波形如图7-12所示。

7-12 可控整流电路接电感性负载时为什么要接续流二极管?

单相半波可控整流电路接电感性负载时，晶闸管的导通角 θ 将大于（$\pi-\alpha$），负载电感越大，导通角越大，在 u_2 负半周维持导电的时间越长，在一个周期内，负载上负电压所占比重越大，输出电压的平均值越小。为此必须采取适当的措施，使晶闸管在 u_2 过零点时，能立即自行关断，避免负载上出现负电压。

图7-13中，在感性负载两端并联了一个续流二极管VD，当 u_2 过零变负时，二极管导通，使晶闸管承受反向电压并及时关断，负载两端的电压就是续流二极管的管压降，其大小接近于零。另一方面，二极管VD又为自感电动势 e_L 产生的电流提供了一条通路，使电感释

放出的能量消耗在电阻 R 上。

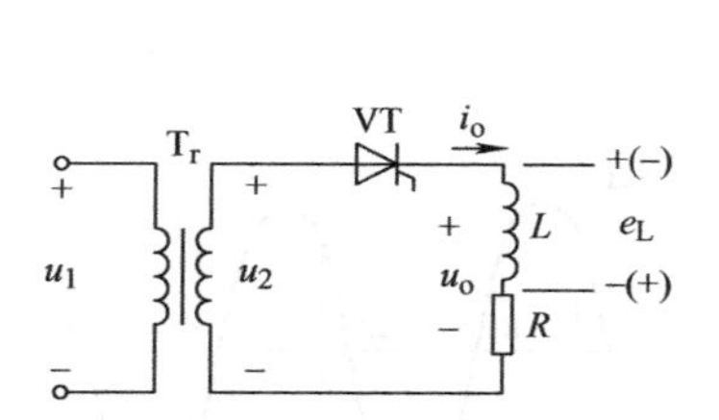

图 7-11 带有电感性负载的单相半波可控整流电路

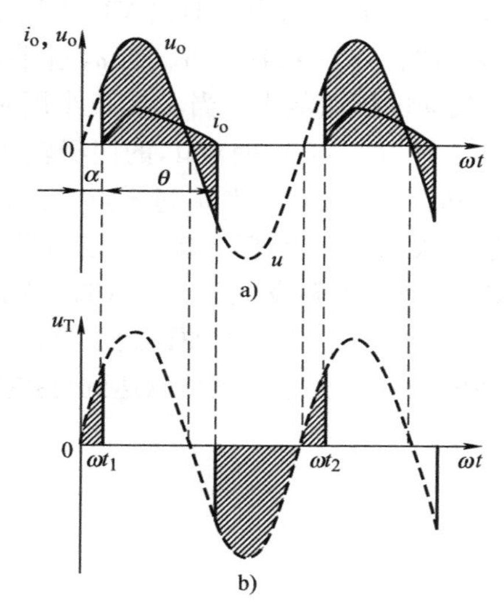

图 7-12 带电感性负载的单相半波可控整流电路的电压、电流波形图

电感性负载并联续流二极管后，输出电压 u_o 的波形和电阻性负载的相同，输出电压平均值与控制角 α 的关系也可用输出电压的公式来表示。然而通过负载的电流波形却与电阻性负载的不同，当负载的感抗比电阻大得多时，电流的波形接近于一条水平线，如图 7-14 所示。

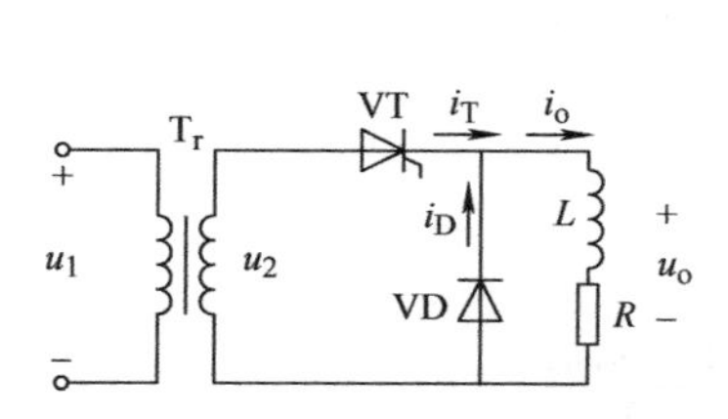

图 7-13 接有续流二极管的电路

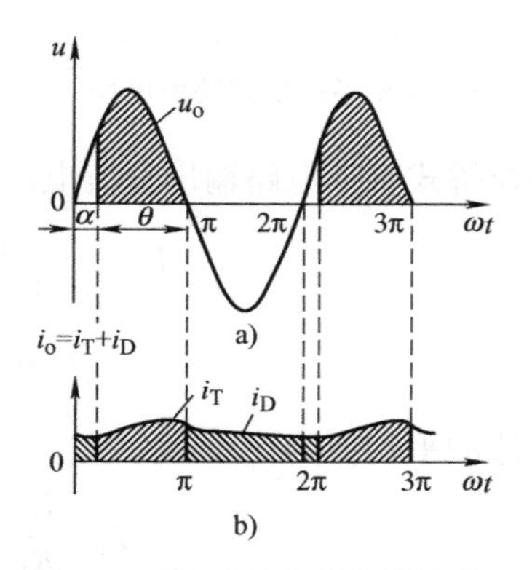

图 7-14 电感性负载并接续流二极管时的电压、电流波形图

单相半波可控整流电路的优点是结构简单、调整方便，缺点是直流输出电压低、脉动大。这种电路适用于对电压波形要求不高的小功率设备。

7-13 单相半控桥式整流电路是如何工作的？

单相桥式可控整流电路有多种形式，图 7-15 所示为一种常用的单相半控桥式整流电路。下面仅对电阻性负载的工作情况加以讨论。

设变压器二次电压 $u_2=\sqrt{2}U_2\sin\omega t$。

当交流电压 u_2 为正半周时，a 点电位最高，b 点电位最低，VT_1、VD_2 承受正向电压，在预定时刻，即在控制角为 α 时给 VT_1 的门极输入触发脉冲，则 VT_1、VD_2 导通，电流的流通路径为 a→VT_1→R_L→VD_2→b。当 u_2 过零点时，晶闸管 VT_1 自行关断，在此期间，VT_2、VD_1 因承受反向电压而截止。当 u_2 为负半周时，b 点电位最高，a 点电位最低，VT_2、VD_1 承受正向电压，在（$\pi+\alpha$）处对 T_2 的门极输入触发脉冲，则 VT_2、VD_1 导通，电流流通路径为 b→VT_2→R_L→VD_1→a。当 u_2 过零点时，VT_2 自行关断，在此期间，VT_1、VD_2 处于截止状态。由上述可知，在相隔半个周期的相应时刻，交替地给 VT_1、VT_2 的门极输入触发电压，则 VT_1、VT_2 轮流导通，而流过负载 R_L 的电流方向却是一致的，负载上便得到了全波整流的电压，波形如图 7-16 所示。改变控制角 α 的大小，就可以达到可控整流的目的。

扫一扫，看视频

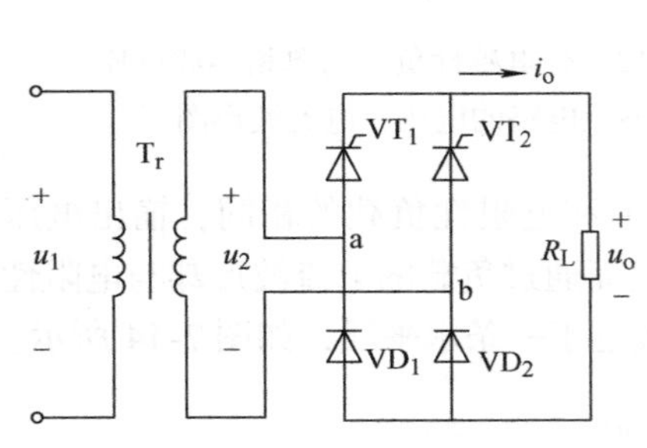

图 7-15 单相半控桥式整流电路

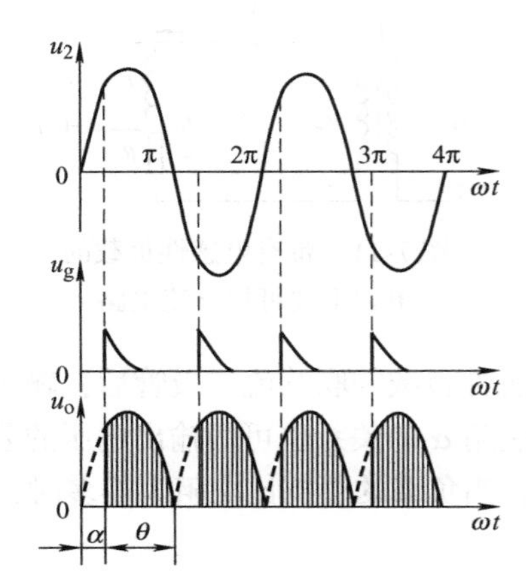

图 7-16 单相半控桥式整流电路电压波形图

单相半控桥式整流电路输出直流电压的平均值为

$$U_o = \frac{1}{\pi}\int_{\alpha}^{\pi}\sqrt{2}U_2\sin\omega t\,\mathrm{d}(\omega t) = 0.9U_2\frac{1+\cos\alpha}{2}$$

输出电流的平均值为

$$I_o = \frac{U_o}{R_L} = 0.9\frac{U_2}{R_L}\frac{1+\cos\alpha}{2}$$

流过每个晶闸管的平均电流是输出电流的一半，即

$$I_T = \frac{1}{2}I_o$$

晶闸管和二极管承受的最大反向电压等于交流电压 u_2 的最大值，均为 $\sqrt{2}U_2$。

7-14 单相半控桥式整流电路是如何选择晶闸管的？

例 2 有一个纯电阻负载，需要可调直流电压为 0～120V，电流为 0～30A，若采用单相半控桥式整流电路，试求：

（1）电源变压器二次电压的有效值；

（2）选择晶闸管。

解　（1）设晶闸管 $\alpha=0°$时，$U_o=120V$，由单相半控桥式整流电路公式可得

$$U_2=\frac{2U_o}{0.9(1+\cos0°)}=\frac{2\times120V}{0.9\times2}=133V$$

考虑到电源电压的波动，整流器件的管压降以及导通角往往达不到180°等因素，应将计算值加大10%，即取

$$U_2=133V\times(1+10\%)=146V$$

（2）通过晶闸管的最大平均电流为

$$I_T=\frac{1}{2}I_o=\frac{1}{2}\times30A=15A$$

晶闸管承受的最大反向电压为

$$U_{TM}=\sqrt{2}U_2=\sqrt{2}\times146V=206V$$

考虑到晶闸管的过电压、过电流能力较差，应按以下公式选择晶闸管的参数：

$$I_F>(2\sim3)I_T=(30\sim45)A$$

$$U_{FRM}=U_{RRM}=(2\sim3)U_{TM}=(412\sim618)V$$

根据计算数值查阅手册可知，应选用KP50－7型晶闸管，其正向平均电流为50A，正反向重复峰值电压为700V。

7-15　单相可控整流电路有哪些优缺点？

单相可控整流电路接线简单、价格便宜、制造、调试、维修都比较容易，但其输出的直流电压脉动系数较大，若想改善波形，就需加入电感量较大的平波电抗器，因而增加了设备的复杂性和造价；又因为其接在电网的一相上，当容量较大时，易使三相电网不平衡，造成电力公害，影响供电质量。所以，单相可控整流电路只用在容量较小的地方，在功率超过4kW或要求较小电压脉动系数的地方都采用三相可控整流电路。

7-16　常用的触发电路有哪几种？

触发电路的形式多种多样，常用的触发电路主要有阻容移相桥触发电路、单结晶体管移相触发电路、同步信号为正弦波的触发电路、同步信号为锯齿波的触发电路和KC系列的集成触发电路。

随着自动化技术的发展，对触发脉冲的准确度要求越来越高，相应地出现了数字式触发电路，其输出脉冲不对称度不超过±1.5°，这一新型的触发电路必将获得日益广泛的应用。

7-17　对单结晶体管触发电路有何要求？

触发电路是可控整流电路的主要组成部分，其作用是适时地向晶闸管的门极输入触发信号，保证晶闸管可靠工作。触发信号应有足够的电压幅度（4~10V）和功率（0.5~2W）值；触发信号的脉冲宽度不小于20μs，前沿陡度不大于10μs。从控制角度讲，触发信号应与主电路同步，并且有足够宽的移相范围。触发电路的种类很多，最简单的是单结晶体管触发电路。

7-18 单结晶体管的结构是怎样的?

单结晶体管又称为双基极二极管，其外部有三个电极，内部结构是一个PN结，如图7-17a所示。它是在N型硅片一侧的两端各引出一个电极，称为第一基极B_1和第二基极B_2。在硅片的另一侧靠近B_2处形成一个PN结，引出发射极E。单结晶体管的发射极与任一基极之间都存在着单向导电性。两个基极间有一定的电阻R_{BB}，一般为2～15kΩ。

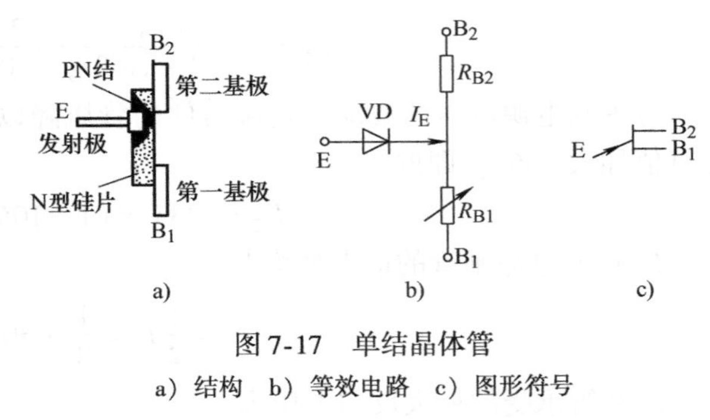

图7-17 单结晶体管

a）结构 b）等效电路 c）图形符号

单结晶体管可用图7-17b所示等效电路来表示。R_{B1}为第一基极与发射极之间的电阻，其值随发射极电流I_E的大小而改变，R_{B2}为第二基极与发射极之间的电阻。$R_{B1}+R_{B2}=R_{BB}$。PN结被看作是二极管VD。

图7-17c是N型单结晶体管的图形符号。

7-19 单结晶体管的伏安特性是怎样的?

单结晶体管的伏安特性是指在基极B_1、B_2之间加一个恒定电压U_{BB}时，发射极电流I_E与电压U_E间的关系曲线。

图7-18所示为测试单结晶体管特性的实验电路。当发射极开路时，A点与B_1之间的电压为

$$U_A=\frac{R_{B1}}{R_{B1}+R_{B2}}U_{BB}=\eta U_{BB}$$

式中，$\eta=\frac{R_{B1}}{R_{B1}+R_{B2}}$为分压比，其值与晶体管结构有关，一般为0.5～0.9，是单结晶体管的一个重要参数。

调节R_P，使U_E从零值开始逐渐增大。当$U_E<U_A$时，PN结因反向偏置而截止，E与B_1间呈现很大的电阻，故只有很小的反向漏电流。对应这一段特性的区域称为截止区，如图7-19中的AP段所示。当U_E增加到$U_E=U_A+U_D$（U_D为PN结的正向压降，约为0.7V）时，PN结导通，发射极电流突然增大。这个突变点称为峰点P，与P点对应的电压和电流分别称为峰点电压U_P和峰点电流I_P，显然

$$U_P=\eta U_{BB}+U_D$$

PN结导通后，有大量空穴从P区进入N型硅片，I_E增长很快，R_{B1}急剧减小，E和B_1之间变成低电阻导通状态，U_E也随之下降，一直到达图7-19中电压的最低点V。PV段的特性与一般情况不同，电流增加，电压反而下降，单结晶体管呈负阻特性，对应该段特性的区域称为负阻区。图7-19中的V点称为谷点，与V点对应的电压和电流分别称为谷点电压U_V和谷点电流I_V。此后，发射极电流I_E继续增大时，电压U_E变化不明显，这个区域称为饱和区，如图7-19中的VB段所示。

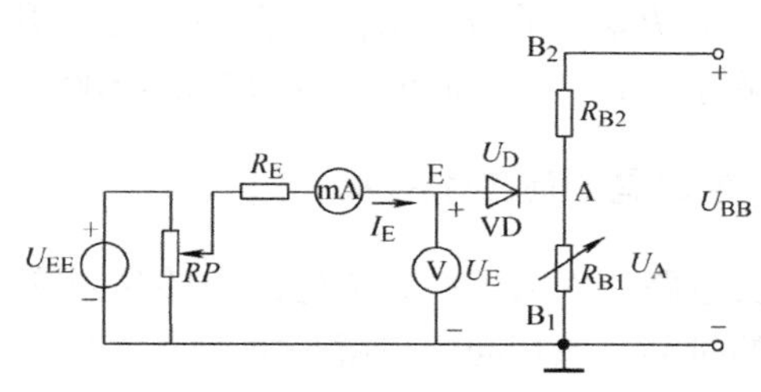

图7-18　单结晶体管伏安特性实验电路

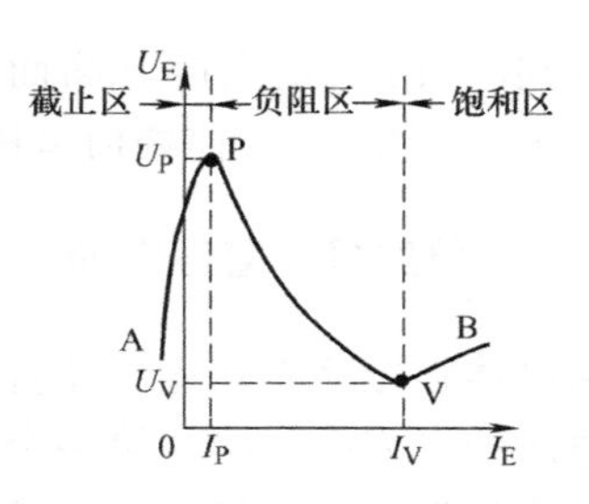

图7-19　单结晶体管伏安特性

7-20　单结晶体管具有哪些特点？

1）单结晶体管导通的条件是发射极电压 U_E 等于峰点电压 U_P；导通后，使单结晶体管恢复截止的条件是发射极电压 U_E 低于谷点电压 U_V。

2）单结晶体管的峰点电压 U_P 与外加电压 U_{BB} 和晶体管的分压比 η 有关。外加电压相同而分压比不同的晶体管或对同一晶体管外加电压 U_{BB} 不同时，峰值电压 U_P 都不相同。

3）不同单结晶体管的谷点电压 U_V 和谷点电流 I_V 不相同，而同一单结晶体管外加电压 U_{BB} 不同时，U_V、I_V 也不相同，一般 U_V 在2～5V之间。

7-21　单结晶体管振荡电路是如何工作的？

利用单结晶体管的负阻特性和 *RC* 电路的充、放电原理，可组成频率可调的振荡电路，如图7-20a所示。其输出电压 u_g 可为晶闸管提供触发脉冲。

扫一扫，看视频

电源接通后，直流电源经 R_1、R_2 为单结晶体管两个基极提供工作电压 U_{BB}，同时电压 U 通过电阻 R 向电容 C 充电，使其端电压 u_C 按指数规律上升。当 u_C 升高到等于峰点电压 U_P 时，单结晶体管导通，电容 C 通过 R_1 放电。因 R_1 取值很小，导通时 R_{B1} 又急剧下降，故放电很快，放电电流在 R_1 上形成一个尖脉冲电压 u_g。由于电阻 R 取值较大，当 u_C 下降到谷点电压 U_V 时，电源经 R 供给发射极的电流小于谷点电流 I_V，单结晶体管截止，电源再次经 R 向电容 C 充电，重复上述过程。电容 C 不断地充电、放电，单结晶体管不断地导通、截止，形成张弛振荡。其结果在电容 C 两端形成锯齿状电压，在 R_1 上则获得一系列尖脉冲，如图7-20b所示。

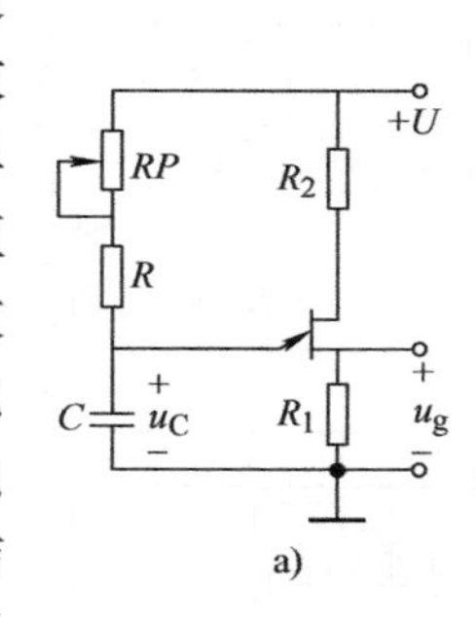

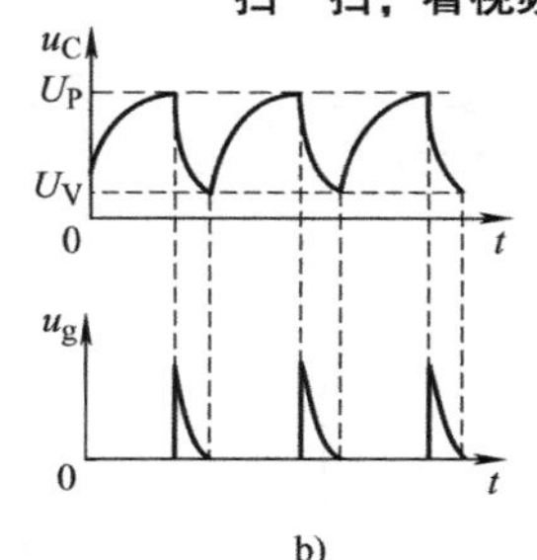

图7-20　单结晶体管振荡电路及工作波形
a）振荡电路　b）波形图

输出脉冲电压的周期可通过电阻 *RP* 来调节，*RP* 越小，周期越小。*R* 不能取得太小，否则在单结晶体管导通后，电源经 *R* 供出的电流较大，单结晶体管的发射极电流不能降到谷点电流以下，单结晶体管就无法截止，从而造成直通现象。*R* 也不能取得太大，否则充电太慢，晶闸管的导通角将变小，导致移相范围减小。一般 *R* 的取值为几kΩ至几十kΩ。

电路中 R_2 的作用是补偿温度对峰值电压 U_P 的影响。因为 $U_P=\eta U_{BB}+U_D$，其中 U_D 会随温度的升高而有所下降，U_P 也会受温度影响而变化。电路中接入电阻 R_2 后，由于单结晶体

管两基极间电阻 R_{BB} 随温度升高而有所增大，故 R_{BB} 上的分压 U_{BB} 也会随温度上升而增大，从而补偿了 U_D 的减小，使峰值电压 U_P 基本保持不变。R_2 的取值一般为 300～500Ω。

7-22 单结晶体管触发的半控桥式整流电路是如何工作的？

单结晶体管振荡电路还不能直接作为触发电路。因为可控整流电路中的晶闸管在每次承受正向电压的半周内，接收第一个触发脉冲的时刻应该相同，也就是每半个周期内，晶闸管的导通角应相等，才能保证整流后输出电压波形相同并被控制。因此，在可控整流电路中，必须解决触发脉冲与交流电源电压同步的问题。

由单结晶体管触发的单相半控桥式整流电路如图 7-21 所示。变压器将晶闸管主电路和触发电路接在同一交流电源上。变压器一次电压 u_1 是主电路的输入电压，变压器二次电压 u_2 经整流、稳压二极管 VD_Z 削波转换为梯形波电压 u_Z 后作为触发电路的电源。每当主电路的交流电源电压过零值时，单结晶体管上的电压 u_Z 也过零值，两者达到同步，如图 7-22a 所示。这种变压器称作同步变压器。

当梯形波电压 u_Z 过零值时，加在单结晶体管两基极间的电压 U_{BB} 等于零，则峰点电压 $U_P \approx \eta U_{BB}=0$，如果这时电容上的电压 u_C 不为零值，就会通过单结晶体管及电阻 R_1 很快放完所存电荷，保证电容 C 在电源每次过零点后都从零开始充电，只要充电电阻 R 不变，触发电路在每个正半周内，由零点到产生第一个触发脉冲的时间就不变，从而保证了晶闸管每次都能在相同的控制角下触发导通，实现触发脉冲与主电路电源的同步。电路中各电压波形如图 7-22 所示。

扫一扫，看视频

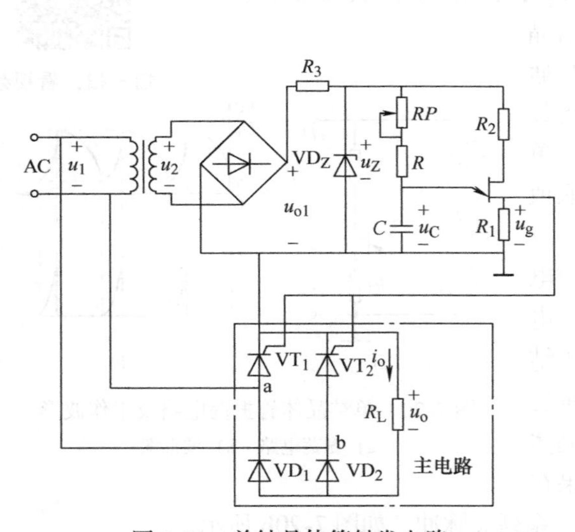

图 7-21 单结晶体管触发电路

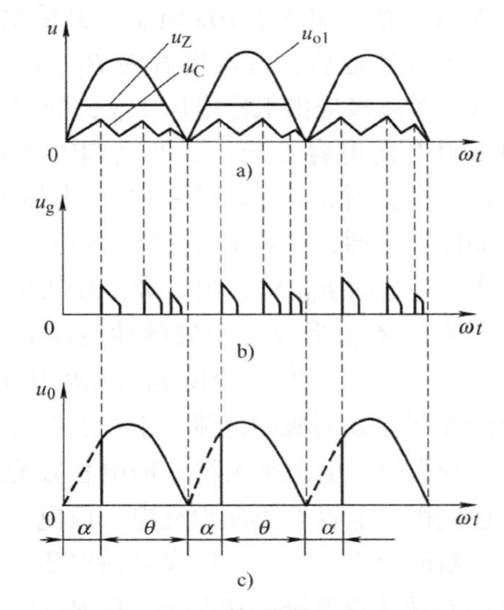

图 7-22 单结晶体管触发电路波形图

稳压二极管 VD_Z 与 R_3 组成的削波电路，其作用是保证单结晶体管输出脉冲的幅值和每半个周期内产生第一个触发脉冲的时间不受交流电源电压波动的影响，并可增大移相范围。

7-23 不同可控整流电路的性能指标有哪些？

不同可控整流电路的性能指标见表 7-2。

表 7-2 不同可控整流电路的性能指标

整流电路名称		单相半波	单相双半波	单相桥式半控	单相桥式全控
$\alpha=0$ 时负载电压的脉动情况	基波频率	f	$2f$	$2f$	$2f$
	纹波因数	1.21	0.48	0.48	0.48
元件承受的最大正反向电压		$\sqrt{2}U_2$	$2\sqrt{2}U_2$	$\sqrt{2}U_2$	$\sqrt{2}U_2$
最大导通角		π	π	π	π
控制角为 α 时整流电压平均值	纯阻负载	$0.45\frac{1+\cos\alpha}{2}$	$0.9\frac{1+\cos\alpha}{2}$	$0.9\frac{1+\cos\alpha}{2}$	$0.9\frac{1+\cos\alpha}{2}$
	纯感负载	—	$0.9\cos\alpha$	$0.9\frac{1+\cos\alpha}{2}$	$0.9\cos\alpha$
移相范围	纯阻负载	π	π	π	π
	纯感负载	—	$\frac{\pi}{2}$	π	$\frac{\pi}{2}$
整流电路名称		三相半波	三相桥式半控	三相桥式全控	带平衡电抗器的双反星形
$\alpha=0$ 时负载电压的脉动情况	基波频率	$3f$	$6f$	$6f$	$6f$
	纹波因数	0.183	0.0418	0.0418	0.0418
元件承受的最大正反向电压		$\sqrt{6}U_2$	$\sqrt{6}U_2$	$\sqrt{6}U_2$	$\sqrt{6}U_2$
最大导通角		$\frac{2\pi}{3}$	$\frac{2\pi}{3}$	$\frac{2\pi}{3}$	$\frac{2\pi}{3}$
控制角为 α 时，整流电压平均值	纯阻负载	$0\leqslant\alpha\leqslant\frac{\pi}{6}$ $1.17U_2\cos\alpha$ $\frac{\pi}{6}\leqslant\alpha\leqslant\frac{5\pi}{6}$ $0.675U_2$ $\left[1+\cos\left(\alpha+\frac{\pi}{6}\right)\right]$	$2.34U_2\frac{1+\cos\alpha}{2}$	$0\leqslant\alpha\leqslant\frac{\pi}{3}$ $2.34U_2\cos\alpha$ $\frac{\pi}{3}\leqslant\alpha\leqslant\frac{2\pi}{3}$ $2.34U_2$ $\left[1+\cos\left(\alpha+\frac{\pi}{3}\right)\right]$	$0\leqslant\alpha\leqslant\frac{\pi}{3}$ $1.17U_2\cos\alpha$ $\frac{\pi}{3}\leqslant\alpha\leqslant\frac{2\pi}{3}$ $1.17U_2$ $\left[1+\cos\left(\alpha+\frac{\pi}{3}\right)\right]$
	纯感负载	$1.17U_2\cos\alpha$	$2.34U_2\frac{1+\cos\alpha}{2}$	$2.34U_2\cos\alpha$	$1.17U_2\cos\alpha$
移相范围	纯阻负载	$\frac{5\pi}{6}$	π	$\frac{2\pi}{3}$	$\frac{2\pi}{3}$
	纯感负载	$\frac{\pi}{2}$	π	$\frac{\pi}{2}$	$\frac{\pi}{2}$

7-24 可控整流电路的形式有哪些？如何使用？

可控整流电路的常用形式如图 7-23 所示。

可控整流电路可以把交流电压变换成固定或可调的直流电压，凡是需要此类直流电源的地方，都能使用可控整流电路。例如，轧机、龙门刨床、龙门铣床、平面磨床、卧式镗床、造纸和印染机械等可逆或不可逆的直流电动机拖动、蓄电池充电、直流弧焊、电解和电镀等。

三相半控桥用三只晶闸管，不需要双窄脉冲或大于 60°的宽脉冲，因而触发电路简单、

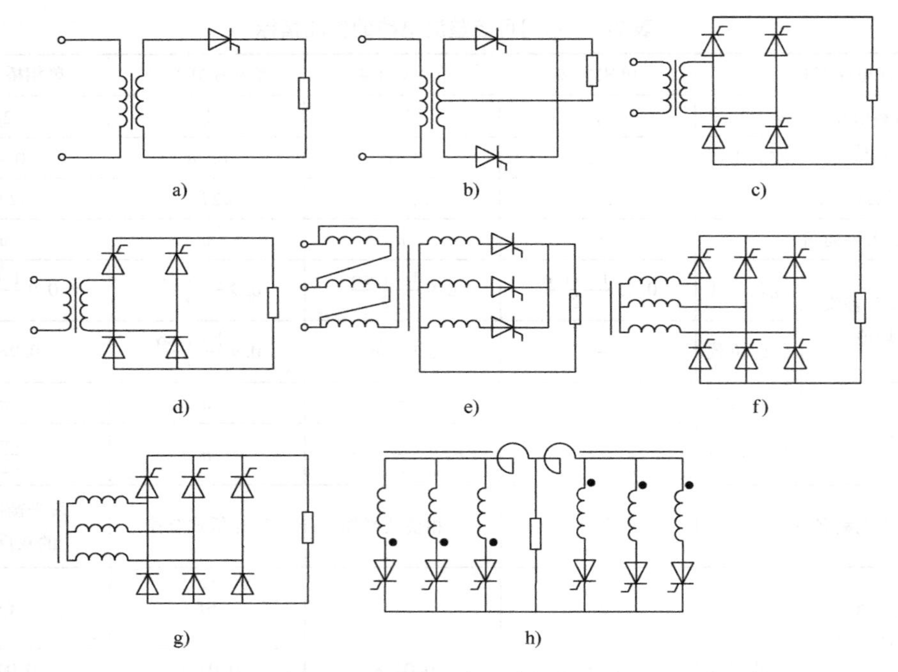

图7-23 可控整流电路的主电路

a）单相半波 b）单相全波 c）单相全控桥 d）单相半控桥 e）三相半波 f）三相全控桥 g）三相半控桥 h）带平衡电抗器的双反星形

经济、调整方便。无论是电阻性负载还是电感性负载，移相范围都是0°～180°，输出电压波形也相同。三相半控桥只能做可控整流，不能工作于逆变状态，因而只应用于中等容量的整流装置或不可逆的直流电动机传动系统中。实际应用中，还需在输出端并联续流二极管，否则在大电感负载时，一旦脉冲突然丢失，便会产生失控。三相半控桥电路的控制滞后时间较长，控制灵敏度低，动态响应差。

7-25 调试晶闸管整流装置时应注意哪些问题？

调试晶闸管整流装置时，应注意的问题有：

1）核对接线确保无误。

2）先调试触发电路，触发脉冲的宽度、幅值、移相范围等必须满足要求。

3）再调试主回路，必须保证触发脉冲与主回路电压同步，对于三相整流电路，要特别注意三相交流电源的相序，不能颠倒。主回路的调试可先在低电压下进行，正常后再接入正常电压试运行。

4）试运行中要注意观察整流装置的电压和电流有无异常声响等。运行一段后，确认没有问题，方可投入正常运行。

7-26 如何对晶闸管进行过电流保护？

晶闸管电路产生过电流的原因很多，如负载端过载或短路，电路中某个晶闸管被击穿短路，可逆系统中产生环流过大或逆变失败，或者某一晶闸管的门极受干扰信号误触发而导通等，都会引起过电流产生。晶闸管允许过电流的时间很短，例如一个100A的晶闸管，过电流为200A时，允许持续时间为5s，而过电流为400A时，允许持续时间仅为0.02s，否则晶闸管会因过热而损坏。因此，晶闸管电路中需要采取保护措施，当发生过电流时，能够快速地在允许时间内将电流切断。如无保护措施，则晶闸管会因过热而损坏，可以根据实际情况选择一种或数种保护措施作为晶闸管装置的过电流保护。

安装快速熔断器是晶闸管过电流保护的主要措施之一。快速熔断器采用银质熔丝，其熔断时间比普通熔丝短得多。快速熔断器的额定电流 I_{FV} 是以有效值标称的，而晶闸管的额定电流是以平均值 I_F 标称的。选用快速熔断器时，一般可按 $I_{FV}=1.57I_F$ 来选择。

快速熔断器可以接在电路中的交流一侧，对输出端短路和元器件短路均起到保护作用；也可以接在直流一侧，但只对输出端过载和短路起保护作用，对晶闸管本身短路不起保护作用；第三种接法是直接与晶闸管串联。后两种接法一般需要同时采用。快速熔断器的接入方式如图7-24所示。在电路中装设快速过电流继电器或设置过电流截止保护电路等也都是常用的过电流保护方法。

扫一扫，看视频

7-27　如何对晶闸管进行过电压保护？

晶闸管的抗过电压能力较差，而在电路的交流侧和直流侧，因种种原因经常会产生过电压，引起过电压的主要原因是电路中含有电感元件，在接通和切断电路、熔断器熔体熔断、晶闸管由导通变为阻断时出现自感电动势以及雷电都可能产生过电压，所以要进行过电压保护。

晶闸管的过电压保护措施通常采用阻容吸收装置或硒堆保护装置，如图7-25所示。阻容吸收装置利用电容来吸收过电压，将引起过电压的磁场能量变成电场能量储存在电容器中，然后电容器再通过电阻放电，把能量消耗在电阻上。阻容吸收装置可并联在晶闸管电路的交流侧、直流侧或器件侧。

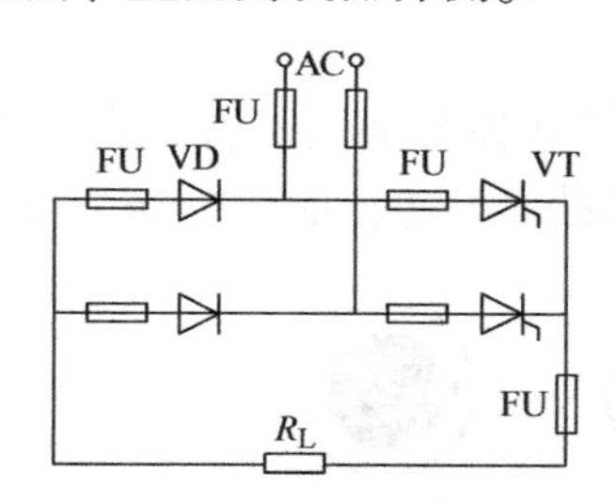

图7-24　快速熔断器的接入方式

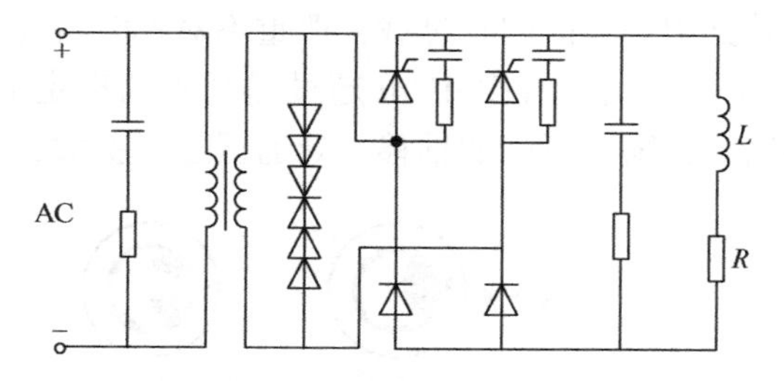

图7-25　阻容吸收元件及硒堆保护

对于能量较大、持续时间较长的过电压可采用硒堆保护装置。硒堆是一种半导体整流元件，它有类似稳压二极管的性能，具有较陡的反向特性。当硒堆上的电压超过某一数值时，它的电阻迅速减小，而且可以通过较大的电流，把过电压消耗在非线性电阻上。

扫一扫，看视频

阻容吸收装置和硒堆保护装置可根据电路实际需要，采用相应的接入方式。

7-28　晶闸管在工作中过热是哪些原因引起的？

从发热和冷却两方面找原因，主要有以下几点：

1）晶闸管过载。

2）通态平均电压，即管压降偏大。

3）门极触发功率偏高。

4）晶闸管与散热器接触不良。

5）环境温度和冷却介质温度偏高。

6）冷却介质流速过低。

7-29 晶闸管在运行中烧坏的原因有哪些？

晶闸管在运行中烧坏的主要原因有：

1）长期过热。

2）输出端短路过电流保护失去作用。

3）晶闸管并联运行时，因正向特性不一致，管压降小的晶闸管分担电流较大而易烧坏；如果有一只先导通，则会因通过全部负载电流而烧坏。一只烧坏，就增加了其余晶闸管的负担，如不及时停止运行，就会产生连锁反应，直到并联的晶闸管全部烧坏为止。

解决的办法如下：

① 尽量选用特性一致的晶闸管；

② 采用强触发，触发脉冲前沿要陡、幅值要大，确保导通时间一致；

③ 要有可靠的均流措施。

4）晶闸管串联运行时，因特性不一致，故在阻断状态下漏电流小的晶闸管分担的电压较大而易击穿损坏；如果导通时间不一致，则最后导通的晶闸管因承受全部电压而损坏。解决的办法是：尽量选用特性一致的晶闸管，采用强触发和可靠的均压措施。

5）晶闸管用于交流调压时，反并联的两只晶闸管工作不对称，在回路中有直流分量通过，导致其中一只晶闸管过载，严重不对称时将烧坏晶闸管。

6）通态电流上升率 di/dt 超过晶闸管的额定值。晶闸管触发导通后，首先在门极附近形成导通区，随着时间的推移，导通区逐渐扩大，直到全部结面导通，如图7-26所示。

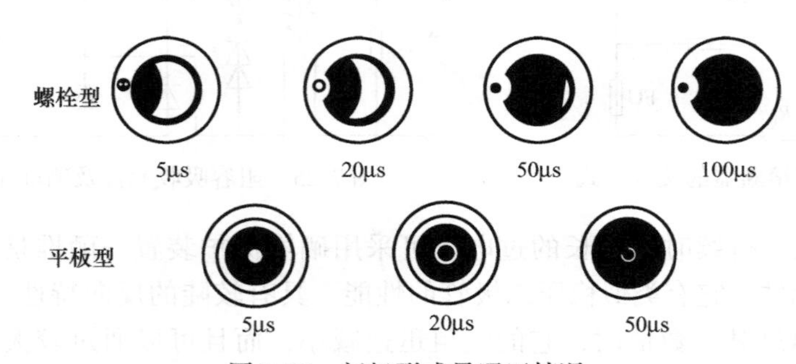

图7-26 门极形成导通区情况

如果电流上升太快，则过大的电流集中通过门极附近的小区域，从而造成局部过热，导致晶闸管损坏。限制电流上升率避免晶闸管损坏的有效措施是在晶闸管的回路中串入电抗器，在实际应用中，常在引线上套上小磁环，其电感量为20～30μH。

7-30　绝缘栅双极型晶体管在实际应用中要采取哪些保护措施?

IGBT在实际应用中常用的保护措施如下：

1）过电流保护。通过检测出的过电流信号切断门极信号，使IGBT关断。

2）过电压保护。设置吸收电路可抑制过电压并限制电压上升率du/dt。

3）过热保护。利用温度传感器检测出IGBT的壳温，当超过允许值时令主电路跳闸。

下面重点介绍两种过电流保护电路，如图7-27所示。

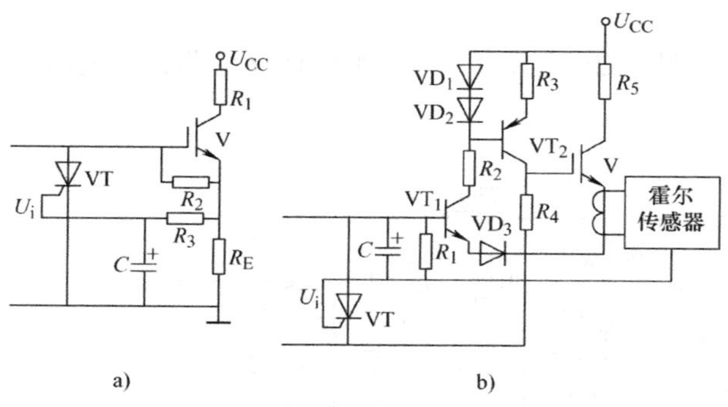

图7-27　IGBT的过电流保护电路
a）电阻保护　b）霍尔传感器保护

图7-27a所示电路中，当流过IGBT的电流I_D超过一定值时，电阻R_E上的电压足以触发晶闸管VT使之导通，从而将输入信号短路，IGBT失去栅压而关断。本电路的不足之处是R_E上要消耗能量。图7-27b是以霍尔传感器代替了R_E，该电路克服了上述电路的缺点。

7-31　什么是逆变？怎样分类？

利用晶闸管装置将直流电转变为交流电的过程就叫逆变。整流和逆变关系密切，若同一套晶闸管装置通常可以工作在整流状态，而在一定条件下又可以工作在逆变状态，则常称这一套装置为变流器。

变流器工作在逆变状态时，把直流电转变为50Hz的交流电送到电网，称为有源逆变；若把直流电转变为某一频率或频率可调的交流电供给负载使用，则叫作无源逆变或变频。

变流器工作在逆变状态时应同时具备以下两个条件：

1）外部条件：必须有外接的直流电源；

2）内部条件：控制角$\alpha>90°$。

变流器工作在逆变状态时，常将控制角α改用β表示，将β称为逆变角，规定以$\alpha=\pi$处作为计量β角的起点，β角的大小由计量起点向左计算。α和β的关系为$\alpha+\beta=\pi$，例如$\beta=30°$时，对应于$\alpha=150°$。

7-32　晶闸管延时继电器是如何工作的?

图7-28所示为一个晶闸管延时继电器电路。交流电源电压经变压器变压、二极管VD半波整流、电容器滤波及VD_Z稳压后，为单结晶体管触发电路提供直流电源。

整流、滤波后的直流电压为晶闸管提供正向电压。电源接通后，直流电压经电位器RP、电阻R对电容器C充电，经过一定的延时后，C上的电压升高到单结晶体管的峰点电压U_P，单结晶体管导通，在电阻R_1上形成触发脉冲电压，触发晶闸管导通，继电器KA的吸引线圈通电，使其常闭触点断开，常开触点闭合。KA_1的常开触点闭合，可将电气设备的电路接通。从电源接通到继电器触点动作的一段时间，即为继电器的延时时间。调节 *RP* 的阻值，便可调整延时时间。在 KA_1 闭合的同时，KA_2 也闭合，使电容器 *C* 迅速放电，为下次充电做好准备。被触发后的晶闸管一直处于导通状态，只有电源切断后才恢复关断。晶闸管在电路中起到直流开关的作用。

7-33 晶闸管调光电路是如何工作的？

图 7-29 所示为一个晶闸管调光电路，该电路能随自然光线的变化自动调节灯光的亮度。

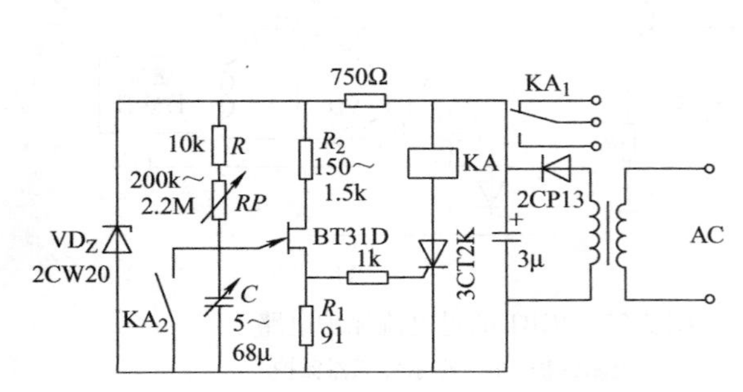

图 7-28 晶闸管延时继电器

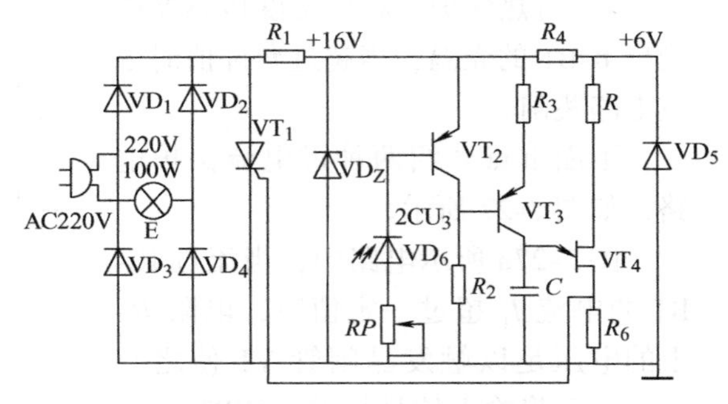

图 7-29 晶闸管调光电路

电路中二极管 VD_1 ~ VD_4 和晶闸管 VT_1 组成主电路，交流 220V 电压经 VD_1 ~ VD_4 组成的桥式整流电路整流后，为 VT_1 提供正向工作电压。当 VT_1 门极加入触发电压时，VT_1 导通，有电流流过白炽灯而发光。改变触发脉冲加入的时刻，也就改变了白炽灯两端交流电压的高低，从而达到调节灯光强弱的目的。所以该电路是由一个晶闸管完成交流调压的电路。

触发电路是具有晶体管放大环节的单结晶体管触发电路。为了感受自然光，在晶体管 VT_2 的基极接入了一只光电二极管，其管壳上有透明聚光窗，由于 PN 结的光敏特性，当有光线照射时，光电二极管在一定的反向偏压范围内，其反向电流将随光照强度的增加而线性地增加。将光电二极管放在能够受自然光照射的地方，自然光变化时，光电二极管上的电流随之变化，即改变了 VT_2 的基极偏置电流。比如自然光变强，VT_2 的基极偏置电流变大，VT_2 的集电极电流也增大，使 VT_3 的基极电位升高，导致 VT_3 的集电极电流减小，即电容器 *C* 的充电电流减小，充电时间延长，触发电路产生的脉冲电压后移，晶闸管的导通角变小，白炽灯两端电压降低，发光减弱。反之，则灯泡发光增强。

7-34 晶闸管控制的应急照明灯电路是如何进行工作的？

应急照明灯电路如图 7-30 所示。

市电正常供电时，变压器 TR 的二次电压正半周经 VD_1 和 R_2 给蓄电池充电，晶闸管 VT 承受反向电压截止，同时电容 *C* 经 R_1 和 VD_2 充电，极性为上正下负，*C* 上电压给 VT 的门极施加反向电压，确保 VT 截止，应急灯 HL_2 不亮。

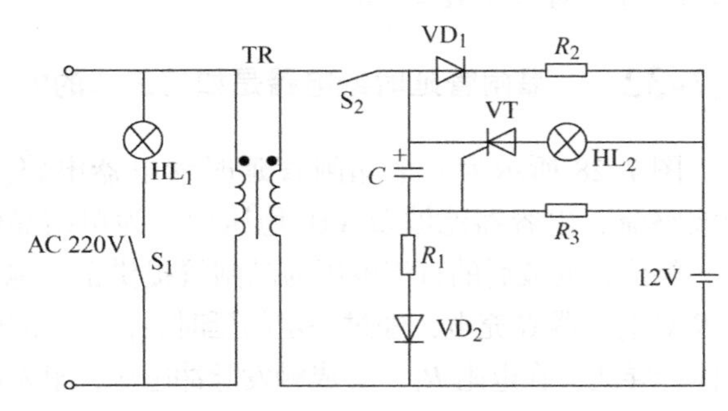

图 7-30 应急照明灯电路图

市电断电时，*C* 经变压器二次侧、蓄

电池、R_3放电，随后又由蓄电池经R_3反向充电，使C上电压极性为下正上负，达到VT的门极触发电压时，VT导通，应急灯HL_2点亮。

市电恢复供电，当TR二次电压在正半周时，VT关断，C重新充电为上正下负，电路自动复原。

7-35　电缆防盗割报警电路是如何工作的?

此装置利用电缆中一对空线（暂时不用的芯线），将它们的末端拧在一起，始端接报警器的输入端M、N，如图7-31所示。

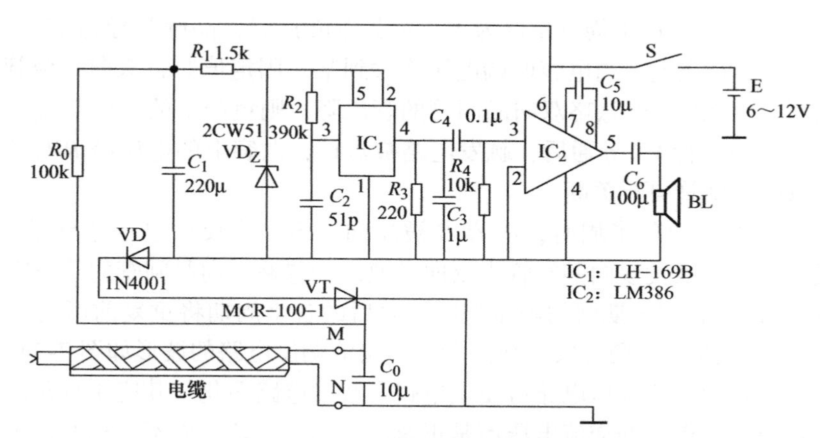

图7-31　电缆防盗割报警电路

图中，单向晶闸管VT、二极管VD、电阻R_0、电容器C_0等组成电子开关电路。平时，由于VT的门极经空线接地，所以VT无触发电压而阻断，语音报警电路失电不工作。一旦电缆线被窃贼割断，电源G就会通过限流电阻R_0为VT提供触发电压，使VT导通，为语音报警电路提供工作电流通路。IC_1、IC_2等组成语音报警电路，可发出“抓贼呀”的语音。R_1、VD_Z组成简单的稳压电路。

7-36　怎样使用双向晶闸管?

双向晶闸管是一种特殊的晶闸管，它具有NPNPN五层结构，外形与普通晶闸管相似，也有三个电极，分别称为第一阳极A_1、第二阳极A_2和门极G，图形符号如图7-32所示。

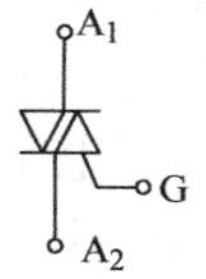

双向晶闸管的导电特性是在第一阳极和第二阳极之间，所加的交流电压无论是正向电压还是反向电压，在门极上所加触发电压无论是正脉冲还是负脉冲，都可以使它正向或反向导通。所谓正脉冲，是门极接触发电源的高电位端，第二阳极A_2接触发电源的低电位端。

A_1　G　A_2

图7-32　双向晶闸管的图形符号

7-37　双向晶闸管交流调压电路是如何工作的?

图7-33所示为双向晶闸管构成的交流调压电路。电路中采用双向二极管组成触发电路。双向二极管也是一个五层半导体器件，但它没有门极，在其两端加上一定值的正、反向电压

均能使其导通。利用这一特点可产生触发脉冲。

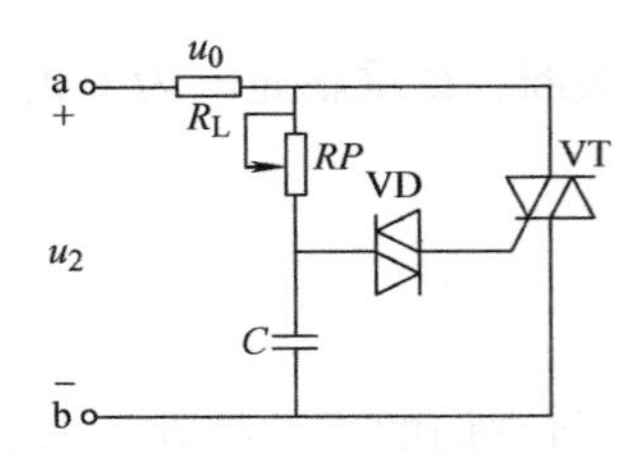

图7-33　双向晶闸管构成交流调压电路

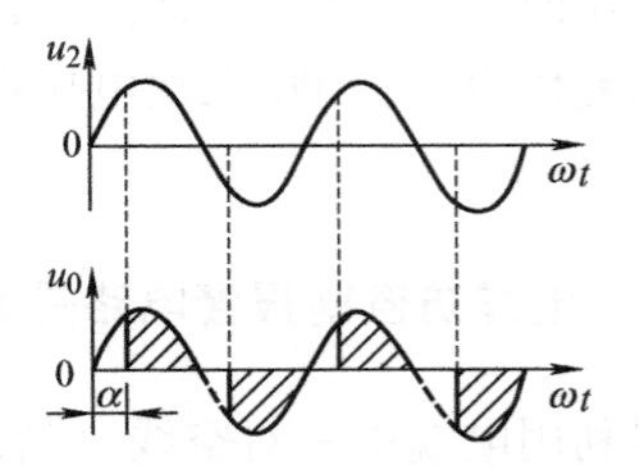

图7-34　交流调压电路的波形

当交流电源电压 u_2 为正半周（a 点为正，b 点为负）时，晶闸管导通前，u_2 经负载 R_L 和电位器 *RP* 给电容 *C* 充电，当电容两端电压增大到某一固定值时，双向二极管 VD 导通并触发双向晶闸管 VT 导通。若忽略双向晶闸管的管压降，则负载上的电压与 u_2 在 $\alpha \sim \pi$ 期间的电压相同。双向晶闸管 VT 导通后，触发电路被短接，电容上的电压经 *RP*、VT 放电。当 u_2 过零点时，双向晶闸管自行关断。

当交流电源电压 u_2 为负半周时，电容 *C* 被反向充电，当反向电压达到某一固定值时，双向二极管反向导通，触发双向晶闸管也反向导通。若忽略双向晶闸管的管压降，则负载上的电压与 u_2 在（$\pi+\alpha$）$\sim 2\pi$ 期间的电压相同。之后的各个周期将重复前面的工作过程，只要调节 *RP*，改变控制角 α，便可实现交流调压。交流调压电路的波形如图 7-34 所示。

采用双向晶闸管的交流调压电路可使主电路和触发电路简化，其应用日益广泛。但晶闸管调压电路在负载两端得到的交流电压不是正弦波，当正、负半周不对称时，可能出现直流分量，这对某些负载是不适用的，使用时应引起注意。

7-38　由双向晶闸管控制的夜间作业闪光标志灯电路是如何工作的？

夜间作业闪光标志灯电路如图 7-35 所示。C_1、VD_1、C_2 和稳压二极管 VD_Z 等组成电容降压半波整流滤波稳压电路。555 时基电路及光电晶体管 V 等构成光控振荡器。白天光照强度较大，V 的集电极与发射极间呈现的阻值很小，555 内部放电管放电，所以电路不振荡，其输出端③脚为低电平，双向晶闸管 VT 关断，警告灯 HL 不亮。夜晚，光照强度弱，V 的阻值增大，555 的④脚电压也升高，555 电路振荡，555 的③脚输出振荡频率，触发双向晶闸管 VT 导通，使 HL 闪烁发光。改变 *RP* 的阻值，即可改变灯光的闪烁频率。

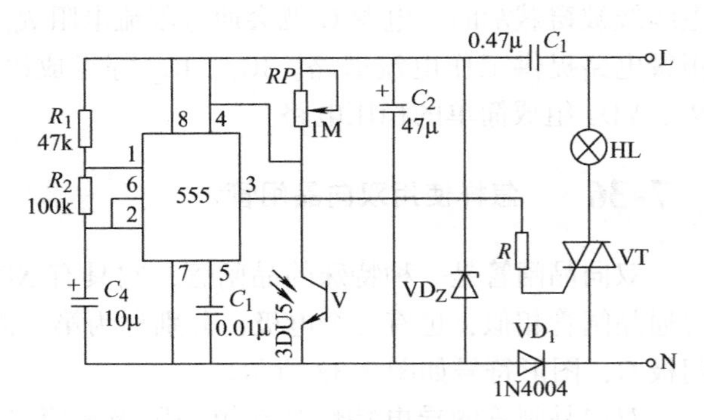

图 7-35　夜间作业闪光标志灯电路

第8章 电子电路识图

8-1 电子电路图是由哪些部分组成的?

电子电路图的表现形式具有多样性，这往往会使电子爱好者在学习、理解复杂电子电路工作原理时感到困难，在设计各种电子电路时更是无从下手，因此首先要了解电子电路图的一般结构及特点。

电子电路图一般由电路原理图、框图和装配（安装）图构成，具体构成如图 8-1 所示。

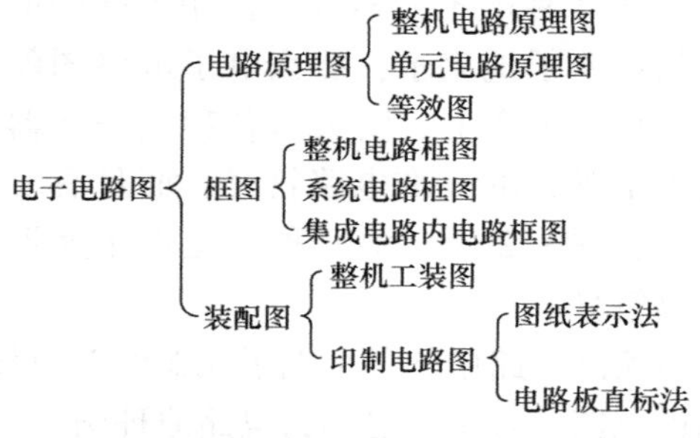

图 8-1　电子电路图的构成

8-2 电子电路识图的作用和意义是什么?

随着电子工业的飞速发展，电子产品及设备日新月异，技术含量越来越高，结构也越来越复杂。特别是性能优、功能强的家用电器，如大屏幕彩电、VCD/DVD 播放机、音响、冰箱、空调、电话、电脑、手机以及各种小家电等。实质上，这些电器都是由各种电子电路组成的。如果想正确地掌握和使用，尤其是维修这些产品，那么就应该首先学会识读电子电路图。

电子电路识图是一门技术，内容较多，知识层次跨度较大，因此，电子电路识图是一个循序渐进的过程。了解电子元器件的性能、特点和使用方法，学会基本单元电路图的分析方法，是对电子爱好者的基本要求，也是进一步学习各种专业电子技术的基础。

电路图又称作电路原理图，是一种反映无线电和电子设备中各元器件的电气连接情况的图纸。电子电路图是电子产品和电子设备的“语言”，它是用特定的方式和图形文字符号描述的，可以帮助人们尽快地熟悉设备的构造、工作原理，了解各种元器件、仪表的连接以及安装。通过对电路图的分析和研究，人们可以了解电子设备的电路结构和工作原理。因此，怎样看懂电路图是学习电子技术的一项重要内容，是进行电子制作或修理的前提，也是无线电和电子技术爱好者必须掌握的基础。

电子电路的识图，也称读图，是一件很重要的工作。若要对一台电子设备进行电路分析、维护，甚至加以改进等，则首先应该读懂它的电路原理图。对电子设备的使用者来说，主要的要求是掌握设备的使用操作规程。但是，如果能够进一步懂得设备的原理，就能更加正确、充分、灵活地使用。另外，具备了电子电路的识图能力，有助于使用者迅速熟悉各种新型的电子仪器设备。因此，识读电子电路图是一名从事电子技术工作的人员，尤其是初学者的基本功。

识图的过程是综合运用已经学过的知识，分析问题和解决问题的过程，因此，在学习识图方法之前，首先必须熟悉掌握电子技术的基本内容。但是，即使初步掌握了电子技术的基础知识，一开始接触具体设备的电路图时，仍然会感到错综复杂，不知从何下手。实际上，识读电子电路图还是有一定规律可循的。

8-3 怎么看电路元器件与符号的对照及连接？

实际的电子电路往往比较复杂，电路中的元器件可能有几十个，甚至几百个，再加上元器件的种类繁多，外形各异，要想把它们的外形一一画出，那将是一件非常烦琐的事情。如果电路中各种电子元器件都能用不同的图形符号简单明了地表示，那么电子电路图就会大大简化。事实上，国家对各种电子元器件都给出了各自的标准电路符号，而且有统一的规定，图8-2所示为几种常见电子元器件的电路符号。

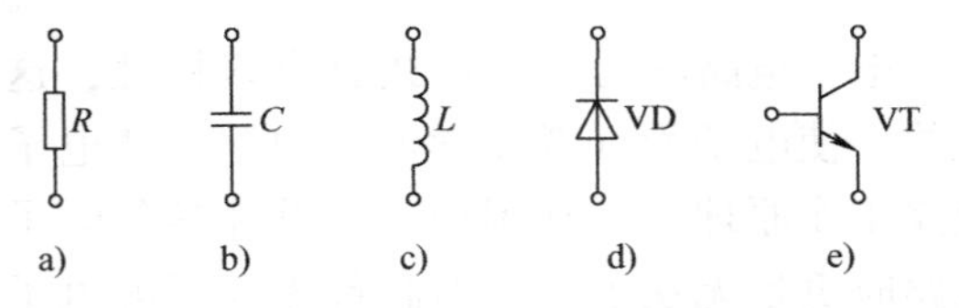

图8-2 几种常见电子元器件的电路符号

a）电阻 b）电容 c）电感 d）二极管 e）三极管

将实际电路中的各个电子元器件都用其电路符号来表示，这样画出来的电路图称为实际电路的电路符号图，也称为电路原理图。电路原理图是用电子元器件及其相互连线的符号所表示的，它是最常用的，也是最重要的电子电路表示方式。通过电路原理图，可以了解电路都是由哪些元器件组成的，也可以研究电路中各种信号的来龙去脉，从而分析和了解电子设备的结构和工作原理。因此，看懂电路原理图对电子设备的制作和维修是非常重要的。

了解各种电子元器件的符号以后，就可以对照电路图把这些元器件组装成电子设备了。通常首先把每个电子元器件符号旁边摆一个它所对应的元器件，为了方便起见，可将每个元器件符号和所对应的元器件都编上号。回过头来再对照看电路图，比如看到四点间连接着一些线条而且中间打着“·”（圆点），凡是几条线交叉在一起中间用“·”画上后就表示这几条线的金属部分要连接在一起。具体地说，就是要把四个元器件的引出线用导线焊在一起。再看图中有两点连线中间交叉地方没有打“·”，这就表示两点连线应互相绝缘。这就是介绍的不连接符号“+”所表示的。

另外，在很多电路图中还可以看到“⊥”符号，这个符号叫接地符号。意思是说凡是画有“⊥”符号的元器件都要用一条导线把它们连起来，这个接地不是说连起来以后接大地，而是表明这些接地点在一个电位上（一般称零电位点）。只要用一条导线把画“⊥”符号的元器件连起来就行了。

综上所述，看电路图就是要看哪些元器件连接在一起，连接之后，就算会看电路图了。下面以一个最简单的电路为例进行说明。

大家都用过手电筒，当按下按钮的时候，白炽灯就亮了，这是什么道理呢？现在把手电筒的电路图画出来分析一下就会明白了。

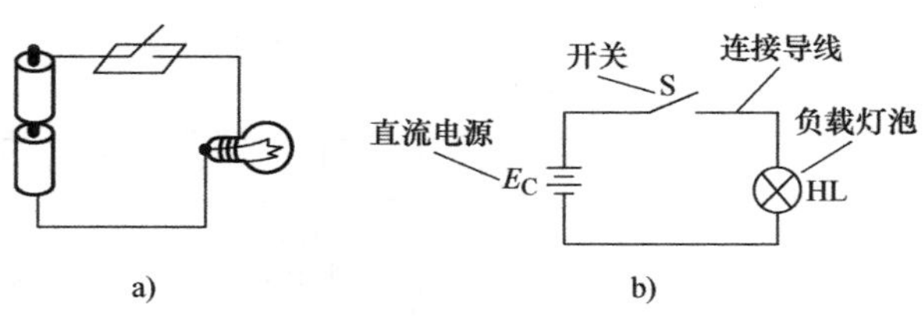

图 8-3　手电筒电路
a）实际电路图　b）电路原理图

图 8-3a 所示为最简单的手电筒照明电路，图中的电子元件都是用与其外形相似的图形符号来表示的，这种电路图称为实际电路图。

图 8-3b 画出了一些符号，它们代表白炽灯 HL、电池 E_C和开关 S，手电筒外壳相当于导线，可以用连接线表示。把白炽灯、电池和开关等符号连接起来，这就是一个手电筒的电路图。当按下按钮时，电路便接通，电流就按照从电池正极经过开关、白炽灯，回到负极的方向流动，同时白炽灯发亮，松开开关，电路中断，电路内没有电流流动，白炽灯就不亮了。图 8-3 说明了手电筒的工作原理，表示了手电筒的安装接线方法，也说明了电路图的用途。由于它表示了电路的来龙去脉，说明了电流的流动情况，所以叫它“电路图”。

从图 8-3b 所示可以看到白炽灯、电池、开关等仅仅是一些符号。为什么要用符号来代表实物呢？这是为了画图简单，分析方便，尤其是在复杂的电路图中，如果都画出实物图，不仅很费事，也没有必要。用符号来代表实物不但画起来方便，而且看起来也更清楚明显，能简单扼要地说明问题。每种符号代表相应实物，都有一个统一的规定，也是电子技术的共同“语言”。

8-4　什么是电路原理图？

电路原理图是用来表示电子产品工作的原理图。在这种图中用符号代表各种电子元器件，它给出了产品的电路结构、各单元电路的具体形式和单元电路之间的连接方式；给出了每个元器件的具体参数（如型号、标称值和其他一些重要参数），为检测和更换元器件提供依据；给出许多工作点的电压、电流参数等，为快速查找和检修电路故障提供方便。除此以外，还提供了一些与识图有关的提示和信息。有了这种电路图，就可以研究电路的来龙去脉，也就是电流怎样在机器的元器件和导线里流动，从而分析机器的工作原理。

单元电路原理图是电子产品整机电路原理图中的一部分，并不单独成一张图。在一些书刊中，为了给分析某一单元电路的工作原理带来方便，将单元电路单独画成一张图纸。下面通过图 8-4 所示调幅音频发射电路图的例子做进一步的说明。调幅音频发射电路的发射频率可在 500～1600kHz 之间调整，C_1、C_2、L_1、VT_2、组成调幅振荡器电路，振荡频率可以通过调整 C_1的电容量来调整。音频信号经过 VT_1及其外围元器件组成的放大电路放大后，再经过 RP_1、C_3耦合到 VT_2基极，与 VT_2振荡器产生的载波叠加在一起后通过发射天线将音频信号发射出去。发射天线可以用一根 1m 左右的金属导线代替，元器件参数见图 8-4。

1. 图形符号

图形符号是构成电路图的主体。在图 8-4 所示调幅音频发射电路图中，各种图形符号代表了组成调幅音频发射电路的各个元器件。例如，小长方形“-▭-”表示电阻器，两道短杠“-||-”表示电容器，连续的半圆形“⌒⌒⌒”表示电感器等。各个元器件图形符号之间用连线连接起来，就可以反映出调幅音频发射电路的结构，即构成了调幅音频发射电路的电路图。

2. 文字符号

文字符号是构成电路图的重要组成部分。为了进一步强调图形符号的性质，同时也为了分析、理解和阐述电路图的方便，在各个元器件的图形符号旁，标注有该元器件的文字符

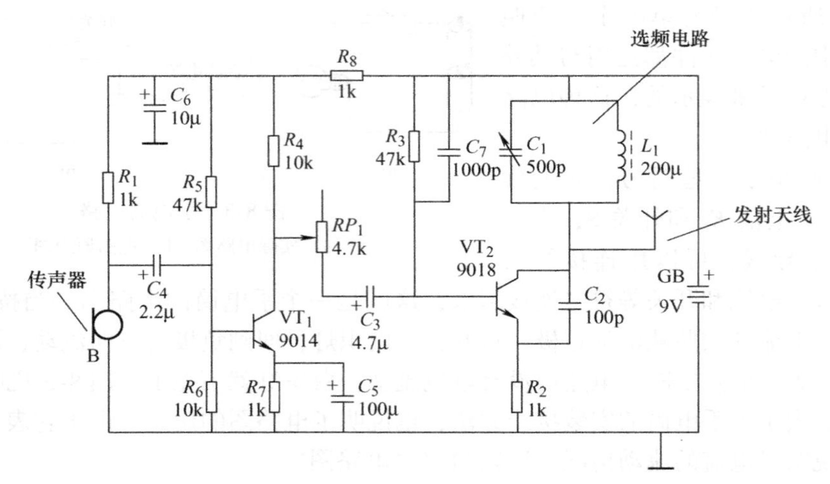

图 8-4 调幅音频发射电路图

号。例如在图 8-4 所示调幅音频发射电路图中，文字符号“*R*”表示电阻器，“*C*”表示电容器，“*L*”表示电感器，“VT”表示晶体管等。在一张电路图中，相同的元器件往往会有许多个，这也需要用文字符号将它们加以区别，一般是在该元器件文字符号的后面加上序号。例如在图 8-4 中，电阻器分别以“R_1”“R_2”等表示；电容器分别以“C_1”“C_2”“C_3”等表示；晶体管有两个，分别标注为“VT_1”“VT_2”。

3. 注释性字符

注释性字符用来说明元器件的数值大小或者具体型号，通常标注在图形和文字符号旁，它也是构成电路图的重要组成部分。例如图 8-4 所示调幅音频发射电路图中，通过注释性字符可以知道，电阻器 R_1 的阻值为 1kΩ，R_2 的阻值为 1kΩ；电容器 C_1 的电容值为 500pF，C_2 的电容值为 100pF，C_3 的电容值为 4.7μF；晶体管 VT_1、VT_2 的型号分别为 9014、9018 等。注释性字符还用于电路图中其他需要说明的场合，由此可见，注释性字符是分析电路工作原理，特别是定量地分析研究电路工作状态所不可缺少的。

8-5 怎样识读电路原理图?

电子设备的电路图是表示其工作原理和电子元器件连接关系的简图，在很多场合下电路图就可以作为完整的电气技术文件，而其他图样却无这种作用。

前面已经了解了用符号和电路图来表示一个电气设备或电子电路，要比用实物图来表示方便得多。比如打开一台电子设备的机盖，就会看到各种各样的元器件安装在底板上，使人很难一下看懂它们的作用。如果有了它的电路图，那么对照一下就能一目了然，既可弄清它们的来龙去脉，又可知道各个元器件的作用。因此，电路图可以帮助人们识别一部电子设备的构造，了解它的工作原理。

下面以晶闸管炉温自动调节电路图为例，识读电子设备电路图。

图 8-5 所示为晶闸管炉温自动调节电路。因电炉是电阻性负载，故在图中以 R_L 表示。

(1) 主电路　由两只普通晶闸管反并联连接后构成单相交流调压电路，R_5、C_1 构成阻容保护电路。

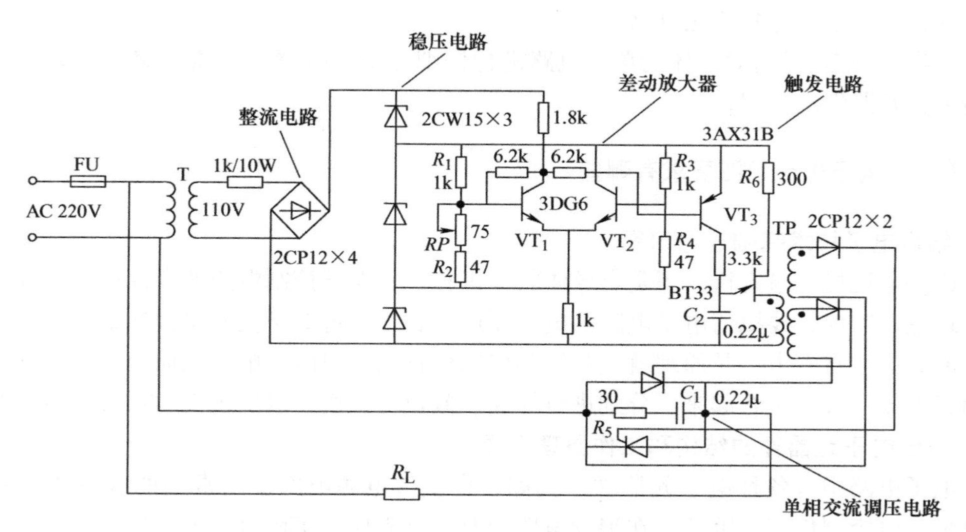

图 8-5　晶闸管炉温自动调节电路

(2) 控制电路　控制变压器 T 二次侧交流电经四只整流二极管组成的整流桥整流，再经稳压二极管稳压，提供给调节电路直流电源。VT_1、VT_2组成差动放大器，R_1、R_2、R_3、R_4构成 VT_1、VT_2分压式偏置电路，同时这四只电阻又是温度测量桥的四个桥臂。R_4是铂电阻，其阻值随温升而增大，随温度降低而减小，它是置于电炉中的测温元件。单结晶体管 BT 33、VT_3、C_2、R_6、TP 构成晶闸管触发电路。

自动调节过程，调节 *RP* 预先设定某炉温值，电桥达到平衡。当炉温与设定温度相比偏低时，R_4电阻减小，电桥失去平衡，VT_2基极电位下降，集电极电流减小，因而 VT_1、VT_2的基极电位下降，从而使 VT_1集电极电流增加，集电极电位下降，使得 VT_3发射极电流增加，即对 C_2的充电电流增加，使得触发脉冲相位前移，触发控制角减小，晶闸管导通角增加，炉温上升。

当炉温偏高时，情况正好相反，从而达到温度自动控制的目的。要改变炉温，只要调节 *RP* 即可。

8-6　电子电路识图原则有哪些?

识读电路原理图时，首先要弄清信号传输流程，找出信号通道。其次，抓住以晶体管器件或集成块为主的单元功能电路。在识读时可掌握“分离头尾、找出电源、割整为块、各个突破”的原则。

1）分离头尾：是指分离出输入、输出电路，如收录机放音通道的头是录放磁头，一般画在电原理图的左侧中间或下方；它的尾是放大器及扬声器电路，一般位于图的右侧。信号传输方向多为从左至右。

2）找出电源：是指寻找出交-直流变换电路，如电子产品的整流电路或稳压电路，一般画在图纸的右侧下方。从电源电路输出端沿电源供给电路查看，便可搞清楚产品（整机）有几条电源电压供给电路，供给哪些单元电路。

3）割整为块：是指将产品（整机）电路解体分块，如收录机的放音通道可以分解成输入、前置、功率放大等各单元电路。

4）各个突破：是指对解体的单元电路进行仔细分析，搞清楚直流、交流信号传输过程及电路中各元器件的作用。

8-7 电子电路识图要求有哪些？

1. 结合电子技术基础理论识图

无论是电视机、录音机，还是半导体收音机和各种电子控制电路的设计都离不开电子技术基础理论。因此，要搞清电子电路的电气原理，必须具备电子技术基础知识。例如，交流电经整流后变成直流电，其原理就是利用晶体二极管具有单向导电特性而设计的。通常用四只或两只整流二极管组合起来，分别进行导通、截止的切换，以实现交-直变换的目的。

2. 结合电子元器件的结构和工作原理识图

在电子电路中有各种电子元器件，例如，在直流电源电路中，常用的有各种半导体器件、电阻、电容器件等。因此，在识读电路图时，首先应该了解这些电子器件的性能、基本工作原理以及在整个电路中的地位和作用，否则将无法读懂电路图。

3. 结合典型电路图识图

所谓典型电路就是常见的基本电路，对于一张复杂的电路图，细分起来不外乎是由若干典型电路组成的。因此，熟悉各种典型电路图后，不仅在识图时能帮助人们分清主次环节，抓住主要矛盾，而且可尽快地理解整机的工作原理。

很多常见的典型电路，例如放大器、振荡器、电压跟随器、电压比较器、有源滤波器等，往往具有特定的电路结构，掌握常见的典型电路的结构特点，对于看图识图会有很大的帮助。

（1）放大电路的结构特点　放大电路的结构特点是具有一个输入端和一个输出端，在输入端与输出端之间是晶体管或集成运算放大器等放大器件，如图8-6a和图8-6b所示。有些放大器具有负反馈，如果输出信号是由晶体管发射极引出的，则是射极跟随器电路，如图8-6c所示。

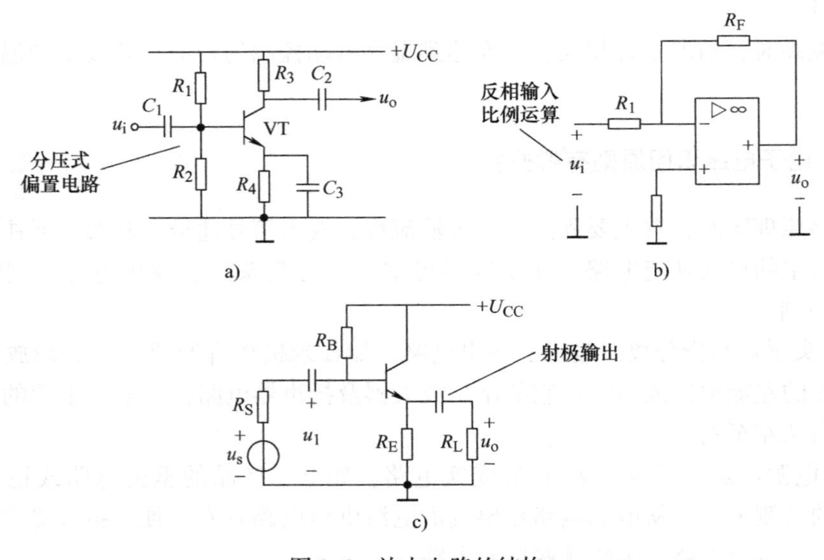

图8-6　放大电路的结构

a）晶体管放大器　b）集成运算放大器　c）射极跟随器

注意：集成运算放大器的电路符号如图8-7所示。图8-7a所示为国标符号，图8-7b所示为常用符号，在本书中通用。

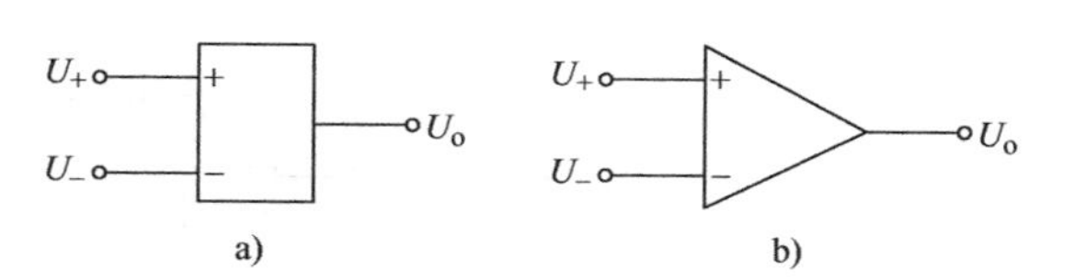

图8-7 集成运算放大器的电路符号
a）国标符号 b）常用符号

（2）振荡电路的结构特点 振荡电路的结构特点是没有对外的电路输入端，晶体管或集成运算放大器的输出端与输入端之间接有一个具有选频功能的正反馈网络，将输出信号的一部分正反馈到输入端以形成振荡。图8-8a所示为晶体管振荡器，晶体管VT的集电极输出信号由变压器T倒相后正反馈到其基极，T的一次线圈L_1与C_2组成选频回路，决定电路的振荡频率，图8-8b所示为集成运算放大器振荡器，在集成运算放大器IC的输出端与同相输入端之间，接有R_1、C_1、R_2、C_2组成的桥式选频反馈回路，IC输出信号的一部分经桥式选频回路反馈到其输入端，振荡频率由组成选频回路的R_1、C_1、R_2、C_2的值决定。

（3）差动放大器和电压比较器的结构特点 差动放大器和电压比较器这两个单元电路的结构特点类似，都具有两个输入端和一个输出端，如图8-9所示。所不同的是，差动放大器电路中，集成运算放大器的输出端与反相输入端之间接有一个反馈电阻R_F，使运算放大器工作于线性放大状态，输出信号是两个输入信号的差值（见图8-9a）。电压比较器电路中，集成运算放大器的输出端与输入端之间则没有反馈电阻，使运算放大器工作于开关状态（$A=\infty$），输出信号为$+U_{OM}$或$-U_{OM}$。

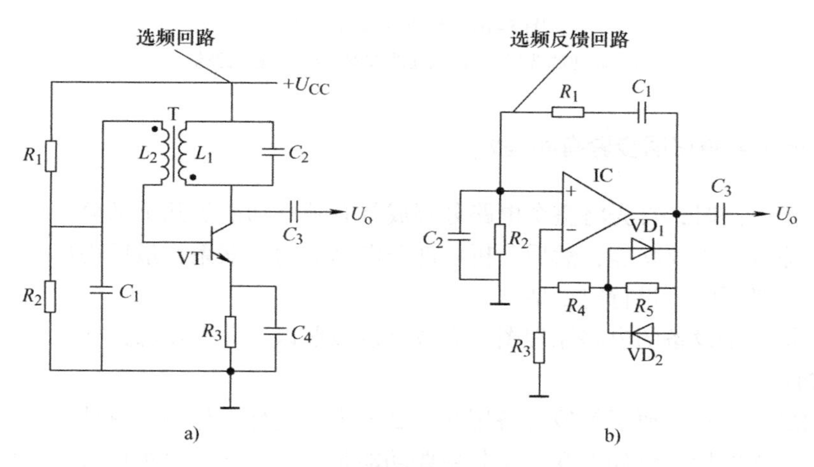

图8-8 振荡电路的结构
a）晶体管振荡器 b）集成运算放大器振荡器

（4）滤波电路的结构特点 滤波电路的结构特点是含有电容器或电感器等具有频率函数的元件，有源滤波器还含有晶体管或集成运算放大器等有源器件，在有源器件的输出端与输入端之间接有反馈元件。有源滤波器通常使用电容器作为滤波元件，如图8-10所示。高通滤波器电路中电容器接在信号通路（见图8-10a）；低通滤波器电路中电容器接在旁路或负反馈回路（见图8-10b）；将低通滤波电路和高通滤波电路串联，并使低通滤波电路的截止频率大于高通滤波电路的截止频率，则构成带通滤波电路。（见图8-10c）。

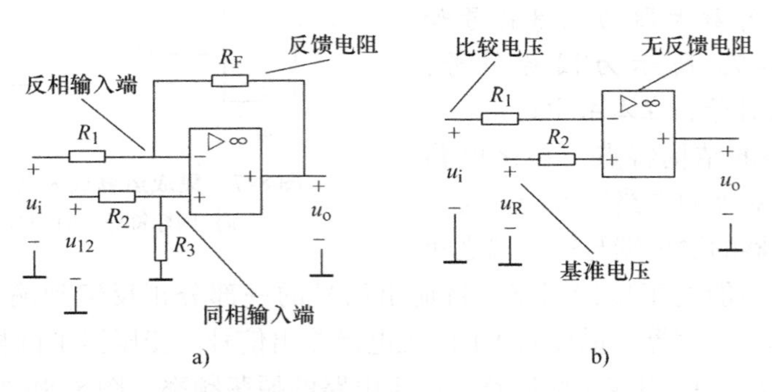

图 8-9　差动放大器和电压比较器的结构
a）差动放大器　b）电压比较器

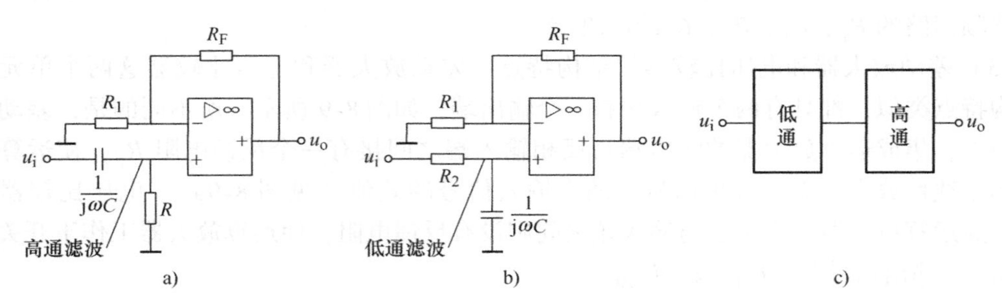

图 8-10　滤波电路的结构
a）高通滤波器　b）低通滤波器　c）带通滤波器

8-8 电子电路识图步骤有哪些？

在分析电子电路时，首先将整个电路分解成具有独立功能的几个部分，进而弄清每一部分电路的工作原理和主要功能，然后分析各部分电路之间的联系，最后得出整个电路所具有的功能和特点，必要时再进行定量估算。

识读和分析电子设备的电路原理图，大致可以按照以下几个步骤进行。

1. 了解功用

开始读图之前，首先要了解该设备用在什么地方、起什么作用、有什么特点，以及能够达到什么样的技术指标。例如电视机，其主要功能是：首先接收电视信号，然后进行信号处理，最后推动显像管显示图像，并发出声音。所以，它应该有高频接收电路、各种信号处理电路、显示推动电路等。对于已知电路均可根据使用场合大概了解其主要功能，有时还可以了解到电路的主要性能指标。清楚了解设备的用途，可以帮助人们理解原理图的指导思想、总体安排以及各种改善性能的措施。

2. 化整为零

先将总原理图分解成若干基本部分，究竟可以分为多少部分，与电路的复杂程度、读者所掌握基本功能电路的多少以及识图经验有关。然后弄清各部分的主要功能以及每一部分由哪些基本单元电路组成。有些电路的组成具有一定的规律，例如通用型集成运算放大器一般均有输入级、中间级、输出级和偏置电路四个部分，串联型稳压电源一般均有调整管、基准电压电路、采样电路、比较放大电路和保护电路等部分，正弦波振荡电路一般均有放大电路、选频网络、正反馈网络和稳幅环节等部分。

一般模拟电子电路可分为信号处理电路、波形产生电路和电源电路等。其中信号处理电路是最主要，也是形式最多的部分，而且不同电路对信号处理的形式和所达到的目的各不相同，例如可对信号加以限幅、整形、放大、滤波、转换等。因此，对于信号处理电路，一般以信号的流通方向为线索将复杂电路分解为若干基本电路。

在分析过程中，若有个别元器件或某些细节一时不能理解，则可以留待后面仔细研究，在这一步，只要求搞清楚总图大致包括哪些主要的电路功能模块。

3. 单元电路功能分析

选择合适的分析方法，对每部分电路的工作原理和主要功能进行分析。首先识别电路的类型，例如放大电路、运算电路、电压比较器等；然后定性分析电路的性能特点，例如放大能力的强弱、输入和输出电阻的大小、振荡频率的高低、输出量的稳定性等，它们是确定整个电路功能和性能的基础。具体分析电路时，对于每个单元电路，找出其中的直流通路、交流通路以及反馈通路等，以判断电路的静态偏置是否合适、交流信号是否能正常放大和传递、引入的反馈属于什么组态等。

在分析单元电路时首先应了解该单元电路的作用与功能，这从整机电路框图中可以很容易搞清楚。单元电路种类众多，可分为模拟电路、数字电路、电源电路等几大类。

（1）模拟电路　模拟电路是处理、传输或产生模拟信号的电路。常见的模拟单元电路有放大器、振荡器、电压跟随器、有源滤波器、电压比较器、调制电路、解调电路等。不同的模拟电路具有不同的作用与功能，如放大器的作用是对输入信号进行放大（电压放大、电流放大、功率放大等）；振荡器的作用是产生信号电压（正弦波或其他波形）；电压跟随器的作用是阻抗变换和缓冲；有源滤波器的作用是限制通过信号的频率（低通、高通、带通、带阻等）；调制电路的作用是将信号电压调制到载频上（调幅、调频、调相等）；检波或鉴频电路的作用是从已调载频中解调出信号电压；电压比较器的作用是比较两个电压的大小等。

（2）数字电路　数字电路是处理、传输或产生数字信号的电路。常见的数字单元电路有：门电路（与门、或门、非门等）、触发器（双稳态触发器、单稳态触发器、施密特触发器等）、多谐振荡器、计数器、编码器、译码器、寄存器、移位寄存器以及存储器和运算电路等。不同的数字单元电路具有不同的作用与功能，如门电路的作用是实现基本的逻辑控制；触发器的作用是对数字信号进行变换、存储或处理；计数器的作用是对输入脉冲按一定规则进行计数；译码器的作用是将一种数码转换为另一种数码；运算电路的作用是完成逻辑运算或算术运算等。

（3）电源电路　电源电路是为其他电路提供工作电源或实现电源转换的电路。常见的电源单元电路有整流电路、滤波电路、稳压电路、恒流电路、电源变换电路等。不同的电源电路具有不同的作用与功能，如整流滤波电路的作用是将交流电变换为直流电；稳压电路的作用是提供稳定的工作电压；恒流源电路的作用是提供恒定的电流；逆变电路的作用是将直流电变换为交流电；直流变换电路的作用是将一种直流电变换为另一种直流电等。

4. 根据框图统观整体

在前面几个步骤的基础上，将各个组成部分进行综合，从总电路图的输入端一直到输出端联系起来，观察信号在电路中是如何逐级放大和传递的，从而对总图有一个完整的认识。常用电路框图进行分析，首先将各部分单元电路用框图表示，并用合适的方式（文字、表达式、曲线、波形）扼要表述其功能；然后根据各部分的联系将框图连接起来，得到整个电路的框图。各部分电路之间的连接（或耦合）方式通常有直接连接、阻容连接、变压器连接和光电耦合器件连接等。能及时准确地找出这些耦合器件，对于了解各部分之间的联系、信号传递的流程以及区分电路的类型是至关重要的。

根据框图，不仅能直观地看出各部分电路是如何相互配合来实现整个电路的功能，还可定性分析整个电路的性能特点。

8-9 电子电路的单元电路有哪些特点？

（1）某一特定的电路功能 单元电路（如由晶体管组成的各种放大电路、电容电感等元件组成的振荡电路、集成运算放大器组成的各种应用电路）都具有各自特定的电路功能，是可以单独使用的。

（2）通用性 电路的通用性表现为电路功能的基本性，如晶体管放大电路最基本的功能是放大信号，几乎所有实际电路都包含晶体管放大电路；又如振荡电路的基本功能是产生振荡波形，它广泛地应用于各种实际电路中。

（3）组合性 由于单元电路都是具备特定功能的电路，因而在电子电路设计过程中，可以根据需要去选择一个单元电路单独使用，也可以按一定的规律将多个单元电路恰当地组合在一起，成为一个新的电路。这种组合的过程，事实上是一个有意识的电路设计过程。

随着集成电路技术的发展，一块集成芯片配上一些外围元器件就可完成许多特定的功能。例如在单片集成电路收音机中，一块集成芯片加上一些外围元器件就可完成收音机的全部功能。对于像这类集成电路所组成的应用电路，也可以作为单元电路来使用。

8-10 如何识读单元电路？

识读单元电路图时，首先要将电路归类，掌握电路的结构特点。例如，分析电视机场扫描电路时，应当分清其振荡级是间歇式振荡器、多谐式振荡器还是其他类型的振荡器，其输出级是单晶体管输出电路还是互补型对称式 OTL 电路。如果是较典型的简单电路，则可以根据原理图直接判断归类；如果是复杂的电路，则应化繁为简，删减附属部件或电路，保留主体部分，简化成原理电路的形式。对于那些电路结构比较特殊或者一时难以判断的电路，则应细致、耐心地把电路简化为等效电路。对于模拟电路，应当分析电路的等效直流电路和等效交流电路；对于脉冲电路，则要分析电路的等效暂态（过渡过程）电路。

在单元电路中，晶体管和集成电路是关键性元器件，而对于电阻、电感、电容、二极管等元器件，则要根据具体情况具体分析，可以根据工作频率、电路中的位置、元器件参数来判断它们到底是关键性元器件还是辅助性元器件。在简化电路时，关键性元器件不能省略，而非主体的部件应当尽量省略，以显示出电路的基本骨架。

1. 单元电路简化法

把单元电路简化为原理电路，通常有以下两种方法：

（1）由繁到简，保留骨干 从单元电路中逐步删掉一些次要电路或元器件，把全电路向内收缩，最后保留最基本的骨干。

（2）由管扩展，抓住关键 以晶体管、集成电路或二极管为中心向外扩展，根据电路功能要求，寻找影响电路工作的关键性元器件，画出原理电路。

以上两种方法，一个是由大到小、由繁到简的变化过程，一个是由小到大、由简到繁的变化过程，读者可以根据自己的习惯和电路特点来选用，也可采取两者相结合的方法来识读电路图。

2. 模拟电路的等效电路画法

模拟电路的等效电路有直流等效电路和交流等效电路两类。

（1）直流等效电路 分析直流等效电路可以掌握电路的直流工作状态，并计算出直流电压、直流电流等有关参数。画直流等效电路的方法如下：

1）电容不能通过直流电流，可视为开路；纯电感没有直流电阻，可视为短路。

2）反向偏置的二极管可看作开路；正向偏置的二极管可看作短路，若不能忽略其正向压降，则可以用二极管的导通电压来代替。

3）小阻值滤波、退耦、限流、隔离电阻，一般可近似认为短路。

4）电阻的串、并联支路应尽量用一个等效电阻来表示，以使电路简单直观。

5）视为短路的元件，画图时可将其两端用短路线连接起来；视为开路而悬空的部分，可将它们删去。

（2）交流等效电路 分析交流等效电路可以深入掌握单元电路的电路结构和频率特性，它是识别、判断单元电路的有效方法。画交流等效电路的方法如下：

1）将交流耦合电容、旁路电容及退耦电容等都视为短路。

2）根据公式估算电容的容抗值。若容抗值 X_C 接近于零，就用短路线来代替。

3）将直流电源与地线短路，并看作交流零电位。

4）正向偏置导通的二极管可视为交流短路，截止状态的二极管可视为交流开路。

5）尽量省略各种电阻、中和电容、扼流圈、保护二极管等附属性元器件。判断是否为附属性元器件的方法如下：若将元器件从电路中去掉，电路仍具有基本功能，则说明该元器件是附属性元件，否则就是关键性元器件。若附属性元器件与其他元器件并联，则应采用开路法判断；若与其他元器件串联，则应采用短路法判断。

6）能够合并的电感、电容尽量用一个等效元件来代替，以使电路简单直观。

3. 脉冲电路的等效电路画法

识读脉冲电路图时，仍可采用模拟电路图的某些识读方法。但由于脉冲电路的晶体管、二极管工作于开关状态，可能会使电路的电感、电容在不同瞬时表现出不同的响应和特性，因此应利用晶体管以及电阻、电感、电容、二极管等元器件在暂态（或称过渡过程）对各种脉冲信号的响应规律，来分析电路的工作规律，分析脉冲信号的产生、变换原理。

8-11 什么是电路框图？

电路框图是描述组成设备的单元功能电路的图。它也能表示这些单元功能是怎样有机地组合起来，以完成它的整机功能的。

电路框图仅仅表示整个机器的大致结构，即包括了哪些部分。每一部分用一个方框表示，有文字或符号说明，各方框之间用线条连起来，表示各部分之间的关系。框图只能说明机器的轮廓、类型，以及大致工作原理，看不出电路的具体连接方法，也看不出元器件的型号数值。

电路框电路图一般是在讲解某个电子电路的工作原理时，介绍电子电路的概况时采用的。

按运用的程序来说，一般是先有电路框图，再进一步设计出原理电路图，有必要时可再画出安装电路图，以便于具体安装。

图8-11所示为固定输出集成稳压器的框图。它给出了电路的主要单元电路名称和各单元电路之间的连接关系，表示整机的信号处理过程。这样，就能对整机的工作过程有大致了解。

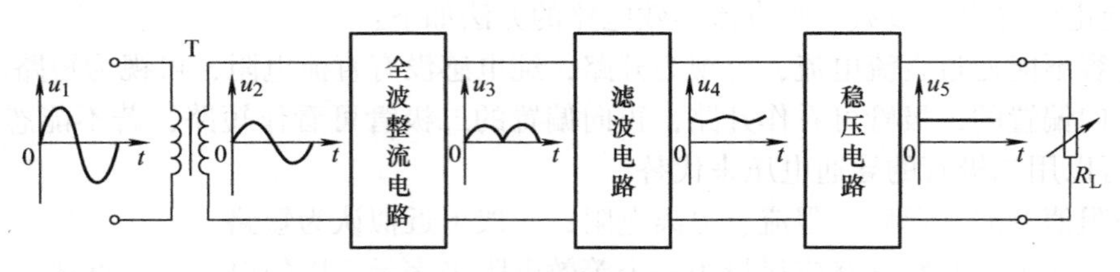

图8-11 固定输出集成稳压器框图

8-12 如何识读电路框图？

电子电路的特点是其组成元器件（如电阻、电容、晶体管等）的数量很多，而种类又比较少，往往不容易看懂图纸，无法了解设计意图。因此比较复杂的电子设备都要绘制一张电路框图，由框图先了解电路的组成概貌，再与其电路图结合起来，就比较容易读懂电子电路图了。

框图是粗略反映电子设备整机线路的图形。因此在识读时，首先要理解各功能电路的基本作用，然后再搞清信号的走向。如果单元为集成电路，则还需了解各引脚的作用。

图8-12所示为某彩色电视机的框图，由图可看出，该彩色电视机由预选器、调谐器、图像中放、伴音处理、解码、扫描、伴音功放、末级视放、帧输出、行激励、行输出、显像管等部分组成。该框图有三个特点：一是框图中所代表的内容都是以文字符号来注解的，而且各方框外都不标项目代号；二是方框可以多层排列，布局匀称；三是框图中信号流向是从左往右的，而反馈信号是从右往左的。

图8-13所示框图是一个调频多工广播装置框图，由框图可知，该装置包括低通滤波器、压缩器、失真校正器、分频器、调制器、放大器等组成部分。该框图的特点是框图符号全部采用《电气图用图形符号》中的符号。

图8-14所示为MCS-51系列单片微型计算机框图，由图中可知，该机型由8031单片机、74LS373地址锁存器芯片、2716存储器芯片等组成。地址总线和数据总线以空心粗箭头绘制，表明地址线和数据线是总线结构，而单根控制线仍用一根细实线表示，在计算机行业这是一种习惯画法。

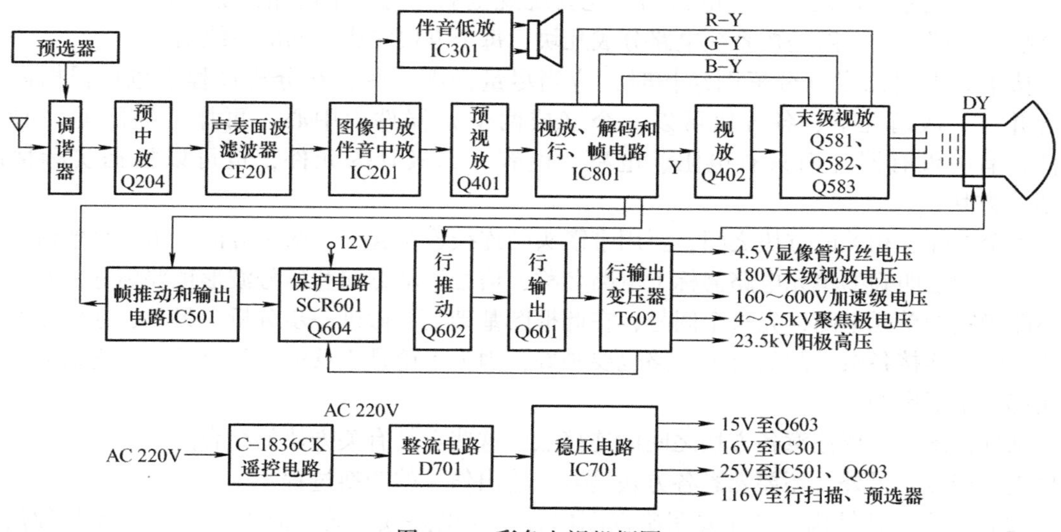

图 8-12 彩色电视机框图

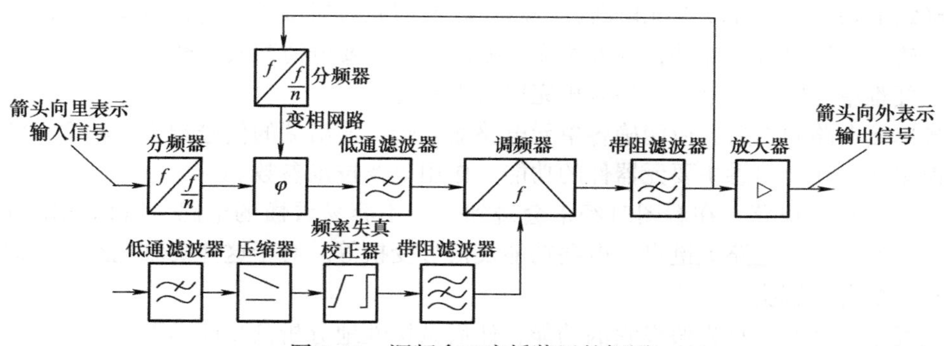

图 8-13 调频多工广播装置的框图

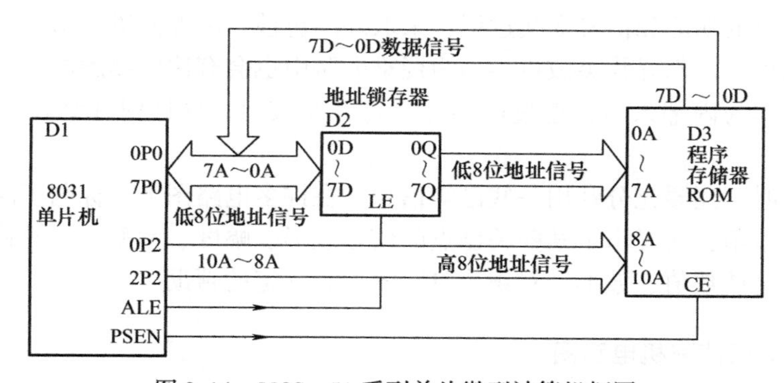

图 8-14 MCS－51 系列单片微型计算机框图

8-13 如何识读系统电路图？

系统电路是相对于整机电路而言的，它由几个单元电路组成。系统电路图的识读步骤及方法如下：

(1) 确定系统范围　拿到电路图后先要统观全局，将整个电路浏览一遍。然后，把电路分解为几部分，一般是按系统电路分成几块，每个方块完成不同的系统功能。

从单元电路出发划分框图结构时，应当尽量详细一些，在分析过程中也可根据需要再合并。一般情况下，各方块可以一个（或两个）器件为中心，再加上周围的一些元器件，有时没有器件而只有电阻、电感、电容、二极管等元件，也可以根据实际情况来划分方块。

各个相邻、相关的方块之间，要用带箭头的连线连接起来，箭头方向表示信号的流动方向。框图中已明确的单元电路需标上电路名称，信号流动方向和信号波形也要标好。对于暂时不能确定的单元电路，先打个问号，在此框图基础上再做进一步分析。另外，在画带箭头的连线时，连接各级之间的反馈电路也要画好，因为不论是正反馈还是负反馈，它们对电路性能都有重要影响。

画好框图后，要注意各方块之间的连接点，这些点是有关方块的结合点、联络点的，往往也是关键点。另外，还要熟悉各方块输入、输出信号的变换过程。

(2) 确定电路结构　首先要明确框图内各单元电路或系统电路的类型。完成某种信号变换功能的单元电路可能有多种电路形式，要将分解出来的单元电路与典型的单元电路进行对照，确定电路类型。在将单元电路归类时，要遵照先易后难的原则，结构熟悉的电路先对号，复杂的电路后对号。此外，各方块交界处的元器件要分清归属，暂时不能确认归属的元件应划入疑难单元电路的范围，待分析完毕后再确定。

将各单元电路归类后，应明确各单元电路输入端、输出端的信号频率、幅度、波形的特点及变换规律，还要熟悉主要元器件的功能、作用以及技术参数。

(3) 解决疑难电路　在看图时经常会碰到一些不容易看懂的电路，难以确定电路框图的界限、电路结构、电路关键点、电路功能及信号变换等。对于这些疑难电路，可以采用多种方法相互配合来解决。

碰到疑难电路时，首先假设它的功能，然后试探性地分析其功能是否符合电性能的逻辑关系。如果不符合，则说明设想是错误的。其次，要细心观察疑难电路与周围电路的关系，充分利用外围电路的功能和信号变换过程，采取外围包抄、由外向里、由已知向未知的识读方法。另外，也可从内部寻找突破口。因为疑难电路中也会有比较熟悉的电路和网络，利用其中的已知环节作为内部入口，通过已知环节打开突破口，这样内外结合就比较容易攻克难点。

识读电路图时，还要充分利用一些已知信息。在许多电路图上，标明了晶体管、集成电路引脚的电压或电阻，还标出了某些关键点的信号波形、幅度、频率，以及许多中文、外文字符。仔细分析这些数值、波形，对识读电路图也有一定的帮助。

8-14 如何识读整机电路图？

识读整机电路图和识读系统电路图一样，仍可以采用借助外部已知元器件和电路与寻找内部已知环节相结合的办法。

整机装配图是设计者对产品性能、技术要求等以图形语言表达的一种方式，是指导工人操作、组织生产、确保产品质量、提高效益、安全生产的文件，也是技术人员与工人交流的工程语言。它包括系统图、框图、电路图、接线图等。

电路原理示意图如图 8-15 所示（以串联稳压电源电路为例，图中 VT_1、VT_2 调整管可选低频大功率 NPN 型晶体管）。读图时要注意以下几个问题：

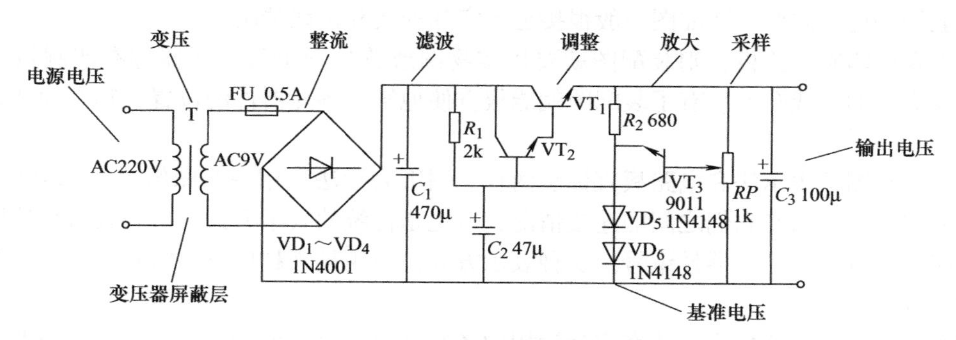

图 8-15　串联稳压电源电路原理图

1）整张电路图中，同一元器件符号自左至右或自上而下按顺序号编排。由多个单元组成的电子装置往往在其符号前面加上该单元的项目代号，如 $3C_5$ 表示第 3 单元的第 5 个电容，$4R_{10}$ 表示第 4 单元的第 10 个电阻。

2）电路图中各元器件之间的连线表示导线，两条或几条连线的交叉处标有“·”（圆实点）表示两条或几条导线的金属部分连接在一起；连线交叉处若没有标注“·”，则说明连线之间相互绝缘而不相通。

3）电路图中“⊥”符号叫接地符号，表示都要用一条导线连接起来。“⊡”符号叫屏蔽罩，表示此虚线框内的元器件在装配时应外加屏蔽罩，屏蔽罩一般都与地线相连。

4）元器件符号要对号入座，以避免安装时接错。如二极管的符号，三角形顶角处画一条短竖线，表明此端为阴极，而此顶角的对边表示阳极；电解电容符号标有“+”的一端为阳极，另一端为阴极。另外，晶体管的 B、C、E 三个电极、变压器的一次侧引线在读图时都要引起特别注意。

8-15　如何识读装配图？

装配图是表示电路原理图中各功能电路、各元器件在实际电路板上分布的具体位置以及各元器件引脚之间连线走向的图形，如图 8-16 所示。

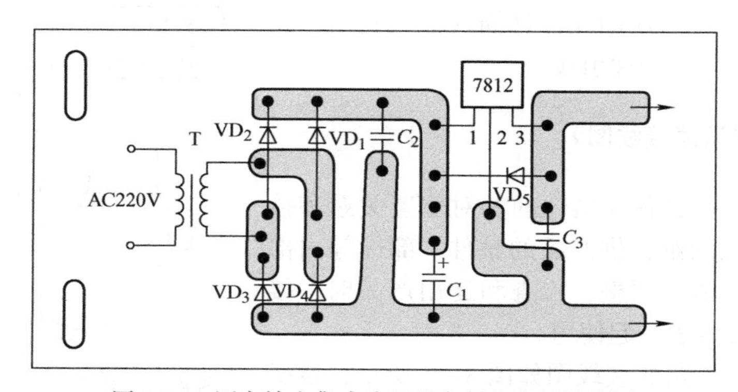

图 8-16　固定输出集成稳压器印制电路板装配图

装配图也就是布线图，用元器件的实际样子表示的又叫实体图。原理图只说明电路的工作原理，看不出各元器件的实际形状，以及在机器中是怎样连接的，位置在什么地方，而装配图就能解决这些问题。装配图一般很接近于实际安装和接线情况。

如果采用印制电路板，则装配图就要用实物图或符号画出每个元器件在印制板上的位置，以及焊接的接线孔上。有了装配图就能很方便地知道各元器件的位置，顺利地装好电子设备。

装配图有图纸表示法和电路板直标法两种。图纸表示法是用一张图纸（称印制电路图）表示各元器件的分布和它们之间的连接情况，这也是传统的表示方式。电路板直标法则是在铜箔电路板上直接标注元器件编号。这种表示方式的应用越来越广泛，特别是进口设备中大都采用这种方式。

图纸表示法和电路板直标法在实际运用中各有利弊。对于前者，若要在印制电路图纸上找出某一只需要的元器件则较方便，但找到后还需用印制电路图上该器件编号与铜箔电路板去对照，才能发现所要找的实际元器件，有二次寻找、对照的过程，工作量较大。而对于后者，在电路板上找到某编号的元器件后就能一次找到实物，但标注的编号或参数常被密布的实际元器件所遮挡，不易观察完整。

读印制电路板装配图时要注意以下几个问题：

1）印制电路板上的元器件一般用图形符号表示，有时也用简化的外形轮廓表示，但此时都标有与装配方向相关的符号、代号和文字等。

2）印制电路板都在正面给出铜箔连线情况，反面只用元器件符号和文字表示，一般不画印制导线，如果要求表示出元器件的位置与印制导线的连接情况，则用虚线画出印制导线。

3）大面积铜箔是地线，且印制电路板上的地线是相通的。开关件的金属外壳也是地线。

4）对于变压器等元器件，除在装配图上表示位置外，还标有引线的编号或引线套管的颜色。

5）印制电路板装配图上用实心圆点画出的穿线孔需要焊接，用空心圆画出的穿线孔则不需要焊接。

元器件组装时，按照印制电路板装配图，从其反面（胶木板一面）把对应的元器件插入穿线孔内，然后翻到铜箔一面焊接元器件引线。

8-16 如何识读接线图？

接线图是表示产品各元器件的相对位置关系和接线实际位置的工艺图纸，供产品的整件、部件等内部接线时使用。在制造、调整、检查和运用产品时，接线图与电路图和接线表一起使用。

串联稳压电源电路的接线图如图8-17所示，接线表见表8-1。

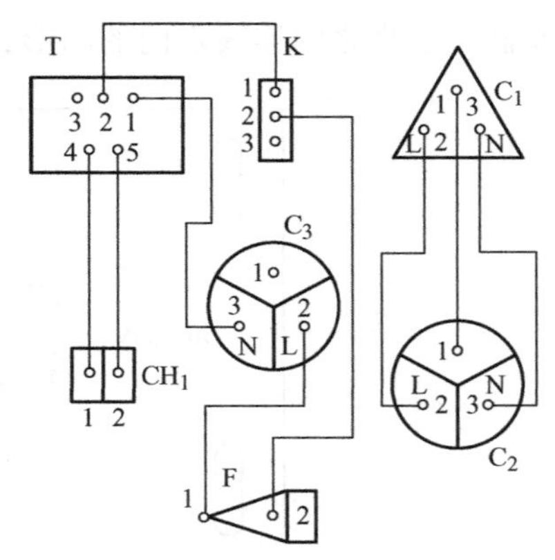

图8-17 串联稳压电源电路接线图

表 8-1　串联稳压电源电路接线表

序号	从何而来	接到何处	线长	备注
1	C_{1-1}	C_{2-1}	1m	三色护套线
2	C_{1-2}	C_{2-2}	1m	三色护套线
3	C_{1-3}	C_{2-3}	1m	三色护套线
4	C_{3-2}	F_{-1}	60mm	软线
5	C_{3-3}	T_{-1}	100mm	软线
6	F_{-2}	K_{-2}	80mm	软线
7	K_{-1}	T_{-2}	100mm	软线
8	CH_{1-1}	T_{-4}	200mm	双色软线
9	CH_{1-2}	T_{-5}	200mm	双色软线

8-17 如何识读线扎图？

复杂产品的连接导线多，走线复杂，为了便于接线并使走线整齐易查，可将导线按规定要求绘制成线扎装配图，供绑扎线扎和接线时使用。

线扎示意图如图 8-18 所示。图中符号“⊙”表示走向出图面折弯 90°，符号“⊕”表示走向进图面折弯 90°，符号“→”表示走向出图面折弯后的方向。线扎装配图均采用 1∶1的比例绘制，如果导线过长，线扎图无法按照实际长度绘制时，则采用断开画法，并在其上标出实际尺寸。装配时把线扎固定在设备底板上，按照导线表的规定将导线接到相应的位置上。

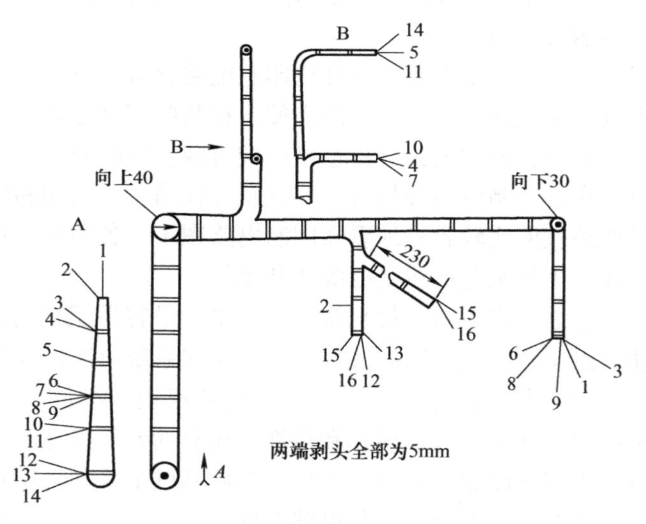

图 8-18　线扎示意图

8-18 如何识读印制电路混合图？

为了用户维修方便，在给用户的图样中，除有电路图外，还有印制电路图，这种图实际上是布线图和装配图的统一，通常以双色绘制，某一种颜色用来表示印制板的正面，另一种颜色则表示印制板的反面。图 8-19 所示为印制电路混合图的示意图。

不管看什么图，都会有一个从全局到局部、从大到小、从面到点的过程，所以仍然可以采用识读整机电路原理图的步骤来看印制电路图。同时，为了减少识图困难，少走弯路，应先看懂电路原理图，熟悉整机电路框图、各单元电路的结构特点和信号变换过程以及主要元器件的作用。对于集成电路电子设备，还应掌握集成电路的数目、型号、主要功能等。识读印制电路图的具体步骤如下：

（1）由易到难分步突破　识读印制电路图和识读电路原理图一样，可采取外围包抄、由外向内、由易到难、分步突破的方法，首先找到最直观、最容易识别的元器件。例如，打开电子设备后盖，印制电路板及整机内部部件便暴露出来，其中最容易识别的元器件可以作为识读印制电路图的外围入口，顺着实际连线就可以找到与它们连接的电路。在某些印制电路图上还有这些元器件的连线示意图，这给识读印制电路图带来很大的方便。通过这些最直观、最简单、最容易辨认的元器件，就可以识读印制电路图上的许多电路。例如，由电源插座可以找到电源电路，若电源电路带有电源变压器和大容量的电解电容（也是比较容易识别的元件），则很容易找到电源稳压电路。由扬声器可以找到功放电路，通常功放管采用低频大功率晶体管，OTL功率放大电路还采用较大容量的电解电容，这更容易寻找。

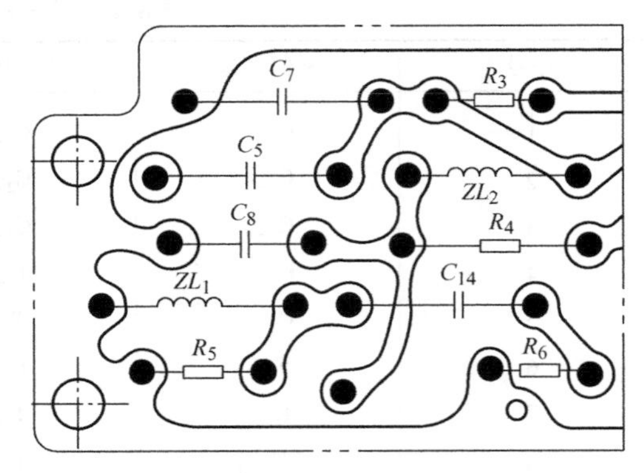

图8-19　印制电路混合图示意图

有一些电子设备是由几块印制电路分板组成，每块印制电路分板都有相应的功能，这给识读印制电路图带来较大的方便。在某些印制电路图上，还标出了各个分板的名称及主要功能。因此，印制电路分板也是比较直观、比较容易识别的器件，是识读印制电路图的理想入口。在看印制电路分板时，要注意寻找信号输入端和输出端，找到信号出入口后，再按照信号通路就能比较容易地看懂印制电路图了。各印制电路分板的信号出入口通常是各板之间的连线，当然某些连线是电源线和地线。

总之，借助那些最直观、最简单、最容易识别的元器件，再配合印制电路分板的识别，便可以了解整机电路的大致布局，某些系统电路的界限也可初步确定下来。

（2）循序渐进逐步深入　在电路板上，有许多元器件具有特殊的外形或者体积很大，某些元器件上还标有名称和特性，还有的元器件标有特殊的符号，它们都比较容易识别，可以作为识读印制电路图的入口。在此基础上采用外围包抄或者由内向外扩展等方法，便可以确定许多单元电路在印制电路上的大致位置和相应的界限。

集成电路是比较直观、比较显眼的元器件，它的外形特殊，在外封装上还标有型号。如果对常用集成电路的型号、类型、功能比较熟悉，那么找到集成电路便能找到相应的单元电路或系统电路。在看印制电路图时，集成电路各引脚的功能及外接元器件的作用也都要清楚。另外，一些大功率晶体管也比较容易识别，有些在管壳上还标有型号，将这些型号与电路原理图上晶体管的型号对照，便很容易确定相应电路在印制电路图上的位置。通常，由集成电路、晶体管组成电路的核心，以它们为中心寻找外围元器件便可以找到相应的电路。

在电子设备印制电路板上还设置了许多接线柱，它们与各种连接线相接，连接着元器件或单元电路。这些接线柱和相关引线，大多是电源线、地线、信号输入线、信号输出线、直流电压控制线等，它们也可作为识读印制电路图的突破口。例如，找到各种调整元器件的接线柱，就可以通过连线或印制电路板的走线找到相应的单元电路。

在许多印制电路板上还用中文或英文标注了元器件的功能，或用数码标记元器件和印制电路板的代号。除此之外，印制电路板上还有许多其他信息，这些都可以作为识读印制电路的参考。

（3）疑难电路综合分析　在对照原理图看印制电路图时，常常会碰到一些局部电路难以识别。这些疑难电路可能是没有特殊元器件或易于识别元器件的电路，也可能是与多个单元电路有联系的电路，又或者是分布过于分散的电路。一般来说，疑难电路多为小信号处理电路。对于疑难电路可以通过多方协作来解决，同时注意前后联系、分析对照，综合运用各种信息，并且要耐心仔细。

在识读印制电路图时，无论是对照局部图还是对照网络图，都应给对照过的部分做一个记号。对于晶体管电路，还必须找准电路的电源线和地线。另外，还要抓住单元电路或局部电路之间的连接点。还要注意的是，有些元器件的实际数据或结构可能与电路原理图稍有不同，这是允许的，也是经常出现的，这时就要根据印制电路图来修正电路原理图。

如果较好地掌握了上述识图方法，那么应该可以识别电路原理图上的各种单元电路及元器件，并能找出它们在印制电路图上的位置，使印制电路板上的元器件与电路原理图上的元器件一一对应。

总之，识读电路图应做好以下三点：第一，认识电路中各种图形符号的表示含义，明确各个元器件（至少是主要元器件）的功能、特点及有关参数；第二，根据电路结构框图，将具体电路“对号入座”，了解具体单元电路或系统电路的位置、名称和范围；第三，熟悉各个电路的结构及主要功能，了解各电路的信号频率、幅度、波形的特点及变化规律。

8-19　如何搞清楚电路图的整体功能？

一个设备的电路图是为了完成和实现这个设备的整体功能而设计的，搞清楚电路图的整体功能和主要技术指标，便可以在宏观上对该电路图有一个基本的认识。这是看图识图的第一步。

电路图的整体功能可以从设备名称入手进行分析，如直流稳压电源的功能是将AC220V市电变换为稳定的直流电压输出，如图8-20所示。

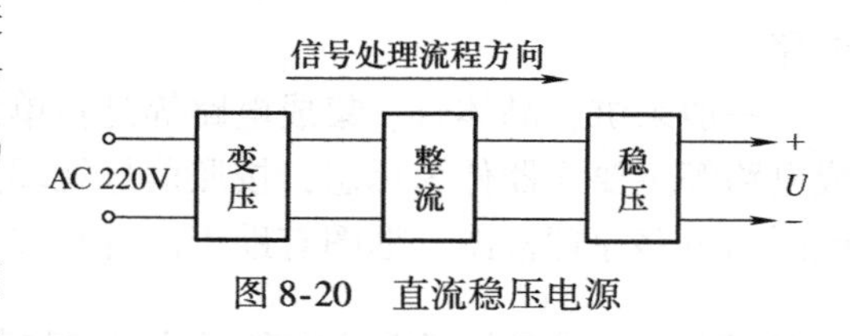

图8-20　直流稳压电源

对于较为复杂的电子设备，除了电路原理图之外，往往还会用到电路框图。图8-21所示为晶体管超外差式收音机电路框图。通过收音机的电路框图，可以清晰地知道收音机主要由调谐选频、混频、本机振荡、两级中放、解调、低频放大、功率放大等单元电路组成，也可以大致知道各个单元电路的联系以及信号的流程，从而知道收音机的基本工作原理。无线电信号从天线输入，通过调谐选频电路得到某一电台的广播信号，该信号首先经混频、本机振荡等电路把高频信号变为中频信号，然后耦合到两级中放电路，解调电路从中频信号中检出音频信号，并送入低频放大器和功率放大器进行音频放大，最后推动扬声器发出声音。

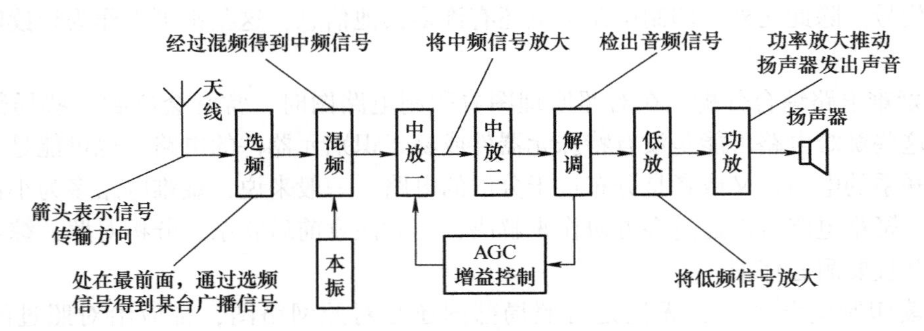

图 8-21　晶体管超外差式收音机整机电路框图

电路框图和电路原理图相比，包含的电路信息比较少。实际应用中，根据电路框图无法弄清楚电子设备的具体电路，它只能作为分析复杂电子设备电路的辅助手段。

8-20　怎样判断电路图的信号流程方向？

电路图一般是以所处理的信号的流程为顺序，按照一定的习惯规律绘制的。分析电路图总体上也应该按照信号处理流程进行。因此，分析一个电路图时需要明确该图的信号流程方向。

根据电路图的整体功能，找出整个电路图的总输入端和总输出端，即可判断出电路图的信号处理流程方向。例如，在图 8-20 所示直流稳压电源电路中，接入交流 220V 市电处为总输入端，输出直流稳定电压处为总输出端；图 8-21 所示超外差收音机电路中，磁性天线为总输入端，扬声器为总输出端。

8-21　怎样以器件为核心将电路图分解为若干单元？

除了一些非常简单的电路外，大多数电路图都是由若干个单元电路组成的。掌握了电路图的整体功能和信号处理流程方向，便对电路有了一个整体的基本了解，但是要深入地具体分析电路的工作原理，还必须将复杂的电路图分解为具有不同功能的单元电路。

一般来讲，晶体管、集成电路等是各单元电路的核心元器件。因此，可以以晶体管或集成电路等主要元器件为标志，按照信号处理流程方向将电路图分解为若干个单元电路，并据此画出电路原理框图。框图有助于读者掌握和分析电路图。

8-22　如何分析主通道和辅助电路的基本功能？

（1）主通道电路的基本功能　对于较简单的电路图，一般只有一个信号通道。对于较复杂的电路图，往往具有几个信号通道，包括一个主通道和若干个辅助通道。整机电路的基本功能是由主通道各单元电路实现的，因此分析电路图时应首先分析主通道各单元电路的功能，以及各单元电路间的接口关系。

（2）辅助电路的功能　辅助电路的作用是提高基本电路的性能和增加辅助功能。在弄懂了主通道电路的基本功能和原理后，即可对辅助电路的功能及其与主电路的关系进行分析。

8-23　分析电路图的方法有哪些?

整机电路的直流工作电源是电池或整流稳压电源，通常将电源安排在电路图的右侧，直流供电电路按照从右到左的方向排列。

目前电子工业飞速向前发展，电子的新产品、新设备日新月异，水平越来越高，结构也越来越复杂，如果想掌握、使用和修理这些新设备，有了它们的电路图，就会给相关工作带来很大的方便。所以电路图是装配、维修工作者不可缺少的资料。

从以上几个方面看，要学习电子技术，掌握和应用电子设备，首先就应该学会看电路图。

看电路图是一项认真、仔细的工作，要经常地看，不断地总结经验，这样才能熟练地掌握看电路图的方法。作者在实践中总结了几条经验，可供读者参考。

1）要记得“接地”符号的意思，记住接地符号和接地符号之间就等于导线接在一起。如在图中，晶体管发射极A点是接地的，0.01μF电容A点也是接地的，则把0.01μF的A点接到晶体管的发射极上或者把发射极A点接到电容的A点都是一样的。

2）有A、B、C三点，规定A点需和B点连接，但如果BC两点已有线连接在前，那么把A点和C点连起来也就等于把A点和B点连起来一样。这一点在看电路图时是很重要的。

3）看电路图安装电子设备时，安装完一条线可以用红笔在电路图相应的这条线上描一下，这样图都描完了，电子设备也就焊接好了。这样做可以避免电子设备漏接、错接。这对初学电子的读者来说格外重要。

4）要熟悉各种基本电路的特点。将各种放大、振荡和运算放大器等基本电路都记熟了，以后看电路图就比较容易了。

5）多看各类电路图，多看电子杂志和电子书上的电路图，同时有空自己也练习画电路图，看多了，画多了，往往就熟能生巧了。如图8-22中A和B的画法不一样，但电路都一样，所以读者就应当能很熟练地看出这个问题。总之，学会看电路图并非难事。

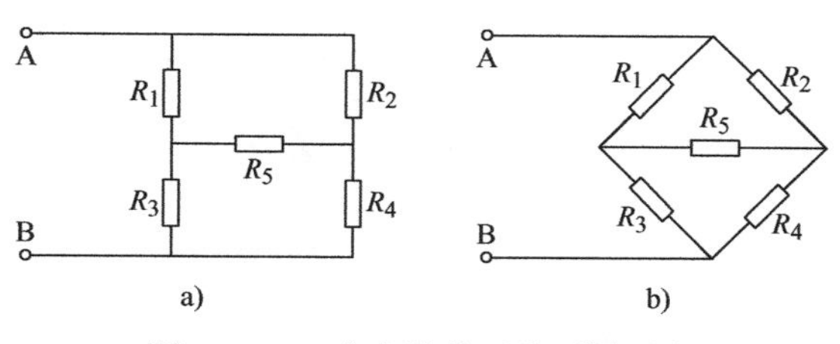

图8-22　一个电路的两种不同画法

8-24　对照电路图安装应注意哪些问题?

初学电子技术的读者由于对电路图不熟悉，对电子元器件也不熟悉，在对照电路图安装时经常发生一些差错，所以要注意下面几个主要问题：

1）注意极性。应该做到元器件对号入座，初学者有时会发现电子元器件和它的符号对不上号。比如二极管的符号，左边一个三角形右边一条长粗线，三角形一边的引线代表正极，长粗线一边的引线代表阴极，所以连接二极管时，触丝代表二极管的正极应当按电路接在二极管阳极符号一边。如果把二极管的阳极与阴极接错，则这个电路图就整个接错了。另外像晶体管的E、B和C三个电极，电解电容的阴阳极，输出、输入变压器的一、二次侧引线等，也经常会发生接错的现象。因此，这些问题一定要特别注意。

2）注意结点。应该避免把不该连接的地方连在一起。电路图中有结点的地方连在一起，而无结点的电路是不应该连接的（即导线金属部分不能连在一起）。

3）注意焊接。注意区别焊完和未焊接头，严格按照电路一步一步往下进行。牢记每个元器件用过的接头和没用过的接头，应当做到心中有数，不能搞错。有时可在装配图中做记号，以示区别。

4）注意检查。最后应该进行检查，电路焊好后，要仔细检查各部分连线是否有差错。

第9章 数字电路基础

9-1 什么是数字电路?

随着电子计算机的普及和信息时代的到来，数字电子技术正以前所未有的速度在各个领域取代模拟电子技术，并迅速渗入人们的日常生活。数字手表、数字相机、数字电视、数字影碟机、数字通信等都应用了数字化技术。

作为数字电子技术的结晶，数字电路在数字通信和电子计算机中扮演着举足轻重的角色。数字通信中的编码器、译码器，计算机中的运算器、控制器、寄存器，无不是采用了数字电路。即使是像调制解调器这类过去通常用模拟技术实现的器件，如今也越来越多地采用数字技术来实现。由于电子技术的发展，数字电路已实现了集成化，且可分为 TTL 和 CMOS 两种类型，其中 CMOS 数字集成电路具有功耗低、输入阻抗高、工作电压范围宽、抗干扰能力强和温度稳定性好等特点，在数字电路中应用最为广泛。

9-2 模拟电路和数字电路有何区别?

在自然界中，存在着各种各样的物理量，尽管它们的形式千差万别，但就其共同特性而言，可以归纳为两类，一类为模拟量，一类为数字量。模拟量的变化是连续的，可以取某一值域内的任意值，例如温度、压力、交流电压等就是典型的模拟量，而数字量的变化在时间上和数量上都是离散的。

在电子设备中，常常将表示模拟量的电信号叫作模拟信号，将表示数字量的电信号叫作数字信号。正弦波信号和方波信号就是典型的模拟信号和数字信号。

与模拟信号相比，数字信号具有抗干扰能力强、存储处理方便等优点。

与电路所采用的信号形式相对应，将传送、变换、处理模拟信号的电子电路叫作模拟电路，将传送、变换、处理数字信号的电子电路叫作数字电路。如各种放大电路就是典型的模拟电路，数字表、数字钟的定时电路就是典型的数字电路。

9-3 怎样对数字电路进行分析?

一个复杂的数字电路往往要使用成千上万个门电路，在设计和分析电路时，如果把每一个门电路的具体电路都详细地画出来并加以分析，那将是一项非常艰巨的工作。

实际上，设计和分析数字电路主要是分析它们的逻辑功能，这些逻辑功能是由各种逻辑部件完成的，门电路就是逻辑部件的一种。因此在数字电路图中，一般只需表示出所用的逻辑部件，以及这些部件之间存在的逻辑关系即可，至于逻辑部件内部的电路组成则无需过问。

不同的电路有不同的分析方法，但是它们都是以逻辑代数为基础的。在设计和分析数字电路的逻辑关系时，常使用四种方法，即逻辑图、真值表、逻辑函数表达式和卡诺图。在实际应用中，逻辑图和真值表是最常用的，而逻辑函数表达式和卡诺图主要供设计人员在设计数字逻辑电路时使用。逻辑图是指用逻辑符号组成的电路图，而真值表是使用逻辑“1”和逻辑“0”列表表示逻辑关系的一种方法。

9-4 什么是数制和位权值？

数制是计数进位制的简称。例如，十进制是大家最熟悉的一种数制，一般用字母 D 表示，它有 0，1，2，3…9 十个数码，通常把这些数码的个数称为基数，故十进制数的基数为 10，而且按逢 10 进 1 的规律计数。当一个大于 9 的数需要用两位以上的数码时，每位数字被赋予一个特定的值，这个值称为位权值（权）。位权值等于该数制的基数的若干次方，就十进制来说，它们的位权值分别是：10^0（个位）、10^1（十位）、10^2（百位）……如 $582.4 = 5\times10^2+8\times10^1+2\times10^0+4\times10^{-1}$ 中 5 的权是 10^2，表示 500；8 的权是 10^1，表示 80；2 的权是 10^0，表示 2；4 的权是 10^{-1}，表示 0.4。

9-5 有哪几种常用的数制？

数字信号通常都是以数码形式给出的，不同的数码可以用来表示数量的不同大小。用数码表示数量大小时，仅用一位数码往往不够用，因此经常需要用进位计数制约方法组成多位数码使用。多位数码中每一位的构成方法以及从低位到高位的进位规则称为数制。在数字电路中经常使用的计数进制除了十进制以外，使用更多的是二进制和十六进制，有时也用到八进制。

当两个数码分别表示两个数量大小时，它们可以进行数量间的加、减、乘、除等运算，这种运算称为算数运算。目前数字电路中的算数运算最终都是以二进制运算进行的。

1. 十进制

十进制是日常生活和工作中最常使用的进位计数制。在十进制数中，每一位有 0～9 十个数码，所以计数的基数是 10。超过 9 的数必须用多位数表示，其中低位和相邻高位之间的关系是“逢十进一”，故称为十进制。例如

$$143.75 = 1\times10^2+4\times10^1+3\times10^0+7\times10^{-1}+5\times10^{-2}$$

所以任意一个十进制数 D 均可展开为

$$D = \sum k_i \times 10^i \tag{9-1}$$

式中，k_i是第 i 位的系数，它可以是 0～9 这十个数码中的任何一个。若整数部分的位数是 n，小数部分的位数为 m，则 i 包含从 $0 \sim n-1$ 的所有正整数和从 $-m \sim -1$ 的所有负整数。

若以 N 取代式(9-1) 中的 10，即可得到任意进制（N 进制）数按十进制展开式的普通形式

$$D = \sum k_i N^i \tag{9-2}$$

式中，i 的取值与式(9-1) 的规定相同。N 称为计数的基数，k_i 为第 i 位的系数，N^i 称为第 i 位的权。

2. 二进制

目前在数字电路中应用最广泛的是二进制。在二进制数中每一位仅有 0 和 1 两个可能的数码，所以计数基数为 2。低位和相邻高位间的进位关系是“逢二进一”，故称为二进制。

根据式(9-2)，任何一个二进制数均可展开为

$$D = \sum k_i 2^i \tag{9-3}$$

计算出它所表示的十进制数的大小。例如

$$(101.11)_2 = 1\times2^2 + 0\times2^1 + 1\times2^0 + 1\times2^{-1} + 1\times2^{-2} = (5.75)_{10}$$

上式中分别使用下角 2 和 10 表示括号里的数是二进制数和十进制数。有时也用 B（Binary）和 D（Decimal）代替 2 和 10 这两个下角。

二进制是以 2 为基数的进位数制，所用的数字是 0 和 1。由于目前计算机的硬件只能存储、处理或传送两种物理状态 0 和 1 信息，因此二进制是计算机内部处理的基本数制，其特点如下：

1）二进制数的数值部分只需要 0 和 1 两个数码来表示，并且二进制中的 0 和 1 与十进制中的 0 和 1 以及其他数制中的 0 和 1 有所区别，通常称为“位”。

2）二进制中的基数是 2，并且由低位向高位进位是逢 2 进 1，所以不同的数码在不同的数位上所代表的值也不同。

3）二进制也有整数和小数，每一位也有规定的位权值，其中整数部分各位的数值从左到右依次是 2 的（$n-1$）次方，小数部分从小数点开始往右数依次是 2 的 $-n$ 次方。

4）任何一个二进制数都可以表示为

$$B = \sum_{i=0}^{n-1} a_i \times 2^i$$

式中，a_i 为系数，非 0 即 1；2^i 为第 i 位的权。二进制数一般用字母“B”表示。

3. 八进制

在某些场合有时也使用八进制。八进制数的每一位有 0 ~ 7 这 8 个不同的数码，计数的基数为 8。低位和相邻的高位之间的进位关系是“逢八进一”。任意一个八进制数可以按十进制数展开为

$$D = \sum k_i 8^i \tag{9-4}$$

并利用式(9-4) 计算出与之等效的十进制数值。例如

$$(12.4)_8 = 1\times8^1 + 2\times8^0 + 4\times8^{-1} = (10.5)_{10}$$

有时也用 O(Octal) 代替下角 8，表示八进制数。

4. 十六进制

十六进制数的每一位有十六个不同的数码，分别用 0 ~ 9、A(10)、B(11)、C(12)、D(13)、E(14)、F(15) 表示。因此，任意一个十六进制数均可展开为

$$D = \sum k_i 16^i \tag{9-5}$$

并由式(9-5) 计算出它所表示的十进制数值。例如

$$(2A.7F)_{16}=2\times16^{1}+10\times16^{0}+7\times16^{-1}+15\times16^{-2}=(42.4960937)_{10}$$

式中的下角16表示括号里的数是十六进制数，有时也用H（Hexadecimal）代替这个下角。

9-6 不同数制的数如何对照学习?

由于目前在微型计算机中普遍采用8位、16位和32位二进制并行运算，而8位、16位和32位的二进制数可以用2位、4位和8位的十六进制数表示，因而用十六进制符号书写程序十分简便。

扫一扫，看视频

表9-1是十进制数00～15与等值二进制、八进制、十六进制数的对照表。

表9-1 不同数制数的对照表

十进制（Decimal）	二进制（Binary）	八进制（Octal）	十六进制（Hexadecimal）
00	0000	00	0
01	0001	01	1
02	0010	02	2
03	0011	03	3
04	0100	04	4
05	0101	05	5
06	0110	06	6
07	0111	07	7
08	1000	10	8
09	1001	11	9
10	1010	12	A
11	1011	13	B
12	1100	14	C
13	1101	15	D
14	1110	16	E
15	1111	17	F

9-7 二进制与十进制是如何相互转换的?

将二进制数转换为等位的十进制数称为二-十转换。转换时只要将二进制数按式(9-3)展开，然后将所有各项的数值按十进制数相加，就可以得到等值的十进制数了。例如

$$(1011.01)_{2}=1\times2^{3}+0\times2^{2}+1\times2^{1}+1\times2^{0}+0\times2^{-1}+1\times2^{-2}=(11.25)_{10}$$

所谓十-二转换，就是将十进制数转换为等值的二进制数。

(1) 首先讨论整数的转换。

假定十进制整数为 $(S)_{10}$，等值的二进制数为 $(k_nk_{n-1}\cdots k_0)_2$，则由式(9-3) 可知

$$\begin{aligned}(S)_{10}&=k_n2^{n}+k_{n-1}2^{n-1}+\cdots+k_12^{1}+k_02^{0}\\&=2(k_n2^{n-1}+k_{n-1}2^{n-2}+\cdots+k_1)+k_0\end{aligned}\tag{9-6}$$

式(9-6) 表明，若将 $(S)_{10}$除以2，则得到的商为 $k_n2^{n-1}+k_{n-1}2^{n-2}+\cdots+k_1$，而余数

即为 k_0。

同理，可将式(9-6) 除以 2 得到的商写成

$$k_n2^{n-1}+k_{n-1}2^{n-2}+\cdots+k_1=2(k_n2^{n-2}+k_{n-1}2^{n-3}+\cdots+k_2)+k_1 \tag{9-7}$$

由式(9-7) 不难看出，若将 $(S)_{10}$除以 2 所得的商再次除以 2，则所得余数即为 k_1。依此类推，反复将每次得到的商再除以 2，就可求得二进制数的每一位了。

例如，将 $(173)_{10}$转换为二进制数可进行如下：

除数	被除数/商	余数
2	173	余数=1=k_0
2	86	余数=0=k_1
2	43	余数=1=k_2
2	21	余数=1=k_3
2	10	余数=0=k_4
2	5	余数=1=k_5
2	2	余数=0=k_6
2	1	余数=0=k_7
	0	

扫一扫，看视频

故 $(173)_{10}=(10101101)_2$。

(2) 其次讨论小数的转换。

若 $(S)_{10}$是一个十进制的小数，对应的二进制小数为 $(0.k_{-1}k_{-2}\cdots k_{-m})_2$，则据式(9-3) 可知

$$(S)_{10}=k_{-1}2^{-1}+k_{-2}2^{-2}+\cdots+k_{-m}2^{-m}$$

将上式两边同时乘以 2 得到

$$2(S)_{10}=k_{-1}+(k_{-2}2^{-1}+k_{-3}2^{-2}+\cdots+k_{-m}2^{-m+1}) \tag{9-8}$$

式(9-8) 说明将小数 $(S)_{10}$乘以 2 所得乘积的整数部分即为 k_{-1}。

同理，将乘积的小数部分再乘以 2 又可得到

$$2(k_{-2}2^{-1}+k_{-3}2^{-2}+\cdots+k_{-m}2^{-m+1})=k_{-2}+(k_{-3}2^{-1}+k_{-4}2^{-2}+\cdots+k_{-m}2^{-m+2}) \tag{9-9}$$

即乘积的整数部分就是 k_{-2}。

依此类推，将每次乘 2 后所得乘积的小数部分再乘以 2，便可求出二进制小数的每一位了。

例如，将 $(0.8125)_{10}$转换为二进制小数时可进行如下：

$$\begin{array}{r} 0.8125 \\ \times\quad 2 \\ \hline 1.6250 \end{array} \cdots\cdots \text{整数部分}=1=k_{-1}$$

$$\begin{array}{r} 0.6250 \\ \times\quad 2 \\ \hline 1.2500 \end{array} \cdots\cdots \text{整数部分}=1=k_{-2}$$

$$\begin{array}{r} 0.2500 \\ \times\quad 2 \\ \hline 0.5000 \end{array} \cdots\cdots \text{整数部分}=0=k_{-3}$$

$$\begin{array}{r} 0.5000 \\ \times\quad 2 \\ \hline 1.0000 \end{array} \cdots\cdots \text{整数部分}=1=k_{-4}$$

故 $(0.8125)_{10}=(0.1101)_2$。

9-8 二进制与十六进制是如何相互转换的？

将二进制数转换为等值的十六进制数称为二-十六转换。

扫一扫，看视频

由于4位二进制数恰好有16个状态，而把这4位二进制数看作一个整体时，它的进位输出又正好是逢十六进一，所以只要从低位到高位将整数部分每4位二进制数分为一组并代之以等值的十六进制数，同时从高位到低位将小数部分的每4位数分为一组并代之以等值的十六进制数，即可得到对应的十六进制数。

例如，将 $(01011110.10110010)_2$ 转换为十六进制数时可得

$$\begin{array}{cccccc} & (0101 & 1110. & 1011 & 0010)_2 \\ & \downarrow & \downarrow & \downarrow & \downarrow \\ = & (5 & E. & B & 2)_{16} \end{array}$$

十六-二转换是指将十六进制数转换为等值的二进制数。转换时只需将十六进制数的每一位用等值的4位二进制数代替就行了。

例如，将 $(8FA.C6)_{10}$ 转换为二进制数时得到

$$\begin{array}{cccccc} & (8 & F & A. & C & 6)_{16} \\ & \downarrow & \downarrow & \downarrow & \downarrow & \downarrow \\ = & (1000 & 1111 & 1010. & 1100 & 0110)_2 \end{array}$$

9-9 八进制与二进制是如何相互转换的？

将二进制数转换为八进制数的二-八转换和将八进制数转换为二进制数的八-二转换，在方法上与二-十六转换和十六-二转换的方法基本相同。

扫一扫，看视频

在将二进制数转换为八进制数时，只要将二进制数的整数部分从低位到高位每3位分为一组并代之以等值的八进制数，同时将小数部分从高位到低位每3位分为一组并代之以等值的八进制数就可以了。

例如，若将 $(011110.010111)_2$ 转换为八进制数，则得到

$$\begin{array}{cccc} (011 & 110. & 010 & 111)_2 \\ \downarrow & \downarrow & \downarrow & \downarrow \\ (3 & 6. & 2 & 7)_8 \end{array}$$

反之，若将八进制数转换为二进制数，则只要将八进制数的每一位代之以等值的八进制数即可。例如，将 $(52.43)_8$ 转换为二进制数时，得到

$$\begin{array}{cccc} (5 & 2. & 4 & 3)_8 \\ \downarrow & \downarrow & \downarrow & \downarrow \\ (101 & 010. & 100 & 011)_2 \end{array}$$

9-10 十六进制与十进制是如何相互转换的？

在将十六进制数转换为十进制数时，可根据式(9-5)将各位按权展开后相加求得。在

将十进制数转换为十六进制数时，可以先转换为二进制数，然后再将得到的二进制数转换为等值的十六进制数。这两种转换方法上面已经讲过了。

9-11　常用的二-十进制代码有哪些?

在数字系统中，二进制数码常用来表示特定的信息。将若干个二进制数码0和1按一定规则排列起来表示某种特定含义的代码称为二进制代码，或称二进制码。用一定位数的二进制代码可以表示数字、文字和字符等。下面介绍几种数字电路中常用的二进制代码。

将十进制数的0～9十个数字用4位二进制数表示的代码称为二-十进制代码，又称BCD码。

由于4位二进制数码有16种不同的组合，而十进制数只需用到其中的10种组合，因此，二-十进制代码有多种方案。表9-2中给出了几种常用的二-十进制代码。

表9-2　常用二-十进制代码表

十进制数	有权码				无权码	
	8421码	5421码	2421（A）码	2421（B）码	余3码	格雷码
0	0000	0000	0000	0000	0011	0000
1	0001	0001	0001	0001	0100	0001
2	0010	0010	0010	0010	0101	0011
3	0011	0011	0011	0011	0110	0010
4	0100	0100	0100	0100	0111	0110
5	0101	1000	0101	1011	1000	0111
6	0110	1001	0110	1100	1001	0101
7	0111	1010	0111	1101	1010	0100
8	1000	1011	1110	1110	1011	1100
9	1001	1100	1111	1111	1100	1000

1. 8421BCD码

8421BCD码是一种应用十分广泛的代码。这种代码每一位的权值是固定不变的，为恒权码。它取了4位自然二进制数的前10种组合，即0000（0）～1001（9），从高位到低位的权值分别为8、4、2、1，去掉后6种组合1010～1111，所以称为8421BCD码。它是最常用的一种代码。

2. 2421BCD码和5421BCD码

2421BCD码和5421BCD码也是恒权码。从高位到低位的权值分别是2、4、2、1和5、4、2、1，用4位二进制数表示1位十进制数，这也是它们名称的来历。每组代码各位加权系数的和为其表示的十进制数。

如2421（A）BCD码1110按权展开式为

$$1\times2+1\times4+1\times2+0\times1=8$$

所以，2421（A）BCD码1110表示十进制数8。

2421（A）码和2421（B）码的编码方式不完全相同。从表9-2可看出，2421（B）BCD码具有互补性，0和9、1和8、2和7、3和6、4和5这5对代码互为反码。

对于5421BCD码，如代码为1011，则按权展开式为

$$1 \times 5 + 0 \times 4 + 1 \times 2 + 1 \times 1 = 8$$

3. 余3BCD码

这种代码没有固定的权值，称为无权码，它比8421BCD码多余3（0011），所以称为余3BCD码，它也是用4位二进制数表示1位十进制数。如8421BCD码0111（7）加0011（3）后，在余3 BCD码中为1010，其表示十进制数7。从表9-2可看出，在余3 BCD码中，0和9、1和8、2和7、3和6、4和5这5对代码互为反码。

在BCD码中，4位二进制代码只能表示一位十进制数。当需要对多位十进制数进行编码时，需分别对多位十进制数中的每位数进行编码。

例1 分别将十进制数$(753)_{10}$转换为8421BCD码、5421BCD和余3BCD码。

解

$$(753)_{10} = (111\ 0101\ 0011)_{8421BCD}$$

$$(753)_{10} = (1010\ 1000\ 0011)_{5421BCD}$$

$$(753)_{10} = (1010\ 1000\ 0110)_{余3BCD}$$

4. 格雷码

格雷码是一种无权码，它的特点是任意两组相邻代码之间只有一位不同，其余各位都相同，而0和最大数9对应的两组格雷码之间也只有一位不同。因此，它是一种循环码。格雷码的这个特性使它在形成和传输过程中引起的误差较小。当计数电路按格雷码计数时，电路每次状态更新只有一位代码变化，从而减少了计数错误。

9-12 什么是美国信息交换标准代码（ASCII码）？

美国信息交换标准（American Standard Code for Information Interchange，ASCII）代码是由美国国家标准化协会（ANSI）制定的一种信息代码，广泛地用于计算机和通信领域中。ASCII码已经由国际标准化组织（ISO）认定为国际通用的标准代码。

ASCII码是一组7位二进制代码（$b_7b_6b_5b_4b_3b_2b_1$），共128个，其中包括表示0～9的十个代码，表示大、小写英文字母的52个代码，32个表示各种符号的代码以及34个控制码。

9-13 基本的逻辑关系有几种？

在数字电路中，输入信号是“条件”，输出信号是“结果”，输出与输入的因果关系可用逻辑函数来描述。逻辑代数研究的内容就是逻辑函数与逻辑变量之间的关系。

逻辑代数中的逻辑变量和普通代数的变量一样，可用字母A，B，C，…，X，Y，Z来表示，但逻辑变量的取值只有逻辑0和逻辑1两个值。这里的0和1不表示具体数值大小，只表示相互对立的逻辑状态，如电平的高与低，开关的通与断，信号的有和无等。

“门”电路是控制信息传递的一种开关，“逻辑”的含义是指条件与结果的必然关系，所以逻辑门电路就是一种只有在具备一定的输入条件时，才将门打开，让信号输出的逻辑电路。输入条件不完全具备时，信号就无法传递，因此逻辑门电路具有逻辑判断的功能。但必须强调指出，门电路只能根据当时的输入条件进行判断，并决定信号的输出与否，它不保存

信息，没有记忆功能。

基本的逻辑关系只有与、或、非三种。实现这三种逻辑关系的电路分别叫与门、或门、非门。因此，在逻辑代数中有三种基本的逻辑运算相适应，即“与”运算、或运算、非运算。

9-14 什么是与逻辑和与运算？

当决定某种结果的所有条件都具备时，结果才会发生，这种因果关系称为与逻辑。在图9-1所示电路中，开关A和B串联，只有当A与B同时接通，电灯才亮。只要有一个开关断开，灯就熄灭。灯亮与开关A、B的接通是与逻辑关系，与逻辑可用逻辑代数中的与运算表示，即

$$F = A \cdot B$$

式中，“·”为与运算符号，在逻辑式中也可省略。

如果把结果发生或条件具备用逻辑1表示，结果不发生或条件不具备用逻辑0表示，则与运算的运算规则为

$$0 \cdot 0 = 0,\quad 0 \cdot 1 = 0,\quad 1 \cdot 0 = 0,\quad 1 \cdot 1 = 1$$

扫一扫，看视频

由于运算规则与普通代数的乘法相似，所以与运算又称逻辑乘。图9-2所示为与逻辑的逻辑符号，也是与门的逻辑符号。

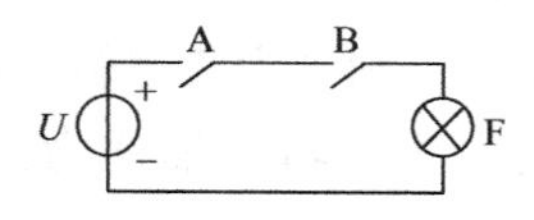

图9-1　与逻辑关系

A
B
&
F

图9-2　与逻辑符号

9-15 什么是或逻辑和或运算？

在决定某一结果的各个条件中，只要具备一个条件，结果就发生，这种逻辑关系称为或逻辑。在图9-3所示电路中，开关A、B并联，只要A或B有一个闭合，电灯就亮。灯亮与A、B接通是或逻辑关系。或逻辑可用逻辑代数中的或运算表示，即

$$F = A + B$$

式中，“+”为或运算符号。

同样，用1和0表示或逻辑中的结果和条件，则或运算的运算规则为

$$0 + 0 = 0,\quad 0 + 1 = 1,\quad 1 + 0 = 1,\quad 1 + 1 = 1$$

扫一扫，看视频

或运算又称为逻辑加。图9-4所示为或逻辑的逻辑符号，也是或门的逻辑符号。

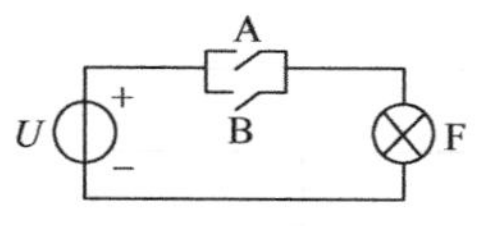

图9-3　或逻辑关系

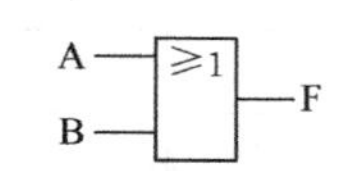

图9-4　或逻辑符号

9-16 什么是非逻辑和非运算？

结果和条件处于相反状态的因果关系称为非逻辑，实现非逻辑的电路称为非门电路。在图9-5所示电路中，灯亮与开关接通是非逻辑关系。非逻辑可用逻辑代数中的非运算表示，其表达式为

$$F=\overline{A}$$

扫一扫，看视频

式中，“—”为非运算符号，读作“A非”。非运算规则为

$$\overline{0}=1,\ \overline{1}=0$$

图9-6所示为非逻辑的逻辑符号，也是非门的逻辑符号。

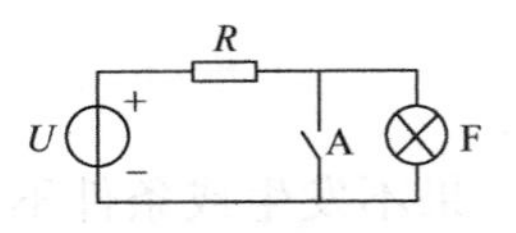

图9-5 非逻辑关系

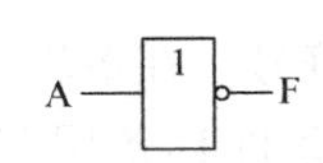

图9-6 非逻辑符号

9-17 怎样正确理解正负逻辑问题？

在数字系统中，逻辑值是用逻辑电平表示的。若用逻辑高电平U_{OH}表示逻辑“真”，用逻辑低电平U_{OL}表示逻辑“假”，则称为正逻辑；反之，则称为负逻辑。通常采用正逻辑。

当规定“真”记作“1”，“假”记作“0”时，正逻辑可描述为：若U_{OH}代表“1”，U_{OL}代表“0”，则为正逻辑；反之，则为负逻辑。

U_{OH}和U_{OL}的差值（叫逻辑摆幅）越大，则“1”和“0”的区别越明显，电路可靠性越高。

U_{OH}和U_{OL}统称为逻辑电平，其值因逻辑器件内部结构不同而异。例如双端输入与非门电路的功能可用电平表（见表9-3）来描述。但是这个门体现的逻辑关系尚不清楚，因为还未确切说明电平与逻辑状态之间的隶属关系。这种关系可由人们任意地加以规定，如令H=1，L=0，则称之为正逻辑体制，于是很容易由表9-3导出表9-4。显然，表9-4为正逻辑与非门的真值表。与此相反，若令H=0，L=1，则称之为负逻辑体制。据此，由本例得出负逻辑或非门的真值表，见表9-5。

对于同一电路，可以采用正逻辑，也可以采用负逻辑。正逻辑和负逻辑两种体制不涉及逻辑电路本身好坏的问题，但根据所选正负逻辑的不同，即使同一电路也会具有不同的逻辑功能。

表9-3 电平表示

V_A	V_B	V_L
L	L	H
L	H	H
H	L	H
H	H	L

表 9-4 正逻辑与非门真值表

A	B	L
0	0	1
0	1	1
1	0	1
1	1	0

表 9-5 负逻辑或非门真值表

A	B	L
1	1	0
1	0	0
0	1	0
0	0	1

9-18 什么是逻辑代数？

逻辑代数即应用于二值逻辑电路中的布尔代数，它有两个特点。一是它的所有变量与函数值仅有两个特征值 0 和 1，具有排中性，它们所表示的是一对互为相反的差异，它的公式、规则、定理与定义均须用二值逻辑的因果关系来理解；二是逻辑代数只有三种基本运算，即与、或、非，对应的即为逻辑与、逻辑或、逻辑非。利用这三种基本运算，可得出处理实际逻辑问题的各种复合逻辑，如与非、或非、与或非、异或、同或等。实现这些逻辑运算的电路统称为门电路。

9-19 逻辑代数有哪些基本运算规则？

1. 逻辑乘（与运算） $F = A \cdot B$

$$A \cdot 0 = 0,\quad A \cdot 1 = A,\quad A \cdot A = A,\quad A \cdot \overline{A} = 0$$

2. 逻辑加（或运算） $F = A + B$

$$0 + A = A,\quad 1 + A = 1,\quad A + A = A,\quad A + \overline{A} = 1$$

3. 逻辑非（非运算） $F = \overline{A}$

$$\overline{0} = 1,\quad \overline{1} = 0,\quad \overline{\overline{A}} = A$$

4. 交换律

$$AB = BA$$
$$A + B = B + A$$

5. 结合律

$$ABC = (AB)C = A(BC)$$
$$A + B + C = A + (B + C) = (A + B) + C$$

6. 分配律

$$A(B+C)=AB+AC$$
$$A+(BC)=(A+B)(A+C)$$

证
$$\begin{aligned}(A+B)(A+C)&=AA+AB+AC+BC\\&=A(1+B+C)+BC\\&=A+BC\end{aligned}$$

7. 吸收律

$$A(A+B)=A$$
$$A(\overline{A}+B)=AB$$
$$A+AB=A$$
$$A+\overline{A}B=A+B$$

证
$$\begin{aligned}A+\overline{A}B&=A+AB+\overline{A}B=A+(A+\overline{A})B\\&=A+B\end{aligned}$$

$$(A+B)(A+\overline{B})=A$$

证
$$\begin{aligned}(A+B)(A+\overline{B})&=AA+A\overline{B}+AB+B\overline{B}\\&=A+A(B+\overline{B})\\&=A+A=A\end{aligned}$$

8. 反演律（摩根定律）

对于任何一个逻辑函数式 F，若将其中的“·”换成“+”，“+”换成“·”，1 换成 0，0 换成 1，并将原变量换成反变量，反变量换成原变量，则得出的新的逻辑函数式即为原函数的反函数 $\overline{F}$。例如

$$\overline{AB}=\overline{A}+\overline{B}$$
$$\overline{A+B}=\overline{A}\cdot\overline{B}$$

证　见表 9-6。

表 9-6　证明反演律的逻辑状态表

A	B	$\overline{A}$	$\overline{B}$	$\overline{AB}$	$\overline{A}+\overline{B}$	$\overline{A+B}$	$\overline{A}\cdot\overline{B}$
0	0	1	1	1	1	1	1
0	1	1	0	1	1	0	0
1	0	0	1	1	1	0	0
1	1	0	0	0	0	0	0

9-20　什么是代入定理和对偶定理？

代入定理是指任何一个含有变量 A 的等式，如果将所有出现 A 的位置都代之以一个逻辑函数式，则等式仍成立。

对偶定理是指任何一个逻辑函数式F，若将其中的“·”换成“+”，“+”换成“·”，1换成0，0换成1，得出一个新的逻辑函数式F′，则把F′称为原函数式F的对偶函数式。

原函数式F与对偶函数式F′互为对偶函数，两个相等函数式的对偶函数式必相等。

9-21 逻辑运算的优先级别是如何排序的?

逻辑运算的优先级别决定了逻辑运算的先后顺序。在求解逻辑函数时，应首先进行级别高的逻辑运算。各种逻辑运算的优先级别，由高到低的排序如下：

[长非号或括号]→[乘]→[异或及同或]→[加]

长非号是指非号下有多个变量的非号。

9-22 什么是逻辑运算的完备性?

与、或、非是逻辑代数中三种最基本的逻辑运算。任何逻辑函数都可以用这三种运算的组合来构成，即任何数字系统都可以用这三种逻辑门来实现。因此，称与、或、非是一个完备集合，简称完备集。但是，它不是最好的完备集，因为用它实现逻辑函数时，必须同时使用三种不同的逻辑门，这对数字系统的制造、维修来说都不方便。由反演律可以看出，利用与和非可以得出或，利用或和非可以得出与。因此，与非、或非、与或非这三种复合运算中的任何一种都能实现与、或、非的功能，即这三种复合运算各自都是完备集。因此，利用与非门、或非门、与或非门中的任何一种都可以实现任何逻辑函数，这给数字系统的制造、维修带来了极大的方便。

9-23 逻辑函数的表示方法有哪几种?

逻辑函数可以用真值表、逻辑表达式、逻辑图、卡诺图等方法来表示。

1. 逻辑函数真值表

将n个输入变量的2^n个状态及其对应的输出函数值列成的表格，叫作真值表，或称作逻辑状态表。

设有一个3个输入变量的奇数判别电路，输入变量用A，B，C表示，输出变量用F表示。当输入变量中有奇数个1时，F=1；输入变量中有偶数个1时，F=0。因为三个输入变量共有$2^3=8$个组合状态，故将8个状态及其对应的输出状态列成表格，就得到真值表，见表9-7。

扫一扫，看视频

表9-7 奇数判别电路的真值表

A	B	C	F
0	0	0	0
0	0	1	1
0	1	0	1
0	1	1	0
1	0	0	1
1	0	1	0
1	1	0	0
1	1	1	1

2. 逻辑表达式

逻辑函数表达式（简称逻辑表达式或逻辑式）是用各变量的与、或、非逻辑运算的组合表达式来表示逻辑函数的。通常采用的是与或表达式，可根据真值表写出来，即将真值表中输出等于1的各状态，表示成全部输入变量（原变量或反变量）的与项；总的输出表示成所有与项的或函数。表9-7中有4项F=1，则逻辑表达式为

$$F=\bar{A}\,\bar{B}C+\bar{A}B\bar{C}+A\bar{B}\,\bar{C}+ABC$$

3. 逻辑图

用规定的逻辑符号连接构成的图称为逻辑图，也称为逻辑电路图。逻辑图通常是根据逻辑表达式画出的。上式所对应的逻辑图如图9-7所示。

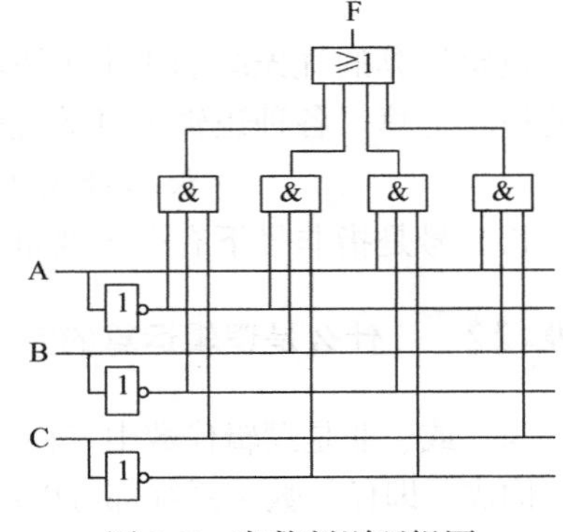

图9-7　奇数判别逻辑图

4. 卡诺图

卡诺图也是表示逻辑函数的一种方法。利用卡诺图还能化简逻辑函数，详见怎样用卡诺图表示逻辑函数。

9-24　逻辑函数的化简有几种方法？

一个逻辑函数可以有多种表达式。例如：

$$\begin{aligned}F&=AC+\bar{A}B\\&=\overline{\overline{AC}\cdot\overline{\bar{A}B}}\\&=(\bar{A}+C)(A+B)\\&=\overline{\overline{(\bar{A}+C)}+\overline{(A+B)}}\\&=\cdots\cdots\end{aligned}$$

只有将函数化简到最简形式，才能方便、直观地分析其逻辑关系；而且在设计具体电路时，所用的元器件数最少，电路最简单。与或表达式是逻辑函数最常用的表达式，化简逻辑函数时，要使逻辑函数的与或表达式中所含的或项数最少，每个与项的变量数也最少。

化简逻辑函数的方法有代数化简法和卡诺图化简法。代数化简法是利用逻辑代数的运算规则和定律来化简逻辑函数。

9-25　化简逻辑函数的意义与标准是什么？

1. 化简逻辑函数的意义

进行逻辑设计时，根据逻辑问题归纳出来的逻辑函数式往往不是最简逻辑函数式，并且可以有不同的形式。因此，实现这些逻辑函数就会有不同的逻辑电路。对逻辑函数进行化简和变换，可以得到最简的逻辑函数式和所需要的形式，设计出最简洁的逻辑电路。这对于节省元器件，优化生产工艺，降低成本，提高系统可靠性，以及提高产品在市场上的竞争力是非常重要的。

2. 逻辑函数的最简与–或式的标准

不同形式的逻辑函数式有不同的最简形式，而这些逻辑表达式的繁简程度又相差很大，但大多都可以根据最简与–或式变换得到。因此，这里只介绍最简与–或式的标准和化简方法。最简与–或式的标准是：

1）逻辑函数式中的乘积项（与项）的个数最少；

2）每个乘积项中的变量数最少。

9-26 逻辑函数的代数化简方法有哪些？

1. 并项法

扫一扫，看视频

利用公式 $A+\overline{A}=1$，可消去一个变量，化简逻辑函数，如：

$$F_1=AB\overline{C}+\overline{A}B\overline{C}=B\overline{C}(A+\overline{A})=B\overline{C}$$

$$F_2=ABC+A\overline{B}+A\overline{C}=A(BC+\overline{B}+\overline{C})$$

$$=A(BC+\overline{BC})=A$$

2. 吸收法

利用 $A+AB=A$ 的公式消去多余的乘积项，如：

$$F_1=A\overline{B}+A\overline{B}CD(E+F)$$

$$=A\overline{B}+A\overline{B}CDE+A\overline{B}CDF$$

$$=A\overline{B}(1+CDE+CDF)$$

$$=A\overline{B}$$

$$F_2=ABC+\overline{\overline{A}+\overline{B}+C}$$

$$=ABC+AB\overline{C}$$

$$=AB(C+\overline{C})=AB$$

3. 消去法

利用公式 $A+\overline{A}B=A+B$，消去某与项中的多余因子。如：

$$F=BC+A\overline{B}C+\overline{C}=C(B+A\overline{B})+\overline{C}$$

$$=C(B+A)+\overline{C}=A+B+\overline{C}$$

4. 配项法

利用公式 $A+A=A$，$A+\overline{A}=1$，$A\cdot A=A$ 等，给逻辑函数表达式增加适当的项，然后再用相关公式化简逻辑函数。如：

$$F=AB+\overline{B}C+\overline{A}C$$

$$=AB(C+\overline{C})+(A+\overline{A})\overline{B}C+\overline{A}(B+\overline{B})C$$

$$=ABC+AB\overline{C}+A\overline{B}C+\overline{A}\,\overline{B}C+\overline{A}BC$$

$$=(ABC+\overline{A}BC)+(A\overline{B}C+\overline{A}\,\overline{B}C)+AB\overline{C}$$

$$= BC + \overline{B}C + AB\overline{C}$$

$$= C + AB\overline{C} = AB + C$$

由于逻辑函数有简有繁，化简的方法也并非单一，因此，必须熟练掌握、运用逻辑代数的运算规则和定律，综合运用上述化简方法，才能达到化简逻辑函数的目的。

9-27 为什么用卡诺图化简逻辑函数？

用逻辑代数化简较复杂的逻辑函数时，往往难以确认化简结果是否是最简形式。利用卡诺图化简逻辑函数，不仅方法简单，而且很容易确认逻辑函数化简后的最简表达式。

9-28 什么是逻辑函数的最小项？

在有 n 个变量的逻辑函数中，若每个乘积项都包含 n 个变量因子，而且每个变量都以原变量或反变量的形式在乘积项中只出现一次，则这样的乘积项称为最小项。对于 n 个变量的逻辑函数，有 2^n 个最小项。例如三个变量的逻辑函数 F（A，B，C），共有 8 个最小项，依次是 $\overline{A}\,\overline{B}\,\overline{C}$、$\overline{A}\,\overline{B}C$、$\overline{A}B\overline{C}$、$\overline{A}BC$、$A\overline{B}\,\overline{C}$、$A\overline{B}C$、$AB\overline{C}$、$ABC$。而 AB、$B\overline{C}$、C 等都不是最小项。

最小项具有如下性质：

1）对于任意一个最小项，只有一组变量取值使它为 1。在变量取其他值时，这个最小项都为 0。例如，三变量逻辑函数中，对最小项 $AB\overline{C}$，只有变量 ABC 为 110 时，该最小项为 1，对其他取值，该最小项都是 0。

2）若两个最小项中只有一个变量互为反变量，其余各变量均相同，则称这两个最小项为相邻项。两个相邻项合并，可消去互为反变量的变量。如 $AB\overline{C}$和 ABC 为相邻项，两个最小项相加，$AB\overline{C} + ABC = AB\,(\overline{C} + C) = AB$，消去了变量 C。

3）对于变量的任何一组取值，全体最小项之和为 1。

4）任意两个最小项的乘积为 0。

5）具有 n 个变量的逻辑函数，每个最小项有 n 个相邻项。

9-29 逻辑函数如何进行形式的变换？

前边已经讲过，可以通过运算将给定的与或形式逻辑函数式变换为最小项之和的形式或最大项之积的形式。

此外，在用电子元器件组成实际的逻辑电路时，由于选用不同逻辑功能类型的器件，所以还必须将逻辑函数式变换成相应的形式。

例如，如果想用门电路实现以下的逻辑函数：

$$Y = AC + B\overline{C}$$

则按照上式的形式，需要用两个具有与运算功能的与门电路和一个具有或运算功能的或门电路，才能产生函数 Y。

如果受到元器件供货的限制，只能全部用与非门实现这个电路，那么这时就需要将上式的与或形式变换成全部由与非运算组成的与非 - 与非形式。为此，可用摩根定理将上式变换为

$$Y=\overline{\overline{AC+B\overline{C}}}=\overline{\overline{AC}\cdot\overline{B\overline{C}}}$$

如果要求用具有与或非功能的门电路实现题目的逻辑函数，则需要将题目表达式化为与或非形式的运算式。根据逻辑代数的基本公式 $A+\overline{A}=1$ 和代入定理可知，任何一个逻辑函数 Y 都遵守公式 $Y+\overline{Y}=1$。又因为全部最小项之和恒等于1，所以不包含在 Y 中的那些最小项之和就是 $\overline{Y}$。将这些最小项之和再求反，也得到 Y，而且是与或非形式的逻辑函数式。

例 2 将逻辑函数 $Y=AC+B\overline{C}$ 化为与或非形式。

解 首先将 Y 展开为最小项之和的形式，得到

$$Y=AC(B+\overline{B})+B\overline{C}(A+\overline{A})=ABC+A\overline{B}C+AB\overline{C}+\overline{A}B\overline{C}$$

或写作

$$Y(A,B,C)=\sum m(2,5,6,7)$$

将上式中不包含的最小项相加，即得

$$\overline{Y}(A,B,C)=\sum m(0,1,3,4)$$

将上式求反，就得到了 Y 的与或非式

$$Y=\overline{\overline{Y}}=\overline{m_0+m_1+m_3+m_4}=\overline{\overline{A}\,\overline{B}\,\overline{C}+\overline{A}\,\overline{B}C+\overline{A}BC+A\overline{B}\,\overline{C}}=\overline{\overline{B}\,\overline{C}+\overline{A}C}$$

如果要求全部用或非门电路实现逻辑函数，则应将逻辑函数式化成全部由或非运算组成的形式，即或非 - 或非形式。这时可以先将逻辑函数式化为与或非的形式，然后再利用反演定理将其中的每个乘积项化为或非形式，这样就得到了或非 - 或非式。例如，若已经得到上式的与或非式，则可按上述方法将它变换为或非 - 或非形式

$$Y=\overline{\overline{B}\,\overline{C}+\overline{A}C}=\overline{\overline{B+C}+\overline{A+\overline{C}}}$$

9-30 什么是逻辑函数最小项的卡诺图？

卡诺图是由许多方格组成的阵列图，方格又称为单元，每个单元代表了逻辑函数的一个最小项。卡诺图的结构特点是，两个位置相邻单元中的最小项必须是相邻项。因此，卡诺图中不仅上下、左右之间的最小项都是相邻项，而且同一行里最左和最右端的单元、同一列里最上和最下端的单元中的最小项也符合相邻性的原则。

9-31 什么是逻辑函数的卡诺图？

1. 二变量逻辑函数卡诺图

二变量逻辑函数 F(A，B) 共有四个最小项，其卡诺图如图 9-8 所示。图中，两个变量 A，B 作为卡诺图的纵、横坐标，0 和 1 为变量的两种可能取值，其中 0 对应于反变量，1 对应于原变量。

为方便起见，可以用十进制数给各单元编号，并将编号填写在各自的方格中。编号的方法是：最小项中的原变量用 1，反变量用 0 表示，构成二进制数；将此二进制数转换成相应的十进制数，就是该最小项的编号。例如 $A\overline{B}$ 的二进制数为 10，对应的十进制数为 2，即 $A\overline{B}$

的编号为2或m_2。

2. 三变量与四变量逻辑函数卡诺图

三变量逻辑函数共有八个最小项，其卡诺图如图9-9所示。同理可画出四变量的卡诺图，如图9-10所示。

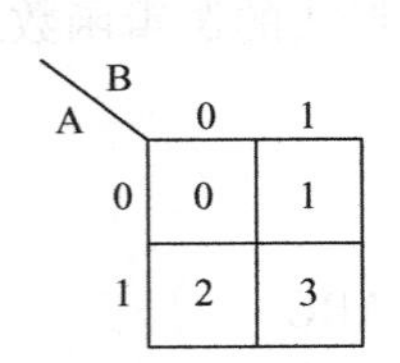

图9-8　二变量卡诺图

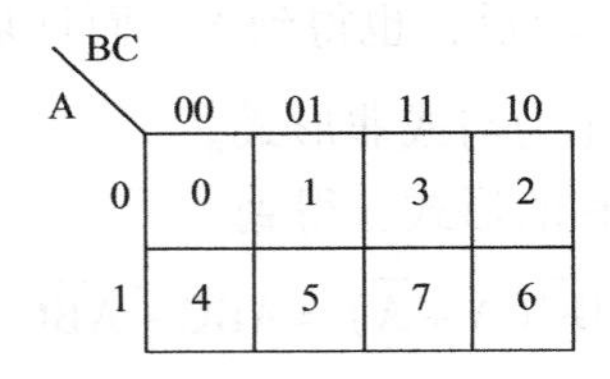

图9-9　三变量卡诺图

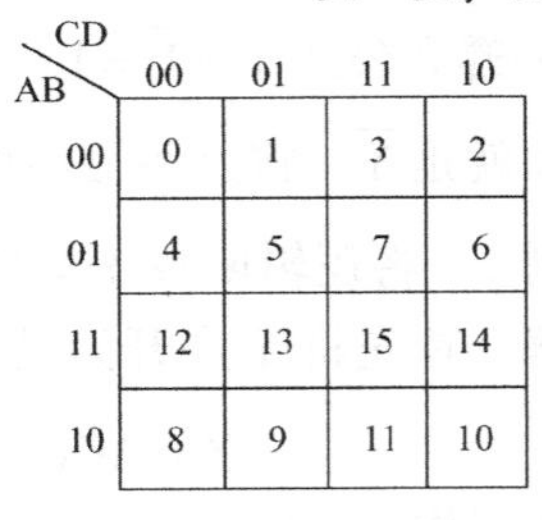

图9-10　四变量卡诺图

9-32 怎样用卡诺图表示逻辑函数?

任何一个逻辑函数都可以表达成若干个最小项之和的形式，这样的逻辑表达式称为最小项表达式。根据逻辑函数的最小项表达式，就可以得到相应的卡诺图，其方法是将最小项表达式中的各项在卡诺图相应的单元中填入1，其余单元填入0。

例3 （1）试用卡诺图表示逻辑函数F（A，B，C）$=AB+B\overline{C}$；

（2）试用卡诺图表示逻辑函数$F=A\overline{B}+C\overline{D}+\overline{B}CD+\overline{A}\,\overline{C}D+ABCD$。

解 （1）首先将逻辑函数写成最小项表达式

$$
\begin{aligned}
F(A,B,C) &= AB(C+\overline{C})+(A+\overline{A})B\overline{C}\\
&= ABC+AB\overline{C}+AB\overline{C}+\overline{A}B\overline{C}\\
&= ABC+AB\overline{C}+\overline{A}B\overline{C}
\end{aligned}
$$

根据最小项表达式画出卡诺图，如图9-11所示。

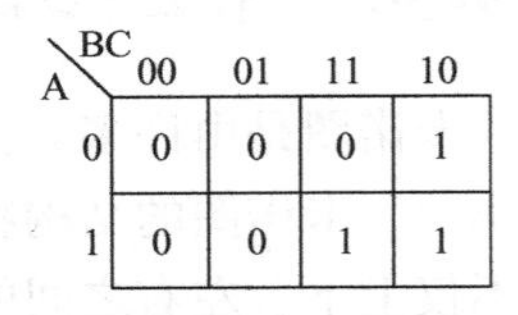

图9-11　卡诺图表示逻辑函数

（2）这是一个四变量的逻辑函数，按上例的方法应先将函数写成最小项表达式，然后才能表示在卡诺图上，这种做法比较麻烦。实际上，以与或表达式给出的逻辑函数可以直接填入卡诺图中。以式中第一项$A\overline{B}$为例，该项应是四个相邻最小项合并的结果，因此，它包含了所有含有$A\overline{B}$因子的最小项，而不管另外两个因子C、D取何值。由此可直接在卡诺图上对应所有A=1同时B=0的单元里填入1，即在第8、9、10、11号单元中填1。

同理，对于$C\overline{D}$项，在C=1、D=0所对应的第2、6、10、14号单元中填1；$\overline{B}CD$项，应在B=0、C=D=1所对应的第3、11号单元中填1；$\overline{A}\,\overline{C}D$项，应在A=C=0，D=1所对应的第1、5号单元中填1；ABCD项应在第15号单元中填1；其余单元填0。该函数的卡诺图如图9-12所示。

AB \ CD	00	01	11	10
00	0	1	1	1
01	0	1	0	1
11	0	0	1	1
10	1	1	1	1

图9-12　卡诺图表示逻辑函数

9-33　最小项合并的规律是什么？

用卡诺图化简逻辑函数，原理是利用卡诺图的相邻性，找出逻辑函数的相邻最小项加以合并，消去互反变量，以达到化简的目的。最小项合并的规律如下：

1）只有相邻最小项才能合并；

2）根据相邻最小项的特点可知，两个相邻最小项可以合并为一个与项，同时消去一个变量。四个相邻最小项可以合并为一个与项，同时消去两个变量。2^n个相邻最小项合并为一个与项时，可以消去 n 个变量。如

$$ABC+AB\overline{C}=AB(C+\overline{C})=AB$$

又如

$$ABC+AB\overline{C}+A\overline{B}C+A\overline{B}\,\overline{C}=AB(C+\overline{C})+A\overline{B}(C+\overline{C})=AB+A\overline{B}=A$$

3）合并相邻最小项时，消去的是相邻最小项中的互反变量，保留的是合并相邻最小项中的共有变量，并且合并的相邻最小项越多，消去的变量也越多，化简后的与项就越简单。

9-34　利用卡诺图合并相邻最小项的原则有哪些？

把卡诺图中2^n个相邻为1 的最小项方格用包围圈圈起来进行合并，直到所有1 方格全部圈完为止。画包围圈的规则如下：

1）只有相邻的1 方格才能合并，而且每个包围圈只能包含2^n个1 方格（$n=0，1，2\cdots$），就是说只能按1、2、4、8、16 个1 方格的数目画包围圈。

2）为了充分化简，1 方格可以被重复圈在不同的包围圈中，但在新画的包围圈中，必须有未被圈过的1 方格，否则该包围圈是多余的。

3）为避免画出多余的包围圈，画包围圈时应遵从由少到多的顺序。即首先圈独立的1 方格，再圈仅为两个相邻的1 方格，然后分别圈4 个、8 个相邻的1 方格。

4）包围圈的个数尽量少，这样逻辑函数的与项就少。

5）包围圈尽量大，这样消去的变量就多，与门输入端的数目就少。

9-35　怎样用卡诺图化简逻辑函数？

用卡诺图化简逻辑函数的过程，就是利用公式 $A+\overline{A}=1$ 将相邻的最小项合并，消去互为反变量的因子。若卡诺图中两个相邻单元均为1，则这两个相邻最小项的和将消去一个变量；若四个相邻单元均为1，则四个相邻最小项的和将消去两个变量……2^n个相邻最小项的和将消去 n 个变量。因此，在化简逻辑函数时，可把卡诺图中有关相邻的最小项画成若干个包围圈，逐一进行合并，画包围圈应遵循上述原则。

扫一扫，看视频

例4　（1）试用卡诺图化简逻辑函数 $F=\overline{A}\,\overline{B}\,\overline{C}+\overline{A}\,\overline{B}C+\overline{A}B\overline{C}+\overline{A}BC+A\overline{B}C$；

（2）用卡诺图化简逻辑函数 $F=\overline{A}\,\overline{B}\,\overline{C}+B\overline{C}D+BC+C\overline{D}+\overline{B}\,\overline{C}\,\overline{D}$。

解　（1）做三变量卡诺图，把逻辑函数 F 直接填入卡诺图中，如图9-13 所示。按合并

最小项的规律，可画出两个包围圈，化简后的结果为

$$F=\overline{A}+\overline{B}C$$

（2）做四变量卡诺图，将逻辑函数F填入卡诺图中，如图9-14所示，根据画包围圈的原则画出包围圈如图9-14a和b所示。

按图9-14a可得出化简结果为

$$F=BD+BC+\overline{B}\,\overline{D}$$

按图9-14b可得出化简结果为

$$F=BD+C\overline{D}+\overline{B}\,\overline{D}$$

A \ BC	00	01	11	10
0	1	1	1	1
1		1		

图9-13　卡诺图的化简

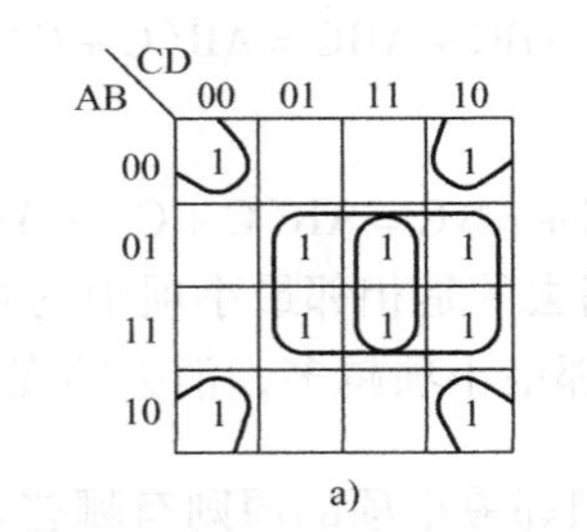

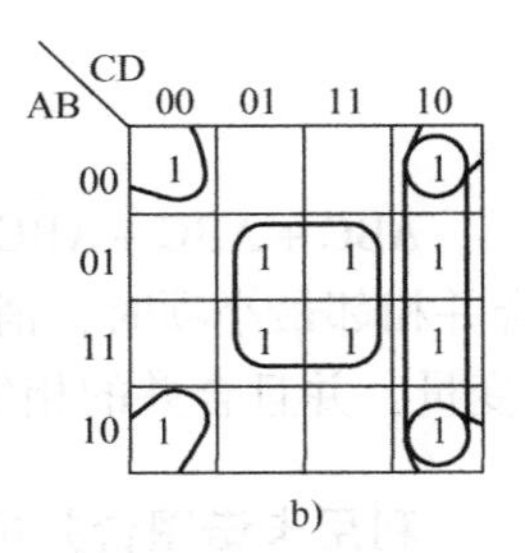

图9-14　卡诺图的化简

该例说明，逻辑函数的卡诺图是唯一的，但其最简表达式不是唯一的。或者说，任一逻辑函数经化简后其结果不一定是唯一的，但用卡诺图化简逻辑函数，得到的结果肯定是最简表达式。

9-36　如何区分逻辑函数式中的约束项、任意项和无关项？

1. 约束项

在分析某些具体的逻辑函数时，经常会遇到这样一种情况，即输入变量的取值不是任意的。对输入变量取值所加的限制称为约束。同时，将这一组变量称为具有约束的一组变量。

例如，有三个逻辑变量A、B、C，它们分别表示一台电动机的正转、反转和停止的命令，A=1表示正转，B=1表示反转，C=1表示停止。表示正转、反转和停止工作状态的逻辑函数可写成

$$Y_1=A\overline{B}\,\overline{C}\qquad（正转）$$

$$Y_2=\overline{A}B\overline{C}\qquad（反转）$$

$$Y_3=\overline{A}\,\overline{B}C\qquad（停止）$$

因为电动机任何时候只能执行其中的一个命令，所以不允许两个以上的变量同时为1。ABC的取值只可能是001、010、100当中的某一种，而不能是000、011、101、110、111中的任何一种。因此，A、B、C是一组具有约束的变量。

通常用约束条件来描述约束的具体内容。显然，用上面的这样一段文字叙述约束条件是很不方便的，最好能用简单、明了的逻辑语言表述约束条件。

由于每一组输入变量的取值都使一个且仅有一个最小项的值为1，所以当限制某些输入变量的取值不能出现时，可以用它们对应的最小项恒等于0来表示。这样，上面例子中的约束条件可以表示为

$$\begin{cases}\overline{A}\,\overline{B}\,\overline{C}=0\\ \overline{A}BC=0\\ A\overline{B}C=0\\ AB\overline{C}=0\\ ABC=0\end{cases}$$

或写成

$$\overline{A}\,\overline{B}\,\overline{C}+\overline{A}BC+A\overline{B}C+AB\overline{C}+ABC=0$$

同时，将这些恒等于0的最小项称为函数 Y_1、Y_2和 Y_3的约束项。

在存在约束项的情况下，由于约束项的值始终等于0，所以既可以将约束项写进逻辑函数式中，也可以将约束项从函数式中删掉，而不影响函数值。

2. 任意项

有时还会遇到另外一种情况，就是在输入变量的某些取值下函数值为1和0皆可，并不影响电路的功能。在这些变量取值下，其恒等于1的那些最小项称为任意项。

仍以上面的电动机正转、反转和停止控制为例。如果电路设计成当A、B、C三个控制变量出现两个以上同时为1或者全部为0时电路能自动切断供电电源，那么这时 Y_1、Y_2和 Y_3等于1还是等于0已无关紧要，电动机肯定会受到保护而停止运行。例如，当出现 $A=B=C=1$ 时，对应的最小项 ABC（m_7）=1。

如果把最小项ABC写入 Y_1式中，则当 $A=B=C=1$ 时 $Y_1=1$；如果没有把ABC这一项写入 Y_1式中，则当 $A=B=C=1$ 时 $Y_1=0$。因为这时 $Y_1=1$ 还是 $Y_1=0$ 都是允许的，所以既可以把ABC这个最小项写入 Y_1式中，也可以不写入。因此，把ABC称为逻辑函数 Y_1 的任意项。同理，在这个例子中，$\overline{A}\,\overline{B}\,\overline{C}$、$\overline{A}BC$、$A\overline{B}C$、$AB\overline{C}$也是 Y_1、Y_2和 Y_3的任意项。

因为使约束项的取值等于1的输入变量取值是不允许出现的，所以约束项的值始终为0。而任意项则不同，在函数的运行过程中，有可能出现使任意项取值为1的输入变量取值。

3. 无关项

将约束项和任意项统称为逻辑函数式中的无关项。这里所说的“无关”是指是否把这些最小项写入逻辑函数式无关紧要，可以写入也可以删除。

前边曾经讲到，在用卡诺图表示逻辑函数时，首先将函数化为最小项之和的形式，然后在卡诺图中这些最小项对应的位置上填入1，其他位置上填入0。既然可以认为无关项包含于函数式中，也可以认为不包含在函数式中，那么在卡诺图中对应的位置上就可以填入1，也可以填入0。为此，在卡诺图中用×表示无关项。在化简逻辑函数时既可以认为它是1，也可以认为它是0。

9-37 具有无关项的逻辑函数怎样化简？

化简具有无关项的逻辑函数时，如果能合理利用这些无关项，则可以得到更加简单的化简结果。

为达到此目的，加入的无关项应与函数式中尽可能多的最小项（包括原有的最小项和已写入的无关项）具有逻辑相邻性。

合并最小项时，究竟把卡诺图中的×作为1（即认为函数式中包含了这个最小项）还是作为0（即认为函数式中不包含这个最小项）对待，应以得到的相邻最小项矩形组合最大，且矩形组合数目最少为原则。

例5 化简具有约束的逻辑函数

$$Y=\overline{A}\,\overline{B}\,\overline{C}D+\overline{A}BCD+A\overline{B}\,\overline{C}\,\overline{D}$$

给定约束条件为

$$Y=\overline{A}\,\overline{B}CD+\overline{A}B\overline{C}D+AB\overline{C}\,\overline{D}+A\overline{B}\,\overline{C}D+ABCD+ABC\overline{D}+A\overline{B}C\overline{D}=0$$

在用最小项之和形式表示上述具有约束的逻辑函数时，也可写成如下形式：

$$Y(A,B,C,D)=\sum m(1,7,8)+d(3,5,9,10,12,14,15)$$

式中以d表示无关项（约束项），d后面括号内的数字是无关项的最小项编号。

解 如果不利用约束项，则Y已无可化简。但适当地加进一些约束项以后，可以得到

$$Y=(\overline{A}\,\overline{B}\,\overline{C}D+\underset{约束项}{\overline{A}\,\overline{B}CD})+(\overline{A}BCD+\underset{约束项}{\overline{A}B\overline{C}D})+(A\overline{B}\,\overline{C}\,\overline{D}+\underset{约束项}{AB\overline{C}\,\overline{D}})+(\underset{约束项}{A\overline{B}C\overline{D}}+\underset{约束项}{ABC\overline{D}})$$

$$=(\overline{A}\,\overline{B}D+\overline{A}BD)+(A\overline{C}\,\overline{D}+AC\overline{D})=\overline{A}D+A\overline{D}$$

可见，利用了约束项以后，使逻辑函数得以进一步化简。但是，在确定该写入哪些约束项时尚不够直观。

如果改用卡诺图化简法，则只要将表示Y的卡诺图画出，就能从图上直观地判断对这些约束项应如何取舍。

图9-15是例5的逻辑函数的卡诺图。从图中不难看出，为了得到最大的相邻最小项的矩形组合，应取约束项m_3、m_5为1，与m_1、m_7组成一个矩形组。同时取约束项m_{10}、m_{12}、m_{14}为1，与m_8组成一个矩形组。将两组相邻的最小项合并后得到的化简结果与上面推演的结果相同。卡诺图中没有被圈进去的约束项（m_9和m_{15}）是当作0对待的。

例6 试化简具有无关项的逻辑函数

$$Y(A,B,C,D)=\sum m(2,4,6,8)+d(10,11,12,13,14,15)$$

解 画出函数Y的卡诺图，如图9-16所示。

由图可见，若认为其中的无关项m_{10}、m_{12}、m_{14}为1，而无关项m_{11}、m_{13}、m_{15}为0，则可将m_4、m_6、m_{12}和m_{14}合并为$B\overline{D}$，将m_8、m_{10}、m_{12}和m_{14}合并为$A\overline{D}$，将m_2、m_6、m_{12}和m_{14}合并为$C\overline{D}$，于是得到

$$Y=B\overline{D}+A\overline{D}+C\overline{D}$$

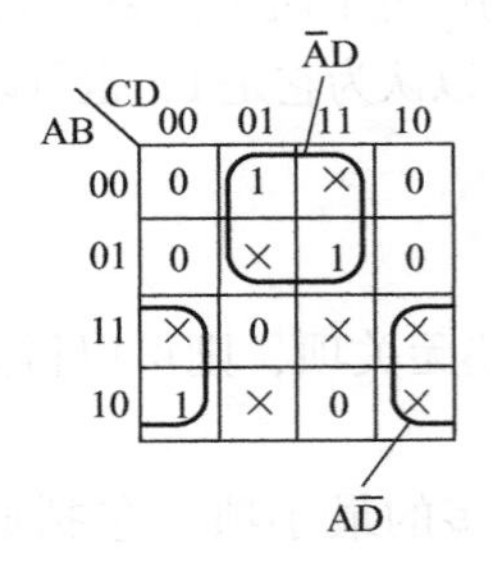

图9-15 例5的卡诺图

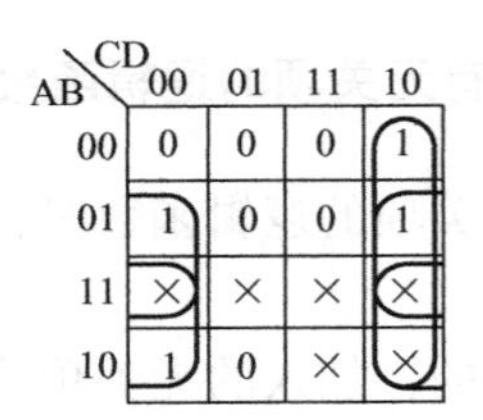

图9-16 例6的卡诺图

9-38 逻辑函数化简应遵循哪些原则？

逻辑函数化简并没有一个严格的原则，通常遵循以下几条原则：

1）逻辑电路所用的门最少；

2）各个门的输入端要少；

3）逻辑电路所用的级数要少；

4）逻辑电路能可靠地工作。

第 1）、2）条主要从成本上考虑，第 3）条是从速度上考虑的，第 4）条是针对可靠性方面考虑的。它们之间常常是矛盾的，如门数少，则往往性能、可靠性就要降低。因此，实际中要兼顾各项指标。为了便于比较，确定化简的标准，通常以门数最少和输入端数最少作为化简的标准。

第10章 逻辑门电路与组合逻辑电路

10-1 二极管与门电路是怎样工作的？

图10-1a所示为由二极管组成的与门电路，A、B是它的两个输入端，F是输出端，图10-1b是它的逻辑符号。

设输入信号电压为3V（高电平1）或0V（低电平0），二极管为理想器件，则电路的工作原理如下：

当输入端A、B都为高电平1时，二极管VD_A、VD_B均处于正向导通状态，输出端F为高电平（3V）。

当输入端A、B都为低电平0时，二极管VD_A、VD_B亦处于正向导通状态，输出端F为低电平（0V）。

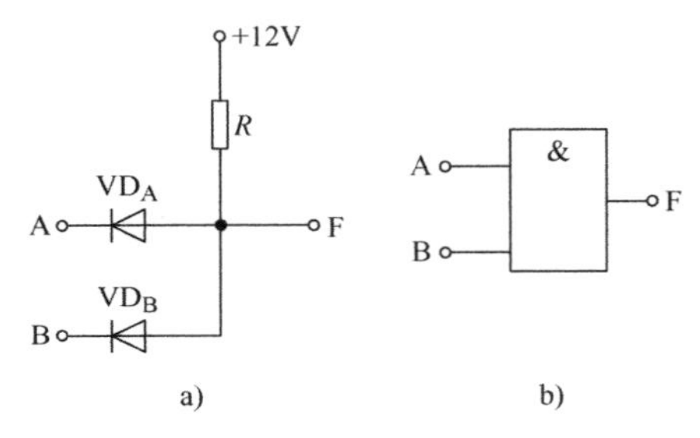

图10-1 二极管与门电路及其逻辑符号

a）与门电路 b）逻辑符号

当输入端一端为高电平，另一端为低电平，例如A端为3V，B端为0V时，VD_B优先导通，输出端F被钳制在0V，输出为低电平。在VD_B的钳位作用下，VD_A处于截止状态。

由上述可知，与门电路的输入端中只要有一个为低电平，输出端就是低电平，只有输入端全为高电平时，输出端才是高电平，其真值表见表10-1。

由真值表可得出与门电路的逻辑表达式为

$$F = A \cdot B$$

图10-2所示为与门电路的波形图。

表10-1 与门电路真值表

输入		输出
A	B	F
0	0	0
0	1	0
1	0	0
1	1	1

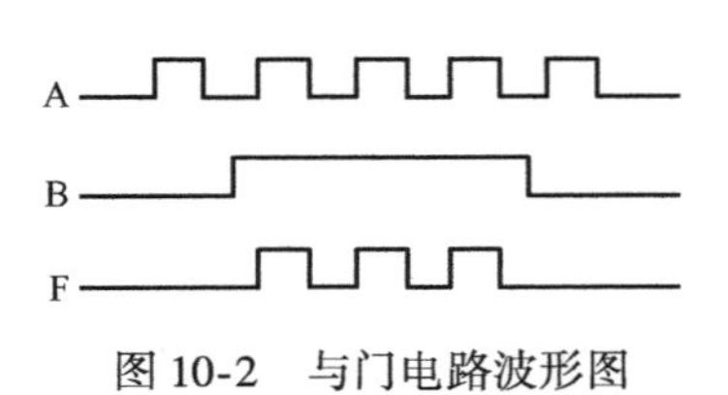

图10-2 与门电路波形图

10-2　二极管或门电路是怎样工作的？

图 10-3a 所示为由二极管组成的或门电路，A、B 为输入端，F 为输出端，图 10-3b 是它的逻辑符号。工作原理分析如下：

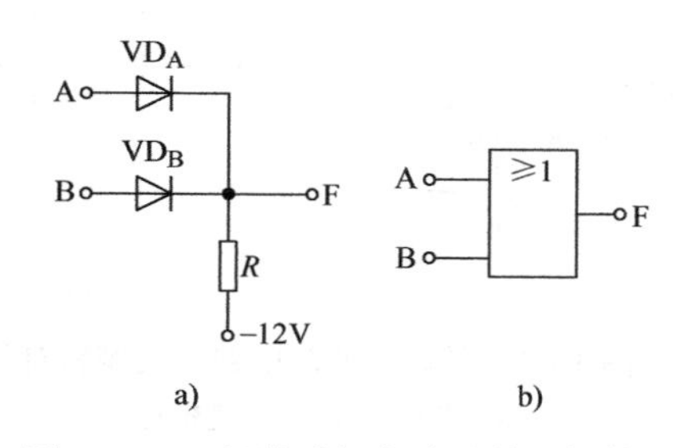

图 10-3　二极管或门电路及其逻辑符号
a）或门电路　b）逻辑符号

当输入端 A、B 都处于高电平 1（3V）时，VD_A、VD_B都处于正向导通状态，输出端 F 为高电平 1（3V）。

当输入端 A、B 都处于低电平 0（0V）时，VD_A、VD_B也都正向导通，输出端 F 为低电平 0（0V）。

当输入端一端为高电平，而另一端为低电平时，例如 A 端为 3V，B 端为 0V。此时 VD_A管优先导通，输出端 F 被钳制在 3V，使输出端 F 为高电平，同时 VD_B管受反向偏置而截止。

由上述可知，在或门电路的输入端中，只要有一端为高电平，输出端 F 就是高电平，只有输入端全为低电平时，输出端 F 才为低电平，即具有或逻辑关系，其真值表见表 10-2。

由真值表可得出其逻辑表达式为

$$F = A + B$$

图 10-4 所示为或门电路的波形图。

表 10-2　或门电路真值表

输入		输出
A	B	F
0	0	0
0	1	1
1	0	1
1	1	1

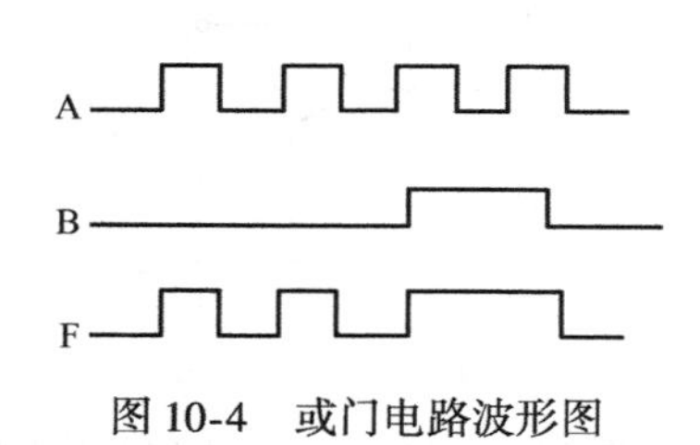

图 10-4　或门电路波形图

10-3　晶体管非门电路是怎样工作的？

图 10-5 所示为由晶体管组成的非门电路，A 为输入端，F 为输出端，图 10-5b 是它的逻辑符号。

当 A 端为高电平时，晶体管工作在饱和状态，输出端 F 为低电平。当 A 端为低电平时，晶体管工作在截止状态，输出端 F 为高电平。因此晶体管输出与输入的关系满足非逻辑关系。非门电路也称为反相器，其真值表见表 10-3。

非门电路的逻辑表达式为

$$F = \overline{A}$$

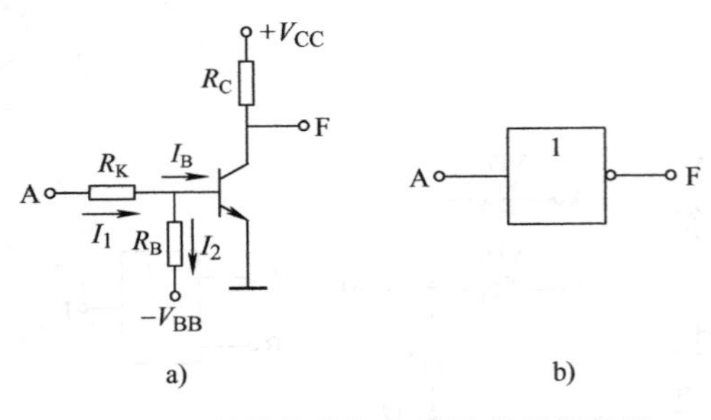

图 10-5 晶体管非门电路及其逻辑符号
a) 非门电路 b) 逻辑符号

表 10-3 非门电路真值表

输入	输出
A	F
0	1
1	0

10-4 TTL 与非门电路是怎样组成的?

图 10-6 所示为集成 TTL 与非门电路及其逻辑符号。VT_1 为多发射极晶体管，它和 R_1 构成电路的输入级，实现与逻辑功能。VT_2 和 R_2、R_3 组成中间级，其作用是从 VT_2 的集电极和发射极同时输出两个相位相反的信号，分别驱动 VT_3 和 VT_5。VT_3、VT_4、VT_5 和 R_4、R_5 组成输出级，直接驱动负载，以提高电路带负载的能力。

图 10-7 所示为常用的 2 输入 4 与非门 74LS00 的引脚排列图，其内部各与非门相互独立，可以单独使用。

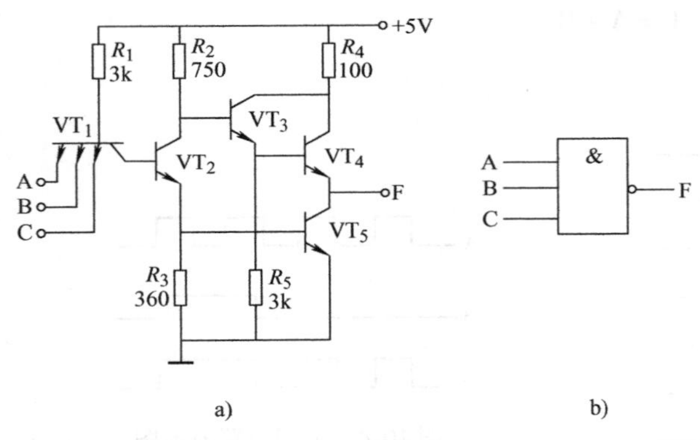

图 10-6 TTL 与非门电路及其逻辑符号
a) TTL 与非门电路 b) 逻辑符号

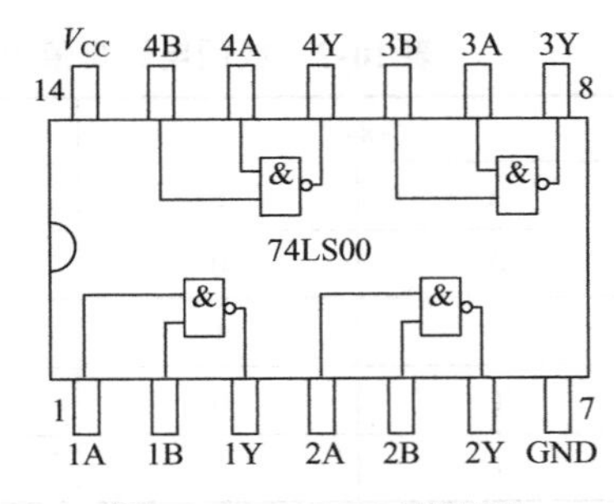

图 10-7 74LS00 引脚图

10-5 TTL 与非门电路是怎样工作的?

在图 10-6 所示的电路中，当输入端有一个（或几个）为低电平（约 0.3V）时，VT_1 的基极与接低电平的发射极间处于正向偏置，电源通过 R_1 为 VT_1 提供基极电流。VT_1 的基极电位约为 0.3V + 0.7V = 1V，其集电极电位为 0.3V，VT_2 和 VT_5 均截止。由于 VT_2 截止，故其集电极电位接近于电源电压（+5V），VT_3、VT_4 导通，输出端 F 的电位为

$$V_F = V_{CC} - I_{B3}R_2 - U_{BE3} - U_{BE4}$$

因为 I_{B3} 很小，可忽略不计，则

$$V_F = 5V - 0.7V - 0.7V = 3.6V$$

即输出端为高电平。

当输入端全为高电平（3.6V）时，VT_1的基极电位足以使 VT_1的集电结、VT_2和 VT_5的发射结均处于导通状态，所以 VT_1的基极电位为

$$V_{B1} = U_{BC1} + U_{BE2} + U_{BE5} = 2.1V$$

使 VT_1的几个发射结均处于反向偏置，电源通过 R_1和 VT_1的集电结向 VT_2提供足够的基极电流，使 VT_2饱和，VT_2的发射极电流在 R_3上产生的电压降又为 VT_5提供足够的基极电流，使 TV_5饱和，输出端的电位为

$$V_F = 0.3V$$

即输出为低电平。

上述逻辑关系的真值表见表 10-4。

由真值表可得其逻辑表达式为

$$F = \overline{A \cdot B \cdot C}$$

即输出端 F 与输入端 A、B、C 之间符合与非逻辑关系。

10-6　TTL 与非门电路的电压传输特性是怎样的？

TTL 与非门的输出电压 U_o随输入电压 U_i变化而变化的关系曲线称作电压传输特性，如图 10-8 所示。它是通过实验得出的，实验时将某一输入端的电压 U_i由零逐渐增大，将其他输入端接高电平不变。当 U_i从零开始增加时，在一定范围内输出高电平基本不变，$U_o \approx 3.6V$。当 U_i上升到一定数值后，输出电压很快下降到低电平，$U_o \approx 0.3V$。如 U_i继续增大，则输出低电平基本不变。

表 10-4　3 输入端与非门真值表

输入			输出
A	B	C	F
0	0	0	1
0	0	1	1
0	1	0	1
0	1	1	1
1	0	0	1
1	0	1	1
1	1	0	1
1	1	1	0

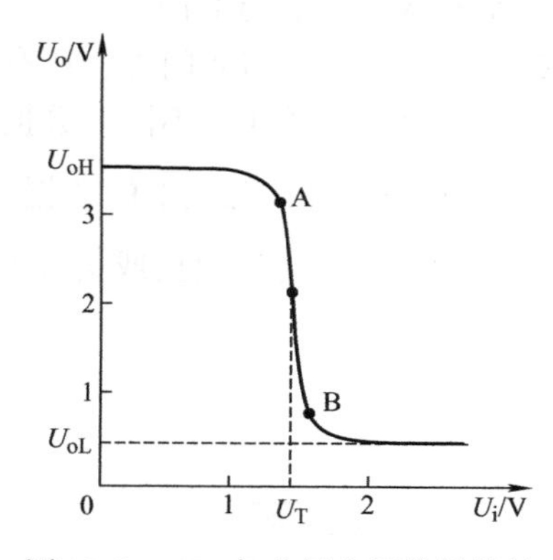

图 10-8　TTL 与非门电压传输特性

10-7　TTL 三态与非门电路是如何工作的？

三态与非门电路与上述的与非门电路不同，它的输出端除出现高电平和低电平外，还会出现第三种状态，即高阻状态。

图 10-9 所示为 TTL 三态与非门电路及其逻辑符号。它与图 10-6 相比较，只多出了一个

二极管 VD。图中 A、B 是输入端，E 是控制端。

当控制端 E 为高电平 1 时，三态门的输出状态决定于输入端 A、B 的状态，实现与非逻辑关系，此时电路处于工作状态。

当控制端为低电平 0 时，不管 A、B 输入端为何种电平，VT_2、VT_5 均处于截止状态。同时二极管 VD 将 VT_2 的集电极电位钳位在 1V，使 VT_4 截止。由于 VT_4、VT_5 都截止，所以输出端因开路而处于高阻状态。

三态与非门的真值表见表 10-5。

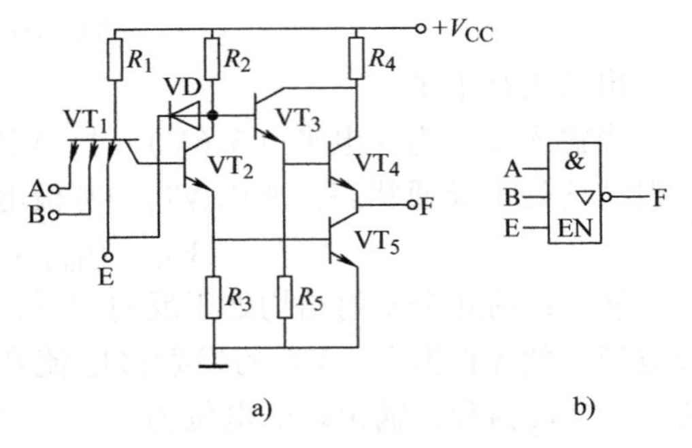

图 10-9 三态与非门电路及逻辑符号
a）三态与非门电路 b）逻辑符号

表 10-5 三态与非门真值表

控制端	输入端		输出端
E	A	B	F
1	0	0	1
1	0	1	1
1	1	0	1
1	1	1	0
0	×	×	高阻

上述三态与非门在 E = 1 时，$F=\overline{A \cdot B}$，故称为控制端 E 高电平有效的三态与非门。还有一类三态与非门，即当控制端 E = 1 时，F 为高阻状态；E = 0 时，$F=\overline{A \cdot B}$。这称为控制端 E 低电平有效的三态与非门，其逻辑符号如图 10-10 所示。

集成三态门除三态与非门外，还有三态非门、三态缓冲门等。三态门最重要的一个用途是用一条总线轮流传送几个不同的数据或控制信号，如图 10-11 所示（E 高电平有效）。当 $E_1=1$，$E_2=E_3=0$ 时，总线上的数据为 $\overline{A_1B_1}$；当 $E_2=1$，$E_1=E_3=0$ 时，总线上的数据为 $\overline{A_2B_2}$ 等。这种用总线传送数据或信号的方法在计算机中被广泛应用。

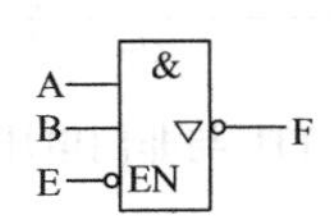

图 10-10 低电平有效三态与非门逻辑符号

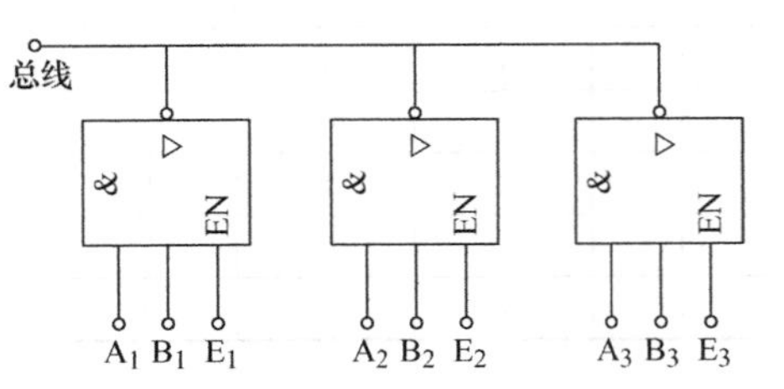

图 10-11 三态门应用举例

10-8 三态门和 OC 门的性能有哪些区别?

1）三态门的开关速度比 OC 门快。因此输出高电平时，三态门的输出管按射极输出器的方式工作，其输出电阻小，输出端的分布电容充电速度快，u_O 很快由 U_{OL} 变到 U_{OH}。而

OC 门在输出高电平时，其输出电阻约等于外接的上拉电阻 R_C，其值比射极输出器的输出电阻大得多，故对输出分布电容的充电速度慢，u_O的上升时间长。在输出低电平时，两者的输出电阻基本相等，故两者 u_O的下降时间基本相同。

2）允许接到总线上的三态门的个数在原则上不受限制，但允许接到总线上的 OC 门的个数受到上拉电阻 R_C的取值条件的限制。

3）OC 门可以实现"线与"逻辑，而三态门则不能。若把多个三态门输出端并联在一起，并使其同时选通，则当它们的输出状态不同时，不但无法输出正确的逻辑电平，而且还会烧坏导通状态的输出管。

TTL 产品中除与非门外，还有或非门、与或非门、与门、或门、异或门等。

10-9　集成门电路使用时有哪些注意事项？

使用集成门电路的基本常识如下：

1．对门电路中闲置输入端的处理

（1）TTL 门　TTL 门的输入端悬空，相当于输入高电平。但是，为防止引入干扰，通常不允许其输入端悬空。因为干扰信号易从这些悬空端引入，导致电路工作不稳定。对与门、与非门多余端的处理方法如图 10-12a 所示，对于与或非门中整个都不用的与门，可将此与门的输入端全部接地，也可部分接地，部分接高电平。若是某与门中有闲置输入端，则应将其接高电平 +5V 电源或 3.6V，如图 10-12b 所示。或将其通过电阻（约几 kΩ）接 $+U_{CC}$，或者通过大于 2kΩ 的电阻接地。在前级门的扇出系数有富余的情况下，也可以和有用输入端并联连接。

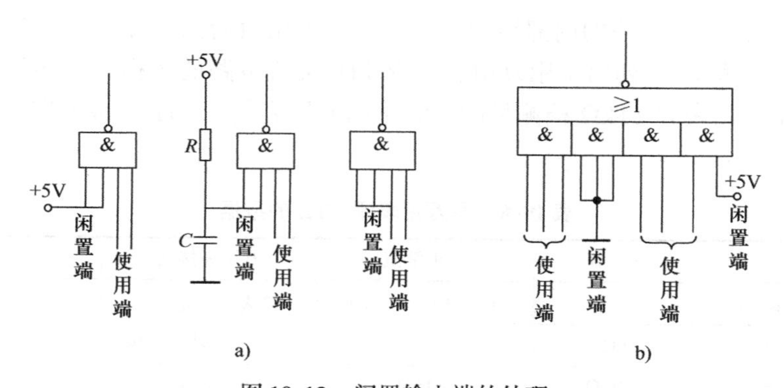

图 10-12　闲置输入端的处理

对于或门及或非门的多余输入端，可以使其输入低电平。具体措施是通过小于 500Ω 的电阻接地或直接接地。在前级门的扇出系数有富余时，也可以和有用输入端并联连接。对于与或非门，若某个与门多余，则其输入端应全部输入低电平（接地或通过小于 500Ω 的电阻接地），或者与另外同一个门的有用端并联连接（但不可超出前级门的扇出能力）。若与门的部分输入端多余，则处理方法与单个与门方法一样。

（2）MOS 门　MOS 门的输入端是 MOS 管的绝缘栅极，它与其他电极间的绝缘层很容易被击穿。虽然内部设置有保护电路，但它只能防止稳态过电压，对瞬变过电压保护效果差，因此 MOS 门的多余端不允许悬空。

由于MOS门的输入端是绝缘栅极，所以通过一个电阻 R 将其接地时，不论 R 多大，该端都相当于输入低电平。除此以外，MOS门的多余输入端处理方法与TTL门相同。

2. 安装、调试时注意事项

1）安装时要注意集成电路外引脚的排列顺序，不要从外引脚根部弯曲，以防折断。

2）焊接时用25W烙铁较合适，焊接时间不要超过3s，焊后用酒精擦干净，以防焊剂腐蚀引线。

3）在调试及使用时，要注意电源电压的大小和极性，以保证 $+V_{CC}$ 在4.75～5.25V之间，尽量稳定在+5V，不要超过7V，以免损坏集成电路。

4）输入电压不要高于6V，否则输入管易发生击穿损坏。输入电压也不要低于-0.7V，否则输入管易发生过热损坏。

5）输出为高电平时，输出端绝对不允许碰地，否则输出管会因过热损坏，输出为低电平时，输出端绝对不允许碰 $+V_{CC}$，否则输出管也会因过热损坏。几个普通TTL与非门的输出端不能接在一起。

6）要注意防止外界电磁干扰的影响，引线要尽量短。若引线不能缩短，则要考虑加屏蔽措施或用绞合线。

10-10 如何检测TTL集成电路的好坏？

TTL是英文Transistor－Transistor Logic三个英文字的首字母，称为晶体管-晶体管逻辑。

集成电路的检测要比分立元器件困难，但只要按下述方法检测，还是能很快查出故障原因的。

1）首先要熟悉集成电路的内部结构原理，然后采用由后向前逐级检查的方法，分析其故障产生的原因。表10-6列出了用万用表检查TTL集成电路的数据，供测量时参考。表中数据是用500型万用表 $R\times1\text{k}\Omega$ 档测量的，它是用万用表判别TTL集成电路好坏的一种实用方法。

表10-6 用万用表测TTL的数据

测量项目	正常值	不正常值	万用表接法	备　注
输入输出各端对电源地端	5kΩ	<1kΩ 或 >12kΩ	黑表笔接地端，红表笔接其他各端	用500型万用表 $R\times1\text{k}\Omega$ 档测量，用其他万用表会略有出入
正电源端对电源地端	3kΩ	≈0 或≈∞		
输入输出各端对电源地端	>40kΩ	<1kΩ	红表笔接地端，黑表笔接其他各端	
正电源端对电源地端	3kΩ	≈0 或≈∞		

2）电压测量判断法。对有可疑的集成电路，测量其引脚电压，将测量的结果与已知道或经验数据进行比较，进而判断出故障范围。

3）信号检查法。利用示波器及信号源，检查电路各级的输入和输出信号。对于数字集成电路，主要是通过信号来查清它们的逻辑关系。对集成运算放大器来说，需要弄清其放大特性。可疑级一般发生在正常与不正常信号电压的两个测试点之间的那一级。

4）对于可疑的集成电路，判断是否存在故障的最快办法是采用同型号的、完好的集成电路做替代试验。

10-11　怎样更换损坏的集成电路？

通过检测、判断，若确定集成电路损坏或怀疑它损坏时，需要把集成电路从印制电路板上拆下。通常用专用的吸锡器拆卸较为方便。如果没有专用器具，则可按表 10-7 所列方法进行拆卸，然后换上新的集成电路。

表 10-7　拆卸集成电路的方法

序　号	方　法	示意图
1	使用特殊烙铁头，使烙铁头同时接触各引线焊点，这样可同时对各焊点加热，然后可以轻轻地拔下集成电路块	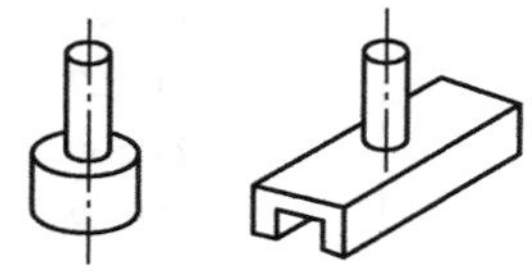 a) 圆形烙铁头　b) 直列式烙铁头
2	使用内热式解焊器将熔化的焊锡吸入收集筒内，这样可以多次把焊点上的锡吸净，集成电路就很容易取下来了	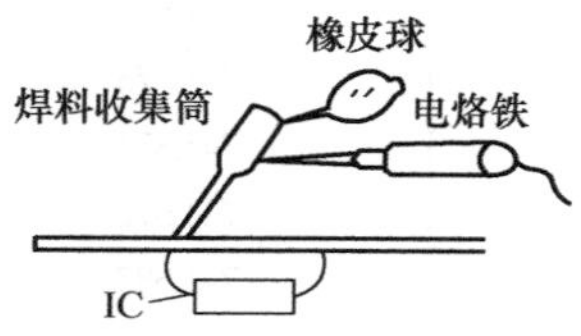 橡皮球　焊料收集筒　电烙铁　IC
3	一边用烙铁熔化集成电路引脚上的焊点，一边用空心针头套在引脚上旋转，可使各引脚和印制电路板脱开	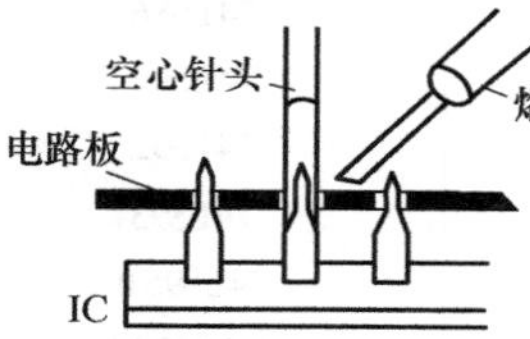 空心针头　烙铁　电路板　IC
4	用一段被松香酒精溶液浸过的金属编织线置于集成电路的焊点上，然后用不带污垢和锡滴的烙铁熔化焊点，锡会被编织线粘去	 烙铁　编织线

10-12　常用 TTL 集成电路的型号和功能有哪些？

部分常用数字集成电路的型号和功能见表 10-8。

表 10-8　部分常用集成电路的型号和功能

序号	型号	功能
1	74LS00	2 输入 4 与非门
2	74LS02	2 输入 4 或非门
3	74LS04	6 反相器
4	74LS07	6 同相缓冲/驱动器（OC）

（续）

序号	型号	功能
5	74LS08	2输入4与门
6	74LS10	3输入3与非门
7	74LS11	3输入3与门
8	74LS12	3输入3与非门（OC）
9	74LS14	6反相器（施密特触发）
10	74LS20	4输入2与非门
11	74LS21	4输入2与门
12	74LS27	3输入3或非门
13	74LS30	8输入与非门
14	74LS32	2输入4或门
15	74LS42	BCD至十进制数4线-10线译码器
16	74LS51	2路2输入/3输入4组输入与或非门
17	74LS55	4-4输入2路与或非门
18	74LS73	双J-K触发器（带清零）
19	74LS74	正沿触发双D型触发器（带预置和清零）
20	74LS76	双J-K触发器（带预置和清零）
21	74LS83	4位二进制全加器（快速进位）
22	74LS85	4位比较器
23	74LS86	2输入4异或门
24	74LS90	十进制计数器（÷2，÷5）
25	74LS92	12分频计数器（÷2，÷6）
26	74LS93	4位二进制计数器（÷2，÷8）
27	74LS95B	4位移位寄存器
28	74LS109A	正沿触发双J-K触发器（带预置和清零）
29	74LS110	与输入J-K主从触发器（带数据锁定）
30	74LS112	负沿触发双J-K触发器（带预置和清零）
31	74LS125	4总线缓冲门（三态输出）
32	74LS138	3-8线译码器/解调器
33	74LS139	双2-4线译码器/解调器
34	74LS151	8选1数据选择器
35	74LS153	双4选1数据选择器
36	74LS154	4-16线译码器/分配器
37	74LS157	四2选1数据选择器/复工器
38	74LS160A	4位十进制计数器（直接清零）
39	74LS161	4位二进制计数器（直接清零）
40	74LS164	8位并行输出串行移位寄存器（异步清零）
41	74LS165	并行输入8位移位寄存器（补码输出）
42	74LS174	6D触发器
43	74LS175	4D触发器
44	74LS176	可预置十进制（二-五进制）计数器/锁存器
45	74LS181	算术逻辑单元/功能发生器
46	74LS190	十进制同步可逆计数器

（续）

序号	型号	功能
47	74LS191	二进制同步可逆计数器
48	74LS192	十进制同步可逆双时钟计数器
49	74LS193	二进制同步可逆双时钟计数器
50	74LS194	4 位双向通用移位寄存器
51	74LS195	4 位并行存取移位寄存器
52	74LS198	8 位双向通用移位寄存器
53	74LS244	8 缓冲器/线驱动器/线接收器（三态）
54	74LS245	8 总线收发器（三态）
55	74LS248	BCD－7 段译码器/驱动器（内有升压输出）
56	74LS257	四 2 选 1 数据选择器/复工器
57	74LS273	8D 触发器
58	74LS283	4 位二进制全加器
59	74LS290	十进制计数器（÷2，÷5）
60	74LS323	8 位通用移位/存储寄存器（三态输出）
61	LM324	4 运算放大器（模拟集成电路）
62	555	集成定时器
63	2114	静态 RAM
64	2716	2K×8 位 EPROM
65	7800	集成三端稳压器系列
66	7900	集成三端稳压器系列
67	8051	单片微型计算机

10-13 CMOS 门电路是怎样工作的？

1. CMOS 非门电路

CMOS 非门电路（也称 CMOS 反相器）如图 10-13 所示。驱动管 VT_1 为 N 沟道增强型 MOS 管（NMOS），负载管 VT_2 为 P 沟道增强型 MOS 管（PMOS），两者连成互补对称型结构。

当输入端 A 为低电平 0 时，VT_1 截止，VT_2 导通，输出端 F 为高电平 1。当输入端 A 为高电平 1 时，VT_1 导通，VT_2 截止，输出端 F 为低电平 0，该电路实现了非逻辑功能。

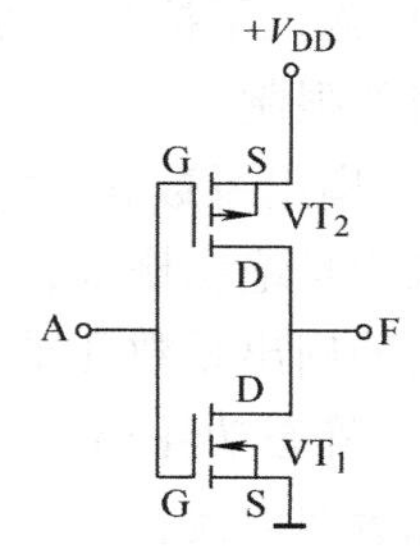

图 10-13　CMOS 非门电路

2. CMOS 与非门电路

CMOS 与非门电路如图 10-14 所示。驱动管 VT_1、VT_2 为 N 沟道增强型 MOS 管，两者串联。负载管 VT_3 和 VT_4 为 P 沟道增强型 MOS 管，两者并联。A、B 为输入端，F 为输出端。

当 A、B 两个输入端全为高电平 1 时，驱动管 VT_1、VT_2 都导通，负载管 VT_3 和 VT_4 都截止，输出端 F 为低电平 0。当 A、B 输入端有一个（或两个）为低电平 0 时，VT_1、VT_2 管有一个（或两个）截止，VT_3、VT_4 管有一个（或两个）导通，输出端 F 为高电平 1，实现了与非逻辑关系。

3. CMOS 或非门电路

CMOS 或非门电路如图 10-15 所示。VT_1、VT_2是 N 沟道增强型 MOS 管，VT_3、VT_4是 P 沟道增强型 MOS 管。

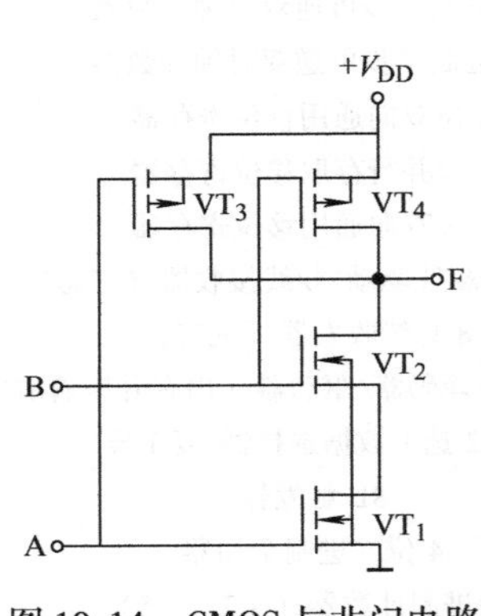

图 10-14　CMOS 与非门电路

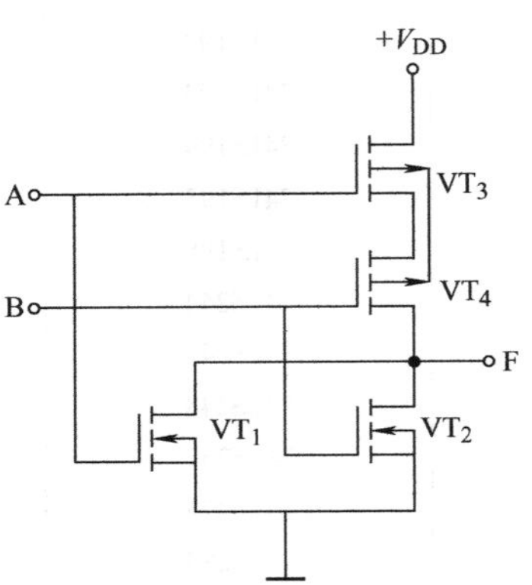

图 10-15　CMOS 或非门电路

当 A、B 均为低电平 0 时，VT_3、VT_4导通，VT_1、VT_2截止，输出端 F 为高电平 1。当 A、B 至少有一个为高电平 1 时，VT_3、VT_4至少有一个截止，VT_1、VT_2至少有一个导通，输出端 F 为低电平 0。该电路具有或非逻辑功能，其逻辑表达式为

$$F=\overline{A+B}$$

10-14　CMOS 逻辑电路有哪些特点？

1）工作速度比 TTL 稍慢，这是因为其导通电阻及输入电容均比 TTL 大。由于制造工艺不断改进，目前 CMOS 门的速度已非常接近 TTL 门。

2）输入阻抗高，可达$10^8\Omega$。因为栅极绝缘，所以其输入阻抗只受输入端保护二极管反向电流的限制。

3）扇出系数N_0大。N_0的定义是其输出端可连接的同类门的输入端数。由于 CMOS 门的输入端均是绝缘栅极，当它做负载门时，几乎不向前级门吸取电流，因此在频率不太高时，前级门的扇出系数几乎不受限制。当频率升高时，N_0有所减小，一般$N_0=50$。

4）静态功耗小。在静态时，总是负载管和驱动管之一导通，另一个截止，因而几乎不向电源吸取电流，故其静态功耗极小。当$U_{DD}=5V$时，其静态功耗为 2.5～5μW。

5）集成度高。因为其功耗小，内部发热量小，因而其集成密度可大大提高。

6）电源电压允许范围大，约为 3～20V。不同的产品系列，U_{DD}的取值范围略有差别。

7）输出高低电平摆幅大。因为$U_{OH}\approx U_{DD}$，$U_{OL}\approx 0V$，所以输出电平摆幅$\Delta U_O=U_{OH}-U_{OL}\approx U_{DD}$。而 TTL 的摆幅只有 3V 左右。

8）抗干扰能力强。其噪声容限可达$\frac{1}{3}U_{DD}$，而 TTL 的噪声容限只有 0.4V 左右。

9）温度稳定性好。由于是互补对称结构，所以当环境温度变化时，其参数有补偿作用。另外 MOS 管靠多数载流子导电，受温度的影响不大。

10）抗辐射能力强。MOS 管靠多数载流子导电，射线辐射对多数载流子浓度影响不大，

所以 CMOS 电路特别适用于航天、卫星及核能装置中。

11）电路结构简单（CMOS 与非门只有四个晶体管构成，而 TTL 与非门共有五个晶体管和五个电阻），工艺容易（做一个 MOS 管要比做一个电阻更容易，而且占芯片面积小），故成本低。

12）输入高电平 U_{IH} 和低电平 U_{IL} 均受电源电压 U_{DD} 的限制。规定 $U_{IH} \geqslant 0.7U_{DD}$，$U_{IL} \leqslant 0.3U_{DD}$。例如，当 U_{DD} =5V 时，U_{IHmin} =3.5V，U_{ILmax} =1.5V。其中，U_{IHmin} 和 U_{ILmax} 是允许的极限值。不同类型的 CMOS 门，U_{IH} 和 U_{IL} 所选用的典型值各不相同，但都必须在上述限定范围内。

13）拉电流 I_{OL} <5mA，比 TTL 门的 I_{OL}（可达 20mA）小得多。CMOS 逻辑门的参数定义与 TTL 门相同，但数值差别较大。CMOS 各系列的主要参数见表 10-9。

表 10-9　CMOS 各系列的传输延迟时间、功耗及电源电压

系列名称	传输延迟时间/ns		功耗/（mW/门）	电压范围/V			U_{OH}/V	U_{OL}/V
	典型值	最大值		最小	正常	最大		
4000B	30（10 V） 50（5 V）	60（10 V） 90（5 V）	1.2（10 V） 0.3（5 V）	3	5～18	20	略低于 U_{DD}	近似等于 0
74C								
74HC	9	18	0.5	2	5	6		
74HCT				4.5	5	5.5		
74AC	3	5.1	0.5	2	5 或 3.3	6		
74ACT				4.5	5	5.5		

表中括号内的电压值是测试对应参数时的电源电压 U_{DD}。

4000B 系列是 4000 系列的标准型。它采用了硅栅工艺和双缓冲输出结构，由美国无线电公司（RCA 公司）最先开发。

74C××系列的功能及引脚设置均与 TTL74 系列相同，它有若干子系列。

74HC××系列是高速系列；74HCT××系列是高速并且与 TTL 兼容的系列。

74AC××系列是新型高速系列；74ACT××系列是新型高速并且与 TTL 兼容的系列。

10-15　如何正确使用 CMOS 电路？

1. 输入电路的静电防护

虽然在 CMOS 电路的输入端已经设置了保护电路，但由于保护二极管和限流电阻的几何尺寸有限，所以它们所能承受的静电电压和脉冲功率均有一定的限度。

CMOS 集成电路在储存、运输、组装和调试过程中，难免会接触到某些带静电高压的物体。例如工作人员如果穿的是由容易产生静电的织物制成的衣裤，则这些服装摩擦时产生的静电电压有时可高达数千伏。假如将这个静电电压加到 CMOS 电路的输入端，则足以将电路损坏。

为防止由静电电压造成的损坏，应注意以下几点：

1）在储存和运输 CMOS 器件时不要使用易产生静电高压的化工材料和化纤织物包装，最好采用金属屏蔽层做包装材料。

2）组装、调试时，应使电烙铁和其他工具、仪表、工作台台面等良好接地。操作人员的服装和手套等应选用无静电的原料制作。

3）不用的输入端不应悬空。

2. 输入电路的过电流保护

由于输入保护电路中的钳位二极管电流容量有限，一般为1mA，所以在可能出现较大输入电流的场合必须采取以下保护措施：

1）输入端接低内阻信号源时，应在输入端与信号源之间串入保护电阻，保证输入保护电路中的二极管导通时电流不超过1mA。

2）输入端接有大电容时，应在输入端与电容之间接入保护电阻，如图10-16所示。

在输入端接有大电容的情况下，若电源电压突然降低或关闭，则电容 C 上积存的电荷将通过保护二极管 D_1 放电，形成较大的瞬态电流。串联电阻 RP 以后，可以限制这个放电电流不超过1mA。RP 的阻值可按 $RP = V_{DD}/1mA$ 计算。此处 u_C 表示输入端外接电容 C 上的电压（单位为V）。

3）输入端接长线时，应在门电路的输入端接入保护电阻 RP，如图10-17所示。

因为长线上不可避免地伴生有分布电容和分布电感，所以当输入信号发生突变时只要门电路的输入阻抗与长线的阻抗不相匹配，就必然会在CMOS电路的输入端产生附加的正、负振荡脉冲。因此，需要串联 RP 限流。根据经验，RP 的阻值可按 $RP = V_{DD}/1mA$ 计算。输入端的长线长度大于10m以后，长度每增加10m，RP 的阻值增加1kΩ。

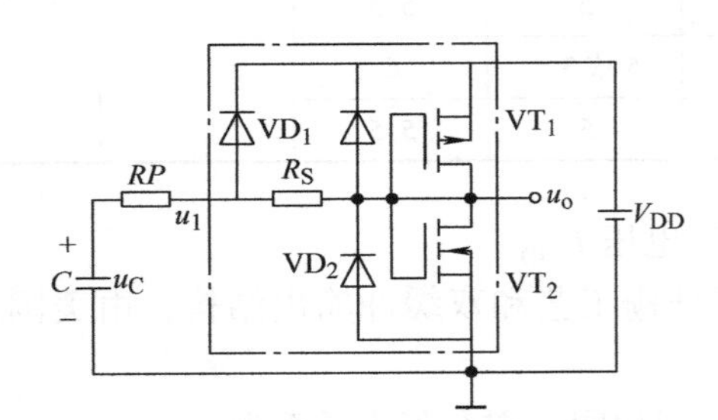

图10-16　输入端接大电容时的防护

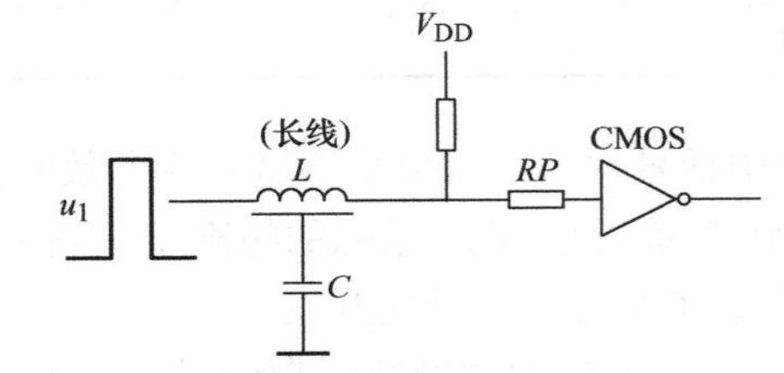

图10-17　输入端接长线时的防护

10-16　使用MOS集成电路应注意哪些事项？

MOS是Metal Oxide Semiconductor三个英文单词的首字母，称为金属氧化物半导体。在使用中需注意以下几点：

1）焊接时，一般使用功率为20W的内热式电烙铁，并且烙铁头应该接地。

2）焊接的时间不宜超过5s，严禁虚焊。

3）在更换集成电路时，应该首先切断电源。

4）不用的输入端不能悬空，应按其功能的要求接上电源或接地。

5）存放时必须用金属屏蔽包装，若需长期保存，则应将其放入金属盒内。待焊的MOS集成电路应在临焊前拆除屏蔽包装。

6）焊电路板时，应先将引脚全部短路，并将整个电路板一次焊完，再将引脚短路线断开。

7）焊接时焊接人员应注意良好接地。

10-17　TTL 电路怎样驱动 CMOS 电路？

CMOS 电路的电压往往高于 TTL 的电压，故 CMOS 电路的高电平值也高于 TTL 电路的高电平值，因此用 TTL 电路驱动 CMOS 电路时，必须将 TTL 的输出高电平升高，接口电路如图 10-18 所示。

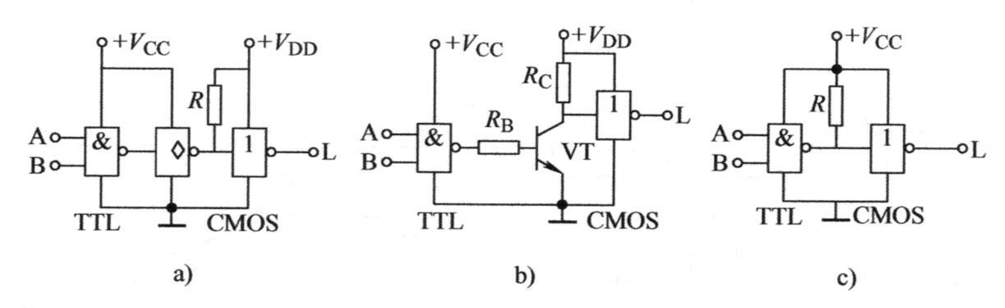

图 10-18　TTL 驱动 CMOS 接口电路

10-18　CMOS 电路怎样驱动 TTL 电路？

用 CMOS 电路驱动 TTL 电路时，主要矛盾是 CMOS 电路不能提供足够大的驱动电流。采用图 10-19 所示接口电路可以解决电路驱动的问题。

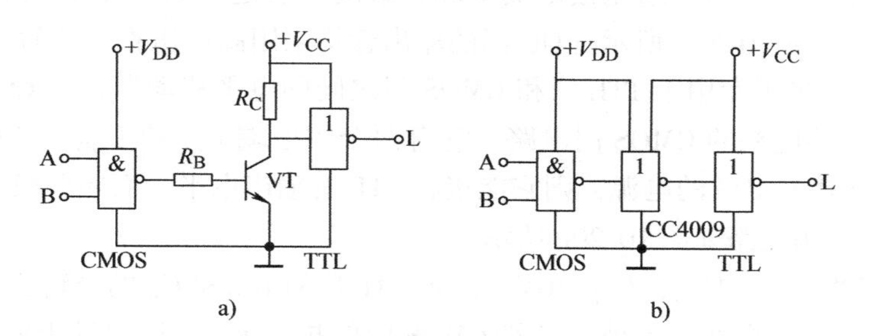

图 10-19　CMOS 驱动 TTL 接口电路

10-19　TTL 与 CMOS 门的接口电路有哪些？

接口电路的作用是通过逻辑电平的转换，把不同逻辑值的电路（如 TTL 和 MOS 门电路）连接起来；或者用来驱动集成电路本身驱动不了的大电流及大功率负载；也可用来切断干扰源通道，增强抗干扰能力。

接口电路有系统接口（如 PIO、SIO、CTC 等）和器件之间的接口。下面只介绍几种用于器件之间的简单接口。

1）TTL→CMOS 门的接口。凡是和 TTL 门兼容的 CMOS 门（如 74HCT××和 74ACT××系列 CMOS 门）都可以和 TTL 的输出端连接，不必外加元器件。

当 CMOS 门的逻辑电平与 TTL 不同，但两者的电源电压相近时，可以在 TTL 门的输出端和 U_{DD}之间接入上拉电阻 R_1，以提高 TTL 门的输出高电平，如图 10-20a 所示。这样当 TTL 与非门有一个输入端接低电平时，TTL 的两个输出管 VT_4和 VT_5均截止，流过 R_1的电流很小，使其输出高电平接近 U_{DD}，满足 CMOS 门的要求。R_1的取值方法和 OC 门的上拉电阻的取值方法相同（约在几百 Ω 至几 kΩ 之间）。

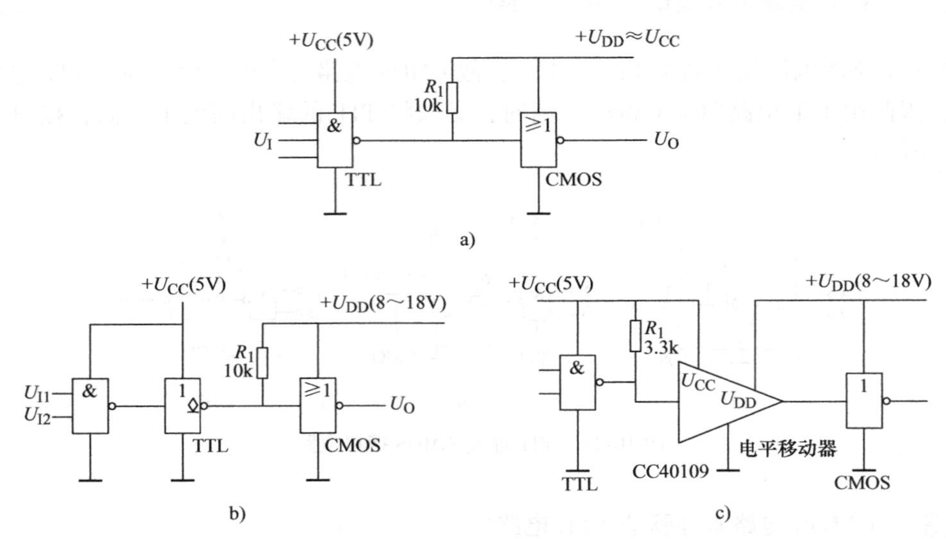

图 10-20　TTL-CMOS 的接口

当 $U_{DD} \gg U_{CC}$时，上述方法不再适用。否则，会使 VT_5在截止（TTL 输出 U_{OH}）时因所承受反压（约为 U_{DD}）超过其耐压极限而损坏。解决方法之一是在 TTL 门和 CMOS 门之间插入一级 OC 门，如图 10-20b 所示（OC 门的输出管均采用高反压管，其耐压可高达 30V 以上）。另一种方法是采用专用于 TTL 门和 CMOS 门之间的电平移动器，如 CC40109。它实际上是一个带电平偏移电路的 CMOS 门电路。它有两个供电端 U_{CC}和 U_{DD}。若把 U_{CC}端接 TTL 的电源，把 U_{DD}端接 CMOS 的电源，则它能接收 TTL 的输出电平，而向后级 CMOS 门输出合适的 U_{IH}和 U_{IL}。应用电路如图 10-20c 所示。

2）CMOS 门的 $U_{OH} \approx U_{DD}$，$U_{OL} \approx 0V$，满足 TTL 门对 U_{IH}和 U_{IL}的逻辑要求。但是当 U_{DD}太高时，有可能使 TTL 损坏。另外，虽然 CMOS 门的拉电流 I_{OH}近似等于灌电流 I_{OL}，但是因为 TTL 门的 $I_{IS} \gg I_{IH}$，所以当用 CMOS 门驱动 TTL 门时，将无法保证 CMOS 门输出符合规定的低电平（因为 CMOS 门输出 U_{OL}时，TTL 门的 I_{IS}将灌入 CMOS 门输出端，使 U_{OL}升高）。因此接口电路既要把输出高电平降低到 TTL 门所允许的范围内，又要对 TTL 门有足够大的驱动电流。具体实现方法如下：

方法一：采用专用的 CMOS→TTL 电平转换器，如 CC4049（6 反相器）或 CC4050（6 缓冲器）。由于它们的输入保护电路特殊，因而允许输入电压高于电源电压 U_{DD}。例如，当 $U_{DD}=5V$ 时，其输入端所允许输入的最高电压为 15V，而其输出电平在 TTL 的 U_{IH}和 U_{IL}的允许范围内，应用电路如图 10-21a 所示。

方法二：采用 CMOS 漏极开路门（OD 门），如 CC40107。当 $U_{DD}=5V$ 时，其 $I_{OL} \geq 16mA$，应用电路如图 10-21b 所示。

方法三：用分立晶体管开关，应用电路如图 10-21c 所示。

方法四：将同一封装内的门电路并联应用，以加大驱动能力。

3）TTL 与 CMOS→大电流负载的接口。大电流负载通常对输入电平的要求很宽松，但要求有足够大的驱动电流。最常见的大电流负载有继电器、脉冲变压器、显示器、指示灯、

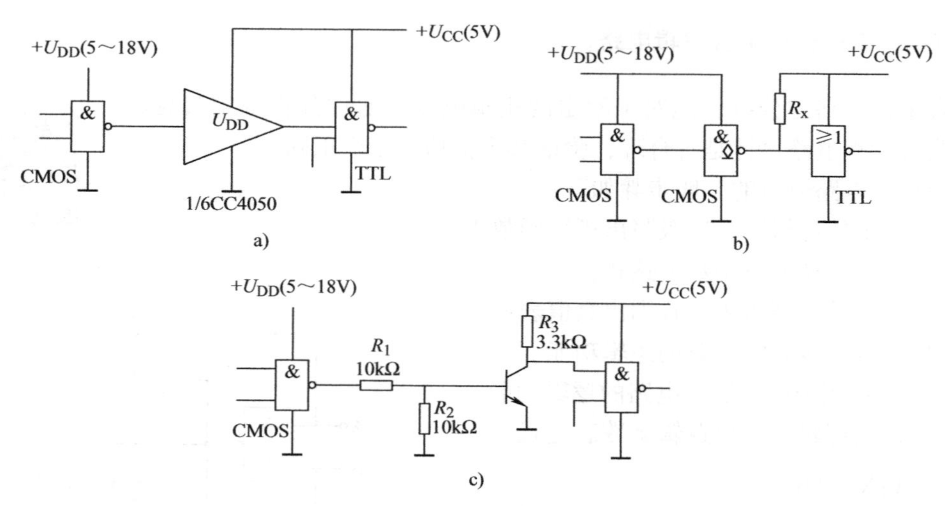

图10-21　CMOS-TTL的接口

可关断可控硅等。普通门电路很难驱动这类负载，常用的方法有以下几种：

方法一：在普通门电路和大电流负载间，接入和普通门电路类型相同的功率门（也叫驱动门），有些功率门的驱动电流可达几百mA。

方法二：利用OC门或OD门（CMOS漏极开路门）做接口，把OC门或OD门的输入端与普通门的输出端相连，把大电流负载接在上拉电阻的位置上。

方法三：用分立的晶体管或MOS管做接口电路来实现电流扩展，为充分发挥前级门的潜力，应将拉电流负载变成灌电流负载，因为大多数逻辑门的灌电流能力比拉电流能力强，例如TTL门74××系列的$I_{OH}=0.4mA$，$I_{OL}=16mA$。图10-22所示为一个用普通TTL门接入晶体管来驱动大电流负载的电路。

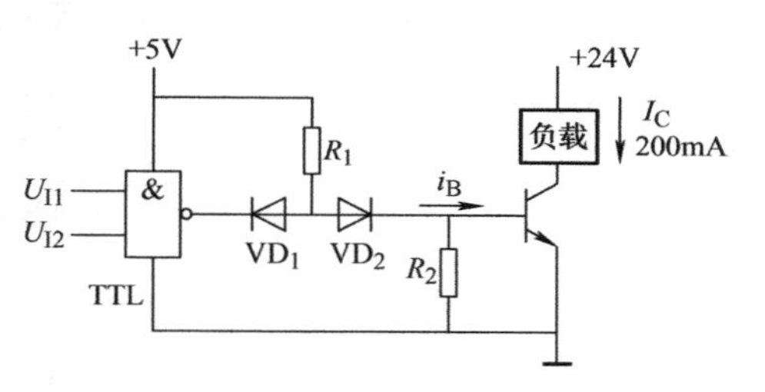

图10-22　用晶体管实现电流扩展

设负载的工作电流$I_C=200mA$，晶体管的$\beta=20$，则晶体管的基极电流$i_B=10mA$。若不接R_1、VD_1、VD_2，而把晶体管的基极直接接TTL门的输出端，则i_B对TTL门构成拉电流，其值已远远超过TTL门拉电流的允许值，从而使得其U_{OH}大大降低，以致无法工作在开关状态，甚至会因超过允许功耗而损坏。接入R_1、VD_1、VD_2后，当TTL门输出U_{OH}时，VD_1截止，i_B由$+5V\rightarrow R_1\rightarrow VD_2$的支路提供，对TTL门不产生影响。当TTL门输出$U_{OL}$时，由$+5V\rightarrow R_1\rightarrow VD_1$的支路向TTL门灌入电流，只要$R_1$取值合适，就可以使灌电流保持在TTL门所允许的范围内。该电路的工作过程如下：当两个输入端之一为低电平时，TTL门输出U_{OH}，VD_1截止，直流电源+5V，经R_1和VD_2使晶体管导通，负载进入工作状态。当两个输入端全是高电平时，TTL门输出U_{OL}，使VD_2和晶体管均截止，负载停止工作。

若门电路是CMOS门，则应把双极性晶体管换成MOS管。由于CMOS门的拉电流和灌电流基本相等，故R_1、VD_1、VD_2应当去掉，但必须在门的输出端和MOS管的栅极间串联一个电阻，并且保留R_2。

10-20 怎样分析组合逻辑电路?

扫一扫，看视频

组合逻辑电路的分析就是对于给定的逻辑电路，通过分析确定其逻辑功能；或者检查电路设计是否合理，验证其逻辑功能是否正确。

组合逻辑电路分析的一般步骤如下：

1）由已知的逻辑图，逐级写出逻辑函数表达式；

2）化简和变换逻辑函数表达式；

3）由化简后的逻辑表达式列出真值表；

4）根据真值表确定电路的逻辑功能。

例1 分析图10-23所示电路的逻辑功能。

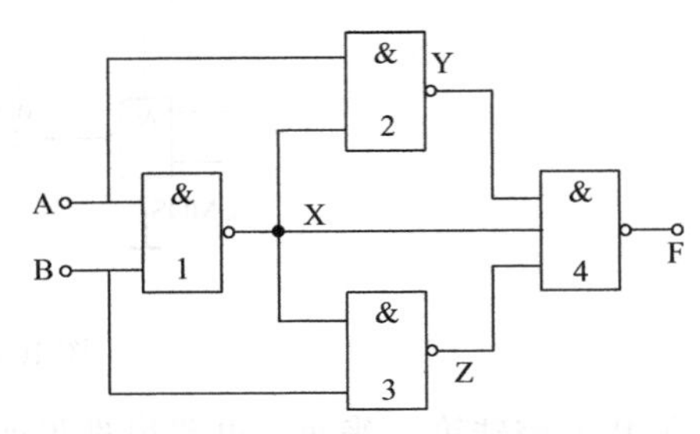

图10-23 举例的逻辑图

解 1）由逻辑图写出逻辑函数表达式。

门1：$X=\overline{AB}$

门2：$Y=\overline{A\cdot X}=\overline{A\cdot\overline{AB}}$

门3：$Z=\overline{B\cdot X}=\overline{B\cdot\overline{AB}}$

门4：$F=\overline{X\cdot Y\cdot Z}=\overline{\overline{AB}\cdot\overline{A\cdot\overline{AB}}\cdot\overline{B\cdot\overline{AB}}}$

2）对逻辑函数表达式F进行化简。

$$F=\overline{\overline{AB}\cdot\overline{A\cdot\overline{AB}}\cdot\overline{B\cdot\overline{AB}}}$$

$$=\overline{\overline{AB}}+\overline{\overline{A\cdot\overline{AB}}}+\overline{\overline{B\cdot\overline{AB}}}$$

$$=AB+A\cdot\overline{AB}+B\cdot\overline{AB}$$

$$=AB+A\ (\overline{A}+\overline{B})+B(\overline{A}+\overline{B})$$

$$=AB+A\overline{B}+\overline{A}B=A+B$$

由化简后的逻辑表达式可知，该电路能实现或逻辑功能。

10-21 怎样设计组合逻辑电路?

组合逻辑电路的设计，就是根据给定的逻辑要求，画出能够实现逻辑功能的最简单的逻辑电路。设计步骤如下：

扫一扫，看视频

1）根据给定的逻辑要求列出真值表；

2）根据真值表写出输出逻辑函数的表达式；

3）化简或变换逻辑表达式；

4）根据化简后的逻辑表达式画出逻辑电路图。

例2 试用与非门设计一个逻辑电路。A、B为输入变量，F为输出变量，当输入变量中1的个数为奇数时，F为1，否则F为0。

解 1）根据题意列出真值表，见表10-10。

2）由真值表写出逻辑表达式。

$$F=\overline{A}B+A\overline{B}$$

3）变换逻辑表达式。用与非门实现逻辑要求，可利用摩根定律将逻辑表达式进行变换，即

$$F=\overline{\overline{\overline{A}B+A\overline{B}}}=\overline{\overline{\overline{A}B}\cdot\overline{A\overline{B}}}$$

4）画出逻辑电路图，逻辑电路如图 10-24 所示。

表 10-10　举例的真值表

输入		输出
A	B	F
0	0	0
0	1	1
1	0	1
1	1	0

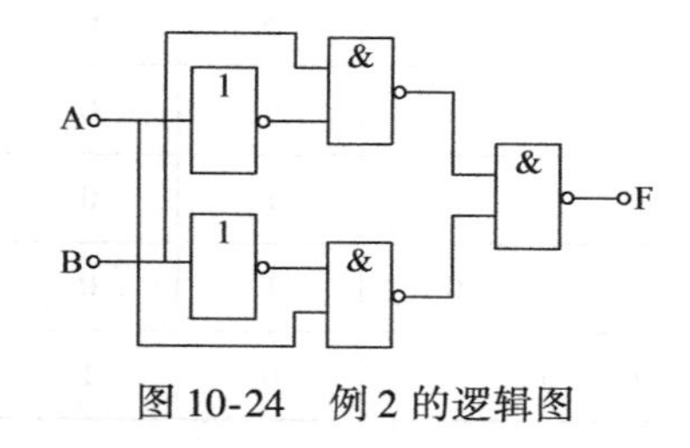

图 10-24　例 2 的逻辑图

该电路称作位奇数校验器。就其逻辑功能来讲，当 A、B 状态相同时，输出 F 为 0；当 A、B 状态相异时，输出 F 为 1。这种逻辑关系称作异或逻辑，其表达式为

$$F=\overline{A}B+A\overline{B}=A\oplus B$$

实现异或逻辑功能的电路称为异或门电路，用图 10-25 所示的逻辑符号表示。

将异或逻辑取反得 $F=\overline{A\oplus B}=AB+\overline{A}\,\overline{B}$，称作同或逻辑。实现同或逻辑的电路称为同或门，其逻辑符号如图 10-26 所示。

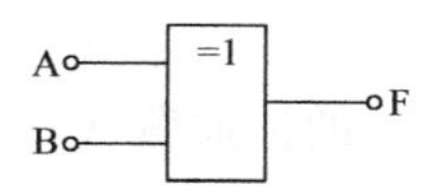

图 10-25　异或门逻辑符号

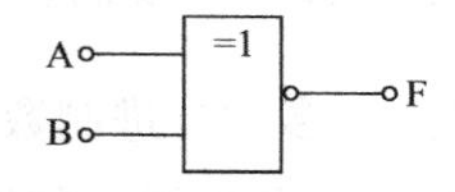

图 10-26　同或门逻辑符号

图 10-27 所示为集成 4 异或门 74LS136 的引脚排列图。图 10-28 所示为集成 4 异或（同或）门 74LS135 的引脚排列图，当 C 为低电平 0 时，Y 与 A、B 间为异或逻辑关系；当 C 为高电平 1 时，Y 与 A、B 间为同或逻辑关系。

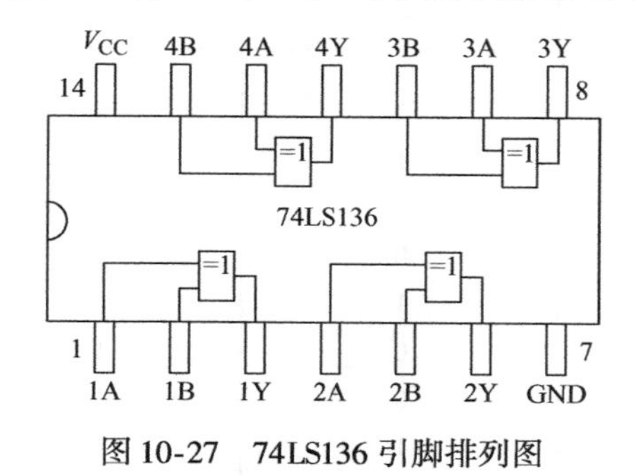

图 10-27　74LS136 引脚排列图

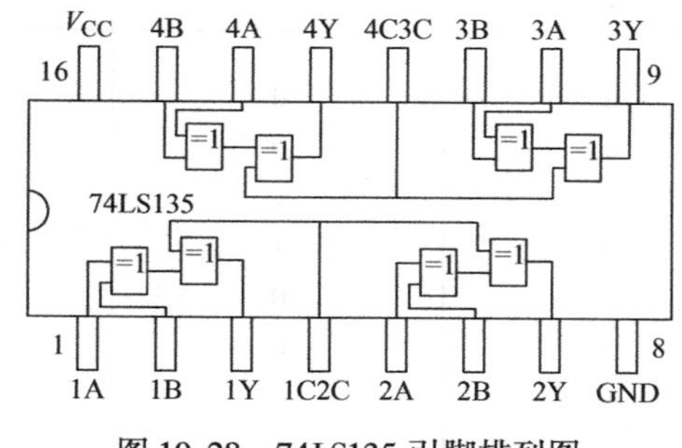

图 10-28　74LS135 引脚排列图

10-22　半加器是如何组成的？

算术运算电路是计算机中不可缺少的单元电路，最常用的是加法器。加法器按功能又可

分为半加器和全加器。

不考虑来自低位进位的两个1位二进制数的相加为半加，实现半加运算的电路称为半加器。

根据二进制数相加的运算规律可得半加器的真值表，见表10-11。其中A、B为被加数和加数，S为本位和，C为进位数。

表10-11 半加器真值表

A	B	S	C
0	0	0	0
0	1	1	0
1	0	1	0
1	1	0	1

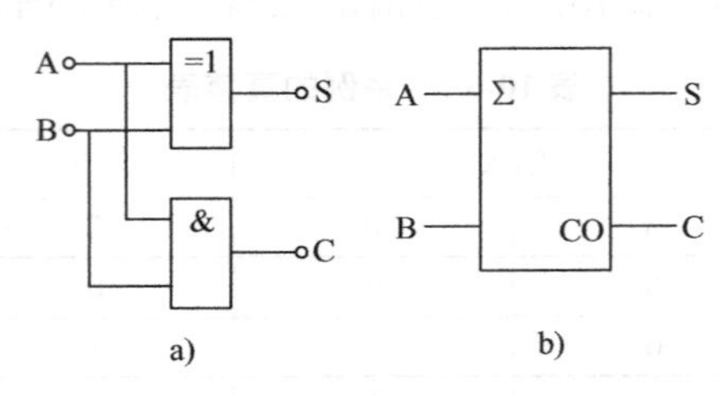

图10-29 半加器逻辑电路及符号
a）逻辑电路 b）逻辑符号

扫一扫，看视频

由真值表可得半加和S与进位C的逻辑表达式为

$$S = A\overline{B} + \overline{A}B = A \oplus B$$

$$C = AB$$

由上式可知，半加器可由一个异或门和一个与门来实现，其逻辑电路和符号如图10-29所示。

10-23 全加器是如何组成的？

所谓全加是指两个多位二进制数做加法运算时，第n位的被加数A_n、加数B_n以及来自相邻低位的进位C_{n-1}三者相加，其结果得到本位和S_n以及向相邻高位的进位数C_n的运算。实现全加运算的逻辑电路叫全加器，全加器的真值表见表10-12。

表10-12 全加器真值表

输入			输出	
A_n	B_n	C_{n-1}	S_n	C_n
0	0	0	0	0
0	0	1	1	0
0	1	0	1	0
0	1	1	0	1
1	0	0	1	0
1	0	1	0	1
1	1	0	0	1
1	1	1	1	1

根据真值表可写出和数S_n和进位C_n的逻辑表达式。

$$S_n = \overline{A}_n\overline{B}_nC_{n-1} + \overline{A}_nB_n\overline{C}_{n-1} + A_n\overline{B}_n\overline{C}_{n-1} + A_nB_nC_{n-1}$$

$$
\begin{aligned}
&= (\overline{A}_n B_n + A_n \overline{B}_n)\overline{C}_{n-1} + (\overline{A}_n \overline{B}_n + A_n B_n) C_{n-1} \\
&= (A_n \oplus B_n)\overline{C}_{n-1} + (\overline{A_n \oplus B_n}) C_{n-1} \\
&= A_n \oplus B_n \oplus C_{n-1}
\end{aligned}
$$

$$
\begin{aligned}
C_n &= \overline{A}_n B_n C_{n-1} + A_n \overline{B}_n C_{n-1} + A_n B_n \overline{C}_{n-1} + A_n B_n C_{n-1} \\
&= (\overline{A}_n B_n + A_n \overline{B}_n) C_{n-1} + A_n B_n (\overline{C}_{n-1} + C_{n-1}) \\
&= (A_n \oplus B_n) C_{n-1} + A_n B_n
\end{aligned}
$$

由上式可知，全加器可由两个半加器和一个或门组成，其逻辑电路和符号如图 10-30 所示。

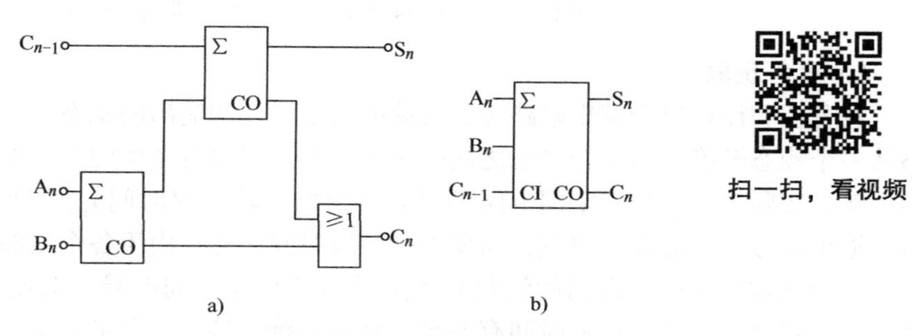

图 10-30　全加器逻辑电路及符号

a）逻辑电路　b）逻辑符号

10-24　多位加法器是怎样工作的？

要实现两个多位二进制数的加法运算，需要多个全加器（最低位可用半加器）。图 10-31 所示为一个 4 位串行进位加法器的逻辑电路，它是由 4 个全加器组成的，低位全加器的进位输出 CO 接到高位的进位输入 CI，任一位的加法运算必须在低一位的运算完成之后才能进行，故称为串行进位。实际应用中，该电路可选用两片 74LS183 或一片 74LS283 集成全加器芯片来完成。74LS183 为 2 位二进制全加器，74LS283 为 4 位二进制全加器。图 10-32 所示为用两片 74LS183 组成的 4 位二进制加法器。

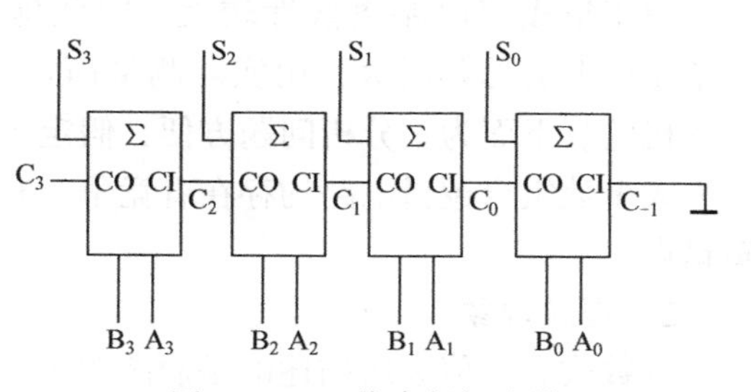

图 10-31　4 位串行加法器

10-25　什么是竞争–冒险现象？

实际上，组合逻辑电路工作时，从信号输入到稳定输出需要一定时间，信号发生变化时也有一定的上升时间或下降时间。因此，同一个门的一组输入信号，由于它们在此前通过不同数目的门，而且经过不同长度的导线的传输，所以到达门输入端的时间有先有后，这种现象称为竞争。逻辑门因输入端的竞争而导致产生不应有的尖峰干扰脉冲的现象称为冒险。组合逻辑电路中的竞争–冒险现象是一个在实际应用时不容忽视的重要问题。

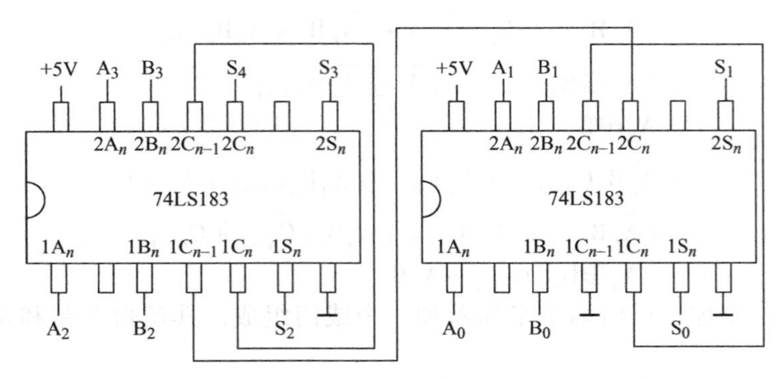

图 10-32　两片 74LS183 组成 4 位二进制加法器

1. 竞争现象

在分析和设计组合逻辑电路时，讨论的只是输入和输出的稳态关系，而没有涉及逻辑电路从一个稳态转换到另一个稳态之间的过渡过程，即没有考虑门电路的延迟时间对电路产生的影响。实际上，任何一个门电路都具有一定的传输延迟时间 t_{pd}，即当输入信号发生突变时，输出信号不可能跟着突变，而要滞后一段时间变化。由于各个门的传输时间差异，或者输入信号通过的路径（即门的级数）不同造成的传输时间差异，会使一个或几个输入信号经不同的路径到达同一点的时间有差异。犹如赛跑，各个运动员到达终点的时间会有先后一样，这种现象称为竞争。

如图 10-33 所示，变量 A 有两条路径：一条通过门 1、门 2 到达门 4；另一条通过门 3 到达门 4。故变量 A 具有竞争能力，而 B、C 仅有一条路径到达门 4，称为无竞争能力变量。

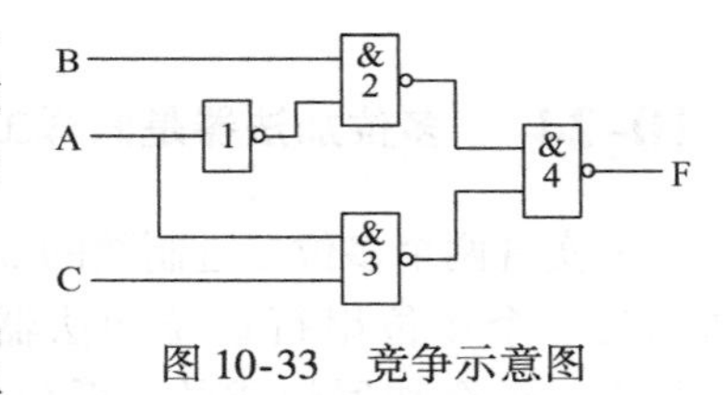

图 10-33　竞争示意图

由于集成门电路离散性较大，因此延迟时间也不同。哪条路径上的总延时大，由实际测量而定，因此竞争结果是随机的。下面为了分析问题方便，假定每个门的延时均相同。

大多数组合逻辑电路均存在着竞争，有的竞争不会带来不良影响，有的竞争却会导致逻辑错误。

2. 冒险现象

函数式和真值表所描述的是静态逻辑关系，而竞争则发生在从一种稳态变到另一种稳态的过程中。因此，竞争是动态问题，它发生在输入变量变化时。

当某个变量发生变化时，如果真值表所描述的关系受到短暂的破坏并在输出端出现不应有的尖脉冲，则称这种情况为冒险现象。当暂态结束后，真值表的逻辑关系又得到满足。尖脉冲对有的系统（如时序系统的触发器）是危险的，将产生误动作。

根据出现的尖脉冲的极性，冒险又可分为偏 1 冒险和偏 0 冒险。

（1）偏 1 冒险（输出负脉冲）　在图 10-34 中，$F = AC + \overline{A}B$，若输入变量 $B = C = 1$，则有 $F = A + \overline{A}$。在静态时，不论 A 取何值，F 恒为 1；但是当 A 变化时，由于各条路径的时延不同，将会出现如图 10-34 所示的情况。图中 t_{pd} 是各个门的平均传输延迟时间，由图可见，当变量 A 由高电平突变到低电平时，输出将产生一个偏 1 的负脉冲，宽度只有 t_{pd}，有时又称为毛刺。A 变化不一定都产生冒险，如由低变到高时，就无冒险产生。

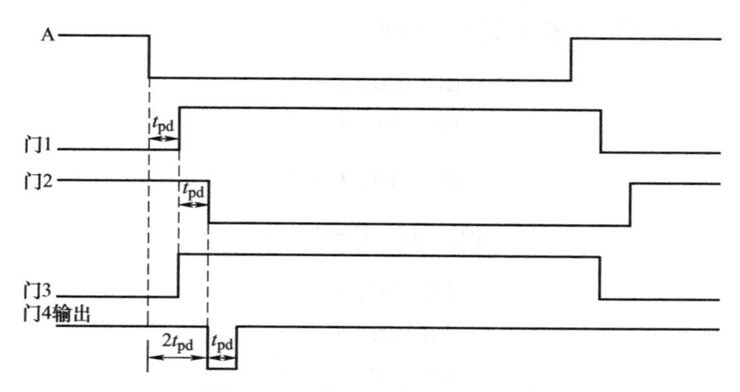

图 10-34 偏 1 冒险形成的过程

（2）偏 0 冒险（输出正脉冲） 如图 10-35 所示，$F=(A+C)(\overline{A}+B)$，当 $B=C=0$ 时，输出函数 $F=A\overline{A}$ 恒为 0，但当变量 A 由低电平变为高电平时，将产生一个宽度为 t_{pd} 的正脉冲。

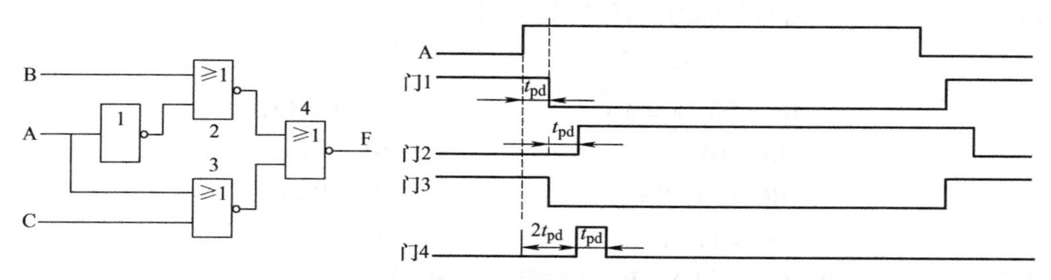

图 10-35 偏 0 冒险形成的过程

10-26 如何判别竞争-冒险现象？

在组合逻辑电路中，可通过逻辑函数来判别是否存在冒险现象。如根据逻辑电路写出的输出逻辑函数在一定条件下可简化成 $Y=A\cdot\overline{A}$ 或 $Y=A+\overline{A}$，则该组合逻辑电路存在竞争-冒险现象，典型电路如图 10-36 所示。

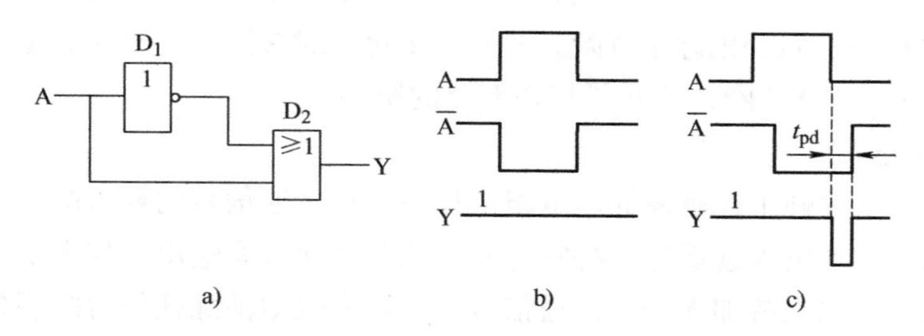

图 10-36 产生负尖峰脉冲冒险

a）逻辑图 b）理想工作波形 c）考虑门延迟时间的工作波形图

例3 判断 $F=AC+\overline{A}B+\overline{A}\overline{C}$ 是否存在冒险现象。

解 由函数可看出变量A和C具有竞争能力，且有

$$BC=00,\ F=\overline{A}$$
$$BC=01,\ F=A$$
$$BC=10,\ F=\overline{A}$$
$$BC=11,\ F=A+\overline{A}$$
$$AB=00,\ F=\overline{C}$$
$$AB=01,\ F=1$$
$$AB=10,\ F=C$$
$$AB=11,\ F=C$$

由此可看出，当BC=11时，$F=A+\overline{A}$ 将产生偏1冒险，C虽然是具有竞争的变量，但始终不会产生冒险现象。

例4 判断 $F=(A+C)(\overline{A}+B)(B+\overline{C})$ 的冒险情况。

解 变量A和C具有竞争能力，冒险判别如下：

变量A	变量C
$BC=00,\ F=A\overline{A}$	$AB=00,\ F=C\overline{C}$
$BC=01,\ F=0$	$AB=01,\ F=C$
$BC=10,\ F=A$	$AB=10,\ F=0$
$BC=11,\ F=1$	$AB=11,\ F=1$

由此可看出，当B=C=0和A=B=0时将产生偏0冒险。

10-27 消除竞争-冒险现象的方法有哪些?

在有些系统（如时序电路）中冒险现象会使系统产生误动作，所以应消除冒险现象。消除冒险常用的方法有以下几种。

1. 修改逻辑设计（增加多余项）

如前述 $F=AC+\overline{A}B$，在B=C=1时，$F=A+\overline{A}$ 将产生偏1冒险。增加多余项BC后，当B=C=1时，F恒为1，从而消除了冒险。即卡诺图化简时多圈了一个卡诺圈，如图10-37所示。相切处增加了一个BC圈，消除了相切部分的影响。

2. 增加选通电路

对输出可能产生尖峰干扰脉冲的门电路增加一个接选通信号的输入端，只有在输入信号转换完成并稳定后，才引入选通脉冲将它打开，此时才允许有输出。如图10-38所示，在组合电路输出门的一个输入端加入一个选通信号，可以有效地消除任何冒险现象。在转换过程中，当选通信号为0时，门4封闭，输出一直为1，此时电路的冒险反映不到输出端，因此，输出不会出现尖峰干扰脉冲。待电路稳定时，才让选通信号为1，使输出门输出的是稳定状态的值，即反映真值表确定的逻辑功能。

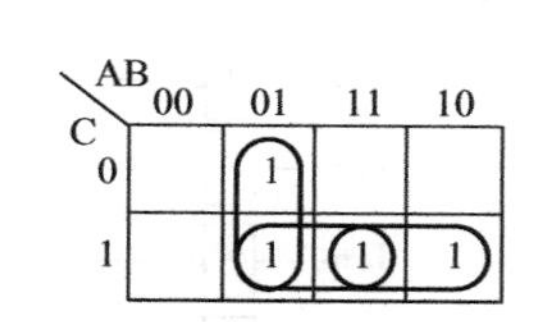

图 10-37　增加多余项消除冒险

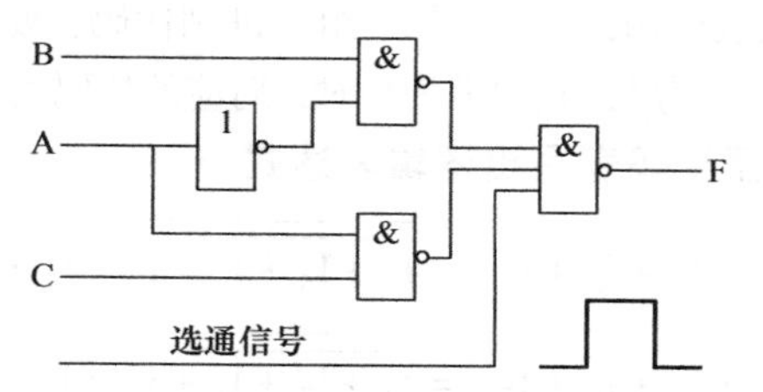

图 10-38　利用选通法消除冒险

3. 利用滤波电路

输出端接一小电容可以削弱毛刺的影响，如图 10-39 所示。由于冒险输出的毛刺脉冲十分窄，在毫微秒数量级，所以在可能产生尖峰干扰脉冲的门电路输出端与地之间接入一个容量为几十 pF 的电容就可吸收掉尖峰干扰脉冲，使之不会对时序电路产生误动作。

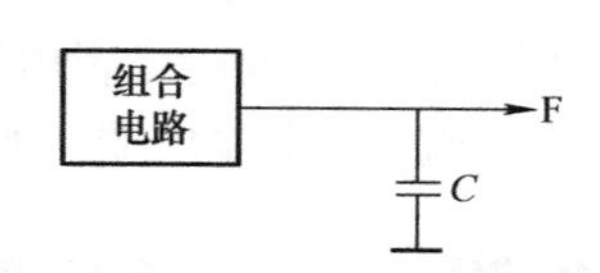

图 10-39　加小电容消除冒险

对于有些电路，虽然产生冒险脉冲，但不会导致系统产生误动作，这时可以不考虑冒险问题。

4. 加封锁脉冲

在输入信号产生竞争–冒险的时间内，引入一个脉冲将可能产生尖峰干扰脉冲的门封锁住。封锁脉冲应在输入信号转换前到来，转换结束后消失。

也可修改逻辑设计，消掉互补变量。

10-28　二进制编码器是怎样进行编码的？

将某种信号转换成二进制代码的电路称为二进制编码器。例如将 $I_0 \sim I_7$ 这 8 个输入信号进行编码，其步骤如下：

1. 确定二进制代码的位数

现有 8 个信号，应有 8 种状态来表示，根据 $2^n = 8$ 可知 $n = 3$，所以输出应为 3 位二进制代码，即输出端有 3 个。

2. 列编码表

编码表是将待编码的 8 个信号和对应的二进制代码列成表格，见表 10-13。

表 10-13　3 位二进制编码表

输入								输出		
I_0	I_1	I_2	I_3	I_4	I_5	I_6	I_7	Y_2	Y_1	Y_0
0	0	0	0	0	0	0	1	1	1	1
0	0	0	0	0	0	1	0	1	1	0
0	0	0	0	0	1	0	0	1	0	1
0	0	0	0	1	0	0	0	1	0	0
0	0	0	1	0	0	0	0	0	1	1
0	0	1	0	0	0	0	0	0	1	0
0	1	0	0	0	0	0	0	0	0	1
1	0	0	0	0	0	0	0	0	0	0

由编码表可知，对应于每一组二进制代码，要求8个输入信号中只能有一个输入为1，其他都为0。例如，I_7为1，其他都为0时，对应的代码为$Y_2Y_1Y_0=1\ 1\ 1$。

3. 根据编码表写出逻辑表达式

$$Y_2=I_4+I_5+I_6+I_7\quad=\overline{\overline{I_4+I_5+I_6+I_7}}=\overline{\bar{I}_4\cdot\bar{I}_5\cdot\bar{I}_6\cdot\bar{I}_7}$$

$$Y_1=I_2+I_3+I_6+I_7\quad=\overline{\overline{I_2+I_3+I_6+I_7}}=\overline{\bar{I}_2\cdot\bar{I}_3\cdot\bar{I}_6\cdot\bar{I}_7}$$

$$Y_0=I_1+I_3+I_5+I_7\quad=\overline{\overline{I_1+I_3+I_5+I_7}}=\overline{\bar{I}_1\cdot\bar{I}_3\cdot\bar{I}_5\cdot\bar{I}_7}$$

4. 由逻辑表达式画出逻辑电路图

用与非门构成的逻辑电路如图10-40所示。由于该电路有8个输入端，3个输出端，所以又称为8线-3线编码器。

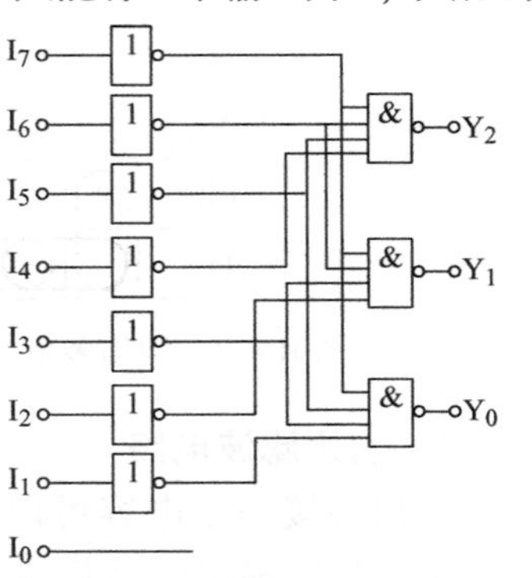

图10-40　3位二进制编码器

10-29 二-十进制编码器是怎样进行编码的？

二-十进制编码器是将十进制的10个数码0~9编成二进制代码的电路。输入是0~9的10个数码，输出是对应的二进制代码。用二进制代码表示十进制数，称为二-十进制编码，简称BCD码。

扫一扫，看视频

1. 确定二进制代码的位数

输入有10个数码，要求有10种状态，3位二进制只有8种状态，所以输出应为4位二进制代码。

2. 列编码表

4位二进制代码共有16种状态，其中任何10种状态都可用来表示0~9这10个数码。最常用的是8421编码方式，就是在4位二进制代码的16种状态中取出前10种状态，即0000~1001，去掉后6种状态。二进制代码各位的1所代表的十进制数从高位到低位依次为8、4、2、1，称之为“权”，8421码由此而得名。二进制代码各位的数码乘以该位的“权”再相加，即得出该二进制代码所表示的一位十进制数。例如0101表示十进制数的5，因为

$$0\times8+1\times4+0\times2+1\times1=5$$

二-十进制编码表见表10-14。

表10-14　8421BCD码编码表

十进制数码	输入										输出			
	S_0	S_1	S_2	S_3	S_4	S_5	S_6	S_7	S_8	S_9	D	C	B	A
0	0	1	1	1	1	1	1	1	1	1	0	0	0	0
1	1	0	1	1	1	1	1	1	1	1	0	0	0	1
2	1	1	0	1	1	1	1	1	1	1	0	0	1	0
3	1	1	1	0	1	1	1	1	1	1	0	0	1	1
4	1	1	1	1	0	1	1	1	1	1	0	1	0	0
5	1	1	1	1	1	0	1	1	1	1	0	1	0	1
6	1	1	1	1	1	1	0	1	1	1	0	1	1	0
7	1	1	1	1	1	1	1	0	1	1	0	1	1	1
8	1	1	1	1	1	1	1	1	0	1	1	0	0	0
9	1	1	1	1	1	1	1	1	1	0	1	0	0	1

3. 由编码表写出逻辑表达式

$$A=\overline{S}_1+\overline{S}_3+\overline{S}_5+\overline{S}_7+\overline{S}_9$$
$$=\overline{\overline{\overline{S}_1+\overline{S}_3+\overline{S}_5+\overline{S}_7+\overline{S}_9}}$$
$$=\overline{S_1\cdot S_3\cdot S_5\cdot S_7\cdot S_9}$$
$$B=\overline{S}_2+\overline{S}_3+\overline{S}_6+\overline{S}_7$$
$$=\overline{\overline{\overline{S}_2+\overline{S}_3+\overline{S}_6+\overline{S}_7}}$$
$$=\overline{S_2\cdot S_3\cdot S_6\cdot S_7}$$

同理得

$$C=\overline{S_4\cdot S_5\cdot S_6\cdot S_7}$$
$$D=\overline{S_8\cdot S_9}$$

4. 由逻辑表达式画出逻辑电路图

逻辑电路如图 10-41 所示。当按下某一键号时，输出便产生与该键号对应的 8421 码。例如按下 S_6，相应输入 6 为低电平 0，其余输入均为高电平 1，则输出端 D = 0，C = 1，B = 1，A = 0，即将十进制的 6 变成了二-十进制代码 0110。该电路设置了控制标志 S，S = 0 时，电路尚未处于编码状态，输出端 DCBA = 0000；S = 1 时，按下 S_0键，输出端 DCBA = 0000 是十进制 0 的二进制代码。

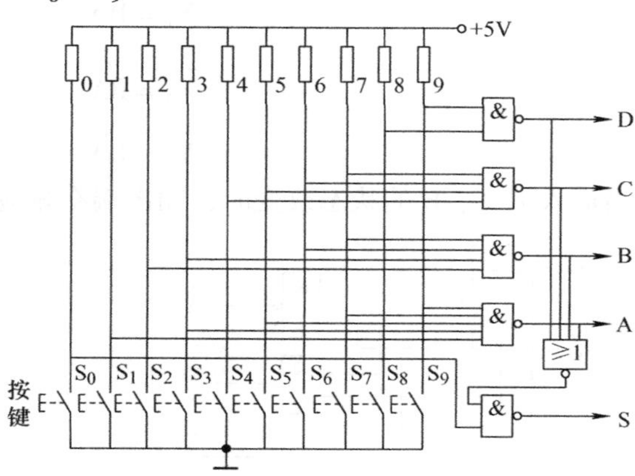

图 10-41　键控 8421BCD 码编码器

10-30 优先编码器是怎样进行编码的？

上述两种编码电路存在一定的问题，即编码器每次只允许出现一个输入信号。当同时有多个输入信号出现时，其输出是混乱的。为解决这一问题，可采用优先编码器。优先编码器允许几个信号同时输入，但电路只对其中优先级别最高的输入信号编码。4 线-2 线优先编码器的功能表见表 10-15 所示。

表 10-15　4 线-2 线优先编码器功能表

输入				输出	
I_0	I_1	I_2	I_3	Y_1	Y_0
1	0	0	0	0	0
×	1	0	0	0	1
×	×	1	0	1	0
×	×	×	1	1	1

由功能表可知，4 个输入信号的优先级别的高低次序依次为 I_3、I_2、I_1、I_0。例如当 I_3 为 1 时，无论其他 3 个输入信号是否为有效电平输入，输出均为 1。读者可根据功能表列出逻辑表达式，并画出逻辑电路图。

在实际应用中多采用集成优先编码器，常用的有 74LS147、74LS148 等。74LS147 为 10 线-4 线优先编码器，74LS148 为 8 线 -3 线优先编码器。

10-31 二进制译码器是怎样进行译码的?

图 10-42 所示电路是一个 2 位二进制译码器，其中 A、B 为输入端，输入 2 位二进制代码，$\overline{Y_0}$ ~ $\overline{Y_3}$为 4 个输出信号，所以又称为 2 线 -4 线译码器。其逻辑表达式为

$$\overline{Y_0}=\overline{\overline{B}\,\overline{A}}$$

$$\overline{Y_1}=\overline{\overline{B}A}$$

$$\overline{Y_2}=\overline{B\overline{A}}$$

$$\overline{Y_3}=\overline{BA}$$

扫一扫，看视频

当输入端 A、B 的状态改变时，输出端有相应的信号输出，其真值表见表 10-16。

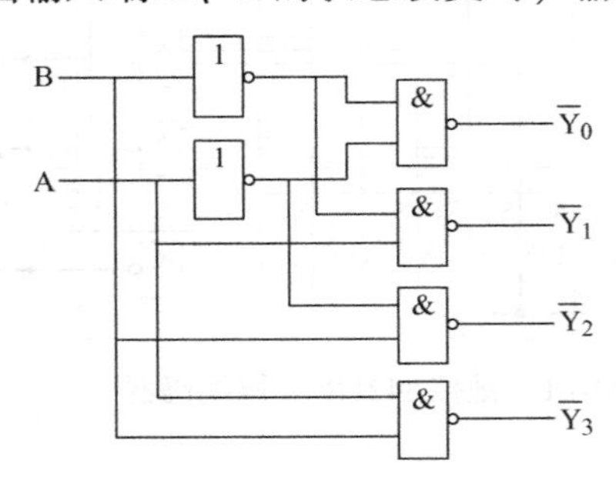

图 10-42 2 线-4 线译码器

表 10-16 2 线-4 线译码器真值表

输入		输出			
B	A	$\overline{Y_3}$	$\overline{Y_2}$	$\overline{Y_1}$	$\overline{Y_0}$
0	0	1	1	1	0
0	1	1	1	0	1
1	0	1	0	1	1
1	1	0	1	1	1

由真值表可看出，对应任何一组代码的输入，都只能有一条相应的输出线有信号输出，在该电路中为低电平 0，而其他输出端均为高电平 1，实现了把输入代码译成特定信号的功能。

常用的集成二进制译码器种类很多，如 74LS139、74LS138 等。74LS139 为双 2 线 -4 线译码器，74LS138 为 3 线 -8 线译码器。图 10-43 所示为 74LS138 的引脚排列图，它具有三个控制端 G_1、$\overline{G_{2A}}$和$\overline{G_{2B}}$。当 $G_1=0$ 或$\overline{G_{2A}}+\overline{G_{2B}}=1$ 时，不论其他输入端为何状态，输出端 $\overline{Y_0}$ ~ $\overline{Y_7}$均为高电平 1，即禁止译码。只有当 $G_1=1$ 且$\overline{G_{2A}}=\overline{G_{2B}}=0$ 时，才允许译码，译码器输出低电平有效，如当 $A_2A_1A_0=1\ 0\ 1$ 时，$\overline{Y_5}=0$，其他输出端均为高电平 1。

10-32 二-十进制译码器是怎样进行译码的?

图 10-44 所示为集成电路二-十进制译码器 74LS 42 的引脚排列图。该电路有 4 个输入端 A_0 ~ A_3，10 个输出端 $\overline{Y_0}$ ~ $\overline{Y_9}$，所以又称为 4 线- 10 线译码器，其逻辑功能见表 10-17。

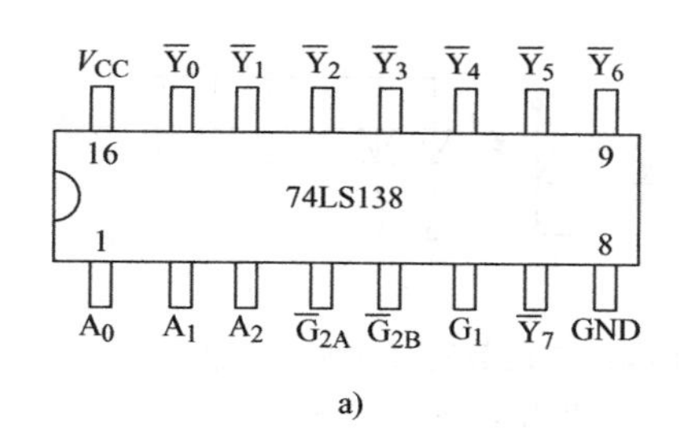

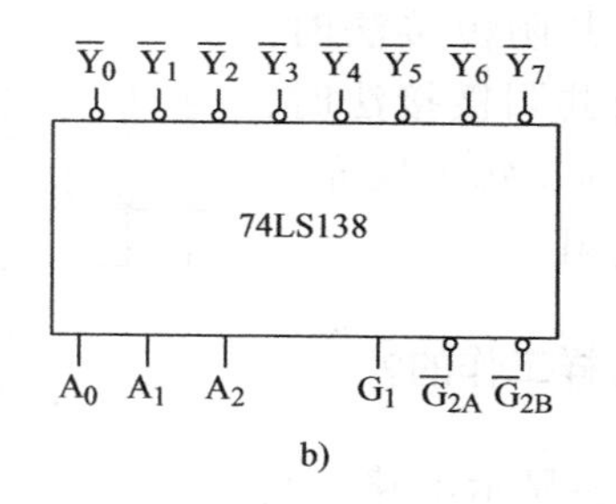

图 10-43　74LS138 译码器
a）引脚排列图　b）逻辑符号图

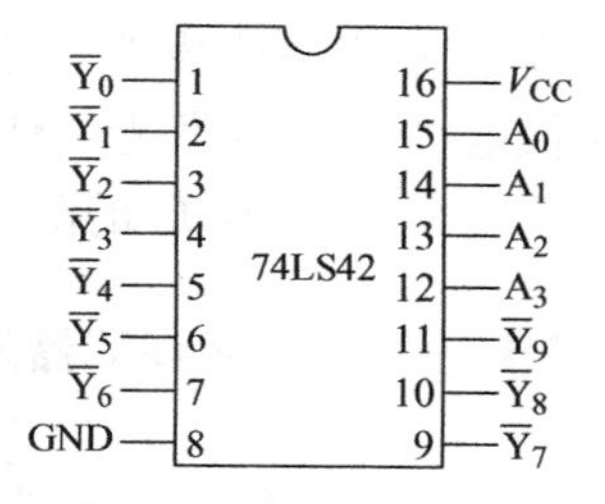

图 10-44　74LS42 二-十进制译码器

表 10-17　74LS42 二-十进制译码器功能表

输入				输出									
A_3	A_2	A_1	A_0	$\overline{Y_9}$	$\overline{Y_8}$	$\overline{Y_7}$	$\overline{Y_6}$	$\overline{Y_5}$	$\overline{Y_4}$	$\overline{Y_3}$	$\overline{Y_2}$	$\overline{Y_1}$	$\overline{Y_0}$
0	0	0	0	1	1	1	1	1	1	1	1	1	0
0	0	0	1	1	1	1	1	1	1	1	1	0	1
0	0	1	0	1	1	1	1	1	1	1	0	1	1
0	0	1	1	1	1	1	1	1	1	0	1	1	1
0	1	0	0	1	1	1	1	1	0	1	1	1	1
0	1	0	1	1	1	1	1	0	1	1	1	1	1
0	1	1	0	1	1	1	0	1	1	1	1	1	1
0	1	1	1	1	1	0	1	1	1	1	1	1	1
1	0	0	0	1	0	1	1	1	1	1	1	1	1
1	0	0	1	0	1	1	1	1	1	1	1	1	1

由表可知，当 $A_3A_2A_1A_0=0000$ 时，$\overline{\overline{Y_0}}=\overline{A_3}\,\overline{A_2}\,\overline{A_1}\,\overline{A_0}$，即 $\overline{Y_0}=\overline{\overline{A_3}\,\overline{A_2}\,\overline{A_1}\,\overline{A_0}}=0$，它对应的十进制数为 0，其余输出依次类推。

10-33　常见的显示器件有哪些？

常用的显示器件有半导体数码管、液晶数码管和荧光数码管等。这里仅介绍半导体数码管。

半导体数码管也称为 LED 数码管，其基本结构是 PN 结。制造 PN 结的半导体材料是磷砷化镓、磷化镓等。当 PN 结外加正向电压时，就能发出清晰的光线。单个 PN 结可以封装成发光二极管，多个 PN 结可按分段封装成半导体数码管，如图 10-45 所示。发光二极管的工作电压为 1.5～3V，工作电流为几 mA 至十几 mA。半导体数码管将十进制数码分成 7 段，又称为 7 段数码管，选择不同的字段发光，可显示 0～9 不同的字形。

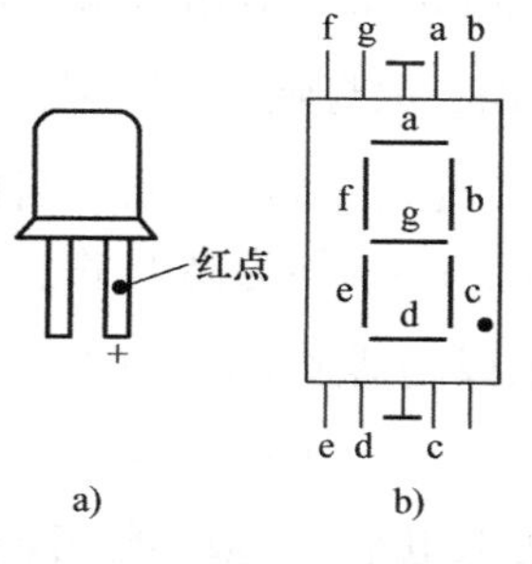

图 10-45　半导体显示器
a）发光二极管　b）数码管

半导体数码管中，7 个发光二极管有共阴极和共阳极两种接法，如图 10-46 所示。采用共阴极接法时，接高电平的字段发光；采用共阳极接法时，接低电平的字段发光。使用时，每个发光二极管要串联约 100Ω 的限流电阻。

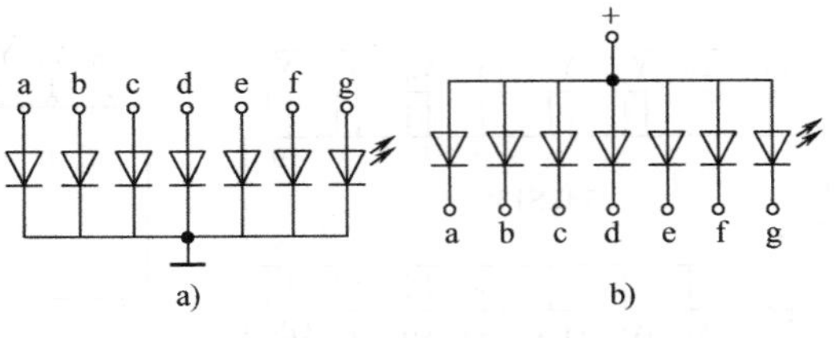

图 10-46　7 段数码管的两种接法
a）共阴极　b）共阳极

10-34　显示译码器是怎样工作的？

常见的显示译码器是数字显示电路，它由译码器、驱动器和显示器等部分组成。显示译码器种类很多。7 段显示译码器是把 BCD 代码译成驱动 7 段数码管的信号，从而显示出相应的十进制数码，其真值表见表 10-18。

表 10-18　7 段显示译码器真值表

输入				输出							显示数字
A_3	A_2	A_1	A_0	a	b	c	d	e	f	g	
0	0	0	0	1	1	1	1	1	1	0	0
0	0	0	1	0	1	1	0	0	0	0	1
0	0	1	0	1	1	0	1	1	0	1	2
0	0	1	1	1	1	1	1	0	0	1	3
0	1	0	0	0	1	1	0	0	1	1	4
0	1	0	1	1	0	1	1	0	1	1	5
0	1	1	0	1	0	1	1	1	1	1	6
0	1	1	1	1	1	1	0	0	0	0	7
1	0	0	0	1	1	1	1	1	1	1	8
1	0	0	1	1	1	1	1	0	1	1	9

由真值表可知，该译码器输出为高电平有效，应与共阴极数码管配合使用。与共阳极配合使用的显示译码器，其真值表与表 10-18 所示的相反，即将输出状态中的 1 和 0 对换。

10-35　74LS48 显示译码器有哪些辅助控制端？

集成电路 74LS48 是输出高电平有效的 7 段显示译码器，其引脚排列如图 10-47 所示。该电路除基本输入端和输出端外，还有三个辅助控制端，即试灯输入端$\overline{LT}$，灭零输入端$\overline{RBI}$，灭灯输入/灭零输出端$\overline{BI}/\overline{RBO}$。$\overline{BI}/\overline{RBO}$既可以作为输入用，也可以作为输出用。

（1）试灯功能　当$\overline{LT}=0$，$\overline{BI}/\overline{RBO}$作为输出端且$\overline{RBO}=1$ 时，无论其他输入端为何状态，a～g 均为高电平 1，所有段全亮，显示十进制数字 8。该输入端常用于检查 74LS48 显示译码器及数码管的好坏。$\overline{LT}=1$ 时，方可进行译码显示。

（2）灭灯功能　$\overline{BI}/\overline{RBO}$作为输入端，且$\overline{BI}=0$ 时，无论其他输入端为何状态，a～g 均为低电平 0，数码管各段均熄灭。

（3）灭零功能　$\overline{BI}/\overline{RBO}$作为输出端，且$\overline{BI}=1$，$\overline{RBI}=0$ 时，若 $A_3A_2A_1A_0=0\,0\,0\,0$，则 a～g 均为低电平 0，实现灭零功能。与此同时，$\overline{BI}/\overline{RBO}$输出低电平 0，表示译码器处于灭零

状态。而对于非 0000 状态的数码输入，则照常显示，$\overline{BI}/\overline{RBO}$输出高电平。

$\overline{RBO}$和$\overline{RBI}$配合使用，可实现无意义位的消隐。例如 5 位数显示器显示数为“03. 150”，将无意义位的 0 消隐后，则显示“3. 15”。

译码显示器 74LS48 与共阴极半导体数码管的连接示意图如图 10-48 所示。

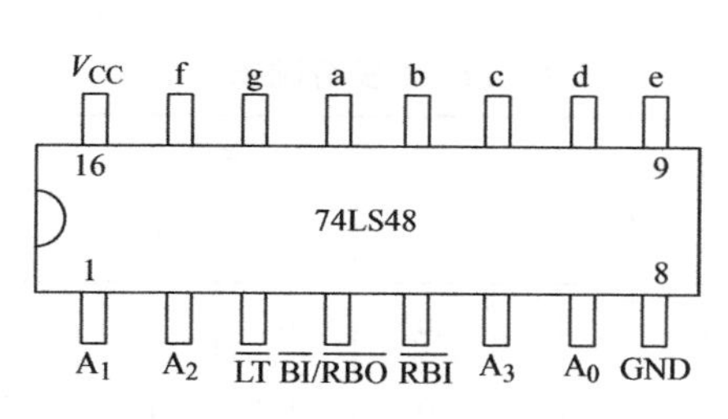

图 10-47　74LS48 引脚排列图

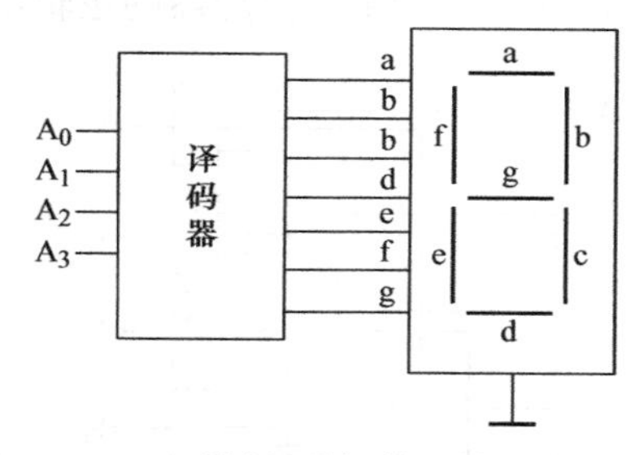

图 10-48　显示译码器与数码管连接示意图

10-36　数据选择器是怎样工作的？

数据选择器的功能是从多个数据输入端中，按要求选择其中一个输入端的数据传送到公共传输线上。

扫一扫，看视频

图 10-49 所示为 4 选 1 数据选择器的逻辑电路。$D_0 \sim D_3$为 4 路输入数据，Y 为 1 路数据输出端。A_1、A_0为控制数据传送的地址输入信号，其状态决定了输出与哪一路输入数据相连，其真值表见表 10-19。

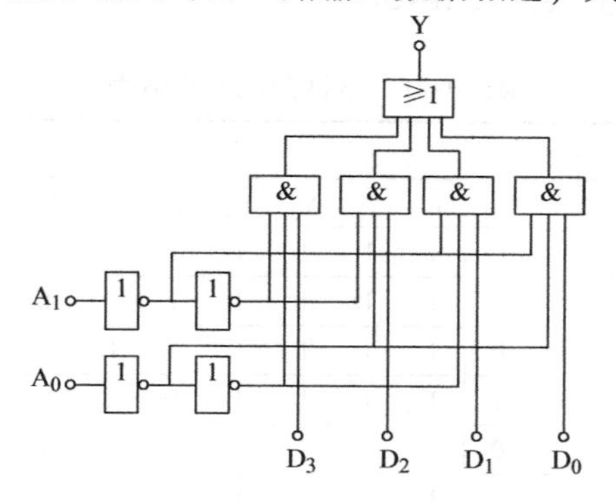

图 10-49　数据选择器

表 10-19　数据选择器真值表

输入		输出
A_1	A_0	Y
0	0	D_0
0	1	D_1
1	0	D_2
1	1	D_3

根据逻辑图可写出其逻辑表达式为

$$Y = \overline{A}_1\overline{A}_0D_0 + \overline{A}_1A_0D_1 + A_1\overline{A}_0D_2 + A_1A_2D_3$$

由上式可知，对于 A_1、A_0的不同取值，Y 只能等于 $D_0 \sim D_3$中唯一的一个。

在实际应用中，可选用集成数据选择器。如 CD4529 为双 4 选 1 数据选择器，74LS151 为 8 选 1 数据选择器。

数据选择器除了能在多路数据中选择一路数据输出外，还能有效地实现组合逻辑函数，即构成逻辑函数发生器。

10-37 数据分配器是怎样工作的？

数据分配器的功能与数据选择器相反，它是将一路输入数据按需要分配给某一对应的输出端。

扫一扫，看视频

图 10-50 所示为 1-4 分配器的逻辑电路图，其真值表见表 10-20。

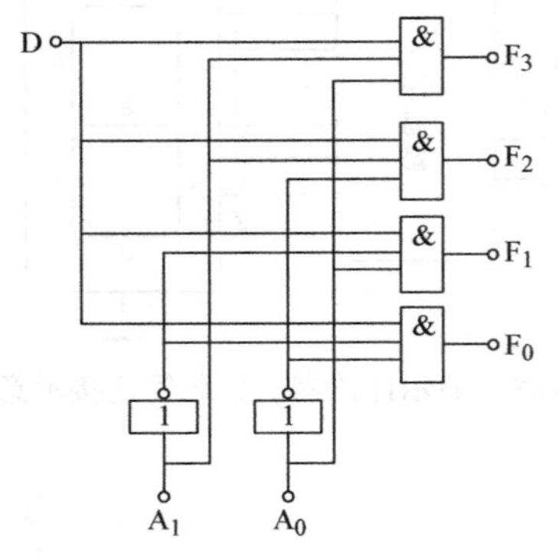

图 10-50 数据分配器

表 10-20 数据分配器真值表

输入		输出			
A_1	A_0	F_3	F_2	F_1	F_0
0	0	0	0	0	D
0	1	0	0	D	0
1	0	0	D	0	0
1	1	D	0	0	0

在实际应用中，并没有专门的集成电路数据分配器，数据分配器是译码器的一种特殊应用。作为数据分配器使用的译码器必须具有使能端，其使能端作为数据输入端使用，译码器的输入端作为地址输入端，其输出端则作为数据分配器的输出端。例如用 3 线-8 线译码器 74LS138 构成的 1－8 分配器如图 10-51 所示，其真值表见表 10-21。

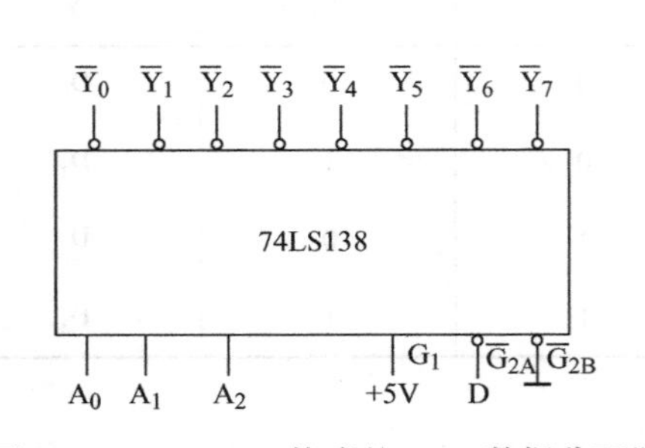

图 10-51 74LS138 构成的 1－8 数据分配器

表 10-21 数据分配器真值表

输入			输出							
A_2	A_1	A_0	$\overline{Y}_7$	$\overline{Y}_6$	$\overline{Y}_5$	$\overline{Y}_4$	$\overline{Y}_3$	$\overline{Y}_2$	$\overline{Y}_1$	$\overline{Y}_0$
0	0	0	1	1	1	1	1	1	1	D
0	0	1	1	1	1	1	1	1	D	1
0	1	0	1	1	1	1	1	D	1	1
0	1	1	1	1	1	1	D	1	1	1
1	0	0	1	1	1	D	1	1	1	1
1	0	1	1	1	D	1	1	1	1	1
1	1	0	1	D	1	1	1	1	1	1
1	1	1	D	1	1	1	1	1	1	1

10-38 数值比较器是怎样工作的？

1 位数值比较器是组成多位数值比较器的基础，掌握 1 位数值比较器的原理对熟悉多位数值比较器的工作原理是很有帮助的。

扫一扫，看视频

例 5 试设计一个 1 位二进制数的数值比较器。

解 1）分析设计要求，列出功能表。

设输入的两个1位二进制数为A、B，输出比较的结果有以下三种情况：A > B，A = B，A < B。比较结果分别用Y(A > B)，Y(A = B)，Y(A < B) 表示。设A > B时，Y(A > B) = 1；A = B时，Y(A = B) = 1；A < B时，Y(A < B) = 1。由此可列出表10-22所示的1位数值比较器的功能表。

表10-22　1位数值比较器的功能表

输入		输出		
A	B	Y(A > B)	Y(A = B)	Y(A < B)
0	0	0	1	0
0	1	0	0	1
1	0	1	0	0
1	1	0	1	0

2）根据功能表写出输出逻辑函数表达式。

$$\begin{cases} Y(A>B) = A\overline{B} \\ Y(A=B) = \overline{A}\,\overline{B} + AB = A\odot B = \overline{\overline{A}B + A\overline{B}} \\ Y(A<B) = \overline{A}B \end{cases}$$

3）画出逻辑图。根据上式根据式可画出图10-52所示的1位数值比较器。

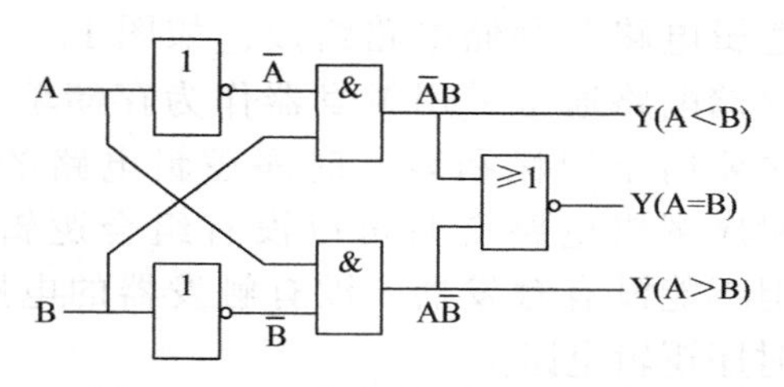

图10-52　1位数值比较器的逻辑图

第11章 触发器与时序逻辑电路

时序逻辑电路又称时序电路，它由组合逻辑电路和存储电路组成，如图 11-1 所示。存储电路通常采用触发器作为存储单元，它主要用于记忆和表示时序逻辑电路的状态。时序逻辑电路有时可以没有组合逻辑电路，但不能没有触发器。没有触发器的电路不是时序逻辑电路。

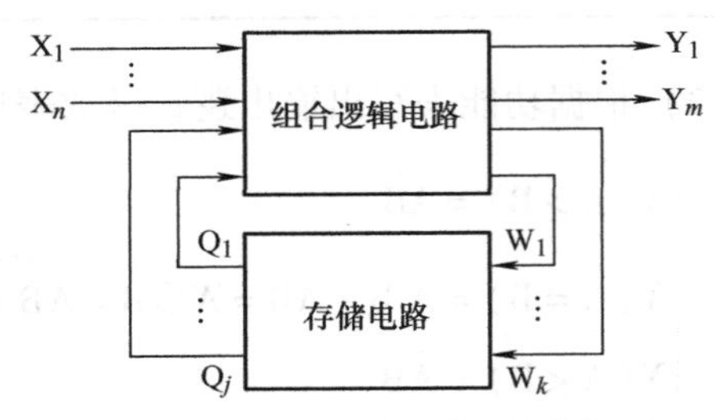

图 11-1　时序逻辑电路的结构框图

11-1　什么是时序逻辑电路？

时序逻辑电路与组合逻辑电路不同，它在任何时刻的输出状态不仅与该时刻输入信号的状态有关，而且还与输入信号作用前的输出状态有关。时序逻辑电路由门电路和具有记忆功能的触发器组成。常用的时序逻辑电路有寄存器、计数器等。

11-2　什么是触发器？

触发器是由门电路构成的单元电路，它可以接收、存储并输出二进制信息 0 和 1。触发器按其输出端的工作状态可分为双稳态触发器、单稳态触发器和无稳态触发器。双稳态触发器具有两个稳定状态，在触发信号作用下，两个稳定状态可以相互转换，亦称翻转。当触发信号消失后，电路将建立的稳定状态保存下来。根据触发器电路结构的不同，可分为基本R-S 触发器、同步触发器、主从触发器等。

扫一扫，看视频

11-3　基本 R-S 触发器是如何工作的？

由两个与非门交叉连接组成的基本 R-S 触发器及其逻辑符号如图 11-2 所示。$\overline{S}_D$、$\overline{R}_D$ 是两个信号输入端，Q、$\overline{Q}$ 为两个互补的信号输出端，通常规定以 Q 端

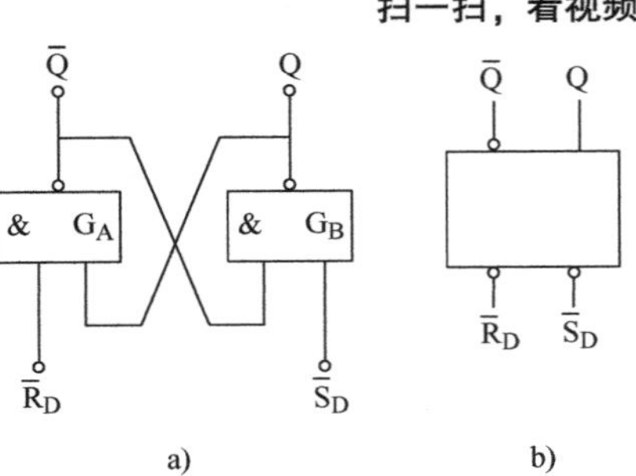

图 11-2　基本 R-S 触发器
a）电路图　b）逻辑符号

的状态表示触发器的状态。

基本 R-S 触发器输出与输入之间的逻辑关系可用逻辑状态表来表示。为了表达清楚，规定触发器在接收触发信号之前的原稳定状态称为初态或现态，用 Q^n 表示；触发器在接收触发信号后建立的新的稳定状态叫次态，用 Q^{n+1} 表示。由上述可知，基本 R－S 触发器的状态是由触发信号和初态 Q^n 的取值情况所决定的，其状态表见表 11-1。

由状态表可得出基本 R－S 触发器的特性方程为

$$Q^{n+1}=\overline{S}_D+R_DQ^n$$

$$\overline{S}_D+\overline{R}_D=1\text{（约束条件）}$$

图 11-3 所示为基本 R－S 触发器的工作波形。

表 11-1　基本 R－S 触发器状态表

$\overline{S}_D$	$\overline{R}_D$	Q^n	Q^{n+1}	功能
0	0	0	不确定	不允许
0	0	1		
0	1	0	1	置 1
0	1	1	1	
1	0	0	0	复 0
1	0	1	0	
1	1	0	0	不变
1	1	1	1	

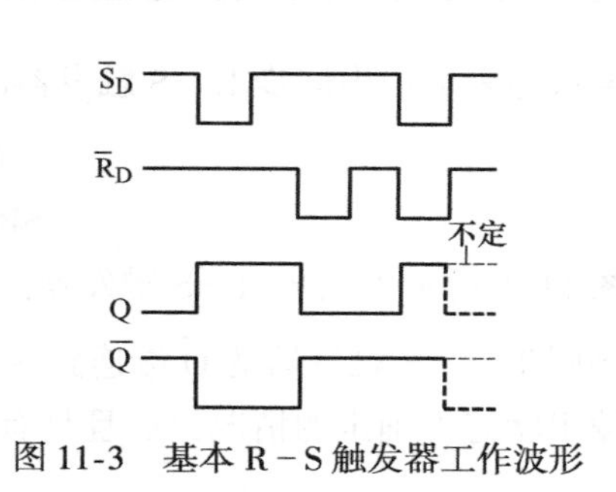

图 11-3　基本 R－S 触发器工作波形

11-4　同步 R－S 触发器是如何工作的?

基本 R－S 触发器是由 $\overline{S}_D$、$\overline{R}_D$ 输入状态直接控制触发器的翻转，这在使用上有许多不便。在实际应用中，往往要求各触发器的翻转在时间上同步，这就需要增加一个同步控制端，只有在同步控制端信号到达时，触发器才能按输入信号改变状态。通常称同步控制信号为时钟信号，简称时钟，用 CP 表示。因此，同步触发器又称为钟控触发器。

扫一扫，看视频

图 11-4 所示为同步 R－S 触发器的逻辑电路及其逻辑符号。图中与非门 G_A、G_B 组成基本 R－S 触发器，G_C、G_D 组成输入控制门电路。S、R 为信号输入端，CP 是时钟脉冲的输入端。

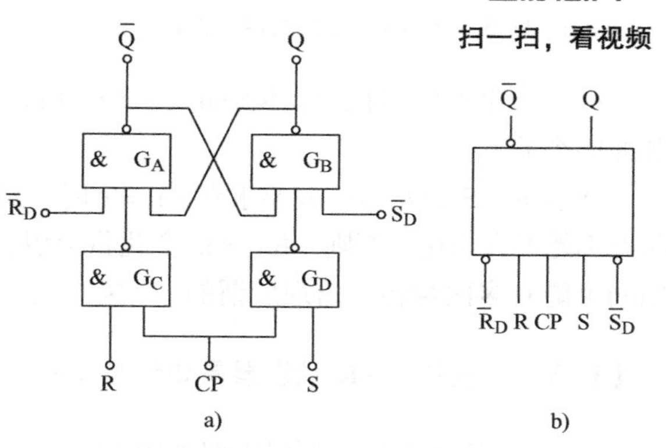

图 11-4　同步 R－S 触发器
a）电路图　b）逻辑符号

图中 $\overline{S}_D$ 端为直接置 1 端，当 $\overline{S}_D=0$ 时，不论 CP 和 S、R 为何种状态，触发器都被置 1。$\overline{R}_D$ 端为直接复 0 端，当 $\overline{R}_D=0$ 时，

触发器被直接复0。电路工作前，可通过$\overline{S}_D$或$\overline{R}_D$使触发器置1或复0。初始状态预置后，$\overline{S}_D$、$\overline{R}_D$均应处于高电平。

同步R－S触发器的状态表见表11-2。

表11-2　同步R－S触发器状态表

S	R	Q^n	Q^{n+1}	功能
0	0	0	0	状态不变
0	0	1	1	
0	1	0	0	复0
0	1	1	0	
1	0	0	1	置1
1	0	1	1	
1	1	0	不确定	不允许
1	1	1		

由状态表可得出同步R－S触发器的特性方程为

$$Q^{n+1}=S+\overline{R}Q^n$$
$$SR=0\text{（约束条件）}$$

图11-5所示为同步R－S触发器的工作波形图。

将同步R－S触发器的$\overline{Q}$端连到S端，Q端连到R端，如图11-6所示。该电路不仅避免了输出状态不确定的情况，而且具有计数功能。

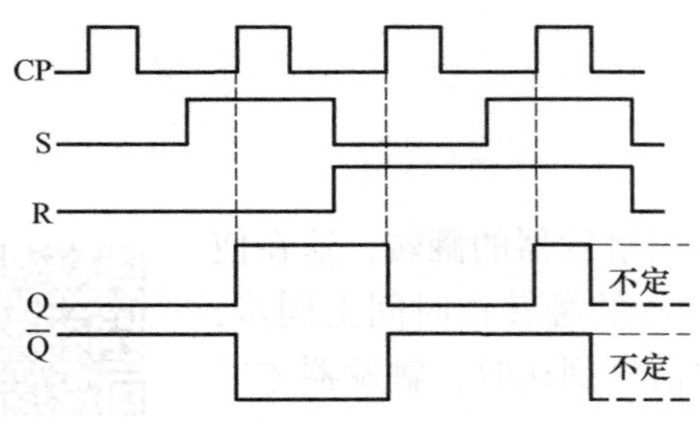

图11-5　同步R－S触发器工作波形图

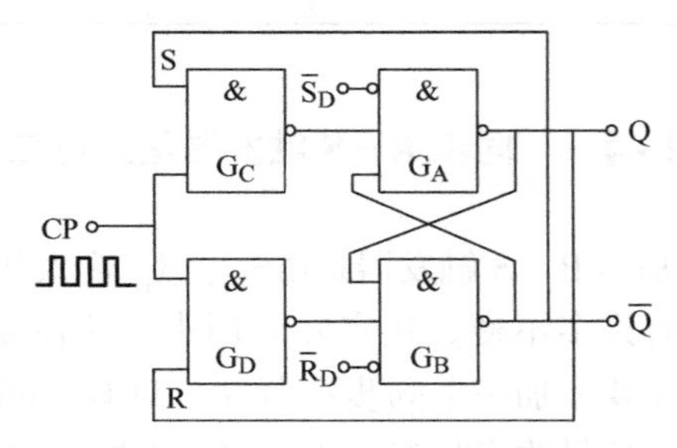

图11-6　计数式R－S触发器

由CP端输入的计数脉冲每输入一个，触发器的状态就翻转一次，翻转的次数等于计数脉冲的个数。

同步R－S触发器一般要求在CP＝1时，触发器只能翻转一次，即CP＝1期间R、S的状态不能再有变化。否则，R、S的变化将会引起触发器状态的相应变化，即触发器在CP＝1期间可能有多次翻转，出现所谓的“空翻”现象，从而失去同步的意义。

11-5　主从J－K触发器是如何工作的？

主从J－K触发器的逻辑电路如图11-7所示，它由两个同步R－S触发器组成。

由电路可看出，当时钟脉冲上升沿到来时，由于CP＝1，故主触发器接收输入信号，其

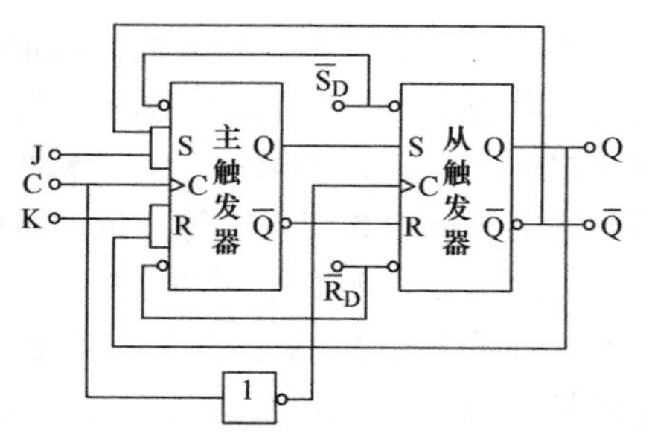

图 11-7　主从 J - K 触发器电路图

输出状态由 J、K、Q、$\overline{Q}$ 决定；与此同时，由于从触发器的时钟信号 $\overline{CP}=0$，所以不接收信号，其输出状态不变。当时钟脉冲下降沿到来时，由于 CP = 0，故主触发器不接收输入信号，其输出状态保持 CP = 1 时的状态不变，而从触发器则接收来自主触发器的输出信号，其输出状态由主触发器的状态决定。可见，主从 J - K 触发器的工作过程是分两步进行的，在 CP 脉冲的上升沿，主触发器接收输入信号，在 CP 脉冲的下降沿，从触发器输出相应的状态。每输入一个时钟脉冲，触发器只能翻转一次，从而避免了“空翻”现象。

扫一扫，看视频

J - K 触发器的逻辑状态表见表 11-3。

表 11-3　J - K 触发器状态表

J	K	Q^n	Q^{n+1}	功能
0 0	0 0	0 1	0 1 } Q^n	记忆
0 0	1 1	0 1	0 0 } 0	复 0
1 1	0 0	0 1	1 1 } 1	置 1
1 1	1 1	0 1	1 0 } $\overline{Q^n}$	计数

由状态表可写出 J - K 触发器的特性方程为

$$Q^{n+1}=J\overline{Q^n}+\overline{K}Q^n$$

前面分析的主从 J - K 触发器，其输出状态的变化是在 CP = 0 时完成的，这类触发器为低电平触发。如果改变电路结构，将主触发器用低电平触发，从触发器用高电平触发，则触发器输出状态的变化是在 CP = 1 时完成的，这类触发器为高电平触发。它们的逻辑符号如图 11-8 所示。

例 1　低电平触发主从 J - K 触发器的时钟脉冲 CP 及 J、K 输入信号的波形如图 11-9 所示，试画出输出端 Q 的波形。

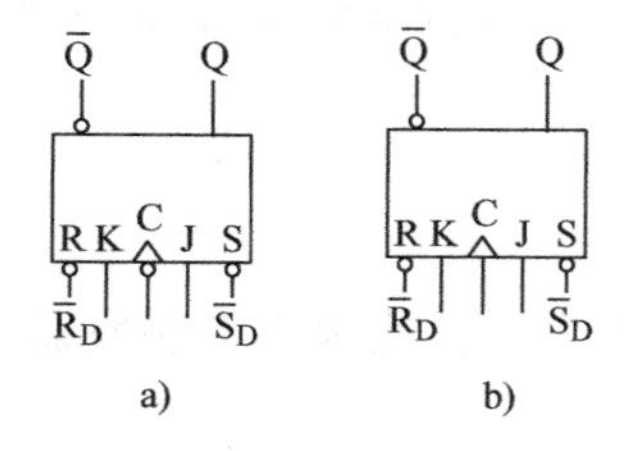

图 11-8　主从 J - K 触发器的逻辑符号
a）低电平触发　b）高电平触发

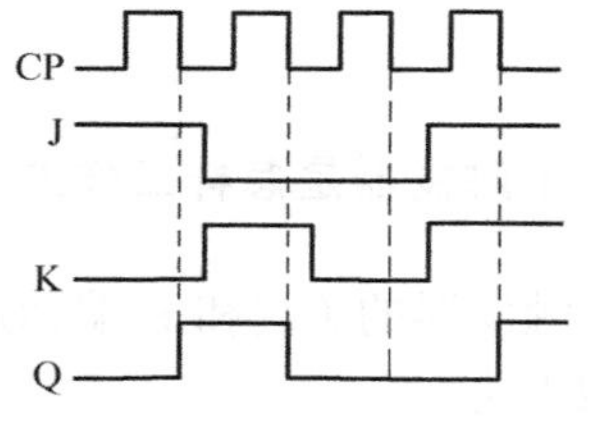

图 11-9　波形图

解 分析这类触发器的输出波形时，应熟记J－K触发器的状态表，并应注意到触发器的输出状态由CP上升沿所对应的J、K决定，而触发器输出相应状态的时间却在CP下降沿到来之时。例如，当第一个CP脉冲上升沿到来时，J＝1，K＝0，所以第一个CP脉冲下降沿到来时，Q由0变为1等。依此可画出Q端的波形，如图11-9所示。

这里需要说明，本例的分析是在CP＝1期间J、K输入信号保持不变的条件下进行的。若CP＝1期间，J、K状态发生变化，则主从J－K触发器可能发生一次翻转现象。一次翻转会破坏J－K触发器的逻辑功能，其结果与状态表不符，使用时应注意。

11-6 D触发器是怎样工作的？

将J－K触发器的J端通过一个非门与K端相连，输入端用D表示，就构成了D触发器，其电路如图11-10所示。

扫一扫，看视频

当输入端D＝1，即J＝1，K＝0时，在CP脉冲的下降沿，Q端置1；当D＝0，即J＝0，K＝1时，在CP脉冲的下降沿，Q端复0。其逻辑状态表见表11-4。

表11-4 D触发器状态表

D	Q^n	Q^{n+1}
0	0	0
0	1	0
1	0	1
1	1	1

由状态表可写出D触发器的特性方程为

$$Q^{n+1}=D$$

扫一扫，看视频

与J－K触发器一样，D触发器也有下降沿翻转和上升沿翻转两类，即低电平触发和高电平触发，其逻辑符号如图11-11所示。

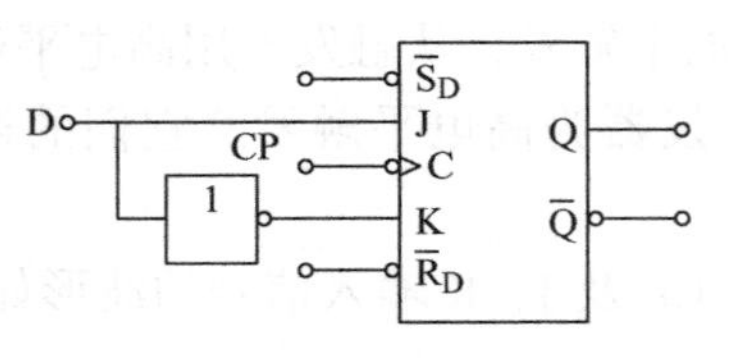

图11-10 主从D触发器

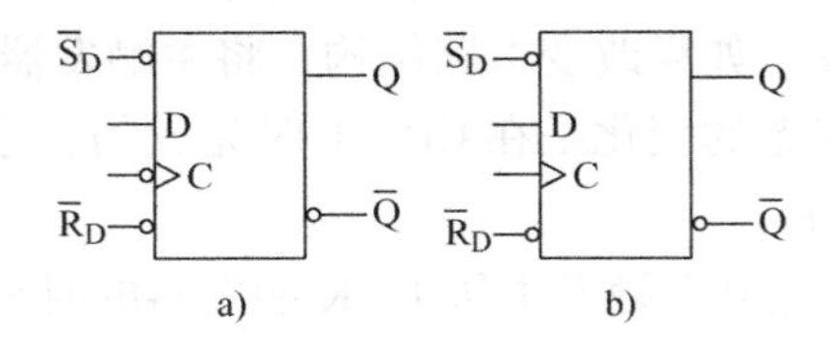

图11-11 D触发器逻辑符号

a）低电平触发 b）高电平触发

11-7 T触发器是怎样工作的？

将J－K触发器的J端和K端相连，输入端用T表示，就构成T触发器，电路及逻辑符号如图11-12所示。

当输入端T＝1，即J＝K＝1时，J－K触发器处在计数状态，即每输入一个CP脉冲，触发器的输出端Q翻转一次；当输入端T＝0，即J＝K＝0时，J－K触发器处于记忆状态，即使有 CP 脉冲，触发器的状态也保持不变，其逻辑状态表见表 11-5。

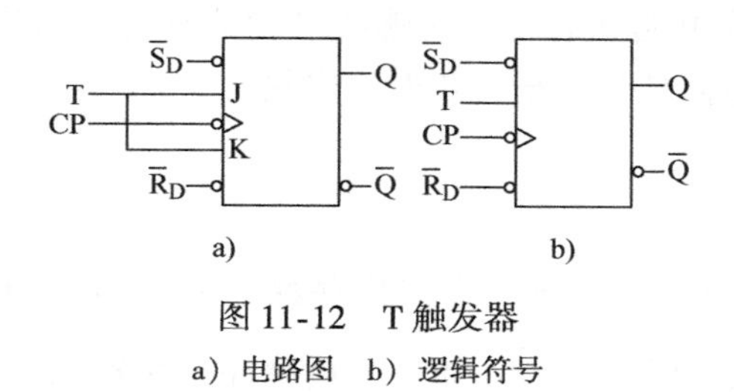

图 11-12　T 触发器
a）电路图　b）逻辑符号

表 11-5　T 触发器状态表

T	Q^{n+1}	功能
0	Q^n	记忆
1	$\overline{Q^n}$	计数

由状态表可写出触发器的特性方程为

$$Q^{n+1}=T\overline{Q^n}+\overline{T}Q^n$$

11-8　T′触发器是怎样工作的？

将 D 触发器的输入端 D 和其输出端 $\overline{Q}$ 相连，输入端用 T′表示，就构成了 T′触发器，如图 11-13 所示。它的逻辑功能是每输入一个 CP 脉冲，触发器的输出端 Q 就翻转一次，即具有计数功能，其特性方程为

$$Q^{n+1}=\overline{Q^n}$$

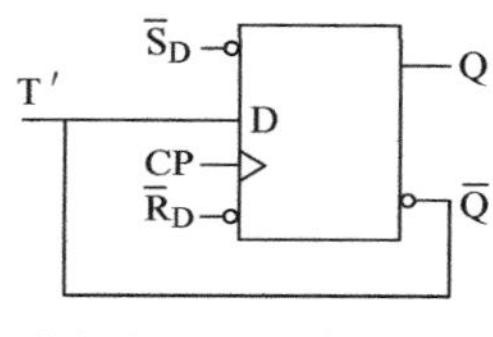

图 11-13　T′触发器

T 触发器、T′触发器都被广泛用于计数电路中。

11-9　同步时序逻辑电路怎样分析？

分析一个时序电路，就是要找出给定时序电路的逻辑功能。具体地说，就是要求找出电路的状态和输出的状态在输入变量和时钟信号作用下的变化规律。

讨论同步时序电路的分析方法时，由于同步时序电路中所有触发器都是在同一个时钟信号操作下工作的，所以分析方法比较简单。

时序电路的逻辑功能可以用输出方程、驱动方程和状态方程全面描述。因此，只要能写出给定逻辑电路的这三个方程，那么它的逻辑功能也就表示清楚了。根据这三个方程，就能够求得在任何给定输入变量状态和电路状态下电路的输出和次态。

分析同步时序电路时一般按以下步骤进行：

1）从给定的逻辑图中写出每个触发器的驱动方程（即存储电路中每个触发器输入信号的逻辑函数式）。

2）将得到的这些驱动方程代入相应触发器的特性方程中，得出每个触发器的状态方程，从而得到由这些状态方程组成的整个时序电路的状态方程组。

3）根据逻辑图写出电路的输出方程。

11-10　异步时序逻辑电路怎样分析？

异步时序电路的分析方法和同步时序电路的分析方法有所不同。在异步时序电路中，每次电路状态发生转换时并不是所有触发器都有时钟信号。只有那些有时钟信号的触发器才需

要用特性方程去计算次态，而没有时钟信号的触发器将保持原来的状态不变。

因此，在分析异步时序电路时还需要找出每次电路状态转换时哪些触发器有时钟信号，哪些触发器没有时钟信号。可见，分析异步时序电路要比分析同步时序电路复杂。

11-11 数码寄存器是如何工作的？

由四个 D 触发器组成的 4 位数码寄存器如图 11-14 所示。4 位待存数码 D_3、D_2、D_1、D_0与四个 D 触发器的输入端相连接。存放数码前，在清零端$\overline{R}_D$ 加一个负脉冲，使各触发器均处于 0 态，清除寄存器中原有数码，准备接收新的数码。设待存数码 $D_3D_2D_1D_0=1011$，当寄存脉冲到来时，四个触发器的输出端分别为 $Q_3=1$，$Q_2=0$，$Q_1=1$，$Q_0=1$，数码已被存入。寄存脉冲过后，各触发器保持原态，数码被寄存。当需要取出该数码时，可发出取数脉冲，将四个与门打开，四位数码分别从四个与门输出。只要不存入新的数码，原来的数码就可重复取用，并一直保持下去。上述工作方式即为并行输入、并行输出方式。

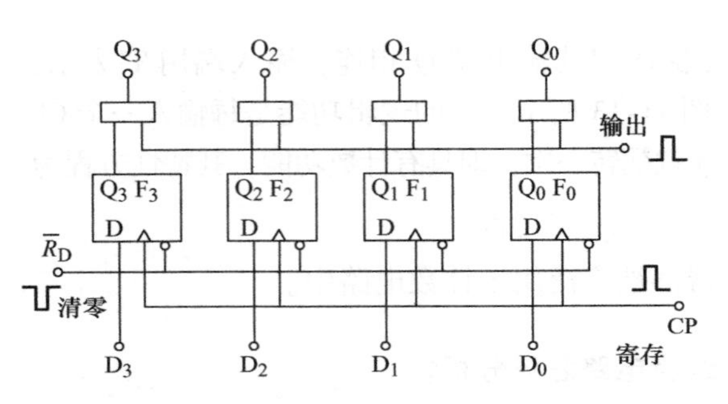

扫一扫，看视频

图 11-14　4 位数码寄存器

11-12 移位寄存器是如何工作的？

移位寄存器按照移位方向可分为左移位寄存器、右移位寄存器、双向移位寄存器。图 11-15所示为用 D 触发器构成的 4 位左移位寄存器。待存数码由触发器 F_0的输入端 D_0输入，在移位脉冲作用下，可将数码从高位到低位向左逐步移入寄存器中。

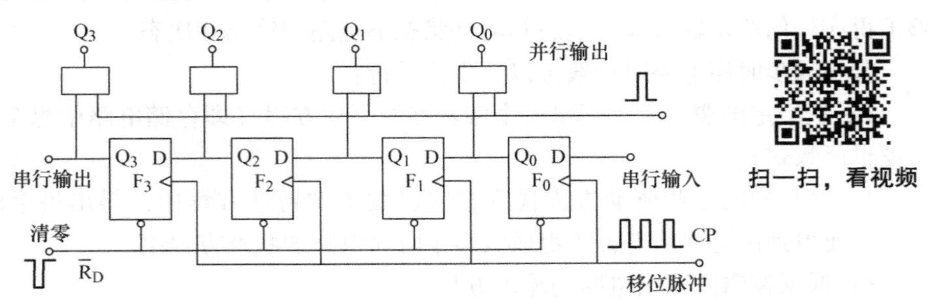

扫一扫，看视频

图 11-15　4 位左移位寄存器

输入数据前需进行清零，使各触发器均为 0 态。设待存数码为 1010，则先将数码的最高位 1 送入 F_0的输入端，即 $D_0=1$，当第一个移位脉冲 CP 的上升沿到来时，F_0的输出端 $Q_0=1$，移位寄存器呈 0001 状态。随后将数码的次高位 0 送入 F_0的输入端，则 $D_0=0$，$D_1=Q_0=1$。当第二个移位脉冲到来时，$Q_1=1$，$Q_0=0$，寄存器变为 0010 状态。经四个移位脉冲后，4 位数码全部移入寄存器，其状态表见表 11-6。

表 11-6　左移位寄存器状态表

移位脉冲	Q_3	Q_2	Q_1	Q_0	移 位 过 程
0	0	0	0	0	清零
1	0	0	0	1	左移 1 位
2	0	0	1	0	左移 2 位
3	0	1	0	1	左移 3 位
4	1	0	1	0	左移 4 位

该移位寄存器有两种输出方式，数码存入后，在并行输出端送入取数脉冲，4 位数码便同时出现在四个与门的输出端。当需要串行输出时，数据存入后可将 D_0 接地，即 $D_0=0$，再经四个移位脉冲作用后，数码便由触发器 F_3 的输出端依次送出。图 11-16 所示为串行输入、串行输出工作波形图。由图可见，四个移位脉冲后，寄存器的状态为 1010，第八个脉冲时，寄存器为 0000。

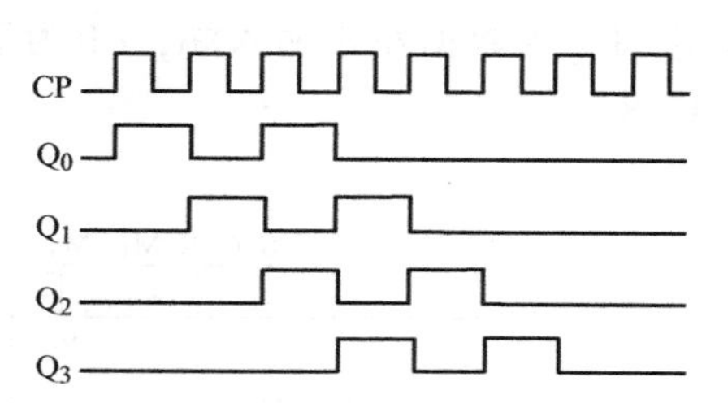

图 11-16　左移位寄存器串入/串出波形图

11-13　自启动脉冲分配器是如何工作的?

自启动脉冲分配器（也称为扭环形计数器）的电路如图 11-17 所示。

该电路实质上是一个左移位寄存器，其串行输入端和串行反相输出端相连，构成了一个闭合的环。工作前，使各触发器为 0 态，因此 $D_0=1$，D_3、D_2、D_1 均为零。当第 1 个 CP 脉冲上升沿到来时，四个触发器的状态为 $Q_3Q_2Q_1Q_0=0001$，当第 4 个 CP 脉冲上升沿到来时，$Q_3Q_2Q_1Q_0=1111$。此时 $D_0=0$，D_3、D_2、D_1 都为 1，第 5 个 CP 脉冲上升沿到来时，$Q_3Q_2Q_1Q_0=1110$，当第 8 个 CP 脉冲上升沿到来时，$Q_3Q_2Q_1Q_0=0000$，在 CP 脉冲作用下，电路按表 11-7 所示的状态循环工作。

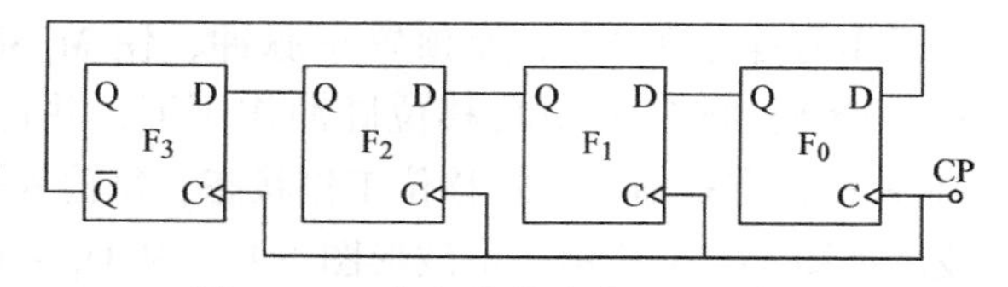

图 11-17　自启动脉冲分配器电路图

表 11-7　图 11-17 工作状态表

CP	Q_3	Q_2	Q_1	Q_0
0	0	0	0	0
1	0	0	0	1
2	0	0	1	1
3	0	1	1	1
4	1	1	1	1
5	1	1	1	0
6	1	1	0	0
7	1	0	0	0
8	0	0	0	0

由于电路按八个状态循环变化，所以可实现八进制计数器，又因为电路结构是闭合的环，故又称为扭环形计数器。电路的工作波形如图 11-18 所示。

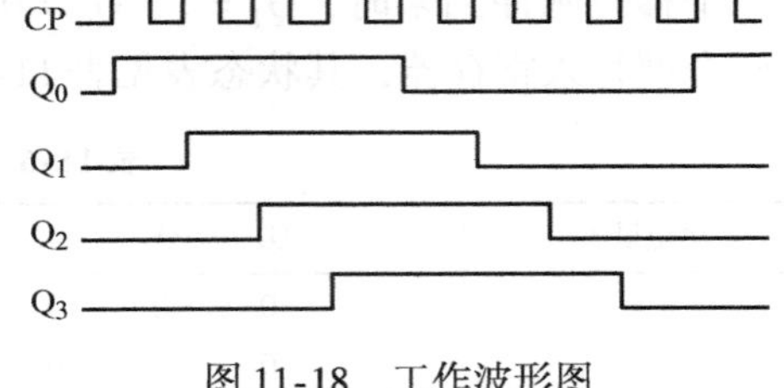

图 11-18　工作波形图

11-14　74LS194 集成电路寄存器有哪些功能？

目前各种功能的寄存器大都集成化，中规模集成电路 74LS194 就是一种功能比较齐全的 4 位双向移位寄存器，其引脚排列如图 11-19 所示。图中 A、B、C、D 为并行输入端，Q_A、Q_B、Q_C、Q_D 为并行输出端，D_{SR} 为数据右移输入端，D_{SL} 为数据左移输入端，$\overline{CR}$ 为清零端，M_1、M_0 为工作模式控制端，其逻辑功能见表 11-8。

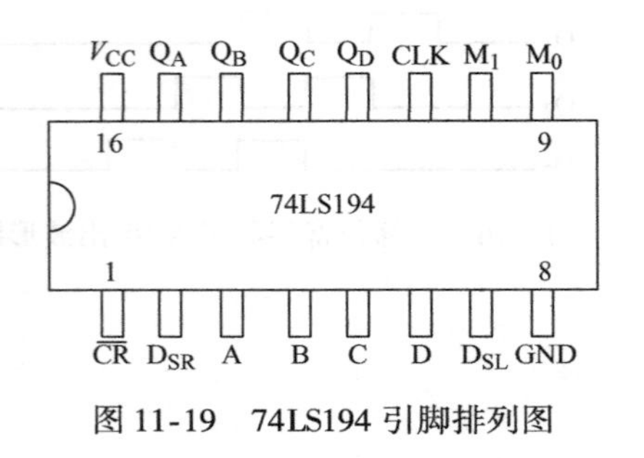

图 11-19　74LS194 引脚排列图

表 11-8　74LS194 功能表

$\overline{CR}$	CLK	M_1	M_0	功能
0	×	×	×	清 0
1	↑	0	0	保持
1	↑	0	1	右移：D_{SR}→Q_A→Q_B→Q_C→Q_D
1	↑	1	0	左移：D_{SL}→Q_D→Q_C→Q_B→Q_A
1	↑	1	1	并入：$Q_AQ_BQ_CQ_D$ = ABCD

11-15　由 74LS194 构成的 4 位脉冲分配器是如何工作的？

用 74LS194 构成的 4 位脉冲分配器（也称为环形计数器）如图 11-20 所示。

工作前首先在 M_0 端加预置正脉冲，使 $M_1M_0=11$，寄存器处于并行输入工作状态，ABCD的数码 0001 在 CLK 移位脉冲作用下，并行存入 Q_A、Q_B、Q_C、Q_D。预置脉冲过后，$M_1M_0=10$，寄存器处在左移位工作状态，每输入一个移位脉冲，Q_D ~ Q_A 循环左移一位，工作波形如图 11-21 所示。由波形图可知，从 Q_D ~ Q_A 每端均可输出一系列脉冲，但彼此相隔移位脉冲的一个周期时间。

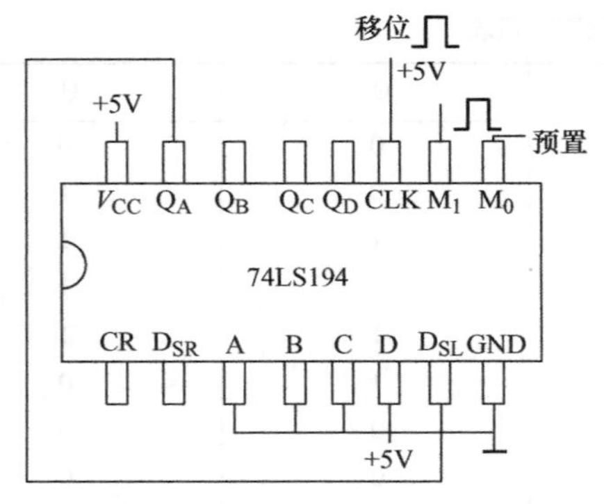

图 11-20　4 位脉冲分配器的电路图

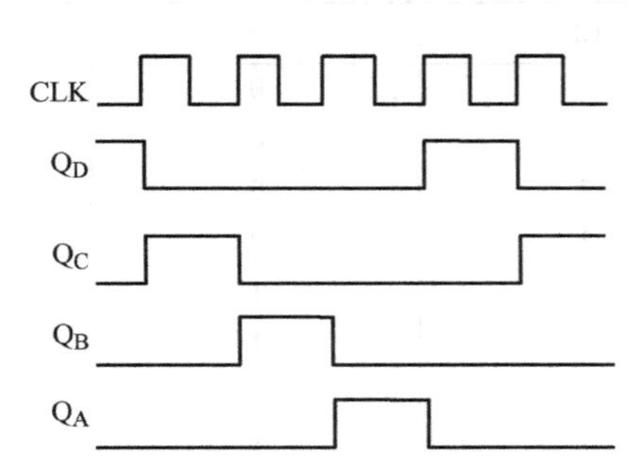

图 11-21　4 位脉冲分配器的工作波形图

11-16　计数器有哪些功能？是如何分类的？

计数器是一种累计电路输入脉冲个数的时序逻辑电路。除计数功能外，计数器也可用来定时、分频和进行数字运算。计数器的种类很多，通常有以下几种分类方式。

1. 按计数器时钟脉冲的输入方式分类

1）异步计数器。计数脉冲并不引至所有触发器的 CP 端，有的触发器的 CP 端是其他触发器的输出，因此触发器不是同时动作的。

2）同步计数器。计数脉冲引至所有触发器的 CP 端，使应翻转的触发器同时翻转。

3）环形计数器。环形计数器随着时钟脉冲的到来，各位轮流置 1，并且在最后一位置 1 后又回到右边第一位。这样就形成环形置位，所以称这种计数器为环形计数器。环形计数器又叫计数/分配器，如 CD4017 就属于这种计数器。

环形计数器不是用来计数，而是用来发出顺序控制信号的，它在控制电路中是一个很重要的组成部分。

2. 按进位模数（进制方式）分类

所谓进位模数，就是计数器所经历的独立状态总数，即进位制的数。

1）模 2 计数器。进位模数为 2^n 的计数器均称为模 2 计数器，其中 n 为触发器级数。

2）非模 2 计数器。进位模数非 2^n，用得较多的如十进制计数器。

3）任意进制计数器。

3. 按照对输入计数脉冲的累计方式分类

1）加法计数器。每输入一个计数脉冲，触发器组成的状态就按二进制代码规律增加。这种计数器有时又称为递增计数器。

2）减法计数器。每输入一个计数脉冲，触发器组成的状态就按二进制代码规律减少。这种计数器有时又称为递减计数器。

3）可逆计数器。这种计数器既可以作为加法计数器使用，又可以作为减法计数器使用。可逆计数器进行加减变换的方式分为单时钟和双时钟两种。

4. 按输出方式分类

计数器是一种单端输入、多端输出的记忆器件，它能记住有多少个时钟脉冲送到了输入端，而且以不同的输出方式满足使用的要求。

1）单端输入/7 段译码输出。这种输出方式通常用于计数显示，它可以把输入的脉冲数直接译成 7 段码，供数码管显示 0 ~ 9 的数码。

2）单端输入/BCD 码输出。这种输出方式可对外控制十路信号。

3）单端输入/分配器输出。

计数器的品种很多，且各引脚的功能各不相同，在学习和使用时必须查阅有关手册，掌握它的特点和用途。表 11-9 列出了常用的不同类别的 CMOS 计数器。

表 11-9　常用 CMOS 计数器

型号	名　称
CD4510	BCD 可预置可逆计数器
CD4516	二进制 4 位可预置可逆计数器

（续）

型号	名　称
CD4518	双 BCD 加法计数器
CD4520	双二进制加法计数器
CD4522	可预置 BCD 减法计数器
CD4524	7 位二进制计数器
CD4526	可预置二进制减法计数器
CD4017	十进制计数/分配器
CD4029	4 位可预置可逆计数器
CD4040	12 位二进制计数器
CD4060	12 位串行二进制计数器/分频/振荡器
CD40160	非同步复位 BCD 计数器
CD40161	非同步复位 BCD 计数器
CD40192	BCD 可预置可逆计数器（双时钟）
CD40193	4 位二进制可预置可逆计数器（双时钟）

5. 按电路集成度分类

1）小规模集成计数器。由若干个集成触发器和门电路，经外部连线构成具有计数功能的逻辑电路。

2）中规模集成计数器。一般由四个集成触发器和若干个门电路，经内部连接集成在一块硅片上，它是计数功能比较完善，并能进行功能扩展的逻辑部件。

由于计数器是时序电路，故它的分析与设计与时序电路的分析、设计完全一样。

11-17 异步二进制加法计数器是怎样工作的?

二进制有 0 和 1 两个数码，双稳态触发器有 1 和 0 两个状态，所以一个触发器可以表示一位二进制数。如果要表示 n 位二进制数，就得用 n 个触发器，它可以累计 2^n 个脉冲。

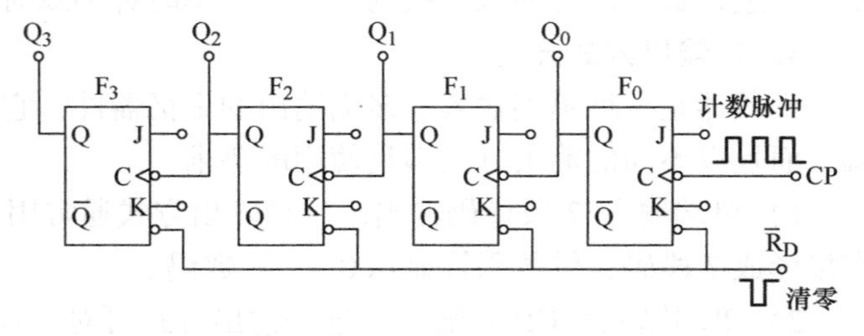

图 11-22　4 位异步二进制加法计数器

由四个 J－K 触发器组成的 4 位二进制加法计数器如图 11-22 所示。图中四个触发器的 J、K 端均悬空，相当于接高电平 1，处于计数状态。计数脉冲从最低位触发器的 CP 端输入，并用该脉冲触发翻转，而其他触发器均用低一位触发器的输出 Q 进行触发，四个触发器的状态只能依次翻转，故称为异步计数器。

扫一扫，看视频

计数前，先在$\overline{R}_D$端加一个负脉冲进行清零，各触发器的状态 $Q_3Q_2Q_1Q_0=0000$。当第 1 个计数脉冲 CP 的下降沿到来时，F_0翻转，Q_0端由 0 变 1，此时 Q_0的正跳变不能使 F_1翻转，计数器的输出状态为 $Q_3Q_2Q_1Q_0=0001$。当第 2 个计数脉冲输入后，其下降沿又使 F_0 翻转，Q_0 由 1 变 0，同时 Q_0 的负跳变使 F_1 翻转，Q_1 由 0 变 1，计数器的输出状态为 0010……。第 15 个计数脉冲后，计数器为 1111，第 16 个计数脉冲后，计数器的四个触发器全部复 0，并从 Q_3 送出一个进位信号。计数器的工作状态见表 11-10。

表 11-10　4 位二进制加法计数器状态表

计数脉冲	二进制数				十进制数
	Q_3	Q_2	Q_1	Q_0	
0	0	0	0	0	1
1	0	0	0	1	2
2	0	0	1	0	3
3	0	0	1	1	4
4	0	1	0	0	5
5	0	1	0	1	6
6	0	1	1	0	7
7	0	1	1	1	8
8	1	0	0	0	9
9	1	0	0	1	10
10	1	0	1	0	11
11	1	0	1	1	12
12	1	1	0	0	13
13	1	1	0	1	14
14	1	1	1	0	15
15	1	1	1	1	0
16	0	0	0	0	0

计数器的工作波形如图 11-23 所示。由波形图可看出，Q_0 波形的周期是计数脉冲 CP 周期的一倍，即频率是 CP 脉冲的一半，称 Q_0 对 CP 计数脉冲 2 分频。同理 Q_1 为 4 分频，Q_2 为 8 分频，Q_3 为 16 分频。

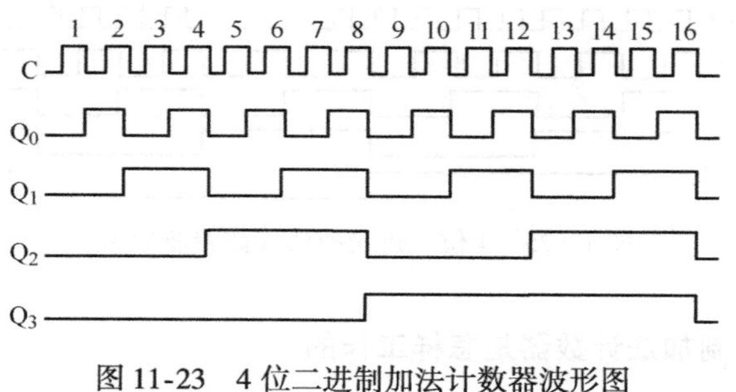

图 11-23　4 位二进制加法计数器波形图

11-18　异步二进制减法计数器是怎样工作的?

将图 11-22 所示电路稍做变动，即将触发器 F_3、F_2、F_1 的时钟信号分别与前级触发器的 $\overline{Q}$ 端相连，就构成 4 位异步二进制减法计数器，电路如图 11-24 所示，其状态表见表 11-11，工作波形如图 11-25 所示。

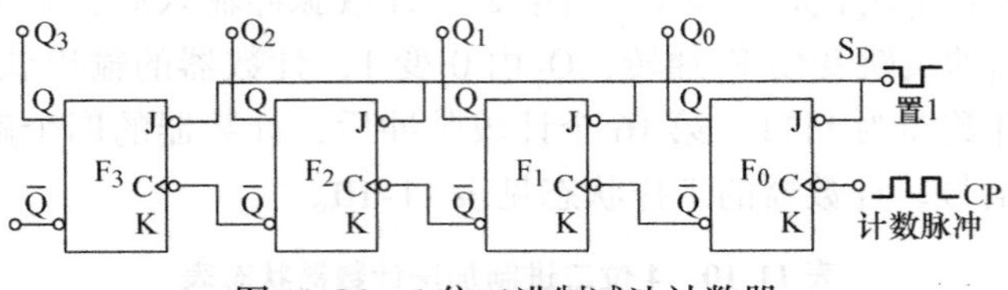

图 11-24　4 位二进制减法计数器

表 11-11　4 位二进制减法计数器状态表

计数脉冲	二进制数				十进制数
	Q_3	Q_2	Q_1	Q_0	
0	1	1	1	1	15
1	1	1	1	0	14
2	1	1	0	1	13
3	1	1	0	0	12
4	1	0	1	1	11
5	1	0	1	0	10
6	1	0	0	1	9
7	1	0	0	0	8
8	0	1	1	1	7
9	0	1	1	0	6
10	0	1	0	1	5
11	0	1	0	0	4
12	0	0	1	1	3
13	0	0	1	0	2
14	0	0	0	1	1
15	0	0	0	0	0
16	1	1	1	1	15

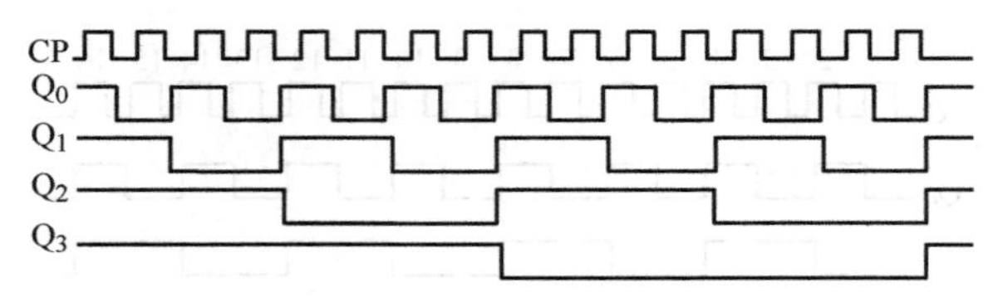

图 11-25　4 位二进制减法计数器波形图

11-19　同步二进制加法计数器是怎样工作的?

同步计数器是指输入的计数脉冲同时送到各触发器的时钟输入端。在计数脉冲触发下，所有应该翻转的触发器可以同时动作。显然，同步计数器的计数速度比异步计数器快得多。

如果二进制加法计数器还是由四个 J－K 触发器组成，则根据表 11-10 可得出各触发器 J、K 端的逻辑表达式，即各触发器的驱动方程。

触发器 F_0是每输入一个计数脉冲，其输出端 Q_0就变化一次，故 F_0的驱动方程是 $J_0 = K_0 = 1$。

触发器 F_1 是在 $Q_0=1$ 的情况下，再输入一个计数脉冲时，Q_1 才翻转，其驱动方程为 $J_1=K_1=Q_0$。

同理可得出 F_2 的驱动方程为 $J_2=K_2=Q_1Q_0$；F_3 的驱动方程为 $J_3=K_3=Q_2Q_1Q_0$。

根据上述驱动方程，可画出 4 位同步二进制加法计数器，如图 11-26 所示，其工作波形与图 11-23 完全相同。

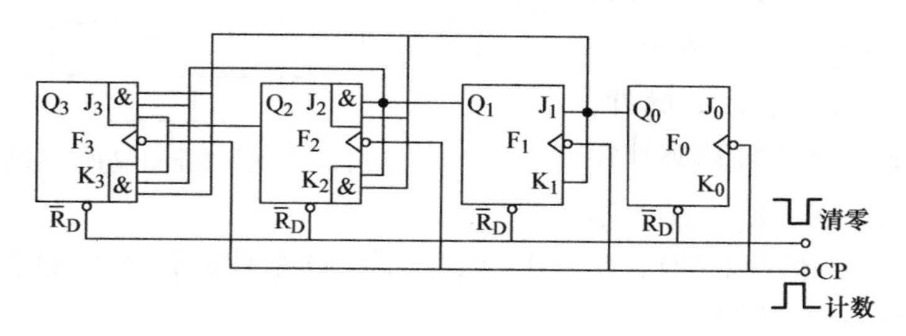

图 11-26　4 位同步二进制加法计数器

11-20　十进制计数器是怎样工作的?

二进制计数器虽然具有结构简单、运算方便的特点，但人们对二进制的读数并不习惯。因此，在数字系统中仍经常用到十进制计数器。

一位十进制数有 0~9 十个数码，一位十进制计数器必须有十个不同的状态与十个数码相对应。常用的方法是用四个触发器组成一位十进制计数器。四个触发器共有 16 种不同的状态，取其十种状态分别表示十个数码，去掉多余的六种。被保留的十个状态与十进制数码一一对应的编码方式有多种，常见的有 8421 码、2421 码、5421 码等。本节只讨论 8421 码形式，其编码表见表 11-12。

表 11-12　8421 码十进制加法计数器状态表

计数脉冲	二进制数				十进制数
	Q_3	Q_2	Q_1	Q_0	
0	0	0	0	0	0
1	0	0	0	1	1
2	0	0	1	0	2
3	0	0	1	1	3
4	0	1	0	0	4
5	0	1	0	1	5
6	0	1	1	0	6
7	0	1	1	1	7
8	1	0	0	0	8
9	1	0	0	1	9
10	0	0	0	0	0

11-21　同步十进制加法计数器是怎样工作的?

如果同步十进制加法计数器由四个 J－K 触发器组成，则根据表 11-12 可画出其电路，如图 11-27 所示。

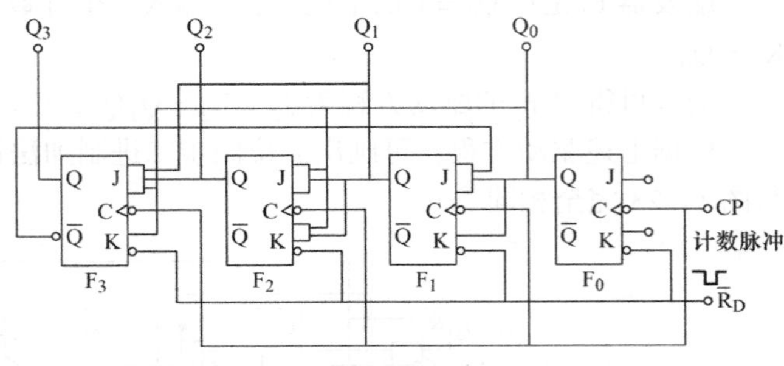

图 11-27 同步十进制加法计数器

触发器 F_0 的驱动方程为 $J_0 = K_0 = 1$，每输入一个计数脉冲，翻转一次。

触发器 F_1 的驱动方程为 $J_1 = Q_0\overline{Q_3}$，$K_1 = Q_0$。在 0 ~ 7 个计数脉冲期间，$\overline{Q_3} = 1$，故 $J_1 = K_1 = Q_0$，所以在 $Q_0 = 1$ 的情况下，再输入一个计数脉冲，F_1 翻转。第 8 个和第 9 个计数脉冲作用后，$\overline{Q_3} = 0$，使 $J_1 = 0$，$K_1 = Q_0$。不论 Q_0 为何状态，计数脉冲到来时，$Q_1 = 0$，因此当第 10 个计数脉冲出现时，Q_1 复 0，而不像二进制加法计数器中被置 1。

触发器 F_2 的驱动方程为 $J_2 = K_2 = Q_1Q_0$。在 $Q_1Q_0 = 1$ 的情况下，再输入一个计数脉冲，F_2 翻转。

触发器 F_3 的驱动方程为 $J_3 = Q_2Q_1Q_0$，$K_3 = Q_0$。不难看出，在 0 ~ 7 个计数脉冲期间，$Q_3 = 0$。第 7 个计数脉冲后，$J_3 = Q_2Q_1Q_0 = 1$，$K_3 = 1$。第 8 个计数脉冲到来时，Q_3 翻转为 1，此时 $J_3 = 0$，$K_3 = 0$。第 9 个计数脉冲到来时，Q_3 保持 1 状态，此时 $J_3 = 0$，$K_3 = 1$。第 10 个计数脉冲到来时，使 Q_3 复 0。四个触发器恢复到初始状态。

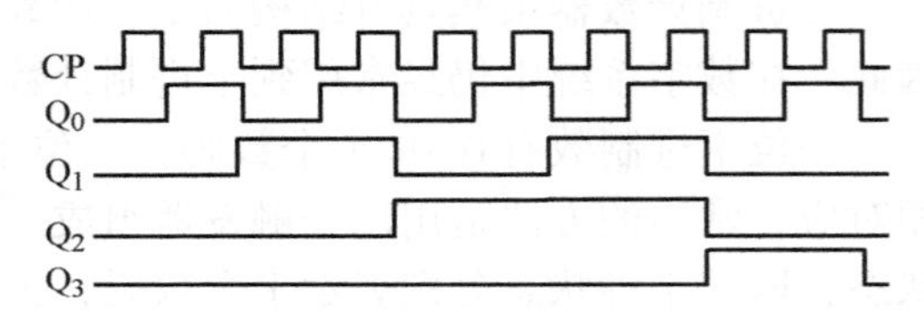

图 11-28 同步十进制计数器工作波形

同步十进制计数器的工作波形如图 11-28 所示。

11-22 异步十进制加法计数器是怎样工作的？

图 11-29 所示为用 J－K 触发器构成的异步十进制加法计数器。

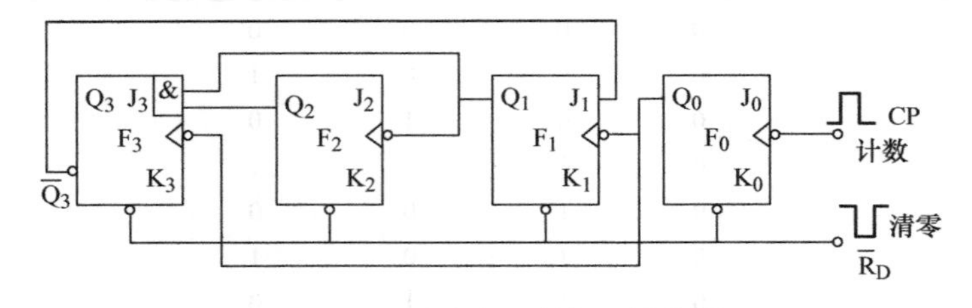

图 11-29 异步十进制加法计数器

由图可知，F_0 ~ F_2 中除 F_1 的 J_1 端与 $\overline{Q_3}$ 相连外，其他输入端均接高电平。在 F_3 由 0 变 1 前，即从 0000 ~ 0111 期间，$\overline{Q}_3 = 1$，F_0 ~ F_2 均处于计数状态，其翻转情况与异步二进制加法计数器完全相同。

经过 7 个计数脉冲后，F_3 ~ F_0 的状态为 0111，$Q_2 = Q_1 = 1$，使 F_3 的 $J_3 = Q_1Q_2 = 1$，为 F_3 由 0 变 1 准备了条件。

第 8 个计数脉冲到来时，F_0 ~ F_2 均由 1 变 0，F_3 由 0 变 1，计数器的状态为 1000。此时

$\overline{Q_3}=0$，使 $J_1=0$，当下一次 F_0 出现负跳变时，F_1 不能翻转。

第 9 个计数脉冲到来时，计数器的状态为 1001。

第 10 个计数脉冲到来时，Q_0 产生负跳变，由于 $J_1=\overline{Q_3}=0$，故 F_1 不翻转，但 Q_0 的负跳变触发 F_3，使 Q_3 由 1 变 0，从而使计数器复位到初始状态 0000，实现了十进制加法的计数功能。其工作波形与同步十进制加法计数器完全相同。

由上述分析可以看出，对异步计数器的分析必须注意两点，一是各触发器输入端的状态，二是是否具有触发脉冲，只有两个条件都具备时，触发器才能翻转。

11-23　任意进制计数器是怎样工作的？

在实际工作中，往往需要其他不同进制的计数器，这些计数器称为 *N* 进制计数器，即每输入 *N* 个计数脉冲，计数器重复一次。

图 11-30 所示为一个异步七进制计数器，分析步骤是首先根据电路图写出驱动方程和触发脉冲，并依此决定各触发器的状态，然后根据状态表判断是几进制计数器。

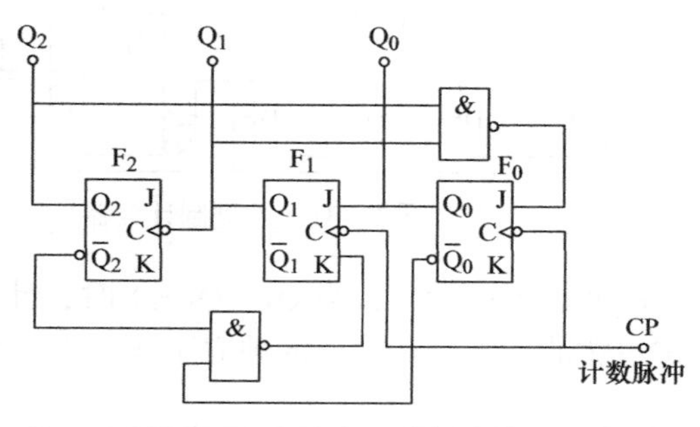

图 11-30　异步七进制计数器

图中三个触发器的驱动方程和触发脉冲分别为

$$F_0:J_0=\overline{Q_2Q_1}, K_0=1, \text{CP 触发}$$

$$F_1:J_1=Q_0, K_1=\overline{\overline{Q_2}\,\overline{Q_0}}, \text{CP 触发}$$

$$F_2:J_2=1, K_2=1, Q_1\text{触发}$$

列状态表的过程如下：首先确定计数器的初值，如 $Q_2Q_1Q_0=000$，根据驱动方程确定各触发器 J、K 的初值，然后根据 J、K 值确定在 CP 计数脉冲触发下各触发器的状态，见表 11-13。

表 11-13　图 11-30 计数器状态表

CP	Q_2	Q_1	Q_0	J_0	K_0	J_1	K_1	J_2	K_2
0	0	0	0	1	1	0	0	1	1
1	0	0	1	1	1	1	1	1	1
2	0	1	0	1	1	0	0	1	1
3	0	1	1	1	1	1	1	1	1
4	1	0	0	1	1	0	1	1	1
5	1	0	1	1	1	1	1	1	1
6	1	1	0	0	1	0	1	1	1
7	0	0	0	1	1	0	0	1	1

由于 F_1、F_0 直接由 CP 脉冲触发，故当计数脉冲到来时，可根据 F_1、F_0 的 J、K 状态确定触发器的状态。F_2 由 Q_1 触发，只有 Q_1 由 1 变 0 时才能触发 F_2 翻转，所以 F_2 只有在第 3 个和第 6 个计数脉冲到来时才能翻转。由状态表可知，该计数器为七进制计数器。

11-24 异步清零法如何实现任意进制计数?

用异步清零法也可以实现任意进制计数。其计数的原理是在二进制计数器的基础上，当用直接复零$\overline{R_D}$信号强迫某状态出现时，全部触发器复0。图11-31所示电路为六进制计数器，当$Q_2Q_1Q_0=110$时，与非门输出为0，通过$\overline{R_D}$使所有触发器复0，即$Q_2Q_1Q_0=000$。其工作波形如图11-32所示。

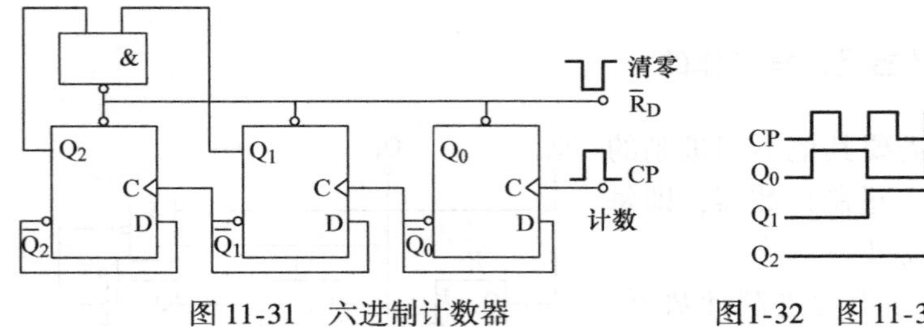

图11-31 六进制计数器

图1-32 图11-31所示计数器的工作波形

由波形图可看出，当$Q_2=Q_1=1$时，计数器会立即被复零，即$Q_2Q_1Q_0=110$的状态是非常短暂的，不是计数器的独立工作状态，所以该计数器是六进制计数器。

11-25 4位同步二进制集成电路计数器74LS161是怎样工作的?

4位同步二进制计数器74LS161的引脚排列如图11-33所示，逻辑功能见表11-14。

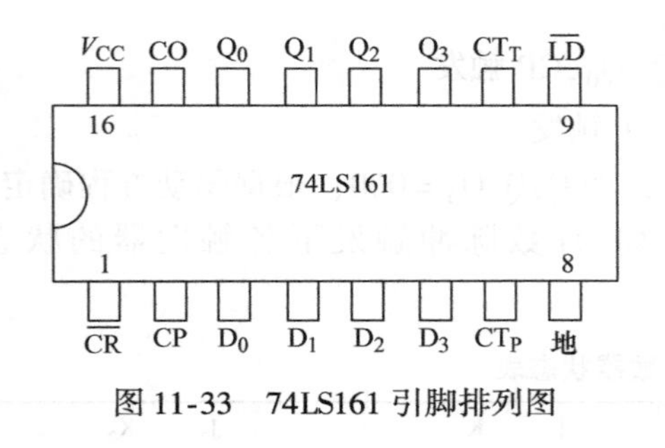

图11-33 74LS161引脚排列图

表11-14 74LS161逻辑功能表

$\overline{CR}$	$\overline{LD}$	CT_P	CT_T	CP	Q_3	Q_2	Q_1	Q_0	说明
0	×	×	×	×	0	0	0	0	清0
1	0	×	×	↑	D_3	D_2	D_1	D_0	置数
1	1	0	×	×	Q_3	Q_2	Q_1	Q_0	保持
1	1	×	0	×	Q_3	Q_2	Q_1	Q_0	保持
1	1	1	1	↑	同步加法计数				

当复位端$\overline{CR}=0$时，输出端$Q_3Q_2Q_1Q_0$全为零，实现异步清零功能。

当$\overline{CR}=1$，预置控制端$\overline{LD}=0$时，若CP脉冲上升沿到来，则将4位二进制数$D_3\sim D_0$置入$Q_3\sim Q_0$，实现同步置数功能。

当$\overline{CR}=\overline{LD}=1$，$CT_P\cdot CT_T=0$时，输出$Q_3\sim Q_0$保持不变。

当$\overline{CR}=\overline{LD}=CT_T=CT_P=1$时，计数器在CP脉冲的上升沿进行同步加法计数，实现计数功能。

CO为进位输出端，当计数溢出时，CO端输出一个高电平进位脉冲。

74LS161可直接用来构成十六进制计数器，通过$\overline{CR}$、$\overline{LD}$也可以方便地组成小于十六的任意进制计数器。

11-26 如何用 74LS161 实现十进制计数器（用$\overline{CR}$端实现）？

扫一扫，看视频

用 74LS161（$\overline{CR}$端实现）和必要的门电路即可实现十进制计数器。当计数器采用 8421BCD 码时，十进制计数器的状态见表 11-15。

表 11-15 十进制计数器状态表

CP	Q_3	Q_2	Q_1	Q_0
0	0	0	0	0
1	0	0	0	1
2	0	0	1	0
3	0	0	1	1
4	0	1	0	0
5	0	1	0	1
6	0	1	1	0
7	0	1	1	1
8	1	0	0	0
9	1	0	0	1
10	1	0	1	0（过渡状态）

由于要求利用异步清零端$\overline{CR}$实现，所以状态表中写出了 1010 状态，电路中应将此状态反馈到$\overline{CR}$端实现异步清零，如图 11-34 所示。当第 10 个 CP 脉冲上升沿到来时，计数器的状态为 $Q_3Q_2Q_1Q_0=1010$，与非门输出低电平送到$\overline{CR}$端，计数器复位为 0000，由于 1010 状态转瞬即逝，故称为过渡状态。显然过渡状态不是计数器的独立工作状态，所以图 11-34 所示为十进制计数器。

11-27 如何用 74LS161 实现十进制计数器（用$\overline{LD}$端实现）？

用 74LS161（$\overline{LD}$端实现）及必要的门电路也可实现十进制计数器，设计数器初始状态为 0000。

扫一扫，看视频

由于要求用同步预置端$\overline{LD}$实现，所以应采用置位法，即当计数器计数到某一数值时，利用$\overline{LD}$端给计数器预置初始状态值，保证计数器循环工作，电路如图 11-35 所示。图中与非门的输入信号取自 Q_3、Q_0，当第 9 个 CP 脉冲上升沿到来时，计数器的状态为 1001，与非门输出低电平，当第 10 个 CP 脉冲上升沿到来时，完成预置操作，计数器的状态为 $Q_3Q_2Q_1Q_0=D_3D_2D_1D_0=0000$，使计数器复 0。由于同步预置使最后一个有效状态 1001 保持一个 CP 周期，所以 1001 是计数器的工作状态。与异步清零法不同的是，利用预置端$\overline{LD}$实现计数时不需要过渡状态。

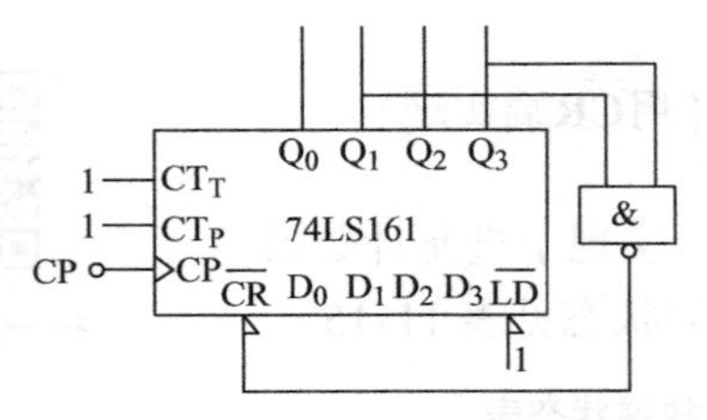

图 11-34　用异步清零法实现十进制

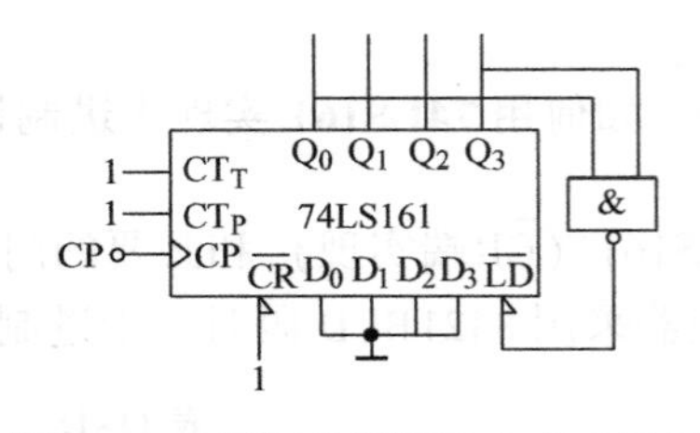

图 11-35　用同步预置法实现十进制

11-28 如何用两片 74LS161 构成二十四进制计数器？

如果需要大于十六进制的计数器，则可将 74LS161 串联使用，图 11-36 所示为用两片 74LS161 构成的二十四进制计数器。

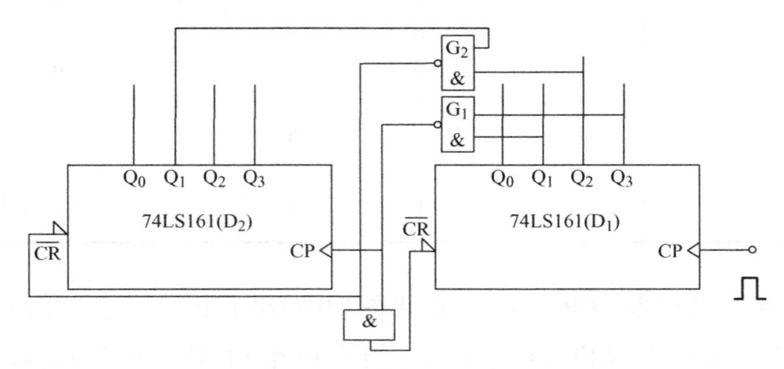

图 11-36　二十四进制计数器

11-29 二-五-十进制异步计数器 74LS290 是如何工作的？

74LS290 逻辑电路如图 11-37 所示，在结构上分为二进制计数器和五进制计数器。二进制计数器由触发器 F_0组成，CP_0为二进制计数器计数脉冲输入端，Q_0为计数输出端。五进制计数器由 F_3~ F_1组成，CP_1为计数脉冲输入端，Q_3~ Q_1为输出端。若将 Q_0与 CP_1相连，以 CP_0为计数脉冲输入端，则构成 8421BCD 码十进制计数器，"二-五-十进制型集成计数器" 由此得名。

74LS290 芯片的引脚排列如图 11-38 所示，其中 S_{9A}和 S_{9B}称为置 9 端，R_{0A}和 R_{0B}称为置 0 端。74LS290 的逻辑功能见表 11-16。

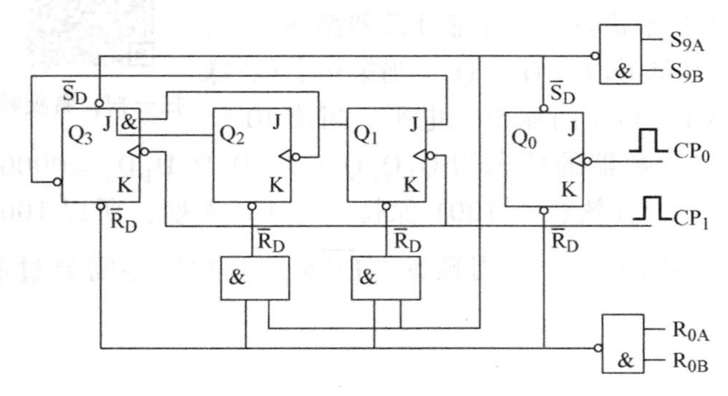

图 11-37　74LS290 逻辑电路

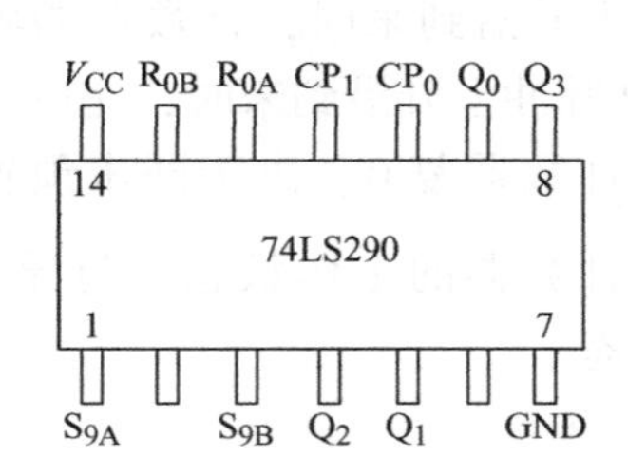

图 11-38　74LS290 引脚图

当 $S_{9A}=S_{9B}=1$ 时，不论其他输入端状态如何，计数器输出 $Q_3Q_2Q_1Q_0=1001$，实现置 9 功能。

表 11-16　74LS290 功能表

输入					输出			
R_{0A}	R_{0B}	S_{9A}	S_{9B}	CP	Q_3	Q_2	Q_1	Q_0
1	1	0	×	×	0	0	0	0
1	1	×	0	×	0	0	0	0
0	×	1	1	×	1	0	0	1
×	0	1	1	×	1	0	0	1
×	0	×	0	↓	计数			
×	0	0	×	↓	计数			
0	×	×	0	↓	计数			
0	×	0	×	↓	计数			

当 S_{9A} 和 S_{9B} 不全为 1，且 $R_{0A}=R_{0B}=1$ 时，不论其他输入端状态如何，计数器输出 $Q_3Q_2Q_1Q_0=0000$，实现异步清零功能。

当 S_{9A} 和 S_{9B} 不全为 1，且 R_{0A} 和 R_{0B} 不全为 1，输入计数脉冲 CP 时，计数器实现计数功能。

11-30　如何用一片 74LS290 构成五、六、七、八进制计数器？

用一片 74LS290 可以构成十进制以内的任意进制计数器。在图 11-39 所示电路中，图 11-39a 为五进制计数器；图 11-39b 为六进制计数器；图 11-39c 为七进制计数器；图 11-39d 为八进制计数器。

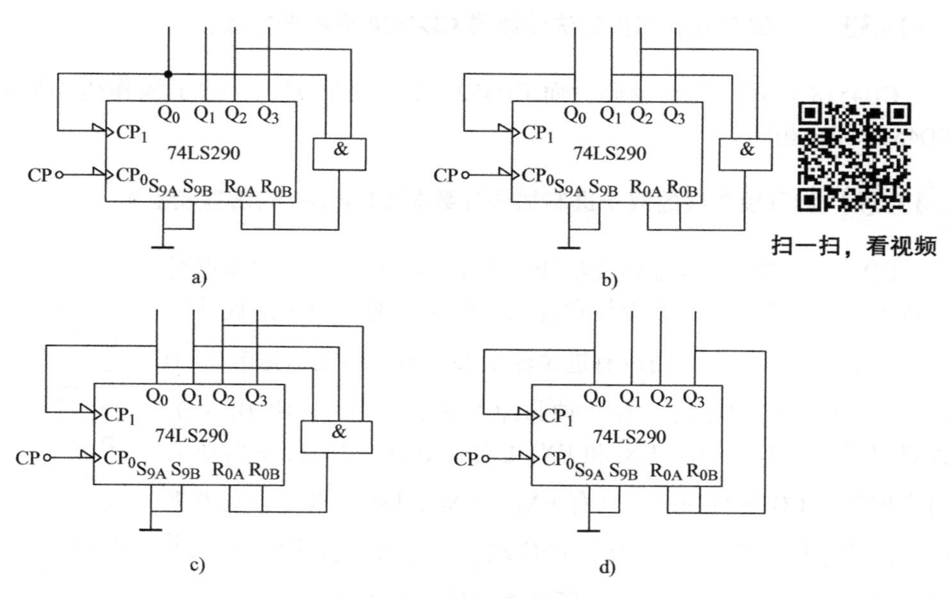

图 11-39　74LS290 构成五、六、七、八进制计数器

a）五进制　b）六进制　c）七进制　d）八进制

11-31 12位二进制串行计数器CD4040有哪些特点？

CD4040的外引线排列及功能如图11-40所示。它是一种异步计数器，主要特点是电路内部带有振荡器，有12位计数单元。振荡器部分可由外接电阻电容构成*RC*振荡器。当清零端CR加高电平或正脉冲时，计数器输出就全部为0，并同时迫使振荡器停振。

11-32 双十进制同步加法计数器CD4518有哪些特点？

CD4518的外引线排列及功能如图11-41所示。它是一种同步计数器，主要特点是时钟触发脉冲可用上升沿，也可用下降沿，采用8421编码。在CD4518内部含有两个完全相同的计数器。对于任一个计数器，有两个时钟输入端CP和EN，若用脉冲上升沿触发，则信号由CP端输入，若用下降沿触发，则信号由EN端输入，并使CP端为低电平。CR是清零端，当CR端加高电平或正脉冲时，计数器各输出端均输出0。

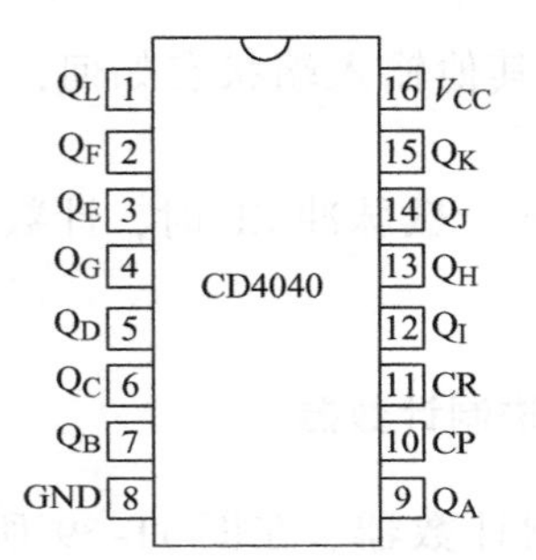

图11-40 CD4040的外引线排列及功能

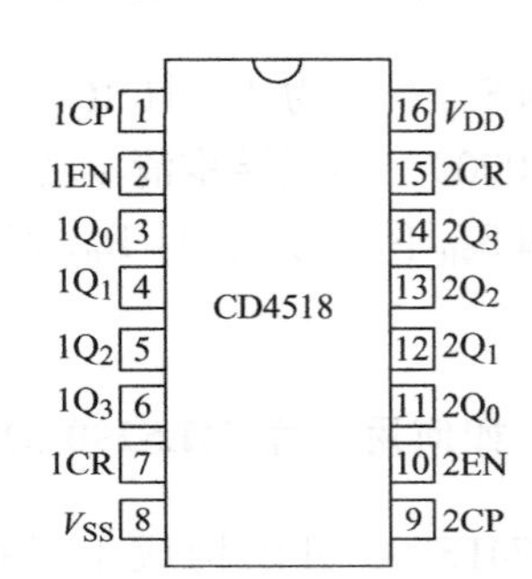

图11-41 CD4518的外引线排列及功能

11-33 4位二进制同步加法计数器CD4520有哪些特点？

CD4518是双十进制编码，而CD4520是二进制编码，除了操作码不同外，其功能与CD4518完全相同。

11-34 可预置数的双十进制加法计数器CD40160有哪些特点？

CD40160的外引线排列及功能如图11-42所示，它的特点是计数器的初始值可由预置端任意置入，电路内部采用快速提前进位，为了级联方便而专门设有进位输出端。预置功能由送数端$\overline{LD}$控制，当$\overline{LD}$加低电平时，在时钟脉冲上升沿作用下，将D_1～D_4预置数据送至Q_1～Q_4。EN_P和EN_T可对计数进行控制，EN_T还会对进位输出CO进行控制。只有EN_P、EN_T、$\overline{LD}$、$\overline{CR}$均为高电平时，才能进行计数。CO是超前进位端，可为级联提供方便。$\overline{CR}$是清零端，只要$\overline{CR}$加低电平，所有输出端就均为0。

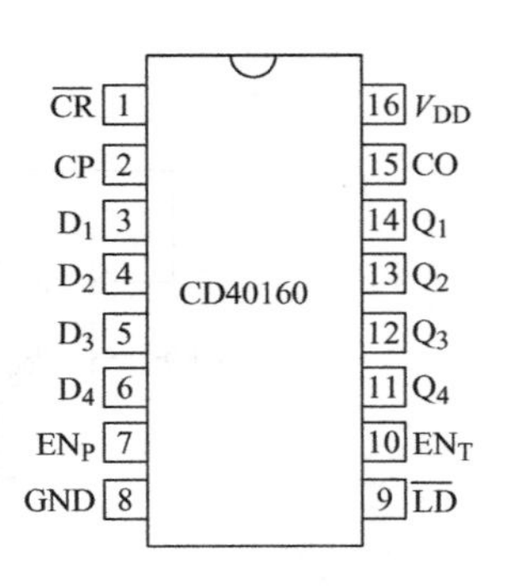

图11-42 CD40160的外引线排列及功能

11-35　可预置数的双进制加/减计数器 CD40192 有哪些特点？

CD40192 的外引线排列及功能如图 11-43 所示。它是一种可逆计数器，特点是采用双时钟的逻辑结构，加法计数和减法计数具有各自的时钟通道，计数方向由时钟脉冲进入的通道决定，采用 8421 编码，且具有进位输出 Q_{CO} 和借位输出 Q_{BO}。加法计数时，CP_D 端为高电平，时钟脉冲由 CP_U 端输入，在上升沿的作用下，计数器做增量计数；减法计数时，CP_U 端为高电平，时钟脉冲由 CP_D 输入，在上升沿的作用下，计数器做减量计数。预置数时，只要在预置数控制端 $\overline{PE}$ 和 CR 端加一个低电平或负脉冲，即可将接在 D_1 ~ D_4 上的预置数传送到各计数单元的输出端。然后 $\overline{PE}$ 端恢复高电平，计数器便可在预置数基础上做加 1 或减 1 计数。只要 CR 端为高电平或正脉冲，Q_1 ~ Q_4 就全部为“0”。当加法计数达到最大值 1001 且加法计数时钟脉冲输入是低电平时，进位输出 Q_{CO} 输出一个负脉冲；当减法计数达到 0000 且减法计数时钟脉冲输入是低电平时，借位输出 Q_{BO} 输出一个负脉冲。

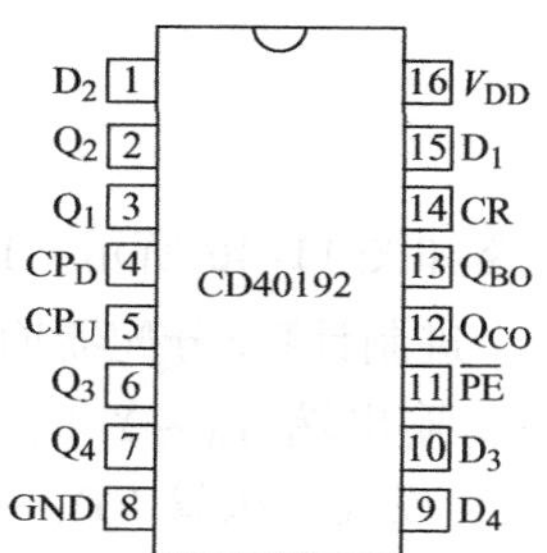

图 11-43　CD40192 的外引线排列及功能

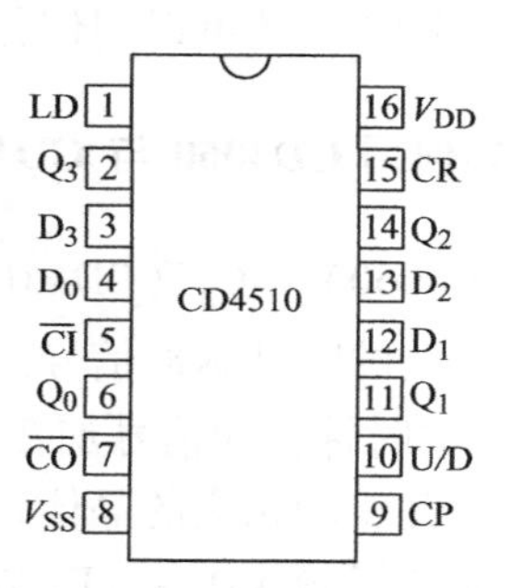

图 11-44　CD4510 的外引线排列及功能

11-36　可预置数的 4 位二进制加/减计数器 CD40193 有哪些特点？

CD40193 除了操作码与 CD40192 不同外，其余和 CD40192 完全相同。

11-37　可预置数的双十进制加/减计数器 CD4510 有哪些特点？

CD4510 的外引线排列及功能如图 11-44 所示。它是一种单时钟可逆计数器，为单时钟通道，加法计数或减法计数由控制线的电位或脉冲来决定，采用 8421 编码。只要 CR 端加高电平或正脉冲，所有输出端就都为 0。$\overline{LD}$ 端加高电平或正脉冲时，即可将 D_0 ~ D_3 上的数据送至 Q_0 ~ Q_3。$\overline{CI}$ 是进位输入端，为了级联方便而设置，当 $\overline{CI}$ 为高电平时，电路不计数；当电路处于正常计数状态时，$\overline{CI}$ 应为低电平。当可逆计数控制端 U/D 为高电平时，计数器执行加法计数；当 U/D 端为低电平时，计数器执行减法计数。$\overline{CO}$ 为进位输出端，它也是借位输出端。在加法计数状态，计数器为 1001（最大）时，$\overline{CO}$ 有进位输出；在减法计数状态，计数器为 0000 时，有借位输出。

11-38　可预置数的 4 位二进制加/减计数器 CD4516 有哪些特点？

CD4516 除了操作码与 CD4510 不同外，其余和 CD4510 完全相同。

11-39 如何用计数器完成计时功能？

计数器的基本功能就是对输入脉冲计数，当输入脉冲是一个精确的时间基准脉冲时，计数器就可以用作计时器或定时器，计数器的进位输出就是定时器输出信号。例如，一个模60计数器对标准秒脉冲（每秒一个脉冲）计数时，该计数器就是秒计数器，进位输出信号就是分脉冲（每分钟一个脉冲）；用另一个模60计数器对分脉冲计数，其输出就是时脉冲（每小时一个脉冲）；再用一个模24计数器对时钟脉冲计数，就可以构成一个完整的计时器，电路如图11-45所示。

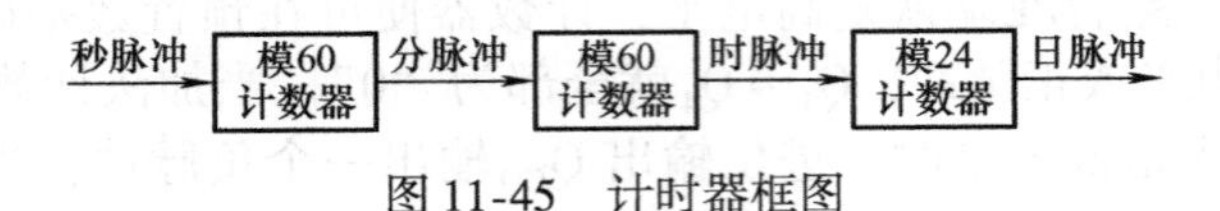

图11-45　计时器框图

除此之外，计数器还可以用作分频器和序列信号发生器。

11-40 如何用CD4060与CD4017组成旋光电路？

由IC_1（CD4060）、IC_2（CD4017）等组成的旋光电路如图11-46所示。IC_1组成脉冲发生器，它产生可调的时钟脉冲信号。IC_2是一个单端输入十进制计数/分配器输出的环形计数器。当IC_1输出的时钟脉冲信号加在IC_2的CP端时，在IC_2输出端Y_0 ~ Y_9的10个端子上依次出现高电平，并驱动相应的晶体管VT_1 ~ VT_{10}依次导通，发光二极管VD_1 ~ VD_{10}也依次点亮。如果将发光二极管VD_1 ~ VD_{10}沿圆周首尾相接排列，就会给人一种旋光的感觉。调节*RP*可改变时钟信号的频率，使旋光的速度发生变化。

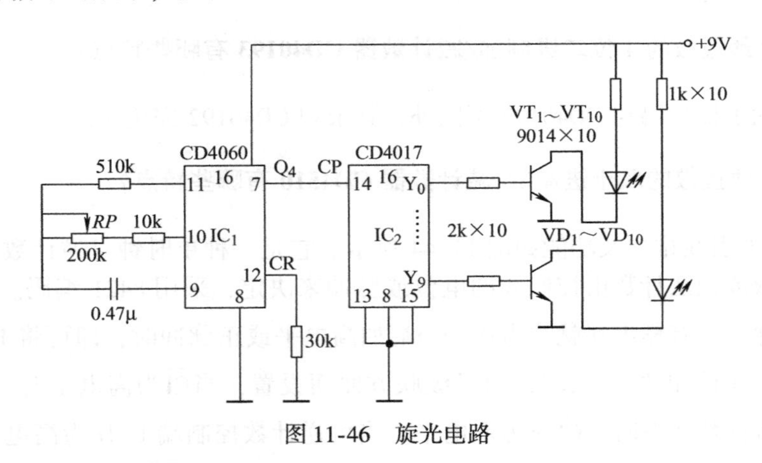

图11-46　旋光电路

11-41 时序电路的分析步骤一般有哪些？

1. 看清电路

根据给定的电路，应仔细确定该电路是同步时序电路还是异步时序电路，是Moore型时序电路还是Mealy型时序电路。

2. 写出方程

方程式包含各触发器的激励函数（即每一个触发器输入控制端的函数表达式，或称为驱动方程），将激励函数再代入相应触发器的特征方程即得到各触发器的次态方程式（又称为状态方程）。对异步时序电路还应写出时钟方程，再根据输出电路写出输出函数。

3. 列出状态真值表

由上述方程，假定一个状态，代入次态方程中就可得到其相应的次态，逐个假定，并用列表表示，即得出状态真值表。

4. 做出状态转换图

根据状态真值表，做出状态迁移图，因为状态迁移图很直观，所以很容易分析其功能。

5. 功能描述

对电路的功能可由文字概括其功能，也可做出时序图或波形图。

11-42 同步时序逻辑电路怎样设计？

在设计时序逻辑电路时，要求设计者根据给出的具体逻辑问题，求出实现这一逻辑功能的逻辑电路，所得到的设计结果应力求简单。本节将首先讨论简单时序电路的设计。这里所说的简单时序电路是指用一组状态方程、驱动方程和输出方程就能完全描述其逻辑功能的时序电路。

当选用小规模集成电路做设计时，电路最简的标准是所用的触发器和门电路的数目最少，且触发器和门电路的输入端数目也最少。而当使用中、大规模集成电路时，电路最简的标准则是使用的集成电路数目最少，种类最少，且相互间的连线也最少。

设计同步时序逻辑电路时，一般按以下步骤进行：

1. 逻辑抽象，得出电路的状态转换图或状态转换表

将要求实现的时序逻辑功能表示为时序逻辑函数，可以用状态转换表的形式，也可以用状态转换图或状态机流程图的形式。这就需要以下几点：

1）分析给定的逻辑问题，确定输入变量、输出变量以及电路的状态数。通常都是取原因（或条件）作为输入逻辑变量，取结果作为输出逻辑变量。

2）定义输入、输出逻辑状态和每个电路状态的含意，并将电路状态按顺序编号。

3）按照题意列出电路的状态转换表或画出电路的状态转换图。

这样，就把给定的逻辑问题抽象为一个时序逻辑函数了。

2. 状态化简

若两个电路状态在相同的输入下有相同的输出，并且转换到同样一个次态，则称这两个状态为等价状态。显然，等价状态是重复的，可以合并为一个。电路的状态数越少，设计出来的电路就越简单。

状态化简的目的就在于将等价状态合并，以求得最简的状态转换图。

3. 状态分配

状态分配又称状态编码。时序逻辑电路的状态是用触发器状态的不同组合来表示的。首先，需要确定触发器的数目 n。因为 n 个触发器共有 2^n 种状态组合，所以为获得时序电路所需的 M 个状态，必须取

$$2^{n-1} < M \leqslant 2^n$$

其次，要给每个电路状态规定对应的触发器状态组合。每组触发器的状态组合都是一组二值代码，因而又将这项工作称为状态编码。在 $M \leqslant 2^n$ 的情况下，从 2^n 个状态中取 M 个状态的组合可以有多种不同的方案，而每个方案中 M 个状态的排列顺序又有许多种。如果编码方案选择得当，那么设计结果可以很简单。反之，编码方案选得不好，设计出来的电路就会复杂得多，这里面有一定的技巧。

此外，为便于记忆和识别，一般选用的状态编码和它们的排列顺序都遵循一定的规律。

4. 求出电路的状态方程、驱动方程和输出方程

因为不同逻辑功能的触发器驱动方式不同，所以用不同类型触发器设计出的电路也不一样。为此，在设计具体的电路前必须选定触发器的类型，选择触发器类型时应考虑到器件的供应情况，并应力求减少系统中使用的触发器种类。

根据状态转换图（或状态转换表）和选定的状态编码、触发器的类型，就可以写出电路的状态方程、驱动方程和输出方程了。

5. 根据得到的方程式画出逻辑图

6. 检查设计的电路能否自启动

如果电路不能自启动，则需采取措施加以解决。一种解决办法是在电路开始工作时通过预置数将电路的状态置为有效状态循环中的某一种；另一种解决方法是通过修改逻辑设计加以解决。

至此，逻辑设计工作已经完成。图 11-47 用框图表示了上述设计工作的大致过程。不难看出，这一过程与分析时序电路的过程正好是相反的。

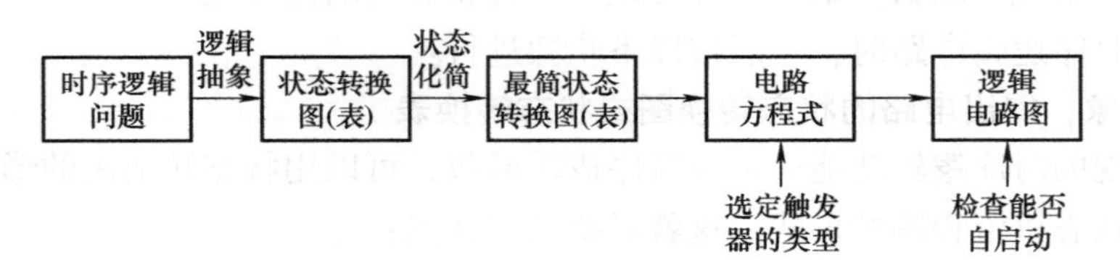

图 11-47　同步时序逻辑电路的设计过程

第12章 脉冲波形的产生和整形电路

12-1 什么是二极管限幅器？

限幅器是一种波形变换或整形电路，当输入信号在一定范围内变化时，输出电压跟随输入电压相应变化，完成信号的传输。而当输入电压超过这一范围时，其超过的部分就被削去，输出电压保持不变。由于限幅器能将一定范围以外的输入波形削去，所以限幅器又称削波器。

根据开关器件二极管的位置不同，限幅电路有三种基本形式，即串联限幅器、并联限幅器和双向限幅器。

其中零偏压串联上限幅电路及工作波形如图12-1所示。

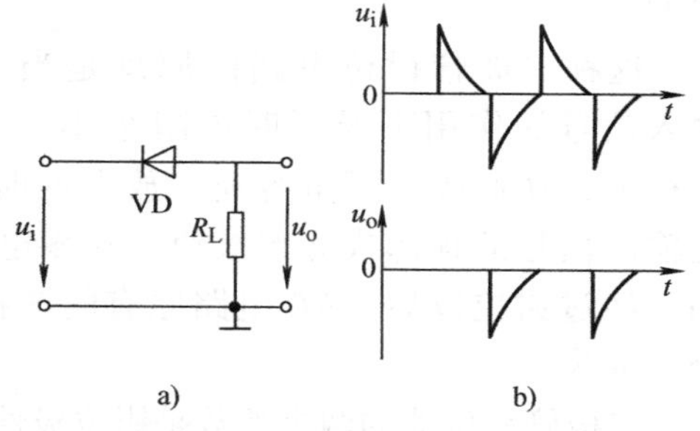

图12-1　二极管限幅器及波形

设VD为理想二极管。当$u_i>0V$时，二极管截止，使$u_o=0V$；当$u_i<0V$时，VD导通，可视作理想开关的接通，使$u_o=u_i$。结果是u_i波形中的一部分（t轴以上或0V以上）被削去，保留了0V以下的部分作为输出，故称为上限幅。所以电路的全称是零偏压串联上限幅电路。若将图12-1所示电路中的二极管VD反接，则构成零偏压串联下限幅电路。

并联限幅器如图12-2所示，双向限幅器如图12-3所示。

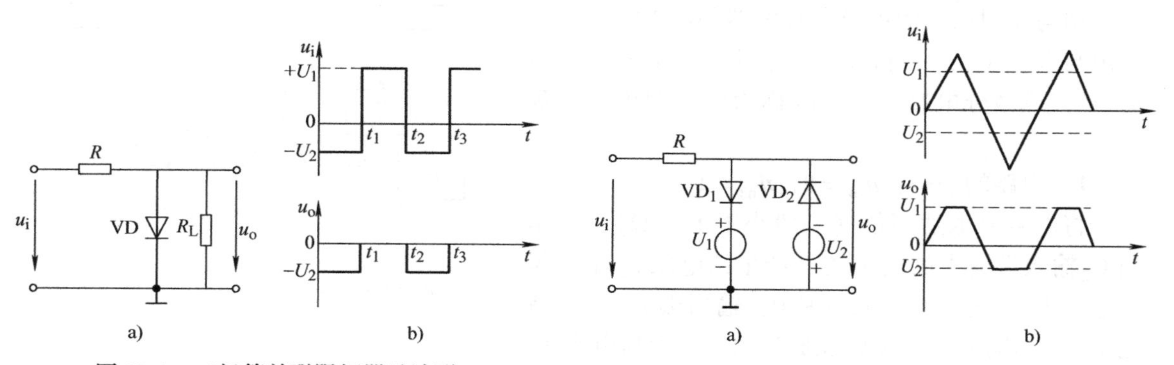

图12-2　二极管并联限幅器及波形

图12-3　二极管双向限幅器及波形

二极管串联限幅器是在二极管截止时起限幅作用，输出等于限幅电平，当二极管导通时输出电压等于输入电压。

二极管并联限幅器是在二极管导通时起限幅作用，输出等于限幅电平，当二极管截止时输出电压等于输入电压。

二极管双向限幅器是同时具有上限幅和下限幅功能的电路。

12-2 什么是二极管钳位器？

所谓钳位，就是把输入电压变成峰值钳制在某一预定电平上的输出电压，而不改变信号。

钳位电路有多种，最简单的是在 RC 耦合电路的输出端（电阻 R 两端）并联一个二极管（称为钳位管），如图 12-4 所示，它是利用二极管的单向导电性使电容的充电速度远高于放电速度，从而让电容电压保持不变来实现钳位的。

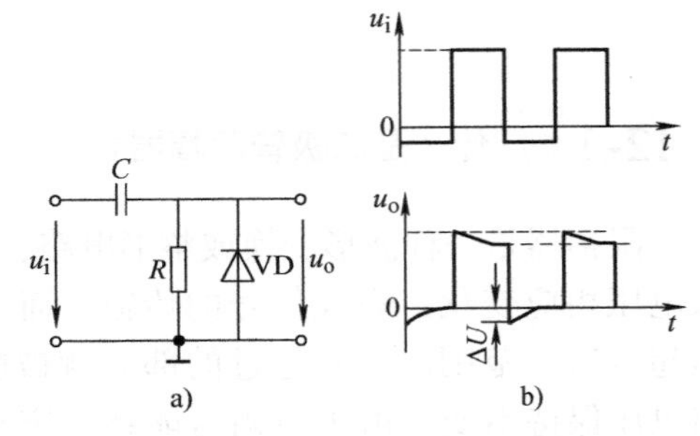

图 12-4　二极管钳位器及波形

这种二极管钳位电路的原理是当二极管在输入信号的作用下导通时电阻很小，截止时电阻很大，从而改变了电容充、放电的时间常数，使输出信号的顶部或底部被钳位在零电平上（这种钳位称为峰值钳位）。由输出信号可知，经过钳位以后，RC 电路原有的渐移现象被限制在信号的第一个周期内，只有第一个脉冲失真。

二极管钳位器的两个参数是钳位极性和钳位电平。改变二极管的接法，就可以改变钳位极性，在输出端支路中接入适当电源，就可以调整钳位电平。

钳位器能将信号经 RC 耦合电路后失去的直流成分再恢复起来，因此常用来做直流恢复器。

12-3 微分型单稳态触发器是如何工作的？

微分型单稳态触发器可由与非门或者或非门构成，用与非门构成的单稳态触发器如图 12-5 所示，它由与非门 G_1、G_2 和 R、C 定时元件组成。其中 R、C 接成微分电路形式，故称为微分型单稳态触发器。

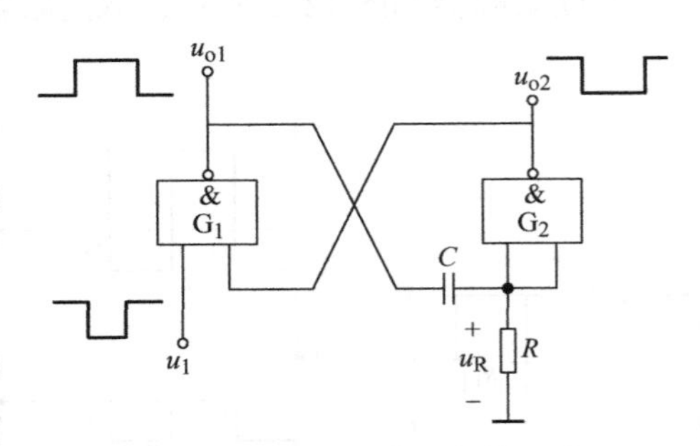

图 12-5　微分型单稳态触发器

1. 电路的稳态：$u_{o1}=0$，$u_{o2}=1$

将电阻 R 取适当值（一般小于 1.4kΩ），与非门 G_2输入端流出的电流经 R 产生的电压 u_R小于阈值电压 U_T，输入端为低电平 0，输出端 u_{o2}则为高电平 1。当输入端未加触发脉冲时，u_i为高电平 1，

与非门 G_1 的输出端 u_{o1} 为低电平 0，此时电路处于稳定状态。

2. 电路的暂稳态：$u_{o1}=1$，$u_{o2}=0$

当输入端 u_i 产生负跳变时，u_{o1} 由低电平跳变为高电平，由于电容器 C 两端电压不能突变，因此 u_R 也产生相应的正跳变，使 G_2 的输出 u_{o2} 从高电平跳变为低电平，这是一个正反馈过程。

$$u_i\downarrow \rightarrow u_{o1}\uparrow \rightarrow u_R\uparrow \rightarrow u_{o2}\downarrow$$

其结果使得 u_{o1} 为高电平 1，u_{o2} 为低电平 0，电路处于暂稳状态。由于 u_{o2} 的反馈作用，即使 u_i 恢复到高电平，u_{o1} 仍为高电平。

3. 电路自行返回稳态

电路在暂稳态期间，u_{o1} 经电阻 R 对电容器 C 充电，u_C 按指数规律上升，u_R 则按指数规律下降，当 u_R 下降到阈值电压 U_T 时，u_{o2} 跳变为高电平，其反馈过程如下：

$$C_{充电} \rightarrow u_C\uparrow \rightarrow u_R\downarrow \rightarrow u_{o2}\uparrow \rightarrow u_{o1}\downarrow$$

其结果使得 u_{o1} 为低电平 0，u_{o2} 为高电平 1，电路返回到稳定状态。暂稳态的持续时间，即输出脉冲的宽度 t_w 与充电时间常数 RC 的大小有关，RC 越大，t_w 越宽。

4. 电路的恢复过程

暂稳态结束时，u_{o1} 由高电平下跳到低电平，u_R 随之下跳，然后电容 C 放电，u_R 逐渐上升，直至恢复到稳态时的数值，这一过程即为恢复过程。恢复过程所需要的时间 t_{re} 的大小与放电时间常数 RC 的大小有关。

单稳态触发器的工作波形如图 12-6 所示。

由波形图可知，只要有一个触发负脉冲，便可输出一个规则的正方波 u_{o1} 和一个负方波 u_{o2}，u_{o1}、u_{o2} 与 u_i 的幅值、形状无关。利用这一特性，可使单稳态触发器对不规则的输入脉冲 u_i 进行整形。

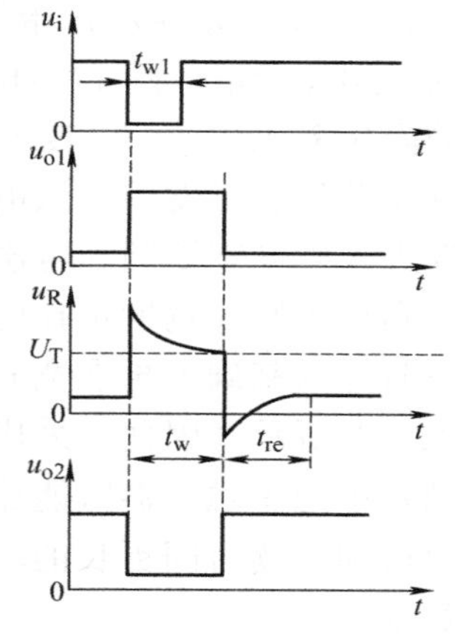

图 12-6　单稳态触发器工作波形

12-4　单稳态触发器主要参数有哪些？

1. 输出脉冲宽度 t_w

输出脉冲的宽度也就是暂稳态的维持时间，可按 RC 电路的瞬态过程进行计算。

$$t_w \approx 0.7RC$$

2. 恢复时间 t_{re}

$$t_{re}=(3\sim5)RC$$

3. 最高工作频率 f_{max}

设触发信号 u_i 的时间间隔为 T，为了使单稳态电路能正常工作，u_i 的最小时间间隔 $T_{min}=t_w+t_{re}$，因此，单稳态触发器的最高工作频率为

$$f_{max}=\frac{1}{T_{min}}\leqslant\frac{1}{t_w+t_{re}}$$

在实际应用中，可选用集成单稳态触发器，如74LS123、74HC221等。

12-5 什么是集成单稳态触发器?

由于集成单稳态触发器外接元器件和连线少，触发方式灵活，既可用输入脉冲的正跃变触发，又可用负跃变触发，使用十分方便，而且工作稳定性好，因此有着广泛的应用。

集成单稳态触发器又分为非重复触发单稳态触发器和可重复触发单稳态触发器，逻辑符号如图12-7a和b所示。图12-7a方框中的限定符号"1 ⎍"表示非重复触发单稳态触发器，该电路在触发进入暂稳态期间如再次受到触发，则对原暂稳态时间没有影响，输出脉冲宽度t_w仍从第一次触发开始计算，如图12-8a所示。图12-7b方框中的限定符号"⎍"表示可重复触发单稳态触发器，该电路在触发进入暂稳态期间如再次被触发，则输出脉冲宽度可在此前暂稳态时间的基础上再展宽t_w，如图12-8b所示。因此，采用可重复触发单稳态触发器时能比较方便地得到持续时间更长的输出脉冲宽度。

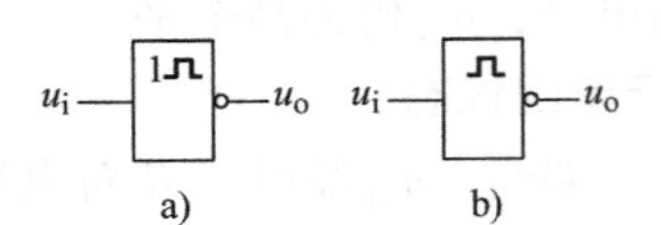

图12-7 单稳态触发器的逻辑符号
a）非重复触发型单稳态触发器 b）可重复触发型单稳态触发器

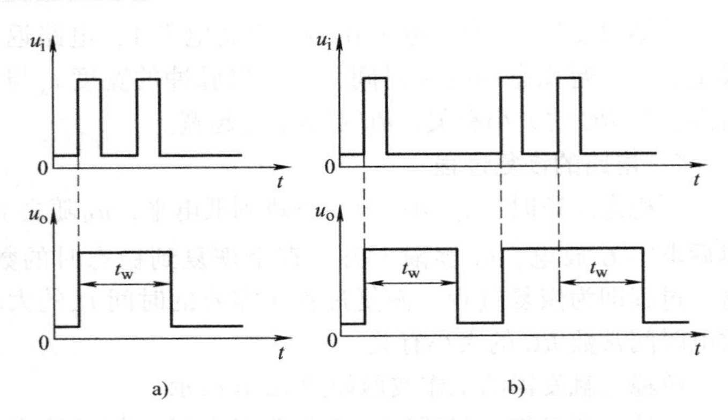

图12-8 单稳态触发器的工作波形
a）非重复触发型单稳态触发器 b）可重复触发型单稳态触发器

12-6 单稳态触发器具有哪些应用?

1. 脉冲整形

脉冲信号在经过长距离传输后其边沿会变差，或者会在波形上叠加某些干扰。为了使这些脉冲信号变成符合要求的波形，这时可利用单稳态触发器进行整形。

2. 脉冲定时

由于单稳态触发器可输出宽度和幅度符合要求的矩形脉冲，因此，可利用它来做定时电路。在图12-9a所示定时电路中，单稳态触发器输出的脉冲u_C可作为与门G导通时间的控制信号。只有在输出u_C为高电平期间，与门G打开，u_B才能通过与门G，这时输出$u_o=u_B$，与门G打开的时间完全由单稳态触发器决定。而在u_C为低电平0时，与门G关闭，u_B不能通过。工作波形如图12-9b所示。

3. 脉冲展宽

当输入脉冲宽度较窄时，可用单稳态触发器展宽。图12-10a所示为利用CT74121组成

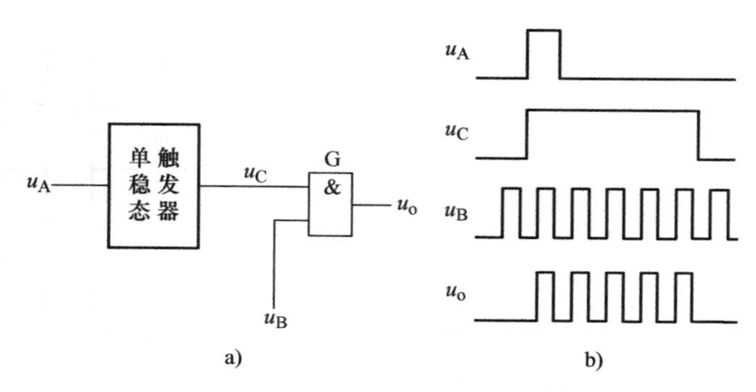

图 12-9　单稳态触发器构成的定时电路和工作波形

a）示意图　b）工作波形

的脉冲展宽电路。只要合理选择 R 和 C 值，便可输出宽度符合要求的矩形脉冲。图 12-10b 所示为工作波形。

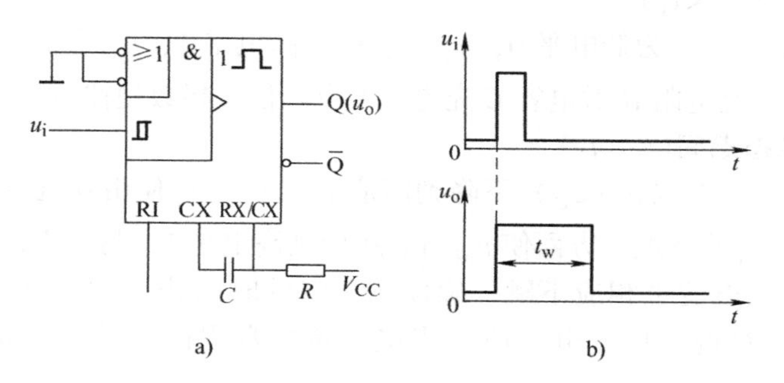

图 12-10　用 CT74121 组成的脉冲展宽电路和工作波形

a）电路图　b）工作波形

12-7　什么是多谐振荡器？

多谐振荡器是一种自激振荡电路，它无需外接触发信号就能产生一定频率和幅值的矩形脉冲波或方波。由于矩形脉冲包含丰富的谐波分量，所以称为多谐振荡器。又因为多谐振荡器在工作过程中不存在稳定状态，故又称为无稳态触发器。多谐振荡器的电路形式很多，常用的有 *RC* 环形多谐振荡器。

12-8　*RC* 环形多谐振荡器是如何工作的？

RC 环形多谐振荡器的电路如图 12-11 所示。三个非门首尾相接，构成一个闭合回路以确保电路振荡。接入 *RC* 电路，既增大了环路的延迟时间，又便于通过改变 R、C 的数值，改变振荡频率。图中电阻 R_i 很小，A 点电位 u_A 近似等于 u_{i3}。电源接通后，电路中各点的电压波形如图 12-12 所示。现取电路振荡后的某一时刻 t_1 为起点，分两个暂稳态来说明一个振荡周期的工作过程。

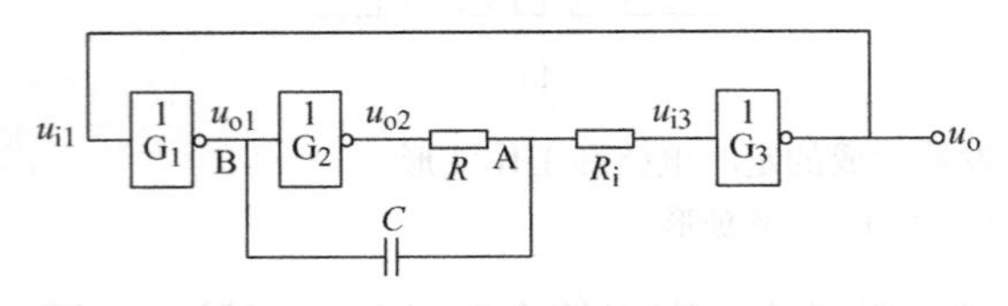

图 12-11 RC 环形多谐振荡器电路

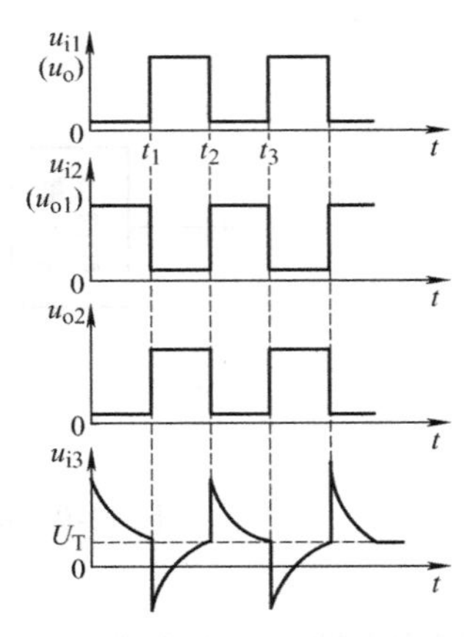

图12-12 多谐振荡器工作波形图

1. 初始状态（$0<t<t_1$）

在初始状态，$u_o(u_{i1})$ 为低电平 0，$u_{o1}(u_{i2})$ 为高电平 1，u_{o2}为低电平 0，电路尚处于前一个暂稳状态，u_{o1}经电阻 R 对电容 C 充电，A 点电位按指数规律下降。

2. 第一个暂稳态期间($t_1\sim t_2$)

在 $t=t_1$时刻，A 点电位 $u_A(u_{i3})$ 下降到阈值电压 U_T，u_o便由 0 跳变到高电平 1，u_{o1}由 1 跳变到低电平 0，u_{o1}的下跳一方面使 u_{o2}由 0 跳变到高电平 1，另一方面由于电容器两端电压不能突变，故 A 点电位也相应下跳，确保在一定的时间内 u_o为高电平 1。在此期间，u_{o2}经电阻 R 对电容 C 进行反充电，使 A 点电位按指数规律上升，只要 $u_A<U_T$，u_o便为高电平 1。

3. 第二个暂稳态期间($t_2\sim t_3$)

在 $t=t_2$时刻，A 点电位 u_A上升到阈值电压 U_T，u_o由高电平跳变到低电平 0，u_{o1}由低电平跳变到高电平 1，u_{o1}的高电平一方面使 u_{o2}由高电平跳变到低电平 0，另一方面由于电容器两端电压不能突变，使得 u_A也相应上跳，确保在一定时间内 u_o为低电平 0。在此期间，u_{o1}经 R 对电容 C 充电，使 A 点电位 u_A按指数规律减小。只要 $u_A>U_T$，u_o便为低电平。当 u_A减小到 U_T时的情况与第一个暂稳态期间的过程相同。

由于电容 C 的充、放电在自动进行，因而在输出端 u_o可以得到连续的方波脉冲。方波的周期由电容充、放电的时间常数决定。采用 TTL 门构成的多谐振荡器周期近似为

$$T\approx 2.2RC$$

RC 环形多谐振荡器振荡频率不仅与电路的充、放电时间常数有关，而且与门电路的阈值电压 U_T有关。由于 U_T容易受温度、电源电压波动等因素影响，故致使振荡频率稳定性较差。

12-9 石英晶体振荡器是如何工作的？

为了提高频率的稳定性，目前多采用在多谐振荡器中串联石英晶体，组成石英晶体振荡器，如图 12-13 所示。反相器 G_1、G_2首尾相接，G_1到 G_2经电容 C_1耦合，G_2到 G_1经 C_2和石英晶体耦合，电阻 R_1、R_2使反相器工作在线性放大区。

石英晶体的频率稳定性非常高，误差只有10^{-11}～10^{-6}，品质因数高，选频特性好。当信号频率等于石英晶体的固有谐振频率f_0时，其等效阻抗近似等于零，而对其他频率的信号均有较大的阻抗，被石英晶体衰减。因此，电路的振荡频率仅取决于石英晶体的固有频率f_0，而与其他元器件的参数无关。该电路产生的波形近似为方波，为了改善输出波形，常在输出端再加一个非门。

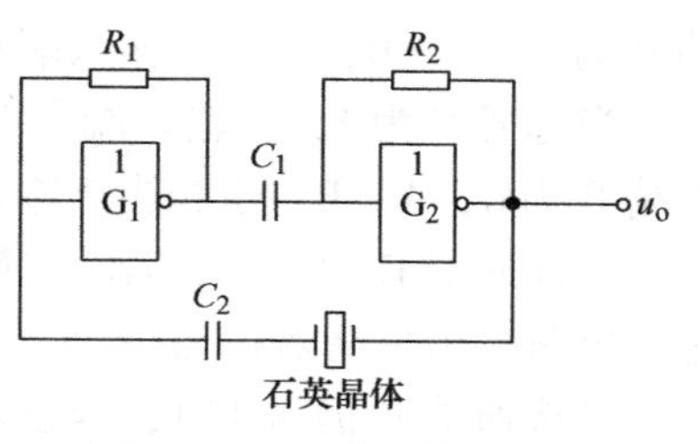

图12-13　石英晶体振荡器

12-10　什么是模拟开关？

模拟开关是一种三稳态电路，它可以根据选通端的电平决定输入端与输出端的状态。当选通端处在选通状态时，输出端的状态取决于输入端的状态；当选通端处于截止状态时，不管输入端电平如何，输出端都呈高阻状态。模拟开关在电子设备中主要起接通信号或断开信号的作用。由于模拟开关具有功耗低、速度快、无机械触点、体积小和使用寿命长等特点，因而在自动控制系统和计算机中得到了广泛应用。

12-11　模拟开关电路是怎样工作的？

模拟开关电路由两个或非门、两个场效应晶体管及一个非门组成，如图12-14a所示，图12-14b所示为其电路符号。模拟开关的真值表见表12-1。

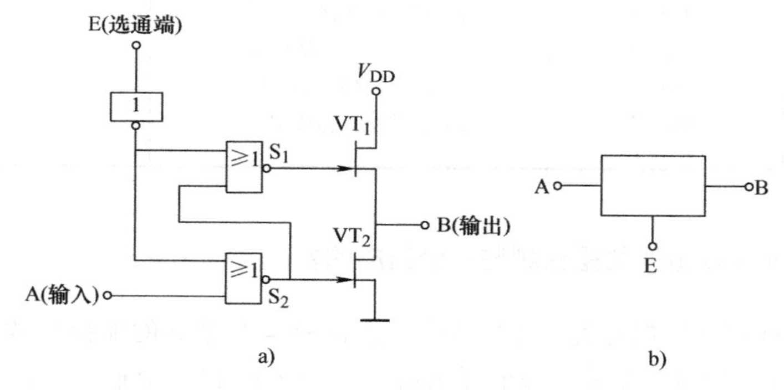

图12-14　模拟开关电路
a）电路　b）符号

表12-1　模拟开关的真值表

E	A	B
1	0	0
	1	1
0	0	高阻状态
	1	高阻状态

模拟开关的工作原理如下：

当选通端E和输入端A同为1时，S_2端为0，S_1端为1，这时VT_1导通，VT_2截止，输出端B为1，A=B，相当于输入端和输出端接通。

当选通E为1，而输入端A为0时，S_2端为1，S_1端为0，这时VT_1截止，VT_2导通，输出端B为0，A=B，也相当于输入端和输出端接通。

当选通端E为0时，若输入端A为1，则S_2和S_1端均为0，这时VT_1和VT_2均为截止状态，电路输出呈高阻状态。

当选通端E仍为0时，若输入端A也为0，则S_2为0，S_1也为0，这时VT_1和VT_2均为截止状态，电路输出也呈高阻状态。

从上面的分析可以看出，只有当选通端E为高电平时，模拟开关才会被接通，此时可从A向B传送信息；当输入端A为低电平时，模拟开关关闭，停止传送信息。

12-12 常用的CMOS模拟开关有哪些?

根据电路的特性和集成度的不同，CMOS模拟开关可分为很多种。常用模拟开关的型号、名称及特性见表12-2。

表12-2 常用的模拟开关

类别	型号	名称	特点
模拟开关	CD4066	4双向模拟开关	4组独立开关、双向传输
多路模拟开关	CD4051	8选1模拟开关	电子位移、双向传输、地址选择
	CD4052	双4选1模拟开关	同上
	CD4053	3组2路双向模拟开关	同上
	CD4067	单16通道模拟开关	同上
	CD4097	双8通道多路模拟开关	同上
	CD4529	双4路或单8路模拟开关	同上

12-13 CD4066模拟开关是由哪些部分组成的?

CD4066是一种双向模拟开关，在集成电路内部有4个独立的能控制数字及模拟信号传输的模拟开关，如图12-15所示。每个开关有一个输入端和一个输出端，它们可以互换使用，还有选通端（又叫控制端)，选通端为高电平时，开关导通；选通端为低电平时，开关截止。使用时选通端不允许悬空。

12-14 CD4066在采样保持电路中起何作用?

CD4066在采样保持电路中是作为模拟开关使用的。采样保持电路如图12-16所示。模拟信号U_i从运算放大器的同相输入端输入。当CD4066模拟开关控制端为高电平时，模拟开关导通，电容C被充电至U_i，这个过程称为输入信号的采样。当采样结束时，模拟开关控制端为低电平，模拟开关断开。由于模拟开关断开时电阻高达$10^8\Omega$以上，且运算放大器A_2的输入阻抗也极高，故电容C上可以保持采样信号。

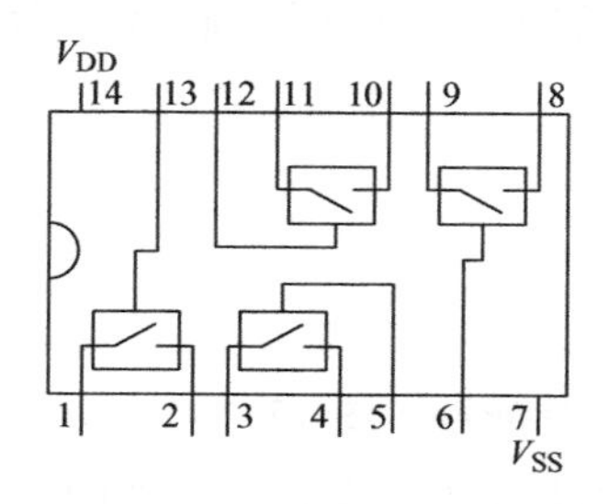

图 12-15 CD4066 引脚图

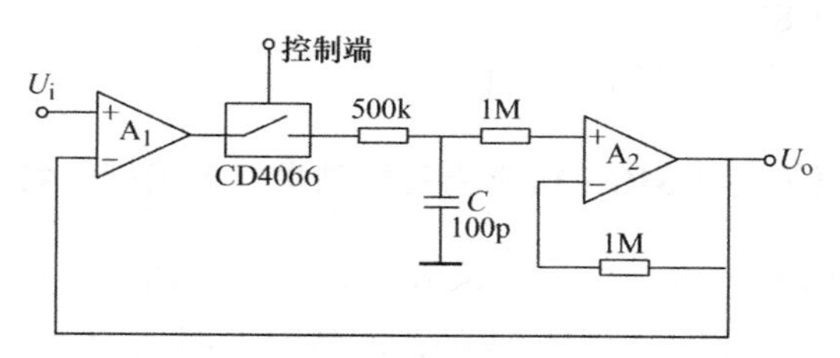

图 12-16 采样信号保持电路

12-15 什么是施密特触发器？

施密特触发器最重要的特点是能够把变化缓慢的输入信号整形成边沿陡峭的矩形脉冲。同时，施密特触发器还可利用其回差电压来提高电路的抗干扰能力。它是由两级直流放大器组成的，电路如图 12-17所示。

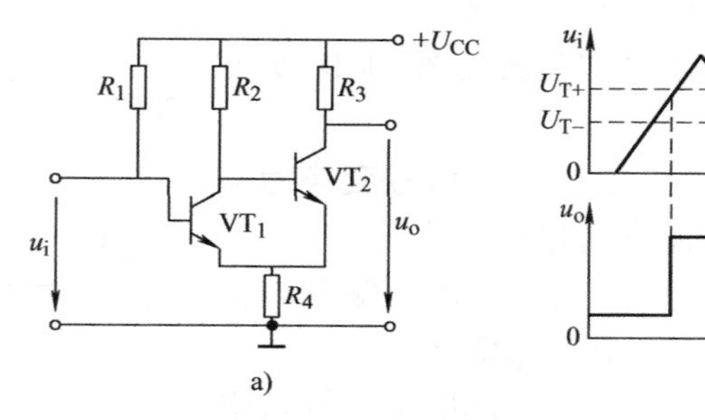

图 12-17 施密特触发器及波形

两只晶体管的发射极连接在一起。该电路也有两个稳定状态，但它是靠电位触发的。它的两个稳态分别为VT_1饱和、VT_2截止与VT_2饱和、VT_1截止。两个稳态的相互转换取决于输入信号的大小，当输入信号电位达到接通电位且维持在大于接通电位时，电路保持为某一稳态。当输入信号电位降到断开电位且维持在小于断开电位时，电路迅速翻转且保持在另一状态。该电路常用于电位鉴别、幅度鉴别以及对任意波形进行整形。

12-16 TTL 集成施密特触发门电路有何特点？

施密特触发器的应用十分广泛，因此，TTL 和 CMOS 数字集成电路中都有施密特触发器。集成施密特触发器具有较好的性能，其正向阈值电压 U_{T+}和负向阈值电压 U_{T-}也很稳定，有很强的抗干扰能力，使用也十分方便。

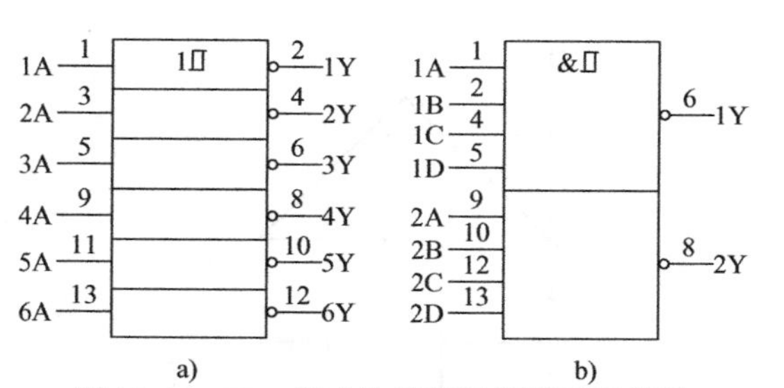

图 12-18 TTL 集成施密特触发器逻辑符号
a）施密特触发六反相器 b）施密特触发双 4 输入与非门

图 12-18 所示为 TTL 集成施密特触发器逻辑符号，图 12-18a 所示为施密特触发六反相器 CT7414 和 CT74LS14 的逻辑符号，它有六个独立的施密特反相器；图 12-18b 所示为施密特触发双 4 输入与非门 CT7413 和 CT74LS13 的逻辑符号。

TTL 集成施密特触发器有以下特点：

1）可将变化非常缓慢的信号变换成上升沿和下降沿都很陡直的脉冲信号。

2）具有阈值电压和回差电压温度补偿，故电路性能的一致性好，通常回差电压$\Delta U_T=0.8V$。

3）具有很强的抗干扰能力。

12-17 CMOS集成施密特触发门电路有何特点？

图12-19所示为CMOS4000系列施密特触发门电路的逻辑符号。图12-19a所示为施密特触发六反相器CC40106的逻辑符号；图12-19b所示为施密特触发四2输入与非门CC4093的逻辑符号。电源电压V_{DD}变化时，对CMOS施密特触发器的电压传输特性也会产生一定的影响。通常V_{DD}增大时，正向阈值电压U_{T+}、负向阈值电压U_{T-}和回差电压ΔU_T也会相应增大；反之，则会减小。由于集成CMOS施密特触发器受到内部参数离散性的影响，因此，其U_{T+}和U_{T-}也有较大的离散性。

CMOS集成施密特触发器具有以下特点：

1）可将变化非常缓慢的信号变换为上升沿和下降沿很陡直的脉冲信号。

2）当电源电压V_{DD}一定时，触发阈值电压稳定，但其值会随V_{DD}变化。

3）电源电压V_{DD}变化范围宽，输入阻抗高，功耗极小。

4）抗干扰能力很强。

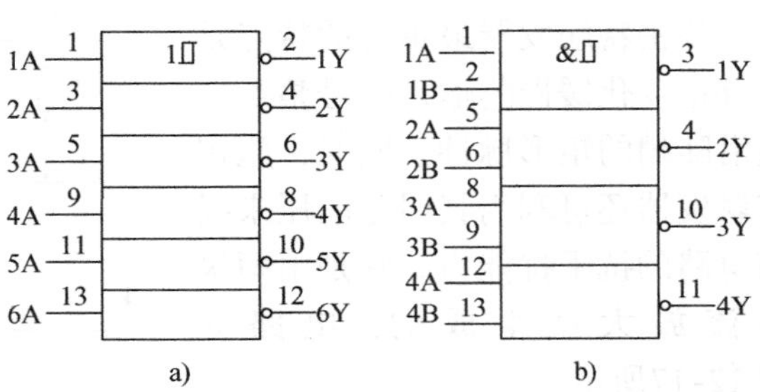

图12-19 CMOS施密特触发器逻辑符号
a）六反相器 b）四2输入与非门

12-18 施密特触发器有哪些应用？

1. 用于波形变换

施密特触发器可用于将三角波、正弦波及其他不规则信号变换成矩形脉冲。图12-20和图12-21所示分别为用施密特触发器将三角波和正弦波变换成同周期的矩形脉冲。

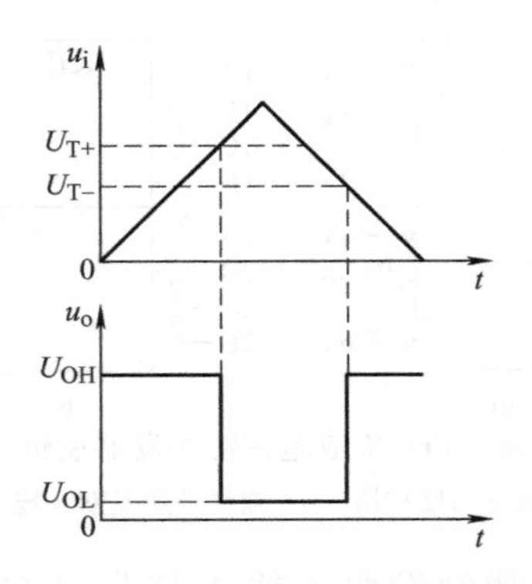

图12-20 施密特触发器的工作波形

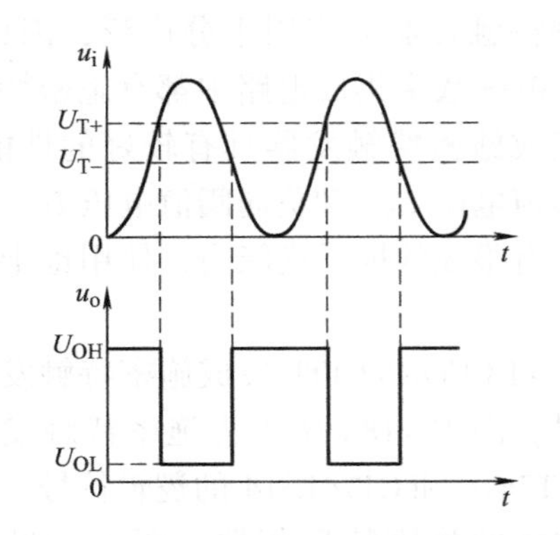

图12-21 用施密特触发器实现波形变换

2. 用于脉冲整形

当传输的信号因受到干扰而发生畸变时，可利用施密特触发器的回差特性，将受到干扰的信号整形成较好的矩形脉冲，如图 12-22 所示。

3. 用于脉冲幅度鉴别

当输入信号为一组幅度不等的脉冲，而要求将幅度大于 U_{T+} 的脉冲信号挑选出来时，可用施密特触发器对输入脉冲的幅度进行鉴别，如图 12-23 所示。这时，可将输入幅度大于 U_{T+} 的脉冲信号选出来，而幅度小于 U_{T+} 的脉冲信号则被去掉。

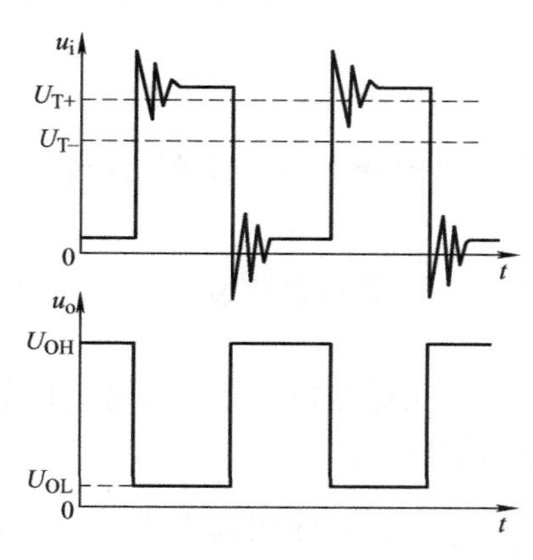

图 12-22　用施密特触发器整形

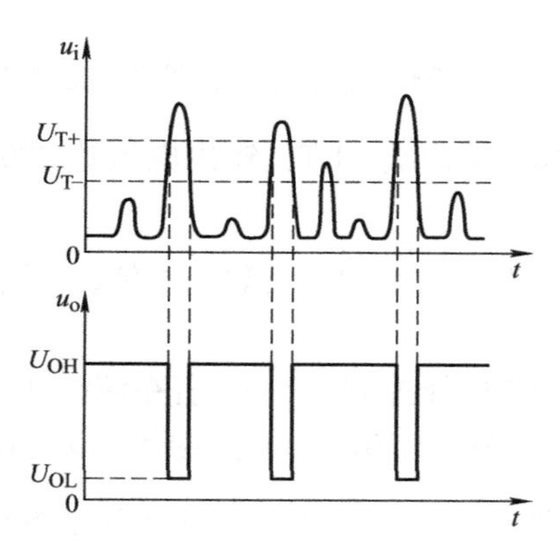

图 12-23　用施密特触发器鉴别脉冲幅度

12-19　555 定时器电路是由哪些部分组成的？

555 定时器是一种模拟电路和数字电路相结合的中规模集成电路，其内部结构及引脚排列如图 12-24 所示，它由分压器、比较器、基本 R－S 触发器和放电晶体管等部分组成。

扫一扫，看视频

单极型定时器一般接有输出缓冲级，以提高驱动负载的能力。分压器由三个 5kΩ 的等值电阻串联而成，“555” 由此而得名。分压器为比较器 A_1、A_2 提供参考电压，比较器 A_1 的参考电压为 $\frac{2}{3}V_{CC}$，加在同相输入端，比较器 A_2 的参考电压为 $\frac{1}{3}V_{CC}$，加在反相输入端。比较器由两个结构相同的集成运算放大器 A_1、A_2 组成。高电平触发信号加在 A_1 的反相输入端，与同相输入端的参考电压比较后，其结果作为基本 R－S 触发器 $\overline{R}_D$ 端的输入信号；低电平触发信号加在 A_2 的同相输入端，与反相输入端的参考电压比较后，其结果作为基本 R－S 触发器 $\overline{S}_D$ 端的输入信号。基本 R－S 触发器的输出状态受比较器 A_1、A_2 的输出端控制。

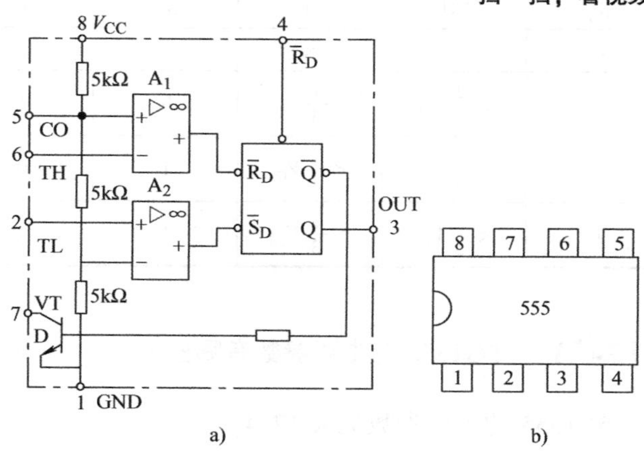

图 12-24　集成 555 定时器
a）电路图　b）引脚排列图

12-20 555 定时器各引脚的功能是什么？

① 脚为接地端 GND。

由上述可得 555 定时器的功能表见表 12-3。

② 脚为低触发端 TL，当输入的触发电压高于$\frac{1}{3}V_{CC}$时，A_2输出高电平 1；当输入电压低于$\frac{1}{3}V_{CC}$时，A_2输出低电平 0，使 R－S 触发器置 1。

③ 脚为输出端 OUT，输出电流达 200mA，可直接驱动继电器、发光二极管、扬声器、指示灯等。

④ 脚为复位端 $\overline{R}_D$，低电平有效，输入负脉冲时，触发器直接复 0。平时 $\overline{R}_D$保持高电平。

⑤ 脚为电压控制端 CO，若在该端外加一个电压，则可改变比较器的参考电压值。此端不用时，一般用 0.01μF 电容接地，以防止受干扰电压的影响。

⑥ 脚为高触发端 TH，当输入的触发电压低于$\frac{2}{3}V_{CC}$时，A_1输出高电平 1；当输入电压高于$\frac{2}{3}V_{CC}$时，A_1输出低电平 0，使 R－S 触发器复 0。

⑦ 脚为放电端 D，当 R－S 触发器的 $\overline{Q}$ 端为高电平 1 时，放电晶体管 VT 导通，外接电容器通过 VT 放电，晶体管起放电开关的作用。

⑧ 脚为电源电压 V_{CC}，当外接电源在允许范围内变化时，电路均能正常工作。

表 12-3　555 定时器功能表

$\overline{R}_d$	TH	TL	$\overline{R}_D$	$\overline{S}_D$	Q	$\overline{Q}$	OUT
0	×	×	×	×	0	1	0
1	$>\frac{2}{3}V_{CC}$	$>\frac{1}{3}V_{CC}$	0	1	0	1	0
1	$<\frac{2}{3}V_{CC}$	$<\frac{1}{3}V_{CC}$	1	0	1	0	1
1	$<\frac{2}{3}V_{CC}$	$>\frac{1}{3}V_{CC}$	1	1	保持原状态		

12-21 5G1555 的主要参数有哪些？

5G1555 的主要参数见表 12-4。

表 12-4　5G1555 时基电路参数表

参数名称	测试条件	规　范
电源电压范围		4.5～18V
静态功耗	$U_{CC}=15V$	120mW

（续）

参数名称	测试条件	规　范
输出电流	$U_{CC}=15V$	200mA
触发电压	$U_{CC}=15V$	4.8～5.2V
触发电流	$U_{CC}=15V$	≤1μA
复位电压	$U_{CC}=15V$	≤0.4V
复位电流	$U_{CC}=15V$	≤100μA
时间误差	$U_{CC}=15V$	≤15%
时间误差温漂	$U_{CC}=15V$	0.03%/℃
时间误差电压漂移	$U_{CC}=15V$	0.03%/V
输出端低电平	$U_{CC}=15V$ 注入 50mA	0.5V
输出端高电平	$U_{CC}=15V$ 驱动 50mA	13.3V
输出上升时间	$U_{CC}=15V$	≤150ns
最高振荡频率	$U_{CC}=15V$	300kHz

12-22　如何利用 555 定时器组成单稳态触发器？

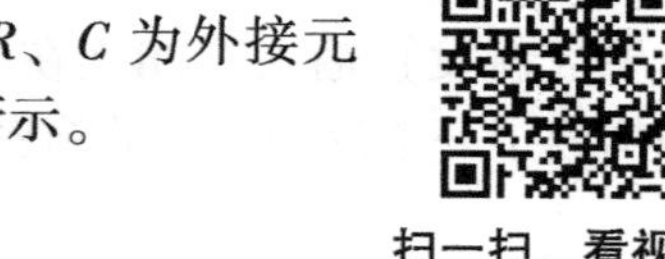
扫一扫，看视频

用 555 定时器组成的单稳态触发器如图 12-25a 所示。R、C 为外接元件，触发信号 u_i 由②端输入。电路的工作波形如图 12-25b 所示。

1. 电路的稳态（$0\sim t_1$）

在 $0\sim t_1$ 期间，u_i 为高电平 1，其值大于 $\frac{1}{3}V_{CC}$，故比较器 A_2 输出为 1，即 $\overline{S}_D=1$。

此间，若 R－S 触发器的初始状态 Q＝1，$\overline{Q}=0$，则晶体管 VT 截止，电容 C 被充电，当 $u_C\geqslant\frac{2}{3}V_{CC}$ 时，比较器 A_1 输出 0，即 $\overline{R}_D=0$，使 R－S 触发器复 0；若 R－S 触发器的初始状态 Q＝0，$\overline{Q}=1$，则晶体管 VT 导通，电容 C 经晶体管放电，当 $u_C<\frac{2}{3}V_{CC}$ 时，比较器 A_1 输出为 1，即 $\overline{R}_D=1$，由于 $\overline{S}_D=1$，则 R－S 触发器状态不变。所以，在触发负脉冲未加入时，Q＝0，输出 u_o 为 0 是电路的稳定状态。

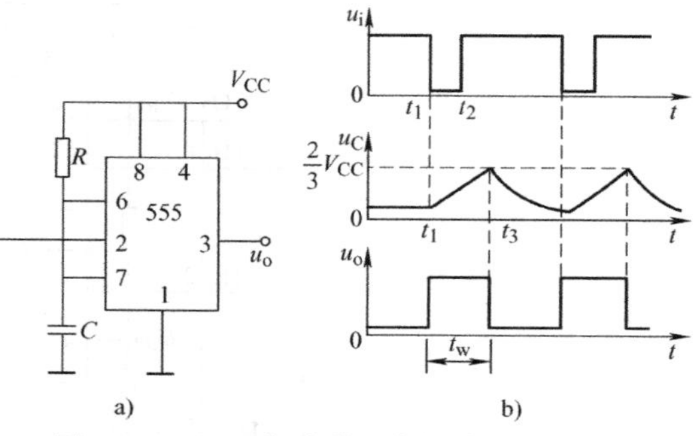

图 12-25　555 定时器组成的单稳态电路
a）电路图　b）工作波形图

2. 电路的暂稳状态（$t_1\sim t_3$）

在 t_1 时刻，输入触发负脉冲，其幅值小于 $\frac{1}{3}V_{CC}$，比较器 A_2 输出为 0，R－S 触发器置 1，即 Q＝1，$\overline{Q}=0$，此时，输出端 $u_o=1$，电路进入暂稳状态。在暂稳态期间，晶体管 VT 截止，电源经 R 对电容 C 充电。在 $t=t_3$ 时刻，$u_C=\frac{2}{3}V_{CC}$，比较器 A_1 输出为0，即 $\overline{R}_D=0$，由于在 t_2 时刻，u_i 已恢复到高电平，故 A_2 输出为1，即 $\overline{S}_D=1$，R-S触发器复0，使输出 u_o 恢复为低电平0。此后电容 C 迅速放电，为下次触发做好准备。

如果 u_i 是一串负脉冲，则在电路的输出端可得到一串矩形脉冲，其电压波形如图12-25b所示。

输出脉冲的宽度 t_w 与充电时间常数 RC 有关

$$t_w = RC\ln3 = 1.1RC$$

当一个触发脉冲使单稳态触发器进入暂稳状态后，在 t_w 时间内的其他触发脉冲对电路不起作用，因此，触发脉冲 u_i 的周期必须大于 t_w，才能保证 u_i 的每一个负脉冲都能有效地触发。

12-23 如何利用555定时器组成施密特触发器？

施密特触发器可将输入变化缓慢的波形整形成为符合数字电路要求的矩形脉冲。由于其具有滞回特性，所以具有较强的抗干扰能力，因此，它在脉冲的整形和产生方面有着广泛的应用。

应用555定时器可组成施密特触发器，将定时器5G555的高电平（阈值）输入端TH和低电平（触发）输入端$\overline{\text{TR}}$连在一起，作为触发信号 u_i 的输入端，并从OUT端取输出 u_o。如此便构成了一个反相输出的施密特触发器，电路结构如图12-26所示。

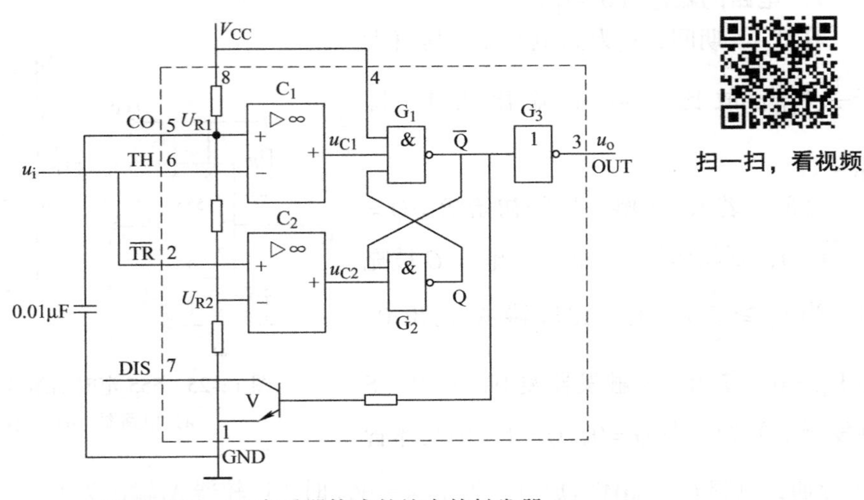

图12-26 555定时器构成的施密特触发器

扫一扫，看视频

12-24 由555定时器构成的楼梯照明灯控制电路是怎样工作的？

单稳态触发器可以构成定时电路，与继电器、晶闸管或驱动放大电路配合，可实现自动控制、定时开关的功能。图12-27所示为一个常用的楼梯照明灯的控制电路。平时照明灯不亮，按下开关SB，照明灯点亮，经一定时间后照明灯自动熄灭。

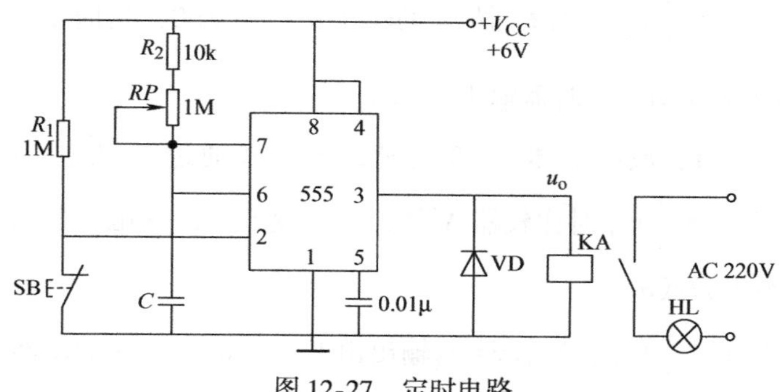

图 12-27　定时电路

由 555 定时器构成的单稳态触发器接通 +6V 电源后，由于开关 SB 处于常开位置，②端为高电平。电路进入稳态后，触发器输出端 OUT 为低电平，继电器 KA 无电流通过，串联在照明电路的常开触点不能闭合，照明灯不亮。

按下开关 SB 时，②端被接地，相当于在低触发端输入了一个负脉冲，使电路由稳态转入暂稳状态，输出端 OUT 为高电平，继电器 KA 有电流流过，其常开触点闭合，照明电路被接通，照明灯被点亮；经过时间 t_w后，电路自行恢复到稳态，输出端 OUT 为低电平，照明灯熄灭。暂稳态的持续时间为 t_w，即灯亮的时间，改变电路中电阻 *RP* 或电容 *C*，均可改变 t_w。

12-25　555 定时器组成多谐振荡器的工作原理是什么？

由 555 定时器组成的多谐振荡器如图 12-28a 所示，其中 R_1、R_2和电容 *C* 为外接元件。其工作波形如图 12-28b 所示。

设电容的初始电压 $u_C=0$。$t=0$ 时接通电源，由于电容电压不能突变，所以高、低触发端 $TH=TL=0<\frac{1}{3}V_{CC}$，比较器 A_1 输出为高电平，A_2 输出为低电平，即 $\overline{R}_D=1$，$\overline{S}_D=0$，R－S触发器置 1，定时器输出 $u_o=1$。此时 $\overline{Q}=0$，定时器内部放电晶体管截止，电源 V_{CC}经 R_1、R_2向电容 *C* 充电，u_C逐渐升高。当 u_C上升到$\frac{1}{3}V_{CC}$时，A_2输出由 0 翻转为 1，这时$\overline{R}_D=\overline{S}_D=1$，R－S 触发器保持状态不变。所以 $0<t<t_1$期间，定时器输出 u_o为高电平 1。

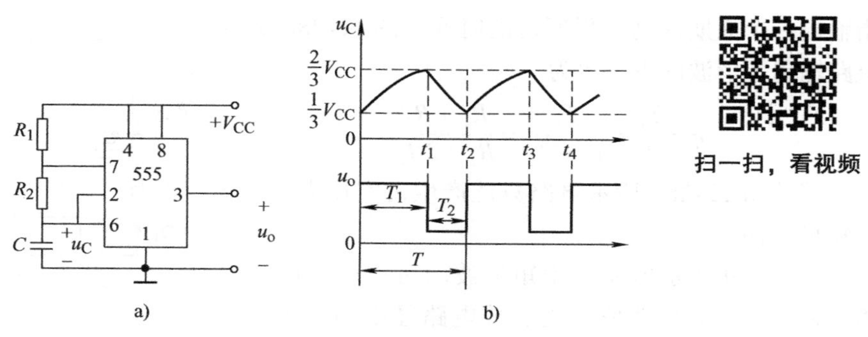

图 12-28　555 定时器组成的多谐振荡器
a）电路图　b）工作波形图

$t=t_1$时刻，u_C上升到$\frac{2}{3}V_{CC}$，比较器 A_1的输出由 1 变为 0，这时 $\overline{R}_D=0$，$\overline{S}_D=1$，R－S 触发器复 0，定时器输出 $u_o=0$。

$t_1<t<t_2$期间，$\overline{Q}=1$，放电晶体管 VT 导通，电容 C 通过 R_2放电。u_C按指数规律下降，当 $u_C<\frac{2}{3}V_{CC}$时比较器 A_1输出由 0 变 1，R－S 触发器的 $\overline{R}_D=\overline{S}_D=1$，Q 的状态不变，$u_o$的状态仍为低电平。

$t=t_2$时刻，u_C下降到$\frac{1}{3}V_{CC}$，比较器 A_2输出由 1 变为 0，R－S 触发器的 $\overline{R}_D=1$，$\overline{S}_D=0$，触发器置 1，定时器输出 $u_o=1$。此时电源再次向电容 C 充电，重复上述过程。

通过上述分析可知，电容充电时，定时器输出 $u_o=1$，电容放电时，$u_o=0$，电容不断地进行充、放电，输出端便获得矩形波。多谐振荡器无外部信号输入，却能输出矩形波，其实质是将直流形式的电能变为矩形波形式的电能。

12-26 555 定时器组成多谐振荡器的振荡周期为多大？

由图 12-28b 可知，振荡周期 $T=T_1+T_2$。T_1为电容充电时间，T_2为电容放电时间。

充电时间

$$T_1=(R_1+R_2)C\ln 2=0.7(R_1+R_2)C$$

放电时间

$$T_2=R_2C\ln 2=0.7R_2C$$

矩形波的振荡周期

$$T=T_1+T_2=0.7(R_1+2R_2)C$$

改变 R_1、R_2和电容 C 的数值，便可改变矩形波的周期和频率。由 555 定时器组成的多谐振荡器最高工作频率可达 500kHz。

12-27 什么是占空比？如何调整占空比？

对于矩形波，除了用幅度、周期来衡量外，还有一个参数是占空比 q，$q=\frac{\text{脉宽}\ t_w}{\text{周期}\ T}$，$t_w$指输出一个周期内高电平所占的时间。图 12-28a 所示电路输出矩形波的占空比为

$$q=\frac{T_1}{T}=\frac{T_1}{T_1+T_2}=\frac{R_1+R_2}{R_1+2R_2}$$

因此图 12-28a 所示电路只能产生占空比大于 0.5 的矩形脉冲。

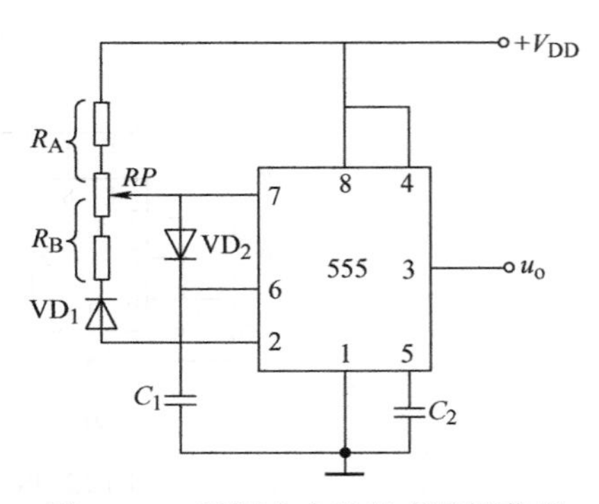

图 12-29　可调占空比的多谐振荡器

图 12-29 所示电路产生矩形波的占空比可以根据需要调整，这是因为它的充、放电路径不同。当输出 u_o为高电平时，电源经 R_A、VD_2对电容 C_1充电；当 u_o为低电平时，电容 C_1经 D_1、R_B放电。调节电阻 RP 即

可改变充、放电时间，从而改变矩形脉冲的占空比。

$$q=\frac{R_A}{R_A+R_B}$$

12-28 由555定时器组成的定时插座是如何工作的？

这里介绍的是一种延时定时器电路，其定时时间可在0～150min内连续调节，既可定时供电，也可定时断电。

电路如图12-30所示，由时基集成电路构成的单稳态电路构成。220V交流电压经变压器B降压、全桥整流、电容滤波后得到约12V直流电压，为定时电路供电。当按一下启动按钮AN，低电平通过AN加至IC的②脚使IC置位，③脚输出高电平。当闭/断选择开关S接“3”位时，继电器J_1吸合，其常开触点J_{1-1}、J_{1-2}闭合，给插座CZ送电。同时恒流管V的源极开始对定时电容C_2充电。当C_2两端电压充到2/3电源电压时，IC状态翻转，③脚变为低电平，J_1断电释放，J_{1-1}、J_{1-2}断开，停止对CZ的供电，实现定时断电功能。供电时间可由RP、C_2的取值近似估算。当S置“1”位时，继电器J_1的状态恰好相反，即按下启动按钮后J_1释放，经延时后吸合，故电路为定时供电功能。调整RP能改变延时时间的长短，本电路的定时时间在0 ～150min可调。

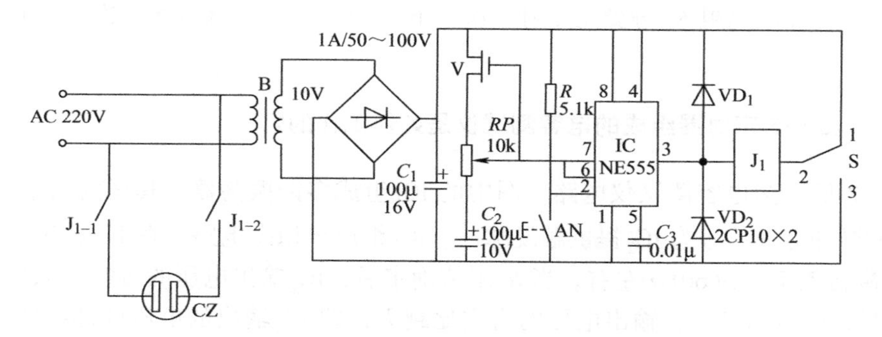

图12-30 能定时闭断的定时器插座电路

IC选用NE555、μA555、LM555等时基集成电路。VT选用场效应晶体管3DJ6F。C_2选用漏电小的电解电容，当要求定时准确度较高时可选CA型钽电容。J_1选用直流电阻为450Ω、工作电压为12V的小型继电器，如JRX－4F，触点容量为交流220V、3A。全桥选用1A/50～100V全桥。T选用信号灯小型变压器，规格为220V/10V。电路安装完毕后，可在RP旋钮的对应面板上进行刻度划分，以方便使用时选择定时时间。

12-29 由555定时器组成的光控开关是如何工作的？

图12-31所示为光控开关电路。当无光照时，光敏电阻R_G的阻值远大于R_3、R_4，由于R_3、R_4阻值相等，故此时555②、⑥脚的电平为$1/2V_{CC}$，输出端③脚输出低电平，继电器K不工作，其常开触点K_{1-1}将被控电路置于关机状态。当有光照射到光敏电阻R_G上时，R_G的阻值迅速变得小于R_3、R_4，并通过C_1并联到555②脚与地之间。由于无光照时$U_O=0$，555⑦脚与地导通，C_1两端的电压为0，因而在R_G阻值变小的瞬间，会使555②脚电位迅速下降

到 $1/3V_{CC}$ 以下，处于低电平，触发电路翻转，输出端 U_O 为高电平，继电器吸合，其触点 K_{1-1} 闭合，使被控电路置于开机状态。当光照消失后，R_G 的阻值迅速变大，使555②脚电平为 $1/2V_{CC}$，555 输出仍保持在高电平状态，此时555⑦脚呈截止状态，C_1 电容经 R_1、R_2 充电到电源电压 V_{CC}。若再有光照射光敏电阻 R_G，则 C_1 上的电压经阻值变小的 R_G 加到555②脚，使②脚的电位大于 $2/3V_{CC}$，导致电路翻转，输出端 U_O 由高电平变为低电平，继电器 K 被释放，被控电路又回到关机状态。

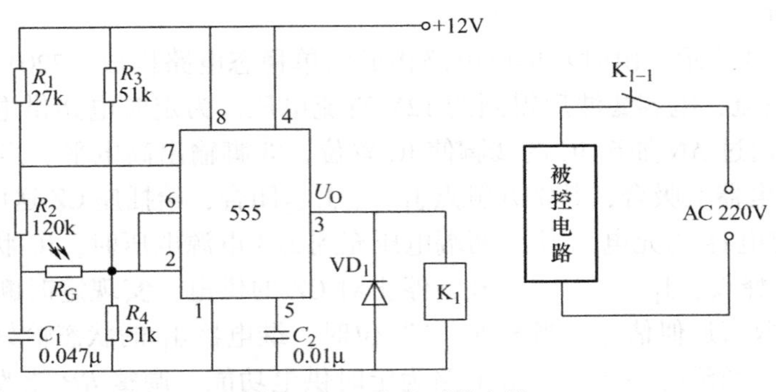

图 12-31　光控开关电路

由此可见，光敏电阻 R_G 每受光照射一次，电路的开关状态就转换一次，起到了光控开关的作用。

12-30　由 555 定时器组成的电容测试仪是如何工作的？

图 12-32 所示为电容测试仪电路。图中的 IC_1 组成多谐振荡器，其振荡频率在 60Hz 左右，输出的脉冲方波信号为 IC_2 提供触发脉冲。IC_3 组成单稳态电路，在 IC_1 输出脉冲的触发下，IC_2 的翻转频率也为 60Hz 左右。当 R_1 阻值确定后，IC_2 输出电压的占空比取决于待测电容 C_x 的容量，C_x 容量越大，输出电压的占空比越大，即 IC_2 输出的电压脉冲越宽。IC_3 及其外围电路组成滤波和电压跟随电路，其中 C_5 起滤波作用。输出电压 U_O 等于 IC_3 ③脚的电压，它是 IC_2 输出脉冲经阻容滤波后的平均值。这种电路中，待测电容 C_x 与输出电压 U_O 之间有着很好的线性关系。

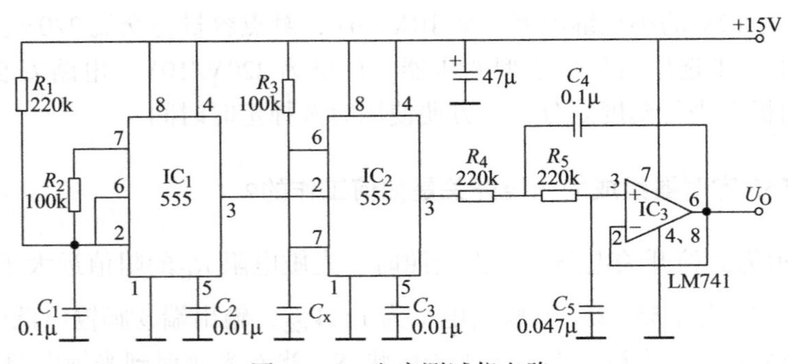

图 12-32　电容测试仪电路

12-31　由 555 定时器组成的触摸式语音车铃是如何工作的？

图 12-33 所示为触摸式语音车铃电路。IC_1组成单稳态电路，IC_2为语言集成电路。单稳态电路 IC_1在稳态时，其③脚输出为低电平，语音集成电路不工作，扬声器不发声。当用手触摸电极片 A 时，人体感应的杂散信号经 C_1加到 IC_1的触发输入端，使单稳态电路翻转并进入暂态，其③脚输出为高电平，该电平经 C_4滤波和 VD_1稳压后得到 4.5V 的直流电压，为 IC_2供电。由于 IC_2的触发端②脚与 V_{DD}端相接，故 IC_2在触发的同时也得电，在其输出端输出语音信号。该语音信号经 VT_1放大后驱动扬声器发出“请让路，谢谢”的语言声响。

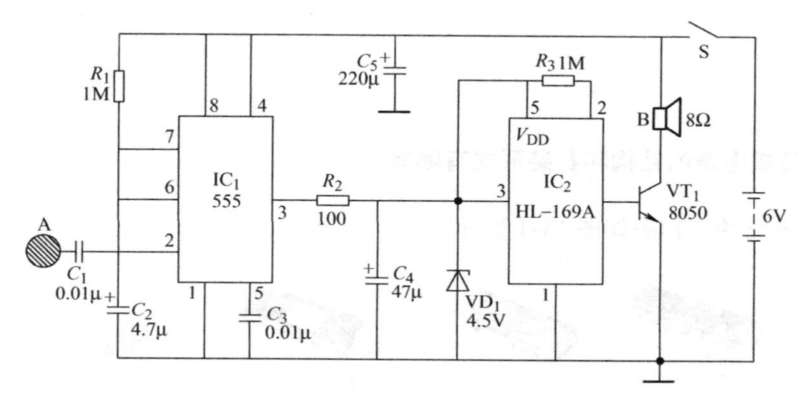

图 12-33　触摸式语音车铃电路

每触摸一次电极片 A，IC_1翻转的暂态时间为 5s，电路发出两次语音声响。

第13章 集成电路识图

13-1 集成电路的结构和封装形式有哪些？

部分集成电路的实物图如图 13-1 所示。

图 13-1　部分集成电路的实物图

集成电路以体积小、耗电少、寿命长、可靠性高、功能全等特性，远优于晶体管等分立器件，在电视机、录像机、组合音响、电子仪表以及计算机等电子设备中得到广泛应用。

集成电路是在同一块半导体材料上，利用各种不同的加工方法，同时制作出许多极其微小的电阻、电容及晶体管等电路元器件，并将它们相互连接起来，使之具有特定的电路功能。半导体集成电路是 20 世纪 60 年代开始发展起来的一种新型电子元器件，它具有体积小、重量轻、可靠性高以及成本低廉等一系列优点，所以发展十分迅速，不仅在军事、航天等方面中采用，而且在家用电器中也随处可见。近几年来，随着电子技术的迅猛发展，集成电路已大量进入现代电子技术领域。

半导体集成电路的封装形式有晶体管式的圆管壳封装、扁平封装和双列直插式封装及软封装等几种，如图 13-2 所示。

在晶体管式封装中，半导体芯片被封装在晶体管壳内，有 8 ~ 14 条引线，以适应整个电

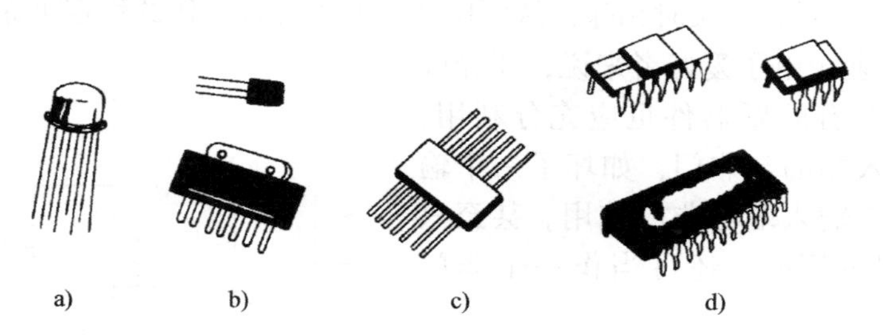

图 13-2　集成电路封装形式
a）圆形　b）直列扁平封装　c）扁平形　d）双列直插式

路中各种电源、输入、输出及接其他外接元器件引线连接的需要。

扁平封装中，芯片被封装在扁平的长方形外壳中，引线从外壳的两边或四边引出。引线数目较多，可达 60 条以上。在电路外壳上打印有电路的型号、厂标及引脚顺序标记。

双列直插式封装是当前集成电路中最广泛采用的封装形式。它与扁平封装式相比，具有封装牢固，可自动化生产，成本低，以及可采用管座插接在印制电路板上等优点。双列直插式电路有 8 线、14 线、16 线、18 线、20 线、24 线、28 线和 40 线等数种。引线的数目根据电路芯片引出端功能而定。

13-2　如何正确选用集成电路？

怎样正确合理选用集成电路，对初学者来说是一个至关重要的问题，需从以下几点进行考虑：

1）根据电路设计要求，正确选用集成电路。在业余制作条件下，凡能用分立元器件的，不必采用集成电路，因为集成电路价格较高。确定使用集成电路，主要从三个方面考虑，即速度、抗干扰能力和价格。

集成电路中表示开关速度的参数是平均传输延迟时间 t_{pd} 和最高工作频率 f_m。t_{pd} 是指脉冲信号通过门电路后上升沿时延和下降沿时延的平均值；f_m 表示电路可以工作的上限频率。

在数控装置中，对器件速度的要求一般并不高，而抗干扰能力却是较突出的问题。因为生产现场往往有各种干扰，如电动机的起动及电焊机、点焊机工作时产生的干扰信号。干扰信号会使数字电路发生误动作，造成设备故障，因此必须采用抗干扰能力较强的 HTL 型集成电路。

2）选择集成电路器件时应尽量采用同一系列的，还要考虑到备件的来源，否则会给制作和维修带来不便。由于历史的原因，现市场上除了国产的品种以外，还流入了大量国外的集成电路。本书建议读者采用国产集成电路，因为不仅不怕缺货，而且国产元器件质量优良，完全可以满足业余制作电子装置的性能要求。

3）集成电路电参数的优劣与其稳定性没有直接关系。电参数好的，可靠性不一定高，电参数差的，可靠性不一定低。因此，不一定要使用高档产品，从节约观点出发，电参数稍差的产品经过筛选，照样可以用得很好。较简单的方法是将器件放在高温（120～200℃）和低温（−40～60℃）的箱内，各存放 8 小时以上，再在温度为 40～60℃、相对温度为 95%～98% 的温湿箱内存放十几小时，然后测试它们的参数，剔除不合格的器件，这样可使集成块内的隐患及早暴露，及时剔除，从而保证了电子装置工作的稳定可靠。

4）对青少年业余电子爱好者来说，要养成节约的好习惯，对有问题器件也应充分利用。例如，有四个输入端的与非门，如坏了一个输入端，则还可当三输入端与非门使用。甚至只剩下一个输入端可用时，还可当作一个非门使用。

5）对剩余不用的输入端，一般有悬空、并联和接高电位三种处理方法，如图13-3所示。

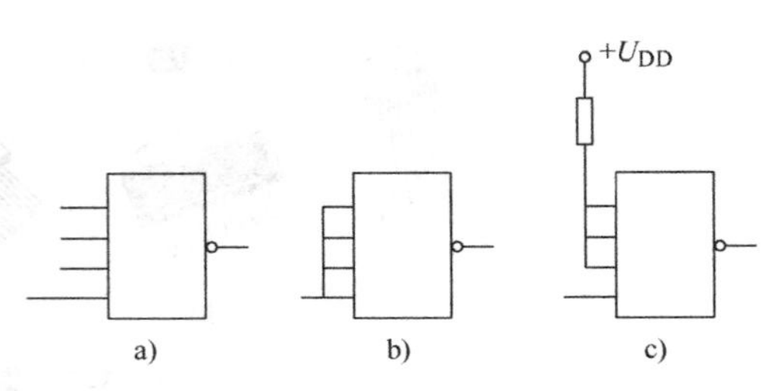

图13-3 集成电路剩余引脚的三种处理方法
a）悬空 b）并联 c）接高电位

与非门的输入端悬空时，从逻辑功能上讲，相当于接高电位，TTL电路用万用表实测，悬空端电位正常时是1.5V，如果低于1V，则说明这个输入端已经损坏，不能使用。因此，悬空不会影响其他输入端的逻辑功能，但输入端悬空对外来干扰十分敏感。把不用的输入端和使用的输入端并联，由于各个发射结并联，使得输入电容值提高，抗干扰能力下降。把不用的输入端通过电阻接高电位，这个方法对抗干扰有利，但对电源电压的稳定性要求较高。

6）集成电路焊接时，应使用不超过40W的电烙铁，并应把电烙铁的外壳良好接地，且焊接时间不宜过长。所用焊剂宜采用松香酒精溶液，不能使用有腐蚀性的焊剂。需要更换集成电路时，必须关机切断电源。

13-3 集成电路有哪些优缺点？

1. 集成应用电路的特点

1）大部分应用电路不画出内电路框图，这对识图不利，尤其在初学者进行电路工作分析时更为不利。

2）对初学者而言，分析集成电路的应用电路比分析分立元器件的电路更为困难，这是由于对集成电路内部电路不了解。实际上识图也好、修理也好，集成电路比分立元器件电路更为方便。

3）对集成电路应用电路而言，大致了解集成电路内部电路和详细了解各引脚作用的情况下，识图是比较方便的。这是因为同类型集成电路具有规律性，在掌握了它们的共性后，可以方便地分析许多同功能不同型号的集成电路应用电路。

2. 集成电路的主要优点

集成电路有其独特的优点，归纳起来有以下几点：

1）电路简单。由于采用了集成电路，从而简化了整机电路的设计、调试和安装，特别是采用一些专用集成电路后，整机电路显得更为简单。

2）性价比高。相对分立元器件电路而言，采用集成电路构成的整机电路性能指标更高，与分立电子元器件电路相比，集成电路的成本、价格更低。例如，集成运算放大电路的增益之高、零点漂移之小是分立电子元器件电路无法比拟的。

3）可靠性强。集成电路具有可靠性高的优点，从而提高了整机电路工作的可靠性，提高了电路的工作性能和一致性。另外，采用集成电路后，电路中的焊点大幅度减少，出现虚焊的可能性下降，使整机电路工作更为可靠。

4）能耗较小。集成电路还具有耗电小、体积小、性价比高等优点。同一功能的电路，采用集成电路要比采用分立电子元器件电路的功耗小许多。

5）故障率低。由于集成电路的故障发生率相对分立元器件电路而言比较低，所以降低了整机电路的故障发生率。

3. 集成电路的主要缺点

集成电路的主要缺点有下列几个方面：

1）电路拆卸困难。集成电路的引脚很多，给修理、拆卸集成电路带来了很大的困难，特别是引脚很多的四列集成电路，拆卸更加困难。

2）修理成本增加。当集成电路内电路中的部分电路出现故障时，通常必须整块更换，增加了修理成本。

3）故障判断不便。相对分立电子元器件电路而言，在检修某些特殊故障时，准确地判断集成电路故障不太方便。

13-4 常用集成电路的图形符号有哪些？

集成电路图是由很多元器件采用不同的图形符号及文字符号，通过一定的组合形式连接在一起的。对图形符号和文字符号掌握的多少及熟悉程度将直接影响对集成电路图的识读深度及速度。

集成电路的图形符号是以图形的形式对集成电路各方面的信息尽量详细、准确地描述。在图形符号方面，以前的旧图样和资料、国外的一些公司提供的图样资料，以及目前采用的按新的国家标准绘制的图样资料，这些不同时期、不同来源的图样资料，实现同一功能的集成电路的基本符号可能是完全不同的，这也会给识图带来一定的难度。现以数字集成电路的基本门电路来看，表 13-1 给出几种不同的常用集成电路图形符号对照，第 2 列为现在国家标准给出的图形符号；第 3 列为过去一直沿用的旧的图形符号；第 4 列为部分国外资料中常用的图形符号。

表 13-1　不同时期的几种常用集成电路图形符号对照

名　　称	新符号	旧符号	国外常用符号
集成运算放大器	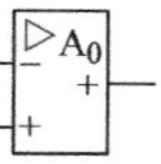 ▷ A_0 − + +	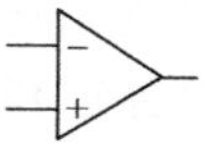 − +	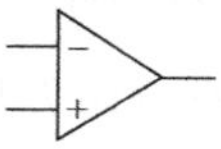 − +
与　　门	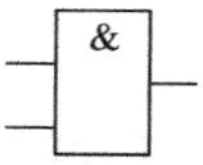 &	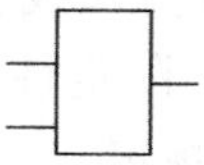	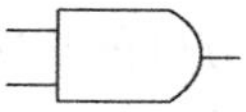
或　　门	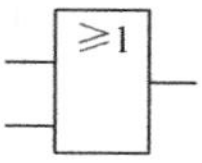 ≥1	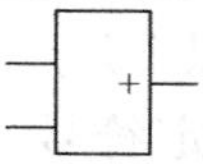 +	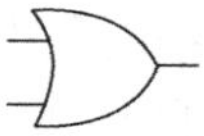
非　　门	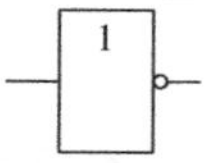 1	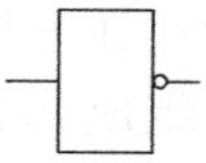	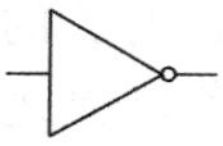
与非门	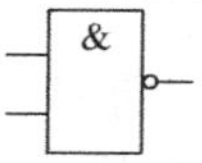 &	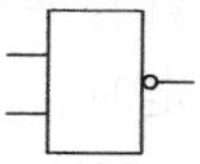	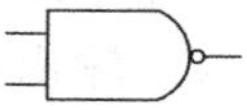

（续）

名　　称	新符号	旧符号	国外常用符号
或非门	≥1	+	
异或门	=1	⊕	
同或门	=1	⊙	

由表13-1可见，从识图角度，应该对各种图形符号都认识，这样才能读懂不同时期、不同来源的图样。但在绘制和设计电路图时，一定要以我国新颁布的国家标准来制图。

我国为了与国际接轨，在电气图样元器件描述及画法等各方面与国际电工委员会所订标准力求一致，也先后制订、修改了一系列国家标准。其中GB/T 4728.12—2008《电气简图用图形符号　第12部分：二进制逻辑元件》是由国家标准化管理委员会颁布的用于绘制二进制逻辑单元电路的符号标准。逻辑图的主要组成部分是二进制逻辑单元图形符号。

GB/T 4728.12—2008的图形符号不仅能表达一般二进制逻辑元件的逻辑功能，并且还可以根据二进制逻辑元件的图形符号写出该电路的逻辑表达式。当然为了做到这一点，二进制逻辑元件的图形符号本身也要相应复杂一些。由于二进制逻辑元件的图形符号是逻辑图的主要组成部分，而逻辑图又是当前广泛使用的一种电气图，因此了解和熟悉二进制逻辑单元图形符号是绘制和阅读各种集成逻辑电路图的基础。

13-5 常用数字集成电路图符号的构成有哪些？

GB/T 4728.12—2008规定所有二进制逻辑单元的图形符号皆由方框（或方框的组合）和标注其上的各种限定性符号及使用时附加的输入线、输出线等组成，对方框的长宽比没有限制。限定性符号在方框上的标注位置应符合图13-4中的规定。

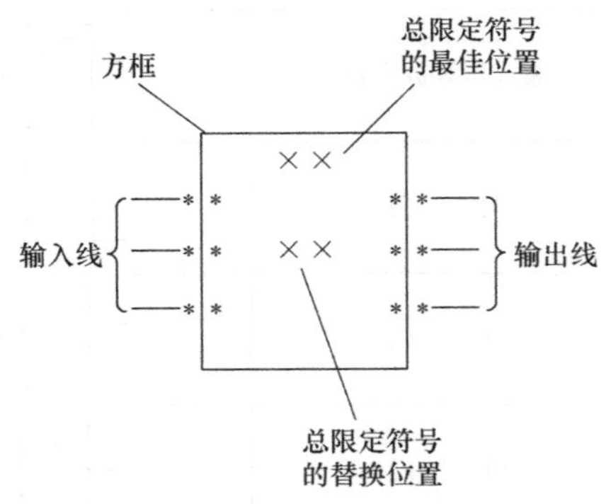

图13-4　限定性符号在方框上的位置

应用单元图形符号应注意以下几点：

1）图中的××表示总限定符号，*表示与输入、输出有关的限定符号。标注在方框外的字母和其他字符不是逻辑单元符号的组成部分，仅用于对输入端或输出端的补充说明。只有当单元的功能完全由输入、输出的限定符号决定时，才不需要总限定符号。

2）方框的长宽比是任意的，主要由输入、输出线数量及电路图的总体布局决定。

3）为了节省图形所占的篇幅，除了图13-4所示的方框外，还可以使用公共控制框和公共输出单元框。图13-5a中给出了公共控制框的画法。公共控制框表示电路的一个或多个输入（或输出）端与一个以上单元电路所共有。

在图13-5b所示的例子中，当a端不加任何限定符号时，该图表示输入信号a同时加到每个受控的阵列单元上（每个阵列单元的逻辑功能应加注限定符号予以说明）。

4）图13-6a所示为公共输出单元框的画法。单元框是基本方框，公共控制框和公共输出单元框是在此基础上扩展出来的，用于缩小某些符号所占面积，以增强表达能力。

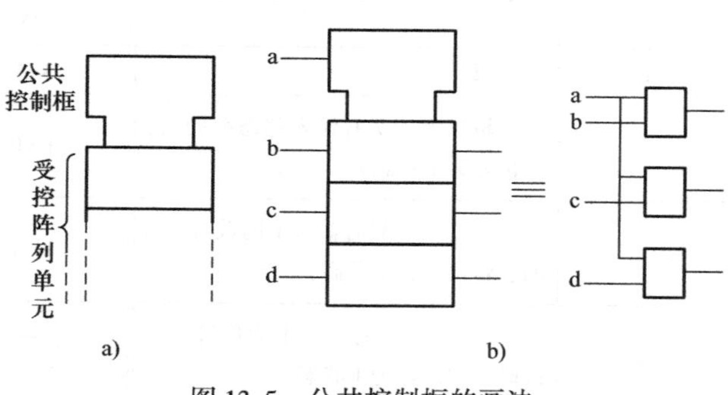

图13-5　公共控制框的画法

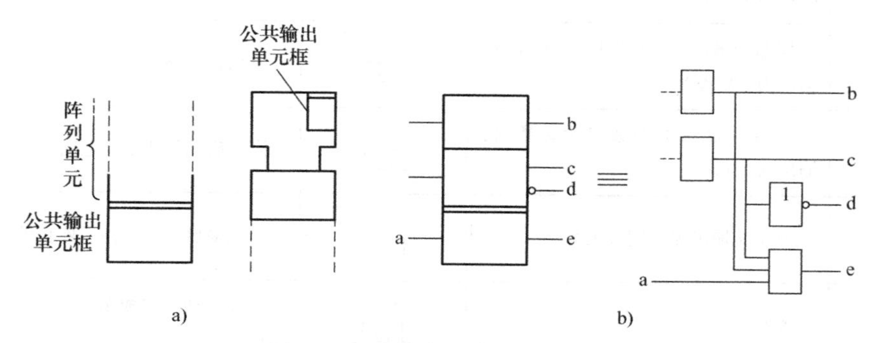

图13-6　公共输出单元框的画法

图13-6b所示的例子表示b、c和a同时加到了公共输出单元框上（公共输出单元的逻辑功能应另加注限定符号予以说明）。

5）输入线和输出线最好分别放在图形符号相对的两边，并应与符号框线垂直。通常规定输入线在左侧、输出线在右侧，或者输入线在上部，输出线在下部。有时，为了保持图面清晰简单，允许个别图形符号采用其他方位。

13-6　常用数字集成电路总限定性符号有哪些？

由于所有逻辑单元符号的外形都是方框或方框的组合，所以图形本身已失去了表示逻辑功能的能力，这就必须加注各种限定性符号来说明逻辑功能。

总限定符号用来表示逻辑单元总的逻辑功能。这里所说的逻辑功能是指符号框内部输入与输出之间的逻辑关系。

限定符号由总的限定性符号（主符号）和输入输出限定性符号（包括方框内和方框外）组成。主符号表示方框功能的主要部分，例如，& 表示与功能；≥1 表示或功能等。当单元的功能完全由输入输出的限定性符合决定时，可省去主符号。

表13-2中列出了若干常用的总限定符号及其表示的逻辑功能。

表 13-2 常用的总限定符号

符号	说明	符号	说明
&	与	MUX	多路选择
≥1	或	DX	多路分配
=1	异或	X/Y	编码、代码转换
=	逻辑恒等（所有输入状态相同时，输出才为1状态）	I=0	触发器的初始状态为0
≥m	逻辑门槛（只有输入1的数目≥m时，输出才为1状态）	I=1	触发器的初始状态为1
=m	等于m，（只有输入1的数目等于m时，输出才为1状态）	1⊓	不可重复触发的单稳态电路
>n/2	多数（只有多数输入为1时，输出才为1状态）	⊓	可重复触发的单稳态电路
2k	偶数（输入1的数目为偶数时，输出为1状态）	G ⊓⊓	非稳态电路
2k+1	奇数（输入1的数目为奇数时，输出为1状态）	!G ⊓⊓	同步启动的非稳态电路
1	缓冲（输出无专门放大）	G! ⊓⊓	完成最后一个脉冲后停止的非稳态电路
▷	缓冲放大/驱动	!G! ⊓⊓	同步启动、完成最后一个脉冲后停止的非稳态电路
*⎍	滞回特性	SRGm	m位的移位寄存
*◇	分布连接、点功能、线功能	CTRm	循环长度为 2^m 的计数
Σ	加法运算	CTRDIVm	循环长度为m的计数
P−Q	减法运算	ROM**	只读存储
Π	乘法运算	PROM**	可编程只读存储
COMP	数值比较	RAM**	随机存储
ALU	算术逻辑单元	TTL/MOS	由TTL到MOS的电平转换
CPG	先行（超前）进位	ECL/TTL	由ECL到TTL的电平转换

注：1. *用说明单元逻辑功能的总限定符号代替。

2. **用存储器的“字数×位数”代替。

13-7 常用数字集成电路中与输入输出有关的限定符号有哪些？

这一类限定符号用来描述某个输入端或输出端的具体功能和特点。常用的符号和它们的功能见表13-3。

表 13-3 与输入、输出有关的限定符号

符 号	说 明	符 号	说 明
	逻辑非，示在输入端	<	数值比较器的“小于”输入
	动态输入（内部 1 状态与外部从 0 到 1 的转换过程对应，其他时间内部逻辑状态为 0）	=	数值比较器的“等于”输入
	带逻辑非的动态输入（内部 1 状态与外部从 1 到 0 的转换过程对应，其余时间内部逻辑状态为 0）	CI	运算单元的进位输入
	带极性指示符的动态输入（内部 1 状态与外部电平从 H 到 L 的转换过程对应，其余时间内部逻辑状态为 0）	BI	运算单元的借位输入
	具有滞回特性的输入/双向门槛输入		逻辑非，示在输出端
EN	使能输入		延迟输出
R	存储单元的 R 输入		开路输出（例如开集电极，开发射极，开漏极，开源极）
S	存储单元的 S 输入		H 型开路输出（输出高电平时为低输出内阻）
J	存储单元的 J 输入		L 型开路输出（输出低电平时为低输出内阻）
K	存储单元的 K 输入		无源下拉输出（与 H 型开路输出相似，但不需要附加外部元件或电路）
D	存储单元的 D 输入		无源上拉输出（与 L 型开路输出相似，但不需要附加外部元件或电路）
T	存储单元的 T 输入	▽	三态输出
E	扩展输入	E	扩展输出
→m	移位输入，从左到右或从顶到底	* > *	数值比较器的“大于”输出（＊号由相比较的两个操作数代替）
←m	移位输入，从右到左或从底到顶	* < *	数值比较器的“小于”输出（＊号的含意同上）
+m	正计数输入（每次本输入内部为 1 状态，单元的计数按 m 为单位增加一次）	* = *	数值比较器的“等于”输出（＊号的含意同上）
−m	逆计数输入（每次本输入内部为 1 状态，单元的计数按 m 为单位减少一次）	CO	运算单元的进位输出
>	数值比较器的“大于”输入	BO	运算单元的借位输出

13-8 常用数字集成电路相邻单元的方框邻接有哪些？

内部连接符号为了缩小图形所占的幅面，可以将相邻单元的方框邻接画出，如图13-7所示。

如果各邻接单元方框之间的公共线沿着信息流的方向，则这些单元之间没有逻辑连接，如图13-7a所示。如果两个邻接方框的公共线垂直于信息流方向，则它们之间至少有一种逻辑连接，图13-7b就属于这种情况。表13-4示出了内部连接的几种常见情况。

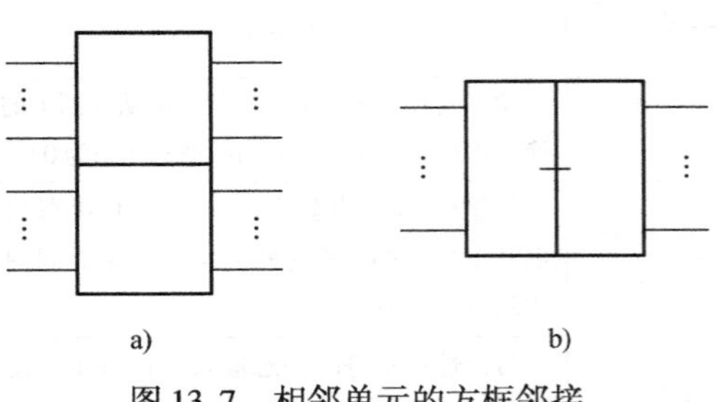

图13-7 相邻单元的方框邻接

表13-4 内部连接符号

符号	说明	符号	说明
	内部连接（右边单元输入端的内部逻辑状态与左边单元输出的内部逻辑状态相对应）		具有动态特性的内部连接
	具有逻辑非的内部连接（右边单元输入端的内部逻辑状态与左边单元输出的内部逻辑状态的补状态相对应）		具有逻辑非和动态特性的内部连接

13-9 常用数字集成电路非逻辑连接和信息流指示符号有哪些？

当逻辑图中出现非逻辑信号（例如A－D转换电路中输入的模拟信号）时，用信号线上的“×”表示其性质不是逻辑信号。此外，还规定信息流的方向原则上是从左到右、从上到下。当不符合这个规定或信息流方向不明显时，应在信号线上标出指示信息流方向的箭头，见表13-5。

表13-5 非逻辑连接和信息流指示符号

符号	说明
	非逻辑连接，示出在左边
	单向信息流
	双向信息流

13-10 常用二进制逻辑单元图形符号有哪些？

二进制逻辑单元的图形符号很多，表13-6仅列出了几个最常用的图形符号，这几个图形符号与表13-3的限定符号进行不同的组合，可以派生出许多图形符号。

表 13-6　常用二进制逻辑单元的图形符号

序　号	名　称	图形符号	说　明
1	或元件	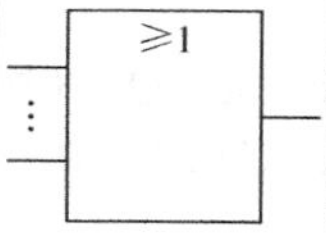 ≥1	仅当一个或一个以上的输入处于其 1 状态时，输出才能处于 1 状态。 注：若不会引起混淆，则≥1 可以用 1 代替
2	与元件	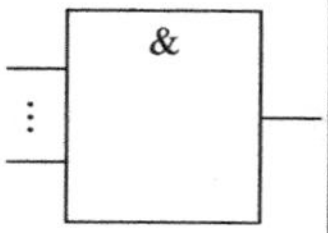 &	仅当全部输入均处于 1 状态时，输出才处于其 1 状态
3	逻辑门槛元件	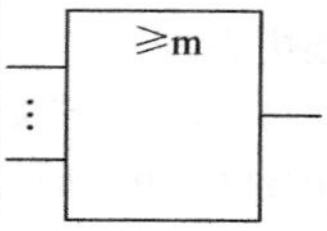 ≥m	仅当处于 1 状态的输入个数等于或大于限定符号中以 m 表示的数时，输出才处于其 1 状态 注：1. m 永远小于输入端个数 2. m = 1 的元件一般称为或元件（见序号 1）
4	等于 m 元件	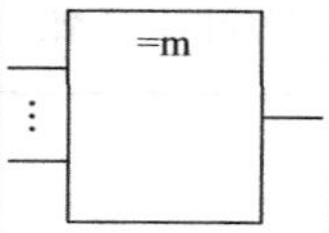 =m	仅当处于 1 状态的输入个数等于限定符号中以 m 表示的数时，输出才处于其 1 状态 注：m = 1 的 2 输入元件通常称为异或元件，见符号 9
5	多数元件	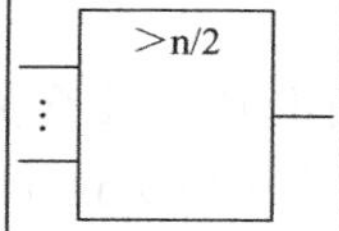 >n/2	仅当多数输入处于 1 状态时，输出才处于其 1 状态
6	逻辑恒等元件	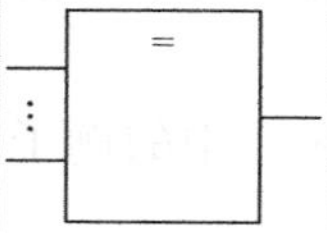 =	仅当全部输入处于相同状态时，输出才处于其 1 状态
7	奇数元件（奇数校验元件）；模 2 加元件	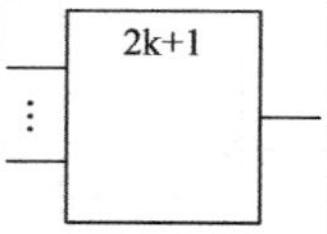 2k+1	仅当处于 1 状态的输入个数为奇数（1、3、5 等）时，输出才处于其 1 状态
8	偶数元件（偶数校验元件）	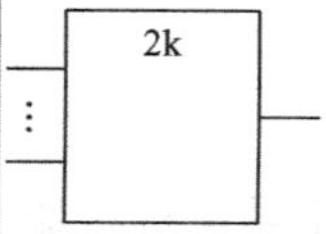 2k	仅当处于 1 状态的输入个数为偶数（0、2、4 等）时，输出才处于其 1 状态
9	异或元件	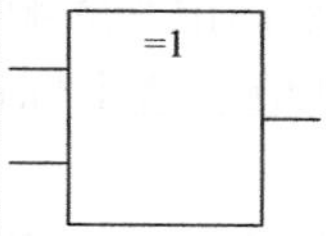 =1	若两个输入中的一个且只有一个处于其 1 状态时，输出才处于其 1 状态 注：若输入多于两个，是使用 M = 1 的符号 4，还是使用符号 7，由所含功能决定
10	无特殊放大输出的缓冲器	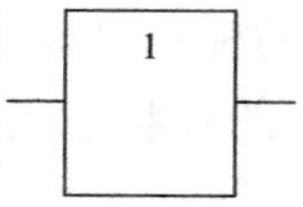 1	仅当输入处于其 1 状态时，输出才处于其 1 状态

（续）

序号	名称	图形符号	说明
11	非门	1	反相器（在用逻辑非符号表示器件的情况下） 仅当输入处于其外部1状态，输出才处于其外部0状态
12	反相器（在用逻辑极性指示符表示器件的情况下）	1	仅当输入处于其H电平时，输出才处于其L电平
13	分布连接、点功能，线功能	*◇	分布连接是把若干个元件的特定输出连接起来以实现与功能或或功能的一种连接 注：星号应该用功能限定符号&，或≥1代替，该符号的另一种表示法可采用导线连接 在相交导线的每个交点上，应注明功能符号，&或≥1

13-11 什么是常用数字集成电路图关联标注法？

只是单纯地使用上面介绍的各种限定符号，有时还不能充分说明逻辑单元的各输入之间、各输出之间以及各输入与各输出之间的关系。为了解决这个问题，规定了关联标注法。

关联标注法中采用了“影响的”和“受影响的”两个术语，用来表示信号之间影响和受影响的关系。

为了便于理解关联标注法，首先讨论一下图13-8中的例子。这是一个有附加控制端的T触发器。输入信号b是否有效，受到输入信号a的影响。只有a=1时b端输入的脉冲上升沿才能使触发器翻转，而a=0时b端的输入不起作用。因此，a和b是两个有关联的输入，a是影响输入，b是受影响输入。在图13-8中用加在标识符T前面的1表示受EN1的影响。

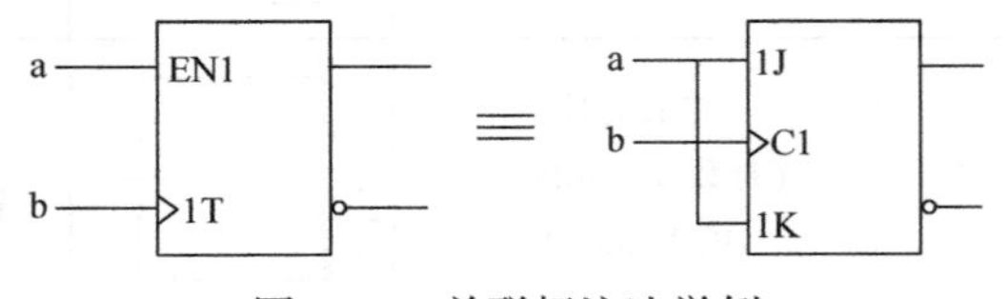

图13-8　关联标注法举例

1. 关联标注法的规则

1）用一个表示关联性质的字母和后跟的标识序号来标记影响输入（或输出）。

2）用与影响输入（或输出）相同的标识序号来标记受影响的输入（或输出）。

如果受影响输入（或输出）另有其他标记，则应在这个标记前面加上影响输入（或输出）的标识序号。

3）若一个输入或输出受两个以上影响输入（或输出）的影响，则这些影响输入（或输出）的标记序号均应出现在受影响输入（或输出）的标记之前，并以逗号隔开。

4）如果是用影响输入（或输出）内部逻辑状态的补状态去影响受影响输入（或输出），则应在受影响输入（或输出）的标识序号上加一条横线。

2. 关联类型

与关联、或关联和非关联用来注明输入和输出、输入之间、输出之间的逻辑关系。

互连关联用来表明一个输入或输出把其逻辑状态强加到另一个或多个输入和/或输出上。

控制关联用来标识时序单元的定时输入或时钟输入，以及表明受它控制的输入。

置位关联和复位关联用来规定当 R 输入和 S 输入处在它们的内部 1 状态时，RS 双稳态单元的内部逻辑状态。

使能关联用来标识使能输入及表明由它控制的输入和/或输出（例如哪些输出呈现高阻状态）。

方式关联用来标识选择单元操作方式的输入及表明取决于该方式的输入和/或输出。

地址关联用来标识存储器的地址输入。

表 13-7 中列出了各种关联使用的字母以及关联性质。

表 13-7　关联类型

关联类型	字母	影响输入对受影响输入/输出的影响	
		影响输入为 1 状态时	影响输入为 0 状态时
地址	A	允许动作（已选地址）	禁止动作（未选地址）
控制	C	允许动作	禁止动作
使能	EN	允许动作	禁止“受影响输入”动作 置开路和三态输出在外部为高阻抗状态 置其他输出在 0 状态
与	G	允许动作	置 0 状态
方式	M	允许动作（已选方式）	禁止动作（未选方式）
非	N	求补状态	不起作用
复位	R	受影响输出恢复到 S = 0，R = 1 时的状态	不起作用
置位	S	受影响输出恢复到 S = 1，R = 0 时的状态	不起作用
或	V	置 1 状态	允许动作
互连	Z	置 1 状态	置 0 状态

13-12　什么是常用集成电路图文字符号？

在集成电路图中，除非常直观、形象的图形符号外，文字符号也是集成电路图中很重要的一种符号语言。掌握好各种文字符号可以帮助人们更深入、快速地理解电路。

文字符号有国标电工委员会相应标准中涉及的有关文字符号；有国家标准中电气简图用图形符号及电气技术用文件的编制（电气制图）等相应标准中涉及的相关文字符号；也有在框图内部使用英文缩写词进行功能描述的文字符号以及在集成电路的引脚上采用英文字母或缩写词进行标注的文字符号。这些文字符号涉及的标准很多、涉及的领域很杂，要想很好地掌握这些文字符号，一方面要深入地学习各项标准，也要对各半导体器件厂商的缩略词尽量多了解，另一方面可以多读图，这是非常好的学习手段，将知识掌握得更扎实。

在学习文字符号时，也要注意灵活掌握。有时，同一个文字符号，在不同的应用领域，或不同的应用系统中，表示的意义不同；同一意义的具体内容或同一功能的集成电路在不同厂家产品的引脚文字符号定义上，可能文字符号完全不一样。这样在识读文字符号时，一定要具体问题具体说明，应注意文字符号的实际意义不是一成不变的。

13-13 二进制逻辑单元图形符号怎样识读？

图 13-9 所示为四 2 输入与非门 CT54/74LS38 的逻辑单元图形符号。图中四个方框表示该集成电路中有四个逻辑功能完全相同的单元，第一个单元内主符号就是其逻辑功能。主符号 & 表示与功能，▷表示缓冲器。引出线内部符号 ◇ 表示开路输出，框外输出线定性符号⊢ 表示输出端的极性，可等效为非逻辑。要说明的是，在一般逻辑电路图中对较复杂的逻辑单元，有时不以其逻辑图形符号表示，而是以其引脚排列图或引脚示意图表示。这时，必须查阅有关手册，根据手册提供的逻辑符号，弄清其逻辑功能，才能更好地读懂和分析好这样的逻辑电路图。

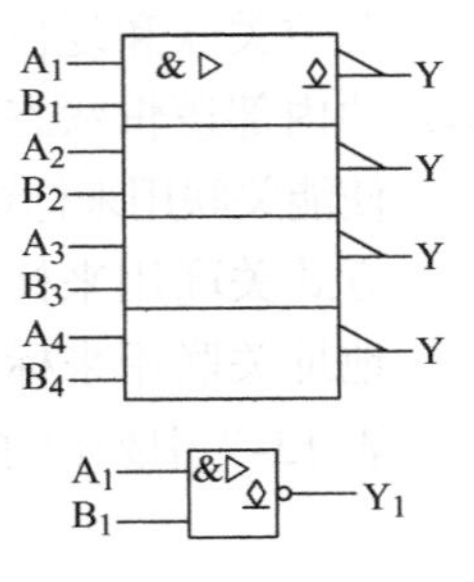

图 13-9　CT54/74LS38 逻辑符号图

13-14 识读集成电路图时应注意哪些要素？

在电子产品中，集成电路的应用越来越广泛。对集成电路中应用电路的识图是电路分析中的重点，也是难点之一。识读集成电路图时，应以集成电路为中心，向外扩展，建立集成电路内电路与外电路的关联。

首先看懂并掌握集成电路内电路的主要功能和信号流程；其次观察引脚与外围元器件的联系，以及外围元器件的功能作用；然后还要分析该集成电路与其他单元电路、系统电路的连接关系。因此，识读集成电路图时，主要识读功能类型、信号流程、内外联系、引脚功能这几个要素，以便在实践和应用中更好地理解和运用。

13-15 如何识读集成电路功能类型？

了解电路功能用途是识读电气、电子电路的基本要求。首先要搞清楚所使用的集成电路的型号、类型、主要功能、集成电路上的文字符号的含义、引脚功能，这是识读集成电路图的第一步。集成电路的型号、类型很多，集成电路各引脚外电路结构、元器件参数等表示了某集成电路的完整工作情况。许多不同型号的集成电路的内部功能和电路结构十分相似，有的电路结构不同，但完成的功能完全相同。只有了解了具体型号，才能掌握集成电路的基本功能，才能有的放矢地对电路所列的各部分电路功能和作用进行分析。

有些集成电路的应用电路画出了集成电路的内电路框图，这在分析集成电路应用情况时相当方便，但这种表示方式不多。应用电路有典型应用电路和实用电路两种，前者在集成电路手册中可以查到，后者出现在实用电路中。这两种应用电路相差不大，根据这一特点，在没有实际应用电路图时可以用典型应用电路图作为参考，这一方法在维修中常常采用。

一般情况下，集成电路应用电路表达了一个完整的单元电路，或一个电路系统，但有些情况下一个完整的电路系统要用到两个或更多的集成电路。

当前出现的一些新的集成电路是早期集成电路的换代产品，可完成早期若干块集成电路的功能。读者应当了解集成电路发展的大趋势和最新情况，某些集成电路的型号不同，但功能相同，甚至可以互相直接代用；有些集成电路的序号相近，但功能和引脚截然不同，这些都是应该引起注意的。

13-16　如何熟悉集成电路信号流程？

集成电路内部电路，特别是大、中规模集成电路内部电路是十分繁杂的，在一般情况下，无需分析集成电路内部电路的详细结构和工作过程。可以把集成电路看成是由其内部若干功能方框组成的一个大型器件，可以从信号传输线、起控制作用的信号、连线等分析、判断逻辑电路图中信号的性质和流向，从而找出信号的通路。但应当明确集成电路内各功能框的具体功能，即熟悉输入、输出信号的内容，熟悉信号的波形、幅度、频率等的变化规律，熟悉各功能框之间的联系，熟悉信号在集成电路内的流通过程，看出该集成电路可以完成哪些具体功能。根据信号的传输和控制的路径或电路图本身提供的资料（如波形图、表格等资料及文字说明等），根据已学过的逻辑电路知识，画出各部分功能的单元电路。做到这一点后，才算是初步弄清楚了集成电路图。

目前，有些整机电路图标注的信息资料不够全面，仅给出了集成电路的引脚数目和各引脚符号，没有给出其内部框图，甚至没有给出具体型号名称，这将给读图带来许多不便。这时读者可根据已学知识和查阅元器件手册，依次分析各框图中所列电路功能和作用。必要时应画出波形，说明各信号在时间上先后的配合关系，即画出工作时序图。另外，还有许多内部框图使用外文字母或缩写词来标注，这也给初读图者带来一定困难。为此，希望读者尽快熟悉这些字母和缩写词的中文含义，否则将难以识读这些电路图。

13-17　如何掌握集成电路内外联系？

集成电路通过引脚与外围元器件或相邻电路相连接，其主要引脚是信号输入端、信号输出端和信号控制端。要真正读懂电路图，应当将集成电路的内外电路相联系，把它们看成一个整体。集成电路都必须通过引脚与前级、后级电路发生联系。而信号控制脚多与外接的阻容元件相关，或者与其他电路相连接。如果不能联系内外电路，则将看不出信号的来龙去脉，从而难以分析集成电路的信号流程和功能，这给分析电路图带来一定难度。

了解各引脚的作用是识图的关键。在知道了各引脚作用之后，分析各引脚外电路工作原理和元器件作用就方便了。例如，知道①脚是输入引脚，那么与①脚所串联的电容是输入端耦合电容，与①脚相连的电路是输入电路。

外接的分立元器件电路经常是读图的难点电路，应当多花些力气来突破这些难点，否则将无法全面、正确地识读整机电路图。

在缺乏集成电路内部电路资料的情况下，不必去研究集成电路内部的结构和工作过程，而是从其输入信号与输出信号的关系上进行分析，应把握好以下几个关系：

1. 幅度变化关系

集成电路的输出信号与输入信号相比，如果输出信号的幅度大于输入信号的幅度，则可以判定这个集成电路是一个放大电路，例如电压放大器、中频放大器、前置放大器、功率放大器等；如果输出信号的幅度小于输入信号的幅度，则说明该集成电路是一个衰减电路，例如衰减器、分压器等。

2. 频率变化关系

集成电路的输出信号与输入信号相比，如果输出信号的频率低于输入信号的频率，则说明该集成电路是一个变频电路；如果输出信号的频率高于输入信号的频率，则说明该集成电路是一个倍频电路；如果输出信号的频带是输入信号的一部分，则说明该集成电路是一个滤波电路。

3. 阻抗变化关系

如果集成电路的输出信号与输入信号相比，其阻抗发生了变化，则称该集成电路是一个阻抗变换电路。如果输出信号的阻抗低于输入信号的阻抗，则说明该集成电路是电压跟随器、缓冲器等；如果输出信号的阻抗高于输入信号的阻抗，则说明该集成电路是阻抗匹配电路、恒流输出电路等。

4. 相位变化关系

如果集成电路的输出信号与输入信号相比，其相位发生了变化，则称该集成电路是一个移相电路。如果移相角度为180°，则可以称其为反相电路。

5. 波形变化关系

如果集成电路的输出信号与输入信号相比，其波形发生了变化，则称该集成电路是一个整形电路。

以上是集成电路输出信号与输入信号之间的一些基本的关系。除此之外，还有诸如调制关系、解调关系、逻辑关系、控制关系等。有些集成电路的输入、输出信号之间可能同时包含数种上述基本关系，甚至具有更复杂的输入、输出关系。因此，熟练掌握这些基本关系，有助于读者融会贯通、举一反三地分析各种集成电路图。

13-18 如何了解集成电路引脚功能？

集成电路要完成一定的功能，必定要与外部单元电路和外接元器件发生联系。只有在知道了各引脚的作用后，才能分析各引脚的外单元电路和元器件的作用。例如，知道某引脚是输入引脚，那么与该引脚所接的电容就是输入耦合电容，与该引脚有关的电路就是输入电路。

集成电路的各引脚应当标出顺序号，还应当标注简单的字母或缩写词，它表示该脚的名称或者功能。在识读集成电路图时，应当十分重视各引脚的功能。引脚是内外电路联系的纽带。引脚是内部相应方框的引出端，要明确各引脚与内部框图的联系；要明确引脚外接元器件的功能，外电路是通过引脚来配合内电路工作的。在读图时，要逐个观察代表内部功能的各个框图，若逻辑电路图未附框图说明，则为了分析过程的清晰，可将上述分析的各部分单元相应用框图表示，再根据信号通路在框图上加上连线，构成电路框图。还要识别各自相应的引脚，识别外接电路或元器件。

通常，集成电路引脚和外接元器件有一定的规律性。了解集成电路各引脚的具体作用有三种方法，一是查阅有关资料；二是根据集成电路的内电路方框图分析；三是根据集成电路的应用电路中各引脚外电路特征进行分析，对第三种方法要求有比较好的电路分析基本功。

13-19 如何识读集成电路功能框图？

集成电路图可以有多种描述形式，不同的描述形式是从不同角度对集成电路的描述，各种描述形式之间具有一定的内在关系。其中集成电路功能框图、集成电路原理图、集成电路板图应用较多，学习电子电路就必须掌握关于集成电路的方方面面的知识。

集成电路功能框图是描述整个集成电路应用系统或某一功能部分的基本构成的图。该图中各组成部分及基本环节是用方框的形式表示，方框内一般采用文字或符号的形式加以说明，说明该方框可以完成的基本功能。各部分及各环节的方框用带有方向箭头的连线连接起来，以表示信号传输及作用关系。

集成电路功能框图可以大致说明应用系统的工作情况、信号流程、基本工作原理。简单的应用系统用一个框图即可说明整个系统的情况，复杂些的应用系统可能需要几个框图才能描述清楚系统的工作，其中有一个系统的总框图，还有几个简单的子系统的框图，各子系统按信号的不同作用关系结合在一起构成整个系统，一般总框图比较笼统，子系统框图比较详细。

集成电路功能框图是粗略反映电子设备整机线路的图形。因此在识读时，首先要理解各功能电路的基本作用，然后再搞清信号的走向，同时还需了解各引脚的作用。

图 13-10 所示为 MCS－51 系列单片微型计算机框图，由图可知，该机型由 8031 单片机、74LS373 地址锁存器芯片、2716 存储器芯片等组成。地址总线和数据总线以空心粗箭头绘制，表明地址线和数据线是总线结构，而单根控制线仍用一根细实线表示，在计算机行业这是一种习惯画法。

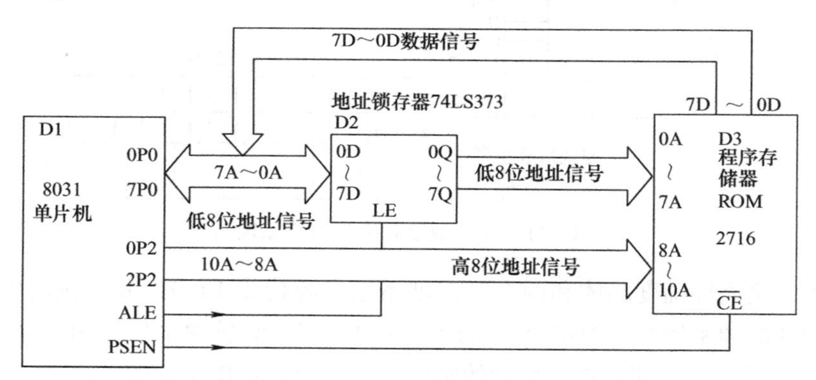

图 13-10　MCS－51 系列单片微型计算机框图

13-20　如何识读集成电路原理图？

集成电路原理图是一种将集成电路及有关元器件按照接线连接顺序组合在一起的电路图，每个集成电路应标注清楚其型号系列，电阻电容等其他元器件应标注清楚其规格及参数，通过该连接图可以大致了解集成电路的工作原理。

集成电路原理图能比框图更多、更详细地说明应用系统的工作情况，信号之间如何相互作用，以及电路的基本工作原理。简单的应用系统用一个集成电路原理图就可以将整个应用系统的全部电路连接情况反映清楚，复杂些的应用系统可能需要几个原理图才能比较清楚地反映出应用系统的全部情况。此时几个原理图一般可能与各部分对应的框图配合，一个子系统框图对应一个原理图；或者按照功能将整个应用系统分成几个主要部分，每一部分单独用一个集成电路原理图来描述。

集成电路原理图是设计制作电子应用系统最基础的图样资料，通过该图可以比较全面、准确地了解电路中信号如何变换、处理、传输等工作过程。为了达到以上目的，要求初学者必须对集成电路原理图中的各集成电路的基本功能、引脚特性、主要应用特性、应用主要注意事项等方面有较详尽的了解，这是解读该类图样的基础，没有此基础不可能理解电路如何工作。

美国INTERSIL公司研制的系列通用计数电路ICM7216A/B/C/D是用于数字频率计、计数器、时间间隔测量仪器的单片专用集成电路。该电路只需外接少量元器件就能构成10MHz数字频率计等数字测量仪表。10MHz频率计电路如图13-11所示，该电路用ICM7216D并外加一些元器件组成。

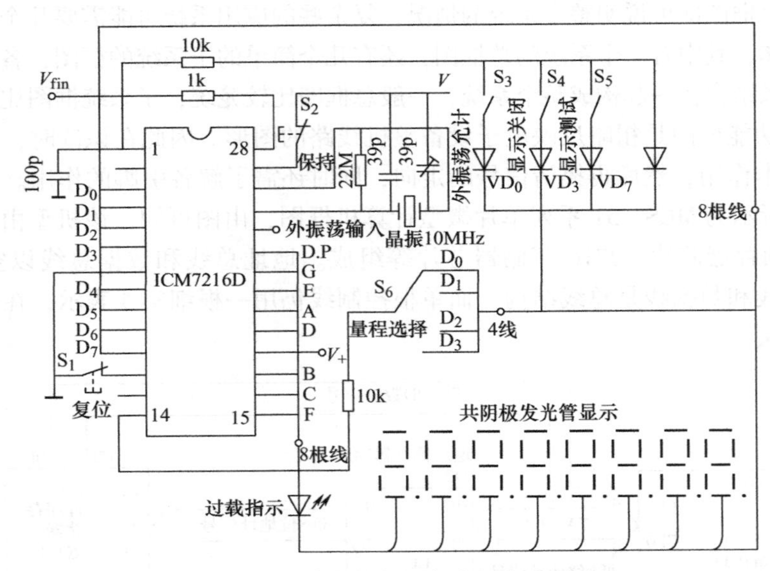

图13-11 单片数字频率计电路原理图

电路中用一块高准确度晶体和两个低温度系数电容构成10MHz并联振荡电路，其输出信号作为时间基准频率信号，内部分频后产生闸门时间。测量频率从㉘端（输入A）输入。用转换开关S_6选择量程，即选择频率计的闸门时间，分别是0.01s、0.1s、1s、10s。用开关S_3，S_4和S_5选择工作模式。当S_3接通时，将①端（CONTROL INPUT）和VD_0连接，电路允许外振荡输入。当S_4接通时，将①端和VD_3相连，电路进入显示关闭状态，此时功耗降低。S_5接通时，①端和VD_7相连，电路处于显示测试状态，检查LED的模式。S_1为控制电路复位开关。S_2接通时使电路处于保持状态。

图13-11中，位输出用单线代表8根输出线。这8根线的一端分别接到对应的LED公共阴极上，另一端对应排列接至D_0～D_7的引脚上。同样七段与小数点输出也用单线代表8根输出线，其中七段输出A、B、C、D、E、F、G分别接在8个LED的相应段上，用VD_7来表示过载。为了防止ICM7216D的控制端①引入大电流产生的噪声，用一个$R=10\text{k}\Omega$和$C=100\text{pF}$的网络来滤波。并联在晶体两端的22MΩ电阻用来给内部振荡电路提供直流反馈偏置，39pF电容用来微调晶体频率，频率输入用1kΩ电阻作为保护。芯片驱动电路输出15～35mA的峰值电流，所以在5V电源下可直接点亮发光二极管七段译码显示器。

由此可见，要想全面准确地理解各种集成电路原理图，就要求读者应尽量多地掌握一些常见的集成电路基本资料，这样才能快速、准确地识读其电路原理。

13-21　如何识读集成电路印制电路板图？

集成电路印制电路板图（印制电路图）是一张通过板上的连线将各集成电路及相应元器件连接到一起的图，该图比较实际地反映了各元器件在电路板上实际安装位置及相互之间信号实际的作用关系。其集成电路部分一般是按其封装形式给出一系列标准的焊盘，电路板上的连线是采用铜箔条进行实际的布线，其连线是实际真实的连线。

集成电路原理图是反映电路电气结构和信号流通过程的一种电路图，集成电路印制电路板图是反映元器件布局和电路实际走向的一种电路图。前者是后者的基础，后者是前者的具体表现，而且有时一个集成电路原理图可以有多种印制电路图。识读印制电路图，就是对照电路原理图看元器件的布置和电路的实际走向。

按照用途的不同，印制电路图一般有三种：一种是为制作电路板提供拍照制板的图样，称为布线图或黑白图；一种是为装配人员提供的图样，称为装配图；还有一种是为用户维修提供的图样，称为混合图，即它把布线图和装配图重合在一起。

13-22　如何识读集成电路印制电路板布线图？

印制电路板布线图用来提供印制的外形尺寸、导电图形的形状、尺寸，安装孔的孔径和定位尺寸及技术要求等内容。

在无特殊说明的情况下，尺寸数字的单位均为毫米（mm），布线图是在模数为1.25mm或2.5mm的网格中绘制的，这样可省去标注大量尺寸，如图13-12所示。各元器件位置用坐标网格确定。内部工艺孔尺寸的标注移至主视图的上方用尺寸线法标注，而各孔直径（ϕ）是在图形右侧统一标注的，如图13-12中标注的“28×ϕ1.0”为28个孔，直径均为1mm。

在布线图中导电图形单线表示方法如图13-13所示。

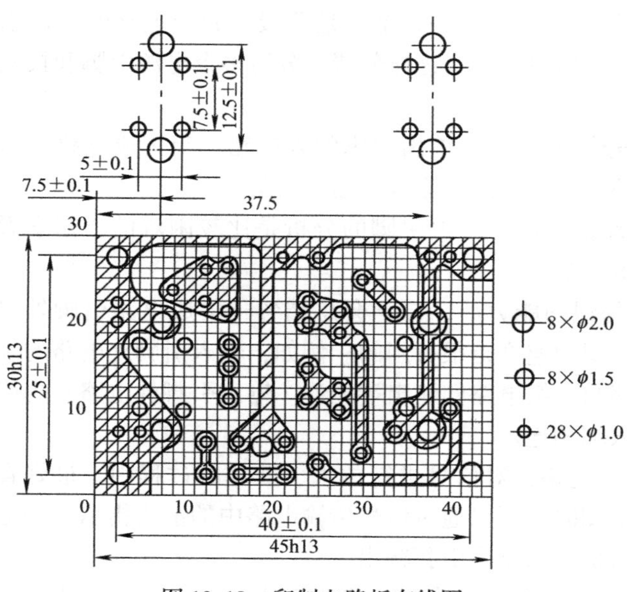

图13-12　印制电路板布线图

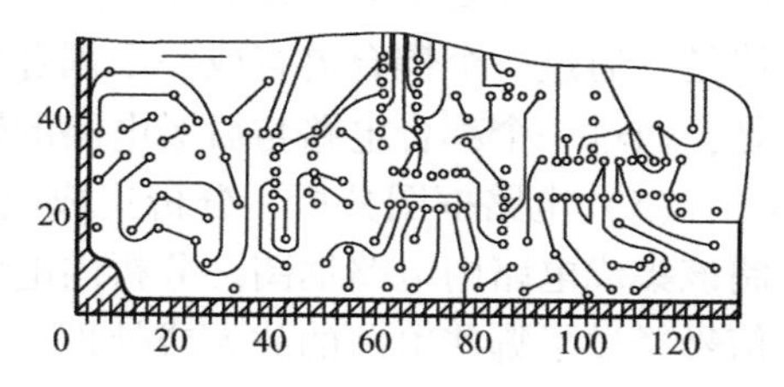

图13-13　导电图形单线表示方法

13-23 如何识读集成电路印制电路板装配图?

表示各种元器件和结构件等与印制电路板连接关系的简图称为印制组装件装配图，简称印制装配图。

在装配图上，元器件、集成电路可以用它们的外形表示，也可以用图形、文字符号表示；图样也可标有必要的外形尺寸、安装尺寸等；各种元器件的极性要在图中标出；装配图中一般不画出导电图形，如果表示反面导电图形，则用虚线和色线画出。

集成电路是比较直观、比较显眼的元器件，它的外形特殊，在外封装上还标有型号。如果对常用集成电路的型号、类型、功能比较熟悉，则找到集成电路便能找到相应的单元电路或系统电路。在看印制电路图时，集成电路各引脚的功能及外接元器件的作用也都要清楚。通常，由集成电路组成电路的核心，以它们为中心寻找外围元器件便可以找到相应的电路。

综上所述，集成电路功能框图、集成电路原理图及集成电路印制板图都有各自不同的特点，各种电路图都对理解电路的工作原理起到非常重要的作用，都从不同角度加深了读者对电路的了解，而且各电路图一般在对电路的描述方面是互补的。框图是从总体上信号的流程方面描述系统，原理图是从具体的电路构成及器件的具体连接关系方面描述系统，印制图是从具体电路中各元器件在电路板的实际位置及器件之间如何连线方面描述系统。往往采用一种电路图对实际系统进行描述时总是显得分析及说明得不够全面，而几种图形交互使用后，可以使得初学者对电路的理解更清晰、更透彻。

13-24 分析集成应用电路有哪些步骤?

集成电路应用电路分析可以大致分为以下步骤:

(1) 直流电路分析　这一步主要是进行电源和接地引脚外电路的分析。需要注意，当电源引脚有多个时要分清这几个引脚之间的关系。例如，是否是前级、后级电路的电源引脚，或是左、右声道的电源引脚；对多个接地引脚也要这样分清。分清多个电源引脚和接地引脚，对识别集成电路图是十分有用的。

(2) 信号传输分析　主要是分析信号输入引脚和输出引脚的外电路。当集成电路有多个输入、输出引脚时，要搞清楚是前级还是后级电路的输入、输出引脚。

(3) 其他引脚外电路的分析　对负反馈引脚、消振引脚的分析是比较困难的，初学者往往要借助于介绍引脚作用的资料或内电路框图。

(4) 电路规律分析　当掌握了一定的识图能力后，要学会总结各种集成电路引脚外电路的规律，并要掌握这种规律，这对提高识图速度是很有用的。例如，输入引脚外电路的规律是：通过一个耦合电容或一个耦合电路与前级电路的输出端相连。输出引脚外电路的规律是：通过一个耦合电路与后级电路的输入端相连。

(5) 电路框图分析　分析集成电路内电路，对信号进行放大、处理的过程中，最好查阅该集成电路内电路框图。分析内电路框图时，可以通过信号传输电路中的箭头指示，知道信号经过了哪些电路的放大或处理，最后信号从哪个引脚输出。

(6) 测试点和直流工作电压的分析　了解集成电路的一些关键测试点和引脚直流工作电压规律对检修电路是十分有用的。例如，OTL 电路输出端的直流工作电压等于集成电路直流工作电压的一半；OCL 电路输出端的直流工作电压等于 0V；BTL 电路两个输出端的直流工作电压相等，单电源供电时等于直流工作电压的一半，双电源供电时等于 0V 等。

必须指出： 一般情况下，我们注重的是集成电路的外部特性，而不必去分析集成电路内电路的工作原理。

13-25　如何识读 OTL 集成功率放大电路？

图 13-14 所示为由 LM386 组成的 OTL 集成功率放大电路，这是外接元器件最少的功率放大电路。图中的 C_1 为输出电容器，而 LM386 的①脚和⑧脚开路，集成电路功率放大电路电压增益为 26dB，也就是电压放大系数为 26dB。RP 是电位器，用来调节扬声器的音量，R 和 C_2 串联构成校正网络，用来进行相位补偿。

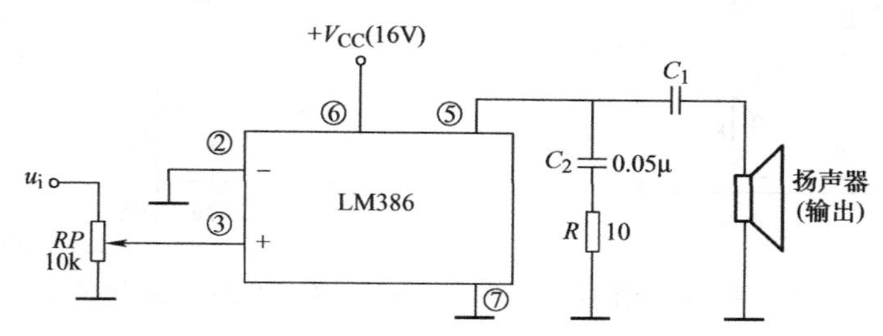

图 13-14　由 LM386 组成的 OTL 集成放大电路的功率放大电路

图 13-15 所示为由 LM386 组成的电压增益最大的功率放大电路。此电路中①脚和⑧脚间接电容器 C_3，短路交流通道，使电压放大系数最大，达到 $A=200$；电容器 C_5 的作用是滤掉电源的高频交流成分。C_4 为旁路电容器；C_1 为输出电容器；R 和 C_2 串联构成校正网络，用来进行相位补偿。

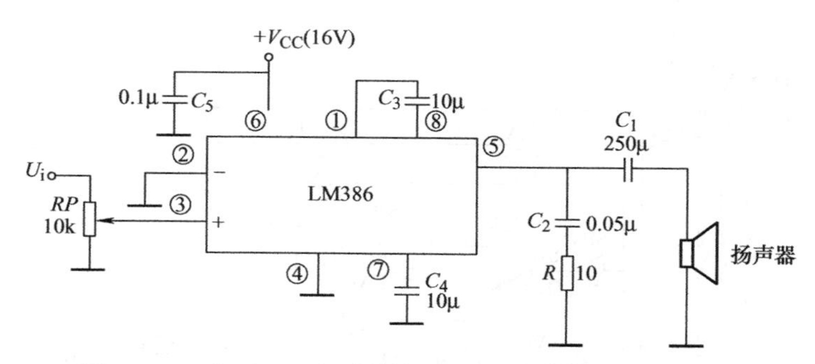

图 13-15　由 LM386 组成的电压增益最大的功率放大电路

13-26　如何识读 OCL 集成功率放大电路？

图 13-16 所示为由 TDA1521 组成的双通道的 OCL（无输出电容）集成功率放大电路。

图 13-16 所示电路最大的优点是双通道，而且 TDA1521 内部引入了深度电压串联负反馈，使其工作更稳定，它的闭环放大系数为 30dB，它具有待机、净噪功能，有过热和短路保护。这种电路常作为双通道立体声扩音机功放电路。

13-27 如何识读 BTL 集成功率放大电路?

由 TDA1556 组成的双通道功率放大电路与由 TDA1521 组成的双通道功率放大电路基本功能是相同的，只是用 TDA1556 组成功率放大电路的接线比较简单，而且工作稳定性好、效率高，是比较常用的功放电路。TDA1556 组成的双通道 BTL（桥式功放）集成功率放大电路如图 13-17 所示。

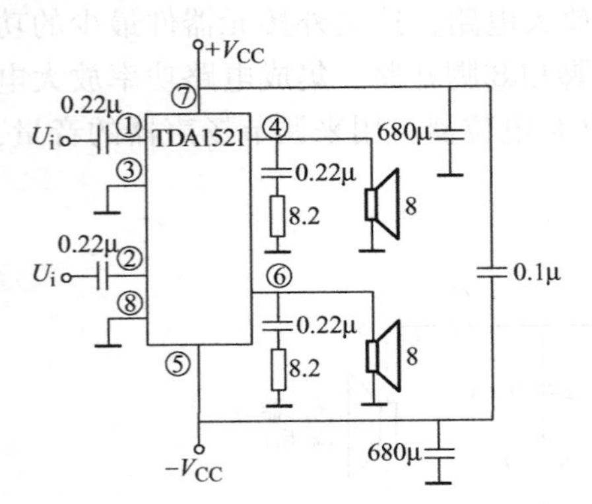

图13-16 由 TDA1521 组成的双通道的功率放大电路

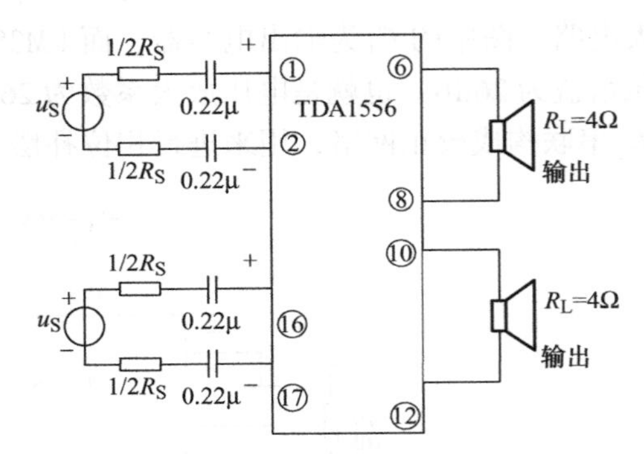

图 13-17 由 TDA1556 组成的双通道功率放大电路

13-28 集成功率放大电路如何在液位控制中应用的?

用电极作为传感器与功率放大集成电路组成的液位控制电路如图 13-18 所示。这种电路简单、灵敏度高、工作可靠、维护方便。

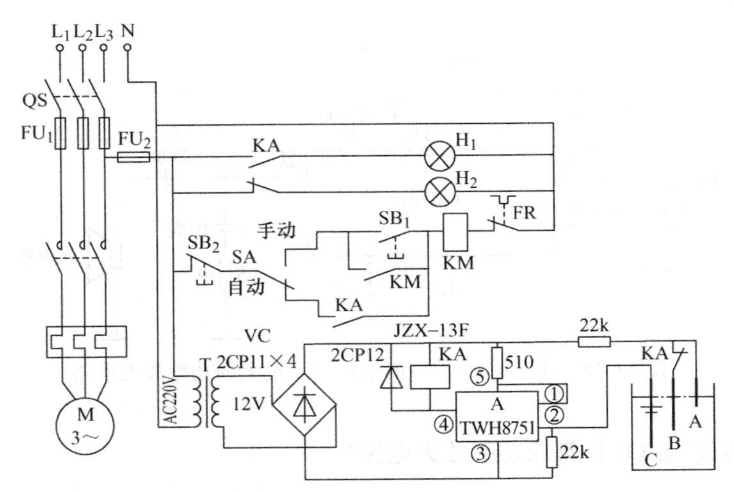

图 13-18 用电极作传感器与功率放大集成电路组成的液位控制电路

电路工作原理：合上电源开关 QS，将转换开关 SA 调到自动位置。当水位处在电极 B 以下时，功率放大集成电路 A 的②脚为低电平（0V），TWH8751 导通，中间继电器 KA 得电吸合，其常开触点闭合，接触器 KM 得电吸合，电动机起动运行，向水箱进水，同时绿色

指示灯 H_1 亮。当水箱内的水位上升到电极 A 时，集成电路 TWH8751 的②脚为高电平（>1.5V），TWH8751 截止，KA 和 KM 相继失电释放，电动机停止运行，红色指示灯 H_2 亮。当水位下降到电极 A 以下时，由于 KA 常闭触点已闭合，使 TWH8751 的②脚仍为高电平，TWH8751 仍截止。只有当水位低于下限值（电极 B）时，电动机才又重新起动运行，向水箱内进水，重复上述过程。

13-29 如何识读汽车遥控防盗系统的集成电路图？

在汽车电子电路中，由集成电路构成的电路较多，除了电源系统、点火系统外，很多辅助电路均以集成电路为主构成。现以 RT1760N 芯片组成的电路为例说明电路的识读方法。

由 RT1760N 滚动码芯片组成汽车遥控防盗系统的遥控器电路如图 13-19 所示，其印制电路板如图 13-20 所示。

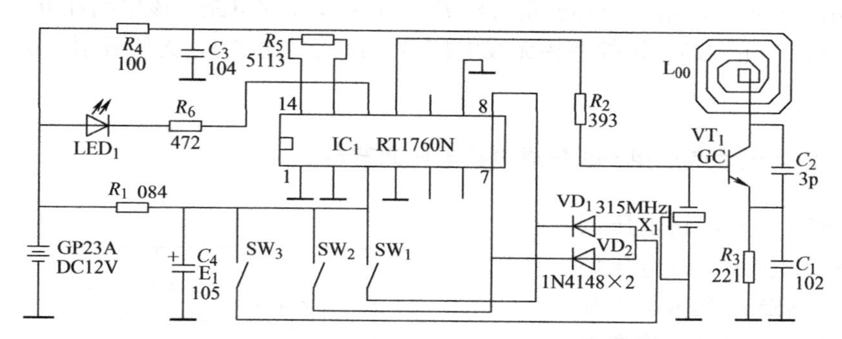

图 13-19　RT1760N 芯片组成的遥控器电路原理图

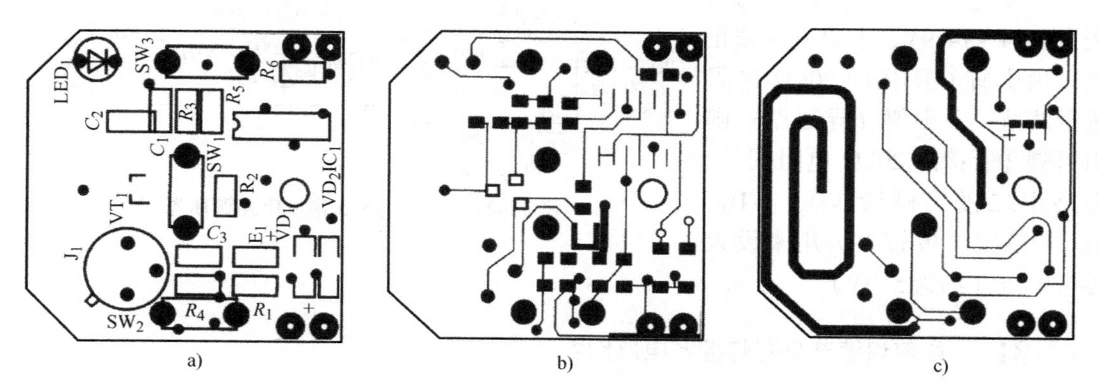

图 13-20　RT1760N 芯片组成的遥控器印制电路板

a）电路板元器件面布局图　b）元器件面印制电路板　c）非元器件面印制电路板

1. 识图方法

识读图 13-19 所示的遥控发射器电路时，可先从 GP23A 电池的正极电流去向入手。该电流分成三路：一路经 R_1、C_4 去耦合，为 IC_1（RT1760N）接线端子③供电，同时也为 SW_1 ~ SW_3 提供控制电压。

另一路加至 LED_1 阳极，而 LED_1 阴极经 R_6 连至 IC_1 接线端子⑫。显然 LED_1 的工作状态受控于该接线端子，组成了发射指示电路。

还有一路经 R_4、C_3去耦滤波后，经发射无线 L_{00}加至 VT_1 集电极。由于天线 L_{00}串联在 VT_1 的供电回路中，该天线发射的信号由 VT_1 提供，因此就可确认发射电路的功率放大管。该管基极经 R_2与 IC_1 接线端子⑪相连，发射信号来自于 IC_1 内。

SW_1 ~ SW_3 的上端均匀与电源相连，当它们接通时，相当于将 R_1提供的电压加到 IC_1 的接线端子⑦或⑧，或通过 VD_1、VD_2 同时加至端子⑦、⑧脚。这几只元器件和 IC_1 端子⑦、⑧内的电路组成了键盘输入电路。

2. 信号流程分析

滚动码编码发生器 IC_1 内部固化了滚动码程序，当按键开关 SW_1 ~ SW_3 其中某一个被按下时，代表该接口的控制信号原始代码经 IC_1 内部的编码器加密后，从 IC_1 的信号端子⑪输出。与此同时，IC_1 内的指示灯控制电路也启动工作，并使其端子⑫翻转为低电平，从而使 LED_1 导通发光，以示遥控器处于信号发射状态。

从 IC_1 端子⑪输出的滚动码加密信号经 R_2加至无线发射电路。该电路在 IC_1 端子⑪输出的信号控制下，产生的高频键控调幅无线电信号，该信号通过 L_{00}无线发射出去，从而完成遥控发射过程。

13-30 如何识读汽车用 555 集成电路电压调节器?

汽车用 555 集成电路电压调节器如图 13-21 所示，该电压调节器为一种由 NE555 集成电路和达林顿管 M1E1090 构成的汽车电子调压器电路。其电压调节的范围为 14.4 ~ 14.9V，上限值（截止点）由引脚⑥所接的 20kΩ 电阻进行调节，下限值（导通点）则由引脚②所接的 20kΩ 电阻调节。电路中二极二极管 VD_2、VD_3、VD_4和稳压二极管 VD_5用来设置参考电压（约为 5.9V）。

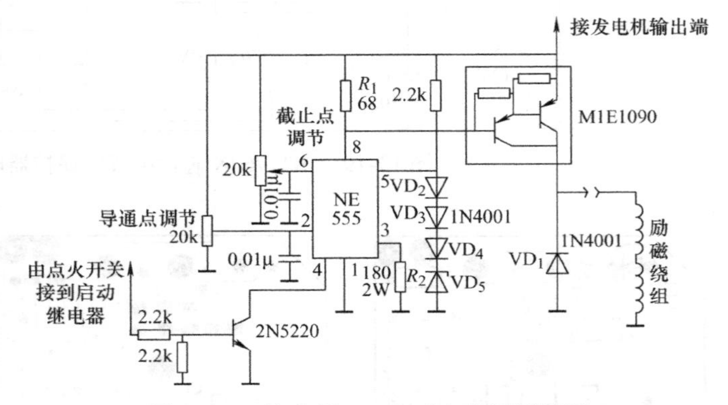

图 13-21　汽车用 555 集成电路调压器图

13-31 如何识读节日彩灯控制电路图?

1. 识读要点

图 13-22 所示彩灯控制电路可以实现三组彩灯自动转换，各组彩灯的 220V 交流电源过零时触发。天黑时，可自动开始工作，也可手动使其在需要时工作。控制电路与彩灯的强电电路之间使用光耦隔离，使用安全。彩灯通断频率可以预置，第一组彩灯的通断频率就是预置的频率，其余两组按预置频率的一半交替通断。

2. 电路工作原理

控制部分的脉冲发生器由单稳/无稳多谐振荡器 CC4047（N1）组成，其⑬、⑩、⑪脚输出三个不同的时钟信号。⑬脚输出的时钟脉冲 u_{13}是振荡频率；⑩脚的输出 u_{10}是振荡频率

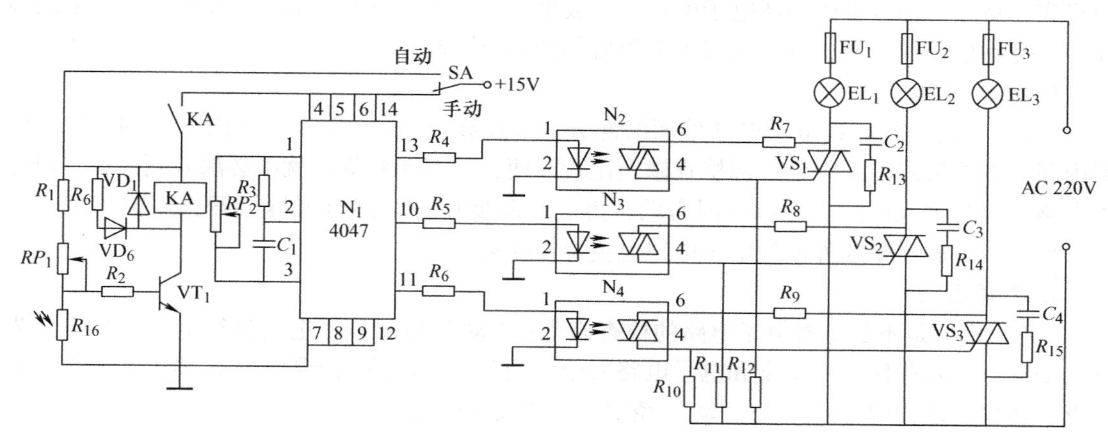

图 13-22　节日彩灯控制电路

的1/2；⑪脚的输出 u_{11} 也是振荡频率的1/2，但正好与 u_{10} 反向。振荡频率由接①、②、③脚的 RC 网络决定，RP_2 用来预置振荡频率。

光敏电阻 R_{16} 控制流入 VT_1 的基极电流。当SA置于自动位置时，R_{16} 因受白天光照而阻值减小，使 VT_1 只有很小的基极电流而不足以导通。此时继电器KA不工作，N_1 无电源电压，控制器和彩灯不工作。到了晚上，光照减弱，R_{16} 阻值增大，使 VT_1 因基极电流增大而导通。此时，继电器KA工作，其动合触点闭合，N_1 加上电源电压，控制器和彩灯自动开始工作。调节 RP_1 可以使彩灯在某一环境照度下开始工作。如果将SA置于手动位置，则电源电压直接加在 N_1 上，控制器和彩灯立即工作，不再受光照控制。

当脉冲的占空系数为50%（方波）时，⑬脚的导通时间 $T=2.2\ (RP_2+R_3)\times C_1$（单位为s），⑩、⑪脚的导通时间是 T 的2倍。为了使彩灯有足够的时间熄灭，不致产生连续点亮的感觉，导通时间 T，即振荡脉冲宽度不宜少于20ms。

N_1 输出的三种脉冲分别控制三只过零光电耦合器（N_2 ~ N_4），再通过它们分别触发双向晶闸管 VS_1 ~ VS_3，使 EL_1 ~ EL_3 三组彩灯做相应的通断。这样使控制电路与交流电源的强电隔离开以确保安全，还可以使双向晶闸管在交流电压通过零点时触发，减小对其他用电设备的干扰。

13-32　电子电路的检修原则有哪些？

有时需要对一些电子电路进行检修，为了正确而有效地实施检修，确保检修质量和安全，避免在检修中走弯路，迅速排除电路故障，必须遵守检修原则。即先思索后动手、先电源后部件，先外后内，先静后动，先简后繁，先通病后其他等。这些是在电子电路检修中一般应遵守的原则，下面对六个原则加以分析说明。

1. 先思索后动手

在检修中必须自始至终注意冷静地分析，避免盲目动手。本书提倡的思索是有根据有目的的思索，先思索后动手是要在了解情况、综合运用理论做出必要的分析判断的基础上再动手。

2. 先电源后部件

电源是电子电路运行的工作来源，部件是电子电路正常工作时不可缺少的条件。电源和部件不正常，电子电路也不可能正常工作。同时，如果电源电压不正常，过高或过低，部件短路或开路，则都有可能损坏电子电路，造成事故。此外，电源和部件在使用中产生的故障较多，排除也比较容易，所以应按先电源后部件的原则修理。

3. 先外后内

“外”指的是暴露在电子电路外面的部分，如连线、插接组件等；“内”指的是电子电路内部。先外后内的理由是外部检查修理比较简便，外部能修复的就不必深入到内部，以免走弯路。同时，也可以避免部件因启动、拆装而降低质量，甚至因拆卸不当而损坏电子电路，另外，一般暴露在外面的电子电路也更容易损坏。

4. 先静后动

“静”指的是不加电对电子电路的检查修理；“动”指的是加电后进行的检查修理。先静后动的理由是确保人身安全和电子电路安全，同时也可以预先排除一些故障。但必须说明一点，在检修过程中“静”与“动”经常是灵活交替进行的。

5. 先简后繁

“简”指的是容易检查、测量、修理的因素；“繁”指的是比较难检查、测量、修理的因素。先简后繁的理由是电子电路零部件、元器件很多，电路的结构也比较复杂，发生故障的因素也比较多，但其中必有简单易排和复杂难排的故障之分，按照先简后繁，由易到难的原则，就可以迅速地排除掉容易检修的故障，使复杂的故障和难修理的故障孤立起来，这样就化难为易了；同时，也可以防止没有必要的大拆大卸，避免走弯路，节省了检修时间。

6. 先通病后其他

通病指的是电子电路容易发生故障的地方。如电池、阻容元件、附件等。因此，在检修过程中应首先检查电子电路的通病。

上述的原则是相互联系的，在检修过程中必须全面考虑，具体分析，灵活运用。当然，在检修中，只掌握检修原则还是不够的，还必须掌握一些具体的检修方法和步骤。

13-33 电子电路的检修方法有哪些？

为了熟练地检修电子电路，除了熟悉检修原则、检修步骤以外，还必须掌握一套在理论指导下的基本检修方法。在检修中最常用的有面板压缩法，直接感受法、追踪寻迹法、对比代换法、测试鉴别法、哑级分割法等方法。下面对这些检修方法分别加以说明。

1. 面板压缩法

面板压缩法是利用电子设备面板上控制着机内电路的开关、旋钮、插孔、按钮和指示设备等进行故障压缩的方法。面板压缩法是确定故障现象、判断故障部级常用的一种外部压缩故障方法。但是，由于电子设备面板不一定齐全且不一定都控制着确定故障的最佳部位，因此，有时候难以完全肯定故障存在范围，还需要与其他方法相配合。所以，一般来说，面板压缩法是一种有效的辅助方法。

2. 直接感受法

直接感受法是利用眼、耳、鼻、手的直接感觉进行判断的方法，它是检修中不可缺少的辅助手段。在部、级、路、点整个检修压缩过程中，都可以结合运用。在判断出故障找点时，显得尤其重要。

3. 追踪寻迹法

追踪寻迹法是检修电子设备灵敏度低等故障的基本方法，它包括干扰追踪法、信号追踪法和信号寻迹法三种。现分述如下：

1）干扰追踪法。用手拿小螺钉旋具由电子电路的末级向前逐级轻敲各电子器件各极，同时根据执行器中动作的大小、扬声器声音的有无来判断故障部、级。例如，在干扰追踪过程中，发现敲某一级正常，但当敲到前一级时无声或声音很小，则后级与前级的极间就为故障部位。干扰追踪是检修电子设备的一种常用的基本方法。

2）信号追踪法。用信号发生器由后向前逐级的、分别的将音频、中频、高频信号输入到电子设备的各级，与此同时，从终端机件中所获得的输出大小和有无异常现象来检查各级的工作是否正常，从而确定故障级。

3）信号寻迹法。利用信号寻迹器检查压缩电子设备故障的方法。其方法是从信号发生器输出一定的信号加到待检修的电子设备上，用信号寻迹器自前级向后级逐级监听信号，从而确定故障级。

4. 对比代换法

对比代换法是用两种同类型的电子电路、组件、器件和元件等进行比较和互换，以鉴别好坏和正常与否的压缩故障的方法。在缺乏仪表或对电子电路比较生疏的情况下，对比代换法是较为简易的基本判别方法。例如，某电子电路与同类型正常电子电路对比可以鉴别某电子电路好坏；某电子电路的某一部分与同类型正常电子电路的某一部分对比可以鉴别某一部分的好坏；用同类型的器件、组件、元件对比代换可以鉴别其器件、组件、元件的好坏等。在实际工作中，器件、组件和电容器开路等故障，运用对比代换法是比较常见的。所以，它是确定某些故障点的基本方法。

5. 测试鉴别法

测试鉴别法是利用仪表测量电子电路数据进行数量鉴别的方法，它是压缩故障路、点最常用的基本方法。

测试鉴别法又分为加电测试和不加电测试两种。加电测试包括电子电路有关电压、电流的测试，电路元器件参数的测试和电子电路主要技术指标的测试，其中最常用的是电压、电流的测试。不加电测试是指对电子电路的有关电路、器件、元件和绝缘电阻的测试。用测试的数据与正常时数据对比，就可以鉴别电子电路有无故障及故障范围。

6. 哑级分割法

哑级法主要用于检修电子电路的叫声、嗡声（交流声）与噪声等故障。具体做法是：用大容量的电容器或短路棒，自前向后逐级短路各电子电路的信号输入电路、信号输出电路，以确定故障部、级（若被短路的电路内有直流电压，则应用电容器短路，以免发生意外）。如在短路某级时，故障现象不变或影响很小，而短路后一级时，故障消失，则该后级与前级之间以及相关电路就是故障所在。

分割法主要用于检修多支路的故障。分割法是在测量分析判断的基础上，结合电子电路具体结构，确定适当的分割点进行分割，从而压缩故障的方法。分割方式视具体电子电路而定，可以扳动控制转换组件，拔掉插接组件或器件，松开连接线的固定螺钉或焊开接点等。但必须避免过多的开焊，并在焊接过程中，防止烫伤导线或元器件，注意焊接质量。

为了迅速、准确地修复电子电路，必须理论联系实际，对于各种情况做具体分析，灵活运用检修原则、步骤和方法。同时，在实际工作中还必须不断地总结经验，有所发现，有所发明，有所创造，有所前进。

参 考 文 献

[1] 王乃成，等．电子爱好者进阶读本［M］．福州：福建科学技术出版社，2002.
[2] 张宪．电子技术基础问答［M］．北京：化学工业出版社，2006.
[3] 高玉奎．电力电子技术问答［M］．北京：中国电力出版社，2004.
[4] 张大鹏，张宪．电子技术轻松入门［M］．北京：化学工业出版社，2016.
[5] 张宪，张大鹏．实用电子爱好者初级读本［M］．北京：金盾出版社，2016.
[6] 宋家友．电子技术速学快用［M］．福州：福建科学技术出版社，2004.
[7] 张宪．集成电路图识读快速入门［M］．北京：化学工业出版社，2010.
[8] 张宪，李萍．怎样识读电子电路图［M］．北京：化学工业出版社，2009.
[9] 陈立周，陈宇．单片机原理及其应用［M］．2 版．北京：机械工业出版社，2008.
[10] 赵志杰．集成电路应用识图方法［M］．北京：机械工业出版社，2003.
[11] 高吉祥．电子技术基础实验与课程设计［M］．北京：电子工业出版社，2002.
[12] 孙余凯，吴鸣山，项绮明，等．555 时基电路识图［M］．北京：电子工业出版社，2007.
[13] 薛文，华慧明．新编实用电子技术快速入门［M］．福州：福建科学技术出版社，2003.
[14] 孙俊人．新编电子电路大全（合订本）［M］．北京：中国计量出版社，2001.
[13] 刘全忠．电子技术（电工学Ⅱ）［M］．2 版．北京：高等教育出版社，2004.
[14] 门宏．图解电子技术快速入门［M］．北京：人民邮电出版社，2002.
[15] 秦曾煌．电工学：下册·电子技术［M］．7 版．北京：高等教育出版社，2009.
[16] 康华光．电子技术基础·数字部分［M］．4 版．北京：高等教育出版社，2000.
[17] 孙津平．数字电子技术［M］．西安：西安电子科技大学出版社，2002.
[18] 张友汉．电子线路设计应用手册［M］．福州：福建科学技术出版社，2000.
[19] 李辉，张国香．电子电路问答［M］．2 版．北京：机械工业出版社，2003.
[20] 张大鹏，张宪．汽车电工电子基础［M］．4 版．北京：北京理工大学出版社，2020.